Nicolas Wagner

Die Wirbellosen des Weissen Meeres

Erster Band : zoologische Forschungen an der Küste des Solowetzkischen Meerbusens in den

Sommermonaten der Jahre 1877, 1878, 1879 und 1882

Nicolas Wagner

Die Wirbellosen des Weissen Meeres

Erster Band : zoologische Forschungen an der Küste des Solowetzkischen Meerbusens in den Sommermonaten der Jahre 1877, 1878, 1879 und 1882

ISBN/EAN: 9783743361218

Hergestellt in Europa, USA, Kanada, Australien, Japan

Cover: Foto ©berggeist007 / pixelio.de

Manufactured and distributed by brebook publishing software (www.brebook.com)

Nicolas Wagner

Die Wirbellosen des Weissen Meeres

DIE WIRBELLOSEN

DES

WEISSEN MEERES.

ZOOLOGISCHE FORSCHUNGEN

AN DER KÜSTE DES SOLOWETZKISCHEN MEERBUSENS

IN DEN SOMMERMONATEN DER JAHRE 1877, 1878, 1879 UND 1882

VON

NICOLAS WAGNER

EHRENMITGLIED UND ORDENTLICHER PROFESSOR AN DER KAISERLICHEN UNIVERSITÄT ZU ST. PETERSBURG.

ERSTER BAND

MIT 21 ZUM THEIL FARBIGEN TAFELN UND MEHREREN HOLZSCHNITTEN.

Clio borealis Brug.

LEIPZIG

VERLAG VON WILHELM ENGELMANN

1885

alle Resultate der bekannten Forschungen über die Verbreitung lebender Wesen, tragen noch immer das Gepräge blosser statistischer Tabellen über Gattungs- und Species-Zahl. Noch bleiben wir fern von einer wissenschaftlich-systematischen Darstellung, welche die oft ja so nahe liegenden Gründe der Erscheinungen zu entwickeln, und so dieselben aus dem Ganzen der Naturkenntniss auf eine Weise herzuleiten suchte, dass sie fernerhin nicht mehr wie zufällig erschienen, sondern als nothwendige, durch den engen Zusammenhang des Alls und durch das abwechselnd gegenseitige Voraussetzen des Gesammtlebens streng bedingte Folge anderer Erscheinungen erkannt werden konnten.–

Gloger.

INHALTS-VERZEICHNISS.

Historische Einleitung.

Eine Fauna der wirbellosen Thiere eines jeden Meeres kann für die Wissenschaft insofern von Bedeutung sein, als dieselbe Beiträge zum Studium der Organisation, der Entwickelung und der Lebensweise dieser wirbellosen Thiere liefert. Je reicher dieser Stoff sein wird, desto reicher, umfassender, verschiedener und allgemeiner werden die aus demselben gezogenen Schlüsse erscheinen. Von diesem Gesichtspunkte aus betrachtet ist es verständlich, dass die durch die Lebensbedingungen einförmige und eine ärmere Fauna enthaltenden Meere viel weniger Interesse darbieten, als diejenigen Meere, welche mannigfaltigere physikalische Bedingungen zeigen und eine mehr oder weniger bedeutende Anzahl verschiedenartiger Typen von Thieren entfalten. Wenn wir, in diesen Beziehungen, das südliche Schwarze und das nördliche Weisse Meer mit einander vergleichen, so müssen wir ohne allen Zweifel dem letzteren den Vorzug geben. Im Schwarzen Meere oder wenigstens an seinen nördlichen Ufern — welche allein bis jetzt untersucht worden sind — befinden sich wenige Spongien-Arten, sehr wenige Hydroiden, beinahe gar keine Medusen, nur eine Actinien-Art (*Actinia zonata* Rathke), sehr wenige Würmer und fast gar keine Echinodermen. Kurz gesagt, ist die Fauna dieses Meeres sehr arm an Formen (Repräsentanten) aus einer jeden Abtheilung, erheischt daher sehr wenig Interesse für das Studium desselben und bietet ein sehr geringes Material für die allgemeinen Schlussfolgerungen. Etwas ganz Entgegengesetztes sehen wir in einem anderen nördlichen russischen Meere. Hier sehen wir eine Fülle von Spongien, zehn Medusen-Arten und Hydromedusen, mehrere Actinien-Arten, eine Menge Würmer, Crustaceen (besonders viele Amphipoden), Mollusken und eine ziemlich grosse Anzahl von Echinodermen. Freilich ist der Reichthum der Fauna des Weissen Meeres sehr unbedeutend im Vergleich zu dem der Fauna des Mittelmeeres, besonders seines südlichen Theiles, doch kann dieser Reichthum vollkommen einen Forscher befriedigen, der sich mit der Lösung biologischer Probleme beschäftigen würde.

Indess sind bis jetzt nicht nur biologische, sondern auch rein systematische und morphologische Probleme der Fauna wirbelloser Thiere des Weissen Meeres nicht gelöst — und wird wahrscheinlich noch viel Zeit vergehen, bevor die Fauna dieses nördlichen Meeres gründlich erforscht sein wird.

Den Anfang zu diesem Studium machte der Akademiker C. E. v. Baer, welcher von seiner Reise auf Nova Zemlja, im Jahre 1837, eine kleine Sammlung wirbelloser Thiere des Weissen Meeres mitgebracht hat.[1] Zum Bedauern ist diese Sammlung bis jetzt unbestimmt und unbeschrieben geblieben.

---

[1] C. E. v. Baer, Expédition à Novaja Zemlja et en Laponie. Bullet. de l'Acad. de St. Petersbourg 1838, p. 96—107, 132—144, 151—156, 171—192, 312—352.

Wagner, Wirbellose des Weissen Meeres.

Im Jahre 1869 schickte die St. Petersburger naturforschende Gesellschaft eine Expedition für die zoologische Untersuchung der Fauna des Weissen Meeres aus. Dieselbe bestand aus zwei Personen: Herrn Iwerssen und Jarschinski. Herr Jarschinski ging am 12. Juni auf's Meer, hielt sich mehr an dem „Winterstrand" und blieb am Kerwa-Vorgebirge stehen. Hier hat er vier Tage lang sowohl auf der Oberfläche des Meeres mit dem Müller'schen Netz als auf einer bedeutenden Tiefe mit der Drague Thiere gefangen. Von hier ab zog er nordwärts, indem er sich dabei am „Winterstrande" hielt, ging darauf an das Terskische Ufer, gegenüber dem Dorfe Pulonga, und hielt sich auf den Inseln Sosnowez und an den Drei-Inseln auf. Am 18. Juni durchforschte er das Meer bei den Lumbowschen Inseln. Aus dem Dorfe Lumbowka machte er vier Tage lang auf einer Barkasse Excursionen längs dem Ufer bis zur Nördlichen Spitze.

Darauf durchforschte Herr Jarschinski am Murmanschen Ufer den Nördlichen Ocean; alsdann ging er nach Archangelsk und am 27. Juli fuhr er von Neuem, auf einem Dampfschiff, an das westliche Ufer des Weissen Meeres. Hier gründete er permanente Quartiere in Kemi und in Soroka und machte von da aus Excursionen längs dem Pomorschen und dem südlichen Theile des Karelschen Ufers und zwischen einer Menge hier zerstreut liegender Inseln.

Da die faunistischen Untersuchungen von Herrn Jarschinski als Grundlage für die Geschichte dieser Forschungen im Weissen Meere betrachtet werden können, so halte ich es für möglich und sogar für nothwendig, wörtlich einige allgemeine Resultate dieser Untersuchungen aufzuführen, die Herr Jarschinski der St. Petersburger naturforschenden Gesellschaft in der Sitzung vom 23. Oktober 1870 vorgelegt hat.[1]

„Bei allen meinen faunistischen Untersuchungen, sagt Herr Jarschinski, habe ich eine speziellere Beachtung zweier Abtheilungen wirbelloser Thiere, der Arthropoden und Echinodermen, im Auge gehabt."[2]

Obgleich andere Klassen der wirbellosen Thiere von mir weniger beachtet worden, fährt Herr Jarschinski fort, ist es mir aber auch hier gelungen, eine mehr oder weniger grosse Vollständigkeit zu erlangen.

1) Von den Mollusken (Mollusca), sowohl Seewelchthieren als Süsswasserformen, habe ich beinahe 50 Arten gefunden. Die See-Mollusken gehören zu folgenden Geschlechtern: Tritonium, Trieva, Littorina, Buris, Admete, Astarte, Defrancia, Scturv, Loneva, Cyprina, Rissta, Chiton, Acmaea, Dentalium, Patella, Trochus, Natica, Margarita, Mytilus, Pecten, Modiolaria, Cardium, Solita, Scalaria, Modiola, Cenatila, Venus, Turtonia, Tellina, Mya, Kellana und Mactra.

2) Ringelwürmer (Annulata) habe ich in ungefähr 40 Arten erhalten. Ausserdem wurden mit ungefähren Sauglist Eingeweidewürmer aus Fischen gesammelt und dabei speziell die Kratzer (Acanthocephala) beachtet, mit denen ich mich eingehend im vorigen Jahre beschäftigt habe, und fand ich jetzt Gelegenheit, meine früheren Beobachtungen zu vervollständigen.

3) Von Coelenteraten (Coelenterata) sind gegen 40 Arten gefunden worden; unter ihnen einige interessante Polypenformen (Polype) und Quallen (Medusae).

4) Unter den Protozoen (Protozoa) fanden sich bis 14 Spongien-Arten, unter denen einige noch unbekannte.

Bei Untersuchungen auf verschiedene Tiefen wurden die Schichten der Verbreitung der grössten Mehrzahl der wirbellosen Thiere (vom Ufer an bis zur grössten Tiefe von 200 Faden) berücksichtigt, was in den ausführlichen Berichten, bei der Beschreibung der einzelnen Thiere angegeben wird. Während in den tropischen Meeren, nach der allgemeinen Angabe der Gelehrten, das oberflächliche Leben die grösste Mannigfaltigkeit und den Culminationspunkt seiner Entwickelung in den obersten Schicht zeigt und allmählich in den Tiefen abnimmt, findet in den Polarmeeren, nach den neuesten Beobachtungen schwedischer Naturforscher, das Entgegengesetzte statt. Alle meine faunistischen Untersuchungen ergaben eine Menge solcher Thatsachen für die oben ausgesprochene Behauptung. In dem von uns betrachteten Theile des Nördlichen Oceans (oder das in der oberen Schicht, an den Ufern, relativ arme Thierleben einen unerwarteten Reichthum in der Schicht von 100 bis 200 Faden grösserer Tiefe und hier nicht gefunden werden). Die stärksten (grössten) und höchsten Formen von allen wirbellosen Thieren sind von uns auf der bezeichneten Tiefe gefunden worden. Mehrere Echinodermen, Geistessen, Pennagrulden und Polypen erreichen eine ungeahnte Entwickelung und eine kolossale Grösse. Das Weisse Meer zeigt in seinen südlichen Backwasser Theilen (Dwinsche und Onegische Bucht) einen grossen Reichthum in den Kesselthale, der Kandalakschen Bucht genannt.

Aus thermometrischen Beobachtungen, welche länger innerhalb Monaten täglich ausgeführt wurden, hat sich Folgendes ergeben: am Murmanschen Ufer, in der Nähe der Bucht von Kola, war bei einer mittleren Temperatur der Luft von + 8° C. die Temperatur des Wassers + 7° C. Manchmal aber blieb bei Sinken der Temperatur der Luft auf + 5° C. die Temperatur des Wassers auf + 6° C. Indess, östlich vom Swiatoi Noss, in der Richtung nach Kanin, blieb bei einer viel höheren Temperatur der Luft, welche im Monate Juli + 14° C. und 17° C. erreichte, die Temperatur des Wassers + 1,5° C. und einer Tiefe von 80 Faden. Nur nach einer ziemlich anhaltend

---

[1] Schriften der St. Petersburger Naturforschenden Gesellschaft. Bd. I, p. 83.

[2] Vollständige Untersuchungen der von ihm aus diesen Abtheilungen des Thierreichs gehörigen Thiere hat Herr Jarschinski der Gesellschaft in diesem Jahre vorgelegt und wird dieselben in dem ersten Bande der Schriften der Gesellschaft S. 315 abgedruckt werden. Da dieser Band vergriffen ist, so finde ich es nicht für überflüssig, zur Vervollständigung des Gegenstandes hier diese Untersuchungen in einer Beilage hinzuzufügen.

während drei Tagen] hohen Temperatur der Luft, die +19° C. erreichte, bei der Ruhe des Meeres, erhöhte sich die Temperatur des Wassers auf der Oberfläche bis auf +6° C.

In den südlichen Theilen des Weissen Meeres und in dem Eingange zwischen dem Terskischen und Grünen Ufer, bei einer Temperatur von +7° C. und +12° C., war die Temperatur des Wassers +3° C. und +4,5° C.; bei einer sehr hohen Temperatur der Luft, die im Monate Juli +20° C. erreichte, erhöhte sich die Temperatur des Wassers auf +11° C., was auch wegen des niedrigen Standes des Wassers auf der von uns betrachteten Ausdehnung zu erwarten war. Aus diesen Beobachtungen ist zu ersehen, dass im Nördlichen Ocean östlich vom Swiatoi Noss und im Weissen Meere die Temperatur des Wassers in voller Abhängigkeit von der Temperatur der Luft sich befindet. Die herrlich der Lufttemperatur unterworfene hohe Temperatur des Wassers im Nördlichen Ocean, auf dem Murmanschen Ufer und die hier aufgefundenen verschiedenartigen Thierformen, die dem Atlantischen Ocean eigen sind, geben uns kräftige Thatsachen zur Bestätigung früherer Voraussetzungen über den hier stattfindenden Durchgang des Golfstromes, indem wir hierbei noch auf den Umstand aufmerksam machen, dass der genannte Strom, sich sehr bemerkbar bei der Fischerhöllinsel und der Bucht von Kola äussernd, allmählich nach Osten abnimmt und auer dem Swiatoi Noss sich gar nicht zeigt.

Ausserdem ist noch bemerkt worden, dass Thiere, die in verschiedenen Tiefen leben, sich durch ihre Färbung unterscheiden, so dass einer gewissen Schicht auch eine gewisse Farbe der sich in ihr befindenden Thiere eigen ist. Für die Ursache dieser Erscheinung nahm man die verschiedene Brechung der Lichtstrahlen in den verschiedenen Tiefen an.

Aus meinen Beobachtungen im Nördlichen Ocean hat sich erwiesen, dass diejenigen Thiere, welche in der oberen Schicht, bis zu einer Tiefe von ungefähr 45 Faden vorkommen, dunkle, nicht grelle Farben (grau, braun, dunkelgrün, dunkelblau u. a.) besitzen. In der Tiefe von 15—80 Faden nehmen sie eine mehr oder weniger violette Farbe an. In der Schicht von 80—200 Faden aber zeichnen sich alle Thiere durch ein Gewirsch von grellrothen Farbenvariationen aus.

Die von uns betrachtete Erscheinung in dieser Schicht des Nördlichen Oceans offenbart sich an unseren Ufern schärfer und bestimmter als im Atlantischen Ocean.

Dieselbe äussert sich mit einer besonderen Deutlichkeit an Echinodermen und in anderen Klassen der wirbellosen Thiere. Die Thiere aus den Gattungen Astrogonium, Solaster, Asteracanthion, Echinaster und einige andere haben eine rothe Farbe. Astrophyton ist orangefarbig; die von mir entdeckte riesige Pycnogonide Bentocrystus titanus, grosse Crustaceen aus der Gattung Lithodes haben eine grelle rothe Farbe; mehrere Amphipoden (Paramphithoe, Lisinotoss und Ampelisca) und Isopoden (Aega) sind rosafarbig. Mehrere Polypen und sogar Spongien besitzen eine rothe Farbe oder sind orangefarbig. Individuen einiger Arten (Solaster endeca), die sich in der von uns betrachteten Schicht durch eine rothe Färbung auszeichnen, zuauern auf einer Tiefe von 15 Faden eine violette Farbe.

Zum Beweise der Vollständigkeit meiner Beobachtungen halte ich es nicht für überflüssig, auf folgenden Umstand hinzuweisen. Es ist bekannt, dass die Mannigfaltigkeit der thierischen Formen vom Aequator zu den Polen abnimmt und dass der Atlantische Ocean eine reichere Fauna als der Nördliche Ocean besitzt. Ebenfalls bekannt sind die in grosser Zahl von erfahrenen schwedischen Gelehrten an den Ufern Norwegens ausgeführten Untersuchungen. Mir ist es jedoch während eines Sommers bei relativ sehr beschränkten Mitteln gelungen, in dem Weissen Meere und an den Lappländischen Ufern des Nördlichen Oceans eine grosse Anzahl wirbelloser Thiere (Coryzaphylien aus Klassen der Arthropoden und Echinodermen) aufzufinden, die früher an den Ufern von Finnmarken entdeckt wurden, und einige ganz neue, noothenische Formen.«

Herr Iwerssen beschäftigte sich vorzüglich mit dem Sammeln der Wirbelthiere. Von den Wirbellosen hat er nur sehr wenige gesammelt, und werde ich hier ebenfalls einen wörtlichen Auszug aus dem von ihm an die St. Petersburger naturforschende Gesellschaft gesandten Berichte anführen.[1]

»Am wenigsten habe ich mich mit dem Sammeln der Insecten beschäftigt, sagt Herr Iwerssen: es sind von mir nur ungefähr 50 Arten eingeschickt, davon 47 Käfer- und 10 Schmetterlingsarten. Es kann kein Zweifel darüber obwalten, dass die wahre Zahl der die Umgebung des Weissen Meeres bewohnenden Käfer ungleich grösser ist; allein ich habe nur diejenigen gesammelt, die mir in der unmittelbaren Nähe des Meeres in die Augen fielen. Alle von mir eingesandten Schmetterlinge sind an Seeuferrande, hauptsächlich auf der Insel Goles, den an Lepidopteren vor allen anderen reich ist, gefangen. Nirgends und niemals habe ich eine so grosse Anzahl von Machaonen gesehen, wie am 11. Juni auf dieser Insel. In anderen Jahren aber, so sagten mir die Einwohner, findet man dieselben gar nicht.

Was die eigentlichen Meeresformen der niederen Gruppen des Thierreiches anbetrifft, so bemerke ich, dass die Bucht von Dwina an Mollusken, Echinodermen und Repräsentanten anderer Ordnungen überhaupt nicht reich ist; wenigstens in der Tiefe, bis zu welcher der Untersuchung des Meeres mit den bei mir vorhandenen Mitteln möglich war.

Von Crustaceen habe ich folgende Arten gefunden.

1. Grapsus marmoratus.	8. Idotea entomon.
2. Hyas araneus.	9. Sphaeroma ?
3. Crangon vulgaris.	10. Apus productus.
4. Gammarus cancelloides.	11. Nebalia sp.?
5. — affinis.	12. Cronus gregarina (zu Steinen und Muscheln).
6. — locusta.	13. Balanus miter.
7. — loricatus.	

Alle genannten Arten, Apus productus, Crangon vulgaris und Gammarus affinis ausgenommen, fand ich in beschränkter Zahl. Was Apus productus anbetrifft, so fand ich eine grosse Menge von demselben in einem kleinen, im Sommer vertrocknenden, 12 Werst nach Westen von Archangelsk gelegenen Sümpfchen.

Crangon vulgaris findet man überall nach der Ebbe im Sande, in welchen er sich, wie bekannt, rasch eingräbt.

---

[1] Siehe »Труды Общества« T. 1 стр. 95. (Arbeiten der naturf. Gesellsch. zu St. Petersb., Bd. 1, p. 95).

Gammarus affinis wurde von mir in ausserordentlich grossen Mengen in salzigen, mit dem Meere sich verbindenden kleinen Seen der Insel Solgytschinsk gefunden. An denselben Orten sammelte ich auch *Idotea entomon* und ein kleines Exemplar von *Hyas araneus*. Viel grössere Exemplare von dem letzteren Thiere fand ich nicht selten am Ufer der Dwinschen Bucht, besonders häufig aber auf der Insel Solgytschinsk. Allein alle diese Exemplare waren ganz trocken und ausserordentlich brüchig. Dieser Umstand beweist uns, dass die Thiere nur in bedeutender Tiefe leben und dass nur der Sturm dieselben auf das Ufer hinauswirft.

Auf den Markt von Archangelsk werden grosse Mengen von langscheerigen Krebsen (*Astacus leptodactylus*, gebracht; die kurzscheerigen (*A. fluviatilis*) aber trifft man unter den ersteren relativ nur sehr selten.

Von Würmern habe ich im Weissen Meere folgende gefunden:

Nereis pelagica, ziemlich selten; in der Nähe von Kuslou, am Winterstrande.

Arenicola piscatorum, dessen Millionen den Sand am Ufer bewohnen.

Spirorbis nautiloides, die in grossen Mengen sich an den Algen, Steinen u. s. w. befestigen.

In den stehenden Gewässern der Umgebung von Archangelsk, in Solombala, auf den Dwina-Inseln und in den Wäldgründen nicht fern von den Ufern der Bucht, fand ich überall eine ziemlich grosse Anzahl von *Hirmopsis vulgaris*. Man versicherte mich, dass nicht fern von Archangelsk ein Teich wäre, in welchem *Hirudo medicinalis* vorkäme. Diesen Teich habe ich nicht gefunden; auch konnte ich mich überzeugen, dass man in Archangelsk für keinen Preis medicinische Egel bekommen kann.

Bothriocephalus latus und *Taenia solium* sind in Archangelsk sehr gemein. Es ist sehr selten, dass hier ein Mensch diese oder jene Art oder sogar die beiden nicht besässe, wie ich mit Sicherheit erfahren habe.

Was die von mir in den Gedärmen von Vögeln, Fischen und Säugethieren gefundenen und nicht näher bestimmten Helminthen anbetrifft, so kann ich bemerken, dass nur wenige derselben in Diesing'schen »Systema Helminthum« als Bewohner der Thiere, in denen ich sie gefunden habe, nicht angezeigt sind. Im Ganzen habe ich 23 Arten gesammelt, unter denen 6 aus den Seehunden, 8 aus den Vögeln und 9 aus den Fischen entstammten.

Von Mollusken sind 24 Arten gesammelt worden:

1. *Littorina littoralis*.	10. *Cardium groenlandicum*.
2. - *tenebrosa* [sehr zahlreich an Steinen].	11. - *rusticum*?
3. *Fusus despectus*.	12. *Tellina solidula*.
4. - *antiquus*.	13. - *cata*.
5. *Buccinum undatum* [sehr häufig. Die Eier desselben	14. *Pricrula ochroleuca*? (*Nudjaga*).
werden auf dem ganzen Ufer der Bucht vom Meere	15. *Venus saturboides*.
ausgeworfen].	16. - *decussata*.
6. *Aecla?* (in bedeutender Menge von mir nur in einer	17. *Cyprina islandica*.
kleinen Bucht zwischen Lepschenga und Jarenga	18. *Astarte striata*.
gefunden).	19. *Mya truncata*.
7. *Modiola modiolus*.	20. *Cynthia sp.?*
8. *Modiolaria nigra*.	21. *Botryllus sp.?*
9. *Mytilus edulis*.	

Ausser diesen marinen Mollusken-Formen hat man noch einige Süsswasser-Arten aus der Umgebung von Archangelsk gesammelt. Das Auffinden der Crustaceen-Art *Grapsus marmoratus* nach Angabe im Weissen Meere veranlasste mich lange, an der Richtigkeit der Bestimmung zu zweifeln, da, soviel ich weiss, diese Thiere fast ausschliesslich für dem Mittelmeere eigene Formen gehalten werden. Das Bestimmen hat sich aber als richtig erwiesen und es bleibt uns daher nichts Anderes übrig, als anzunehmen, dass die genannten Thiere oder die Eier derselben von ausländischen Schiffen zufällig in das Weisse Meer eingeschleppt wurden. In unbedeutender Tiefe, zu den Ufern der Dwinschen Bucht, fand ich überall in sehr grossen Mengen *Asteracanthion rubens* und *A. glacialis*. *Solaster papposus* ist in nur einem Exemplar bei Ustnawolok gefunden worden.

Nebst den Seesternen sieht man nach der Ebbe sehr viele aus dem Meere herausgeworfene und am Ufer liegen gebliebene Medusen (*Medusa aurita*); die Einwohner nennen dieselben oder *Meerestalg* und verbreiten aus denselben eine Salbe gegen Rheumatismus. Die Medusen erschienen in den letzten Tagen des Juni in ungeheurer Menge im Meere. Seitschen ebenso ist an den Steinen und Muscheln sehr gemein.

Laludaria digitata?, *Flustra foliacea* und *F. truncata* sind an verschiedenen Orten aus Winter- und Sommerstrande gesammelt worden. Am häufigsten trifft man sie an den Ufern der Insel Solgytschinsk. *Spongia ochotensis* ist am Ufer bei Durakowo gefunden worden, es ist daher sehr wahrscheinlich, dass dieser Schwamm durch Nordwinde hierher gebracht ist.

Im Jahre 1870 wurde von dem Marineministerium eine Expedition zur Untersuchung der Nowaja Semlja und des Weissen Meeres auf zwei Schiffen, der Corvette „Warjag" und dem Klipper „Schemtschug," abgesandt. An dieser Expedition hat unser bekannter Gelehrter W. N. Uljanin Theil genommen. Es ist bedauernswerth, dass die von ihm mit Hilfe der reichen Mittel, die auf der Corvette „Warjag" ihm zu Gebote standen, gemachten Sammlungen bisher nicht geordnet worden sind; dieselben werden im Museum der Moskauer Gesellschaft der Freunde der Naturwissenschaften aufbewahrt. Herr Uljanin hat über seine Reise in der Jahressitzung der Gesellschaft im Jahre 1871 berichtet.[1] In diesem Berichte weist er auf folgende Arten hin, die von ihm im Weissen Meere gefunden und provisorisch bestimmt worden

---

1 Siehe «Протоколы заседаний Имп. Общества Любителей Естествознанія и Антропологіи.» 1871. Годичное собраніе.

sind: 1. *Cyanea capillata (arctica)*. 2. *Ophioglypha Stuwitzii* Luthke *(tessellata?)*. 3. *Asterte scotica (semisulcata)*, 4. *Mytilus edulis*, 5. *Margarita undulata*, 6. *Chiton marmoreus*, 7. *Gigera capitata*, 8. *Teleplus emeinalus*, 9. *Sabinea septemcarinata*.

Im Jahre 1876 wurde von der St. Petersburger naturforschenden Gesellschaft eine andere Expedition für die Untersuchung des Weissen Meeres ausgerüstet, an welcher die Herren K. S. Mereschkowsky, A. W. Grigorjew, Herr Andrejew (Stud. der Medico-chirurgischen Akademie) und ich Theil genommen haben. Die Expedition ging aus St. Petersburg den 28. Mai über Petrosawodsk und Powjenez ganz gerade ab und kam an die Solowetzky-Inseln im Anfange Juni. Seine Kaiserliche Hoheit der Grossfürst Konstantin Nikolajewitsch hat die Expedition gefördert, indem er derselben den Dampfschoner Samojed aus dem Archangelsklaten zu Diensten stellte. Auf diesem Schoner sind die Herren Mereschkowsky und Grigorjeff an das Mesen-Ufer, dann in die Mündung des Weissen Meeres, an das Murman-Ufer bis zu den Jokanschen Inseln gelangt. Während dieser Reise bedienten sie sich bei den faunistischen Untersuchungen einer grossen Drague, die von dem Schoner ins Meer geworfen wurde. Mitte Juni kehrte der Schoner nach Solowetzky-Kloster zurück. Während dieser Zeit beschäftigten sich Andrejew und ich mit dem Sammeln und der Untersuchung der Wirbellosen des Solowetzkischen Meerbusens. Dann ging der Dampfschoner mit Andrejew und Grigorjeff längs des Karelschen Ufers in die Kandalaksche Bucht. Hier wurden, mit Hilfe derselben Drague, faunistische Untersuchungen gemacht, wobei man die Drague vom Bord des Schiffes auswarf. Gleichzeitig mit dem Ausgange des Dampfschoners in die Kandalaksche Bucht ging Herr Mereschkowsky in die Onega-Bucht und zum „Sommerstrande", wohin er, durch das liebenswürdige Zuvorkommen des Herren Verwalters des Zollbezirks von Archangelsk, Herrn Glasenap, unterstützt, auf den Ruderboote des Archangelskischen Zollamtes gebracht wurde. Ich aber blieb am Ufer des Solowetzkischen Meerbusens, da ich hier reiches Material für die zootomische Untersuchung gefunden hatte. Nach einer Woche kehrten Andrejew und Grigorjeff in das Solowetzky-Kloster zurück; nach zwei Wochen kam auch Mereschkowsky zurück. Indem wir im Gasthause des Klosters bis Ende Juli lebten, beschäftigten wir uns mit der faunistischen Untersuchungen sowohl des Solowetzkischen Meerbusens, als der Anserschen Meerenge, die zwischen den Solowetzky-Inseln und der Anser-Insel sich befindet. Ende Juli verliessen Mereschkowsky, Andrejew und ich das Weisse Meer; nur Grigorjeff blieb im Gasthause des Klosters bis zum 6. August, sich mit dem Sammeln der Algen und mit den Beobachtungen der Wassertemperatur auf verschiedenen Tiefen beschäftigend.

Im nächsten Jahre (1877) gingen wir, Mereschkowsky und ich, wieder auf Kosten der St. Petersburger Gesellschaft der Naturforscher, nach den Solowetzky-Inseln. Wir lebten, fast ohne den Ort zu verlassen, den ganzen Sommer am Ufer des Solowetzkischen Meerbusens und beschäftigten uns mit der Untersuchung der in demselben wohnenden wirbellosen Thiere.

Das von uns bei diesen Arbeiten gesammelte Material diente zu jenen mehr oder weniger bemerkenswerthen Untersuchungen, die von Herrn Mereschkowsky in folgenden Aufsätzen publicirt worden sind: Этюды надъ Простѣйшими животными сѣвера Россіи (Ueber die Protozoen des nördlichen Russlands) 1878[1]); 2) On Wagnerella a new genus of sponges nearly allied to the Physemaria of Ernst Haeckel[2]); 3) Предварительный отчетъ о бѣломорскихъ губкахъ (Vorläufiger Bericht über die Spongien des Weissen Meeres)[3]); 4) Изслѣдованія надъ губками бѣлаго моря (Untersuchungen über die Spongien des Weissen Meeres[4]); 5) Reproduction des éponges par bourgeonnement extérieur[5]); 6) On a new genus of Hydroids from the white Sea with a short description of other new Hydroids[6]); 7) Studies on the Hydroida[7]);

1) Труды С. Петербургск. Общ. естествоиспытат. 1877. стр. 201.
2) Ann. and Magaz. of Natur. History, 1878. Jan. p. 70.
3) Труды С. Петерб. Общ. естеств. IX стр. 249.
4) Труды С. Петерб. Общ. естеств. Т. X. стр. 1.
5) Arch. de zool. experim. T. VIII. p. 417.
6) Ann. and Mag. of Natur. Hist. 1877. Sept. p. 220.
7) Ann. and Mag. of Natur. History. 1878. March and Apr. p. 219.
Kowalewsky. Studien des Weissen Meeres.

8) О происхожденіи и развитіи яйца у Медузы Eucope до оплодотворенія (Ueber das Herkommen und die Entwickelung des Eies bei der Meduse Eucope vor der Befruchtung'); 9) Объ одной аномаліи у Медузъ и вѣроятномъ способѣ питанія изъ помощью эктодерма (Ueber eine Anomalie bei den Medusen und über den wahrscheinlichen Ernährungsmodus derselben vermittelst des Ectoderms[2]); 10) О новыхъ турбелляріяхъ Бѣлаго моря (Ueber neue Strudelwürmer des Weissen Meeres').

Ich referire hier kurz über alle diese Arbeiten.

1. *Protozoa*. In seiner Arbeit „Ueber die Protozoen des nördlichen Russlands", die in den „Arbeiten der St. Petersb. Gesellschaft der Naturforscher 1877" gedruckt ist, beschrieb Herr Mereschkowsky circa 40 Arten von *Infusoria ciliata*, *flagellata* und *cilioflagellata*, und circa 18 Rhizopoden und Monereu, die er im Weissen Meere beobachtet hatte. Diese Arten sind folgende:

1. *Cothurnia maritima*. Ehr.	30. *Podophrya fixa*. Ehr.
2. " *nodosa*. Clap. & Lachm.	31. " *ramipes (vu gemmipara)*. Mer.
3. " *compressa*. Clap. & Lachm.	32. *Acineta patula*. Clap. & Lachm.
4. " *grandis*. Mer.	33. " *tuberosa*. Ehr.
5. " *arcuata*. Mer.	34. " *Saifulae*. Mer.
6. *Vorticella pyrum*. Mer.	35. *Ceratium divergens*. Ehr.
7. " *colorata*. Mer.	36. *Dinophysis arctica*. Mer.
8. *Zoothamnium alternans*. Clap. & Lachm.	37. *Euglena deses*. Müll.
9. " *marinum*. Mer.	38. *Urceolus Alewizini*. Mer.
10. *Epistylis Bulanorum*. Mer.	39. *Heteromita cylindrica*. Mer.
11. *Tintinnus inquilinus*. Ehr.	40. " *adunca*. Mer.
12. " *denticulatus*. Ehr.	41. *Hyaladiscus Korotnewi*. Mer.
13. " *Ussowi*. Mer.	42. *Amoeba crassa*. Duj.
14. " *intermedius*. Mer.	43. " *minuta*. Mer.
15. *Halteria pulex*. Clap. & Lachm.	44. " *alveolata*. Mer.
16. *Strombidium sulcatum*. Clap. & Lachm.	45. " *filifera*. Mer.
17. *Oxytricha retractilis*. Clap. & Lachm.	46. *Haeckelina borealis*. Mer.
18. " *Wrzesniowskii*. Mer.	47. *Protamoeba Grimmi*. Mer.
19. " *nobula*. Mer.	48. " *polypodia*. Haeck.
20. *Epiclintes auricularis*. Clap. & Lachm.	49. *Trinematinm lobatula*. d'Orb.
21. *Euplotes Charon*. Müll.	50. *Testlaria sp.*
22. *Styloplotes norvegeus*. Clap. & Lachm.	51. *Miliola seminulum*. d'Orb.
23. *Aspidisca Andrejevi*. Mer.	52. *Polystomella umbellicata*. Will.
24. *Ervilia monostyla*. Ehr.	53. *Spirillina fegulina*. Mer.
25. *Freia ampulla*. Clap. & Lachm.	54. *Rotalina inflata.* (?)
26. *Balanidium Medusarum*. Mer.	55. *Nonionina Jeffreysi*. Will.
27. *Cyclidium citrullus*. Cohn.	56. *Patellina corrugata*. d'Orb.
28. *Uronema marina*. Duj.	57. *Rotalina nitida.* (?)
29. *Loxophyllum rostratum*. Cohn.	

Ausserdem führt Herr Mereschkowsky eine Beschreibung der von ihm in dortigen Flüssen, Seen und Teichen aufgefundenen Süsswasserformen an.

Auf Grund der Vergleichung der Infusorienfauna des Weissen Meeres mit anderen, sowohl See- als Süsswasserfaunen, kam der Autor zu folgenden drei Gesetzen, welche die geographische Verbreitung der Infusorien betreffen.

1) Die Meeresfauna der Infusorien, ebenso wie die Meeresfauna aller anderen Thiergruppen ist, den äusseren Bedingungen entsprechend, eine ganz andere, als die Süsswasserfauna derselben Oertlichkeit.

2) Die Faunen verschiedener, ungleiche biologische Bedingungen besitzender Meere unterscheiden sich von einander.

1) Труды С.Петерб. Общ. естеств. Т. XI. стр. 11.
2) Труды С.Петерб. Общ. естеств. Т. XI. стр. 1.
3) Труды С.Петерб. Общ. естеств. Т. IX. стр. 120.

3) Die marinen Infusorienfaunen verschiedener Meere zeigen mehr Variationen, als die Süsswasserfaunen verschiedener Orte.

Den letzteren Schluss erklärt Herr Mereschkowsky durch den Umstand, dass die Süsswasserinfusorien, welche vorzüglich die im Sommer leicht vertrocknenden Orte (Sümpfe, Gräben, Pfützen, Teiche u. s. w.) bewohnen, zu dieser Zeit sich in leichte Cysten verwandeln, welche in grossen Mengen vom Winde aus einem Lande in das andere übertragen werden; vom Winde am Boden einer vertrockneten Pfütze aufgefangen, verbreiten sich diese Cysten weiter und weiter über die ganze Erdkugel, wobei die verschiedenen Faunen sich mit einander vermischen und auf diese Weise Localarten gar nicht entstehen können. Die Meeresinfusorien sind aber, da sie weit weniger dem Austrocknen unterliegen, viel weniger einer solchen Vermischung unterworfen. Aus der den Radiolarien verwandten Heliozoen-Gruppe fand Herr Mereschkowsky im Weissen Meere ein neues, sehr interessantes Genus, das er *Wagnerella borealis* genannt hat; diese Form charakterisirt sich durch ein langes Füsschen, dessen verbreitertes Ende sich an verschiedenen Gegenständen befestigt, — und durch ein kegelförmiges Köpfchen, an dessen Oberfläche sehr zahlreiche, radial gelegene, feine und scharfe Nadeln sich befinden. Da dem Autor nur einige wenige, vollständig undurchsichtige Spiritusexemplare zu Gebote standen, so setzte er irrthümlich voraus, dass dieser Organismus zu den Physemaria-ähnlichen Spongien gehöre. Eine grosse Anzahl dieser Organismen wurde in der Folge von Dr. P. Mayer in Neapel gefunden, und so war dieser Forscher im Stande, ihre Entwickelung zu untersuchen und ihre wahre systematische Stellung zu bestimmen.

2. *Coelenterata.* Was die Schwämme des Weissen Meeres anbetrifft, so führe ich die Liste der von Herrn Mereschkowsky beobachteten Arten an. Diese Liste ist aus seiner Schrift: „Untersuchungen über die Spongien des Weissen Meeres" entnommen, welche 1879 in den Arbeiten der St. Petersb. naturf. Gesellschaft und dann auch in französischer Sprache in den „Mémoires de l'Académie" abgedruckt ist.

1. *Rinalda* (? *Polymastia*) *arctica* Mer.	10. *Tethya norvegica.* Bowerb.
2. *Esperia stolonifera.* Mer.	11. *Myxilla gigas.* Mer.
3. *Halisarca* F. Schultze. Mer.	12. *Amorphina tuberosa.* Mer.
4. *Pellina flava.* Mer.	13. *Reniera arctica.* Mer.
5. *Pachychalina compressa* Fl. Schm.	14. *Scopalus sp.*
6. *Chalinula penicullata* Mer.	15. *Ascetta sagittaria.* Haeck.
7. *Simplicella glacialis.* Mer.	16. — *coriacea.* Haeck.
8. *Clathrosoculum uvealis.* Mer.	17. *Ascortis Fabricii.* Haeck.
9. *Suberites Glasenappi.* Mer.	18. *Ascandra variabilis.* Haeck.

Herr Mereschkowsky hat mir mitgetheilt, dass zu dieser Liste noch 19. *Membranites polaris* nov. gen., und 20. *Suberites stellifera* hinzuzufügen sind — zwei neue von ihm aufgefundene Formen, die er bald zu beschreiben beabsichtigt.

In dieser Arbeit ist eine detaillirte Beschreibung des Baues von *Rinalda, Esperia stolonifera* und *Halisarca Schultzei* enthalten. Bei dem letztgenannten Thiere wurden in der oberflächlichen Schicht des Osculums unzweifelhafte drüsige Bildungen in Gestalt einzelliger, mit langen Hälschen versehener Drüsen aufgefunden. Besonders interessant sind die Untersuchungen über die Fortpflanzung der Schwämme durch äusserliche Knospenbildung, welche Herr Mereschkowsky an zwei Arten — *Rinalda arctica* und *Tethya norvegica* — zu beobachten vermochte. (C. Mérejkowsky. Reproduction des éponges par bourgeonnement extérieur. Archives de Zoologie expérimentale. 1880. Vol. VIII. p. 417.)

Bei der ersten Spongienart ist die ganze Körperoberfläche von ziemlich grossen hohlen Cylindern bedeckt, an deren Enden sich eine grosse Knospe nach der anderen abschnürt, die dann zu den Schwämmen auswachsen; zuweilen sitzen auf einem langen Faden 3—4 solcher Knospen in verschiedenen Entwickelungsstadien.

Bei *Tethya norwegica* trifft man solche Cylinder nicht. Hier schnüren sich die Knospen unmittelbar an den Enden langer, auf der Oberfläche des Schwammes hervorwachsender Fäden ab, wobei die Knospen bedeutende Dimensionen erreichen können, an deren Oberfläche wieder Knospen zweiter Ordnung erscheinen, — auf diesen Knospen der dritten Ordnung — und alles dieses zusammengenommen bildet nun eine Art dichter, dem Aussehen nach unregelmässiger Colonien.

Endlich werden in dieser Schrift allgemeine morphologische Betrachtungen aufgeführt, welche die Vergleichung der Schwämme mit dem morphologischen Typus der Hydroiden zum Gegenstande haben.

Was nun die Hydroiden und Medusen anbetrifft, so giebt Herr Mereschkowsky in seiner Arbeit „Studies on the Hydroida" folgende Aufzählung derselben für das Weisse Meer:

1. *Oochiza borealis*. Mer.	23. *Sularia abietina*. Sars.
2. *Hydractinia sp.*	24. *Filellum serpens*. Hassal.
3. *Syncoryne Sarsii*. Lovèn.	25. *Coppinia arcta*. Ell. & Soll.
4. *Stauridium productum*. S. W.	26. *Halecium Ibben*. Johnst.
5. *Eudendrium arbuscula*. S. W.	27. - *sp.?*
6. - *minimum*. Mer.	28. *Sertularella gayonica*. Mer.
7. *Bougainvillea paradoxa*. Mer.	29. - *tricuspidata*. Alder.
8. *Monobrachium parasiticum*. Mer.	30. - *rugosa*. L.
9. *Tubularia simplex*. Ag.	31. *Diphasia sp.*
10. - *indivisa*. L.	32. *Sertularia pumila*. L.
11. *Obelia geniculata*. L.	33. - *filicula*. Ellis & Soll.
12. - *gelatinosa*. Pall.	34. - *abietina*. L.
13. - *flabellata*. Hincks.	35. - *argentea*. Ellis & Soll.
14. *Campanularia integra*. Macgillivray	36. - *maris albi*. Mer.
15. - *volubilis*. L.	37. - *sp.?*
16. - *neglecta*. Alder.	38. *Hydrallmania falcata* L. var. *ladevo*.
17. - *verticillata*. L.	39. *Thujaria thuja*. L.
18. *Leptoscyphus Grigorjewi*. Mer.	40. - *articulata*. H.
19. *Lafoea dumosa*. Sars.	41. *Selaginopsis mirabilis*. Verrill.
20. - *pocillum*. Hincks.	42. - *Mereckii*. Mer.
21. *Calycella syringa*. L.	43. *Hydra oligactis* Sossoworschina.
22. *Cuspidella sp.?*	

Unter einigen neuen Formen ist im Besonderen das neue Genus *Monobrachyma parasiticum* interessant, welches durch die Anwesenheit nur eines einzigen sehr langen Fühlerfadens sich charakterisirt, — der einzige Fall, in dem ein Hydroid so unsymmetrisch gebaut wäre.

Wie es sich aus der angeführten Liste ergiebt, besitzt die Hydroidenfauna des Weissen Meeres einen unverkennbar polaren Charakter; — sie ist mehr polar, als die Fauna des norwegischen Nordens, in der noch eine Form wie *Antennularia antennina* angetroffen wird. Das Genus *Selaginopsis* stellt die Verbindung mit dem Grossen Ocean her und charakterisirt, mit einigen anderen Thierformen zusammen, die Fauna des Weissen Meeres als einen selbständigen Bezirk der circumpolaren Fauna.

In derselben Schrift führt Herr Mereschkowsky einige morphologische Zusammenstellungen und Verallgemeinerungen an: so stellt er z. B. als Hauptzahl für die Hydroiden „zwei" fest, indem er darauf hinweist, dass ausser den allgemein verbreiteten Antimeren in einigen Hydroiden eine wahre Metamerie zu bemerken ist. Zu solchen gehören z. B. *Coryne*, *Syncoryne*, *Cladocoryne*, *Zanclea* u. A. Ursache des Auftretens des gegliederten Typus sei die Fortpflanzung durch unvollkommene Querteilung, die, wie jede Fortpflanzung, durch den Reichthum an Nahrung bedingt wird (die Mehrzahl dieser Formen zeichnen sich durch ihre bedeutende Grösse aus). Sehr viele der hierher gehörenden Formen sind durch ihre kurzen und dann fast stets keulenförmigen Fühlerfäden charakterisirt. Das giebt dem Verfasser Veranlassung, die folgende Theorie der keulenförmigen Fühler aufzustellen: die Fühler haben zwei Functionen: 1) die Function der Vertheidigung, und 2) die der Nahrungsaufnahme. Bei der Metamerie vermögen die unteren Fühler, da sie den Mund nicht erreichen können, die zweite Function nicht zu erfüllen, und daher passen sie sich gänzlich der Vertheidigung an. Für die Vertheidigung aber ist Länge und Biegsamkeit nicht von Wichtigkeit (für die Nahrungsaufnahme sind diese Eigenschaften freilich sehr wichtig), und daher verkürzen und atrophiren sich die Fühlerfäden um so mehr, je niedriger sie liegen. Eine sehr grosse Bedeutung erhalten aber erst die Fäden der Fühler; wenn der Feind dem Hydroide, dessen Fühler nach allen Seiten ausgestreckt sind, sich nähert, so geschieht die Berührung dieses Thieres zu allererst mit diesen Fühlerenden und je nach der Kraft der aus den Nematocysten in den Feind geworfenen Ladung flieht er oder stirbt, oder fällt über den Hydroid her und tödtet denselben. Es versteht sich von selbst, dass, je kräftiger die Fühlerenden bewaffnet sein werden, desto vortheilhafter es für das Thier sein wird; die letztgenannte Bedingung wird aber am besten von keulenförmigen Fühlern ausgeführt, in welchen fast alle Nematocysten einen einzigen Haufen in dem Endkolben bilden. Diese Theorie bestätigt sich durch die Thatsache, dass die keulenförmigen Fühler nur bei nackten Formen sich vorfinden, während die von den Hydrotheken geschützten Thecophoren dieselben niemals besitzen.

3. *Vermes.* Aus diesen untersuchte Herr Mereschkowsky nur die Strudelwürmer *(Turbellaria)*. Von den fünf von ihm beschriebenen neuen Arten verdient *Maurella viridirostrum* unsere besondere Aufmerksamkeit. Bei diesem Wurm ist die Gliederung sehr deutlich sowohl von aussen als im Innern des Leibes ausgeprägt. Wir sehen hier ganz deutlich fünf Septa, welche die Leibeshöhle in sechs Segmente zertheilen; das vorderste oder das Kopfsegment trägt einen kleinen grün gefärbten Rüssel oder Schnabel; die Basis dieses Rüssels ist mit Borsten besetzt und hinter derselben sind der Mund, das Nervensystem und die Augen gelagert.

Ueberhaupt hat Herr Mereschkowsky im Weissen Meere folgende Turbellarien-Arten gefunden und beschrieben:

1. *Maurella viridirostrum.* Mer.	4. *Dinophilus vorticoides.* O. Schm.
2. *Prostomum boreale.* Mer.	5. *Leptoplana trensellaris.* Oerst.
3. — *papillosum.* Mer.	6. *Fovia lapidaria.* Stimpson.

Im Jahre 1880 wurde auf der VI. Versammlung russischer Naturforscher und Aerzte von M. N. Bogdanow, N. W. Bobretzky, M. S. Ganin, M. M. Ussow, A. A. Korotneff, W. N. Uljanin, Fräulein S. M. Perejaslawzeff, J. N. Puschtschin, W. N. Tschernujawsky und mir ein Collectiv-Vorschlag gemacht, die Nothwendigkeit der Ausrüstung einer Expedition für die Untersuchung der Fauna des Weissen Meeres und der naheliegenden Theile des Oceans im Sommer dieses Jahres betreffend. Die Versammlung hat diesen Vorschlag angenommen und bestimmt, denselben dem Comité der Versammlung zu übergeben. Nach dem Ende der Versammlung, bei der näheren Beurtheilung der Frage ergab es sich als zweckmässiger, zwei Expeditionen zu organisiren, von denen die eine sich mit der Untersuchung der Fauna des Murman-Ufers und des ihm anliegenden Theiles des Nördlichen Oceans beschäftigen sollte, während die andere speciell die Untersuchung des Weissen Meeres bearbeiten müsste. Es versteht sich, dass eine strenge Theilung der Arbeit der beiden Commissionen nicht stattfinden konnte. Im Gegentheil war für den grösseren Erfolg und für die Gemeinschaftlichkeit der Folgerungen die vereinte Arbeit durchaus nothwendig.

Für die Murmansche Expedition, die aus fünf jungen Zoologen und einem Geologen unter der Leitung von Prof. M. N. Bogdanow zusammengesetzt war, wurden vom Finanzministerium 10,000 Rubel bewilligt. Was die Expedition des Weissen Meeres anbetrifft, so bestimmte die Commission der Versammlung für dieselbe nur den Rest von ihren Ausgaben, 1000 Rubel. Es ist begreiflich, dass mit diesen sehr dürftigen Mitteln die Expedition in dem Bestande, wie sie im Voraus angenommen war, nicht zu Stande kommen konnte. Ausserdem konnte auch diese kleine Summe nur nach dem Eingang der Einwilligung aller Mitglieder des Comité's, die nach der Versammlung nach verschiedenen Städten Russlands auseinandergingen, ausgezahlt werden. Der Verkehr mit ihnen erforderte einen ziemlich grossen Zeitraum, und erst im Mai 1880 war die Einwilligung von allen Mitgliedern des Comité's zu erhalten; dabei traten aber sieben Personen von der Theilnahme an der Expedition zurück, so dass nur zwei, nämlich Puschtschin und ich, von dem früheren Bestande übrig blieben. Endlich vereinigte sich mit uns Herr Cienkowsky, Professor der Charkowschen Universität.

J. N. Puschtschin beschäftigte sich fast ausschliesslich mit der Untersuchung der Fischfauna des Weissen Meeres, wobei er seine Aufmerksamkeit auf die Lebensbedingungen der für die Fischerei der Einwohner wichtigen Formen richtete. Ausserdem gelang es ihm auch, eine ziemlich grosse Sammlung wirbelloser Thiere zu machen, hauptsächlich in der Kemschen Meerenge und der Onega-Bucht.

A. S. Cienkowsky lebte mit mir von Mitte Juni an bis ungefähr zum 20. Juli, fast ohne den Ort zu verlassen, am Ufer des Solowetzkischen Meerbusens, indem er die marinen und Süsswasser-Protozoen der Solowetzkischen Insel bearbeitete.

Im Jahre 1882 schickte mich die St. Petersburger naturforschende Gesellschaft wieder auf ihre Kosten an die Ufer des Solowetzkischen Meerbusens, wo ich gegen zwei Monate lebte und wo ich schon auf der neuerdings von dem Solowetzky-Kloster eingerichteten biologischen Station arbeitete.

So widmete ich der Untersuchung der Fauna der Solowetzkischen Gewässer die Sommermonate der vier Jahre: 1876, 1877, 1880 und 1882.

Als ich zum ersten Mal das Weisse Meer mit den Herren Meroschkowsky, Andrejew und Grigorjeff besuchte, hielt ich unsere vereinten Kräfte für hinreichend, um eine Collection zu sammeln, die, sammt dem früher von anderen Forschern gesammelten Materiale, es möglich machen würde, wenn nicht vollständig, so doch in den Hauptzügen, die Frage über die Fauna der Wirbellosen des Weissen Meeres aufzuklären. In der That erwies sich aber die Frage als weit mehr complicirt. Erstens entsprachen die Messungen der Meerestiefe nicht den von Herrn Jarschinsky gegebenen Indicationen. Die tiefsten Stellen waren, nach den von den Herren Andrejew und Grigorjeff in der Kandalakschen Bucht gemachten Messungen, nicht über 70 Faden tief, und es gelang nicht, auf dieser Tiefe ein organisches Leben zu entdecken. Andererseits lieferte der „Sommerstrand" einen solchen Reichthum an Formen und Individuen der Seesterne, vorzüglich vom Genus *Asteracanthion*, — dass er sich schon bei dem ersten Blicke unter allen Oertlichkeiten des Weissen Meeres scharf auszeichnete. Endlich zeigte mir die Untersuchung der Solowetzkischen Gewässer und der Anserschen Meerenge klar, dass wir es hier mit verschiedenartigen, auf relativ kleine Buchten vertheilten und durch die örtlichen Besonderheiten bedingten Faunen zu thun haben.

Schon dieser Umstand nöthigte uns, vorsichtig zu sein und unsere Bemühungen auf eine bestimmte Oertlichkeit zu concentriren. Ausserdem veranlasste mich das Verlangen, nicht nur die Fauna selbst, sondern auch den Bau der zu ihr gehörenden Formen zu untersuchen, hauptsächlich aber den Grund zu der bio-faunistischen Untersuchung des Weissen Meeres zu legen, — meine Aufgabe auf die Untersuchung der Solowetzkischen Gewässer zu beschränken und nur einige Excursionen in die Anserche Meerenge, nach Muxalma und nach der Bucht Troitzkaja zu unternehmen. Die Wahl des Ortes wurde hauptsächlich durch die Bequemlichkeit des Lebens in der Nähe des Solowetzky-Klosters bedingt; einen gewissen Einfluss auf diese Auswahl hatte aber auch die bedeutende Ausdehnung des Solowetzkischen Meerbusens, der an kleinen Buchten sehr reich ist, sowie die Verschiedenartigkeit der Lebensbedingungen in diesem Meerbusen.

Der erste Sommer meines Aufenthaltes am Ufer des Solowetzkischen Meerbusens war dem allgemeinen Kennenlernen seiner Fauna gewidmet. Der Reichthum dieser Fauna überraschte mich sehr angenehm, und bemühte ich mich, wenn auch oberflächliche Skizzen und Zeichnungen der von uns aufgefundenen Formen und ihres anatomischen Baues zu machen. Diese Arbeit nahm fast den ganzen ersten Sommer in Anspruch. Am ausführlichsten habe ich in diesem Sommer *Lucernaria quadricornis* studirt.

Der alleletzte Sommer war vorzüglich dem Studium der Würmer gewidmet. Die Eigenthümlichkeit ihrer Formen, die Möglichkeit, die Ausgangs- oder Uebergangsformen aufzufinden, haben unwillkürlich meine ganze Aufmerksamkeit auf sich gezogen. Ich habe aber meine Aufmerksamkeit besonders auf die grossen, oft sich vorfindenden *Pectinaria hyperborea* und *Polynoë* gerichtet. Unter den letzteren traf ich zwei Formen, die mich auf den Gedanken über die Eintheilung der Thiertypen in ruhende und thätige brachten.[1])

Nebst den Würmern habe ich auch einige Echinodermentypen studirt. Als Supplement zu den vorigen, ziemlich umfangreichen Studien der Seesterne von Neapel beobachtete ich den Bau von *Echinaster Sarsii* und *Solaster papposus*. Ferner untersuchte ich eingehender den Bau von *Pentacta Kowalewskii*.

Im Jahre 1880 beschäftigte ich mich vorzüglich mit der Anatomie von *Clio borealis*. Von anderen Molluskenformen studirte ich den Bau von *Tritonia*. Ferner beobachtete ich die bio-morphologischen Lebenserscheinungen der Crustaceen, die Anpassung ihrer Farben an die umgebenden Gegenstände und Bedingungen, und habe hier einige sehr charakteristische Beispiele gefunden.

Endlich wurde der ganze Sommer 1882 von mir ausschliesslich dem Studium der Organisation der Solowetzkischen Ascidien und der näheren Untersuchung der faunistischen Lebensbedingungen der Solowetzkischen Gewässer gewidmet.

Das ganze von mir gesammelte Material gedenke ich in zwei Bände zu vertheilen, — im Falle ich nicht im Stande sein sollte, meine Untersuchungen am Ufer des Solowetzkischen Meerbusens fortzusetzen. Alles, was ich gesammelt habe, stellt, nach meiner Meinung, nur eine vorbereitende Arbeit für die bio-faunistischen Untersuchungen dar. Bei der Beschreibung der Faunen der Solowetzkischen Buchten benutzte ich jede Gelegenheit, Themata für diese Untersuchungen, welche mir während meiner Arbeiten in Form von Fragen in Gedanken kamen und deren Lösung für mich zur Zeit unmöglich war, aufzustellen. Sobald die Solowetzkische biologische Station vollständig eingerichtet sein wird, und wenn verschiedene Anordnungen für die biologischen Experimente auf derselben getroffen sein werden, — dann wird auch die Zeit für die Lösung aller dieser Fragen kommen.

---

[1] Siehe Индивидуальность и ея причина. „Вѣстникъ Европы.‟ 1880. (Die Individualität und ihre Ursachen)

I.

Der zu den Solowetzkischen Inseln führende Weg

und die

Biologische Station.

Zum Zwecke, den Weg zu der faunistischen Untersuchung des Weissen Meeres für diejenigen möglicher Weise zu erleichtern, die sich mit dieser Untersuchung zu beschäftigen wünschen, füge ich hier einige praktische Anweisungen über den Weg von St. Petersburg bis zu den Solowetzkischen Inseln bei, sowie die Beschreibung der Biologischen Station von Solowetzk in ihrem gegenwärtigen noch unvollkommenen Zustande.

I. Der Weg von St. Petersburg nach den Solowetzkischen Inseln.

Die Reise von St. Petersburg zum Weissen Meere und den Solowetzkischen Inseln bietet viele Hindernisse und Schwierigkeiten, die wahrscheinlich in sehr kurzer Zeit beseitigt werden. Ich meine natürlich nicht diejenigen Schwierigkeiten, die weiter von Frühlingsgewässern noch von Sommerhitze abhängen. In diesem Falle ist es bequemer, im Frühjahr den, wenn auch weiteren und mit mehr Unkosten verbundenen Weg einzuschlagen, der über Wolchow, Jaroslawl, Weliky-Ustjug, Wologda, längs der Wolga, Suschona, nördlichen Dwina nach Archangelsk fährt; von hier geht ein Dampfer, der nach 36 Stunden auf den Solowetzkischen Inseln, oder dem Ssumsky Possad ankommt. Damit kein Aufenthalt entstehe, ist bei dieser Art Ueberfahrt darauf zu achten, dass die Zeit der Ankunft mit der Zeit der Abfahrt der Dampfer correspondire (d.h. gleichwie correspondiren die Ankunft und Abfahrt der Dampfer der Suschona und Wologda nicht mit der Ankunft und Abfahrt der Dampfer auf der nördlichen Dwina, so dass man fast immer genöthigt ist, zwei bis drei Tage in Wologda oder Weliky-Ustjug zu verbringen. Ausserdem ist die Fahrt längs der Suschona auf den kleinen Dampfern mit flachem Boden mit Schwierigkeiten verbunden. Ende Juli oder Anfang August hört die Communication längs der Suschona auf und dann ist man gezwungen, auf dem Rückwege nach St. Petersburg an 600 Werst per Axe zurückzulegen.

Der kürzere Weg führt über Petrosawodsk, Powenez zum Ssumsky-Possad. Von Powenez aus führen hier zwei Wege, von denen beide verschiedene Unbequemlichkeiten bieten, deren Beseitigung, wenigstens auf dem kürzeren Wege, in nächster Zukunft vorauszusehen ist. Aus St. Petersburg nach Petrosawodsk gehen von Mitte Mai an regelmässig grosse, bequeme Dampfer. Aus Petrosawodsk geht einmal wöchentlich (Sonntags) ein Dampfer ab, der nicht gross und auch nicht ganz bequem ist. Dennoch ist es besser, denselben zu benutzen, als sich auf 180 Werst den Beschwerlichkeiten einer Fahrt per Axe auszusetzen.

Powenez ist eine sehr kleine, arme Stadt mit 500 Einwohnern, einer Kirche, aus Holz gebaut, und einem steinernen Kronsgebäude. Für den Reisenden, der mehr oder weniger an Comfort gewöhnt ist und Niemand an diesem Orte kennt, ist es rathsam, die Stadt so schnell als möglich zu passiren. Wenn der Reisende nicht viel Gepäck mit sich führt, so ist es bequemer, diese 180 Werst per Post zurückzulegen; ist dagegen das Gepäck gross, so dass es viele Pferde erfordern würde, so bleibt nichts anderes übrig, als den Weg zu Wasser einzuschlagen, von dem oben die Rede war. Ich habe diesen sogenannten »Weg der Wallfahrer« zweimal gemacht. Das erste Mal im Jahre 1877, als sich an die Weisse-Meer-Expedition, welche aus vier Personen bestand, noch die schwedische Expedition des Lieutenants Sandberg anschloss. Alle zusammen hatten wir überhaupt an 70 Pud Gepäck, welches auf Booten transportirt werden musste. Im Jahre 1880 verband sich die zweite Weisse-Meer-Expedition, welche aus zwei Personen — J. N. Puschiechin und mir — bestand (Prof. Grenkowsky hatte den östlichen Weg über Archangelsk eingeschlagen), mit der Murman-Expedition, an der acht

Personen theilnahmen. Das Gepäck beider Expeditionen betrug an 150 Pud, und obgleich damals der Powenez-Sumsky-Postweg bereits fertig war, so war man dennoch gezwungen, dank der enormen Quantität Gepäck, den Weg zu Wasser einzuschlagen. In der Voraussetzung, dass auch andere Reisende in die Verlegenheit kommen, diesen Weg zu benutzen, finde ich es hier zweckmässig, eine kurze Beschreibung desselben zu geben.

Der Reisende lernt hier die primitivsten, fast natürlichen Communicationsmittel kennen. Nur sieben Werst ist er im Stande, von Powenez aus, auf dem Sumsky-Powenez-Wege zu machen. Darauf biegt er rechts, dann zur Seite ab, und nachdem er zwei Werst gefahren, kommt er an den Anfang des ersten Wasserweges, an den Ort, der »Rombaki« genannt wird.

So heisst das Ufer eines langen Sees oder richtiger einer ganzen Reihe von Seen, die die »Schmalen« (Uskja) genannt werden. Am dicht bewaldeten Ufer steht eine kleine russige Bauernhütte, und hier erwarten den Reisenden grosse tiefgehende Böte, die eigens dazu in Bereitschaft gehalten werden und hier »Karbassy« (vielleicht verkehrt von Barkas hergeleitet?) genannt werden. Bug und Hintertheil dieser Böte sind etwas abgerundet und nach oben gekehrt und treten daher stark hervor. Jedes Boot hat sechs bis acht Ruderer — gewöhnlich Frauen.

Hier beginnt das Reich der schweren Frauenarbeit. Die Frau ist hier viel arbeitsamer, fleissiger und fast immer stärker als der Mann. Von Kindheit an gewöhnt, das Boder zu führen auf langen, reissenden Flüssen oder auf grossen Seen, die oft eben so bewegt und gefährlich sind, wie das Meer, ist hier die Frau der beste Ruderer und Fährmann. Da, wo sie als Ruderer und Fährmann nicht dienen kann, dient sie eben so gut als Lastträger. Um die Sachen bequemer tragen zu können, haben diese Lastträgerinnen eine kleine Trage zum Zusammenschlagen — »Kroschenka« genannt —, die aus biegsamen Baumreisern hergestellt wird. Die Kroschenka mit all den Sachen, die im Boote waren, hängt sich die Trägerin über den Rücken und schreitet dann mit hoch aufgeschürzten Röcken, damit sie nicht im Gehen gehindert werde, durch Sümpfe und über Berge.

Die Frauen dieser Gegend sind von schlankem Wuchse und gehören einer edlen Race an, welche, aller Wahrscheinlichkeit nach, den Rest eines alten Nowgorodschen, ehemals hier herrschenden Stammes bildet. Ihre Tracht unterscheidet sich in einiger Hinsicht von der Tracht der Grossrussin. Ihr Sarafan ist kurz und lässt den Fuss fast bis ans Knie frei. Blaue Strümpfe mit Kreuzbändern bilden ihre Fussbekleidung. Auf dem Kopfe tragen sie eine besondere Kopfbedeckung (»Kika«) oder ein hoch aufgebundenes Tuch, welches an eine Kika erinnert.

Die schmalen Seen bilden einen Theil jener zahllosen kleinen und grossen Seen, mit denen diese ganze Gegend bedeckt ist und die man hier »Lamhinen« nennt. Es unterliegt keinem Zweifel, dass diese ganze Gegend früher unter Wasser gewesen ist

Weg von Osega-See bis zu den Solowetzkischen Inseln.

und mit dem Weissen Meere ein Wasserbecken bildete. Bei genauer Untersuchung solch grosser Seen, wie der Wyg- und Onega-See, würde es sich vielleicht erweisen, dass hier manche Formen vorkommen — besonders unter den Amphipoda — die mit denen des Weissen Meeres identisch sind. Es ist leicht zu begreifen, dass viele dieser Seen allmählich austrocknen. An ihren Ufern bildet sich ein Moor, das grösstentheils aus abgestorbenen, braun gewordenen Wasserpflanzen besteht, und dessen Extract sich natürlich dem Wasser mittheilt und demselben eine gelbe Färbung giebt. Fast in allen Seen hat das Wasser diese Färbung und nur einzelne kalte Quellen haben gutes, trinkbares Wasser.

Um diese Seen herum wächst lichtes Nadelgehölz, welches die Moräste bedeckt. Der Boden ist fast durchgängig entweder sandig und steinig oder er ist sumpfig. Die mehr oder weniger hervortretenden Erdhügel sind mit Haidekraut, Caluna vulgaris, Ledum palustre oder Renuthierflechten bedeckt. Diesen Charakter behält die Gegend bis hart an das Weisse Meer. Die Moräste dehnen sich zwischen bewaldeten Hügeln und Bergen hin, welche oft steil zum See abfallen. Daher wird hier wohl das Ufer Berg genannt (z. B. »er stiess vom Berge ab«, »er landete am Berge«, »er ging auf den Berg«).

Die Ueberfahrt auf diesen schmalen Seen dauert sechs bis sieben Stunden. Darauf wird der Reisende mit seinem Gepäck an's Land gesetzt und hier muss er fünf Werst zu Lande zurücklegen bis zum Orte Masselga, welcher am Ufer des anderen Sees liegt. Diese kurze Strecke führt über einen Bergrücken, welcher die Gewässer, die in das Weisse Meer fliessen, von den Gewässern des Onega-Sees scheidet. — Von der Höhe des Bergrückens öffnet sich dem Reisenden eine schöne Fernsicht auf die bewaldeten Ufer des grossen Matkosero. Diesen kurzen Weg legt man zu Pferde zurück. Das Gepäck wird auf Frachtwagen geführt, die mit sehr seltsamen, primitiven Rädern versehen sind. Diese Räder werden hier (wie überhaupt alle Räder) »Krugis« genannt. In der That sind diese Krugis aus dicken Holzblöcken grob gearbeitet.

Masselga (oder Morskaja Masselga) ist eine recht grosse Ansiedlung mit einer Kirche und liegt auf einem kleinen Hügel. Hier setzt man sich wieder in die Karbassy und fährt zehn Werst längs dem Matkosero, bis zum Dorfe Telekin. Kurz vor dem Dorfe, ungefähr anderthalb Werst von ihm entfernt, hält das Boot an und der Reisende muss die Strecke bis Telekin zu Fuss zurücklegen, während das Gepäck entweder durch Bänke oder auf einem mit Krugis versehenen Fracht- wagen transportirt wird. In Telekin steigt man in einem Bauernhause ab, welches etwas an Civilisation erinnert und wo sich jetzt die Poststation befindet. Von hier setzt der Reisende seine Fahrt von 40 Werst, die fast einen ganzen Tag dauert, längs dem Flusse Telekin fort.

Der Fluss Telekin ist stellenweise breit, stellenweise schmal, tritt stark zurück und trocknet zu Ende des Sommers fast ganz ein, was die Communication natürlich bedeutend erschwert. Bei der Mündung kommen Fälle vor, die seine Strömung bedeutend beschleunigen. Eine eben so starke Strömung finden wir bei seinem Ausfluss in den Matkosero, wo er lärmend über Steine dahinrauscht. An breiteren Stellen trifft man in seinem Laufe Inseln an, die eine ähnliche Vegetation haben, wie die Ufer, welche im Frühjahre oft überschwemmt werden und dann mit ihren Bäumen, die aus dem Wasser zu wachsen scheinen, einen originellen, nicht gerade unschönen Anblick bieten. Verschiedenes Wild, besonders Enten aller Art, sind es, die hier am Ufer und auf den Inseln ihr Wesen treiben. Als wir im Frühjahr 1880 zusammen mit der Murman-Expedition auf vier grossen Karbassy diesen Fluss abwärts fuhren, wurde unsere Fahrt von fast unaufhörlichen Schüssen begleitet, die, aus Flinten oder Stutzen abgefeuert, den gefiederten Waldbewohnern galten. Vier Werst vor dem Ausflusse des Telekin in den Wyg-Osero landen die Karbassy und den Rudererinnen wird eine kurze Rast gegönnt. Von Alters her ist hier der Ruhepunkt für die Solowezkischen Wallfahrer gewesen, die zu vielen Tausenden diesen Weg wandern. Am Ufer steht hier eine niedrige, alte Capelle, — oder richtiger ein Bethaus, wie die Altgläubigen sie hatten — und dicht daneben sehen wir eine recht geräumige Hütte mit kleinen Fenstern. Diese schwarze, russige, staubige Hütte beherbergt und giebt oft sogar ein Nachtlager für Hunderte dieser Wallfahrer, welche in Staub und Schmutz, unter grober Leinwand, die mit Stricken an die Decke befestigt als Vorhang dient, schlafen und daselbst ausserhalb der Hütte und langen Tischen oder Bänken gespeist und mit Thee getränkt werden.

Aus der Mündung des Telekin fahren die Karbassy in den Wyg-See hinein, der sich auf 30 Werst lang ausdehnt und mit zahllosen bewaldeten Inseln besäet ist. Die Eingeborenen behaupten, dass dieser See an 365 Inseln zählt, d. h. gerade so viele, wie das Jahr Tage hat. Diese Inseln oder kleinen Caps (»Nawoloki«) dienen den Karbassy als Lan- dungspunkte im Falle eines plötzlichen Sturmes; übrigens ist der See grösstentheils, besonders im Sommer, still und die Fahrt zwischen den schönen, mit dichtem Gehölz bewachsenen Inseln, die sich in dem klaren Wasser widerspiegeln, unbe- schreiblich schön; besonders im Anfang gewährt sie viel Vergnügen, so lange sich vor dem neugierigen Auge immer neue Bilder entfalten. Wenn man den See nur 30 Werst hinter sich hat, hält der Karbass bei dem Orte Kokorazy an, welcher auf einem, weit in den See hineinragenden Cap (Nawolok) gelegen ist. Am Ufer, auf dem Wege, welcher anderthalb Werst von hier entfernt ist, erwarten den Reisenden Lastträgerinnen und Pferde, die einzeln in zweirädrige Karren gespannt sind. Für unser Gepäck mussten aus den zwei nächsten Dörfern 20 Pferde herbeigeschafft werden, so dass sich eine förmliche Karawane gebildet hatte, die von Fussgängern und Reitern begleitet wurde. Einige hatten es vorgezogen, den weiten beschwerlichen Weg von 30 Werst, der hier »Tscherny Wolok« (Schwarzer Weg) genannt wird, zu Fusse zurückzulegen. Diese Ueberfahrt erfordert fast eine ganze Tagereise; wenn man in der Frühe ausfährt, kommt man nicht vor Einbruch der Nacht an. Der schmale Weg ist den Einwirkungen der Elemente überlassen: es rührt keine Menschenhand daran. Längs des ganzen Weges wechseln kleine Berge, die mit Steinen bedeckt sind, mit sumpfigen Bodensenkungen, die durch Faschinen- werke gangbar gemacht sind. Um die Fahrt auf solch einem Wege in einem einfachen Karren ertragen zu können, muss man starke Nerven und eine gesunde Constitution haben.

Nach der dreizehnten Werst rastet man auf einem Berge. Früher stand hier eine Hütte, wo sich der Reisende vor dem Unwetter bergen konnte, jetzt stehen davon nur noch die verkohlten Balken, und der Reisende sucht, auf einer Strecke von 30 Werst, vergebens nach einem schützenden Dach.

Der Tscherny-Wolok führt zum Dorfe Worenscha, wo das Gepäck wiederum auf, im voraus bestellte, Karbassy geladen wird. Auf dem ganzen Wege müssen sowohl die Pferde, wie auch die Karbassy durch die Landpolizei bestellt werden, sonst läuft der Reisende Gefahr, irgend wo sitzen zu bleiben und weder Leute noch Pferde vorzufinden, die er zur ferneren Reise braucht. Ueberhaupt wird hier die Arbeit eines Menschen — Ruderers oder Packträgers — mit den- selben 3 Kopeken per Werst bezahlt, wie die Arbeit des Pferdes, nur auf dem Tscherny-Wolok zahlt man etwas mehr. Das Fährgeld für einen Karbass wird nach der Zahl der Ruderer berechnet.

Aus Worenscha rudert man längs dem Ssum-Osero direkt nach Norden, wo eine kleine Insel fast in der Mitte des Sees liegt und welches 40 Werst von Worenscha entfernt ist. Auf der Insel ist eine Ansiedlung — Ssum Ostrow —, wo augenblicklich eine Gemeinde-Station (Obywatelskaja-Stanzija) eingerichtet ist. Hier hört eigentlich der Wasserweg mit all seinen Vorzügen und Mängeln auf. Die ganze Last der Beschwerlichkeiten dieser Reise mussten wir noch im Jahre 1877 überwinden. Die schlaflos verbrachten Nächte in den dumpfen, stockenden Hütten und all die Abenteuer, die eine solche Reise mit sich führt, sind uns noch frisch im Gedächtniss. — Am Ufer des Ssumy-Osero angekommen, landeten wir wieder «am Berge» und mussten unser Gepäck theils Lastträgerinnen überlassen, theils auf Schlitten laden, die hier das einzige Fuhrwerk sind und zum Transport der Lasten und Menschen im Sommer wie im Winter dienen. Der Schlitten ist schmal und lang und gleicht unseren Bauernschlitten mit höheren Ständern. Ich bin in denselben 10 Werst im leichten Trabe gefahren; die Fahrt ist recht bequem, besonders nach dem Regen, nur wirkt das beständige Schleifen des Geleise auf der Erde unangenehm und reizt die Nerven. Auf dem neuen Powenez-Sommer Wege ist dieses primitive Fahrzeug ganz aus dem Gebrauch gekommen.

Den ganzen Ssumsky-Powenez-Wasserweg kann man mit den nothwendigen Unterbrechungen in drei bis drei und einem halben Tage zurücklegen. In dieser Hinsicht ist der Postweg jedenfalls vorzuziehen, indem man hier bei verhältniss-mässig langsamer Fahrt diese 180 Werst in anderthalb Tagen machen kann. Ausserdem hat dieser Weg nicht jenen primitiven, wilden Charakter, durch den sich der «Weg der Solowetzkischen Wallfahrer» auszeichnet. Wenn die Wallfahrer es bis jetzt vermeiden, den Postweg einzuschlagen, so geschieht es nur in Folge des Mangels an Vorrichtungen, die für die Fortbewegung solcher Massen unumgänglich sind. Wenn es möglich wäre, auf den Stationen lange Lineiki und eine grosse Anzahl Pferde anzuschaffen, so würden die Stationen selbst ohne Zweifel bei dieser periodisch wiederkehrenden Bewegung nicht im Nachtheil bleiben. Für zwei, drei oder sogar vier Personen, die ohne besonders schwere Bagage in einem Drei-, Vier- oder Fünfspänner fahren, ist es bequemer und vortheilhafter, den Postweg zu benutzen. Für jeden Fall ist es nothwendig, dass sich der Reisende von dem Landgericht in Olonezk einen Schein (Okrity-List) verschaffe.

Noch ehe der Ssumsky-Powenez-Postweg eröffnet war, hatte man ein Projekt zu einer Eisenbahn auf diesem Wege gemacht. Es muss hier erwähnt werden, dass ein grosser Theil dieses Weges mit der vom Peter dem Grossen ausgehauenen Lichtung zusammenfällt, die den Onega-See mit dem Weissen Meere in Verbindung setzt, nur biegt diese Lichtung rechts zum Wyg-See ab und geht dann ostwärts direkt nach Nüchtscha. Es unterliegt keinem Zweifel, dass, wenn die Ssuma mit dem Onega-See durch eine Eisenbahn verbunden würe, dies (im Sommer) der einzige rasche, sichere und bequeme Verbindungsweg zwischen dem Norden und St. Petersburg wäre. Die Civilisation und der Comfort dieses Landes gehen heut zu Tage nicht von Russland, sondern von Schweden aus. Andererseits hätte diese Pulsader für die Naturerzeugnisse, die von Norden her über Archangelsk nach Moskau und St. Petersburg gehen, einen besseren und bequemeren Exportweg geliefert. Der Vorzug einer solchen Verbindungslinie ist so leicht zu ersehen, dass der Bau einer Eisenbahn jetzt nur eine Frage bildet, deren Lösung in nächster Zukunft zu erwarten ist. Ist dieses Eisenbahnprojekt einmal zur Wirklichkeit geworden, und haben wir eine direkte Verbindungslinie zwischen Petrosawodsk und Powenez, so kann der Petersburger fast mit Bestimmtheit darauf rechnen, dass er schon am dritten Tage am Ufer des Weissen Meeres, im Ssumsky-Possad ankommt. Bisher ist diese rasche Ueberfahrt nicht nur allein durch den Mangel einer Eisenbahn, sondern auch einer direkten Communication mit Powenez verhindert worden. Das kleine Dampffloot, welches nur einmal wöchentlich die Passagiere aus Petrosawodsk nach Powenez bringt, geht nicht direkt dorthin, sondern legt fast in allen tieferen Buchten des nordwestlichen Theils des Onega-Sees an. Natürlich geht dabei sehr viel Zeit verloren.

Der Ssumsky-Possad hat den Typus, der den Ansiedlungen des Weissen Meeres eigen ist. Er liegt vier Werst vom Meere entfernt, am gefällreichen Flusse Ssuma, der aus dem Onega-See fliesst. Vom Strande aus ist die Stadt fast gar nicht sichtbar und hinter dem Wall, der sie verdeckt, ragen nur die Spitzen der Holzkirche und des Domes hervor. Längs dem Ufer der Ssuma stehen an 100 Häuser, vor denselben, ganz dicht am Flusse, zieht sich eine Reihe Magazine. An führten und Treppen hin, die zu jedem Hause hinaufführen. Vom Ufer aus sehen diese Anfahrten aus dicken Balken eigenthümlich aus. Zwischen den Reihen dieser Gebäude führt mit beiden Ufern des Flusses eine schmale, mit Brettern gepflasterte Strasse hin. Die Häuser mit den hohen Isbochki und Pforten, die direkt ins Haus führen, sind meistentheils alt, verwittert und schief. Höfe fehlen ganz. — Das ist die allgemeine Bauart, von der nur sechs oder sieben zweistöckige Häuser eine Ausnahme machen, die, wenn auch im Geschmack des russischen Kaufmanns, Ansprüchen auf Civilisation machen. Alle Bewohner der Ssuma, wie auch aller Ansiedlungen des Weissen Meeres, ziehen im Sommer nach Murman oder Norwego Semlja und gehen dort auf Jagd und Fischerei aus. Im Possad bleiben nur ihre Weiber und Familien zurück.

Um in die Ssuma einzufahren, muss man an dem alten Friedhofe und dem Glockenthurme des Domes vorbei, der der einzige Punkt ist, von dem aus man die Ankunft der Dampfboote beobachten kann; übrigens sieht man von demselben nur den aufsteigenden Rauch. An dem Glockenthurm vorbei führt die mit Balken ausgelegte Anfahrt zum Flusse hinab gerade auf die Brücke, auf der sich ein grosses Kreuz erhebt. Solchen Kreuzen begegnen wir im Ssumsky-Possad an vielen Stellen und wir finden sie in allen Ansiedlungen und Inseln des Weissen Meeres wieder, wo sie als Zeichen der Dankbarkeit für die Rettung von Tode oder vom Sturme gesetzt werden.

Bei der Kirche, etwas rechts ab auf dem Wall, sieht man die Ueberreste einer alten Mauer aus dicken Balken und unter derselben einen unterirdischen Gang, der mit einer grossen Pforte geschlossen ist. Unweit davon am Ufer erhebt sich ein Magazin in Form eines hohen Thurmes, von wo man bei hohem Wasserstande den getrockneten Stockfisch auf

Schnlle verladet. Am Ende der Anschüttung, am oberen Laufe, wird der Fluss in Folge der Steine und steinigen Inseln breiter und fliesst dann brausend und rauschend in Fällen hinab. Hier führt eine lange Brücke über ihn, die auf hölzernen, mit Steinen gefüllten Pfeilern ruht.

Die Ueberfahrten auf dem Weissen Meere können auf verschiedene Weise gemacht werden. Für den Naturforscher, der sich nicht weit vom Strande zu entfernen braucht, ist es am vortheilhaftesten, ein grosses Boot, die sogenannte »Schnjaka«, mit Verdeck und Kajüte zu miethen. Von diesem Boote aus kann er draginen und dasselbe zugleich als eine schwimmende Station benutzen. Noch besser ist es, wenn er sich mit dem grossen Boot auch einen kleinen Karbassik zum Draginen miethet. Die Schnjaka kann man während des ganzen Sommers für den Preis von 50—60 Silberrubel benutzen und damit fast alle Küsten besuchen. Dies erfordert aber eine genaue Kenntniss derselben und vorzüglich aller Ankerplätze. Es ist sehr gefährlich, sich auf der Schnjaka ins offene Meer zu wagen, besonders wenn man keinen erfahrenen, geprüften Steuermann (Korschik) hat. Im letzteren Falle ist es nothwendig, entweder ein solideres Fahrzeug zu miethen, oder zu den Krons-Dampfern des Hafens von Archangelsk Zuflucht zu nehmen, die von der Weisse-Meer-Expedition 1877 und von der Weisse-Meer-Murman-Expedition 1880 benutzt worden. Es verhalf ihnen dazu der Commandeur des Hafens von Archangelsk, kraft des Befehls S. K. Hoheit, des ehemaligen General-Admirals, Grossfürsten Konstantin Nikolajewitsch. Das erste Mal wurden die Excursionen der Herren Grigorjeff und Mereschkowsky auf die Mesenküste und in dem Nördlichen Ocean auf die Iokanschen Inseln auf dem Dampfschoner »Samojed« gemacht. Darauf besuchten die Herren Grigorjeff und Andrejeff auf demselben Schoner den Kandalakschen Meerbusen und die Tersky-Küste. Im Jahre 1880 wurde der Krons-Dampfschoner »Polarnaja Swesda« der Weisse-Meer-Expedition zur Verfügung gestellt, jedoch stehen die Forschungsresultate dieser Excursion denjenigen der Excursion auf dem »Samojed« bei weitem nach. Das hing theilweise von der unvollkommenen Construction des Schoners, theilweise von der Mannschaft ab, die sich fürchtete, sich in den ihr vollkommen unbekannten Onega-Meerbusen hinein zu wagen.

Gewöhnlich wird die regelmässige Ueberfahrt auf dem Weissen Meere von den Dampfern der Archangelsk-Murman-Gesellschaft gemacht. Der grosse Dampfer »Kem« fährt von Archangelsk nach den Solowetzkischen Inseln, von dort nach Kem, Sorok?, Nuchtscha, Onega, von wo aus er auf demselben Wege wieder zurück nach Archangelsk geht. — Die zweite Fahrt macht er in die Kandalakscha-Bucht, auf die Tersky- und Murman-Küsten. Diese Ueberfahrt macht er monatlich einmal vom 15. Mai bis 15. September.

Der Reisende, der aus dem Saunsky-Possad auf den Dampfer »Kem« gelangen will, muss an vier Werst längs dem Flusse Saunu fahren, was ohne Schwierigkeiten geschieht, da man einen Karbass zu jeder Zeit in Saunsky-Possad bekommen kann. Ausserdem haben die Post und die Geschäfts-Stationen über grosse Böte, die speciell für diesen Zweck vorhanden sind, zu verfügen. Am besten macht man die Ueberfahrt, wenn der Fluss anfängt zurückzutreten, obwohl Ende des Sommers und besonders im Herbste, wenn die Saunu eintrocknet, dieselbe bei den Fällen einige Schwierigkeiten bietet. Jedenfalls ist die Reise auf dem Meere bis zum Dampfer beschwerlich, da dieser vier Werst von der Mündung, und im Sommer, in Folge des niedrigen Wasserstandes, noch weiter draussen sich aufhält. Auf dieser ganzen Strecke von vier Werst ist das Wasser mehr oder weniger süss, weil die starke Strömung der Saunu ihre Gewässer weit ins Meer hineinjagt. Zur Zeit der Fluth ist es bei Sturm nicht gerade angenehm, diese vier Werst auf dem Meere zu sein. Ein kleines, schwer beladenes Boot kann leicht von den Wellen erfasst und versenkt werden, ein leichtes — wird umschlagen. Die Schifffahrt zur Zeit der Ebbe ist mit anderen Unbequemlichkeiten verbunden: das Boot stösst beständig auf den Boden des Meeres auf, und obwohl das Fahrwasser genau abgesteckt ist, ist man der Untiefen wegen oft gezwungen, Zeit zu verlieren.

Im Jahre 1877 gingen die Murman-Archangelschen Dampfer noch nicht regelmässig, und um auf die Solowetzkischen Inseln zu gelangen, war die Weisse-Meer-Expedition gezwungen, für 70 Rubel ein Boot zu miethen, welches dem Saunsky-Possad gehörte und von dem Grossfürsten Alexej Alexandrowitsch ihm geschenkt worden war. Die Expedition musste damals mehr als vier Tage in Saunsky-Possad zubringen, da die ganze Zeit ein starker ungünstiger Wind wehte. Als endlich der Wind sich etwas legte, fuhren wir in die Mündung hinaus, wo am Ufer eine Kapelle und ein Zollhaus stehen. Nachdem wir hier vergebens auf günstige Gelegenheit zur Weiterreise gewartet hatten, kehrten wir in den Saunsky-Possad zurück. Erst am Abend des anderen Tages wagten wir uns auf dem Boot ins Meer, fuhren die ganze Nacht hindurch und mussten am Morgen, nachdem wir zehn Werst hinter uns hatten, auf der kleinen Insel Bas-Ostrow landen. Diese Insel ist Jedem, der diesen Weg nach den Solowetzkischen Inseln macht, wohlbekannt. Sie erstreckt sich auf zwei Werst und ist mit Wald bedeckt, nur der südliche Theil ist kahl und erhebt sich über dem Wasser in pittoreske Granitfelsen und -Blöcken. Die unzähligen Kreuze auf der Höhe der Felsen weisen darauf hin, dass die Insel als Zufluchtsort für viele Schiffbrüchige gedient hat. Gegen Abend legte sich der Wind und wir verliessen den Rettungshafen. In der Nacht sprang der Wind auf, so dass er uns günstig wurde, und wir an den Schaschnajskije-Inseln — auf einer derselben erhebt sich der Leuchtthurm, »Bolschoj Schaschnaj« — und an der Insel Ssennucha, einem kahlen Felsen, vorbei, gegen Morgen glücklich auf den Solowetzkischen Inseln ankamen.

Anno 1880 besuchten wir mit dem Professor Grenkowsky wieder den Bas-Ostrow. Wir fuhren Ende Juli von den Solowetzkischen Inseln aus und hatten es dem Superior des Klosters, dem Archimandrit Meletius, zu verdanken, dass er uns,

Mitgliedern der Weisse-Meer-Expedition, einen dem Kloster gehörenden Dampfer »Nadeschda« gab, der uns in die Somma brachte. Die vollkommene Windstille und das schöne Wetter versprachen uns eine glückliche und ungehinderte Ankunft auf dem Soumsky-Possad, der 20 bis 26 Werst von da entfernt war. Der Dampfer stiess aber mit vollem Dampf an eine Klippe oder »Stamik«, wie diese Klippen von den Strandbewohnern genannt werden. Diese Katastrophe entstand in Folge der Nachlässigkeit des jungen Steuermanns, eines Schülers der Kemschen Steuermanns-Schule, der die Weisungen zweier alten Lootsen, die am Steuer standen, ignorirte und der Karte von Reinecke, auf der die Klippe nicht bezeichnet war, traute. Alle Anstrengungen, den Dampfer von der Klippe zu befreien, waren vergebens; er sass mit dem mittleren Theile des Kieles fest. Umsonst warteten wir auf einen glücklichen Zufall, der uns befreien könnte. Endlich, nachdem wir von 6 Uhr Abends bis 4 Uhr Morgens gestanden hatten, erklärte uns der Steuermann, der zugleich die Functionen des Kapitäns versah, dass er für die Sicherheit des Dampfers nicht stehe, und gab uns den Rath, in einer Schaluppe aus Land zu fahren. Diese Schaluppe mit einem Steuermann und vier Matrosen als Ruderer wurde uns zur Verfügung gestellt. Kaum hatten wir uns von dem Dampfer entfernt, als sich über unseren Häuptern eine schwere Wolke lagerte, die den ganzen Himmel bedeckte und sich in einem starken Regengusse entlud. Ringsum war nichts zu sehen. Ich wandte mich an den Steuermann mit der Frage, ob er einen Kompass hätte, und bekam eine verneinende Antwort; als ich ihn darauf fragte, wie er denn das Boot lenke, sagte er, dass er sich nach den Wellen richte und dieselben zu durchschneiden suche; »aber wenn sich der Wind wenden sollte?« — fragte ich weiter; der Steuermann betrachtete den Himmel genau und antwortete mit Gewissheit: »nein, der Herr ist gütig; der Wind wird sich nicht wenden.« Ich erzähle diesen Fall, um die Sorglosigkeit des Weisse-Meer-Bewohners hervorzuheben. Eine Stunde darauf schien wieder die Sonne und wir landeten auf dem Ras-Ostrow, wo die Matrosen ein Kreuz setzten und ihre Kleider trockneten. In Somma angekommen, schickte ich sogleich ein Telegramm nach Archangelsk an den Gouverneur, und in den Solowetzkischen Klosterhof, damit von dort ein Dampfer geschickt würde, um der gestrandeten »Nadeschda« aus der kritischen Lage zu helfen. Glücklicherweise nahm alles einen guten Verlauf: der Dampfer aus Archangelsk kam zur Zeit an, die Maschine der »Nadeschda« wurde herausgehoben, das Schiff ins Schlepptau genommen und auf die Solowetzkischen Inseln gebracht. Nach fünf Tagen konnte man den Dampfer wieder benutzen.

Die Solowetzkische Biologische Station (nach einer Photographie).

11. Die Solowetzkische Biologische Station.

Als ich zum ersten Mal die Fauna des Solowetzkischen Meerbusens kennen lernte, kam mir der Gedanke, hier eine zoologische Station zu gründen, welche für die zukünftigen Forscher und besonders für die Studenten der Universität zu St. Petersburg als Hülfsmittel dienen sollte. Diesem Gedanken verfolgend, wandte ich mich an den früheren Superior des Solowetzky-Klosters, den Archimandrit Theodosius, mit der Bitte, eins von den Klostergebäuden diesem wissenschaftlichen Zwecke zu widmen.

Der Archimandrit Theodosius wies mir ein kleines Haus zu, welches am Ufer der Anzersk-Strasse an dem Orte liegt, der »Rybalda« genannt wird. Für die entstehende Station konnten in diesem kleinen Hause nur drei kleine Zimmer zur Verfügung gestellt werden. Ausserdem wird das Haus nicht beständig bewohnt und ist 15 Werst von dem Kloster und 4 Werst von der Anzersk-Einsiedelei entfernt; diese letzten vier Werst boten oft Schwierigkeiten und sogar Gefahren. Wenn sich der Forscher in diesen drei Zimmern niederlässt, ist er gezwungen, ein Einsiedlerleben zu führen, und ausschliesslich auf eigene Kräfte angewiesen. Es versteht sich von selbst, dass man hier Gefahr läuft, auf dieselben Beschwerlichkeiten zu stossen, wie auf einer unbewohnten Insel. Obwohl ich die St. Petersburger Naturforscher-Gesellschaft davon in Kenntniss gesetzt hatte, dass der Archimandrit Theodosius bereit sei, das einzelnstehende Haus in Rybalda für die zoologische Station zu überlassen, so hatte ich doch wenig Hoffnung, meinen Plan zur Ausführung zu bringen. Aus diesem Grunde verfolgte ich meinen Zweck auf anderen Wegen.

An den Küsten und auf den Inseln des Weissen Meeres befinden sich einige Leuchtthürme, in deren Räumlichkeiten ich die Möglichkeit voraussetzte, zoologische Stationen zu gründen: die eine im Onega-Meerbusen, auf der Insel Schuschonj, und die andere im Nördlichen Ocean, am Orlowsky-Cap. Durch die Vermittlung des Commandeurs des Hafens von Archangelsk, des Fürsten L. A. Uchtomsky, besuchte ich im Jahre 1876 den Leuchtthurm auf der Insel Schuschonj und musterte zugleich den Plan des Leuchtthurmes an dem Orlowsky-Cap. Hier und da fanden sich unbesetzte Räume, in denen es, wenn auch nicht ganz bequem, möglich wäre, zoologische Stationen zu gründen. Ich erbat die Erlaubniss vom General-Admiral, Grossfürsten Konstantin Nikolajewitsch um die Erlaubniss, die oben genannten Räumlichkeiten benutzen zu dürfen, was mir auch nicht versagt wurde. Die Gründung solcher Stationen erforderte jedoch Mittel, die weder vom Marine-Ministerium noch vom Ministerium der Volksaufklärung, an die ich meine Bitten richtete, geboten werden konnten.

Die Frage der zoologischen Stationen blieb daher bis zum Jahre 1880 hin offen, das heisst bis zur Weisse-Meer-Expedition, die aus den Mitteln der VI. Versammlung russischer Naturforscher und Aerzte ausgerüstet wurde. Alsdann wendeten wir uns mit meinem Collegen, dem Professor der Universität zu Charkow, L. S. Cienkowsky, an den Superior des Solowetzky-Klosters, Archimandrit Meletius, mit der Bitte, ein Gebäude für die biologische Station zu errichten. Dabei hatte man im Auge, dass die Station nicht nur in wissenschaftlicher, sondern auch in praktischer Hinsicht Nutzen bringen könnte.

Das Solowetzky-Kloster zeichnet sich von Alters her durch den bildenden Einfluss auf die Strandbevölkerung aus, für welche die Naturerzeugnisse des Weissen Meeres, mit seinem Fischfang und seiner Jagd, die einzige Quelle der Existenz bieten. Daher wäre es wünschenswerth, dass bei Ausnützung dieser Quellen rationelle Methoden angewandt werden. Von diesem Gesichtspunkte aus könnte die biologische Station auf den Solowetzky-Inseln als Ausgangspunkt der Verbreitung dieser Methoden dienen. Vor allem musste hier für die Einführung einer künstlichen Fischzucht gesorgt werden, welchem Zweck die biologische Station entsprechen sollte.

Der Archimandrit war daher dieser Sache sehr gewogen und wies uns auf ein für den Fischfang bestimmtes Haus hin, welches seit langer Zeit dem Solowetzkischen Kloster gehörte und Seldjanaja-Isba (Häringshaus) genannt wurde. Dieses Gebäude sollte als Basis zum Bau einer biologischen Station dienen, wenn die Synode gegen deren Gründung nichts einzuwenden habe. Durch die Vermittelung der St. Petersburger Naturforscher-Gesellschaft wurde mir die Fürsprache der Synode gewährt, und die Gründung der genannten Station genehmigt.

Der Archimandrit Meletius stellte seinerseits der Kirchenversammlung des Solowetzkischen Klosters den sicheren Nutzen vor, den die Station für die Wissenschaft und für die Gewerbe der Küstenbevölkerung bringen würde. Die Kirchenversammlung gab infolge dessen ihre Einwilligung zu der Gründung der Station und bestimmte, die Seldjanaja-Isba zu diesem Zwecke um ein Stockwerk zu erhöhen. Dieser Befehl wurde im Sommer 1881 in Ausführung gebracht und im Jahre 1882 arbeitete ich bereits in diesem Gebäude.

Dasselbe liegt am Ufer der Solowetzkischen Bucht, 120 Faden vom Kloster entfernt, von dem es durch eine kleine Bucht getrennt ist; es steht auf einem Cap und nimmt fast die Hälfte seiner Breite ein. Es ist 15 Faden lang und etwas mehr als 10 Faden tief. An seiner vorderen Façade treten drei Anbaue hervor. Jeder der zwei Anbaue des oberen Stockwerks enthält ein Zimmer mit zwei Fenstern, im unteren befindet sich die Küche nebst Vorbau und ein geräumiges Zimmer, welches für die Fischzucht bestimmt ist. Der Haupteingang ist im mittleren Anbau, wo eine gerade, recht breite Treppe in die Räume der Station hinaufführt. Die Station besteht aus 8 grossen, 2 kleinen und einem geräumigen, leider dunklen, Zimmer. In den Eckzimmern sind je zwei Fenster, in den mittleren je eins; jedes Fenster ist doppelt mit zwei recht hohen Fensterrahmen; drei Fenster sind nach Norden, vier nach Osten, drei nach Süden und zwei nach Westen gerichtet. Ausserdem befindet sich im Mezzanine ein langes helles Zimmer, zu dem aus dem Vorhause des oberen Stockwerkes eine aparte kleine Treppe führt. Dieses Zimmer ist für ein kleines Localmuseum bestimmt. Von beiden Seiten grenzen daran grosse Böden, in deren Räumen man kleine Reservoire zur Circulation des Wassers in den Aquarien einzurichten beabsichtigt.

Obwohl die Station dicht an der Solowetzkischen Bucht gelegen ist, kann das Wasser weder für die Aquarien, noch für Arbeiten benutzt werden: es enthält wenig Luft, recht viel Süsswasser und organische Ueberreste. Da die Station von dem Kloster ein Boot mit zwei Ruderern beziehen konnte, war ich im Stande, täglich zwei bis drei Zuber Wasser zu holen, welches eine halbe Werst ausserhalb der Bucht aus dem Meere geschöpft wurde. Natürlich wird man mit der Zeit das Wasser leiten und mit Hilfe einer vorhandenen, dem Kloster gehörenden, kleinen mobilen Dampfmaschine in die Reservoire pumpen müssen.

Das Kloster versah die Station mit passenden Möbeln, die extra dazu gemacht wurden. Was die Ausrüstung des Laboratoriums anbetrifft, so trugen wir dazu bei, indem wir jedes Mal, wenn wir in Szolowki arbeiteten, einige Materialien und Geräthschaften zurückliessen.

Abgesehen davon wies das Ministerium der Volksaufklärung 1000 Silberrubel für die erste Einrichtung der Station an und sicherte uns zugleich jährlich eine Unterstützung von 500 Silberrubeln zu. Von diesen 1000 Rubeln wurden 400 R. für Glasgeschirr, verschiedene Materialien und Reagentien ausgegeben; 600 R. kamen auf die Bibliothek, die hauptsächlich aus Werken über die Fauna der nördlichen Meere besteht.

II.

Geofaunistische Beschreibung des Solowetzkischen Golfes.

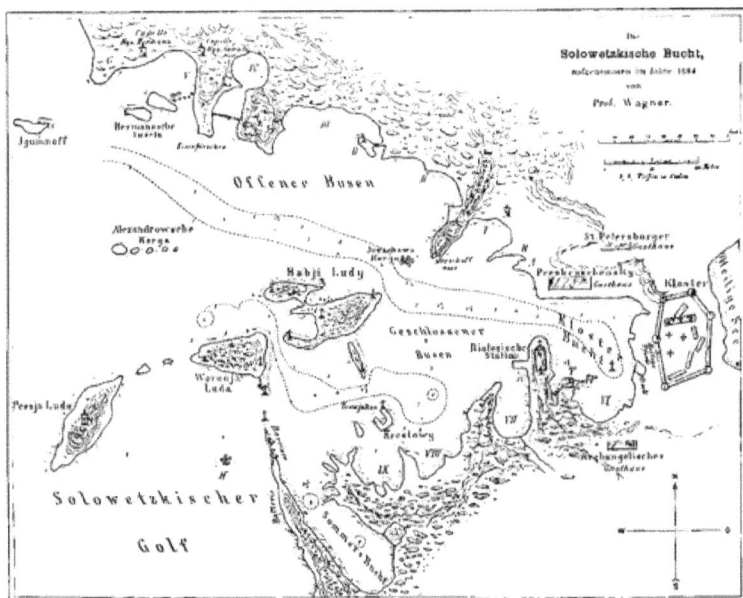

III. Die Solowetzkische Bucht.

Mit diesem Namen bezeichne ich jene kleine nördliche Abtheilung des Solowetzkischen Meerbusens, an deren östlichem Ende das Solowetzky-Kloster, am südwestlichen Ende aber zwei grosse Kreuze sich befinden, hinter welchen der offene Solowetzkische Meerbusen beginnt. — Ich habe diese kleine, in die Länge und an der breitesten Stelle auch in die Breite ungefähr 1½ Werst (circa 700 Faden) sich erstreckende Bucht speciell untersucht. Ich meine, dass auch künftige Forscher ihre Arbeiten über alle Lebensbedingungen der nördlichen Seethiere namentlich mit der Untersuchung dieser nächsten, unmittelbar dem Kloster und der Solowetzkischen biologischen Station anliegenden Bucht beginnen sollten.

Die Solowetzkische Bucht beginnt am Kloster auf einer sehr kleinen Bucht, an deren nördlichem Ufer das grosse steinerne Gebäude des Preobraschenskischen Kloster-Gasthauses sich hinzieht. Das ganze Ufer ist mit Granit ausgemauert und dient als Landungsort für Dampf- und Segelschiffe. Am östlichen Ufer ist das Kloster erbaut, und neben demselben, südwärts, befindet sich ein Dock; am südlichen Ufer aber, das eine ganz kleine Bucht bildet, befindet sich das hölzerne Gebäude des Archangelschen Gasthauses. Die südliche Mauer dieses Gebäudes hat durch das Bombardement englischer Schiffe sehr gelitten und Spuren von Bomben und Kanonenkugeln haben sich bis jetzt erhalten. Dann tritt das Ufer, indem es nach Norden umbiegt, mit einem kleinen Vorgebirge hervor, an welchem die Vorraths- und die Schaluppenkammer gebaut sind, an dessen am meisten hervorragendem Orte aber die biologische Station sich befindet. Das entgegengesetzte (nördliche) Ufer verläuft nach Westen mit einem dem letztgenannten Vorgebirge fast gleichen Ende.

Fast unmittelbar von dieser kleinen Bucht aus wird die Solowetzkische Bucht sehr breit; besonders weit geht sie nach Norden ab, wo das Fahrwasser sich befindet und wo hauptsächlich ihre Inseln liegen.

Am nördlichen Ufer, unmittelbar am Landungsorte, ragen mehrere Vorgebirge an (die Einwohner nennen dieselben *noski*); das unansehnlichste (*A*), 10—12 Faden lange, ganz flache und scharfe, gerade nach Westen gewendete, ist von feinem Steinschutt und Sand bedeckt. Ein anderes (*B*), vom ersteren 50 Schritte abstehendes Vorgebirge ist doppelt so lang, an der

Spitze höher, und trägt hier einige Birkenbäume, oder richtiger gesagt, Büsche, da hier alle am Ufer stehenden kurzstämmigen Bäume mit ihren an der Windseite gebogenen und gekrümmten Aesten nichts Anderes als Büsche vorstellen.

Dieses Vorgebirge grenzt eine sehr kleine, ziemlich tiefe und enge, 40 Faden lange, bei der Ebbe fast ganz austrocknende und mit Steinen übersäete Bucht (*I*, ab. Ihr Ende ist etwas nach Süden umgebogen und ein kleines Bächlein mündet an dieser Stelle in sie ein.[1])

Das dritte Vorgebirge ist vor allen anderen dieses Namens werth und wird »Jerschoff Noss« genannt. Es ist circa 50 Faden lang und ragt tief in die Bucht hinein; es ist nach Südwesten gewendet und birgt fast in der Mitte seiner Länge nach Süden um. An der Umbiegungsstelle befindet sich eine Kleine oder Meerenge (*C*), in welche bei der Fluth ein Theil des Wassers hineinfliesst. Diese Meerenge stellt eine flache Wiese vor, welche zwei von Birkenbüschen dicht bedeckte Erhöhungen von einander trennt.

Vor ungefähr 40 Jahren ist die am Ende von »Jerschoff Noss« gelegene, mehr als 20 Faden lange Erhöhung eine Insel gewesen. Auch die Spitze des zweiten Vorgebirges war unzweifelhaft eine Insel, die kleine Bucht aber, der dieses Vorgebirge als Ufer dient, gar nicht vorhanden. Fast ebenso zweifellos ist es, dass diese kleine Bucht dem Verschwinden nahe ist, und dass nicht nur das ganze nördliche Ufer der Solowetzkischen Bucht, sondern alle ihre Ufer und ihr Boden sich allmählich erheben, dass sie folglich mehr und mehr seicht wird. Weiter unten, bei der Beschreibung anderer Vorgebirge und Inseln dieser Bucht, werden wir viele Beweise für das eben Gesagte finden.

»Jerschoff Noss« dient als östliches Ufer für zwei ziemlich grosse Meerbusen (*II, III*, siehe die Karte), welche in sich einige kleinere, von einander durch kleine Vorgebirge getrennte Buchten einschliessen. In dem zweiten Busen liegt eine kleine, nicht sehr lange, nach Nordwest gerichtete Insel (*D*). Diese ziemlich hoch aus dem Meere ragende Insel ist mit dem Ufer durch eine flache Landenge verbunden, welche vom Wasser bespült wird, und mit der Zeit muss diese Insel in eine Halbinsel oder, richtiger gesagt, in ein Vorgebirge sich verwandeln. Hinter diesem Meerbusen erstreckt sich ein anderer 65 Faden langer Meerbusen (*III*), mit erhöhteren Ufern, welcher durch zwei Vorgebirge in drei kleine Buchten getheilt wird. Dieser Meerbusen endigt nach Westen mit einem ziemlich grossen, von Birkenbüschen bedeckten Hügel, auf welchem Spuren einer Batterie sich befinden.

Westlich von diesem Hügel fängt eine kleine Bucht an, welche nur einen Theil eines ziemlich grossen Meerbusens bildet, dessen Ufer mehr als 100 Faden weit sich erstrecken. Dieser Meerbusen *V*, kann »der Hermannsche« genannt werden, nach dem Namen zweier kleiner in ihm gelegener Inseln und nach dem Namen der St. Hermannskapelle, welche an seinem nördlichen Ufer steht.

Eine sehr kleine, hinter der Batterie sich befindende Bucht (*V*) ragt tief in das Ufer hinein und bildet zwei kleine Seen; vom Meere ist sie durch einen hohen Steinwall getrennt. Ebenso ragt ein Theil des Hermannschen Meerbusens in der Nähe der Kapelle in das Ufer hinein, aber hier befindet sich eine Sandbank, dank welcher dieser Theil sich allmählich in einen See verwandelt, der später austrocknen wird.

Die beiden kleinen Hermanns-Inseln wiederholen in Form, Aussehen und Richtung die Insel *D* der Bucht *III*. Die erste und innere besitzt sogar eine Reihe von Steinen (Tolstaja Korga) und Sandbänken, welche sie mit der Zeit in eine Halbinsel verwandeln werden. — Das östliche Ufer des Hermannschen Meerbusens führt den Namen »Sbelesnaja Noschka« (Eisenfüsschen); auf ihm befinden sich zwei Drehbäume zum Heraussehen der Warfootze.

Hinter den Hermanns-Inseln sieht man nach W. andere; die Melnitschny-Inseln, Igumen-Inseln, und diesen gegenüber zieht sich eine Reihe von Steinen hin, die unter dem Namen »Alexandrowskaja Korga« bekannt ist.

Ich unterlasse hier die Beschreibung des nördlichen Ufers der Solowetzkischen Bucht, welche nach Westen mit dem Hermannschen Meerbusen endigt, und gehe nun zur Beschreibung der in dieser nördlichen Hälfte der Bucht, welche die Breite der südlichen Hälfte fast um das Doppelte übertrifft, gelegenen Inseln über.

Zehn Faden nach Südwesten von der Spitze des Jerschoff Noss liegt eine kleine, »Jerschowa Korga« genannte Reihe von Steinen, 24 Faden davon aber, etwas weiter nach SW., befindet sich eine grosse Insel, die man »Babji Ludy« nennt.[2] Dieser Name selbst zeigt an, dass vormals, vor einigen Jahrzehnten (auch dem Erzählungen alter Einwohner vor vierzig Jahren), hier nicht eine Insel, nicht eine »Luda« war, sondern eine Gruppe von »Ludy«, welche jetzt zu einer einzigen Insel vereint sind. In der That kann man an dieser Insel vier durch Landengen verbundene Inseln leicht erkennen. Eine fünfte, nach Süden gelegene Insel ist bis jetzt noch unverbunden geblieben. Diese Insel ist nordwestwärts senkrecht zu der Hauptinsel der Babji Ludy gerichtet, von der sie nicht mehr als 3 Faden absteht. Auf diesem Zwischenraume beginnt schon eine Reihe von Steinen als Zeichen der künftigen Vereinigung sichtbar zu werden. Sie ist niedrig, von Gras bedeckt, und erstreckt sich auf eine Länge von 20 Faden, während ihre Breite 4 Faden nicht übersteigt.

Die Hauptinsel der Babji Ludy fängt in Osten mit einem kurzen Vorgebirge an und erweitert sich dann rasch nach dem Westende, auf diese Weise ein grosses gleichschenkliges Dreieck bildend. An seiner östlichen Spitze beginnt ein ziemlich grosser Hügel, der sich 40 Faden lang hinzieht und dann zu einer weiten Wiese niedersenkt. Der ganze Hügel ist dicht von Birkenbüschen bedeckt, nach Westen aber giebt eine Gruppe von Birkenbäumen mit ihren nackten, gekrümmten Stämmen und dürftig belaubten Gipfeln der ganzen Insel ein ziemlich hüfteres und originelles Aussehen.

---

[1] Mereschkowsky gedenkt auch dieser kleinen Bucht. »Otnaschnaja opertkhismen Possij« стр. 121.

[2] Mit dem Namen »Luda« bezeichnet man überhaupt eine Insel, ebenso wie der Name »Landüss« einen See bezeichnet.

Die Wiese erweitert sich nach Westen, wo sie fast 20 Faden breit ist; hier vereinigen sich und durchsetzen an ihren beiden Ecken zwei längliche Halbinselchen, beinahe 15 bez. 20 Faden lang, welche, nach Westen gewendet, der Hauptinsel parallel liegen und mit ihr durch kleine sandige Landengen verbunden sind. Beide sind flach und mit Gras und Steinen bedeckt. Die rechtsgelegene (nördliche) von diesen Inseln biegt nach Norden ab und verbindet sich hier an ihrem Ende vermittelst einer kleinen (10 Faden langen) Landenge mit der vierten, welche in Form und Richtung die Hauptinsel wiederholt. Diese Insel ist ebenfalls mit Büschen bedeckt und bildet gleichfalls einen mehr als 20 Faden langen Bügel; ebenso besitzt ihr Westende eine, wenn auch kleine, mit Gras bedeckte Wiese. Diese Wiesen beider Inseln scheinen nur die Linie der Erhebung der Inseln und überhaupt des Solowetzkischen Meerbusens zu bezeichnen; diese Linie geht von Norden nach Südwesten.

Die höchsten Stellen der Inseln gehören zu den am frühesten aus dem Wasser erhobenen Theilen derselben, während die flachsten Wiesen als die jüngeren anzusehen sind.

Am nordöstlichen Ende dieser Insel zieht sich eine kurze Reihe von Steinen hin, welche eine kleine enge Bucht abtrennen; an der nordwestlichen Ecke der Hauptinsel aber, da wo dieselbe mit der rechtsgelegenen (nördlichen) Insel sich verbindet, liegt eine kleine, von grossen Steinen umgrenzte Bucht.

Eine schmale Meerenge, 16 Faden lang, trennt »Bolgi Ludy«, und zwar die lange linke (südliche) Insel derselben von der »Woronja Luda«, welche die Solowetzkische Bucht nach Westen begrenzt. Diese Grenze wird vom östlichen, fast geraden Ufer der Insel gebildet, während die Insel selbst schon dem Solowetzkischen Meerbusen angehört. Dessen ungeachtet werde ich aber hier eine kurze Skizze dieser Insel geben, da sie augenscheinlich eine unmittelbare Fortsetzung der Inselgruppe der Solowetzkischen Bucht bildet.

Woronja Luda ist die höchste Insel dieser Gruppe. Sie ist ganz von Birkengebüschen bedeckt und wird nach Westen immer niedriger, während der östliche, zum grösseren Theil derselben mit einem steilen sandigen Absturze endigt, an dessen Grunde ein schmales, flaches, von Steinschutt gebildetes Ufer sich hinzieht. Im Norden ist diese Insel, wie die vorigen, von grossen Steinen umsäumt, während im Süden, von der östlichen Spitze derselben beginnend, eine circa 5 Faden lange Steinreihe nach Südosten sich erstreckt. An der Spitze dieser Steinreihe befindet sich eine schmale und flache Wasserstrasse zwischen der Solowetzkischen Bucht und dem Solowetzkischen Meerbusen.

Nach Westen von »Woronja Luda« liegt eine grosse, ziemlich hohe und fast ganz nackte Insel, mit welcher die ganze Inselgruppe der Solowetzkischen Bucht endigt. Es ist die »Pesja Luda«, die nicht fern von »Alexandrowskaja Korga« sich befindet. Zwischen dieser und den vorhergehenden Inseln befinden sich noch zwei kleine steinige Inselchen, die keinen Namen tragen.

Ich wende mich nun zur Beschreibung des östlichen und südlichen Ufers der Solowetzkischen Bucht. Das erstere ist fast ganz geradlinig, mit winzigen Einschnitten oder kleinen Buchten. Es ist fast ganz mit Granit ausgemauert und an seiner südlichen Seite, der sogenannten »Heiligen Pforte« des Klosters gegenüber, befindet sich eine grosse steinerne Treppe — die Paradetreppe des Klosters vom Meere aus. Dieser Treppe gegenüber, einige Faden von ihr abstehend, ist auf einem Steinhaufen ein grosses rothes Kreuz aufgerichtet.

In die sehr kleine Klosterbucht (VI) fliesst, an ihrem südlichen Ufer, viel Süsswasser aus dem Dock hinein, dessen beide Seiten durch eine kleine Brücke verbunden sind. Fast das ganze mit Birkengebüsch bedeckte Ufer dieser kleinen Bucht erhebt sich zu einem Hügel, auf dessen Gipfel das Archangelsche Gasthaus liegt. Der westliche Theil der kleinen Bucht endet mit einem kleinen Vorgebirge, auf welchem das Takelage- und Häring-Magazin (7) aufgebaut sind. Von diesem Vorgebirge geht, fast rechtwinklig zu der »Heiligen Pforte«, eine Steinreihe aus.

Am Ausgange der kleinen Klosterbucht begrenzen wir nach links, am südlichen Ufer, einer sehr kleinen Bucht, deren östliches Ufer als ein Vorgebirge von 30 Faden Länge hervorragt; auf diesem Vorgebirge ist die biologische Station erbaut.

Rechts, neben dem Fischer-Landungsplatz liegt ein kleiner Steinhaufen, der während der Fluth fast gänzlich von Wasser bedeckt wird.

Sowohl das steinige Ufer der kleinen (VII), als das ganze südliche Ufer der Solowetzkischen Bucht ist von Birkenbüschen bewachsen. Ein Bächlein mündet gerade in der Mitte derselben. Ihr westliches Ende dehnt sich zu einem länglichen, steinigen, 20 Faden langen, nach Nordosten gerichteten Vorgebirge aus. Das Ende desselben bildet eine kleine, circa 5 Faden lange, mit Gras bedeckte Insel, die mit dem Ufer durch eine breite Reihe grosser Steine verbunden ist, welche beim Steigen des Meeres unter das Wasser versinken. Es ist augenscheinlich, dass auch diese Insel künftig eine Halbinsel sein wird. Bemerkenswerth ist, dass dieselbe, sowie die anderen Halbinseln und Vorgebirge am südlichen Ufer, nach Nordosten gerichtet ist, während die allgemeine Richtung am nördlichen Ufer eine nordwestliche ist.

Der ersten sehr kleinen Bucht folgt eine grössere, mehr als 100 Faden (am Ufer) lange Bucht, welche von einem Vorgebirge in zwei (VIII, IX) getheilt ist, die ihrerseits durch kürzere Vorgebirge wiederum in ganz kleine Buchten zerlegt werden. In allen diesen Buchten tritt das Wasser bei der Ebbe einen oder andere Faden vom flachen, sandigen, mit Steinschutt und Steinen bedeckten Ufer zurück.

Diese ganze Bucht und folglich das ganze Ufer, von der Insel an, mit welcher die erste kleine Bucht endet, tritt weit und allmählich nach Süden ab, ebenso wie die ganze Gruppe der grossen Inseln oder Ludy (Bolji, Woronja, Pesji) nach Süden sich wendet.

Das die Bucht in zwei Theile theilende Vorgebirge ragt fast in der Mitte derselben weit hervor und ist von grossen Steinen bedeckt. Der allgemeinen Regel zuwider ist dieses Vorgebirge nach Norden oder Nordnordwesten gerichtet. Vor demselben, in der Entfernung von etwa 15 Faden, liegt ein Inselchen, das mit einem Ende sich nach Nordwest absenkt. Unzweifelhaft wird auch dieses Inselchen in einer fernen Zukunft sich mit dem Ufer vereinigen. Jetzt besitzt es eine unregelmässige halbmondförmige Form und theilt sich beim Steigen des Meeres in zwei Inseln. Es wird die »Kreuz-Insel« (Krestowy) genannt, obgleich dieser Name mit fast gleichem Rechte allen Inseln der Solowetzkischen Bucht gegeben werden könnte, da auf einer jeden derselben wenigstens ein Kreuz sich befindet. Am Ufer der Bucht befindet sich, in der Nähe dieser Insel, ein Drehbaum zum Herausziehen der Schleppnetze.[?]

Die folgende Bucht (IX) ist von drei schmalen Sandbänken in vier kleine getheilt und das dieselbe nach Westen begrenzende Vorgebirge tritt weit hervor und lenkt im Bogen nach Nordost um. Demselben gegenüber, fast in gleicher Linie mit der Kreuzinsel, ist ein anderes Inselchen, die sogenannte »Grasinsel« (Trawjanoj) gelegen. In der That scheinen die beiden Inseln ehemals »Korg« oder Steinhaufen gebildet zu haben, die allmählich aus dem Meere hervortraten und von Gras bewachsen wurden (Bromus, Elmus). Die »Grasinsel« scheint die Fortsetzung des Vorgebirges zu bilden. Sie ist nach Westen gerichtet und wird sich mit der Zeit wahrscheinlich mit dem Vorgebirge vereinigen.

Von diesem Vorgebirge aus wendet sich das Ufer scharf, fast rechtwinkelig, nach Süden und stellt nun eine beinahe gerade, 15 bis 20 Faden lange Linie vor, die von Vorgebirgen in vier sehr kleine Buchten getheilt ist. Das wichtigste und breiteste von diesen Vorgebirgen ist nach Westen, das folgende längere und engere aber mehr nach Süden gerichtet. Dann biegt sich das Ufer zurück und gehört nun zu den Ufern der sogenannten »Sommer-Bucht«, welche etwa 75 Faden lang und 15—20 Faden breit ist.

Von dem äussersten Vorgebirge angefangen ragt das steile, steinige, von Birkenbüschen bewachsene Ufer, einen leuchten Bogen bildend, in die Bucht hinein und geht in der Entfernung von 35 Faden in eine ganz kleine Bucht (X) über, die von der Sommerbucht durch eine Reihe von Steinen ganz getrennt ist. Diese Steinreihe ist wahrscheinlich künstlich aufgeworfen, um die Bucht zu einem Setzteiche für Fische zu machen. Das ganze Ufer derselben hat in der Peripherie eine Länge von nicht mehr als 40 Faden.

Das steile, steinige, von Birkenbüschen bewachsene Ufer der Sommerbucht setzt sich hinter dieser Bucht fort, und tritt nach Osten als waldige Erhöhung in das Land hinein, um eine flache, niedrige, 40 Faden lange und 25 Faden breite Ebene einzuschliessen. Nach Westen geht der Wald in der Gestalt eines nur 15 Faden breiten Streifens fast bis zum Ufer.

In der Mitte dieser immer feuchten, niemals vollständig austrocknenden Ebene befindet sich ein kleiner See oder Lambinka, von welchem nach der nahen Sommerbucht ein sehr unbedeutender, fast gänzlich vertrocknender Bach geht. Der ganze Boden der Ebene, ebenso wie alle am Ufer gelegenen Steine und fast der ganze Ufersand sind von Rostfarbe, was wahrscheinlich von dem Eisenerzgehalt des Bodens hinweist. Zu diesem Zwecke stehen dieser Ebene stehen zwei Drehbäume zum Herausziehen der Schleppnetze. Die ganze Ebene bildet bis jetzt noch eine kleine Bucht der Sommerbucht, welche bei der grossen Fluth stark gefüllt wird. Der in der Mitte dieser Ebene liegende kleine See ist ein beständiger Ueberrest dieser kleinen Bucht. Weiter unten werden wir sehen, dass sich wahrscheinlich eine Moorange bildet, welche die Sommerbucht mit den Gewässern des Solowetzkischen Meerbusens verbindet.

Das südliche Ufer der Sommerbucht wendet sich allmählich halbkreisförmig nach Nordwesten und geht auf diese Weise in das nördliche und nordwestliche Ufer über. Einen waldigen, dieses Ufer durchkreuzenden, 15 Faden breiten Abhang ausgenommen, bleibt dasselbe immer flach, sandig, von zerstreuten Steinen bedeckt. An seinem Ende wendet es sich ganz nach Norden, zieht sich als sandige Ebene 20 Faden hin und endigt mit einer langen Steinreihe, an deren Ende der Zugang zur Solowetzkischen Bucht sich befindet. Zu beiden Seiten dieses Zuganges sind auf hölzernen, von Steinen gefüllten Balkengehinden Riesenkreuze aufgerichtet. Diese Kreuze bilden eine Art Pforte für die Durchfahrt in die Solowetzkische Bucht von Süden aus; die zwei Steinreihen aber, die von Woronja Luda und vom Ende des südlichen Ufers der Sommerbucht ausgehen, bilden eine Art Mauer oder Barrière, welche die Gewässer des Solowetzkischen Meerbusens von den Gewässern der Solowetzkischen Bucht abtrennt. Unten werden wir sehen, dass diese Lage, ebenso wie die Tiefenverhältnisse, von sehr grosser Bedeutung für die Fauna dieser und jener Gewässer ist.

Das südliche Ufer der Sommerbucht, von der von Birkenbüschen bedeckten Erhöhung angefangen, verengt sich allmählich nach seinem Ende hin in der Gestalt einer langen, gekrümmten Halbinsel. Auf dieser Halbinsel liegt in der Entfernung von 50 Schritten von dem von Wald bedeckten Abhange ein 25 Faden langer, an der nordöstlichen Seite ebenfalls von Birkenbüschen bedeckter Hügel. Zu diesem Hügel war die in der Geschichte bekannt gewordene Batterie gelagert, deren Kanonen das Kloster gegen den Angriff der englischen Dampfschiffe schützten. Reste von der Brustwehr sind bis heute erhalten geblieben.

Ich will noch einige Worte über das westliche Ufer dieser Halbinsel sagen, welche einen kleinen Theil des östlichen Ufers des Solowetzkischen Meerbusens bildet. Fast dieses ganze Ufer ist dicht mit Steinen bestreut. Ein freier, 50 Schritte

---

[1] Näher zum Kloster befindet sich ein anderer, grösserer Drehbaum, ich führe aber jenen, mehr entfernten Drehbaum für die Orientirung in Bezug auf die Theile der Bucht an. Es befinden sich an den Ufern der Solowetzkischen Bucht 8 oder 9 solcher »Tони« oder Drehbäume [einige davon sind verlassen]. Das soeben genannte Paar ist das nächste vom Kloster am südlichen Ufer.

enger Platz zwischen dem Batteriehügel und dem von Birkenbüschen bedeckten Abhange bildete wahrscheinlich ehemals eine Meerenge, durch welche das Wasser des Solowetzkischen Meerbusens in die Solowetzkische Bucht hineintrat. Jetzt ist von dieser Meerenge nur eine beständig in die Vertiefung hineinragende Bucht des Solowetzkischen Meerbusens übrig geblieben. Das westliche Ufer dieser Vertiefung, das heisst der vom Walde bedeckte Abhang, ragt ziemlich weit in den Meerbusen hinein und trennt von der östlichen Seite eine sehr kleine, bei der Ebbe vertrocknende und mit Steinen bestreute Bucht ab. Dieselbe befindet sich unmittelbar gegenüber der Vertiefung, am Ufer der Sommerbucht, und ist von derselben durch die waldige, ihr südliches Ufer bildende Erhöhung des Bodens getrennt.

Es bleibt mir noch übrig zu erwähnen, dass 40 Faden von der Barrière, hinter den Riesenkreuzen, sich nach links im Solowetzkischen Meerbusen ein kleiner Steinhaufen oder Korga (H erhebt, der beim Steigen des Meeres fast ganz vom Wasser bedeckt wird und eines besonderen Namens entbehrt. Diese Korga ausgenommen, befinden sich in der ganzen Ausdehnung südwärts bis zu den Sennoj-Inseln keine Steine.

Nach dieser Beschreibung und Erläuterung der Karte der Solowetzkischen Bucht (und zum Theil des Solowetzkischen Meerbusens) muss ich bemerken, dass dieselben nur annähernd richtig sind. Jedenfalls sind sie aber richtiger, als die in den bis jetzt herausgegebenen zwei Landkarten über diese Oertlichkeit vorhandenen Daten. Unter diesen Karten muss der älteren, von Herrn Pachtussoff im Jahre 1829 verfassten unbedingt der Vorzug gegeben werden. Was die Karte der Solowetzkischen Rhede anbetrifft, welche nach der von Offizieren der Corvette «Warjäge» und des Klippers «Sheustschug» im Jahre 1870 gemachten Beschreibung verfasst ist, so steht dieselbe, trotz ihrer verhältnissmässig grösseren Dimensionen, in vielen Beziehungen der kleinen Karte von Miljukoff und Pachtussoff nach. Vieles ist in jener Karte offenbar von diesem Kärtchen entnommen, was sogar aus den unrichtig auf die Karte der Solowetzkischen Rhede übertragenen Inselnamen sich nachweisen lässt. Auf der Karte von Pachtussoff giebt es drei dieser Namen — Luda Pessja, Woronga und Babji Ludy — auf der Karte der Offiziere von «Warjäge» und «Sheustschug» aber wiederholen sich diese Namen, jedoch sind sie unrichtig gestellt. Der Name «Babja» (anstatt Babji Ludy) ist auf die Woronja Luda übertragen, der letztere Name aber steht bei einer unbeträchtlichen, hinter der Barrière liegenden unbenannten Korga. Was die Contouren aller Inseln und Ufer anbetrifft, so sind sie so willkürlich und phantastisch, dass sie mit der Wirklichkeit fast gar nichts gemein haben.

Nachdem ich die Ufer und Inseln der Solowetzkischen Bucht beschrieben und eine Karte derselben in ihrem jetzigen Zustande entworfen habe, werde ich einen Versuch machen, zu bestimmen, was diese Bucht vor einigen Jahrzehnten oder Jahrhunderten gewesen ist. In dieser verhältnissmässig kurzen Zeitperiode haben sich die Umrisse ihrer Ufer und Inseln sehr wesentlich geändert. Zunächst existirten alle jetzt vorhandenen flachen, aus Sand und Steinschutt bestehenden Vorgebirge nicht. Das Gebiet des trockenen Landes war bedeutend enger und die Bucht selbst bedeutend tiefer und breiter. Alle aus Ufer gelegenen Sandbänke und Steine lagen unter dem Wasser. Das Relief des Ufers war weit einfacher und wurde von denjenigen Erhöhungen begrenzt, welche jetzt zum Theil vom Ufer ziemlich weit entfernt sind. An der Stelle des die kleine Bucht und das Bächlein am nördlichen Ufer begrenzenden Vorgebirges war nur ein winziges Inselchen und eine 50 Faden lange, das Ende von Jerschoff Noss vom festen Lande trennende Meerenge vorhanden. Das jetzt kaum bemerkbare Bächlein stellte in früherer Zeit einen ziemlich starken Strom vor, der über die grossen, jetzt hoch am Ufer liegenden Steine sprang. Die folgende kleine Bucht trat tief in ein flaches, sandiges Ufer hinein, wie es Reste von Wasser in der Gestalt von Lachen beweisen, welche noch jetzt auf Gestein zu sehen sind und welche wahrscheinlich bald verschwinden werden. Ihre aus grossen, aber breite Ufer hingeworfenen Steinen bestehende Barrière lag unzweifelhaft unter dem Wasser. Die Bucht, an deren Ufer die Batterie gebaut ist, floss mit dem Hermannschen Meerbusen zusammen und trat tief in das Ufer hinein. Alle jetzt vom festen Lande durch Landzungen getrennten Halbinseln waren winzige Inselchen oder einfach Korgi, die Alexandrowskaja Korga existirte nicht, und ebensowenig die neben dem Jerschoff Noss gelegene Korga. Babji Ludy stellten eine aus drei Inseln bestehende Gruppe dar. Ihre niedrigen Ebenen, Wiesen und Landverbindungen lagen sämmtlich unter dem Wasser. Woronja Luda stellte ebenfalls ihre jetzigen westlichen Wiese.

Die Barrière zwischen der Solowetzkischen Bucht und dem gleichnamigen Meerbusen existirte nicht und die erstere war wahrscheinlich im Ganzen nur ein Theil des letzteren. Die kleine Solowetzkische Bucht floss vollständig mit der grösseren zusammen. Das Vorgebirge, auf welchem jetzt die biologische Station sich befindet, existirte nur in Gestalt einer Korga oder einer kleinen Insel. Die erste kleine Bucht nach diesem Vorgebirge trat breit in das Ufer hinein und nahm einen rauschenden, durch ein intactes Birkenwäldchen hinströmenden Bach auf. Alle Ufer anderer kleiner Buchten, alle ihre Vorgebirge und Sandbänke waren unter dem Wasser verborgen. Neben der ersten kleinen Bucht befand sich nur ein kleines Inselchen, an der Stelle der Kreuzinsel aber war kaum ein einfacher Steinhaufen vorhanden.

In die Sommerbucht flossen die Gewässer aus dem Solowetzkischen Meerbusen durch eine breite Pforte hinein, an deren Stelle jetzt die Steinreihen und die zwei grossen Kreuze sich befinden. Diese Bucht ragte tief in das Ufer hinein, da wo jetzt eine enge, von Bäumen bedeckte Erhöhung sich hinzieht. Diese Erhöhung trennte die Gewässer dieser Bucht von denen des Solowetzkischen Meerbusens. Der enge, zwischen beiden sich befindende Abhang ragte in Gestalt eines kleinen Vorgebirges hervor, welches alsdann sich erweiterte und beiderseits, dem T ähnlich, Fortsätze abgab. In 50 bis 60 Schritt Entfernung von ihm fing eine Insel an, die jetzt die Batterie-Erhöhung bildet und die von allen Seiten von den Gewässern des Solowetzkischen Meerbusens direct bespült war.

Dies ist das Bild, welches die Solowetzkische Bucht in früheren Zeiten vorstellte. Weiter unten werde ich versuchen, ein Bild der Veränderungen der Fauna dieser Bucht zu entwerfen, die durch die Hebung des Bodens der Ufer und Inseln derselben verursacht wurden.

Diese Hebung geht am stärksten an den westlichen und nordwestlichen Ufern vor sich, welche dem offenen Meere zugewendet sind. Sie werden immer höher, weil sie vor allen anderen der Einwirkung der Fluth unterworfen sind. Während der Stürme wirft die Fluth Steinschutt, Sand, Meerespflanzen und Alles, was von den Wellen angetrieben wird, auf diese Ufer hinauf. Aber unabhängig von diesem Umstande zeigt uns offenbar die Richtung fast aller Inseln und Vorgebirge des nördlichen Ufers nach Südosten, diejenigen des südlichen Ufers aber nach Nordwesten, dass hier eine tiefere oder allgemeinere Ursache verborgen ist. Es ist augenscheinlich, dass hier der Einfluss der Meridiane in Verbindung mit der Rotation der Erde von West nach Ost sich bethätigt.

Wenn wir von diesen Ursachen absehen und bloss die Hebung des Meeresbodens berücksichtigen, so bleiben doch die Erscheinungen der Richtung der Inseln und Vorgebirge unerklärt. Eben so wenig erklären sich die Ursachen, warum an einem Orte an den Ufern dichte weit ausgebreitete Sandmassen sich vorfinden, an einem anderen aber dieser Sand durch Steinschutt und Steine ersetzt wird. Drittens endlich erscheinen hauptsächlich auf den Erhöhungen kleine moosige Erdflügel (Kotschki), die von Schwarzbeeren, von Calluna vulgaris, Cornus suecica u. dgl. — Birkenbüsche und Wachholdersträucher fast immer begleitende nördliche Pflanzen — bewachsen sind.

Alle diese ungleichartigen, verschieden vertheilten Erdbodenarten sind offenbar aus dem Meeresboden herausgehoben, da solche noch jetzt auf demselben zu sehen sind. Ausserdem sind die riesigen, auf den am Meere gelegenen Erhöhungen sich befindenden, von Flechten bedeckten Kieselsteine offenbar von dem mit Pflanzen bewachsenem Meeresboden dahin übertragen. Und wenn wir diejenigen Pflanzen ausser Acht lassen, die jetzt viele von Steinen bistreute Orte an den Ufern bedecken, und an ihrer Stelle uns die Meeresalgen denken, so haben wir den Meeresboden mit der charakteristischen Vertheilung seiner Steine vor Augen.

Indem ich nun zur Beschreibung des Reliefs des Meeresbodens der Solowetzkischen Bucht übergehe, muss ich vor Allem erwähnen, dass diese Bucht nirgends mehr als 5 (sechsfüssige) Faden tief ist. Die tiefste Stelle (6 Faden) gehört schon zum Solowetzkischen Meerbusen und befindet sich zwischen der letzten (westlichen) Halbinsel der Balji Ludy und der Woronja Luda. Auf der Karte der Offiziere wird «Warjogs und »Sheutschelugo ist die grösste Tiefe dieser Stelle als 44 Fuss, d. h. 7 Faden und 2 Fuss gross bezeichnet. Dieser unbedeutende Unterschied könnte aber davon herrühren, dass beim Vermessen das Loth zufällig in eine kleinere tiefere Stelle gelangte. Einen bedeutenderen Unterschied giebt uns aber die allgemeine Lage jener tiefen Grube, welche auf der «Karte der Solowetzkischen Rhede» viel nördlicher gezeichnet ist; aber da die Offiziere keine besondere Aufmerksamkeit auf die Richtigkeit der Umrisse der Ufer verwandten, so vermochten sie begreiflicherweise nicht die Lage dieser tiefen Stelle genau zu bezeichnen.

Werfen wir einen Blick auf die Karte, so sehen wir, dass fast unmittelbar vom Kloster nach Nordwesten eine Art ununterbrochenen Ganges durch die tiefsten Stellen geht. Dieser Gang bildet das von Stangen und Bojen begrenzte Fahrwasser für die Passage der Dampfschiffe und grossen Segelschiffe. Weiter vom Kloster wendet es sich nach Norden und geht in der Nähe des Hermannschen Meerbusens vorüber.

In diesem tiefen Gange befinden sich Sandbänke oder seichtere Stellen; eine solche Sandbank liegt in der Nähe von Jerschoff Noss und zieht sich, nur 2½ Faden (15 Fuss) tief, von der ersten im Fahrwasser aufgestellten Stange quer über die ganze Bucht bis zum westlichen Ufer hin. Weiterhin fängt die Tiefe zu nehmen, und im Gange zwischen Jerschowa Korga und der östlichen Spitze der Hauptinsel von Balji Ludy erreicht sie 4 Faden.

An dieser Stelle theilt sich der Gang. Es giebt einen weniger tiefen Zweig ab, der längs des südlichen Ufers sich hinzieht und an einigen Stellen bei steilen Ufern eine Tiefe von fast 3½ Faden erreicht. Diese Gänge von einander trennend, zieht sich eine Erhöhung des Grundes von 1½ Faden hin. Der linke oder Hauptgang ist fast überall 4 Faden tief und diese Tiefe vermindert sich nur bei Alexandrowskaja Korga und Shelesnaja Noschka, wo sie nur 3 Faden beträgt.

Indem wir jetzt wieder zur kleinen Solowetzkischen Bucht zurückkehren, wollen wir unsere Aufmerksamkeit auf ihre südliche Seite richten. Hier ist die Tiefe in der an den Docks liegenden kleinen Bucht nicht bedeutend. Dieselbe übertrifft nicht 1½ Faden; bei den Magazinen und der Steinreihe aber erreicht sie 2½ Faden. Zwischen dem Vorgebirge, auf welchem die Station liegt, und dem Landungsplatz der Dampfschiffe, vom ersteren ausgehend, vergrössert sich die Tiefe von ⅓ bis auf 1½ Faden in der Nähe des Landungsplatzes, und dann vermindert sie sich zu 2 Faden. Alle rechts gelegenen kleinen Buchten am südlichen Ufer zeichnen sich durch ihre Seichtigkeit (nicht tiefer als 2 Faden) aus. Dasselbe findet am entgegengesetzten Ufer statt. Dort übertrifft die Tiefe in der der Station nächsten kleinen Bucht nicht 1½ Faden; in der folgenden erreicht sie 2½ Faden und setzt sich, wie oben bemerkt, bis zum entgegengesetzten Ufer, bis zu Jerschoff Noss, fort.

Aus Ufer dieser zweiten kleinen Bucht befinden sich zwei Drehbäume. In der Entfernung von 23 Faden vom entfernteren (westlichen) Drehbaume, da wo diese Linie mit der vom Kreuze der Kreuzinsel geführten geraden Linie sich schneidet, befindet sich die tiefste, 6 Faden messende Einsenkung, welche in der Richtung zur Bucht und zur Insel seichter wird und, indem sie bei der Insel nach rechts (nordwärts) abbiegt, in den gerade zu den Kreuzen gerichteten Gang übergeht. In der Entfernung von 45 Faden von der Pforte des Solowetzkischen Meerbusens wendet sich dieser Gang nach rechts (Norden) und geht nach Westen durch die Meerenge zwischen der Insel (südlichen) Halbinsel von Balgi Ludy und der Woronja Luda hindurch. Dann biegt er sich in der Richtung zum nördlichen Ufer dieser Insel um und bildet um Vorbeigehen die oben erwähnte 6 Faden tiefe Grube.

Fast überall beträgt die Tiefe am nördlichen Ufer in der Entfernung von 2—3 Faden vom Ufer nicht mehr, als ½ Faden. Hier befinden sich überall sandige oder sandig-steinige Bänke. An vielen Orten bilden sich aber von dieser seichten Stelle an ziemlich scharfe Ab- und Einstürze. Zwischen der zweiten kleinen Bucht und den Inseln (Kreuzinsel, Grosinsel) ist die Tiefe nicht gross, — 1½—2 Faden. Offenbar wird dieser ganze Theil der Bucht immer seichter, es hebt sich und es werden die Inseln mit der Zeit Vorgebirge neuer kleiner Buchten werden.

Von der Spitze des nördlichen Ufers an, von welcher die Sommerbucht anfängt, bis zur Barrière liegt die grösste Tiefe nahe dem Ufer, übertrifft aber nicht 3½ Faden. In der Richtung nach der Barrière vermindert sie sich allmählich zu ½ Faden. Dieser ganze Ort neben der Barrière und zum Theil neben dem Batterieufer ist mit grossen und kleinen Steinen bestreut. Beim Eingange in die Sommerbucht, den neben der Batterie sich befindenden Drehbäumen gegenüber, finden wir die grösste Tiefe von mehr als 4 Faden. Diese tiefe Stelle stellt eine Grube dar, deren Lage ich leider nicht näher bestimmen konnte. Neben dieser Stelle sind an beiden Ufern der Sommerbucht grosse Steine regelmässig zusammengelegt, die gewissermassen den Anfang des vom Kloster auf das Batterieufer hinführenden Weges oder der Brücke bilden. Ziehen wir eine Linie von diesen Steinen des südlichen Ufers bis zum zweiten, weiter entfernten Drehbaum des Batterieufers, so liegt diese Grube auf dieser Diagonale, etwas näher dem letztgenannten Ufer.

Um diese Grube herum, in einer Entfernung von circa 40 Faden, befinden sich auch tiefere Stellen von mindestens 3 Faden. Dann, weiter in die Bucht eindringend, begegnen wir einer dieselbe quer durchkreuzenden Erhöhung; die Tiefe beträgt an dieser Stelle nicht über 1½ Faden. Hinter dieser unter dem Wasser gelegenen Bank befindet sich wieder eine Tiefe, die jedoch 3 Faden nicht übertrifft; hinter ihr wird die Bucht noch über dem Ufer zu immer seichter.

In der Pforte des Solowetzkischen Meerbusens, zwischen den Kreuzen, ist die Tiefe sehr unbedeutend. Sie übertrifft nicht ½ Faden, während die tiefste Stelle näher dem rechten (nördlichen) Kreuze sich befindet. Auf diese Weise erstreckt sich nicht nur längs der Barrière, sondern selbst in der Pforte des Solowetzkischen Meerbusens eine die Gewässer des letzteren von denen der Solowetzkischen Bucht trennende Erhöhung.

Bald darauf fängt aber diese Scheidewand an niedriger zu werden, der Meeresboden sinkt, und in der Entfernung von 10—45 Faden, der Batterie-Erhöhung gegenüber, erreicht die Tiefe 2 Faden. Weiterhin sinkt die Vertiefung noch mehr und mündet endlich in den nach Norden gehenden 4 Faden tiefen Hauptgang ein.

Auf dieser Seite der Bucht, neben den Balgi Ludy, giebt es keine tiefen Stellen. Der 4 Faden tiefe Gang hat eine Breite von nicht mehr als zwei Faden und wird gegen die lange Insel der Balgi Ludy immer seichter. Die Tiefe längs des ganzen südlichen Ufers der Hauptinsel ist ebenfalls nicht gross, die geringste befindet sich aber in der zwischen den zwei Vorgebirgen oder den zwei Armen dieser Insel liegenden kleinen Bucht; hier übertrifft sie nicht 2 Faden. An den Spitzen der Vorgebirge geht der Gang vorbei und hat betrögt die Tiefe weniger als 4 Faden. Zum nördlichen Ufer der Balgi Ludy übergehend, gelangen wir zu einem steileren Ufer und zu grösserer Tiefe. In unmittelbarer Nähe des Ufers der Hauptinsel, in der Entfernung von ½—1 Faden, beträgt die Tiefe 1½—2 Faden. Dasselbe findet auch bei der ergänzenden Insel statt, wo die Tiefe in der Nähe des Ufers 3 Faden erreicht. Fast unmittelbar hinter den Kreuzen oder der Pforte fängt im Solowetzkischen Meerbusen eine Tiefe von 2½ Faden an. Sie vermindert sich nahe der Sternreihe (namenlose Korga), und vergrössert sich dann rasch. Gegen Woronja und Pessja Luda finden wir schon ziemlich grosse Tiefen von 7—7½ Faden, während die grösste, zwischen der Barrière und den Saitzki-Inseln befindliche Tiefe des Meerbusens 14 Faden erreicht.

Die Solowetzkische Bucht bildet auf diese Weise mit ihrer Sommerbucht und ihrer kleinen Bucht gleichsam ein besonderes Bassin, das zur Abtrennung von dem Gewässern des Solowetzkischen Meerbusens, wenigstens von der südlichen Seite desselben, bestimmt ist. Die Ufer der Sommerbucht, der Batterie-Halbinsel, die Barrière und dann die Inseln »Woronja« und »Pessja« bilden im Süden künftige natürliche Grenzen dieses Bassins.

Wenn die Barrière und die Pforte des Solowetzkischen Meerbusens beseitigt würden, so würde sich, auch meiner Meinung, für Dampfschiffe ein geraderer und bequemerer Weg in das offene Meer, als das jetzt existirende, enge, zwischen den Inseln, Korgi und Klippen sich schlängelnde Fahrwasser, eröffnen. Viele kleine Schiffe mit flachem Boden und Boote (Karbasse) treten noch jetzt durch diese Passage in die Solowetzkische Bucht hinein. Andererseits wäre dann ein breiteres Durchströmen der Meeresgewässer in die Solowetzkische Bucht eröffnet. Aber dieser Vorschlag ist schwerlich praktisch zu verwirklichen. Die Beseitigung der Barrière bietet sehr grosse Hindernisse. Hier befindet sich eine vom Meere in Hunderten von Jahren angeworfene Masse von Sand, Steinschutt und Schlamm, die jetzt durch einen Steinhaufen zusammengehalten wird und an dieser Stelle eine Art natürlicher Mauer bildet.

Ich wende mich nun zur Solowetzkischen Bucht und ihren den tieferen Gängen. Wenn ich annehme, dass diese Gänge ihre Entstehung den Schiffen und vorzugsweise den Dampfschiffen verdanken, so dürfte ich schwerlich irren. Es hat wahrscheinlich eine Zeit gegeben, wo das südliche Vorgebirge der Babji Luda nicht so nahe an Waronja Luda lag, und die Schiffe frei in die 20 Faden breite und 4 Faden tiefe Meerenge gerade aus der kleinen Solowetzkischen Bucht einfuhren. Die auf dem Wege liegende, 2½ Faden tiefe Erhöhung konnte freilich kein Hinderniss für den Durchgang der Schiffe bilden, da dieselbe auch jetzt die Bewegung der Dampfschiffe nicht stört. Die erwähnte Meerenge ist aber zu seicht und zu schmal geworden und für Dampfschiffe wurde ein anderer, mehr nach rechts (nördlicher), zwischen Jersehoff Noss und der östlichen Spitze der Hauptinsel der Babji Luda gelegener Gang gefunden. Es ist unzweifelhaft, dass auch dieser Weg nicht zuverlässig ist. Die Zeit, eine Hebung des Bodens werden in 30—40 Jahren ihre Arbeit thun, Jersehowa Korga wird sich in eine Insel verwandeln und der Durchgang in die Solowetzkische Bucht wird für Dampfschiffe versperrt werden. Das Kloster kann folglich die leichtere von den beiden schweren Aufgaben wählen, entweder die Aufräumung der Barrière oder die der Jersehowa Korga. Aber ein allmähliches, unvermeidliches Erheben der letzteren ist schon voraus-bestimmt und muss im natürlichen Laufe der Dinge unausbleiblich eintreten. Es bleibt uns demnach nur eine schwere, fast unlösbare Aufgabe, die Beseitigung bezw. Aufräumung der Barrière, übrig. Auf den ersten Blick scheint diese Arbeit unausführbar; aber wer die Muxalma-Brücke in der zwischen der Solowetzkischen Insel und Muxalma befindlichen Meerenge gesehen hat, der wird es nicht sagen. Wer dürfte, so fragt man, es wagen, einen so breiten und starken Meeresstrom abzusperren? Die Geduld und der Muth der Mönche haben aber diese undenkbare, titanische Arbeit gethan, im Vergleiche mit welcher die Aufräumung des Einganges der Solowetzkischen Bucht als Kinderspiel sich darstellt.

Weiter unten, bei der Beschreibung der Fauna der Solowetzkischen Bucht werde ich noch Gelegenheit haben, auf die Unvermeidlichkeit dieser grossen Arbeit hinzuweisen, wenn das Kloster nach einem halben Jahrhundert seinen Hafen für Dampfschiffe und grosse Segelschiffe nicht wird schliessen wollen.

Die Nachtheile des jetzigen Fahrwassers haben aber auch ihre gute Seite. Wer in die Solowetzkische Bucht bei starkem Winde hineingefahren ist, hat schon das Angenehme der Ruhe und Stille, als er den Babji Luda sich näherte, erfahren. In der That stellt die ganze Solowetzkische Bucht ein ruhevolles Winkelchen vor, bis zu welchem das Wogen des Solowetzkischen Meerbusens fast gar nicht dringt. Während vier am Ufer dieser Bucht verlebter Jahre habe ich bei den stärksten Winden und Stürmen kein so schreckliches Wogen bemerkt, wie es hinter ihrer Pforte, im Solowetzkischen Meerbusen tobt. Wenn diese Pforte den Wellen einen freien Zutritt öffnen wird, so wird die Stille, wenigstens in be-deutendem Grade, gestört sein.

Der dritte, engere und seichtere Gang der Solowetzkischen Bucht bildet, wie oben bemerkt, nur einen Theil des Haupt-Fahrwassers, einen Zweig, mit welchem das letztere bei dem Hermannschen Meerbusen sich vereinigt. Dieser Gang scheint ebenfalls seine Existenz den Fahrten von Schiffen zu verdanken.

Aus dieser Beschreibung des Reliefs des Bodens der Solowetzkischen Bucht kann man, wie ich glaube, klar ein-sehen, dass ihre linke oder südliche Hälfte einen blinden, für frische, belebende Gewässer des Solowetzkischen Meerbusens fast unzugänglichen Winkel bildet. Nur in der nördlichen Hälfte der Bucht kommen die Gewässer dieses Meerbusens, indess sehr dürftig, bis zur ihrer letzten Grenze, d. h. bis zur Klosterbucht. Andererseits hängt die Versorgung der Solo-wetzkischen Bucht mit frischem Wasser von westlichen Winden ab, welche nicht zu den herrschenden gehören und nur selten erscheinen. Was die südwestlichen, sehr oft auftretenden Winde anbetrifft, so bringt das von ihnen durch die enge und seichte Oeffnung der Barrière getriebene Wasser nur wenige Wellen aus dem Solowetzkischen Meerbusen.

—

Ehe ich zur Beschreibung der Fauna der Solowetzkischen Bucht übergehe, muss ich auf die Eigenschaften ihres Bodens, von denen dieselbe vielfach abhängt, hinweisen.

Die wichtigsten, diesen Boden zusammensetzenden Elemente, nur wenige ausgenommen, sind dieselben, welche sich in anderen Meeren vorfinden. Es sind: 1) Steine, 2) kleine runde Kieselsteinchen, 3) Sand und 4) Schlamm.

Am meisten ist das letzte Element verbreitet. Es nimmt fast den ganzen Boden ein, dehnt sich auf ungeheure Strecken hin und liegt nicht selten in dicken, 1—1½ Meter tiefen Massen. Die Fauna und überhaupt das Leben der Solo-wetzkischen Bucht verdanken ihre Existenz hauptsächlich diesem Material und werde ich deshalb bei der Beschreibung desselben etwas ausführlicher behandeln.

Der Schlamm stellt überall eine zähe, nicht selten wunderbar klebrige Masse dar, wie man an tieferen Stellen bemerkt, wo der Druck der 4—5 Faden hohen Wassersäule den Schlamm verdichten konnte. Diese Masse hat eine grünliche oder schmutzig-braune, erdige Farbe. Im Wasser vertheilt sich dieselbe in feinste Partikelchen; nicht selten ist aber sehr energisches Waschen nicht hinreichend, um diese Theilchen von Gegenständen, an denen sie kleben bleiben, zu entfernen.

Wenn wir unter dem Mikroskope, bei genügender Vergrösserung (No. 7 oder 9 Hartnack), diesen Schlamm unter-suchen, so verwundern wir uns vor Allem über die Durchsichtigkeit oder völlige Abwesenheit freier erdiger Theilchen. Ich sage frierer, weil diese Theilchen innerhalb besonderer, beinahe die ganze Masse des Schlammes zusammensetzender, fast vollständig durchsichtiger, gelblicher oder grünlicher, feinkörniger Körperchen liegen. Alle übrigen Theile des Schlammes können auch fehlen, wodurch dessen Haupteigenschaften gar nicht verändert werden. Diese Theile sind: 1) kleine oder grobe Sandkörnchen, 2) Stückchen von Steinen oder Gebirgsarten, 3) Muschelstückchen, Panzer- oder Gliederthelle von Crustaceen und Nadeln der Schwämme, 4) Diatomeengehäuse, 5) lebende, sich bewegende Diatomeen, 6) feinste, nicht selten stark glänzende Stückchen und Körnchen, ca. 0,015 mm gross (Hartnack, 2 oc., No. 9 immers.), welche langsam oscilliren und der Braun'schen Bewegung unterliegen, 7) Excremente der Würmer und anderer Thiere. Das sind die den Schlamm zusammensetzenden Elemente.

Es versteht sich, dass die durchsichtigen Theilchen eines unbekannten Stoffes sowohl der Quantität als dem Aussehen nach, die interessantesten Bestandtheile des Schlammes sind. Bei dem ersten Anblick derselben fällt ihre grosse Aehnlichkeit mit dem Protoplasma in die Augen. Je länger man dieselben untersucht, desto mehr überzeugt man sich, dass es Protoplasmaklümpchen sind. Fast alle diese feinkörnigen Klümpchen besitzen eine kegelige Form, nicht selten findet man aber auch eckige und mit mehr oder weniger langen Fortsätzen versehene Formen. Diese Fortsätze bleiben jedoch Stunden lang unbeweglich, so dass wir es hier jedenfalls mit der todten organischen Substanz zu thun haben, deren einzelne Körnchen die Braun'sche Bewegung erhalten. Wie ist aber die Beschaffenheit dieser Substanz und wohin gehört dieselbe?

Muss dieselbe den Eiweisskörpern zugezählt werden? Zu meinem Bedauern muss ich diese Frage unentschieden lassen. Ich versuchte diese Klümpchen mit Carmin (ammoniakale Lösung) zu färben, und sie färbten sich ziemlich rasch und gut. Ich versuchte auch sie mit starker (rauchender) Salpetersäure zu behandeln, und sie nahmen eine kaum merkliche gelbliche Färbung an, coagulirten aber nicht. Ich behandelte sie endlich mit Argentum nitricum, unter dessen Einwirkung sie in merkbarem Grade schwärzlich wurden. Andere Reagentien fehlten mir leider. Man könnte zwar diese Körperchen in Kali causticum lösen (wenn es Eiweisskörper wären), diese Reaction hielt ich aber nicht für beweisend, da Kali causticum auch viele andere Stoffe ausser den Eiweisskörpern löst.

Die angeführten Reactionen zeigen uns, dass diese fast die ganze Masse des Schlammes zusammensetzenden Klümpchen mit weit grösserer Wahrscheinlichkeit nicht nur überhaupt zu den organischen Stoffen, sondern namentlich zu den Eiweisskörpern gehören. Ich kann aber nicht und ich will nicht behaupten, dass es Protoplasma in seiner charakteristischen Form wäre.

Wenn aber directe Reactionen die Beschaffenheit dieser Substanz nicht aufklären, so kann man doch viele indirecte Beweise für ihre Eiweisskörpernatur finden.

Ich habe mir öfters die Frage aufgeworfen: von welchen Stoffen ernähren sich fleischfressende Thiere, zu denen, nebenbei gesagt, die Mehrzahl der wirbellosen Seethiere gehört? Die allgemeine Meinung, dass sie von gewissen organischen Resten, Thier- und Pflanzenleichen sich ernähren sollten, befriedigte mich keineswegs. Erstens befinden sich nirgends, weder in Flüssen, noch in Teichen oder Meeren, solche Mengen dieser Reste, dass sie als Nährmaterial für unzählige lebende Thiere dienen könnten. Zweitens fanden wir im Meeresschlamme solche organische Reste gar nicht, wenn wir leere Crustaceen-Glieder- und -Panzerstückchen nicht dafür halten. Drittens müssten diese Reste, auch wenn sie in genügenden Mengen vorhanden wären, der Zersetzung unterliegen, und müsste jeder von ihnen überfüllte Schlamm einen unerträglichen Geruch von sich geben, was wir nicht einmal im Flussschlamme und noch weniger im Meeresschlamme finden. Wovon ernähren sich also die schlammnfressenden Thiere?

Ich habe den Darmcanal verschiedener Ascidien, Würmer und überhaupt schlammfressender Thiere untersucht. Ich habe in ihm wieder denselben Schlamm, d. h. dieselben räthselhaften quasi Eiweiss-körpertheilchen gefunden, welche ihn fast ausschliesslich zusammensetzen. In den oberen Theilen des Magendarmcanales, in der Speiseröhre, im Magen waren diese Theilchen ganz und gar unverändert, im Rectum aber wurden sie feiner und enliger. Bei einigen Würmern kommen diese Theilchen fast unverändert heraus. Bei Polygod schliessen dieselben bedeutende Mengen lebender Diatomeen ein, da diese Würmer gerade die von diesen Panzerpflänzchen besiedelten Orte bewohnen.

Nach Mittheilung dieser Data frage ich nun, ob man aus ihnen nicht schliessen könnte, dass die Schlammtheilchen wirklich eine Stickstoffsubstanz seien, die als Nährmaterial für das Leben vieler, der Mehrzahl der wirbellosen Seethiere dient?

Von wo stammen aber diese Klümpchen? Wo ist die Quelle, von welcher sie sich ausscheiden, um den Meeresboden in fussdicken Massen in der Ausdehnung vieler Quadratkilometer zu bedecken? Zur Beantwortung dieser Frage macht Professor K. Möbius[1]) folgende Annahme: die Pflanzen, die in den oberen Schichten des Meerwassers leben, sammeln und assimiliren mit Hilfe ihres Chlorophylls stickstoffhaltige Bestandtheile des Meerwassers. Nach ihrem Tode sinken sie in die Tiefe, fallen auf den Boden und erzeugen durch ihre Zersetzung die in Rede stehenden protoplasmatischen Schlammklümpchen.

Ich denke, dass alle ins Meer gelangenden organischen Stoffe sich unter dem Einflusse des Meerwassers, des Wasserdruckes und anderer noch unerklärbarer Ursachen in diese räthselhaften Theilchen verwandeln. Es ist nicht unmöglich, dass diese Theilchen in unbedeutenden Meerestiefen eine Art von Surrogat des in ungeheuren Oceantiefen sich entwickelnden Bathybius bilden. Grosses Schiff braucht grosses Fahrwasser! Es scheint aber unzweifelhaft, dass diese Stoffe einen Vorrath für tägliches und künftiges Leben schlammfressender Meeresthiere bilden.

Nächst dem Schlamme besitzen die auf diesem oder auf dem Schlammsande wachsenden Fadenalgen (Debessierien) ein grösseres Verbreitungsgebiet in der Solowetzkischen Bucht. Fast alle am Ufer gelegenen Orte sind in der Entfernung von

1) K. Möbius, »Wo kommt die Nahrung für die Seethiere her?«. Zeitschr. f. wissenschaftl. Zoologie. 1871. XXI. Bd. S. 294.

5—10 Faden von demselben von diesen Pflanzen umgeben. Besonders breit und dicht ist eine am nördlichen Ufer gelegene Schicht derselben. An einigen Stellen kann die Dragne gar nicht den Boden erreichen und nimmt jedes Mal eine Menge dieser Pflanzen sammt den auf denselben lebenden Thieren auf. Ist die Hypothese von Möbius richtig, so müssen diese fadenförmigen Algen das hauptsächlichste Material für die Bildung jenes Schlammes geben.

An den dritten Platz, nach dem Umfang der Verbreitung, müssen wir den Sand stellen, der am Boden in reinem Zustande in der Gestalt einer mehr oder wenger feinen Schicht vorkommt. Unter dieser feinen Schicht liegt ein vielfach mit Schlamm vermischter Sand, welcher schwarz gefärbt ist und gewöhnlich nach Schwefelwasserstoff riecht.

Kleine rostfarbige Kieselsteine trifft man längs des nördlichen Ufers der Sommer- und am nördlichen Ufer der Solowetzkischen Bucht, in dem zweiten und dritten Einschnitte.

Sand und Kieselsteine stellen gewöhnlich einen lebenslosen Grund vor, d. h. auf diesen wachsen keine Pflanzen und kommen fast keine Thiere vor. Die einzige Ausnahme von dieser Regel bildet nur eine lange, dünne Alge, Zostera marina, und bisweilen auch Conferva, die sich der Zostera beimischt, wie z. B. in der kleinern, der Station nächsten Bucht VII (s. die Karte) mit sandigem Boden (in welche sie wahrscheinlich von dem in sie mündenden Bach hereingetragen ist). Ein ausschliesslich von Zostera gebildeter Streifen befindet sich in dem zur Pforte der Solowetzkischen Bucht hinführenden Gange, wo sie eine merkwürdige Länge und Stärke erreicht und an eine von undichtem, aber langem grünem Grase bedeckte Wiese erinnert.

Den vortheilhaftesten Grund für die Pflanzen bilden Steine, besonders grosse, selbst von starken Stürmen nicht bewegbare Kieselsteine. Es kann uns deshalb nicht verwundern, dass die Algen sich angepasst haben, um sich gerade an diesem Grunde festzuhalten. Ausserdem ist diese Anpassung sehr leicht und einfach entstanden, da alle auf Sand und auf Steinen gewachsenen Pflanzen vom Meere fortgeschoben und ans Ufer geworfen werden. Selbst jetzt, nach vielen Jahren, ist diese natürliche Zucht nicht ganz festgestellt worden, denn insbesondere nach stürmischen Tagen kann man am Ufer des Solowetzkischen Meerbusens einen ganzen Streifen von Algen, vorzugsweise von Fucus vesiculosus finden. Bisweilen werden auch junge, auf kleinen Steinen gewachsene Laminaria ausgeworfen, als Absonderung von denjenigen Exemplaren, die an grossen, schweren Kieselsteinen sich zu befestigen wussten.

Grosse Steine trifft man fast ausschliesslich neben den Ufern oder den Korgi. Sie sind gewöhnlich von Fucus vesiculosus bedeckt. Neben dem nördlichen Ufer von Woronja-Luda und der Anschlussinsel von Balgi Luda begegnet man schon der Flora des Solowetzkischen Meerbusens, deren charakteristische Vertreter die Laminarien sind.

Fast alle Algen der linken oder südlichen Hälfte der Solowetzkischen Bucht gehören zu den grünen Algen. In den Gängen aber, und überhaupt in der nördlichen Hälfte der Bucht trifft man Walken, Phyllophora interrupta, Delesseria sinuosa und viele andere kleine rothe Algen, für welche frisches, sich bewegendes Wasser des offenen Meeres nöthig ist. Beweist das nicht deutlich, dass die linke Hälfte der Solowetzkischen Bucht schon in das Archiv des Vergangenen gehört, dass hier Alles »sein Lied abgesungen hat« und unter der Wirkung des beständigen, langsamen Seichtwerdens und wegen des Mangels an frischem, fliessendem Wasser auszusterben anfängt? Die Dürftigkeit eines solchen Seichtwassers wird von dem Bau des Bodens, der Ufer und Inseln, von der Flora und, wie wir unten sehen werden, auch von der Fauna bewiesen. In der That ist ein flüchtiger Blick auf diesen Theil der Bucht hinreichend, um zu begreifen, dass diese Hälfte derselben nichts anderes ist, als ein blinder Wasserbehälter, in welchem die letzten Reste der früher reichen und mannichfaltigen Fauna und Flora eingeschlossen sind.

IV. Die Fauna der blinden Solowetzkischen Bucht.

Nach allem oben Gesagten begreift man leicht, warum die Fauna der südlichen Hälfte der Solowetzkischen Bucht von der Fauna der nördlichen Hälfte derselben sich unterscheidet. Während die letztere frischen, sich bewegenden Meereswellen immer offen liegt, stellt die südliche Hälfte ein blindes Bassin dar, in welches diese frischen Wellen von Nordwesten her während der entsprechenden Winde gelangen, während sie von Südwesten durch die Fluth in unbedeutender Menge herbeigeführt werden. Auf diese Weise finden wir in diesem blinden, fast vollständig geschlossenen südlichen Winkel des Solowetzkischen Bucht sehr wenige Thiere mit energischer, rascher Bewegung, welche eine energische Respiration erfordert. Obgleich ich keine directen Experimente gemacht habe, kann ich doch aus einigen Thatsachen den Schluss ziehen, dass das Wasser dieses fast gänzlich geschlossenen Bassins, insbesondere in seinen tiefsten Schichten, an Sauerstoff weit ärmer ist, als das Wasser der nördlichen Hälfte der Bucht. Ausserdem besitzt dieses Wasser, besonders während der Stille, eine gelbliche Schattirung, welche hauptsächlich von den sich zersetzenden vegetabilischen Stoffen, von der Ausscheidung eines gewissen Farbstoffes, welcher von den Blättern und Stengeln von Fucus vesiculosus ausgeschieden wird, theils endlich von dem Roste abhängt, mit welchem Sande und Kieselsteine des nördlichen Ufers dieser Hälfte der Bucht sowohl, als der Sommerbucht-Ufer durchtränkt sind.[1]

Meine ersten Experimente über die Erhaltung der Thiere in diesem Wasser, insbesondere während einer längeren Zeit, endeten mit dem Tode der Thiere, so dass ich bald gezwungen war, das Wasser hinter den Kreuzen, d. h. aus dem Solowetzkischen Meerbusen zu nehmen, oder einige Sauerstoff reichlich ausscheidende Pflanzen, z. B. Enteromorpha intestinalis, in meine Aquarien zu setzen. Diese Pflanze wächst in ungeheuren Mengen in der Klosterbucht. Sie wuchert besonders zu Ende des Sommers und erfüllt fast die ganze nördliche Hälfte der Bucht.

Ich werde mich vor Allem mit der Beschreibung der südlichen Hälfte der Solowetzkischen Bucht beschäftigen. Wir haben schon gesehen, dass das Hauptelement des Bodens derselben der stark entwickelte Schlamm ist, und dass schlammfressende Thiere den hauptsächlichsten Bestandtheil ihrer Fauna bilden. Die Mehrzahl derselben gehört zu den passiv, vermittelst Flimmerhaare sich ernährenden Thieren. Durch beständige Bewegung dieser Flimmerhaare, mit welchen ihr ganzer Darmcanal besetzt ist, treiben sie eine Masse von Schlamm in diesen hinein, der ihnen als Nahrung dient. Zu diesen, das Meerwasser filtrirenden Thieren gehören in erster Stelle Schwämme, Ascidien, alle Acephalen und eine Menge von Würmern. Auf diese Weise bedingt hauptsächlich der Grund den herrschenden Charakter der ganzen Fauna.

Eine zweite, den Charakter der Fauna beeinflussende Bedingung ist die Tiefe. Es gelang mir nicht, aufzuklären, ob dieser Einfluss im grösseren Druck der Wassermasse, im Ueberflusse des im Wasser enthaltenen Sauerstoffes, in besonderen Eigenschaften des in verschiedenen Tiefen liegenden Schlammes oder in der Verschiedenheit der Temperatur und des Wasserbestandes besteht. Aber die Verschiedenartigkeit der Fauna der tieferen und seichteren Gewässer fällt merklich in die Augen.

Die Tiefenfauna nimmt jene zwei Gänge ein, welche die Solowetzkische Bucht in einer Tiefe von 2½, 3, 4 und 5 Faden beiläufig diagonal durchkreuzen. Eine fast gleiche Fauna befindet sich auch in der tiefen, am Eingange der Sommerbucht liegenden Grube.

---

[1] In dieser nördlichen Gegend sind alle süssen Gewässer mehr oder weniger intensiv bräunlich-gelb gefärbt, welche Farbe hauptsächlich von der Zersetzung von Sphagnum abhängt. Stark gefärbt ist das Wasser des grossen, unmittelbar hinter dem Kloster liegenden »Heiligen Sees«. Das Wasser ist sowohl aus diesem See, als auch aus anderen, einige Kilometer vom Kloster entfernt liegenden Seen in das Dock durchgeführt, aus welchem es fast beständig, einen breiten Strom bildend, in den südlichen Winkel der Solowetzkischen Bucht hinfliesst.

9*

Den Hauptbestandtheil dieser Fauna bilden zweiklappige Mollusken, und unter ihnen sind am meisten *Astarte semisulcata* und *compressa* verbreitet. Die Hauptmasse dieser Weichthiere, besonders die erstere Art, befindet sich gegenüber der Kreuzinsel, in der Tiefe von 5 Faden. Der dritte Typus der zweiklappigen Muschelthiere, den man in den Tiefen trifft, ist *Yoldia limatula*, die einen langen Fuss besitzt, mittels dessen das Thier mit grosser Geschicklichkeit auf dem Schlamme kriecht und sich in ihn eingräbt. Dieser Fuss hat in der Mittellinie eine längliche Vertiefung, an deren Wänden regelmässige Querfalten oder kleine Wülle radial liegen. Dieser ganze trichterförmige Theil kann sich stark ausstrecken, rasch ausbreiten, an den Rändern sich nach oben umbiegen, und sich dann eben so rasch wieder einziehen. Das Thier arbeitet mit diesem Fusstheil beständig, merkwürdig schnell, und kriecht dank demselben rasch von einer Stelle auf die andere. Diese energische Thätigkeit des Organismus scheint sowohl mit einer schwachen Entwickelung des Darmcanals und überhaupt des Eingeweideschlauches, als mit einer starken Entwickelung des Nervensystems im Zusammenhange zu stehen. Ich hoffe übrigens diese Beobachtung an einem anderen Orte zu erörtern.

Ein anderes, sich energisch bewegendes Muschelthier ist *Cardium islandicum*, die grösste aller Muscheln der Solowetzkischen Bucht. Ihre Klappen erreichen die Länge von 10 cm. Sie ist gewöhnlich in den Schlamm eingegraben und streckt ihre ziemlich kurzen, von fadenähnlichen Fühlern besäumten Siphonen aus. Wenn sie sich aber fortbewegen will, streckt sie ihren langen, zungenförmigen, mit rosigen Fleckchen und Streifen geschmückten Fuss hervor und springt munter von einer Stelle auf die andere.

Junge Exemplare dieses Weichthieres besitzen eine weisse, mit grossen rothen Winkeln und Zickzacks bunt verzierte Muschel. Je grösser die Muschel mit dem Alter wird, desto feiner, dunkler und complicirter wird diese Zeichnung. Sie geht auf die Ränder der Muschel über, während neben dem Schlosse eine graue Binde zu wachsen anfängt, welche bei grossen, erwachsenen Exemplaren die ganze dunkelrothe Zeichnung verdrängt. Kleine junge Exemplare von *Cardium islandicum* kommen an vielen Stellen der Bucht in unbedeutenden Tiefen (1½—2 Faden) vor; grosse, erwachsene Thiere trifft man aber erst in Tiefen nicht unter 3 Faden. Uebrigens bilden diese Mollusken eine Seltenheit in der Solowetzkischen Bucht. Ziemlich oft kann man überall in tiefen Gängen ihre leeren oder von Schlamm erfüllten Muscheln finden, lebende Mollusken kommen aber nur selten vor. An einigen Stellen ist der Boden mit Stücken dieser Muscheln, sammt den Muscheln von *Astarte compressa* und *Mya truncata*, bestreut. Schon dieser Umstand beweist klar genug, dass es eine Zeit gab, in welcher diese Stelle von diesen Mollusken dicht bevölkert war; aber die Lebensbedingungen haben sich geändert und die Art geht der Vernichtung entgegen. Weiter unten werde ich noch stärkere Beweise der langsamen, allmählichen Verödung der Solowetzkischen Bucht vorbringen.

An einigen Stellen zerstreut kommt hier *Pentacta Kowalevskii* Jaij. vor. Einmal (am 12. Juni 1882) gelang es mir, diese weisse Holothurie beim Eingange in die Sommerbucht auf einer Tiefe von mehr als 4 Faden zu finden. Die Holothurie war hier in einem solchen Ueberflusse und dabei kamen so grosse Exemplare vor, dass ich dachte, ich hätte das Centrum ihrer Verbreitung durch die ganze Bucht gefunden, um so mehr, als sie in zwei, zu verschiedener Zeit der Batterie gegenüber, schief gegen den zweiten Drehbaum, geworfene Draguen gerathen war. Nach einem Monate aber, am 10 Juli, suchte ich sie vergebens an dieser Stelle. Ich habe mehrmals die Dragne durch die ganze tiefe Stelle, quer durch die Bucht und in verschiedenen Richtungen geführt, aber nur ein einziges, kleines Exemplar der Holothurie wurde gefangen. Ich weiss nicht, ob dieser Fall der Zeit oder anderen Bedingungen zuzuschreiben ist. Im Jahre 1878 traf ich eine fast ebenso grosse Masse dieser Holothurien an dem nördlichen Ufer von Woronja Luda, im vorigen Jahre aber ist an dieser Stelle kein einziges Exemplar gefunden. Es liegt auf der Hand, dass dieses Thier nicht in einer und derselben Grube leben bleibt, sondern langsam in andere Tiefen überkriecht. Auf seichten, 1½ Faden tiefen Stellen habe ich dasselbe niemals gefunden. Ich habe auch nicht gesehen, dass es in meinen Aquarien überkriecht. Es ist sehr wahrscheinlich, dass das Thier den grössten Theil seines Lebens im Schlamm eingegraben sitzt, wo es eine überreichliche Nahrung findet. Die energische Wirkung der Flimmerhaare seines Darmcanals befördert eine rasche Nahrungsaufnahme. Vielleicht aber wird die Nahrung ebenso rasch verdaut, so dass das Thier bald seine Stelle verlassen und frischen Schlamm aufsuchen muss. Eine solche Voraussetzung hat allerdings sehr wenig für sich; die einstweilige Anhäufung der Holothurien in einer Grube kann aber auch Fortpflanzungszwecken dienen.

Ein beständiger, auch zu den Echinodermen gehörender Einwohner der schlammreichen Tiefen ist *Ophioglypha tesselata*. Dieses kleine, rosenfarbene, kurzstrahlige Seesternchen bewegt sich mehr oder weniger langsam und gehört auch zu den schlammfressenden Thieren. Es kommt auch in unbedeutenden Tiefen vor, aber hier findet man, und zwar ziemlich selten, nur junge Exemplare.

In schlammigen Tiefen findet man auch, aber ziemlich selten, *Molgula groenlandica*. Diese Exemplare erreichen aber niemals eine solche Grösse, wie die auf den Steinen lebenden. Der nackte, schlammige Grund bietet keine zweckmässigen Stützpunkte dar und das leichteste Wogen reisst die Thiere von ihm ab.

Neben den Vorhergehenden findet man, und fast ebenso beständig, in schlammigen Tiefen *Pectinaria hyperborea* Mhng., die Stellen aber, wo diese Würmer eine bedeutende Grösse (7—8 cm) erreichen und in grossen Mengen leben, sind nicht so tief (2—3 Faden).

Ausser diesen Würmern kommen auch andere, Röhren bewohnende, schlammfressende vor, aber sie kommen offenbar nur zufällig in die Nachbarschaft mit den genannten Typen. Für sie giebt es auf schlammigen Tiefen specielle oder besonders beliebte Orte. So befindet sich eine solche Stelle für *Terebellides Stroemi* Sars neben der 6 Faden tiefen Grube.

Neben der Kreuzunsel giebt es auf einer Tiefe von 4 Faden eine Grube, in der fast ausschliesslich *Amphitrite Grayi* Migr. sich vorfindet; weiter nach Norden von der Insel Kommt eine besondere Form von Terebellinae vor, die ich wegen ihrer bewundernswerthen Beweglichkeit, wenn sie aus der Röhre herausgenommen wird, *Amphitrite agilis* nenne. Sie schwimmt rasch im Wasser, indem sie ihren Körper ringförmig nach rechts und links einbiegt. Der letztere besitzt eine schmutzig-gräuliche Farbe, während die Fühler von ziemlich reiner Himbeerfarbe, ihre kiemenartigen Kiemen aber dunkelgrün sind. Neben dieser Form leben in grosser Menge *Lfyaene borealis* und die lange Röhrchen bewohnende *Polydora ciliata*. Dasselbe muss man von dem schlammigen, auf einer Tiefe von 4 Faden zwischen Woronja Luda und dem südlichen Vorgebirge der Bahji Luda liegenden Grunde sagen. Der Schlamm scheint von diesen Würmern überfüllt zu sein. Wenn wir nach den Ursachen solcher Zusammenanhäufung dieser Thiere an einigen Orten suchen, so werden wir sie höchst wahrscheinlich als zufällige bezeichnen müssen. Die auf der Meeresoberfläche mehr oder weniger rasch schwimmenden Larven der Würmer können sich nicht weit von den Orten entfernen, an welchen sie aus den Eiern ausgeschlüpft sind. Demzufolge können zwei oder drei an einem gewissen Orte befruchtungsfähig gewordene und hier ihre Eier ablegende Weibchen mit ihrer Brut die ganze Grube erfüllen, wenn sie nicht einige, diese Entwickelung begrenzende Bedingungen und Hindernisse antreffen. Allein diese Fragen mögen künftige Forscher der Solowetzkischen Bucht entscheiden.

Nackte, schlammige Tiefen ausgenommen, ist fast der ganze übrige Rest der südlichen Hälfte der Solowetzkischen Bucht mit Gras und Fadenalgen bewachsen, und hier leben mit kleinen Abänderungen fast überall dieselben Thiere.

An erster Stelle, dem Verbreitungsgrade nach, muss hier die Miesmuschel *(Mytilus edulis)* genannt werden, und es ist nothwendig, über sie einige Worte hier zu sagen.

Mytilus edulis ist eine der am weitesten verbreiteten Formen. Sie lebt an den Ufern fast aller europäischen Meere. Es fragt sich nun: welche Besonderheiten der Organisation haben ihr einen solchen Vorzug gegeben? Weiter unten, bei der Betrachtung der allgemeinen Schlüsse und Fragen, welche die Untersuchung der hiesigen Fauna aufwirft, werde ich meine Hypothese über die Entwickelung und das Aussterben der Art unabhängig von ihrem Bau und von den äusseren Bedingungen vorlegen; hier beschränke ich mich, auf diejenigen Vorzüge der Organisation und des Lebens, welche der Miesmuschel eigen sind, hinzuweisen.

Erstens kann die Miesmuschel auf allen Meerestiefen leben, obgleich ihre eigentliche Wohnungssphäre ohne Zweifel mehr oder weniger seichte, an den Ufern gelegene Orte sind. Nicht selten kommt sie in grossen Tiefen vor, an Steinen befestigt, welche auf schlammigem Grunde liegen. Hier erscheint sie selten in Gruppen, sondern gewöhnlich einzeln oder paarweise. Aber stets sind das die grössten Exemplare, wie man sie an den Ufern niemals findet. Sie besitzen dicke, angeschwollene sehr convexe' Muschelklappen und festes, grobes Körpergewebe. Solche Exemplare stellen offenbar eine Auswahl aus den in der Nähe der Ufer lebenden Thieren vor; sie sind die Individuen, welche zufällig in tiefere Stellen geraten und hier im freien Raume des ruhigen, immer frischen, sauerstoffreichen Wassers und in den üppigen, an Nahrungstheilchen reichen Schlammablagerungen so sehr entwickelt zu sein scheinen.

Die Miesmuschel kann vermittelst ihrer Byssusfäden fest an verschiedene unter dem Wasser gelegene Gegenstände ankleben. Das ist der zweite, bei den zweischaligen Mollusken selten vorkommende Vorzug. Die Muschel befestigt sich so dauerhaft, dass keine Stürme sie von den Steinen abzureissen vermögen, und man kann nach stürmischen Tagen an den sandigen Ufern grosse leere Schalen der Miesmuschel finden, aber ganz gewiss finden wir keine einzige unbeschädigte, das lebende Thier enthaltende Muschel.

Dank diesem Byssus kann die Miesmuschel, wenn auch nicht behend, auf dem Schlamme, dem Sande oder an Steinen umherkriechen. Der Hauptvortheil besteht aber in der Fähigkeit, auf senkrechte Oberflächen, auf hohe Steine und Felsen hinaufzuklettern und, wenn ihr irgend etwas in ihrer Lage oben oder unten auf einem Steine nicht gefällt, sogleich diese Lage zu verändern. Dieser Vortheil ist ebensowohl für die Nahrungsaufnahme, als auch für den Schutz gegen Stürme verwerthbar. Während der Ruhe, mengt viel verschiedenste zur Ernährung tauglicher organischer Stoffe herbeitragenden Fluth kriecht die Miesmuschel auf die derselben zugewendete Seite des Steines hinüber, beim Heranrücken eines Sturmes kriecht sie dagegen auf dessen entgegengesetzte Seite und sucht sich in einer Ritze oder am Grunde desselben zu verstecken. Es ist also begreiflich, warum die Stürme diese Muschel nicht erschrecken und sie nicht auf das Ufer herauswerfen können. Keine einzige, die beste Fusseinrichtung besitzende Muschel erfreut sich eines so vortheilhaften Organs, wie es der müssig grosse, bewegliche Fuss der Miesmuschel samt ihrer Byssusdrüse darstellt.

Der Eingeweidesack ist bei der Miesmuschel gut entwickelt; am besten ist das bei grossen, angeschwollenen, alten Exemplaren ersichtlich, welche ihren Ort niemals zu verlassen scheinen. Offenbar kann der so sehr entwickelte, in diesem Sacke befindliche Darmcanal dieser Thiere sehr viel Nahrung enthalten und aus ihr viel Blut, d. h. plastisches Material für den Aufbau der Gewebe verarbeiten.

Die Kiemen der Miesmuschel zeichnen sich durch starke Entwickelung aus, indess bedarf sie solcher Entwickelung nicht. Der breite Schlitz ihrer Muschel gestattet einer Menge frischen Wassers, welches in kurzer Zeit dieselbe Arbeit vollenden kann, wie das langsam durch die Siphonen anderer Muscheln hineinströmende Wasser, den Eintritt. Um sich von der Richtigkeit dieses Schlusses zu überzeugen, genügt es, an die schwach entwickelten lockeren Kiemen der

Kammmuschel zu erinnern, die nichts desto weniger zur Oxydation des Blutes eines verhältnissmässig grossen Weichthieres dienen, welches seine Muschel fast beständig auf- und zumacht, d. h. in dieselbe eine Menge frischen Wassers einlässt.

Die Sinnesorgane der Miesmuschel, wenigstens ihre Jubialen und Mantelfühler, sind stark entwickelt. Die ersteren sind, wie bekannt, sehr lang und können sich ausstrecken, die Miesmuschel betastet mit ihnen Alles, was sich ihrer geöffneten Schale nähert. Es sind treue Wächter, welche dem Thiere jede Gefahr, jedes Herannahen eines Fischchens, eines jungen *Meuuius* oder das Herankriechen eines alles fressenden Krebses sogleich melden. Aber an diese Fühler schliesst sich noch ein ganzes Heer kleiner, die Mantelränder bedeckender Fühler, und sobald diese berührt werden, schliesst das Thier seine Muschel augenblicklich zu.

Diese kleinsten Fühler beschützen auch die Mitte der Mantellappen, in welcher die Geschlechtsdrüsen, Hoden und Ovarien, liegen, während bei der Mehrzahl der anderen Muschelthiere die Mitte dieser Lappen jeder Function entbehrt und oft merkwürdig dünn bleibt. Bei der Miesmuschel aber enthält dieselbe sehr zweckmässig eins der wichtigsten Organe, welches bei den anderen Muschelthieren ganz nutzlos die Höhle des Darmcanals zusammendrängt.

Endlich befähigen die kleinen, und man kann sagen unzähligen, keiner besonderen Entwickelungsbedingungen bedürfenden Eier die Miesmuschel zur raschen Fortpflanzung und zur Besiedelung aller Orte, an welche das Thier während seiner Fortbewegung gelangt.

Man könnte noch auf einige kleine Organisationsvortheile hinweisen, welche der Miesmuschel sehr grosse Vorzüge vor ihren Verwandten geben (z. B. der Bau der verhältniss-mässig leichten und dünnen, biegsamen Muschel, aber ich will hier nur noch auf einen wesentlichen biologischen Vortheil, auf das Socialleben hinweisen. Die Miesmuschel lebt, von ihren ersten Tagen an, immer in Gruppen, in Gesellschaften, und die Arbeit der Flimmerhaare einer solchen Gruppe ergiebt immer einen besseren Erfolg, d. h. zieht weit mehr Nahrungsmaterial an, als die vereinzelte Arbeit eines einzigen Exemplares.

Das sind die Lebens- und Organisationsvortheile, dank welchen die Miesmuschel zu einem unausbleiblichen Bewohner aller europäischen Meere geworden ist und im Ueberflusse die an den Ufern gelegenen Steine bedeckt. Es versteht sich, dass alle diese Vortheile der Miesmuschel sehr grosse Mittel für die Concurrenz im Kampfe um das Dasein vor vielen anderen Organismen geben. Es kann uns deshalb nicht verwundern, dass im blanken Bassin der Solowetzkischen Bucht, wo dieses Thier in grosser Anzahl lebt, alle anderen Thiere fast gänzlich verschwinden. Eine 3—4 Fuss am Boden durchgeschleppte Drague füllt sich fast ganz mit Miesmuschelgruppen, welche wie schwarze, an feinen Verzweigungen einer festen Fadenalge befestigte Obrringe hängen. Die Massen dieser Fadenalge sind so dicht, dass das Wasser sie beim Waschen der Drague auf dem Siebe kaum durchdringen und den Schlamm entfernen kann.

Der Ueberfluss an Miesmuscheln in der Solowetzkischen Bucht könnte ein sehr beträchtliches Nahrungsmaterial liefern, wenn nicht die Einwohner gegen den Gebrauch derselben sich künstlich aufziehen kann, wie es in Italien und Frankreich schon langst geschieht. Ergriffe das Kloster die Initiative zur Einführung dieses Products in den allgemeinen Umsatz der Nahrungsmittel in der Umgebung des Weissen Meeres, so würde dasselbe ohne Zweifel den armen Einwohnern dieser rauhen Gegend, die sich vorzugsweise von halbverfaultem, überliegendem Stockfisch ernähren, einen grossen Dienst erweisen.[1]

Neben der Miesmuschel kommen fast immer zwischen Fadenalgen verschiedene *Polynoë*-Formen vor, aber die grösseren leben in bedeutenderen Tiefen, z. B. in der Meerenge zwischen *Woronaga Ludla* und *Babji Ludly*. Ausser diesen beständigen Vertretern der Schlamm- oder Conferven-Fauna kommt sporadisch auch *Gesella* vor. An einigen Orten, z. B. neben dem westlichen Ufer der langen Inselreihe von *Babji Ludly*, findet man *Pectinaria hyperborea*. Fast immer trifft man in allerlei Tiefen *Pisa gibsii* Leach in verschiedenem Alter, niemals aber erreichen dieselben in dieser Hälfte der Bucht solche Dimensionen, wie in ihrer nördlichen Hälfte.

Mit *Polynoë* findet man an einigen Stellen des algenschlammigen *Streifens Terebellides oxygolaena* Rathke; fast überall in der Tiefe von 1 Faden findet man aber *Cucumaria laevis* Fabr. An einigen Stellen kommt dieses Thier in solchen Mengen vor, dass man dasselbe als typisch für den Streifen der Schlamm-Fadenalgen ansehen kann. Endlich findet man neben den Ufern sehr viele kleine Exemplare von *Littorina littoralis*, während es mir auf einer Tiefe von 2 Faden in demselben Streifen gelang, 3 sehr grosse Exemplare dieses Weichthieres zu fangen, die eine sehr dicke, mit mehreren grossen bräunlichen Flecken gezeichnete Schale besassen.

1) Sogar für das Kloster selbst könnte die Miesmuschel ein sehr wichtiges Ersatzmittel in der Wirthschaft bilden. Die Menge der Bäger, welche das Kloster jeden Sommer ernährt, kann nicht von einer Fischart unterhalten werden, wenn auch dieser Fisch der Alte ersetzende Miesmuschel Stockfisch wäre. Ausserdem reicht bisweilen der Vorrath des frischen Murmanschen Fisches selbst für den Tisch der Mönche nicht aus, und steht selten geht das Fischerboot mehrere Tage nach einander ins Meer und arbeitet auf dieser oder auf jener Bank vergeblich. In früherer Zeit, vor 40—50 Jahren, war ein solcher Mangel an Fischen nicht da. Das beständige Ausbleiben vieles Fisches und Verflüssung der weichen Substanz des Fischvorraths der Solowetzkischen Bucht haben allmählich den Vorrath geändert. Der Solowetzkische Wirthschaft bedarf einer radicalen Veränderung und der jetzige Klosterprior, Archimandrit Meletius, hat das wohl verstanden. In vorigen Jahre machte er einen Versuch mit der in dem Gouvernement von Nowgorod sich befindende Fischzuchtanstalt, und mit Zustimmung der hohen Würde der Biologischen Station ist, wie wir gesehen haben, für eine solche Anstalt bestimmt.

Ich muss noch eine Form eines kleinen Wurms, *Scolecolepis vulgaris* Sars erwähnen, welche überall im Solowetzki-schen Meerbusen sowohl an tieferen Stellen, als auf algenschlammigem Grunde vorkommt. In diesem Jahre (188? fand ich diesen Wurm aber sehr selten.

Ich werde jetzt auf diejenigen Formen der Fauna der blinden Solowetzkischen Bucht eingehen, welche nur an einigen Orten, sporadisch, oder in einer kleinen Anzahl von Exemplaren vorkommen, oder endlich blos in der Anzahl von einem oder zwei Exemplaren gefunden sind. Zu solchen Formen gehört ein kleines Exemplar von *Rinalda (Polymastia) arctica* Mereschk., das nur einmal in einer Tiefe von 4½ Faden, in der Nähe der östlichen Spitze der Hauptinsel von Bolji Ludy gefunden wurde. Ebenfalls nur einmal wurde auf einer Tiefe von 5½ Faden, neben der Kreuzinsel, auf reinem schlammigem Grunde, ein grosses dunkelbraunes Exemplar von *Actinoloba dianthus* gefunden, welches mehr als einen Monat in der Gefangenschaft lebte, obgleich es ziemlich schlecht frass. Es warf eine ungeheure Menge kleiner röthlicher Eier aus und schied dann eine Masse von Mesenterialfilamenten ab.

In einigen algenschlammigen Orten kommen bisweilen in ziemlich bedeutenden Tiefen, z. B. in der Mündung der Sommerbucht, kleine Exemplare von *Cardium ciliatum* vor.

Von den Würmern gehören zu den sporadischen Formen die ziemlich selten vorkommende *Amphictrina cursoria*, *Ophelia aulogaster*, *Cirrhatulus borealis*, die rothe *Scolecolepis oxycephala* und die nur einmal neben der Kreuzinsel gefundene *Phyllodoce breviseta* mihi.

Beim Eingange in die Sommerbucht und neben der Kreuzinsel findet man, aber ziemlich selten, *Priapulos caudatus*, Müll.; grosse, erwachsene Exemplare kommen nur sehr selten vor. Fast überall in algenschlammigen Streifen trifft man auf seichten wie tiefen Stellen kleine *Phascolosoma margaritaceum*. Diese beiden Würmer, insbesondere *Priapulus*, sind vorzugsweise schlammfressend. Das Verschlucken des Schlammes ist hier ebenso wie bei *Arenicola* mit der Locomotion verbunden, nur verschluckt *Priapulus* mit dem hinteren Ende des Körpers, durch den Anus, während am vorderen Ende, wie bekannt, sich ein langer, mit sehr grossen Wärzchen besetzter Rüssel befindet. Das hintere dicke Ende des Körpers ist mit Haken bewaffnet und *Priapulus* verschluckt vermittelst derselben und ohne Unterschied Alles, was ihm entgegen kommt. Ich habe einmal gesehen, wie er das hintere Ende einer Amphitrite, das sich aus einer Röhre hervorstreckte, ergriff; nach einem Augenblicke war dieses ganze, ziemlich lange Ende schon im Innern seines dicken Körpers. Ich meine, dass dieser Wurm auch bei freier Bewegung, in den röhrenbewohnenden Würmern reichen Orten nicht selten Theile lebenden Fleisches oder ganze lebende Wesen mit seinen Haken und seinem Rectum ergreift, was ihn indessen nicht hindert, ein energischer Schlammfresser zu bleiben. Hier fragen wir uns unwillkürlich: was würde dieser Wurm werden, wenn das hintere Ende seines Körpers sich in das vordere verwandelte und das Thier zu einem Raubthiere würde? Jedenfalls ist dieser Typus interessant für das Studium der verschiedenen untergeordneter anatomischer Anpassungen, insbesondere des hinteren Endes des Nervensystems.

Ich werde jetzt noch Einiges über die charakteristischen Repräsentanten des sandigen Streifens sagen. Rein sandiger Grund befindet sich an der östlichen Hälfte von Woronja Luda. Sandige Bänke erstrecken sich ebenfalls fast längs des ganzen nördlichen Ufers der Solowetzkischen und der Sommerbucht. An allen diesen Stellen kommen, fast unmittelbar vom Ufer an, regelmässig gelegte kleine Excrementenhaufen von *Arenicola piscatorum* vor, sehr selten solche von *Scolecolepis cirrhata*. Diese Haufen unterscheiden sich leicht von dem umgebenden Sande durch ihre graue oder schwarze Farbe. Diese Farbe ist dem reinen oder mit Sand vermischten Schlamme eigen, und dieser Grund ist, wie ich schon oben bemerkt habe, von einer dünnen Sandschicht bedeckt. *Arenicola* kann sich mit reinem Schlamme nicht ernähren. Für dieses Thier ist der Ernährungsact mit der Locomotion verbunden. Indem *Arenicola* mit seinem herausgestreckten, weit ausgebreiteten Schlunde ein Prischen Sand ergreift, zieht sie dasselbe in ihren Pharynx ein und rückt um den Raum dieses Prischens nach vorne vor. Während der Wurm dieses Manöver sehr lebendig wiederholt, füllt er die ganze Länge seines Darmcanals mit Sand, und rückt um diese Länge, d. h. um die Länge seines ganzen Körpers, nach vorne oder kriecht in die Tiefe des Grundes hinein. Aber da er willkürlich den Sand aus dem Anus herauslassen und neuen Sand verschlucken kann, so kann eine solche Bewegung ununterbrochen vor sich gehen. Vielleicht hat der Wurm dank dieser Anpassung, im Vergleiche mit anderen Würmern, eine bedeutendere Grösse erreicht, insbesondere aber eine ungeheure Verbreitung bekommen. Während die Miesmuschel die Steine auf den Ufern aller europäischer Meere bedeckt, siedelt sich *Arenicola* auf allen sandigen Ufern an. Aber es versteht sich, dass nicht blos dieser sonderbare Locomotionsmodus diesem Thiere solche Vorzüge vor allen anderen Ringelwürmern gegeben hat. Seine grobe Haut ist mit vielen Wärzchen versehen, welche die Bewegung im Sande befördern. Seine stark entwickelten baumförmigen Kiemen können sich willkürlich verkürzen und dem Leibe sehr eng anlegen. Dem entsprechend ist das Herz und überhaupt das ganze Blutgefässsystem gebaut. Dieses Alles zusammengenommen hat diesem Wurme die grösste Entwickelungsfähigkeit und eine ungeheure Verbreitung gesichert. Ich kann dabei bemerken, dass in der Solowetzkischen Bucht nicht selten eine bleiche, grünlich-gelbe Varietät mit sehr schwacher Pigmententwickelung vorkommt.

Ein anderer und letzter charakteristischer Vertreter des sandigen Streifens ist *Mya truncata*, welche, wenigstens grössere Exemplare derselben, fast ausschliesslich auf der Woronja Luda mit *Arenicola* vorkommt. Kleine, junge Exemplare kommen, wenn auch selten, überall in verschiedenen Tiefen vor, an einigen Orten aber ist der schlammige oder sandige Grund mit Stücken ihrer Muscheln überfüllt. Es ist schwer zu entscheiden, warum dieselben hier sich angehäuft haben; aber auch diese Thatsache weist ohne Zweifel auf das Aussterben der Thiere in der südlichen Hälfte der Solowetzkischen Bucht hin.

Als auf eine ausschliessliche Besonderheit der Fauna des sandigen Grundes will ich auf die Fauna des in den Solowetzkischen Meerbusen führenden Ganges hinweisen. Hier wachsen auf dem Sande, wie ich schon oben bemerkt habe, Zosterae und lange, feine Algen. Auf diesen Pflanzen kommt in grossen Mengen *Lacuna divaricata* vor. Zwischen denselben schwimmen immer Schaaren von Crevetten *(Crangon vulgaris)*. Obgleich dieselben bisweilen auch an anderen Orten der Bucht, in der Tiefe, im fliessenden Wasser vorkommen, so ist doch hier ihr beliebtester Ort, — erstens weil Zosterae immer mit Mengen verschiedener mikroskopischer Organismen bedeckt sind, von denen die Crevetten sich ernähren, hauptsächlich aber, weil hier fast beständig, bei der Fluth und der Ebbe, das Wasser wie durch eine Rinne aus dem Solowetzkischen Meerbusen in die Bucht hinein und zurück strömt. Dieses sich bewegende Wasser bringt sehr viel Sauerstoff oder frische Luft, ohne welche die Crevetten nicht leben können. Bei allem guten Willen konnte ich dieselben sogar in einem ziemlich umfangreichen Aquarium nicht länger als drei Tage lebend erhalten.

Zu dieser «sandigen» Fauna gehört noch eine Art von kleinen, orangefarbenen *Planarien, Dinophylus vorticoides*, die in ungeheuren Mengen auf Algen dieses Ganges vorkommen.

Es bleibt mir noch übrig, einige Worte über die Fauna der Sommerbucht, die einige charakteristische Besonderheiten hat, zu sagen. Beim Eingange in diese Bucht finden wir an einer tiefen Stelle dieselbe Fauna, wie an anderen tiefen Stellen der Bucht selbst. Aber im Innern oder am Ende derselben verändert sich das Bild der Fauna erheblich. Hier finden wir ein auffallend lebensarmes Meer, dessen rostiger Schlamm eine Menge unbeschädigter oder zerbrochener kleiner *Mya-* und *Yoldia-*Muscheln enthält. Bei allen Untersuchungen habe ich an einer 3 Faden tiefen Stelle nur zwei lebende Formen gefunden, nämlich zwei Exemplare einer kleinen Ascidie mit langen Hälschen *(Molgula longicollis* mihi), welche wahrscheinlich eine neue Art ist, und sehr viele *Polydora ciliata*. Ein mehr überraschendes und überzeugenderes Beispiel des Aussterbens kann man sich schwerlich vorstellen. *Polydora* ist in mehr oder weniger bedeutendem Maasse allen Röhren bewohnenden Ringelwürmern beigemischt, aber eine solche Masse derselben, wie hier, findet man nirgendwohr. Es ist dies offenbar eine sehr gut angepasste, lebenszähe Form, welche fähig ist, verschiedenen ungünstigen Bedingungen zu widerstehen und mit sehr wenigem sich zu befriedigen. Der lange, dünne, sehr einförmige Körper dieses Thieres kann im Falle des Hungers Theile verlieren, welche dann wieder anwachsen können. Seine langen Fühler (Kiemen) sind ferner mit langen Flimmerhaaren dicht besetzt. Auf den letzteren fliessen, wie auf den Kiemen der Branchiopoden, die feinsten Nahrungsstoffe in den weit geöffneten Mund des Thieres. Bei der geringsten Gefahr zieht sich der Wurm rasch in seine lange, gut und fest zusammengeklebte Röhre hinein, in welcher er sich vermittelst Büschel von kurzen, aber festen und scharfen, schaufelförmigen Borsten festhält. Ausser den letzteren besitzt er auf dem siebenten Ringe zwei besondere, den ganzen unteren Theil des Ringes einnehmende Büschel. Jedes dieser Büschel besteht aus fünf dicken, festen Häkchen. Dank diesem Apparate kann der Wurm nicht nur in der Röhre sich festhalten, sondern auch leicht auf schlammigem Boden umherkriechen.

Am Schlusse dieses Ueberblicks über die aussterbende Fauna der südlichen Hälfte der Solowetzkischen Bucht will ich noch auf eine instructive und überzeugende Besonderheit derselben hinweisen. Man findet hier fast überall, sowohl in den Tiefen, als auch in Algen und im Schlamm, nur zwei Amphipoden-Arten[2]. Die eine derselben, die grössere, kommt auf tieferen Stellen vor; die andere, kleinere, lebt überall. Die kleinen Krebse dieser Gruppe zeichnen sich überhaupt, wie bekannt, durch ihre energische Respiration aus, welche sehr viel frische Luft verbraucht. Ihr Fehlen in unserer Fauna weist auf geringen Sauerstoffgehalt des Wassers hin.

Ich erwähne jetzt eine in der Sommerbucht selten vorkommende *Acadidina*-Form *(Acalis rubicundus* n. sp.?), welche ich nicht zu bestimmen vermochte. Die Farbe ihres Körpers ist röthlich-braun, die Lebensumänge sind aber hellbraun.

Von den Platopoden gehört zu den sporadischen Einwohnern der blinden Solowetzkischen Bucht auch *Trichotropis borealis*, welche weiche, am hornigen, die ganze Schale überdeckenden Integumente gewachsene Stacheln besitzt. Dieses Integument wird wahrscheinlich auf einmal von dem Thiere abgeworfen und gerüth nicht selten in die Dragen. Am häufigsten findet man dieses Thier zwischen der Kreuzinsel und der langen Insel, sporadisch kommt es aber auch in allen algenschlammigen Orten vor.

Im ganzen algenschlammigen Streifen findet man ziemlich selten kleine gelblich-braune *Cylichna alba* und *C. propinqua*. Noch seltener und dabei in Exemplaren von unbedeutender Grösse kommt *Natica clausa* vor. Ebenso selten trifft man die kleine rosenfarbene *Pleurotoma novajasemlensis*.

---

[1] Noch zwei Arten kommen sehr selten, in einzelnen Exemplaren vor. Zu meinem Bedauern sind alle Amphipoden noch nicht genau bestimmt. Die Form, auf welche ich hinweise, scheint zur Gattung *Anonyx* zu gehören und ist wahrscheinlich *Anonyx ampulla* Phipps. Ein anderer, kleinerer Krebschen ist *Anonyx minutus* Kr.

[2] Ist nicht dieses Integument dem hornig-kalkigen ... analog? Hier dann ... Gliederthiere kommt das Chitin vor. Dieser Voraussetzung widerspricht nur ein einziger, sehr wichtiger Umstand. Bei den Crustaceen ist das Integument ein bestimmtes Gebilde. Von Anfang an erscheint dasselbe bei den Embryonen absterblich, wie eine ... des Körpers; bei ... einer Umprägung bei den Epidermis ... welchem die Epidermis sich bildet. Bei den Mollusken ist die Schale ein ... Gebilde. Vom Anfang des embryonalen Lebens an erscheint sie in einer Grube, die von einer Zellenschicht des Integuments überwachsen wird.

Weit häufiger kommen an allen tiefen Ufern junge *Fucus vesiculosus* vor, während ältere dagegen sehr selten sind. Die *Fucus*, welche in grosser Menge die unter dem Wasser gelegenen Steine, besonders nahe dem Ufern, bedecken, liefern wahrscheinlich diesen Weichthiere eine üppige Nahrung, die den fröhlichen, beweglichen Gewässern des Solowetzkischen Meerbusens angehört.

Aus den in diesem Theile der Bucht selten und dabei in kleinen unentwickelten Exemplaren vorkommenden Krebsen will ich auf *Scyllarus* hinweisen, welcher an tiefen Stellen auf schlammigem algenreichem Grunde lebt.

In denselben Streifen kommt bisweilen in kleinen Tiefen vereinzelt *Cuma lucifera* Kr. vor, die einen langen Schwanz besitzt, mit Hülfe dessen sie ziemlich rasch schwimmen oder sich an einer Conferve oder anderen Alge anhängen kann.

Aus den parasitischen Crustaceen endlich muss auf eine Form von Siphonostomata hingewiesen werden, die der Gattung *Müllericheres* Sars nahe steht, aber wahrscheinlich eine besondere Gattung bildet. Sie saugt sich am Kopfe von *Terebellides Stroemi* an. Diese Form erscheint in der Gestalt eines länglichen Schlauches mit etwas ausgezogenem Halse und sehr ausgebreitetem Discus, mit welchem sie in die Gewebe ihres Wirthes eindringt. In der Mitte dieser Scheibe befindet sich der Mund. Neben der Basis des Halses inseriren sich zwei Anhänge, die so klein sind, dass man sie bei einigen Exemplaren kaum bemerken kann. Diese Anhänge sind Alles, was von den Antennen, Füssen und Mundtheilen eines Arthropoden übrig geblieben ist. Das hintere Ende des Körpers trägt die Analöffnung, an deren Seiten zwei Eiersäckchen sich befinden. Das Innere des Körpers enthält einen grossen, mit blinden Ausstülpungen versehenen Magen, eine Menge von Fettklumpen, welche die Ovarien erfüllen und das Material für die Entwickelung künftiger Eier bilden, endlich breite Arme, die Oviducte, welche beiderseits von der Analöffnung nach aussen münden, und zwei an denselben befestigte Drüsen zur Bildung der Eiersäcke. Das ist in kurzen Worten der gesammte nicht complicirte Bau dieses äusserst einfachen Schmarotzers.

Ich muss noch erwähnen, dass ausser *Molgula groenlandica* bisweilen auch einzelne andere Ascidien vorkommen. So lebt in den Tiefen mit der ersteren die an derselben festsitzende *C. echinata*. Einmal wurde aus einer Tiefe von 6 Faden, dem Kreuze der Kreuzinsel gegenüber, ein Stein heraufgezogen, an welchem drei *Styela rustica* befestigt waren. Endlich wurde in dem zum Solowetzkischen Meerbusen (zu den Kreuzen) hinführenden Gange einmal (im Jahre 1880) ein Exemplar von *Pera cristallina* gefunden. Dasselbe war mit seinen dicken Füsschen an einer langen dünnen Alge befestigt. Ich will dabei bemerken, dass ich während meines ganzen Aufenthaltes an den Solowetzkischen Inseln nur zwei Exemplare dieser sehr seltenen Ascidie gefunden habe.

Eine besondere Eigenthümlichkeit der Fauna des Solowetzkischen Meerbusens überhaupt ist ihre Armuth an Arten und Exemplaren von Bryozoen. Im blinden Winkel der Solowetzkischen Bucht kommen sehr selten und auf bedeutenden Tiefen, an grossen Mytilus-Muscheln befestigt, *Rugula plumosa* und *Cellularia scabra* vor, während diese Thiere in allen anderen Meeren das Hauptcontingent besonders der Ufer-Fauna bilden. Sie bedecken in grosser Menge die am Ufer gelegenen Steine, Muscheln, Conchen, kleben sich an einander und ihre Massen erscheinen als sehr starke Meeresfilter. Hier, im Weissen Meere, werden diese Filter wahrscheinlich viel mehr von Ascidien als von Schwämmen ersetzt.

Ich gehe nun zur Beschreibung der pelagischen Fauna, d. h. der an der Oberfläche schwimmenden Thiere der Solowetzkischen Bucht über.

Mit dem Herannahen der warmen Jahreszeit füllen sich die oberen Schichten der Gewässer mit verschiedenen Quallenformen und mit den, den letzteren zur Nahrung dienenden Copepoden. Auf diese Weise ist das Leben der Quallen durch das Vorhandensein der Copepoden bedingt und die ersteren sind ohne die letzteren undenkbar. Im vorigen Jahre besonders waren bis zum 14. Juli fast gar keine Copepoden, besonders keine grösseren Formen, vorhanden und die Quallen fehlten ebenfalls. Die Sarsien hielten sich in tiefen Gängen am Eingange in die Sommerbucht oder in tiefen Gängen. *Cirre* kam als eine Seltenheit vor, die Bougainvilleen fehlten aber fast gänzlich. Was *Cyanea arctica* betrifft, so erschien dieselbe in weit kleinerer Anzahl. Man kann annehmen, dass in diesem Jahre (1883), wegen des zu spät gekommenen Sommers, diese Quallen in der blinden Hälfte der Solowetzkischen Bucht später erscheinen und ebenso auch die Krebse später kommen werden. In den drei Jahren 1876, 1877, 1880 erschienen die Quallen, insbesondere die drei erstgenannten Formen, in einer so ungeheuren Quantität, dass fast die ganze blinde Hälfte der Solowetzkischen Bucht, vom Landungsorte an bis zu den Kreuzen, von diesen Thieren buchstäblich überfüllt war. Aber die Krebse kamen ebenfalls in ungeheuren Mengen vor. Das Müllersche Netz, 4—6 Fuss geschleppt, nahm eine solche Masse derselben auf, dass darin Myriaden von Individuen enthalten sein konnten. Das Wasser war an einigen Stellen dieser Bucht durch die Zusammenhäufung dieser Thiere ganz trübe.

Von den pelagischen Thieren, welche sporadisch vorkommen, will ich auf selten sich vorfindende Sagitten hinweisen. Im Jahre 1877 und insbesondere 1879 kam während einiger Tage eine besondere *Appendicularia* mit sehr langem, leicht rosig gefärbtem Schwanze vor, welche durch einige Besonderheiten des anatomischen Baues bemerkenswerth war. Diese *Appendicularia* gehört aber eher den Gewässern des Solowetzkischen Meerbusens an, aus welchem sie auch in die blinde Solowetzkische Bucht gelangt. Von Phyllopoden findet man hier Mitte oder Ende Juli zwei *Evadne*-Arten: *Evadne Nordmanni* und eine andere Art, welche keinen so monströs entwickelten Brutraum besitzt.

42

Bezüglich mikroskopischer Larven und Embryonen, welche in der Solowetzkischen Bucht schwimmen, muss ich erwähnen, dass schwerlich in irgend welchem Meere eine so arme pelagische Fauna zu beobachten ist, wie hier. Nur *Nauplius Zoëae*, kleine Hydromedusen *(Obelia, Laomedea)*, von Würmern aber Larven von *Polydora*. *Polynoë* kommen unter den Mengen von Copepoden vor, von welchen die Bucht in der heissen Jahreszeit überfüllt ist. Ich will dabei auf den Umstand hinweisen, dass die Copepoden, insbesondere Cyclopiden zu denjenigen nicht wählerischen Formen gehören, welche unter den schwierigsten Lebensbedingungen, in jeder aussterbenden Fauna zu leben vermögen.

Nicht einmal gelang es mir, in der pelagischen Fauna Pilidium- und Holothurien-Larven zu finden. Zwar kommt, wenn auch sehr selten, in der blinden Solowetzkischen Bucht nur eine kleine Nemertinenform vor, aber *Protorotula* und insbesondere *Cucumaria* gehören zu den Hauptbewohnern derselben.

Wir können jetzt die Resultate der angeführten Uebersicht der Fauna der blinden Bucht ziehen. Wir zählen in derselben folgende 64 Formen, schwimmende Quallen und Copepoden ausgeschlossen:

I. Spongiae.

1. *Reniera* sp.?
2. *Rinalda arctica*. Mer.

II. Vermes.

3. *Dinophilus vorticoides*. O. S.
4. *Amphiporus lactifloreus*. John.
5. *Amphicorine cursoria*. Quatr.
6. *Amphitrite agilis*. n. sp.
7.   –   *Grayi*. Mlngr.
8. *Polydora ciliata*. Sars.
9. *Clymene borealis*. Dal.
10. *Pherusa raginifera*. Rathke.
11. *Phyllodoce trivittata*. n. sp.
12. *Chaetozone setosa*. Mlngr.
13. *Harmatoë imbricata*. L.
14. *Polynoë Oerstedi*. Mlngr.
15.   –   *rarigata*. n. sp.
16.   –   *limbata*. n. sp.
17.   –   *dorsata*. n. sp.
18. *Ophelia linacina*. Rathke.
19. *Scalecolepis vulgaris*. Sars.
20.   –   *cirrhata*. Sars.
21.   –   *oxycephala*. Sars.
22. *Arenicola piscatorum*. Lam.
23. *Pectinaria hyperborea*. Mlngr.
24. *Phascolosoma margaritaceum*. Sars.
25. *Priapulus caudatus*. Müll.
26. *Terebellides Strömei*. Sars.
27. *Macrophthalmus rigidus*. n. sp.

III. Crustacea (Copepoda).

28. *Anonyx ampulla*. Phipps.
29.   –   *minutus*. Kr.
30. *Cuma lusitnga*. Kr.
31. *Scyllarus* sp.
32. *Crangon vulgaris*. Fab.
33. *Pisa Giebbsii*. Leach.

IV. Malacozoa.[1]

34. *Cardina islandicum*. Fabr.
35.   –   *ciliatum*. Fabr.
36. *Tellina baltica*. L.
37.   –   *calcarea*. Chemn.
38. *Astarte crebila*. Fabr.
39. *Astarte semisulcata*. Leach.
40.   –   *compressa*. L.
41. *Mytilus edulis*. L.
42. *Mya truncata*. L.
43. *Yoldia limatula*. Say.
44. *Acmia rubicundus*. n. sp.
45. *Cylichna alba* var. Brakon.
46.   –   *propinqua*. Sars.
47. *Trichotropis borealis*. Broad.
48. *Lacuna divaricata*. Fabr.
49. *Fusus despectus*. L. et var. *carinata*.
50.   –   (?) *albus*. n. sp.
51. *Natica clausa*. Brd. et Sou.
52.   –   var. *violacea*.
53. *Buccinum tenue* var. *scalariforme*. Müll.
54. *Littorina rudis*. Mas.
55.   –   *littoralis*. L.
56. *Pleurotoma scalariocandensis*. Leche.
57.   –   sp.?

V. Bryozoa.

58. *Cellularia scabra* v. Ben.
59. *Bugula plumosa*. Pall.

VI. Tunicata.

60. *Pera cristallina*. St.
61. *Molgula groenlandica*. Traust.
62.   –   *longicollis*. n. sp.
63. *Cynthia echinata*. Fabr.
64. *Styela rustica*. L.

Es unterliegt keinem Zweifel, dass künftige Untersuchungen dieses Verzeichniss bedeutend ergänzen werden. Aber schon in seiner jetzigen Form zeigt dasselbe die charakteristischen Repräsentanten der blinden Bucht und man kann einige unbestreitbare Schlüsse auch aus diesen wenigen Daten ziehen.

[1] Die Bestimmung der Mollusken verdanke ich der Güte des Conservators am Zool. Museum der K. Acad. d. Wissenschaften, Hrn. Herzenstein.

Erstens gehört fast die Hälfte der Formen dieser Fauna zu den Würmern und alle oder fast alle diese Würmer sind Schlammfresser und ansässige Röhrenbewohner, welche langsam umherkriechen, nur in extremen Fällen schwimmen und vorzugsweise zu den Capitibranchiaten, d. h. mehr ruhigen Würmern gehören. Von dieser allgemeinen Regel machen bloss *Nereilepis vulgaris* und *Phyllodoce* eine Ausnahme, welche zufällig in diese Fauna gerathen sind.

Der zweite unbestreitbare Schluss aus diesen Thatsachen ist, dass nicht nur die Hälfte, sondern die Mehrzahl der Formen dieser Fauna, d. h. ⅗ von 64 zu den Schlammfressern gehören, so z. B. alle Spongien, Muscheln, Ascidien und manche Würmer.

Zwölf Formen gehören zu den Pflanzenfressern. Aber von diesen entwickeln sich in grossen Mengen nur *Littorina*, welche sich, ausser mit *Fucus*, mit einigen an den Ufersteinen wachsenden Algen begnügt. Alle übrigen Platopoden verschwanden allmählich mit dem Aussterben der Algen oder entfernen sich aus der blinden Bucht, und das ist die Ursache, warum dieselben in dieser ihrem Leben ungünstigen Oertlichkeit nur einzeln zerstreut vorkommen. Von den Krebsen, die Copepoden ausgeschlossen, bleiben hier nur diejenigen Formen, welche ohne Unterschied mit allerlei Ueberresten, und beim Mangel der letzteren selbst von Schlamm und Diatomeen sich ernähren können. Hierher gehören *Pisa*, *Caona* und die beiden Gammariden. *Scyllarus* ist ein Raubthier, welches mit seinen scharfen Haken Weichthiere und kleine Fischchen ergreift. Was *Crangon* anbetrifft, so halten sich diese Krebschen, wie wir gesehen haben, im fliessenden Wasser, in der Nähe der Pforte der Solowetzkischen Bucht und nur sporadisch an anderen Orten auf, wo sie wahrscheinlich fliessendes Wasser finden.

Bei der Betrachtung der Formen dieser Fauna müssen wir diejenigen, welche derselben thatsächlich angehören, in ihr sich fortpflanzen und beständig leben, von denen trennen, welche nur zufällig, aus der nördlichen Hälfte der Bucht oder aus dem Solowetzkischen Meerbusen noch in jungem Alter hierher gelangen, wachsen und ihre volle Entwickelung erreichen, schwerlich aber eine Brut nachlassen und wahrscheinlich spurlos aussterben. Von den Schwämmen gehört zu den ersteren *Reniera*, während *Rinalda* nur zufällig vorkommt.

Von den Würmern gehört die Mehrzahl der Formen zu dieser Fauna und nur drei Formen können als zufällig aus anderen Orten angekommene angesehen werden, — *Amphiporus lactifloreus*, *Phyllodoce trivittata* und *Phascolosoma margaritaceus*.

Von Muscheln ist *Cardium islandicum* wahrscheinlich eine Form, deren Vorfahren einst in dieser Bucht in bedeutenden Tiefen gelebt und leere Klappen und Stücke der Muscheln nachgelassen haben, jetzt aber leben hier in kleiner Anzahl ihre ärmlich gebliebenen aussterbenden Nachkommen.

Von den Ascidien, ausgenommen die den neuen Lebensbedingungen sich anpassende oder aussterbende *Molgula longirollis*, finden wir keine einzige; der blinden Hälfte der Solowetzkischen Bucht eigenthümlich gehörende Form. Es sind Schlammfresser, welche frisches, fliessendes, sich bewegendes Wasser lieben, das für ihre starke Respiration unentbehrlich ist.

Wir sehen also, dass von 64 Formen dieser Fauna ungefähr die Hälfte derselben nicht angehören und nur Ueberreste einer Thierwelt darstellen, deren Lebensbedingungen längst verschwunden sind, oder die zufällig oder in Folge alter, erblicher Gewohnheit aus den benachbarten Orten gekommen oder von Winden und Strömen herbeigeführte Fremdlinge sind.

Die Mehrzahl der Copepoden scheinen ansässige Formen zu sein; einige wenige Arten kommen, von den Fluthwellen getragen, aus dem Solowetzkischen Meerbusen. Dasselbe kann man auch über andere pelagische Formen sagen. Von den Quallen gehört keine einzige Form dem blinden Winkel der Solowetzkischen Bucht an und die Mengen von *Sarsia*, *Bougainvillea* und *Circe*, ebenso wie kleine Ephyren von *Cyanea arctica* werden aus dem Solowetzkischen Meerbusen oder aus der nördlichen Hälfte der Bucht hierhergebracht. Es kann sein, dass, einmal in diese Bucht gelangt, aus derselben nicht mehr herausgehen, hier ihre Geschlechtsreife erreichen und die sterbende Brut nutzlos hinterlassen.

Dasselbe geschieht auch mit den wenigen Exemplaren von *Clio borealis*, welche, von der Fluth und dem Winde mit den ihnen zur Nahrung dienenden *Limacina arctica* getragen, bisweilen in die Sommerbucht gerathen. Endlich, in seltenen Fällen, kann man neben dem aus dem Solowetzkischen Meerbusen führenden Gange einige kleine *Eschscholtzia*-Exemplare finden, die ganz diesem Meerbusen angehören.

Die eigentliche Fauna des blinden Theiles der Solowetzkischen Bucht besteht also aus 33 Formen (Copepoden nicht eingeschlossen), deren Nachkommenschaft zu langsamem Aussterben verdammt ist, weil die Bucht in Folge der beständigen langsamen Hebung des Meeresbodens seichter und aus Mangel an frisch zufliessendem Seewasser immer mehr ausgesüsst wird, um su mehr, da beständig aus den Bächen und Bach süsses Wasser in dieselbe hineinfliesst.

Aber ein geheimes, sorgendes Naturgesetz verstärkt immer die Energie in denjenigen Orten und Fällen, in welchen das organische Leben schon der Vernichtung nahe ist. Es umkleidet mit Cocons und Schutzpanzern die von der Dürre betroffenen lebenden Wesen. Auch in diesem Falle hat es die schlammabfressende Fauna der blinden Bucht mit ungeheuren Vorräthen von Nahrungsmaterial versehen. Selbst im Winkel dieses Bassins, fast an den Mauern des Klosters, bringt es die, dieses Winkelchen mit Sauerstoff versehende *Enteromorpha* zum Wachsen und zur üppigen Entwickelung. So ruft jedes Uebel in der Natur eine Ausgleichung, eine Gegenwirkung, Anpassung oder einen Ersatz hervor. Aber vergebens sucht die Natur in diesem Dualismus ein Gegengewicht gegen diejenigen elementaren Kräfte aufzustellen, durch welche die Reliefveränderung und die Hebung der Erde aus den Meereswellen bedingt wird.

Von diesem Standpunkte aus bietet der blinde Theil der Solowetzkischen Bucht dem Forscher ein sehr grosses Interesse. Seine ganze Fauna ist wie aus zwei Theilen zusammengesetzt: aus dem oberen, lebendigen und lebenszähen Theile, welcher immer durch neue, aus den Gewässern des Solowetzkischen Meerbusens oder der nördlichen Hälfte der

Bucht hereinströmende Vorräthe erfrischt wird, — und aus dem in der Tiefe lebenden Theile, der sich fast gänzlich von den Schlammablagerungen erhält. In der oberen, frei schwimmenden Bevölkerung compensirt sich das Leben von selbst zwischen den Mengen der allesfressenden Copepoden und der räuberischen Quallen. In der unteren aber ist diese Compensation schon längst verschwunden. Hier fehlen Raubthiere gänzlich oder fast gänzlich. Mit dem räuberischen Leben scheint auch die Hauptursache der Differenzirung, des Fortschrittes versehwunden zu sein.

Aber es fragt sich, ob dieser extreme, wüthende Kampf wirklich für den Fortschritt durchaus nöthig ist, ob bloss in ihm die Kräfte sich entfalten, welche die Welt zum Fortschreiten, zur Vervollkommnung und zur Differenzirung befähigen?

Ich habe häufig das Leben dieser aussterbenden Schlammfresser der blinden Bucht in einem grossen Aquarium beobachtet. Die Cardien und Yoldien krochen munter umher und sprangen von einer Stelle auf die andere, indem sie bessere Nahrungsbedingungen, als in reinem Meereswasser, aufsuchten; die Ascidien zogen mit weit geöffneten Hälsen gierig dieses Wasser ein und filtrirten dasselbe, in der vergeblichen Hoffnung, eine Menge von Nahrungstheilchen und frische Luft aufzufinden, welche sie in der Freiheit, im fliessenden Wasser auf Steinen sitzend, gehabt hatten. Und ich dachte: sind hier die Bedingungen für die Concurrenz und für eine glückliche friedliche Existenz nicht vorhanden? Arbeiten alle Ascidien gleich energisch mit ihren Muskeln, indem sie ihre Hälse ausstrecken und öffnen? Finden nicht alle diese Thiere in der Freiheit frisches sauerstoffreiches Seewasser im Ueberfluss und einen unerschöpflichen Vorrath von Nahrungsstoffen? Jedes erfreut sich vollständig und frei an allen Lebensmitteln, mit gleichem Rechte und unter gleichen Bedingungen. Sehr selten findet man in diesem freien Leben solche Exemplare von Ascidien, welche am Körper von Anverwandten sich befestigen, oder solche Halisarca-Individuen, welche auf den Hälsen oder selbst an den Eingangsöffnungen der Ascidien aufsitzen. Das sind offenbar verirrte, einzelne Exemplare, die allmählich in der Menge von regelmässigen, normalen Fällen dieser friedlichen Concurrenz verschwinden müssen. Ihr unbewusstes Streben, eine bessere Stelle im Leben einzunehmen, den vibratorischen Apparat grosser, erwachsener Ascidien zu benutzen, ist nur eines von den tausend Mitteln derjenigen feindlichen, zerstörenden Concurrenz, welche im Kampfe um's Dasein bei der Mangelhaftigkeit, bei der Beschränktheit der Lebensmittel zu Stande kommen muss.

Wo Raubthiere fehlen und Nahrungsvorräthe unerschöpflich sind, wo das Wasser sauerstoffreich und mit Elektricität gesättigt ist, wo das Licht nur in dem Maasse eindringt, dass sein zerstörender Einfluss nicht bemerkbar wird und dagegen nur seine anregende Wirkung in ihrer ganzen Kraft hervortritt, — da ist ein breites, offenes Feld für die »friedliche Concurrenz« der Individuen. Da sucht jeder Organismus, ohne seinen Nachbar zu verdrängen oder ihn zu belästigen, unter den guten Lebensbedingungen bessere auf, weil nirgends in der Natur die gleiche, regelmässige Vertheilung der Lebensmittel, der Lebensanreger und -Beförderer existirt. In einer Ascidienbrut sterben alle jungen Exemplare in entsprechender Lebensperiode, an einem Steine sich zu befestigen, aber nur die klügeren oder kräftigeren, die thätigsten und energischsten werden sich auf den Gipfel des Steines setzen. Diese Vertheilung wird ohne jeden Kampf geschehen. Auf dem Steine ist viel Platz, nicht nur für eine Brut, sondern für mehrere. Wenn alle Individuen dieser Brut ganz gleich wären, könnten sie alle ganz gleich bequem den Gipfel einnehmen. Aber die einen, schneller und unvorsichtig, schwimmen weit von dem Steine fort; andere, schwächer oder träger, werden sich neben dem Steine oder an seiner Basis ansiedeln und wieder andere, weniger klug oder begabt, werden seine unvortheilhafte Schattenseite einnehmen oder in seine Grotten und Ritzen fallen.

Auf diese Weise vervollkommnet und verbessert sich jede Rasse und jede Art in sich selbst, in Folge der inneren, einem jeden ihrer Individuen eigenen Kräfte. Diese Kräfte mögen erblich sein, aber nur sie allein führen unmerklich den Organismus vorwärts zum besseren Leben. Das äussere Mittel, mit seinen Agentien und Anregern, ist nichts mehr als ein Helfer dieser »friedlichen Concurrenz«, und nur wo die Lebensbedingungen für die Bevölkerung einer Gegend zu enge werden, nur da kommt jene feindliche, schonungslose Concurrenz vor, welche man »Kampf um's Dasein« nennt.

Diese rein theoretischen Betrachtungen könnten von praktischen Experimenten bestätigt oder widerlegt werden, und künftige Forscher der Sskoretzkischen Bucht werden wahrscheinlich die Entscheidung derselben auf sich nehmen. Aber auch ohne Anstellung solcher Experimente kann eine einfache, aber mehrjährige Beobachtung des Lebens und des Aussterbens der Fauna der blinden Bucht viele wichtige Resultate ergeben. Welche von den Bewohnern dieser Bucht z. B. unterliegen dem Aussterben rascher? d. h. auf welche Thiertypen wirkt der Luftwechsel oder das Süsswerden des Wassers am stärksten?

Ich werde indess bei dem Vergleiche der Fauna der blinden Bucht mit derjenigen des nördlichen Theiles und des offenen Sskoretzkischen Meerbusens noch Gelegenheit haben, auf diese Frage zurückzukommen.

V. Die Fauna des offenen Theiles der Solowetzkischen Bucht.

Die geschlossene Solowetzkische Bucht hat in ihrem nördlichen Theil zwei enge Einfahrten. Die westliche Einfahrt bildet eine kleine Meerenge zwischen dem östlichen steilen Ufer «Woronja-Luda» und dem südlichen schmalen Cap der Hauptinsel «Babji Ludy». Die östliche, breitere Einfahrt befindet sich zwischen der östlichen Spitze dieser Insel und der «Erschowaja-Korga».

Wenn man in diesen Theil der Solowetzkischen Bucht einfährt, wird man von der Unermesslichkeit der Wasserfläche ergriffen und die Vorstellung malt dem Beobachter eine andere Thierwelt. Uebrigens unterscheidet sich diese nicht scharf von der Fauna der geschlossenen Bucht, im Gegentheil treffen wir auf dem Boden dieses Bassins grösstentheils dieselben Typen an, welche wir unter der Fauna der Schlammfresser des geschlossenen Theiles finden. An diese Typen schliessen sich ausserdem viele neue Formen, welche dem fliessenden Wasser eigen sind.

Das erste, was dem Beobachter ins Auge fällt, wenn er diese Fauna mit derjenigen des geschlossenen Theils vergleicht, ist die Armuth an schwimmenden Formen. Hier kommen *Circe* und *Bougainvillea* selten vor und auch nur in dem westlichen Theil, näher dem Solowetzkischen Meerbusen, ihrem eigentlichen Wohnsitze. Fast ebenso selten begegnet man hier *Sarsia*, welche sich gewiss aus dem geschlossenen Theil hierher verirrt hat. Fast nie findet man hier *Rachichallizia* und Clionen vor, und nur der sporadischen *Cyanea arctica* begegnen wir überall in diesem Theile der Bucht. Die Ursache der Abwesenheit dieser pelagischen Räuber müssen wir in dem Mangel an Nahrungsstoffen suchen. Der geschlossene Theil der Solowetzkischen Bucht bietet eine Masse Nahrungsstoffe, welche die Copepoden — die ausschliessliche Nahrung der schwimmenden Medusen — zur Selbsterhaltung und Vermehrung befähigen. In dem offenen Theil aber fehlen diese Nahrungsstoffe ganz, daher zeigen sich hier schwimmende Räuber sehr selten. Ausserdem kann man noch auf einen anderen Grund dieser Erscheinung hinweisen: zur Zeit der Fluth fliesst das Wasser durch die Kiestowaja-Einfahrt aus der offenen Solowetzkischen Bucht direkt in ihren geschlossenen Theil und bringt eine Masse pelagischer Thiere mit sich, während die Einfahrten aus dem offenen nördlichen Theil der Bucht in deren geschlossene Hälfte nicht gerade sind, sondern eine Biegung machen. Aus dem südlichen Theil führen in diese Einfahrten wiederum krumme Wege durch die Strassen zwischen der Woronja- und Pessji-Insel.

Die in der offenen Hälfte der Solowetzkischen Bucht vorherrschende Fauna ist die des schlammigen Grundes. Dieselbe verbreitet sich fast über den ganzen Boden und nur an wenigen Stellen, in den drei tiefen Meerengen, finden wir die Fauna des steinigen Grundes vor.

Die Fauna des schlammigen Grundes wiederholt sich an schlammig-sandigen Stellen, welche mit denselben langen Laubersaceen oder, in seltenen Fällen, mit Zosteren bedeckt sind. Ein solcher Strich sandigen Bodens zieht sich mit verschiedenen Unterbrechungen fast durch die ganze Mitte dieser Hälfte der Bucht. Besonders stark entwickelt ist die Fauna des Schlammes in dem seichten Wasser am südlichen Ufer. Hier herrscht überall fast ausschliesslich und in grosser Menge die Miesmuschel, und die litoralen Steine sind hier, wie in dem geschlossenen Theile der Bucht, mit *Fucus* bedeckt.

Die geographische Bodenbeschaffenheit des offenen Theiles der Solowetzkischen Bucht ist nicht wesentlich von derjenigen der geschlossenen Hälfte derselben verschieden: dieselben Tiefen, derselbe Grund, — was klar darauf hinweist, dass der Hauptunterschied in der einen frischen, fliessenden Wasser abliegt. Wie oben bemerkt, treffen wir hier dieselben oder fast dieselben Typen an, die den geschlossenen Theil bewohnen. In der Meerenge an der südlichen Spitze der Babji Ludy finden sich im Schlamme sehr viele grosse *Polynoë*, in denselben vier Arten, vor, ihre ungewöhnliche Grösse steht wahrscheinlich mit dem frischen, fliessenden Wasser im Zusammenhange.

An denselben Stellen kommen im schlammigen Grunde eine Menge Röhren mit *Amphitrite Grayi, agilis* n. sp., und mit *Clymene borealis*, in langen Röhren — *Polydora ciliata*, sehr grosse *Pherusa vaginifera* und kleine *Phascolosoma margaritaceum* vor. Hier finden wir gleichfalls *Buccinum tenue* var. *scalariformis*, *B. undatum* var. *pelagica*. Alle diese Formen bilden den Uebergang zu der Fauna des tiefen fliessenden Wassers.

Ueberall im Schlamme kommen auch *Reniera* und kleine *Scolecolepis vulgaris* sporadisch vor und in den schlammigen Vertiefungen kann man *Terebellides Strömi* antreffen. Auf den litoralen Steinen finden sich überall eine Menge *Littorina littoralis*, wie in der geschlossenen Bucht; die sandigen Stellen werden von *Arenicola* und *Mya* bewohnt. Endlich unterscheidet sich die Fauna der Tiefen dieser Hälfte der Bucht in ihren Grundzügen durch nichts von der Fauna des geschlossenen Theils. Hier finden wir öfter *Ophioglypha tessellata* in grösseren Exemplaren und *Asteris semisetosa* und *compressa*, wenn auch in geringerer Menge und in kleineren Exemplaren vor. Dieser Umstand beweist, wie mir scheint, dass das Leben an tiefen Stellen des stillen, geschlossenen Winkels für diese Mollusken am vortheilhaftesten ist. Es kommen auch *Yoldia limatula* und nicht selten grössere *Pectinaria hyperborea* vor, als im geschlossenen Theile, in welchem auch sehr vereinzelt *Pontorta Kowalewskii* lebt, die hier am leichtesten existiert. Eine andere Holothurie, *Cucumaria typ..* kommt überall an tiefen und seichten Stellen des schlammigen Grundes vor, besonders an den Stellen, wo sich kleine Stücke halb verwester *Zostera* finden.

Wenn man alle Repräsentanten der Fauna der offenen Bucht, welche zugleich auch den geschlossenen Winkel bewohnen, aufzählen wollte, so müsste man alle Arten derselben nennen; daher ziehe ich es vor, nur die wenigen Formen zu erwähnen, die ich in der Fauna der nördlichen Hälfte nicht gefunden habe. Hier fehlt gänzlich *Rimulda*; ein einzelnes Exemplar davon entdeckte ich in der geschlossenen Bucht, welches augenscheinlich in Form einer Larve aus den Gewässern des offenen Solowetzkischen Meerbusens hierher verschlagen war. Von dort her stammten auch die einzigen Exemplare von *Pocra pellucida, Amphiporus lactifloreus* und *Phyllodoce trivittata*.

Einige Formen, z. B. *Terebella Danielsseni, Cardium ciliatum, Scolecolepis oxycephala* und *Fusus albus*, fand ich in dem offenen Theile der Bucht gar nicht vor; übrigens halte ich das für einen Zufall, denn nur die erste der genannten Formen gehört, wie es scheint, der nördlichen Hälfte an und kommt in ihrer nördlichen Hälfte nicht vor.

Ich gehe jetzt zu den Eigenthümlichkeiten über, die für die Fauna des offenen Theiles der Bucht bezeichnend sind. Die Haupteigenthümlichkeit besteht darin, dass wir hier die Flora und Fauna des Solowetzkischen Meerbusens in ihrer Gesammtheit wiederfinden. Diese Fauna treffen wir an der nördlichen Seite der Woronja-Luda und der Nebeninsel der Babji-Ludy — dies ist die Fauna der litoralen Steine, die mit verschiedenen Algen, unter denen die *Laminaria* keinen geringen Platz einnehmen, dicht bewachsen sind. Die grossen Thallusblätter dieser gigantischen Algen, die an ihren Rändern manschettenförmig gefaltet sind, werden von einer Masse kleiner, weisser Muscheln, *Spirorbis simplex*, und eigenthümlichen Kalkablagerungen bedeckt, deren Natur ich nicht bestimmen konnte, die jedoch aller Wahrscheinlichkeit nach dem Pflanzenreiche, der kalkigen *Melobasis* ähnlich, angehören. Dies sind kleine, 2—3 mm lange, vollkommen regelmässige ovale oder runde Erhöhungen, welche aus einer Menge mehr oder weniger verzweigter, radienartig und einem gemeinsamen, festen, kalkigen Grunde sitzender Nadeln bestehen. Trotz aller meiner Bemühungen gelang es mir nie, weder in dem Solowetzkischen Meerbusen, noch in der Ansersky-Meerenge, irgend welche weiche, sarcodische Theile an diesem kalkigen Skelett, welches das daszenige einiger junger Korallen aus der Familie *Turbinolina* erinnert, zu finden. An einigen Thallusblättern der *Laminaria* findet man in grosser Anzahl kleine *Lacuna divaricata*, welche viel öfter an den langen, schmalen Algen vorkommen; besonders charakteristisch für die *Laminaria* ist die *Lacernaria quadricornis*, welche übrigens in diesem Theile der Bucht ziemlich selten angetroffen wird; endlich begegnet man hier bisweilen Colonien von *Laomedea geniculata*.

Ebenfalls in diesem Gebiete, an der westlichen Spitze der Nebeninsel, fand ich zwei sehr merkwürdige Formen. Die eine ist eine kleine *Turbo* mit einer ziemlich dünnen, tief und dicht gefurchten Muschel; dieses Weichthier besitzt eine besondere Eigenschaft — es gehört zu den polyophthalmen. Auf der Rückenseite seines Fusses hängen von jeder Seite je sechs lange, dünne Fühler, an deren Basis sich ein entwickeltes, leicht erkennbares Auge befindet. Abgesehen von diesen Nebenaugen und diesen fadenförmigen Anhängen des Fusses hat dieses Weichthier gewöhnliche Fühler und Augen am Kopfe.

Die andere Form, die wir hier im Schlamme vorfinden, ist eine Art des kleinen *Balanoglossus*, welche ich *B. Mereschkowskii* nenne. Die hellrothe Färbung seines Körpers lässt diesen kleinen Wurm in dem dunklen Schlamme leicht erkennen. Er liegt gewöhnlich zu einem Ringe gekrümmt; im Kriechen streckt er seinen vorderen Kopftheil mit zwei Oeffnungen, von denen die eine an der Spitze, die andere an der Basis sitzt, weit von sich. An letzterer Oeffnung schliesst sich ein dünner kleiner Stiel, der sich ausdehnen und zusammenziehen, aber selbstverständlich den massiven Kopftheil des Thieres nicht stützen kann. Im gestreckten Zustande kommt er der Länge des ganzen Körpers gleich. Der Kopf wird von dem Körper durch einen kleinen Kragen von dunkler, rother Farbe getrennt. Unten erweitert sich der Körper auf beiden Seiten in kleine, kaum merkliche, flügelartige Anhänge, die wiederum auf jeder Seite je fünf kleine Kiemenöffnungen haben, die immer lose stehen und, wie überhaupt der ganze Körper des Thieres, stark vibriren. Der Darmcanal von gründlich-gelber Farbe scheint durch die Körperwände in Form einer dunklen Wellenlinie deutlich durch. Die breite Mundöffnung befindet sich am hinteren Theile des Körpers. Die ganze Oberfläche des Körpers ist mit Gruppen kleiner, einzelliger Schleimdrüsen bedeckt, die durch ihren helleren Ton aus der allgemeinen dunklen Färbung des Körpers scharf hervortreten. In der Gefangenschaft legten diese Würmer viele, sehr kleine, röthliche Eier.

Ein interessanter Winkel dieses Gebietes der litoralen Steine befindet sich etwas östlicher, an der westlichen Spitze der Hauptinsel der Babji Ludy. Hier hat sich ein ganzes Reich von Ascidien niedergelassen, deren vier verbreitetste Arten in mehr oder weniger grossen Exemplaren das Schleppnetz anfüllen, wenn man es 1—1½ m weit in einer Tiefe von 1½—4 Faden und in einer Entfernung von 3—4 Faden vom Ufer geschleppt hat. Natürlich kommt auch hier am häufigsten *Molgula groenlandica* vor, deren grösste Exemplare 8—9 cm lang sind. Überhaupt pflegt die *Molgula* ein sociales Leben zu führen, wobei die Körperwände des einen Thieres sich mehr oder weniger fest an diejenigen des benachbarten schmiegen. Oft dienen die einen als Sitz für ihresgleichen. An ganze Familien oder Gruppen dieser Ascidien schliesst sich bisweilen *Sigela rustica*, seltener *C. echinata*. Eben so selten finden wir in Gruppen oder einzeln *C. Nordenskjöldin* n. sp. In diesem Reiche der Ascidien leben, wenn auch nicht in solcher Menge, andere Repräsentanten der Fauna des Schlammes tiefer Gewässer. Hier begegnet man *Ophioglypha tesselata*, *Pentacrinus hyperborea*, *Margarita cinerea*, *obscura*, *curvinervia* und den beiden Arten der *Astarte* etc. In demselben Gebiete kommen bisweilen, ebenso wie unter der Fauna der nördlichen Seite der Nebeninsel, recht grosse, schöne *Cirrathulus borealis* vor, und neben dem letzteren fand ich eine unbestimmte Form der hellrosafarbenen *Terebella* und nur ein einziges, grosses Exemplar des *T. Danielsseni*. Wir warfen das Schleppnetz an der tiefsten Stelle (6½ Faden) und fanden hier eine schlammige, fast ganz öde Schicht; in demselben fingen wir wenige *Yoldia limatula*, ein einziges Exemplar *Chaetozone setosa*, ein grosses Individuum von *Muldane lumbricalis* von 15 cm Länge und einen recht grossen, unter der Fauna des Solowetzkischen Meerbusens selten vorkommenden olivengrünen *Lineus gesserensis*.

Dem nördlichen Küstengebiet der Nebeninsel Babji Lady gehört die vollkommene durchsichtige *Chlorema pellucidum* Sars und die kleine *Modiola discors* an, die immer an den Wurzeln der Algen oder an der Körperbasis der Ascidien festsitzt und sich in dünne, kleine, zu einem Filz verwickelte Algen einwickelt.

In ihrem jugendlichen Zustande ist diese Muschel von hellgrüner Farbe und setzt sich an die Körperwände der jungen Ascidien fest, mit deren zunehmendem Wachsthum sie sich mit Schichten ihrer dicken Mantelhülle bedeckt. Da die letzteren an ihrer Peripherie fast immer eine Menge Algen trägt, so wird die Muschel von denselben ganz umwachsen und überzogen. Augenscheinlich gehört diese Form zu den ruhenden Typen, welche eine passive, sitzende Lebensweise führen, und es bedarf einer Masse frischen, fliessenden Wassers, um das Leben dieser bewegungslosen, inerten Form zu unterhalten, welche sich von Excrementen der Ascidien nährt.

Im Bereiche der Ascidien und auch an manchen anderen Stellen (an den Küsten der Woronja-Luda und der Seiten-Insel) treffen wir eine Schwamm-Art an, die ein sociales Leben führt, wie die *Reniera*, von der sie sich durch einen dickeren, massiveren Körper und ein breites, deutlich begrenztes Osculum unterscheidet. An derselben Stelle neben diesem ein anderer kleiner, röhrenverzweigter, *Pellina fusca* vor, der an Pflanzen und Ascidien festsitzt. Ausser diesen beiden finden wir oft, besonders an rothen Algen oder an den Stengeln der Laminarien recht grosse Exemplare der zarten, schleimigen *Halisarca Schultzei*. Endlich gehört zu dieser Fauna die sehr kleine, selten vorkommende *Sycotta*.

Von Krebsen kommt an den Küsten der Woronja Luda und der Babji Lady überall im Schlamm *Pan* vor, die an fliessenden Stellen eine recht ansehnliche Grösse erreicht. Ausser den zwei Amphipoden-Arten, die zu der Fauna der geschlossenen Bucht gehören, treffen wir hier, wenn auch selten, einen dritten, sehr langen, dünnen Flusskrebs, der sich aus den Gewässern der Solowetzkischen Meerbusens, welchen auch *Balanus balanoides* angehört. Nach seiner Verbreitung lässt sich die Nordgrenze der Gewässer der Solowetzkischen Bucht bestimmen; sein Gebiet hört etwas östlich von der Woronja-Luda auf, bis zu welcher jene Bucht sich erstreckt. Bis hierher dringt der kräftige Wellenschlag des offenen Solowetzkischen Meerbusens, der diesem Krebs viel frisches, sauerstoffreiches Wasser und eine Menge Nahrungsmittel zuführt.

In Betreff der Carripedia weise ich nur auf eine Art *Balanus porcatus* Cost. hin, die man hier sehr selten antrifft, und welche die leeren Schalen des grossen *Cardium islandicum* bedeckt; diese Form frequentirt die tiefen Stellen des südwestlichen Theiles des Solowetzkischen Meerbusens, welchen auch *Balanus balanoides* angehört. Nach seiner Verbreitung lässt sich die Nordgrenze der Gewässer der Solowetzkischen Bucht bestimmen; sein Gebiet hört etwas östlich von der Woronja-Luda auf, bis zu welcher jene Bucht sich erstreckt. Bis hierher dringt der kräftige Wellenschlag des offenen Solowetzkischen Meerbusens, der diesem Krebs viel frisches, sauerstoffreiches Wasser und eine Menge Nahrungsmittel zuführt.

Endlich muss ich der sehr selten vorkommenden Exemplare von *Pagurus pubescens* gedenken, deren Verbreitung hier durch den Mangel an Nahrung und ganz besonders an frischem Wasser nicht vid wird; daran kommt noch der Mangel an Muscheln, in denen er seinen weichen Schwanztheil zu verbergen pflegt. Zu diesen grossen Muscheln gehört *Fusus*, die man hier noch viel öfter antrifft, als im geschlossenen Theile der Solowetzkischen Bucht. Nicht selten vereinigen sich diese Weichthiere mit einander und legen ihre Eier, welche in grossen hornigen Hüllen, die aus kleinen halbovalen Zellen bestehen, eingeschlossen sind.

Da ich von der Fauna der Krebse rede, muss ich die *Nebalia bipes* Fabr. nennen, welche man an tiefen Stellen in der Nähe der nördlichen Küste der Nebeninsel antrifft, und auch eines Amphipoden erwähnen, der hier vorkommt und der an allen Küsten des Solowetzkischen Meerbusens in Menge auftritt. Das ist der hier sogenannte «Kugelkuks», (*Gammarus Loewata?*), einer der grössten Gammaruliden, welcher eine Länge von 2½ cm erreicht und sich von allen anderen

Formen durch harte Schalen von tief dunkelbrauner, ins grünliche und bläuliche spielender Farbe unterscheidet. Hier finden wir bisweilen dieselben Palaemonen, denen wir in der geschlossenen Bucht begegnet sind.

30 Faden von der Nordseite der Balßi Luda entfernt, führt die tiefe, 5 Faden breite Durchfahrt; neben derselben zieht sich ein Strich schlammigen oder sandigen, mit Gras bewachsenen Grundes hin, auf dem man bisweilen *Echinaster Sarsii* antrifft; übrigens lebt dieser Seestern sporadisch in allen Theilen dieser Hälfte der Bucht, natürlich an mehr oder weniger tiefen, fliessenden Stellen. Im Sommer des Jahres 1882 gelangten in ein Schleppnetz vier Exemplare dieses Seesternes, unter denen ein erwachsenes Weibchen mit seinen Jungen war. Augenscheinlich wurde es in der Lage aufgenommen, in der Sars es zur Zeit der Brut gezeichnet hat. Seine langen Arme waren mit ihren Ambulacralseiten fest an einander gelegt; es schien seine Nachkommenschaft gegen äussere Gefahren zu vertheidigen. Im Aquarium verblieb es so lange in dieser Lage, bis seine Larven den mütterlichen Schutz verliessen und herauskrochen. Zu dieser Zeit hatten sie schon ihre vier charakteristischen kolbenartigen Anhänge, und die fünfeckige Ablagerung des entstehenden Seesternes. Im Laufe von 10 Tagen hielt ich sie in einer kleinen Schale, fast ohne das Wasser zu wechseln. In dieser Zeit waren sie grösser geworden, die flache Ablagerung des Sternes zeigte eine Mundöffnung und die Ambulacralfurchen wurden deutlich sichtbar. In diesem Zustande war ich gezwungen, dieselben einen Tag vor meiner Abreise aus Solowetzk, in Spiritus zu legen. Es muss hier bemerkt werden, dass dieser Seestern im Solowetzkischen Meerbusen eine recht blasse Färbung hat und dass seine Larven nicht hellroth, sondern schmutzig orangefarben sind.

Einmal zogen wir in der Nähe des Vorgebirges »Eisenflusschen« ein Exemplar *Asterias rubens* — einen Stern, der in einem kleinen Binschnitt der tiefen Bucht oft vorkommt — heraus; ein anderes Mal wurde mir ein ähnliches, wie man angab, von der östlichen Seite der Dampfschiffsanfahrt gebracht. Um mich von der Wahrheit dieser Angabe zu überzeugen, durchsuchte ich mit dem Schleppnetz sorgfältig die nächste Umgegend der Anfahrt, wo die Tiefe 15—? Faden erreicht, fand aber nichts ausser Glasscherben, Spähnen, Kohlen und Muschelfragmenten. Im Solowetzkischen Meerbusen kommt dieser Seestern nie vor. Sein Lieblingsaufenthalt an den Solowetzkischen Inseln, am Letny-Berceg und an der Noromännischen Küste, wo ich sie in grosser Menge fing, sind sandige, steinige, stille, nicht sehr tiefe Winkel des Meeres. Ebensowenig gehört *Solaster papposus* dieser Fauna, noch der des Solowetzkischen Meerbusens an, obgleich daselbst bisweilen auch recht grosse erwachsene Exemplare vorkommen.

Wie schon oben bemerkt, halten sich die grossen Exemplare der Miesmuscheln überhaupt in mehr oder weniger ansehnlichen Tiefen auf; übrigens kann man hier in Reiche der Ascidien sehr grosse Exemplare derselben, die mit *Membranipora pilosa* bedeckt sind, antreffen.

Ich füge hier die Liste der Arten bei, die ich unter der Fauna der geschlossenen Bucht nicht getroffen habe.

I. Spongia.

1. *Reniera*. n. sp.
2. *Pellina flava*.
* 3. *Halisarca Schultzei*. Mer.
4. *Sycetta* sp.

II. Actinozoa.

5. *Lacunedea geniculata*. Mey.
6. *Lucernaria quadricornis*. O. Müll.

III. Vermes.

7. *Lineus gesserensis*. Müll.
8. *Cirrathulus borealis*. Linn.
9. *Lumbriconereis fragilis*. Müll.
10. *Chlorema petlucidum*. Sars.
11. *Terebella* sp.
12. — *Danielsseni*. Mlge.
13. *Spirorbis simplex*. Sc.
14. *Balanoglossus Mereschkowskii*. n. sp.

IV. Tunicata.

15. *Cynthia Nordenskjöldii*. n. sp.

V. Echinozoa.

16. *Echinaster Sarsii*. Kor.
17. *Asterias rubens*. L.
18. *Solaster papposus*. L.

VI. Malacozoa.

19. *Modiola discors*. Fabr.
20. *Margarita cinerea*. Couth.
21. — *obscura*. Couth.

VII. Crustacea.

22. *Balanus balanoides*. L.
23. — *porcatus*. Da Costa.
24. *Corophium* sp.
25. *Ampeux* sp.
26. *Leptomera boreale*. n. sp.
27. *Nebalia bipes*. F.
28. *Pagurus pubescens*. Fabr.

Wenn auch alle diese Formen in der geschlossenen Bucht vorkommen, gehören sie doch nicht zu deren Fauna, sondern haben sich nur zufälligerweise hierher verirrt. An den Durchfahrten aus dem nördlichen Theile traf ich in seltenen Fällen *Reniera oscularia* an, es genügt aber, dieselbe mit den Exemplaren der *Reniera*, welche in der geschlossenen Bucht und in den anderen Meerbusen der Solowetzkischen Inseln, z. B. bei Maksalma, leben, zu vergleichen, um die Thatsachen zu erkennen, durch welche der scharfe Unterschied bedingt wird.

Alle Exemplare dieses Schwammes von schlammigen, mit Gras bewachsenen Grunde der geschlossenen Bucht zeichnen sich durch eine ausserordentlich schwache Entwickelung aus; sie sind klein, sehr locker und zart, so dass ich kein einziges unbeschädigtes Exemplar aus dem Schleppnetze bekommen konnte; sie waren alle zerbrochen und von

Schlamm zerdrückt. Es ist augenscheinlich, dass diese Form der geschlossenen Bucht nicht eigen ist; es leben hier nur Exemplare, welche ausgeartet sind und wegen des Mangels günstiger Lebensbedingungen zurückbleiben.

Anders verhält es sich mit *Reniera oscularia*, dem Schwamm, welcher im frischen, fliessenden Wasser lebt. Ihre Gewebe sind fester als diejenigen der *Reniera*, ihre Körperform ist massiver und dicker. Wie schon oben erwähnt, trifft man sie im Jugendzustande in kurzen breiten Kegeln mit einem deutlich ausgeprägten Osculum an. Zuweilen kommen Exemplare mit dicken, fleischigen Zweigen vor, von denen viele ein eigenes Osculum besitzen. An manchen Stellen kommt dieser Schwamm in blass- oder dunkel-rosa Farbe vor, die an schmutziges Ammoniak-Carmin erinnert. Diese, wie überhaupt alle rothen Farben sind in der nördlichen Meeresfauna vorherrschend. — Ob diese Farbe von der *Reniera oscularia* selbstständig erzeugt wird und ihr gelbes Pigment, unter dem Einfluss der Kälte, in eine Art Erythrophil übergeht oder direct in Zoonerythrin verwandelt wird?

Inwieweit die *Pellina flava* zur Fauna der nördlichen Hälfte der Bucht gehört, konnte ich nicht entscheiden; ich will nur auf den Umstand hinweisen, dass ihr Körper viel kleiner und compacter ist, als derjenige der *Reniera* und sogar der *Reniera oscularia*. Sie besteht ausschliesslich aus kleinen compacten Zellen, die von einem Skelett aus einfachen Kalknadeln gestützt werden. Unzweifelhaft ist eine solche Organisation eine verhältnissmässig höhere, da ein Gewebe aus kleinen Zellen mehr Energie in den Functionen voraussetzt.

Mit noch mehr Recht kann dasselbe von *Halisarca* gelten, die früher zu den niedrigsten Typen dieser Classe gezählt wurde; jetzt ist man aber zu der Ueberzeugung gekommen, dass dieser gerüstlose Schwamm einen der höchsten Typen derselben repräsentirt.

Alle diese Typen haben eine energischere Respiration und das ist der Grund, weshalb wir dieselben nie unter der Fauna des geschlossenen Theils der Bucht, dessen Wasser wenig Sauerstoff enthält, antreffen.

Derselben Ursache ist es zuzuschreiben, dass in der nördlichen Hälfte der Bucht der *Sycetta* leben kann; andererseits verlangt die Skeletablagerung dieses Schwammes selbst eine grössere Menge Seewassers, das mehr Kalk und weniger Kiesel enthält. Aus diesem Grunde müssen diese Schwämme in offenen, tiefen Meerbusen leben, oder an solchen Stellen, wo beständig eine Menge fliessenden Wassers circulirt. —

Gehen wir jetzt zu der Fauna der Laminarien über. Die meisten Algen können nur in solchem Meerwasser existiren, das beständig durch Ebbe, Fluth und Wellenschlag bewegt wird. Das dünnen, feinen Stengel und Thallus müssen stets frisches, sauerstoffreiches Wasser haben. Dasselbe gilt auch in Bezug auf die Thiere, welche an Algen und besonders an Laminarien leben. Die kleine *Spirorbis*, die ein stark entwickeltes Kiemenbündel besitzt, bedarf aller Wahrscheinlichkeit nach einer stärkeren Oxydation des Blutes. *Laomedea geniculata* bedarf des fliessenden Wassers nicht nur zum Athmen, sondern auch zur Fristung ihrer Existenz. Auch der Hydroid der *Hydractinia echinata* bedarf desselben so sehr, dass er sich an Muscheln festsetzt, in denen *Pagurus* leben.

Der letzte Typus der hier vorkommenden Fauna der Laminarien ist endlich die *Lucernaria quadricornis*, die das fliessende Wasser nothwendiger braucht, als die vorhergehenden Formen, nicht allein für die Oxydation, sondern hauptsächlich zu ihrer Ernährung. Wenn die Laminarie von den Wellen bewegt wird, treibt dieselbe auch die weiche, biegsame *Lucernaria*, die an ihrem Rande der Thallusblätter sitzt, mit sich fort. Sie streckt ihre acht Arme, die mit Gruppen von Greiforganen besetzt sind, nach hinten aus, und alles, was die Welle heranreisst, wird von diesen Armen ergriffen.

Lineus gesserensis bedarf, wie alle grösseren Turbellarien, einer beständigen Zuführung frischen Wassers zum Athmen, welches mit Hülfe der Wimperhärchen geschieht, die das Wasser in seiner Umgebung beständig wechselt. Dasselbe gilt von *Balanoglossus Mereschkowskii*, welcher noch mehr frisches Wasser braucht und beständig in sich einrührenden lässt. Der *Cirratulus borealis* verlangt schon wegen seiner sitzenden Lebensweise eine dauernde Zufuhr frischen Wassers. Im Schlamm, zwischen den Wurzeln der Laminarien versteckt, streckt er nur seine langen Kiemenfäden, in denen das Blut durch den Wechsel des Wassers stets erneuert wird, weit von sich. Von der *Terebella* ist fast dasselbe zu sagen; ihr grösserer Wuchs weist auf eine vollkommenere Entwicklung im Vergleich zu den Terebellen der geschlossenen Bucht hin.

Ich halte *Chloraema pellucidum* für dieser Fauna fremd, da ich nur ein kleines Exemplar desselben antraf, während es in dem ersten, seichten Einschnitt der «Tiefen Bucht» (Glubokaja Guba), im Schlamm und Seetang recht oft vorkommt. Was das einzige Exemplar des *Maldane tenuicollis* anbetrifft, so ist es ein Räuber, der augenscheinlich durch einen Zufall aus dem offnen Meerbusen seine Zuflucht hierher genommen hat.

Bugula murrayana trifft man hier ausnahmsweise mit einer anderen Form der Bryozoa — *Retepora cellulosa* — an. Noch öfter halten sich diese Thiere im offenen Meerbusen auf, wo das Wasser sauerstoffreicher ist.

Nicht die Nahrung allein zwang die *Modiola discors*, in der Körperbedeckung der Ascidien ihren Wohnsitz aufzuschlagen. Kleine Exemplare dieses Weichthieres kann man, wenn auch nicht oft, in der geschlossenen Bucht, und zwar immer an Ascidien sitzend, antreffen; hier erreichen sie aber nie die Grösse, die von den Exemplaren in den tiefen Durchfahrten des nördlichen Theils der Bucht erreicht wird. Noch grössere Individuen finden wir in der Tiefe des offenen Solowetzkischen Meerbusens, woraus klar hervorgeht, dass die Bedingungen an frischem Wasser sie zwingt, sich hier aufzuhalten, und es daher nur dem Zufall zuzuschreiben ist, wenn wir ihnen in der Solowetzkischen Bucht begegnen.

Die wenigen, im frischen fliessenden Wasser von mir gefundenen Exemplare der *Margarita cinerea* und *obscura*, die an langen Algen im nördlichen Theile der Bucht sich aufhielten, weisen klar darauf hin, dass sie zu ihrer Existenz solchen

Wassers bedürfen. Dasselbe gilt von allen Echinodermen und Crustaceen dieser Fauna, welche alle zu den beständigen Bewohnern der Tiefen des offenen Meerbusens gehören.

Eine Ausnahme von dieser allgemeinen Categorie macht nur eine *Asterias rubens*, die hier nicht vorkommt.

Wir können jetzt mit vollkommener Bestimmtheit sagen, woher in der nördlichen fliessenden Hälfte der Solowetzkischen Bucht, im Vergleich mit der Fauna des geschlossenen Theils derselben, der Zuwachs von 30 Typen kommt. Alle diese Typen verlangen für ihre Existenz frisches, fliessendes Wasser und diejenigen Nahrungsstoffe, die ihnen mit demselben zugeführt werden.

Es muss noch bemerkt werden, dass dem nördlichen Theil der Solowetzkischen Bucht nicht viel Wasser aus dem offenen Solowetzkischen Meerbusen zufliesst. Dies wird durch vier Inseln verhindert, von denen die Woronja- und die Pessja-Luda die äusseren sind, und durch eine Reihe von Sandbänken, Steinen und Korgen, von denen die Alexandrowskaja-Korga die bedeutendste ist. Der grösste Theil fliessenden Wassers kommt von Nordwesten an den Inseln Igumny und Melnitschny vorbei.

VI. Die Fauna des Solowetzkischen Meerbusens.

Wenn man aus der geschlossenen Solowetzkischen Bucht in den offenen Solowetzkischen Meerbusen einfährt, erinnert die unermessliche Wasserfläche, die sich vor den Augen ausbreitet, an das offene Meer. Auf dieser Fläche ist das Wasser oft bewegt, während die Bucht hinter den Kreuzen vollkommen ruhig bleibt. Wenn auch die Wellen dort hoch gehen (Wiewohl, wie sich die Ringelrobben ausdrücken), wird die Oberfläche der geschlossenen Bucht doch nur leicht gekräuselt. Man fühlt hier die Nähe des Meeres, die der mit Ozon und Jodausdünstungen des Seetanges geträukten Atmosphäre eine gewisse Frische mittheilt.

An stillen, sonnigen Tagen sass ich oft, auch bei vorgerückter Stunde, an der steinigen Küste des Golfes, bewunderte die Ruhe des weiten Seestrandes und athmete in vollen Zügen die herrliche Seeluft ein. In den wunderbaren Anblick vertieft, den die litoralen Steine mit ihren lebhaft grünen und gelblichen, sich langsam in dem klaren, krystallhellen Wasser schaukelnden Algen boten, vergass ich den Zweck, der mich hierher geführt. Zwischen den Steinen zeigten sich und verschwanden wieder dunkelrothe kleine *Cyanea arctica*, die sich langsam auf den Wellen schaukelten. In allen Richtungen bewegten sich dunkle Kopeshaki; etwas weiter hin, wo die Linie der litoralen Steine sich im Wasser verliert, hielten sich unbeweglich, ihre langen, röthlichen bis rosafarbenen Antennen von sich gestreckt, die durchsichtigen Eschscholtzien, indem ihre regenbogenfarbigen Flimmerplatten in der Sonne spielten. Zu meinen Füssen zogen sich auf den blossen Steinen ganze Reihen kleiner, weisser *Balanus* hin, die mit ihren langen Rankenfüssen geschäftig arbeiteten und alles, was ihnen die Wellen entgegenbrachten, ergriffen, während das Wasser mit kaum merklichem Rauschen und Plätschern diese kleine Welt bespülte.

Im stillen Wasser schien wenig Leben und Bewegung zu sein, und dennoch war diese Ruhe nur scheinbar. Jene Grabesruhe, die der litoralen Fauna des geschlossenen Theils der Solowetzkischen Bucht eigen ist, herrscht hier gar nicht. Eine grosse Menge kleiner Littorinen sitzt auf diesen Steinen in der Sonnengluth, zwar ebenso unbeweglich wie in der todten geschlossenen Bucht, und wenn sie sich auch bewegen, so geschieht es nur sehr langsam und fast unmerklich; unter jedem kleinen Stein aber, den man aufhebt, entdeckt man Leben und Bewegung: lange *Arien serregica*, die unseren Süsswasser-*Tubifex* und *Dero* analog sind, beginnen sich schnell zu bewegen, sich zu strecken und zu kriechen. Auf der unteren Fläche der Steine finden wir auch weissliche *Planaren*, welche in raschen Bewegungen, wie Blutegel, sich in den Spalten zu verbergen oder auf die andere Seite der Steine zu kriechen suchen. Bisweilen gesellen sich zu ihnen einige weisse *Amphiporus lactifloreus*. Unter anderen Steinen kommen *Phyllodoce trivittata* hervor und fast überall, unter jedem Stein, finden wir bestimmt ganze Gruppen von *Jaera albifrons* Leach. Die Mannigfaltigkeit in der Farbe der Körperbedeckung dieses Krebses hängt wahrscheinlich mit der Farbe des Steines zusammen, unter dem er lebt. Die gewöhnliche Färbung seiner Schalen ist schmutzig dunkelgrün oder dunkel schwarzbraun; übrigens findet man sie in allen Farben, weiss, farblos, gelb, gelblich-schwarzbraun, röthlich, orangefarben, lebhaft hellgrun, bis zu dunkelgrau und sogar schwarz; alle diese Töne sind auch dem Stein, dem Granit und dem Porphyr eigen. In den meisten Fällen sehen wir sie bunt: der vordere Theil des Brustschildes und der Hintertheil des Körpers sind von einer, die Mitte von einer anderen Färbung; diese bunten Krebse sind dem Stein so ähnlich, dass man sie nur unterscheidet, wenn sie sich bewegen. Oscar Harger weist in seinem Report on the marine Isopoda of New England and adjacent Waters auf die Mannigfaltigkeit der Farbe dieses Krebses hin, erwähnt aber nichts von der biologischen Ursache dieser Variirung. Unzweifelhaft ist diese Farbenwahl eine der interessantesten und complicirtesten Erscheinungen, unter den noch unerforschten.

Der Strand wimmelt von einer Unmasse Copepoden, besonders ihrer Nauplius. Auf grossen Steinen stiess man zuweilen auf *Patella* und einmal traf ich hier den Hydroid der *Sarsia tubulosa*, ein anderes Mal einige Männchen dieses Thieres an. Sie sassen auf einem kleinen Stein, welchen ich zur Zeit der Ebbe in der kleinen Bucht des nördlichen Ufers, der Seemannsbucht, fand. Am Fusse der Steine sitzt eine Menge *Mytilus*, die jung oder wenigstens nicht von der Grösse sind, die sie in den

13 *

tiefen Stellen des Meerbusens erreichen. An seichten, sandigen, offenen Stellen trifft man überall dunkle, von *Arenicola* zurückgelassene Häufchen an.

Es muss hervorgehoben werden, dass diese Fauna an der nördlichen Küste des Meerbusens fast ganz verschwindet, sogar der *Balanus balanoides*, von dem alle Steine der südlichen Küste wimmeln, kommt hier selten vor. Weder Würmer, noch *Jaera albifrons* findet man hier und die Kopschaki verirren sich nur sehr selten in diesen Theil der Bucht.

Dieser grosse Unterschied rührt hauptsächlich von den colossalen Steinen her, an denen die nördliche wie die südliche Küste gleich reich sind. Die geraden Strahlen der Sonne bescheinen die Steine der südlichen Küste und erwärmen sie, während die nördliche Küste theils im Schatten bleibt, theils von den schrägen Sonnenstrahlen nur kaum berührt wird, so dass die Oberfläche der Steine sich rasch abkühlt, oder auch, bei kaltem Nordwestwind, gar nicht erwärmt wird. Ich habe nur einen kleinen Theil dieses Ufers erforscht; es könnte sein, dass die Küste lauter dem letzten Meerbusen als Aufenthaltsort für manche andere Formen dient, ich glaube aber nicht, dass spätere Forschungen zu der folgenden kurzen Liste dieser litoralen Fauna viel Neues hinzufügen werden.

1. *Sarsia tubulosa*. Less.	7. *Mytilus edulis*. L.
2. *Amphiporus lactiflorens*. Johnst.	8. *Patella testudinalis*. Müll.
3. *Leptoplana tremellaris*. Müll.	9. *Littorina littoralis*. Fabr.
4. *Aricia norwegica*. Sars.	10. *Balanus balanoides*. L.
5. *Phyllodoce trivittata*. n. sp.	11. *Jaera albifrons*. Leach.
6. *Arenicola piscatorum*. L.	

Die sechs ersten Formen der angeführten Liste gehören ausschliesslich dieser Fauna an, wenn man die Hydroiden der *Sarsia tubulosa* zu ihnen rechnet. Ohne Zweifel gehören *Amphiporus lactiflorens*, *Phyllodoce trivittata* und endlich *Balanus balanoides* zu dieser litoralen Fauna. Der letztere zieht, wie wir schon wissen, die charakteristische Grenze zwischen der Fauna des Solowetzkischen Meerbusens und der Solowetzkischen Bucht. Er darf sich nicht aus den Wellen dieses Meerbusens entfernen, um frisches Wasser zum Athmen und die nothwendige Nahrung gewähren. In dieser Hinsicht bieten die Grenzsteine, die sich vom Ufer, auf dem die Batterie sich befindet, bis zu dem hohen Kreuz hinziehen, Folgendes: wo diese Steine von den Wellen des Solowetzkischen Meerbusens bespült werden, hält sich *Balanus balanoides* massenweise auf, dagegen sind alle Steine, die der geschlossenen Bucht zugekehrt sind oder zum Theil darin liegen, von diesen Thieren frei — ein schlagender Beweis für die Unentbehrlichkeit des frischen, fliessenden Wassers und seiner reichen Nahrungsstoffe.

Littorina littoralis bedarf auch des mit Sauerstoff gesättigten Wassers, wie der *Balanus balanoides*, wenn auch nicht in so hohem Grade. Während der Ebbe athmet letzterer nicht; er verschliesst seine Muschel hermetisch und befindet sich in dieser Zeit in halberstarrtem Zustande; die *L. littoralis* bewegt sich und athmet auch dann, wenn sie sich am Lande befindet. Daher könnte man sie als zwei Gruppen hinstellen. Die eine lebt auf den litoralen Steinen und wird jeden Tag zu einer bestimmten Zeit durch das Zurücktreten des Wassers am Lande den heissen Sonnenstrahlen ausgesetzt; — die andere verlässt nie das Wasser und erreicht in verhältnissmässig unbedeutender Tiefe ein hohes Alter und ansehnliche Grösse. Uebrigens sieht letzteres gewiss mit einer besonderen Art von Nahrung in Zusammenhange; zu dieser Behauptung veranlasst mich eine Varietät dieser Form, die an manchen Stellen auf litoralen Steinen der tiefen Bucht vorkommt, gerade da, wo eine besondere Art von Algen vorherrscht und eine ansehnliche Grösse erreicht.

Die kleine Anzahl der Formen correspondirt mit dem Strich, den dieselben bewohnen. Sie nimmt eine 4—5 Faden breite Strecke ein, die aus reinem Sande besteht, der fast überall von einer dünnen Schicht schlammigen Sandes bedeckt ist. Hier finden Nahrung und Aufenthaltsort *Arenicola piscatorum*, *Aricia norwegica*, *Phyllodoce trivittata*, *Jaera albifrons*, während die Existenz aller übrigen von dem Launen des Windes und der Wellen abhängt. Mit jeder Fluth wird ihnen ein gewisser Theil Nahrung zugebracht, einen grösseren Vorrath jedoch empfangen sie mit dem Südwestwinde. Litoraler Wellenschlag kommt im Weissen Meere, wie bekannt, gar nicht vor, daher warten diese Thiere, wie die Möwen, auf gemässigen Wind oder Sturm.

Ausserdem zeichnen sich alle diese Arten nicht durch Grösse aus; um einen grösseren Wuchs zu erreichen, müssen sie sich an die Tiefen des offenen Meeres anpassen. Hier droht Gefahr nur von Seiten der Räuber; die Bewegung des Meeres kann diesen tieflebenden Organismen keinen Schaden zufügen. Ganz anders ist es auf den Steinen der litoralen Küste: hier geht ein beständiger, rascher Stoffwechsel vor sich, und das frische, stark oxonisirte, luftvolle Wasser schäumt sogar bisweilen. In einer Stunde wird ihnen mehr Nahrung zugeführt, als sie während eines ganzen Tages verdauen können. Das ist wohl der Grund, weshalb alle litoralen Organismen an periodischen Wechsel gewöhnt sind, die Organisation gestattet vielen, sich auf kürzere oder längere Zeit hermetisch zu verschliessen. Zu diesen gehört die *Littorina littoralis*, die ihre Muschel mit einem Deckel zu verschliessen pflegt; die *Patella* drückt ihre Muschel fest an den Stein, auf dem sie sitzt; die Miesmuscheln schliessen fest ihre beiden Schalen; der *Balanus balanoides* gleichfalls hermetisch beide Hälften seiner Deckel. Fast alle übrigen Bewohner dieses litoralen Gebietes vergraben sich so tief unter die Steine oder in den Sand, dass keine Welle sie erreichen kann. Nur die Colonien der *Sarsia* bleiben ungeschützt; sie wachsen aber fest an die Steine an und setzen den Wellen ihre elastischen, biegsamen, buntigen Zweige entgegen.

Bevor ich zu der Beschreibung der Fauna tieferer Stellen des Solowetzkischen Meerbusens übergehe, muss ich bemerken, dass ich auf die Untersuchung derselben viel weniger Zeit verwendet habe, als auf die Erforschung der Solowetzkischen Bucht und besonders ihres geschlossenen Theils. Ich habe keine systematischen Untersuchungen angestellt und dagegen selten selbst, sondern benützte das von Anderen gelieferte Material, das ich nur oberflächlich durchgesehen und nicht genau und gründlich durchforscht habe, wie das der geschlossenen Bucht, während ich die grösste Aufmerksamkeit den schwimmenden Formen widmete. Doch genügt das erworbene Material vollkommen, um den Reichthum dieser Fauna, im Vergleich mit der Fauna des nördlichen und besonders des südlichen Theiles der Solowetzkischen Bucht zu ersehen.

Wir finden hier nirgends jenen schlammigen, mit Gras bewachsenen Boden, der in der nördlichen Solowetzkischen Bucht und hauptsächlich in ihren südlichen Theile eine so weite Verbreitung hat; — einen Beweis dafür liefert der Umstand, dass die Confervaceen sich in dem offenen Theile des Meerbusens, der viel fliessendes, sauerstoffreiches Wasser hat, nicht entwickeln. Hier ist der Sitz der Laminarien, der langen, dünnen Algen, des grossen und kleinen rothen und grünen Seetangs, der grünen Ulva; aber die Zosteren wachsen hier nicht, die eines schlammig-sandigen Grundes in schwach-fliessenden Wasser der geschützten Winkel des Meeres bedürfen.

Der durchgängig schlammige oder sandige Boden des Solowetzkischen Meerbusens ist oft mit Kies und an vielen Stellen mit grossen und kleinen Steinblöcken bedeckt, welche sowohl an seichten Stellen der Küste, wie auf bedeutenden Tiefen vorkommen. Die ansehnlichsten Tiefen — 13—14 Faden — finden sich im Süden in der Nähe der Sajatzkije-Inseln, welche so zu sagen den Mittelpunkt der Fauna des ganzen Meerbusens bilden und deren Charakter sich durch nichts von dem jener kleinen Inseln oder Ludy auszeichnet, die die Solowetzkische Bucht erfüllen. Auch hier sehen wir flache, sandig-steinige, mit Gras (Elymus, Rumcus) bewachsene Inseln, z. B. die Senuaja-Ludy, oder Inseln mit hügeligen Anhöhen, die mit Steinen und Birkengestrüpp bedeckt sind, z. B. die grösste der Sajatzkije-Inseln, an deren Küsten dieselbe Fauna herrscht, wie an denen der Pesaja- und Woronga-Luda. Leider fand ich keine Gelegenheit, dieses litorale Inselgebiet zu untersuchen.

An den Sajatzkije-Inseln begegnen wir zum ersten Mal der einzigen Form des Seeigels (Toxopneustes griseus), welche im Solowetzkischen Meerbusen vorkommen. Dieser kleine, grünliche Igel mit langen, dünnen Stacheln lebt auf einer recht bedeutenden Tiefe von 4—5 Faden, auf steinig-sandigem Boden oder auf mehr oder weniger hohem Seegras. Er verwickelt sich oft mit seinen langen, dünnen Stacheln in die Schwebfasern aus Holz, die an dem vorderen Theil der Dragge befestigt sind. Mit ihm zusammen bleiben auch grosse Exemplare der Ophioglypha tesselata oder Ophiothrix sp. hängen. Der letztgenannte Stern gehört zu der Fauna des Solowetzkischen Meerbusens, er hat jedoch keine Lieblingsstellen, auf die man, als auf den Mittelpunkt seiner Verbreitung, hinweisen könnte; er kommt vielmehr überall sporadisch vor und lebt ausschliesslich auf Steinen zwischen Seegras. Unter den Varianten dieses Sternes von verschiedener Färbung traf ich Exemplare mit dickeren, kürzerem Armen und recht umfangreichem Körper, der auf allen Seiten ziemlich weit zwischen der Basis der Arme hervortritt. Dieser Umfang steht augenscheinlich im Zusammenhange mit einem grossen, stark entwickelten Magen. Diese Exemplare bildeten einen Gegensatz zu anderen, die lange, dünne Arme und einen schwach entwickelten Körper hatten. Jene sind meistentheils dunkel gefärbt, diese haben eine lebhafte, bunte Färbung. Ich beobachtete die Bewegungen beider Formen im Aquarium. Die ersten bewegten sich langsam, ungeschickt, die schlanken dagegen zeichneten sich durch grosse Beweglichkeit, Schnelligkeit und, wenn man sich so ausdrücken darf, Grazie aus. Die ersteren bilden einen echten, massigen Typus sehr starker, ungeschickter, meistentheils von Prozessen der vegetativen Organe lebender Individuen. Letztere zeichnen sich wahrscheinlich durch einen schnelleren Stoffwechsel und eine stärkere Entwickelung des Nervensystems aus, welches ihre grössere Reizbarkeit bedingt. Die beiden genannten Formen sind selbstverständlich Extreme; nur ein harmonisches Zusammenwirken aller Lebensprozesse giebt das Ideal, dem jeder Organismus in seiner Entwickelung zustreben muss. Einen Hinweis auf dieses Gesetz finden wir, mehr oder weniger scharf hervortretend, in allen Gruppen der Organismen.

Wie in dem nördlichen Theil der Solowetzkischen Bucht lebt auch hier sehr selten der Echinaster Sarsii, welcher nämlich unweit von Pesaja- und Woronga-Luda, gleich am Anfange der Bucht angetroffen wird; eben so selten kommen auch schöne Exemplare des Solaster papposus, der hell carminroth gefärbt ist, auf sandigem oder auf steinigem Grunde vor.

Ueberhaupt muss ich bemerken, dass ich im ersten Sommer meines Aufenthaltes in Solowky im Solowetzkischen Meerbusen viele solche Formen, welche selten, antraf, die ich später nie wieder fand. So wurden unweit der Einfahrt in die Solowetzkische Bucht auf einer Tiefe von 6—7 Faden einige grosse Exemplare der Actinoloba dianthus Ellis gefunden von fast ebenso dunkel schwarzbrauner Farbe wie in der geschlossenen Bucht. Südlicher, im Solowetzkischen Meerbusen, kann man ziemlich helle, graugrüne und hellrothe Varietäten dieser Form finden. Einmal beobachtete ich ein kleines Individuum der Stomphia Churchiae Gosse von sandgelber Farbe mit hellrothen Ringen auf den zahlreichen Tentakeln. Endlich wurde mir ein kleines, zerrissenes Exemplar einer vollkommen farblosen Actinia, wie es scheint der Sagartia candida Gosse, von 1½—2 cm Länge gebracht. Ich verschob die Untersuchung derselben bis zum nächsten Tage, weil sie erst spät am Abend in meine Hände gelangte; aber in derselben Nacht, oder am frühen Morgen, wenn sie aus dem Aquarium, welches unter freiem Himmel stand, von einer Möve geraubt. Ich erwähne hier dieser Form nur, um spätere Forscher darauf aufmerksam zu machen, dass sie zu der Fauna des Solowetzkischen Meerbusens gehört.

Von den Hydroiden kommen an Laminarien recht oft die Obelia und die Laomedea geniculata vor. Zur heissen Sommerszeit schwimmen eine Masse kleiner Hydroiden dieser Medusen an der Oberfläche des Meerbusens.

Unter den schwimmenden Medusen oder Hydromedusen kommt gewöhnlich zu ein und derselben Zeit *Rangiaeritea* und die *Lizzia* mit verschiedener Entwickelung der Knospen vor. Nicht weniger oft erscheint die *Circe kamtschatica*; viel seltener dagegen trifft man hier die *Sarsia tubulosa* in entwickeltem Zustande; zum Hydroid ausgebildet, siedelt sie allmählich in die geschlossene Solowetzkische Bucht über, wo sie eine Menge schwimmender Caupopoden vorfindet. Fast dasselbe gilt von *Cyanea arctica*, die man nur selten in grossen Exemplaren an der unmittelbaren Oberfläche des Meerbusens, besonders wenn dieselbe leicht gekräuselt ist, antrifft. Im letzteren Fall lässt sie sich auf mehrere Meter tiefer ins Meer hinab. Bei heiterem, stillem Wetter schwimmen sie gruppenweise an die Küsten und schaukeln sich dort, ohne ihren Platz zu wechseln, in langsamen rhythmischen Bewegungen. Oft werden sie von einem plötzlichen Windstoss an die sandige Küste geworfen.

Die Grenzlinie der echten südlichen Fauna geht im Osten in der Nähe der Pessja-Luda durch, im Südwesten beginnt das Gebiet dieser Fauna da, wo die Küsten der Solowetzkije-Inseln nach Norden abbiegen. Auf dieser Strecke von der Pessja-Luda bis hart an die Sajatzkije-Inseln finden wir überall einzeln schwimmende, bisweilen recht grosse Exemplare der *Aurelia aurita*. In demselben Gebiet kommt die *Staurophora laciniata* vor, ebenso, in nächster Nachbarschaft der geschlossenen Bucht, die *Aeginopsis Laurentii* Br. Was *Tiara* anbetrifft, so lebt diese Meduse nur selten an den Sajatzkije-Inseln und ausserdem ausschliesslich an der nördlichen Küste derselben. Unter den kleinen, schwimmenden Medusen der östlichen Hälfte des Solowetzkischen Meerbusens muss ich eines neuen, von mir gefundenen Form des *Potecnide* gedenken, die ich nur ein einziges Mal fing.

Wo das litorale Seichtwassergebiet dieses Meerbusens aufhört, beginnt das Bereich der Laminarien, die eine Strecke von 5—14 Faden Breite auf einer Tiefe von 4—7 Faden einnehmen; an tieferen Stellen wachsen sie selten und sporadisch auf grossen Steinen. Die *Lucernaria*, der stete Begleiter dieser Alge, kommt im Solowetzkischen Meerbusen recht oft und fast ausschliesslich in grossen Exemplaren an der linken Barriéren-Küste vor. An anderen Stellen trifft man dieselbe nur sporadisch an, so dass diese Küste, in dem Strich der Laminarien, als Mittelpunkt der Verbreitung dieser Thiere gelten kann. In der That bildet dieser ganze Theil die äusserste Grenze der Wasserbewegung, die durch warme Südwestwinde entsteht. Mit diesem Wasser werden Fragmente des Seetanges, besonders des *Fucus*, die oft in den stillen Gewässern des Solowetzkischen Meerbusens schwimmen, hierher in das Gebiet der Laminarien geführt; die *Lucernaria* wählt daraus zu ihrer Ernährung die kleinen, lebendigen Organismen. Indem ich von den Lucernarien sprach, muss ich noch erwähnen, dass mir ein Mal ein Exemplar von *Haliclystus octoradiatus* Lm. gebracht wurde, welches auf einem *Fucus* sass und an einem Steine in der Nähe der »Barriéren« gefunden war.

Die Rippenquallen bilden nach der Zahl ihrer Individuen einen wesentlichen Theil der Fauna der Schwimmer des Solowetzkischen Meerbusens. Fast während des ganzen Sommers findet man hier, in den verschiedenen Graden ihrer Entwickelung, besonders bei stillem Wetter eine unzählige Menge schöner Eschscholtzien, die ihre langen verzweigten Senkfäden in der Tiefe ausbreiten. Zuweilen wird dort die *Cydippe quadricostata* Sars gefunden; seltener kommt die kleine, nördliche *Pleurobrachia* und im vollkommen stillen Wasser die grosse schöne *Beroë cucumis* vor. Ihr Eingeweide oder Entoderm ist intensiv rosa gefärbt. Die andere Form, *Beroë Forskalii*, hat eine so grosse Verbreitung, dass man sie in allen europäischen Meeren antreffen kann. Endlich muss zu diesen vier Formen auch *Cestum veneris* gezählt werden, welches in der Mitte des Sommers südlich von der Pessja-Luda recht oft vorkommt.

Unter allen schwimmenden Formen nehmen zwei Pteropoda, und von diesen besonders *Clio borealis*, einen nicht geringen Platz ein. Der Mittelpunkt der Verbreitung beider ist im Süden, in der Nähe der Sajatzkije-Inseln. Hier finden wir sie am häufigsten, die grössten Exemplare derselben und Individuen in Copulation, welche letzteren in den östlichen Theil des Solowetzkischen Meerbusens selten angetroffen werden. Die schwarze *Limacina arctica* ist das Object, welches von *Clio* beständig verfolgt wird. Der südwestliche Theil des Golfes an den Solowetzkischen Küsten wimmelt von diesen Thieren und nur verhältnissmässig wenige Exemplare derselben verirren sich in die östliche Hälfte. In seltenen Fällen, wenn warme Südwestwinde wehen, begegnet man einzelnen Exemplaren dieses *Weichthiers* in der Durchfahrt der geschlossenen Bucht, oder diesseits der linken Barriére. Ebenso dringen hier auch einzelne verirrte Individuen von *Clio* ein. Man findet sie sogar in der Letnjaja-Guba (Sommerbucht); selten dagegen und nur in geringer Anzahl verirrt sich dieser Räuber in den nördlichen Theil der Bucht und auch nur in den Anfang derselben, an die Gegend der Pessja-Luda und der Alexandrowskaja-Korga. Von den Pteropoden trifft man die *Creseis* sp. noch zuweilen in grosser Menge an.

Von den pelagischen Formen des Solowetzkischen Meerbusens muss ich noch die schwimmenden Würmer erwähnen, unter denen *Heteronereis grandifolia* Rathke am häufigsten ist; an warmen klaren Tagen schwimmt er, sich rasch bewegend, fast unmittelbar an der Oberfläche des Meerbusens. Dieser Wurm hat, wie bekannt, einen bläulichen Metallglanz. An einigen Exemplaren verdrängt diese blaue Färbung, wenigstens am vorderen Theile des Körpers die schmutziggrüne, so dass solche Exemplare den Namen var. *cyanea* vollständig verdienen. Der Zweck des Schwimmens dieser Würmer ist bekanntlich ein blinder sexueller Trieb, und nicht selten fand ich in der That blinde Exemplare, denen die Augen ganz fehlten und die wahrscheinlich nur durch ihren hoch entwickelten Geruchssinn sicher zu dem Gegenstand ihres Strebens gelangten. Die Männchen wie die Weibchen dieser Würmer sind in gleicher Masse von Geschlechtsprodukten erfüllt, die sie durch alle Oeffnungen ihrer Segmentalorgane direct ins Wasser auswerfen, wo die Samenfäden mit den Eiern zusammenkommen und dieselben befruchten. Sollten diese Eier auch auf den Meeresboden sinken, so würden die überall im Wasser verbreiteten Samenfäden doch einmal mit ihnen zusammenstossen und sie befruchten. In meinem Aquarium warfen die Weibchen eine enorme Anzahl Eier aus, die leicht hätten befruchtet werden können, wenn ich mich mit der Entwickelungsgeschichte dieses Wurmes beschäftigt hätte. Ich bemerke beiläufig, dass die grünlichen Eier der *Heteronereis* recht durchsichtig sind, was die Hauptsache ist, gross genug sind, um ohne besondere Mühe von denselben Schnitte machen zu können.

Es gelang mir nicht, die kriechende Form dieser *Heteronereis* zu fangen; gewiss lebt sie südlicher, etwa an Sennga-Loda oder an den Sagatzkije-Inseln. Im nächst liegenden Theil des Solowetzkischen Meerbusens kommt *Nereis pelagica* sehr selten vor.

Nach seltner Beuden wir hier den anderen schwimmenden Wurm, die recht grosse, fast 10 cm lange *Glycera capitata*. Nur zweimal gelang es mir, diesen Wurm zu fangen. Er war ganz leer, denn er hatte seine sexuellen Producte ausgeworfen und seinen Darmcanal entleert; an allen seinen Ruderfüssen trug er lange Borstenbündel.

Endlich, nachdem ich alle Formen der schwimmenden Thiere des Solowetzkischen Meerbusens aufgezählt, muss ich der Sagitten erwähnen, die recht selten vorkommen, und der Appendicularien, die zu einer gewissen Jahreszeit in grosser Menge auftreten und von denen ich schon oben zu sprechen Gelegenheit hatte.

Wenn ich wieder zu der Fauna der Tiefen des Golfes zurückkehre, um die Würmer desselben zu besprechen, muss ich hauptsächlich *Polynoitrichen* erwähnen, dem man oft unter den schwimmenden Thieren begegnet. Die hier vorkommende Art ist, wie es scheint, von Sars[1] abgebildet, aber der Figur keine Beschreibung beigegeben worden, diese Form muss, aller Wahrscheinlichkeit nach, der *Polynoitrichus longisetosa* A. Agass. sein, da in ihrem Körperintegument eine Masse gelblich-schwarzbraunen Pigmentes abgelagert ist. Es ist ein kleiner, 1cm langer Wurm mit stark ausgebildeten, in zwei Zweige getheilten Fühlern am Kopfe.

Es ist seltsam, dass das an Schlamm reiche und an Räubern arme faunistische Gebiet des Meerbusens die Syllideen fast ganz entbehrt, während umgekehrt der an Schlamm arme und an Räubern reiche Neapolitanische Meerbusen von Formen dieser Gruppe wimmelt. In der Solowetzkischen Bucht traf ich wenigstens nur einen Typus dieses Wurmes, welcher dieser und jener Fauna eigen ist. Es ist dies die schöne, bunte *Procerea picta*, die mit drei langen, dünnen, bei vorrückender Bewegung des Wurmes stets nach vorne gekehrten Fühlern versehen ist.

Von der Gattung *Phyllodoce* traf ich hier drei Arten an: *Ph. viridis, maculata, trivittata* u. sp.

Unter den Räubern muss ich zunächst eine Form hervorheben, die der hiesigen wie der neapolitanischen Fauna eigen ist, — den kleinen *Staurocephalus cruciformis* Malmg., der in den Gewässern des Meerbusens sehr selten vorkommt. Ich weise bei dieser Gelegenheit auf zwei Eigenthümlichkeiten seiner Organisation hin, deren eine vielen Raubwürmern zukommt. Der Kiefer und Schlundapparat aller Eunicidae besteht, wie bekannt, aus zwei Theilen — Ober- und Unterkiefer; der erstere bildet eine Reihe verschiedener Haken, die zum Ergreifen der Nahrung dienen; der zweite besteht aus zwei Platten, die bisweilen verwachsen. Beide Theile können unabhängig von einander ausgestreckt und eingezogen werden. Der Wurm ergreift anfangs seine Beute mit allen Haken des oberen Kiefers, darauf stemmt er die Platten des Unterkiefers dagegen und reisst einen Theil davon ab, den er sogleich einzieht und verschluckt. Die andere Eigenthümlichkeit liegt in der Construction des Verdauungsapparates dieses Wurmes selbst. Er hat einen besonderen Nebendarm zwischen der Speiseröhre, die mit Zähnen versehen ist, und dem Magen. Ohne den Schlund herauszuschieben, kann er die Nahrung in flüssigem Zustande zu sich nehmen, welche durch diesen Nebendarm direct in den Magen fliesst, während die feste, von ihm verschluckte Nahrung durch die directe Verbindung der Speiseröhre mit dem Magen in den letzteren geräth.

Dieselbe *Nerenache lumbricalis*, von der ein Exemplar in der tiefen Grube des nördlichen Theiles der Bucht gefunden wurde, kommt auch hier vor, aber nie ist es mir gelungen, ein so grosses Exemplar zu sehen, wie dort. Von allen Räubern ist der schönste und zugleich der grösste *Eunice viridis* Stimp., die, wenn auch recht selten, in dem südlichen Theile des Solowetzkischen Meerbusens angetroffen wird.

Zu den interessanten Würmern dieser Fauna muss man die kleine *Hrada granulata*, die eigentlich nicht zu derselben gehört, rechnen; sie kommt in viel grösserer Menge in Westen, in Eom-Meerbusen vor. Eine noch viel interessantere, aber seltner anzutreffende Form ist die *Trocima Forbesia* John. Dieser Wurm hat, wenigstens in seiner inneren Organisation, einiges mit den Chloraemeen und Gephyreen gemein. Ebenso bildet die *Ophelia unlogaster*, besonders im Vergleich mit der neapolitanischen Art *Oph. radiata*, eine merkwürdige Form. Während die letztere sich auf der sandigen Küste in schlammigsandigen Röhren recht langsam bewegt, lebt die nördliche *Ophelia* auf den Tiefen und hat recht harte, stark irisirende Körperintegumente und einen zugespitzten geraden Rüssel. Beide Formen haben einen gleich gebauten Schlund. Diesen Theil hat Claparède[2] vollkommen falsch geschildert, indem er ihn für eine Wand hält, die den Kopftheil, und besonders den Kopfknoten, gegen Beschädigungen von Seiten der grossen Körperchen der gemeinsamen Leibeshöhle schützen. Solche Körperchen mit besonders festen Ablagerungen hat auch die nördliche *Ophelia*, wenn dieselben auch in ihrem Bau etwas verschieden sind. Vollkommen richtig hat Costa die Natur dieser vermeintlichen Wand verstanden und dieselbe noch vor Claparède geschildert. Es ist in der That ein Vorsprung der Wandungen des vorderen Theils der Speiseröhre, welcher in Form einer Kappe auf letztere gestülpt wird. Der Wurm kehrt diesen faltigen Wulst nach aussen und schöpft damit den Schlamm und den Sand, ebenso wie es die *Arenicola piscatorum* mit dem vorderen breiten Theil ihres Schlundes thut.

1. Sars, Beskrivelser og Iagttagelser over nogle mærkelige eller nye i Bahet den Bergenske byst boende Dyr, Taf. D, Fig. 21.
2. Ed. Claparède, Les Annelides Chetopodes du Gulf de Naples, p. 295.

Dieses Organ ist nichts weiter, als ein Theil jener verschiedenen Anpassungen zum Ergreifen und Schlucken der Nahrung, die wir fast bei allen Ringelwürmern finden.

Unter den Würmern des Solowetzkischen Meerbusens findet sich eine Form der Dorsibranchiata, bei der diese Anpassung mehr oder weniger complicirt ist; dieser Wurm ist *Theodisca brindana* (Jp. — Er kann den ganzen vorderen Theil seiner Speiseröhre oder seines Schlundes nach aussen kehren. Dieser breite, fleifige Theil wird in Form einer Glocke herausgestülpt und hat an seinen Rändern acht breite, flache, blattartige Fühler. Inwendig sind diese Anhänge mit starken und feinen Verzweigungen der Blutgefässe versehen und dieser ganze Apparat, welcher mit feinen Flimmerhärchen ganz bedeckt ist, dient dem Wurm nicht zum Ergreifen der Nahrung, sondern zur Athmung, indem er ihn nur von Zeit zu Zeit herausstreckt, damit das Wasser im Stande sei, die Blutmasse zu oxydiren. Die Function dieses Organes ist also derjenigen des hinteren Theiles des Darmes bei sehr vielen Würmern homolog.

Zu den Dorsibranchiaten gehört der Haupttheil der Ringelwurmformen des Solowetzkischen Meerbusens. Hierher gehören viele Schlammfresser, und besonders interessant sind unter ihnen jene Uebergangsformen, mittelst welcher sich die Dorsobranchiata an die Capitibranchiata schliessen. Zu diesen zählt *Chaetozone setosum*, die wir schon in der geschlossenen Bucht angetroffen haben. Besonders bemerkenswerth ist ein kleiner, dunkel schwarzbrauner Wurm mit harten Integumenten, der zwei grosse Augen und sechs Paar fühlerförmiger Kiemen am Vordertheil des Körpers hat. Diese Uebergangsform nenne ich *Macrophthalmus rigidus*. Nicht minder interessant ist ein anderer Wurm, der in schlammigen Röhren lebt und den ich *Heterobranchus speciosus* nenne. Seine Tentakelkiemen sind deutlich in zwei Bündel getheilt. Das eine sitzt am Kopfende, das andere ist am Rücken auf den vorderen Theil des Körpers befestigt; ersteres führt rothes, letzteres oxydirt hellgrünes Blut. Zu meinem grössten Bedauern gelang es mir nicht, den inneren Bau dieses merkwürdigen Wurmes zu untersuchen, jedoch empfehle ich ihn der Aufmerksamkeit späterer Forscher, da das Verhältniss des rothen Blutes zum grünen höchst interessant ist. Es fragt sich, welches Blut mehr oxydirt ist, dasjenige, welches in den Kopfkiemen circulirt, die selten aus der Röhre herausgeschoben werden und eher Fühler als Kiemen sind, oder das Blut der langen grünen Kiemen, die sich am Rücken befinden und fast immer aus der Röhre hervorstehen. Eine gute Abbildung dieses Wurmes hat Sars (l. c. Taf. 13, Fig. 34) geliefert. Leider wird aber in dem Text dieser Abbildung nicht Erwähnung gethan.

Bemerkenswerth ist eine andere Uebergangsform dieser Würmer, deren Sars auch nicht erwähnt und die ich *Dendrobranchus* nenne (Sars l. c. S. 50, Taf. 11, Fig 30,. Die Kiementotakein dieses Wurmes sind verzweigt, die Rückenkiemen laufen in vier recht lange Anhänge aus, die von zwei Bündeln scharfer Borsten geschützt sind. Dieser Wurm bildet den Uebergang zu *Terebella*, *Amphitrite* und dergleichen Formen, unter denen *Terebellides Strömii* zu nennen ist, welche eigentlich zu der Fauna der geschlossenen Bucht gehört.

Von den Capitibranchiata treffen wir auf tiefen Stellen des Solowetzkischen Meerbusens, auf Steinen und Muscheln recht oft eine Art der *Serpula* an; auf schlammigen Stellen finden wir die schöne, in Röhren lebende *Dasychone infracta* Kr. mit ihrem hellrothen oder orangefarbenen langen Kiemenbündel. Zu den Capitibranchiata müssen wir ebenfalls die *Pista cristata* Möller zählen mit ihren zwei Büscheln der Kiemenanhänge und ihren langen Mundkiemen, die sich in ebensolche, zum Einziehen und Ausstrecken geeignete, Fühler verwandelt haben, wie bei der *Terebella*.

In die Reihe der echten Dorsibranchiata müssen wir ausser den oben genannten Räubern die *Nephthys ciliata* stellen deren lange, einfache Stacheln darauf hinzuweisen scheinen, dass diese Form zu den Schwimmern gehört. Ich nenne dann noch den *Rhynchobolus*, einen kleinen Wurm, der am Kopfe statt eines Fühlers einen blattähnlichen Anhang hat, und *Annepais agilis*, ebenfalls einen kleinen Wurm, der eine röthlich-rosa Färbung hat, die dem stark ausgebildeten Blutgefässsystem zuzuschreiben ist. Endlich habe ich hier noch ein kleines, wahrscheinlich junges Exemplar von *Sphaerodorum* sp. angetroffen.

Unter den Schlammfressern, die schlammige Röhren bewohnen, kommen *Aricites catenata* Malang. und die grosse *Clymene borealis* nur sehr selten vor. Uebrigens treffen wir nur grosse Exemplare dieser letzteren Form und finden oft nur die dicken, bereits vom Thiere verlassenen leeren Röhren. Endlich muss ich hier eines zu dieser Gruppe gehörenden Wurmes erwähnen, der in Sandröhren lebt, welche er fest an die Steine anklebt.

Einmal fand ich ein kleines Würmchen mit sehr kurzem, breitem Körper von 1 Linie Länge, die kurzen Parapodien desselben waren mit keulenförmigen Stacheln besetzt. Augenscheinlich gehört dieser Wurm zu derselben Gruppe, wie *Sphaerodorum*. Da ich einmal von den Würmern des Solowetzkischen Meerbusens rede, muss ich auch der kleine *Aprosocephala rubra* und den grossen *Lineus gesserensis* nennen, welch letzteren nur einmal in diesem Meerbusen von mir angetroffen wurde.

———

Die Fauna der Schwämme des Schwanzes des Solowetzkischen Meerbusens ist gleichfalls viel reicher als diejenige der Solowetzkischen Bucht. Die *Halisarca Schultzei* und die *Esperia adunfera* sind hier ebenso stark vertreten, wie die rothen Algen, so dass es fast kein einziges grosses Exemplar der *Phyllophora interrupta* oder der *Delesseria sinuosa* giebt, auf der nicht der eine oder der andere Schwamm lebt. *Halisarca Schultzei* sitzt nicht selten an Ascidien, an der *Styela rustica*, deren Osculum sie fast ganz verdeckt. Oft kommen *Pellina flava* und nicht selten grosse Exemplare der *Rinalda* treten vor; besonders oft werden sie, nach Mereschkowsky[1], an der Grossen Sajatzky-Insel in einer Tiefe von 12 Faden in schlammig-steinigem Grunde angetroffen.

Hier kommt auch ihre Form der Riviera vor, der wir in der geschlossenen Bucht begegnen, nur sind diese Exemplare viel grösser und fester. Uebrigens haben die in der Bucht lebenden Exemplare weniger Gewebe zwischen den Wimper-canälen und vielleicht auch weniger Kalknadeln, welche das Skelet bilden. — An den Steinen, an den Wurzeln der Algen oder an der Basis der Ascidien sieht man bisweilen recht grosse Exemplare der *Suberites Glasenapii*. Von den Kalkschwämmen trifft man hier *Sycetta* in grösseren und zahlreicheren Exemplaren, als in der Solowetzkischen Bucht.

In der Nähe der Sajatzkij-Inseln findet man nur eine einzige Art des Hornschwammes, und zwar von einfachster Organisation. Dies ist *Simplicella glacialis*, die von Herrn Mereschkowsky[2] geschildert worden ist. Ich fand dieselbe auf den Schalen von *Pecten* und *Balanus*, die mir von jenen Inseln gebracht wurden. Sie hatte eine intensiv schmutzig-orangegelbe Farbe und bedeckte fast vollständig die grosse Schale des *Pecten*.

Den anschaulichsten Beweis des Einflusses des frischen fliessenden Wassers auf das Leben und die Entwickelung der Thiere können die enormen Exemplare der *Myxilla gigas* liefern, die in dem Solowetzkischen Meerbusen vorhanden sind. Sie wächst auf Steinen und ist von weisslich- oder orangegelber Färbung. Oft ist die Gewebe von Seetang bedeckt, dessen Spitzen an ihrer Oberfläche hervorragen. In den Gewässern der blauen Solowetzkischen Bucht habe ich diesen Schwamm niemals gefunden.

Von den Muschelthieren finden wir in dem Solowetzkischen Meerbusen fast dieselben Arten wie in der Solowetzkischen Bucht. Wir bemerken aber an ihnen recht scharfe, charakteristische Unterscheidungsmerkmale. Alle Formen der echten Schlammfresser, wie *Tellina* und *Astarte*, kommen massenweise in dem geschlossenen Theil der Solowetzkischen Bucht vor. Da sie sich wenig bewegen und sich gern in den Schlamm eingraben, finden sie in diesem Theil der Bucht die vortheil-haftesten Lebensbedingungen. Alle diejenigen Thiere, welche zu ihrer Existenz ausser reichlicher Nahrung auch grösseren Vorrath an Luft, der bei starker Muskelbewegung unumgänglich nöthig ist, verlangen, leben in grosser Menge in den offenen Gewässern des Solowetzkischen Meerbusens und treten hier in grösseren Exemplaren auf, so dass der südliche Winkel des Meerbusens den Mittelpunkt der Verbreitung dieser beweglichen Muschelthiere bildet.

An den Sajatzkije-Inseln trifft man oft grössere Exemplare von *Cardium islandicum* und *Cyprdina islandica* an. Von hier aus verbreitet sich wahrscheinlich auch die *Yoldia limatula*. Was die *Modiola* anbelangt, so ist dieselbe in diesem Theile des Meerbusens in sehr grossen Exemplaren vorhanden. Die Miesmuschel ist, wie wir bereits wissen, eine an das litorale Leben angepasste Form. In dem offenen Solowetzkischen Meerbusen kommt sie ziemlich selten vor, aber in Tiefen von 12—13 Faden kann man grosse Exemplare derselben finden, die wahrscheinlich sehr alt sind, da ihr Körper mit Algen, *Membranipora pilosa*, *Hugula plumosa* und *Hornera lichenoides* bedeckt ist.

Kommen auch in diesem Theil der Bucht die Bryozoa viel öfter, als in der Solowetzkischen Bucht vor, so sind sie doch auch hier bei weitem nicht so verbreitet, wie in den anderen europäischen Meeren. Ausserdem findet man sie hier nie an der Küste, sondern sie leben ausschliesslich in Tiefen von mindestens 3—4 Meter. Die grössten Exemplare halten sich am häufigsten an 6—7 Faden tiefen Stellen und sind dort auf Steinen, Ascidien und Muscheln. Augen-scheinlich sind alle Formen dieser Fauna dem Leben auf bedeutenden Tiefen angepasst. Sie können keine Wellen vertragen und bedürfen eines mehr oder weniger bedeutenden Vorrathes an frischer Luft. In diesen Tiefen sehen wir bisweilen an Steinen die schöne *Retepora cellulosa*, welche aber häufiger und in grösseren Exemplaren an den Sajatzkije-Inseln vorkommt. Von den höheren Bryozoen endlich hält sich hier die *Pedicellina echinata* auf, von welcher ich aber nie sociale Exemplare gefunden habe; sie kamen stets nur als Einzelwesen, wie *Loxosoma*, vor.

Von höheren Muschelthieren finden wir jenen *Pecten groenlandicum* im Solowetzkischen Meerbusen *Anomia ephippium*, welche bisweilen auch im nördlichen Theil der Solowetzkischen Bucht, wenn auch sehr selten, als Einzelwesen vorkommt; sie hält sich an fliessenden Stellen, z. B. im Geleite der Ascidien auf. Im Solowetzkischen Meerbusen trifft man sie besonders im Süden an, wo sie an Steinen und an den Muscheln anderer Weichthiere gruppenweise festsitzt, während *Pecten* fast ausschliesslich, und zwar sehr häufig, an den Sajatzkije-Inseln erscheint. Von den anderen Muschelthieren will ich auf *Leda pernula*, *Pandora glacialis* und *Saxicava arctica* hinweisen.

Wenn die Muschelthiere, im Vergleich zu der übrigen Fauna der Solowetzkischen Bucht, fast in derselben oder in noch geringerer Anzahl der Formen vertreten sind, so kann man von den Bauchfüssern nicht dasselbe sagen. Hier kann man alle oder fast alle Formen antreffen, nur in einer viel grösseren Anzahl der Individuen. Eine grosse Zahl kleiner

1) Mereschkowsky. Issledowanija o gubkach Bjelowa Morja, 1879. st. 25.

2) K. Mereschkowsky. Predwaritelnyj otschet o bjelomorskich gubkach. Trudy S. Peterburgskawo Obschestwa Estestwoispytatelej, tom 9. st. 149. Issledowanija o gubkach Bjelowa Morja, st. 68.

Lacuna divaricata bedeckt die langen, dünnen Algen oder die Thallusblätter der Laminarien. Zu ihnen gesellt sich eine Menge kleiner *Pleurotoma rugulata*, *pyramidalis*, *Admete viridula* und *Bela Novaja-semlensis*. Viel seltener trifft man *Buccinum glaciale* und *groenlandicum* neben *Fusus despectus*. Die grossen Exemplare dieses Weichthieres verirren sich hierher augenscheinlich auch von den Sajatzkije-Inseln, wo man es, das grösste von allen Bauchfüssern der Solowetzkischen Inseln, ziemlich oft antreffen kann.

An den Algen leben ferner die Nudibranchiaten: *Eolis rubicundus* n. sp., *Eolie griseofuscus* n. sp., und sehr selten gewahrt man dort, wo die Küste der Solowetzky-Insel nach Norden biegt, die nicht sehr grossen Exemplare der *Dendronotus arborescens*.

Die beiden Arten der *Natica* fängt man oft in gewissen Tiefen dieses Meerbusens und auch die *Margarita groenlandica* und *elegantissima* gehören augenscheinlich nicht zu den Seltenheiten dieser weiten Gewässer.

Die Ascidien trifft man überall in diesem Gebiete an, aber sie sind bei weitem nicht in solcher Anzahl vertreten und nicht so gedrängt, wie in jenem kleinen Winkel, den ich »das Reich der Ascidien« genannt habe. Als vorherrschende Form in diesem Gebiet erscheint nach der Zahl der Exemplare *Molgula groenlandica*; *Styela rustica* kommt hier öfter in Gesellschaft rother Algen, Schwämme und Miesmuscheln vor, als in der Solowetzkischen Bucht. Was die *Cynthia echinata* betrifft, so begegnen wir ihr in diesem ganzen Theil des Meerbusens nur selten und dann fast immer in Gesellschaft der *Styela rustica*; nicht selten sieht man sie auf der letzteren sitzend. Nur in dem südlichen Theil des Meerbusens, bei den Sajatzkije-Inseln, findet man häufiger grössere Exemplare dieser originellen Ascidie. Die *Cynthia Nordenskiöldii* fand ich nur in 2—3 Exemplaren in den Gewässern des Solowetzkischen Meerbusens. Augenscheinlich gehört dieselbe, ebenso wie *Molgula* und *Styela*, zu der Fauna des Winkels, in dem sich hauptsächlich Ascidien entwickeln. Weshalb ihre Formen sich gerade hier ansammeln, konnte ich nicht ermitteln; vielleicht hängt es davon ab, dass hier die Krabben fehlen. Aber wie erklären wir uns den Grund ihrer Abwesenheit? Es giebt viele andere Stellen, die auch kahl, schlammig-sandig, ebenso tief und nicht mit Seetang bewachsen sind, und die auch in dem Strich des fliessenden Wassers liegen, und dennoch sind hier weder Krabben, noch Ascidien vorhanden. Vielleicht ist das Reich der Ascidien von Alters her ein kleiner versteckter Winkel gewesen, wo sie sich bis zum heutigen Tage ruhig vermehren konnten, wenn auch die Grenzen dieses Reiches von Tag zu Tag enger wurden.

In den Gewässern des Solowetzkischen Meerbusens stiess ich auf ein anderes Exemplar der *Pera cristallina*, welche augenscheinlich nicht in dieses Gebiet, sondern in höhere Breiten des Polarmeeres gehört. Ebenso selten, wenn nicht noch seltener, trifft man eine *Phallusia*-Art an steinig-sandigen Stellen an und nur einmal fand ich unweit der geschlossenen Bucht, in einer Tiefe von 9 Faden, auf sandigem Grunde ein Exemplar jener seltsamen Ascidie, der man auch an dem nordwestlichen Strande der Vereinigten Staaten begegnet. Das ist *Glandula fibrosa*, eine Ascidie von ovaler Form, die sich nicht an andere Gegenstände festsetzt, sondern sich ebenso activ wie passiv bei den Bewegungen des Wassers von einer Stelle des sandigen Grundes auf die andere hinüber bewegt. Körner mehr oder weniger groben Sandes bedecken die ganze Haut dieser originellen Ascidie.

Endlich muss ich noch jener seltsamen Ascidie erwähnen, welche den nördlichen Gewässern angehört und deren Schilderung wir Eschricht (1835) verdanken. Ich meine die flache, von einem, aus sechseckigen Schildern zusammengesetzten, Hornintegument geschützte *Chelyosoma Mac-Leayanum*, welche in bedeutenden Tiefen (7—12 Faden) des Solowetzkischen Meerbusens, und zwar in dem der geschlossenen Bucht angrenzenden Theil desselben vorkommt und wahrscheinlich den nördlicheren Solowetzkischen Gewässern angehört, wenigstens wurde mir ein Exemplar derselben aus der Anersky-Durchfahrt gebracht. Während meines ganzen Aufenthalts auf den Solowetzkischen Inseln habe ich nur fünf Exemplare dieser Form gesehen.

Endlich müssen wir von der Fauna der Krebse reden und hier haben wir a priori das Recht, eine viel grössere Mannigfaltigkeit zu erwarten als in der Solowetzkischen Bucht. Gewiss bietet diese ganze Strecke von 10 Werst mit allen Küstenwindungen der Sajatzkije- und Parussije-Inseln und Sennuja-Ludij mannigfaltigere günstige Lebensbedingungen für kleine Krebse aus der Ordnung der Copepoden, deren keine Meeresfauna entbehrt. Leider konnte ich nur pelagische Formen dieser Thiere untersuchen und auch nur solche aus den nächsten Gebieten des Solowetzkischen Meerbusens.

Von den Cirripedia kommt im Solowetzkischen Meerbusen überall, auf mässigen Tiefen sehr oft, der *Balanus porcatus* Da Corte vor, der kleine Steine ganz bedeckt oder auf von *Cardium islandicum* verlassenen Schalen lebt, die sein Lieblingsaufenthalt sind.

Auf der Tiefe von 9—11 Faden ist ein anderer *Balanus* ansässig, der die tiefsten Stellen zu seinem Aufenthalte wählt; es ist dies *B. Haweri* Ascanius, der in dem nördlichen Theil der Solowetzkischen Bucht auch, aber selten vorkommt. Endlich finden wir in bedeutenden Tiefen, zusammen mit diesem *Balanus*, wenn auch selten, einen anderen, nicht sehr grossen, den ich *Balanus primordialis* n. sp. nenne. —

Nachdem ich diese vier Arten des *Balanus* (*B. balanoïdes*, *B. porcatus*, *B. Hameri* und *B. primordialis*), die im Solowetzkischen Meerbusen vorkommen, zusammengestellt, nachdem ich die verschiedenen Tiefen, auf denen sie leben, ins Auge gefasst, ihre Organisation durchforscht und endlich ihre Bewegungen und Gewohnheiten im Aquarium beobachtet habe, bin ich zu folgendem wahrscheinlichen Schlusse gekommen: die älteste, primitivste Art ist ohne Zweifel *Balanus primordialis*; er kann nur einen Tag in Gefangenschaft, auf geringer Tiefe, leben, seine feine, zarte Organisation verlangt eine ansehnliche Wassermasse, sein Körper ist von einem schwarzbraunen Pigment, das ihn gegen Kälte in bedeutenden Tiefen schützt, durchdrungen. Dieser *Balanus* besitzt dünne, lange Rankenfüsse, die er augenscheinlich langsam bewegt, indem er sie in verhältnismässig langen Zwischenräumen ausstreckt und sie dann wieder ebenso langsam, methodisch, einzieht. *Balanus Hameri*, der fernere Nachkomme dieser Stammart, hat seine Organisation an das Leben in den Tiefen angepasst. Der Kalk, der hier in grosser Menge im Wasser aufgelöst ist, giebt ihm die Möglichkeit, eine dicke, harte, lange, cylindrische Schale auszuarbeiten. Diese gestreckte Schale ist, ebenso wie sein Körper, eine Folge seines Strebens, höher zu sitzen und die Nahrungsstoffe, die im Wasser schwimmen, schneller zu erhaschen, als es die Schwämme und Ascidien thun. Während *Balanus primordialis* in kleinen Gruppen von 5—6 Individuen lebt, zieht *Balanus Hameri* das Einzelleben vor, dem er vollkommen angepasst ist. Uebrigens kommt es bisweilen vor, dass man zwei oder drei Exemplare zusammengewachsen antrifft.

Aufsteigend aus den Tiefen, die diese *Balanus* bewohnen, kommt man in die Region des *Balanus porcatus*. Er ist viel kleiner, aber auch etwas gestreckt, hat eine dünne Schale, kann nur ein sociales Leben führen und bedeckt gruppenweise die Muscheln und ganze Steine. Augenscheinlich ist ein solches Leben hauptsächlich durch den Mangel solcher Stellen, an welchen sie sich zu befestigen pflegen, hervorgerufen; jedoch findet das Associationsgesetz auch hier seine Anwendung. Ganze Gruppen der Balanusindividuen können, indem sie mit ihren Rankenfüssen gleichzeitig arbeiten, einen grösseren Wasserzufluss und zugleich eine grössere Menge Nahrungsstoffe herbeiführen, als das einzelne Individuum. Die vierte Art endlich, *Balanus balanoïdes*, ist ein kleiner, mit dünner Schale versehener, auf dem Lande und im Wasser lebender Typus, der den dritten Theil seines Lebens, zur Zeit der Fluth, ausser dem Wasser zubringt. Er ist an beide Lebensweisen gleich gut angepasst. Im Vergleich mit den drei anderen Arten ist er kurz und flach und in dem allgemeinen Kampf um's Dasein nicht genöthigt, in die Höhe zu steigen, um mehr Nahrungstheilchen zu ergreifen; der Wellenschlag bringt ihm reiche Nahrung entgegen, die er kaum zu verzehren im Stande ist. Ich habe oft Gelegenheit gehabt, die Bewegungen dieses *Balanus* im Aquarium zu beobachten, und finde, dass dieselben viel rascher sind, als die der drei übrigen Arten. Man kann ihn in keinem Fall gesellig nennen, obgleich er massenhaft die litoralen Steine bedeckt, und zwar fast immer diejenige Seite derselben, die dem offenen Meerbusen zugekehrt ist und aus erster Hand von den herrschenden Winden den Wellenschlag empfängt. In dem Ausnahmefall jedoch, dass es den jungen Exemplaren auf dieser Seite an Platz gebricht, begnügen sie sich mit der gegenüberliegenden Seite. Nie wird ein Individuum das andere berühren und noch viel weniger mit demselben zusammenwachsen.

Sind diese zwei Arten des *Balanus* — *B. balanoïdes* und *porcatus* — nicht die ferneren Nachkommen des *Balanus Hameri?* Jede Meeresfauna hat in der Tiefe des Meeres ihren Ursprung genommen, und je nach der Aussonderung und Verbreitung des trockenen Landes haben sich die früheren Bewohner der Tiefsee den neuen Lebensbedingungen angepasst und sind zu Seicht- und Süsswasser-Organismen geworden. Wenn dieses allgemeine Gesetz auch beim *Balanus* des Solowetzkischen Meerbusens gilt, so bilden augenscheinlich die gesammten vier Arten auch die vier auf einander folgenden Stufen der allmählichen Entwickelung und Abänderung der Formen.

Von den Amphipoden kommen hier, wenn auch in geringerer Menge, dieselben vor, welche die geschlossene Bucht beherbergt. Häufig finden wir hier auf verschiedenen Tiefen *Corophium longicorne*, ferner acht dieser Bucht eigene Arten, von denen der grösste Theil sich durch einen nach oben erweiterten und an den Seiten stark zusammengepressten Körper auszeichnet. Alle diese Formen haben eine blass-röthlich-gelbe Färbung. Einmal traf ich in der Durchfahrt zwischen den Senaga-Lady und der Küste einen seltsamen Amphipoden mit kurzem, breitem, vielkantigem Körper. Längs jeder Kante sass eine Reihe grosser, zugespitzter Ansätze, die an die Schuppen einer *Manis* erinnerten. Einen ähnlich bewaffneten Amphipoden, welcher dünner, länger und im allgemeinen viel grösser als der vorhergehende war, sah ich 1882 in der geschlossenen Solowetzkischen Bucht.

Einige Formen der Hyperinae gehören der pelagischen Fauna des Solowetzkischen Meerbusens an. Manche derselben schwimmen rasch und bewegen sich gruppenweise in Gesellschaft der *Clio* und der Medusen, auf denen sie oft als Schmarotzer leben. Die grössten dieser Krebse befestigen sich unter der Glocke in der Mundöffnung der *Cyaca* arctica; mit Hülfe ihrer Schwanzflossen schwebend, sie bestätigt das Wasser in ihrer nächsten Umgebung, während ihre Fortbewegung auf grösseren Strecken durch die Meduse geschieht, die den Krebs als Passagier mit sich trägt. Es genügt aber eine ungeschickte Bewegung von seiner Seite, um ihn zu Falle zu hängen und in die Magenhöhle seines Fährmannes gerathen zu lassen.

Der andere Hyperinéid ist viel länger und seine Körperbedeckung ist durch schwarze Pigmentzellen bunt gezeichnet; im Laufe einiger Tage sieht man sie in geringer Menge rasch schwimmen, indem wahrscheinlich die Männchen ihre Weibchen aufsuchen; nach einigen Tagen verschwinden diese Krebse ganz.

Von den Decapoden muss man vor allen einige Arten der mannigfaltigsten Palaemoninae erwähnen, die auf verschiedenen Tiefen angetroffen werden. Unter ihnen begegnet man den *Crangon vulgaris*, *fasciatus* und verschiedenen Arten der *Hippolyte*. Von den letzteren ist *Hippolyte rubrosignata*, welche bei den Sajatzkije-Inseln anzutreffen ist, durch ihre schöne carmoisinrothe Zeichnung bemerkenswerth. Nicht weniger schön ist *Scyllarus rubrotestaceus*, der an denselben Stellen vorkommt. *Scyllarus variegatus*, der sonst nur in kleinen Exemplaren in der geschlossenen Bucht lebt, trifft man in nächster Nachbarschaft derselben, auf Tiefen von 5—6 Faden, in recht grossen Exemplaren.

Der Solowetzkische Meerbusen Ueberbergt auch den *Pagurus*, welcher hier häufiger und in grösseren Exemplaren gefunden wird. Sein Verbreitungsbezirk steht mit dem des *Balkmus* und des *Fucus* nothwendig in Verbindung. Bei den Sajatzkije-Inseln, wo häufiger grössere Muscheln von *Fucus* vorhanden sind, begegnet man auch häufiger grösseren Exemplaren von *Pagurus pubescens*. Auf den grossen, alten Muscheln sitzt *Hydractinia echinata*, die im Solowetzkischen Meerbusen in einiger Entfernung von den Sajatzkije-Inseln sehr selten angetroffen wird.

Endlich findet man von den Decapoda brachyura in der ganzen Ausdehnung des Solowetzkischen Meerbusens nur eine *Maja*, dieselbe, die in der Solowetzkischen Bucht lebt. Diese seltsame Verbreitung einer und derselben Form und zugleich ihr ausschliessliches Auftreten in diesem Gebiet bildet eine merkwürdige Erscheinung. Uebrigens zeichnet sich der Norden überhaupt nicht durch Reichthum an Formen der kurzgeschwänzten Krebse aus, er ist durch Mannigfaltigkeit der Amphipoden und zum Theil der Isopoden charakterisirt.

Ueberhaupt ist die nördliche Fauna und besonders diejenige des Weissen Meeres mit dem Solowetzkischen Meerbusen an Stamm- und Uebergangsformen reich. Diese allgemeine Thatsache gilt hauptsächlich für die Würmer. Es giebt hier kaum hervorragende Uebergangsgattungen, welche die Dorsobranchiata mit den Capitibranchiata verbinden. Eine ganze Gruppe der ersteren ist der Gruppe Syllideae des Neapolitanischen Meerbusens analog. Kaum merkliche Kennzeichen unterscheiden dort wie hier die verschiedenen Gattungen derselben. Weist dies nicht darauf hin, dass die genannten Gruppen für diese Gegenden vollkommen contemporäre sind, welche so zu sagen vor unseren Augen eine ganze Stufenleiter der verschiedenen Anpassungen, Specialisirungen und Differenzirung durchmachen? Jede Anpassung könnte im Laufe der Zeit verschwinden oder einen neuen Sprössling einer mehr specialisirten Gruppe ergeben. In dieser Weise finden wir den Stammtypus, von dem einerseits der *Cirratulus* entsprungen ist, andererseits sich die *Terebella* mit Hülfe der Uebergangstypen entwickelt hat.

Ich füge hier die Liste jener Formen bei, die in den Solowetzkischen Gewässern vorkommen und entweder sich beständig aufhalten oder sich daselbst nur in ihrem Entstehungsstadium befinden und dann, in den späteren Phasen ihrer Entwickelung, in die geschlossene Solowetzkische Bucht übersiedeln.

I. Spongozoa.

1. *Suberites Glasenapii*. Mereschk.
2. *Simplicella glacialis*. Mereschk.
3. *Myxilla gigas*. Mereschk.

II. Actinozoa.

4. *Stomphia Churcheae*. Gosse.
5. *Sargartia candida*. Gosse.
6. *Hydractinia echinata*. Johnst.
7. *Oorhiza borealis*. Mereschk.
8. *Sursia tubulosa* (Hydroidformen). Less.
9. *Bougainvillea superciliaris*. L. Agass.
10. *Lizzia blondina*. Forbes.
11. *Plotocnide boreale*. n. sp.
12. *Obelia flabellata*. Hincks. (Hydroidformen und Medusen).
13. *Aurelia aurita*. Lam.
14. *Cyanea arctica*. Perc. & Less.
15. *Staurophora laciniata*. A. Agass.
16. *Argionopsis Laurentii*. Brdt.
17. *Haliclystus 8-radiata*. Lmt.
18. *Beroë cucumis*. F.
19. — *Forskalii*. M. Edw.
20. *Euchachaltsia borealis*. n. sp.

21. *Pleurobrachya arctica*. n. sp.
22. *Cestus veneris*. Less.

III. Echinozoa.

23. *Ophiothrix* sp.
24. *Toxopneustes griseu*.

IV. Vermes.

25. *Aporocephala rubra*. Kr.
26. *Linurus gesserensis*. Mull.
27. *Amphiporus lactiflorus*. Johnst.
28. *Leptoplana tremellaris*. Oerst.
29. *Aricia norvegica*. Sars.
30. *Aonopsis agilis*. n. sp.
31. *Dorsibranchus longispinus*. n. sp.
32. *Teodisco liriostoma*. Clp.
33. *Palpiglossus labiatus*. n. sp.
34. *Glycera capitata*. Oerst.
35. *Nereis pelagica*. L.
36. *Heteronereis grandifolia*. Rathke.
37. *Ophelia anlogaster*. Rathke.
38. *Hrada granulata*. Mlgr.
39. *Staurocephalus cruciformis*. Mlgr.
40. *Procera pacta*. Ehlers.

41. *Polynoë Mölleri.* Kfl.
42. - *longisetosus.* Oerst.
43. *Phyllodoce viridis.* Johnst.
44. - *maculata.* n. sp.
45. - *irretiata.* n. sp.
46. *Lumbriconereis fragilis.* Müll.
47. *Eunice viridis.* Stimp.
48. *Sphaerodorum.* sp.
49. *Asychis catenata.* Migr.
50. *Nicomache lumbricalis.* F.
51. *Dendrobranchus borealis.* n. sp
52. *Grapodorachus affinis.* n. sp.
53. *Dasychone infracta.* Kr.

V. Bryozoa.

54. *Cellularia ternata.* Johnst.
55. - *scabra.* v. Ben.
56. *Flustra truncata.* L.
57. *Hornera lichenoides.* L.
58. *Retepora cellulosa.* L.
59. *Pedicellina echinata.*

VI. Tunicata.

60. *Polyclinium aurantium.* M. Edw.
61. *Clavellina lepadiformis.* Sav.
62. *Phallusia* sp.
63. *Glandula firma.* Stimp.
64. *Chelyosoma Macleayanum.* Escricht.
65. *Styela rustica.*
66. *Cynthia echinata.* F.

VII. Bivalvia.

67. *Tellina calcarea.* Chem.
68. *Cardium ciliatum.* F.
69. *Modiola laevigata.* Sow.
70. *Saxicava arctica.* L.
71. *Leda pernula.* Müll.
72. *Pandora glacialis.* Leach.

73. *Anomya ephippium.* L.
74. *Pecten groenlandicus.* F.

VIII. Platypoda

75. *Eolis graeofuscus.* n. sp
76. *Dendronotus arborescens.* Müll.
77. *Pleurotoma novajacealensis.* Lesch.
78. *Pleurotoma pyramidalis.* Str.
79. *Natica clausa.* Brod. et Sow.
80. - *groenlandica.* Möll.
81. *Trophon truncatus.* Ström
82. *Chiton marmoreus.* L.
83. *Fusus despectus.* F.
(83). - var. *carinata.*
84. *Buccinum undatum.* L.
(84). - var. *pelagicum.* Kirby.
85. - *glaciale.* L.
86. *Margarita groenlandica.* Chem.
87. - *cinerea.* Couth.
88. - *obscura.* Cant.
89. - *elegantissima.* Laul.

IX. Pteropoda.

90. *Clio borealis.* Brug.
91. *Limacina arctica.* (*helicina.* Phips.)
92. *Styliola acicula.* Rang.

X. Crustacea.

93. *Balanus primordialis.* n. sp.
94. - *Humeri.* Ascanius.
95. - *porcatus.* Da Corte.
96. - *balanoides.* L.
97. *Caprophium longicorne.* Fabr.
98. *Hyperia medusarum.* O. Müll.
99. - *elongata.* n. sp.
100. *Crangon fascialus.*
101. *Scyllarus rubrotestaceus.*
102. *Pagurus pubescens.*

Beim Vergleich dieser Liste mit der vorhergehenden, in welcher ich die Formen der Fauna der Solowetzkischen Bucha aufgezählt habe, tritt der Unterschied in der Anzahl und in der Mannigfaltigkeit der Typen deutlich hervor. Vergleichen wir zugleich die Thiere dieser Liste mit jenen 31 Formen, die den Unterschied der südlichen Hälfte der Bucht von der nördlichen ausmachen, so überzeugen wir uns, dass letztere keine selbständige Fauna hat, sondern so zu sagen die Durchgangsstation für verschiedene andere Thierformen des ganzen Solowetzkischen Wassergebietes bildet. In der That können wir unter den 31 Typen nur 4 Formen aufweisen, die nicht in diesem Gebiete vorkommen, oder richtiger nicht in meine Hände gelangt sind: *Balanoglossus Mereschkowskii*, *Cynthia Nordenskjöldii*, *Terebella Danielsseni* und *Nebalia bipes*. — Es unterliegt keinem Zweifel, dass bei genauerer und längerer Untersuchung die *Terebella Danielsseni* und der *Balanoglossus Mereschkowskii* in den Gewässern des Solowetzkischen Meerbusens gefunden werden können. Jeder, der sich mit faunistischen Nachforschungen, sei es am Lande oder auf dem Meere, beschäftigt hat, weiss, was für eine Rolle die Zeit bei dieser Arbeit spielt. Im Laufe von 10—15 und mehr Jahren kann es geschehen, dass man nur einmal, an einer wenig erforschten Stelle, einer Form begegnet, die den Ueberrest einer früheren Fauna oder die Ergänzung zu einer solchen bildet, oder als Pionier künftiger neuer Ansiedlungen auftritt. Zu solchen Formen gehören ohne Zweifel *Terebella Danielsseni* und *Cynthia Nordenskjöldii*, welche letztere sich zufällig in einem Winkel der nördlichen Hälfte der Bucht erhalten und stark entwickelt hat. Was *Nebalia bipes* anbelangt, so ist ihre Seltenheit in der westlichen Durchfahrt der Bucha kaum dem Zufall zuzuschreiben, im so weniger, da ich diesen Krebs, wenn auch selten und vereinzelt, in den Gewässern des Solowetzkischen Meerbusens angetroffen habe.

Die anderen drei Formen der oben angeführten Liste gehören nicht zu der Fauna des Solowetzkischen Meerbusens, sind vielmehr von der westlichen Küste der Insel, aus der Gegend östlich des Cap Tolstik hierher übergesiedelt. Dies sind *Chloraema pellucidum*, *Asterias rubens* und *Leptomera borealis*. Alle übrigen Typen dieser Fauna endlich sind in den Gewässern des Solowetzkischen Meerbusens zu Hause, von dem sich ein kleiner Theil — die nördliche Solowetzkische Bucht — abgetheilt und dieselben mit sich genommen hat.

Ein ganz anderes Bild und andere Lebensbedingungen bieten die zwei Nachbarbassins — die geschlossene Bucht und der Solowetzkische Meerbusen, welche durch einen verhältnissmässig leichten Barrièrendamm von einander getrennt sind. Ihr erstere ist ein stiller, schlammreicher Winkel des Meeres, dessen ausgestente Gewässer flach und wenig bewegt sind, und wenig Luft enthalten. Er wird allmählich seichter und verwandelt sich nach und nach in Land. Das Wasser des Golfes dagegen ist ein lebendiges, thätiges Bassin des Meeres. Hier herrscht unumschränkte Freiheit der Wellen, ein unerschöpflicher Reichthum an Luft, eine Menge mannigfaltiger Lebensbedingungen, die zur Entwickelung einer schönen Seeflora beitragen und zugleich der Seefauna reiches Nahrungsmaterial bieten. Wollte man freilich diesen Reichthum mit dem einer südlichen Meeresfauna, z. B. des neapolitanischen, vergleichen, so würde sich der Reichthum als Armuth erweisen. Man muss aber dabei den Unterschied der Breiten und die Nähe des Polarkreises ins Auge fassen. Wenn im nördlichen Ocean, längs der Murmanküste, nicht ein Zweig des Golfstroms passirte, so wäre die Fauna des Solowetzkischen Meerbusens noch unvergleichlich ärmer. Dringt dieser Zweig auch nicht ins Weisse Meer hinein, so lässt er dennoch seinen Einfluss auf dessen Fauna erkennen.

Ausserdem muss man nicht vergessen, dass der ganze Solowetzkische Meerbusen nur einen Theil des offenen Meeres bildet; das beweisen seine südlicheren, an die Sajatzkje-Inseln angrenzenden Gewässer. Hier ist der Mittelpunkt der Fauna bis an die Küsten des Barrièrendammes der geschlossenen Solowetzkischen Bucht verbreiten sich nur einige lebhaftere und beweglichere Formen und Individuen. Ich will damit durchaus nicht gesagt haben, dass die Fauna des offenen Meeres überhaupt üppiger ist, als die litorale. Im Gegentheil, das feste Land ist das Ziel des beständigen Strebens der thätigsten Formen der Meeresfauna. Wenn dieses instinctive Streben nach Luft und Licht nicht allen Seethieren eingeboren wäre, so bliebe die Fauna des Festlandes bis zum heutigen Tage in dem beklagenswerthesten Zustande und wäre sie mit einer so wunderbaren Schnelligkeit zu der Höhe, auf der sie jetzt steht, gestiegen. Die Wahrheit dieser Folgerung bewährt sich fast auf jeder Art. Von den Gemus *Clio* erreichen die geschlossenen Buchten nur kleinere und zugleich thätigere und beweglichere Individuen. Dasselbe gilt von *Limacina arctica*. Die beweglicheren Exemplare von *Maja* und *Scyllarus* haben sich sogar bis in die geschlossene Bucht verbreitet, wo sie vortheilhaftere Lebensbedingungen gefunden haben.

Die Sonderung der Seichtwasser- und Litoralformen entstand gewiss auch in Folge dieses selben Gesetzes. Die beweglicheren Formen erreichten entweder einen behaglicheren Winkel, wo sie unerschöpfliche Schlammlager und ungestörte Ruhe fanden, wie z. B. Formen, die dem geschlossenen Winkel der Bucht eigen sind; oder sie kamen an das Ziel ihrer beständigen Bestrebungen, d. h. sie fanden viel Luft und Licht, wie z. B. die litoralen Exemplare der Miesmuscheln, *Littorina littoralis*, und besonders des *Balanus balanoides*. Der letztere wäre vorbereitet, sich in eine am Lande lebende Form zu verwandeln, wenn ihm sein Organismus, seine langen Kiemen — die gewiss ausschliesslich zum Leben im Wasser geschaffen sind — dieses erlaubten. Mit noch mehr Recht kann dasselbe von *Littorina littoralis* gesagt werden. Alle vier Arten des *Balanus* des Solowetzkischen Meerbusens können als auf einander folgende, deutlich sichtbare Stufen angesehen werden, in denen ein beständiges Streben ausgedrückt ist, sich für das Leben auf dem Lande zu entwickeln.

Im Sommer 1877 gelang es mir, den *Balanus balanoides* lebend nach St. Petersburg zu bringen. Zu diesem Zweck füllte ich einen recht grossen Sack mit grobem Kies, auf dem sich diese Thiere befanden, und bedeckte jeden Stein recht dicht mit *Fucus*. Es ist bekannt, dass *Fucus vesiculosus* die Eigenschaft hat, sogar getrocknet weiter zu leben. Fast auf jeder Station legoss ich den Sack mit Süsswasser, und umgekehrt der achttägigen Reise von Solowki nach St. Petersburg gelangten die *Balanus* zu meiner grössten Freude lebend an, öffneten sogleich ihre Schalen und fingen mit ihren Fühlern an zu arbeiten, sobald sie in salziges Wasser gelegt waren. Zu meinem Bedauern hatte ich die Analyse des Wassers des Solowetzkischen Meerbusens nicht bei der Hand und konnte die quantitativen Verhältnisse des Wassers an ihrem neuen Aufenthaltsorte nicht bestimmen. Aber sie lebten lange und ich fütterte sie, wie in den Solowki, mit trockenem Eiweiss, das sie recht gern frassen. Mehrere Male am Tage nahm ich sie auf einige Stunden aus dem Wasser heraus und legte sie dann wieder hinein. Nach jedem Aufenthalt an der Luft wurden sie schlaffer, viele öffneten ihre Schale nicht mehr und allmählich starben alle.

Ich erinnere bei dieser Gelegenheit daran, dass es Darwin gelungen ist, den *Balanus improvisus* in reinem Regenwasser zu erhalten[1], und ich berichte, dass die Schilderung dieses Act an meinen *Balanus primordialis* erinnert. Im Jahre 1880 versuchte ich junge Exemplare der *Asterias rubens* aus der *Glubokaja* Guba lebend herüber zu bringen. Diese Thiere lebten bei mir recht lange in einem Aquarium, in welchem ich das Wasser nicht wechselte und eine Masse *Enteromorpha intestinalis* hielt. Ich fütterte sie mit *Littorina littoralis*, aus der auch in der Freiheit ihre Nahrung besteht. Der Versuch, diese Thiere nach St. Petersburg zu schaffen, misslang; sie konnten das Schaukeln des Bootes und das Regengas nicht vertragen. In dem Sumsky Possad kamen sie alle todt an. Die *Enteromorpha*, mit welcher ich jene zu erhalten hoffte, brachte ich lebend nach St. Petersburg. Demnach halte ich diesen ersten misslungenen Versuch des Transports lebendiger Echinodermen vom Weissen Meere nach St. Petersburg nicht für maassgebend. Bei günstigeren Bedingungen könnten sie doch lebend transportirt werden.

---

[1] Ch. Darwin, A Monograph of Cirripedia. p. 176.

Ebenso, wie die litoralen Seichtwasserformen sich von den in der Tiefe des Meeres lebenden Formen trennen, sondert sich auch die Festlandsfauna von der Meeresfauna. Wenn man die Exemplare und Arten der einen und der anderen Fauna vergleicht, bemerkt man, dass die ersteren sich von den anderen durch kleinere Dimensionen auszeichnen. Die thätigeren, lebhafteren, beweglicheren Exemplare sind gewöhnlich kleiner, als die unthätigen, ruhigen. Hier findet das Gesetz des Verhältnisses der Fläche zu der Masse des Körpers seine Anwendung: wenn die erste kleiner wird, nimmt die zweite weniger schnell ab. Folglich behält das Thier bei der Hälfte der früheren Masse mehr als die Hälfte seiner Berührungspunkte mit der Aussenwelt. Augenscheinlich wird dabei seine Athmung verhältnissmässig energischer und die Thätigkeit seines Nervensystems relativ zu seiner Grösse stärker sein. Ein solches Thier ist augenscheinlich fähig, mehr Eindrücke aufzunehmen. Der Stoffwechsel geht bei ihm viel rascher und energischer vor sich und in Folge dessen ist es zu Anpassungen geeigneter, als die weniger beweglichen, ruhigen Individuen der Meerestiefen. Dasselbe äussert sich auch bei allen an der Oberfläche schwimmenden Formen. Unter den letzteren begegnen wir bisweilen einigen, passiv schwimmenden Formen, wie Siphonophoren und Radiolarien: gewiss verlangen sie zu ihrer Existenz in höherem Maasse das Vorhandensein aller Lebensbedingungen, die nur in den südlichen, warmen Meeren vorhanden sind und deren sich das im Norden liegende Weisse Meer nicht rühmen kann. Hierin liegt der Grund ihrer vollkommenen Abwesenheit daselbst.

Die meisten schwimmenden Thiere sind kleiner im Vergleich mit denjenigen, welche die Tiefe bewohnen; ausserdem führen sie ein beständig thätiges Leben und sind meistentheils Räuber: so die Medusen und Hydromedusen des Solowetzkischen Meerbusens; ebenso auch die kleinen Pteropoda und *Clio*. Die reiche Ablagerung von Fett und Proteinstoffen in den Integumenten dieser letzteren weist auf einen reichen Vorrath an Stoffen, die zur Respiration und zu grosser mechanischer Arbeit nöthig sind. Das schnelle Verschwinden ihrer Sexualorgane während des Hungerns beweist die Schnelligkeit des Stoffwechsels und überhaupt des Zuwachses der Gewebe in ihrem Körper.

Jede Anpassung, die mehr oder weniger langsam in einem langen Zeitraume und einer langen Reihe von Generationen geschieht, verlangt durchaus einen grossen Vorrath an plastischem Material in jeder Stammform. Die Menge dieses Vorrathes ist jedoch einerseits durch die Erblichkeit, andererseits durch die umgebenden Lebensbedingungen beschränkt. Jeder litorale, und überhaupt jeder sich an neue Lebensbedingungen anpassende Organismus muss nothwendig ausarten und an Kraft verlieren. Dieses Gesetz gilt für beide Naturreiche, für alles Organische, für jede Art und jedes Individuum: hier muss durchaus eine gewisse Art periodischen Wechsels walten und jeder thätige Typus, der sein «plastisches Capital» zu Anpassungen verschiedener Art verbraucht hat, muss wieder zum ruhigen Leben, zum Quietismus, zurückkehren und neues Capital sammeln. Wenn dieses Gesetz nicht existirte, würde es keine Entwickelung geben. Jeder Zweig würde der Erschöpfung unterliegen und umkommen, jedes Insekt würde sich in eine zarte Myrmica vagans, jeder Copepode in die kleinsten Harpacticus, die Daphnida in den kleinen Lynceus, Serpula in Protula sich verwandeln. Alle Vögel würden zu kleinen Oscines, alle Reptilien zu kleinen Eidechsen. Aber das Gesetz besteht, der Lauf der Entwickelung steht nie still, und jeder thätige Typus kommt immer wieder zu einem Stadium der Ruhe zurück. Dieses Stadium äussert sich bei den Würmern in Schlammfressern und Eingeweidewürmern; bei den Insecten in Mistkäfern; bei den Süsswasser-Muschelthieren in grossen *Anodonta*; bei den See-Muschelthieren in *Tridacna*; bei den Platypoda in *Aplysia* und *Dolium*; bei den Copepoden in *Caligus* und *Peltogaster*; bei den Isopoden in grossen Schmarotzern, *Aega*; bei den Reptilien in grossen Schildkröten; bei den Vögeln in *Dodo* und dem bereits ausgestorbenen *Megaloornis*; bei den Säugethieren in Walfischen. — Die zu Lande lebende Form kann in eine Seeform, ein Räuber in einen Schmarotzer, ein Grasfresser in einen Schlamm- oder Mistfresser übergehen; aber jede in diese quietistischen Stadien übergegangene Form sammelt neues Material zu weiterer Entwickelung.

In der Fauna des Solowetzkischen Meerbusens kann man diese beiden Stadien an einer und derselben Miesmuschel-Art, *Mytilus edulis*, beobachten. Die Küste empfängt fast beständig neue beweglichere Sprösslinge aus den Tiefen des Meeres, und umgekehrt locken diese Tiefen auf ihren stillen Grund neue Bewohner, von denen nur wenige, die sich an das Leben in den kalten Tiefen angepasst haben, am Leben bleiben; diese wenigen erreichen eine bedeutendere Grösse und ansehnlichere Dimensionen ihres Körpers, d. h. sie verkleinern seine Fläche und vergrössern seine Masse. Aus der Nachkommenschaft solcher grosser Stammarten sind gewiss spätere Zweige der Muschelthiere hervorgegangen, aus denen sich grosse *Pinna* und leicht bewegliche *Lima* entwickelt haben; nach diesen tritt wieder die Periode des Quietismus ein: es erscheinen sitzende Formen; — das ist aber schon ein verhängnissvoller Quietismus, ein Aussterben der ganzen Gruppe, wo die Mineral- (Kalk-) Ablagerungen der Muschel über die organischen Gewebe des Körpers die Oberhand gewonnen haben.

Wenn man die gegenseitigen Verhältnisse der mannigfaltigen Formen des Solowetzkischen Meerbusens betrachtet, so bemerkt man, dass fast ein Drittel derselben den Würmern angehört, d. h. Thieren, deren Organisation zu den verschiedensten Anpassungen immer bereit ist. — Was die Plastik des Körpers, die Bildung der Gewebe anbetrifft, so sind dies die beweglichsten Formen der ganzen Meeresfauna. Sie sind buchstäblich wachsende Thiere, die beständig neue, den Internodien der Pflanzen ähnliche Glieder anlegen; vielleicht in Folge dieses beständigen Wachsthums können sie ihre plastische Kraft nicht concentriren, um ihre Sexualorgane auszubilden, die sich bei den meisten im Elementarzustande befinden. Natürlich sind diese Thiere der verschiedensten Variation und Anpassung fähig. Jedes Organ kann tausend Differenzirungen erleiden und als Ursache zur Entstehung neuer Gattungs- und Speciestypen dienen. Daher rührt die grosse Mannigfaltigkeit dieser Thiere, ihre rasche Vermehrung und ihr starkes Auftreten in jeder Fauna, und diejenige des Solowetzkischen Meerbusens macht keine Ausnahme von der allgemeinen Regel.

Die nächst den Würmern am zahlreichsten vorkommenden Thiere dieser Fauna sind die Krebse, der gemeinsame Bestandtheil aller Meeresfaunen. Sie bilden gleichfalls leicht veränderliche Typen, da ihre Seitenanhänge — im allgemeinen System der Entwickelung die letzten, jüngsten Organe — nichts Festes, Beständiges in ihrer Bildung haben, sondern vielen Variationen unterworfen sind. Daher bemerken wir an ihnen eine beständige Verkürzung und Verlängerung der Glieder, eine Vergrösserung der Dorne, eine stetige Verwandlung der Haken in Scheeren und der Scheeren wieder in Haken, mit einem Wort, wir sehen hier eine ununterbrochene Reihe der verschiedenartigsten, mehr oder weniger complicirten Anpassungen an verschiedene biologische Zwecke. Andererseits wird diese Variabilität nicht nur durch biologische, sondern auch allgemeine morphologische Ursachen hervorgerufen. Erinnern wir uns des Einflusses, den die Bestandtheile des Wassers auf die Variabilität der Anhänge und sogar der Glieder selbst ausüben; erinnern wir uns der glänzenden Experimente, die in dieser Richtung der unglückliche, für die Wissenschaft zu früh dahingegangene Schmankewitsch angestellt hat.

In dieser Gruppe beobachten wir, wie in der Gruppe der Würmer, auch eine merkwürdige Mannigfaltigkeit der Typen. Hier kommen vollständig fusslose Formen vor, welche mit Eiern angefüllte Säcke tragen, die Cuvier sogar für Zoophyten hielt, und Formen mit merkwürdig langen Füssen; man trifft Formen mit langen, dicken Antennen (Palinurus), sodann mit kurzen, lamellaren Fühlern (Scyllarus), wieder andere mit langen, gestreckten Körpers, wie Leucifer, und endlich Formen mit kurzen, flachen, breiten Körpern. Es genügt, nur die Amphipoden, z. B. aus der Fauna des Baikal, zu untersuchen, um sich in ein Labyrinth der verschiedenartigsten Anpassungen in Form von Haken, Dornen und Borsten zu vertiefen.

Die Fauna des Solowetzkischen Meerbusens hat ihren eigenen Charakter, derselbe tritt aber bei den meisten Formen der einen oder der anderen Gruppe nicht auffallend hervor. Es ist das zum Theil der allgemeine Charakter des Nördlichen Oceans mit seinem Reichthum an Uebergangsformen, mit vorherrschend rother Farbe, zum Theil ist das ein grosses Gebiet der Filtrirthiere.

Oben habe ich der allbekannten Fähigkeit vieler niederer Thiere gedacht, sich passiv von Schlamm oder organischen Ueberresten zu nähren, indem sie das dieselben enthaltende Wasser mit Hilfe ihrer Wimperhärchen durch den Darmcanal filtriren und dabei diese Ueberreste als Nahrung zurückbehalten. Es ist überflüssig, alle diese Thiere aufzuzählen, die ja jedem Zoologen bekannt sind; ich will nur zwei Gruppen nennen, die sich mehr oder weniger passiv ernähren. Einerseits sind es Schwammlarven, andererseits sitzende, die sich an verschiedene Gegenstände unter dem Wasser befestigen. Die Formen, die sich mit der Bewegung des Wassers an verschiedenen Seepflanzen schaukeln, bilden so zu sagen den Uebergang zwischen diesen beiden Kategorien. Endlich giebt es unter den schwimmenden und sitzenden Formen Filtrirtypen mit stärker entwickelten Geschmackssinn, der zur Wahl der Nahrungsstoffe bestimmte Apparate zur Verfügung hat. Auf die primitivste Weise geschieht diese Wahl durch Aussonderung der Theilchen, die zur Ernährung nicht taugen, die grossen Schlammklumpen mitgerechnet, welche das Thier nicht verschlucken kann. Solche primitive Apparate haben z. B. viele Infusorien, Peritricha und Hypotricha. Bei den höheren Formen geschieht diese Absonderung durch rasches Schliessen der Mundöffnung, wie bei den Ascidien.

Unter der Fauna des Solowetzkischen Meerbusens herrschen beinahe in allen Classen die Filtrirthiere vor, die fast alle zu den Schlammfressern gehören. Augenscheinlich ist das Reich dieser Schlammfresser die geschlossene Bucht, während im südlichen Theil des Solowetzkischen Meerbusens ihre Zahl abnehmen muss. Die erste Thesis ist gewissermassen, die zweite nur a priori richtig. Um sich vom Schlamme ernähren zu können, bedarf es keiner dicken Schichten und keiner colossalen Lager dieses Nahrungsmaterials, und die Formen, welche sich an das Leben in der geschlossenen Bucht angepasst haben, bedürfen dieses Materials weniger, als der Ruhe des Meeres, welche die Hauptbedingung ihres quietischen Lebens ausmacht.

Die andere Eigenthümlichkeit der ganzen Fauna des Solowetzkischen Meerbusens überhaupt und derjenigen der geschlossenen Bucht im Besonderen ist Armuth an Räubern, reich an Individuen, wie an den Arten, ärmlicher auch der Individuen. Wir wissen bereits, dass diese Fauna der Räuber grösstentheils aus schwimmenden Thieren besteht und zu den Krebsen die meisten Vertreter hat. Unter den kriechenden Thieren sind nur sehr wenige Räuber, die sporadisch, einzeln auftreten. Hier fehlt die Masse jener Raubwürmer, von denen die Fauna der wärmeren Meere wimmelt, und besonders sind die Nereiden hier nicht so stark vertreten, die fast in allen Meeren an den Wurzeln der litoralen Pflanzen massenweise herumirren; die Nemertinen fehlen hier fast ganz und von den höheren Räubern kommen, wie wir schon wissen, nur einzelne Exemplare, und auch diese nur selten vor. Von den Krebsen begegnen wir auch grösstentheils schlammfressenden Formen, die sich entweder vom Schlamm, oder von verschiedenen im Seetang vorkommenden Ueberresten ernähren. Uebrigens sind diese letzteren nicht abgeneigt, sich gelegentlich an lebenden Thieren (Maja) zu laben. Zu den eigentlichen Räubern gehören die Pagurus, deren Zahl sich nach den Sajatzkije-Inseln hin vergrössert.

Wenn alle diese Raubformen nicht existirten, so würde der Solowetzkische Meerbusen ein fast ebenso friedlicher Winkel sein, wie die geschlossene Solowetzkische Bucht. Vergessen wir aber nicht, dass diese Fauna, der Natur der Sache nach, zu einer ausserdenulen gehört; vielleicht giebt es nirgend wo in der Welt einen ähnlichen, schlammreichen Winkel, wo ein so ungestörter Frieden und nur die friedliche Concurrenz herrscht.

Der Kampf um's Dasein wird, wie bekannt, nicht allein von den Räubern bedingt, der Mangel an Raum für die sitzenden Formen erzeugt noch mehr Ursachen, die Kräfte dieses furchtbaren Factors wach zu rufen. Dies sehen wir an den litoralen und noch mehr auf denjenigen Steinen des Meeres, die auf verschiedenen Tiefen zerstreut liegen. Ein Blick auf die sie bedeckenden Pflanzen genügt, um den Kampf zu begreifen, den sie des Raumes wegen führen. Die Stärkeren verdrängen die Schwächeren, die letzteren suchen sich in den Tiefen zu verbergen, wo sie wahrscheinlich ausarten oder gar vunkommen. Der stärkste und mächtigste Kämpfer ist ohne Zweifel der *Fucus vesiculosus*, der sich fast aller Steine, die näher zur Küste liegen, bemächtigt hat. Er hat ein festeres Epiderm, eine festere, compactere Consistenz seines Zellengewebes, einen anderen Bau des Protoplasma bekommen, und ist sogar im getrockneten Zustande fähig, das Leben zu erhalten. Eine besondere Zähigkeit haben auch jene dünnen, zarten Algen, *Chordaria divaricato*, bei denen alle Hauptaxen und Verzweigungen mit einer Masse mikroskopischer fadenförmiger Auswuchse bedeckt sind, von denen jede als Keim zu einer neuen Pflanze dienen kann. Ferner haben die langen, dünnen *Desmarestia*, deren Thallushlätter und Verzweigungen hornartig sind, ein zähes Leben; jedoch noch zäher als alle ist unzweifelhaft die breitblättrige *Laminaria*, dieser Riese unter der Flora der europäischen Meere. Alt, halb verwest, in ihrem Innern zerstört, setzt sie dessen ungeachtet ihr Leben an der Peripherie fort. Das Leben und das Wachsthum dieser Pflanze bedarf einer gewissen Tiefe, in der sich ihre colossalen Thallushlätter, von den Bewegungen des Meeres gewiegt, frei entwickeln können. Noch grössere Tiefen, die mehr Luft und kälteres Wasser haben, verlangen die rothen Algen, und an diesen letzteren sehen wir eine Masse Schwämme, *Esperia stolonifera* und *Halisarca Schultzei*.

Wenn wir die ganze Fläche ausrechnen könnten, die diese Schwämme im Solowetzkischen Meerbusen einnehmen, so würden wir über ihre Unermesslichkeit staunen, besonders wenn wir die gigantischen Exemplare der *Myxilla gigas*, die grossen Exemplare der *Reniela*, *Suberites* und überhaupt alle Schwämme dieser Fauna mitrechnen wollten. Denken wir daran, dass dies nicht die einzigen Filtrirthiere sind, mit denen fast alle Steine tieferer Stellen dieses Meerbusens bedeckt sind. Wir müssen ihnen noch eine Menge Ascidien zufügen und erst dann werden wir eine annähernd richtige Vorstellung von der enormen Fläche bekommen, auf der eine fast beständige Filtration des Wassers dieses Golfes vor sich geht. Aber die Kraft der Filtration liegt natürlich nicht in der Grösse der Fläche, sondern in der Kraft und Ausdauer, mit der dieselbe von jedem Mitgliede dieser Fauna durchgeführt wird.

Ich machte mehrere Experimente zu dem Zweck, diese Kraft bei den Ascidien und *Halisarea* zu bestimmen. Die Versuche misslangen jedoch. Ich beobachtete eine Anzahl der Theilchen der trockenen Eiweisses, die in das Wasser hineingelassen und von den Thieren eingezogen (verschluckt) wurden; die Beobachtung war sehr beschwerlich und es war nicht leicht, für einen gewissen Zeitraum die Zahl jener Theilchen zu bestimmen. Ich mache die Leser mit dieser Versuchsmethode bekannt, in der Hoffnung, dass spätere Naturforscher eine bessere erfinden. Bei den Schwämmen, welche die Nahrungstheilchen periodisch einziehen und nach Verlauf einer gewissen Zeit wieder auswerfen, ist die Menge der eingenommenen Nahrung und darzus die Kraft des hydromotorischen Einziehungsapparates, wie mir scheint, viel bielder zu bestimmen, als dies bei den Ascidien der Fall ist. In meinem Aquarium filtrirten diese Thiere das Wasser unaufhörlich, und schlossen dabei bald die eine, bald die andere Oeffnung, und zwar dann, wenn ihr Osculum von fremdartigen Gegenständen berührt wurde. Es ist leicht möglich, dass sie in der Freiheit, wo sie völlig von Nahrungsmaterial umgeben sind, diese Oeffnungen periodisch schliessen. Um aber im Stande zu sein, sie in diese Bedingungen zu bringen, hätte ich ihnen ein kleines Seebassin mit fliessendem Wasser geben müssen, und zur Ausführung eines solchen Versuches fehlten mir die Mittel.

Zu den Ascidien muss man auch die Miesmuschela, *Pecten*, fügen, und überhaupt alle Muschelthiere, die an Steinen sitzen. Ausserdem gehören noch hierher (obgleich die Kraft des Filtrirens bei ihnen nicht gross ist), die Bryozoen, die sich meistens in grösseren Tiefen im südlichen Theil des Solowetzkischen Meerbusens vorfinden. Damit werden wir fast den ganzen Complex aller auf Steinen lebenden Filtrirthiere dieser Fauna haben, zu denen auch die schlammofressenden Würmer gehören. Nachdem wir alles dies in's Auge gefasst, sehen wir eine enorme, sich fast über den ganzen Meeresgrund ausdehnende Fläche, auf der das Wasser einer beständigen, langsamen Filtration unterworfen ist und alle Protein- und organischen Stoffe als Nahrungs- und darauf die dagegen das Material der lebenden Formen dienen. Wie gross muss also der Kreislauf des Stoffes in dieser Bucht sein, die selbst nur ein kleiner Theil des Weissen Meeres ist? Diese Frage kann vielleicht mit der Zeit, wenn auch nur annähernd, beantwortet werden; zu diesem Zweck aber bedarf es noch einer Reihe vorbereitender Arbeiten, die von späteren Forschern im Solowetzkischen Meerbusen und in der Bucht auszuführen sein werden.

Wenden wir uns jetzt kurz dem Kampf um's Dasein auf den Steinen des Solowetzkischen Meerbusens zu.

Der erste Schritt auf diesem Wege wird wohl, so zu sagen, die »Consentirung« — die Befestigung der jungen Organismen an Steine oder an andere Organismen — sein. Es ist augenscheinlich, dass die Exemplare, die zu dieser Arbeit besser vorbereitet sind und entwickelter, mit einer klebrigen Flüssigkeit oder Cement (einer Mischung dieser Flüssigkeit mit Kalk) versehene Drüsen haben, den Platz schneller einnehmen und den übrigen unzugänglich machen. Ihre Gefährten zeichnen sich durch grössere Beweglichkeit aus. Sie sind lebhafter, können länger schwimmen und haben viel energischere Anlagen, als ihre quietischen Gefährten, die durch ihre Natur gezwungen werden, einen ruhigen Ort an den Steinen des Meeresgrundes aufzusuchen. Die einen sind solide, passive Organismen, die anderen unruhige, thätige. Die einen haben den Platz gefunden und eingenommen, die anderen müssen weiter danach suchen und vielleicht desselben ganz entliehren. Es fragt sich, wer im Kampfe gewonnen hat? Die quietischen Formen setzen sich bald fest, von ihrem schweren, umfangreichen Körper dazu gezwungen, und verurtheilen sich freiwillig für das ganze Leben, plastisches Material zu sammeln und sich zur Aussenwelt passiv zu verhalten. Die anderen kämpfen mit diesem Quietismus, suchen neue Sitze auf, erscheinen als Pioniere der sich verbreitenden Fauna und werden vielleicht thätige Sprösslinge neuer, beweglicherer Seichtwasserformen. Weder hier noch dort kann in diesem Fall Gewinn oder Verlust stattfinden. Die ruhigen, wie die thätigen Formen erhalten gleichen Vortheil für ihre Existenz. Wenn wir aber die Sache vom Standpunkte der Entwickelung und des Fortschritts betrachten, müssen wir den thätigen Formen den Vorzug geben: sie sind die einzig echten und ausschliesslichen Stammeltern künftiger neuer Formen und neuer Typen.

Mit der ersten, elementaren Cementirung ist das Werk noch nicht vollbracht und die thätigen, beweglichen Individuen gewinnen im Kampf um's Dasein ebenso wie ihre quietischen Gefährten, nur in ganz anderer, vielleicht besserer Richtung. Sie gewinnen vielleicht dadurch, dass ihr Muskelsystem besser entwickelt ist: es ist leicht erregbar und arbeitet kräftiger und länger. Oder ist bei diesen beweglichen Exemplaren das Blutgefäss- und das Respirationssystem stärker entwickelt und der Stoffwechsel verlangt stets von Neuem frischen Wasserzufluss und reichlichere Mengen von Sauerstoff? Oder endlich ist bei diesen energischen, unruhigen Individuen der Grund ihrer Beweglichkeit in der starken Entwickelung des Nervensystems zu suchen, welches sie zwingt, unwillkürlich, instinktmässig vorwärts zu streben?

Alle diese Fragen stellte ich mir als Material für die, vielleicht zu kühn entworfenen Nachforschungen auf, die ich einst an der Küste der Solowetzkischen Bucht auszuführen dachte.

Ich überlasse aber die Beantwortung dieser Fragen späteren, frischeren, jüngeren Forschern, die denselben ihre Zeit in der biologischen Station des Solowetzkischen Klosters widmen wollen.

III.

Specielle Untersuchung der Fauna des Solowetzkischen Golfes.

VII. Die Hydroiden und Medusen der Solowetzkischen Bucht.

Obgleich ich während meines Aufenthaltes in Solowky mich nicht speciell mit der Untersuchung der Hydroiden und Medusen beschäftigt habe, hielt ich doch ein wachsames Auge auf alles, was mir im Bau und Leben dieser Thiere mehr oder minder bemerkenswerth erschien. In Folge dessen können die gesammelten Thatsachen auf den Namen einer vollständigen Untersuchung keinen Anspruch machen, sie sollen nur den Stoff zu einigen kleinen Bemerkungen liefern. Uebrigens hat bereits Mereschkowsky den Anfang zu einer ausführlicheren Untersuchung der Hydroiden des Weissen Meeres gemacht, der ich nur einige Thatsachen hinzufügen kann.

I. Die Hydroiden.

Bei *Obelia flabellata* beschrieb Mereschkowsky eine besondere Art der Vermehrung durch Abschnürung der Theile des Coenosarks[1]. In Fig. 4,5, Taf. I sind zwei Hydranten von *Obelia* mit Kelchen dargestellt; aus einem derselben dringt ein solcher Theil des Coenosarks hervor (Fig. 15, A). Aehnliches beobachtete ich bei *Laomedea geniculata*, welche in ungeheurer Menge auf Laminarien am West-Ufer der Anserskischen Bai vorkommt. Nachdem ich Stücke dieser Alge in ein grosses Glasgefäss gelegt hatte, bemerkte ich am nächsten Tage um ihre Büschel eine Menge weisslicher fadenförmiger Stücke, welche sich von dem dunklen Grunde der Laminarien scharf hervorhoben. Bei mikroskopischer Untersuchung dieser Stücke und der Büschel selbst erblickte ich die Absonderung dieser fadenförmigen Theile, welche die Enden der Hydroidenzweige bildeten und wahrscheinlich aus den Kelchen oder aus den offenen Enden der Röhrchen hervorkrochen. Bei diesem Vorgange nahm jedes abgesonderte Stückchen der Länge nach den ganzen Kelch oder das ganze Ende des Röhrchens bis zu den ringförmigen Einschnürungen ein. Einmal fand ich ein aus dem Kelche hervorgedrängtes Exemplar, das sich abtrennte oder vielmehr durch die ringförmige Einschnürung von dem Theile abgetrennt wurde, der im Kelche eingeschlossen war. Ueberhaupt verengert sich jener Theil des Coenosarks, der unmittelbar den Hydroiden stützt und in den ringförmigen Einschnürungen eingeschlossen ist. An den abgeschiedenen Endzweigen verengt sich dieser Theil noch stärker und verwandelt sich dadurch, dass er sich ausdehnt, in einen dünnen Sarkodenfaden, der aller Wahrscheinlichkeit nach zerreisst, das Stück des Coenosarks trennt sich dann von den Hydroidenbüschel ab. Mir ist es nicht gelungen, den Moment der Abtrennung zu beobachten; eben so wenig habe ich die weitere Entwickelung der abgetrennten Stücke beobachtet. Höchst wahrscheinlich wachsen aus ihnen neue Hydroidencolonien hervor und wir könnten dann ihren Trennungsprocess der Vermehrung durch Knospung gleichstellen.

A. Hydractinia echinata. Flemming.

Einige Hydroiden leben sich, wie bekannt, an Schalen verschiedener Gastropoden an, in deren Innerem sich Paguren befinden. In der Solowetzkischen Bucht fand ich zwei Formen solcher Hydroiden: *Obelia borealis*, von Mereschkowsky beschrieben, und *Hydractinia echinata*, von welcher fünf Exemplare in meine Hände gelangten.

---

[1] C. Mereschkowsky, Ann. and Mag. of Nat. History. 1878. Vol. I. p. 155.

Obgleich wir einige Beschreibungen und Abbildungen dieses Hydroiden besitzen[1], halte ich es doch nicht für überflüssig, hier einige neue Thatsachen anzuführen, um so weniger, als ich nicht vollkommen überzeugt bin, dass die von mir gefundenen Exemplare wirklich *Hydractinia echinata* gewesen sind. Die Hydroidencolonien sassen an Schalen von *Buccinium undatum* verschiedener Grösse. Unter allen fünf Exemplaren habe ich nie Individuen mit Gynaekophoren angetroffen. Allman[?] sagt, dass solche Geschlechtsindividuen nur vom März bis zum November anzutreffen seien. Ich fand Exemplare im Mai, Juni und Juli, und darunter war kein einziges mit Gynaekophoren versehen.

Alle mir vorgekommenen Colonien dieser Form bestanden aus zweierlei streng von einander unterschiedenen Arten von Individuen. Die einen, satten oder mit Speise gefüllten Exemplare hatten eine sehr grosse Aehnlichkeit mit den von van Beneden gelieferten Abbildungen. Die andern hingegen, die hungrigen Individuen, boten keine Aehnlichkeit mit irgend einer in der Literatur existirenden Abbildung. Sie erschienen als kleine rosettenförmige Hydranten, die auf sehr langen Stielen sassen und die ganze Körperlänge der gefüllten Exemplare um das Drei- bis Vierfache übertrafen (Taf. I, Fig. 2). Ihre langen divergirenden Tentakel, dreissig an der Zahl, bogen sich nach hinten zurück und verliehen dem ganzen Hydranten die Form der Blüthe eines kleinen dürftigen Gänseblümchens. Aus der Mitte des Tentakelkranzes erhob sich das Hypostom als ein kleiner, oben abgerundeter Hügel (Fig. 2, 4, 8). Der Kelch dieser hungrigen Hydranten hat eine schmutzige, grünlichbraune Farbe; bei den satten ist der Kelch blass rosenroth und die Tentakel farblos. Das Ausstrecken des Körpers und besonders das Ausstrecken der Tentakel bei den ersteren hat offenbar nur einen Zweck — das Aufsuchen der Nahrung. Davon kann man sich bei näherer Betrachtung der Schale von *Buccinium*, die mit solchen Hydroiden bedeckt ist, leicht überzeugen.

Die Fig. 4 der Taf. I giebt uns einen genauen Begriff von dem Dienst, welchen hier der Krebs dem Hydroiden leistet; dieser kann mit vollem Recht sein Essgenoss genannt werden. Fast die ganze Colonie ist auf der nach unten gekehrten Seite der Schale angesiedelt. Auf den anderen Seiten, namentlich auf der oberen, sieht man nur einige zerstreute, meistens wegen Mangel an Nahrung im Absterben begriffene Hydranten (Fig. 1, a), an deren Stelle Stacheln und schwärzliche Hornfasern auftreten, welche wie halbverkohlte Baumstämme nach einem Waldbrande hervorragen. Die hungrigen Hydranten hängen sämmtlich nach unten und suchen gierig ihre Nahrung — das Aeussere des Pagurus nimmt in Folge dieser halbdurchsichtigen, weissen, büschelförmig an langen Fäden hängenden Rosetten eine eigenthümliche, originelle Form an. Beim Kriechen reibt jedoch der Krebs die Schale an Steinen, wodurch fast immer eine kahle Stelle erscheint, die nicht allein von Hydranten — die offenbar abgerieben sind — sondern auch von deren Wurzelstock entblösst ist (Fig. 3, A). Das Zusammenwohnen hat sich hier auf beiden Seiten vollends ausgebildet und beide Individuen haben sich einander angepasst. Indem der Krebs beständig von einem Orte zum andern kriecht, bietet er den Hydroiden die Möglichkeit, überall neue Beute zu fangen; ausserdem dienen wahrscheinlich alle Reste seiner Nahrung auch zu ihrer Ernährung. Andererseits hat diese beiderseitige Anpassung an das gemeinschaftliche Leben für die Hydranten noch den Vortheil, dass der Pagurus, der beständig frisches Wasser zum Athmen braucht, dasselbe auch den Hydroiden zuführt. Alle meine Bemühungen, die Hydroiden ohne jenen zwei Tage hindurch am Leben zu erhalten, blieben erfolglos. Offenbar war hier nicht so sehr die Entziehung der Nahrung von Einfluss, als vielmehr der Mangel an frischer Luft, die ihnen der lebendige Krebs beständig zuführt. Eben darum glaube ich, dass dieses Zusammenleben für *Hydractinia echinata* unausgänglich nothwendig ist, wenigstens für ihre mir vorgekommene Varietät (wenn diese nicht etwa ein anderes Genus und eine andere Species ist), obgleich diese Symbiose bei *Hydractinia polyclina*, wie dies Agassiz berichtigt[3], nicht stattfindet.

Die Hydranten hängen längs der Füsse des Paguren herab und ihre Fäden drängen in seine Scheeren ein. Niemals habe ich aber bemerkt, dass jener seine Parasiten angegriffen hätte. Solche Paguren lassen bei Mangel sterben, aber nie versuchten sie ihren Hunger mit den um ihren Mund wachsenden Hydroiden zu stillen.

Die Ausdehnung der hungrigen Hydranten in die Länge geschieht hauptsächlich auf Kosten des Stieles. Bei gesättigten Hydranten ist dieser Stiel kaum bemerkbar und kommt gleichsam direct aus dem sich herabziehenden Wurzelstock hervor. Ihre farblosen Tentakel stellen sich als kleine Fortsätze von ungleichmässiger Länge dar. Das Hypostom nimmt gewöhnlich das Aussehen einer breiten Fläche an. Die hauptsächlichste Veränderung geht jedoch im Innern vor sich. Ich weiss nicht, ob sich zu dieser Zeit die Anzahl der Entodermzellen der Speisehöhle vergrössert, allein sie werden grösser und wahrscheinlich geht in ihnen die Entwickelung der Galleapparate vor sich. Zu diesem Schluss führt schon die röthliche Farbe der Hydranten. In der That zeigt sich auch unter dem Mikroskope, dass alle Entodermzellen ihrer Speisehöhle sich mit roth pigmentirten Körnchen füllen (Taf. I, Fig. 6, a, b, c).

Bei den stark gesättigten Exemplaren fällt besonders die Dicke, die Ausbauchung ihrer Speisehöhle auf. Einer dieser Hydranten verschlang ein Krebsthier, eine Hyperinide, die wahrscheinlich zehnmal grösser als sein Leib war, welchen so weit ausgedehnt wurde, dass man deutlich die Extremitäten, die Segmente und die sehr hübschen, grossen, sich verzweigenden pigmentirten Zellen seiner Bedeckungen unterscheiden konnte (Fig. 5). Bemerkenswerth ist, dass diese Zellen lange Zeit hindurch ihre Form behielten und ihre Fortsätze nicht verkürzten. Die Speisehöhle des Hydranten zeigte zu

1) Ich erwähne nur die Untersuchungen von Ed. van Beneden: Recherches sur la faune littorale de Belgique (Mém. de l'Académie de Belgique, T. XXXIV. 1864), und die von Allman in Monograph of the gymnoblastic or tubularian Hydroids 1871, worin Bemerkungen seit alle übrigen Autoren über diesen Gegenstand enthalten sind.

2) l. c. p. 344.

3) L. Agassiz, Contributions of the natural History to the United States. Vol. IV. p. 247.

dieser Zeit noch nicht die intensiv rothe Farbe, welche sie bei längst gesättigten Exemplaren besass. Offenbar war das Thierchen von dem Verdauungsprocesse fast noch gar nicht angegriffen.

Beim Herausnehmen einer ganzen Colonie aus dem Wasser verkürzen sich die hungrigen Individuen und nehmen die Länge der gesättigten Hydranten an, freilich ohne auch nur annähernd ihre Dicke zu erreichen, dagegen gewinnen sie nach dem Verschlucken der Nahrung allmählich deren Gestalt und entleeren nach der Verdauung des Verschluckten die Speisereste, worauf ihr Mund lange Zeit weit geöffnet bleibt (Fig. 7).

Die Wurzelschicht oder der Wurzelstock, auf dem die Hydranten sitzen, lagert sich auf der Oberfläche der Schale ebenso an, wie bei anderen, den Hydractinien nahen Formen, und besteht aus zwei Zellschichten, zwischen denen sich ein horniges Plättchen von dunkel schmutziger Farbe abscheidet. Dieses Plättchen zeigt niemals die Regelmässigkeit, wie es Allman in seinem Werke darstellt (Taf. XVI, Fig. 10, 11); es ist von breiten, unregelmässigen, ovalen Oeffnungen durchsetzt, deren jede sehr viele Entodermzellen einschliesst. Dieses Plättchen selbst, sowie alle seine Schlingen erscheinen besonders an einigen Stellen (Fig. 1, b) sehr dick. Es ist unregelmässig verbogen und strahlt nach unten ziemlich dicke lange Fortsätze aus, die an die Schale fest anwachsen (Fig. 12, a, a). Nach oben lässt das Plättchen kurze und ziemlich spitze Stacheln hervorspriessen, welche sich stark ausdehnen und als kurze, schwärzliche Fasern an jenen Stellen zahlreicher auftreten, wo die Hydranten verschwinden und der Wurzelstock dünner wird (Fig. 1, b, b). Niemals habe ich auf diesen Stacheln Fortsätze gesehen und niemals sassen auf ihnen Hydranten, wie solches Allman abbildet (l. c. Taf. XV, Fig. 1, 7). Ueberhaupt sitzen da keine Stacheln, wo die Polypiten gedrängt sitzen, sie erscheinen beständig oder doch am häufigsten an den Rändern des Wurzelstockes. Ohne Zweifel stellen dieselben eine zweckmässige Bewaffnung der ganzen Colonie dar und ebenso unterliegt es keinem Zweifel, dass sie anfänglich als pathologisches Product der Hornschicht aufgetreten sind, welche letztere dort zum Vorschein gekommen ist, wo die Wirksamkeit der Organismen abgeschwächt war. Zu dieser Anschauung führt uns wenigstens die starke Entwickelung und Ausartung dieser Stacheln in Fasern an den Stellen, wo die Hydranten zu verschwinden beginnen. Hier sehen wir einen, der Ablagerung des Kalkes in alten Schalen analogen Prozess.

Betrachten wir die Entwickelung junger Hydranten von *Hydractinia echinata*, so sehen wir, dass dieselben immer mit vier Tentakeln erscheinen, welche regelmässig, kreuzförmig aus dem unteren Theile des Polypiten hervorwachsen, der auf einem mehr oder weniger langen Stiele sitzt (Fig. 13). An den Enden dieser Tentakel erscheinen sehr früh Nesselzellen. Bei weiterer Entwickelung biegen sich diese an der Basis stark verdickten Tentakel zurück (Fig. 14); in diesem Falle erinnert die Form eines solchen Polypiten mit dem kegelförmig hervorstehenden Mundtheile einigermassen an den von Prof. Ovsjannikoff[1] entdeckten Parasiten der Störe; und man könnte mit einigem Recht diesen Parasiten zu den Hydroiden rechnen, obwohl die ungleichmässige Entwickelung der Tentakel und der fast allen Coelenteraten fremde Parasitismus uns nöthigt, ihn mit den Larven der Planarien zu vergleichen, worauf Grimm[2] hingewiesen hat.

Bei weiterer Entwickelung vergrössert sich die Anzahl der Tentakel und zwischen den vier zuerst aufgetretenen sprossen neue hervor, deren Bildung unregelmässig vor sich geht (Fig. 15).

Unter den Hydranten der *Hydractinia* kommen in zwei Theile getheilte Exemplare vor, die an einem gemeinschaftlichen Stiele sitzen (Fig. 8); jedoch ist es kaum möglich, in diesen seltenen Fällen den Prozess der Vermehrung durch Längstheilung wahrzunehmen. Wahrscheinlich entstand einer von den Polypiten aus einer Knospe, die sich am Stiele eines anderen Polypiten entwickelt hatte. — Bei dieser Gelegenheit will ich eine Abnormität erwähnen, welche ich an dem Stiele eines Hydranten beobachtete. In der Mitte seiner Längsrichtung war er verdickt und in dieser Verdickung befand sich eine deutliche Scheidewand (Fig. 10, *spf*).

Von einer anderen Eigenschaft der Tentakel der *Hydractinia*, dass sie nämlich im Stande sind protoplasmatische Fortsätze zu treiben, will ich bei der Beschreibung des folgenden Hydroiden sprechen.

B. Oorhiza borealis. Mereschkowsky.

Obgleich Mereschkowsky Abbildungen dieses Hydroiden und der Theile seiner Tentakel[3] nach meinen ihm überlassenen Zeichnungen geliefert hat, halte ich es doch für angezeigt, jetzt die Originale selbst vorzuführen. Die Benennung Oorhiza, die Mereschkowsky dem von mir entdeckten Hydroiden gegeben hat, weist auf die Lage der Gynaekophoren hin, welche gerade auf dem Wurzelstocke sitzen (Fig. 1). Solche Gynaekophore erscheinen in Gruppen geordnet und sind durch die um sie herumstehenden, ziemlich langen, dünnen Stacheln geschützt (Fig. 1). In den Hydranten der Oorhiza giebt es keinen so deutlich ausgesprochenen Unterschied zwischen satten und hungrigen Individuen wie bei der eben beschriebenen *Hydractinia echinata*. Die Kelche der Hydranten erscheinen hier immer verlängert und scheiden sich sehr allmählich von den dicken Stielen ab. Die Tentakel dehnen sich viel stärker aus, als es bei *Hydractinia* der Fall ist, und biegen sich nie seitwärts zurück; auch zeigen sie nie eine solche Regelmässigkeit und Gleichmässigkeit. Im Gegentheil spielt bei Oorhiza die unregelmässige, ungleiche Ausdehnung und Verkürzung der Tentakel eine sehr wichtige Rolle. Wahrscheinlich wird bei *Hydractinia* durch Ausdehnung des ganzen Polypiten dasselbe Resultat, das heisst die Auf-

---

[1] Th. Ovsjannikoff, «Sitzungsber. d. zool. Abtheil. der III. Versammlung russ. Naturforscher.» Zbelz. f. wissensch. Zool. Bd. XXII. S. 193.

[2] Osc. Grimm, Матеріалы къ познанію нашихъ животныхъ. 1873. p. 41. [Materialien zur Kenntniss niederer Thiere.]

[3] Mereschkowsky, l. c. studies on the Hydroids p. 328 [Pl. XV, Figg. 7—10].

suchung und der Fang der Beute, erreicht, das bei *Oorhiza* beinahe ausschliesslich durch Ausstrecken der einzelnen Tentakel zu Stunde gebracht wird. Endlich ist hier die Zahl der Tentakel halb so gross, als bei *Hydractinia*.

Sowohl bei *Oorhiza* als bei *Hydractinia* zeigt das Ectoderm der Tentakel die bereits von Mereschkowsky beschriebene Eigenthümlichkeit, dass es sich in Form von Sarknodenfortsätzen ausdehnen kann. Diese Eigenthümlichkeit kommt übrigens nicht ausschliesslich den beschriebenen Hydroiden zu; sie ist im Gegentheil ausserordentlich verbreitet unter diesen Thieren und den Medusen, bei denen sich solche Fortsätze an den Enden der Fangfäden vorfinden. Eine besonders grosse Länge erreichen dieselben bei vielen Siphonophoren. Bei *Hydractinia echinata* kann man zuweilen an den Enden ihrer Tentakel einen ganzen Schopf gerader, fadenförmiger Fortsätze bemerken (Taf. I, Fig. 17, *p r*). In anderen Fällen erscheinen diese Fortsätze in Form von kurzen, keulenförmigen Knöpfchen, welche ihrerseits einige fadenförmige Fortsätze hervorschiessen lassen (Fig. 20, *a. b*). Am häufigsten trifft man bei *Oorhiza* an jeder Einschnürung, welche der Innenzelle des Ectoderms entspricht, zwei oder drei fadenförmige Fortsätze (Fig. 19, *pr*). Die Gegenwart solcher Fortsätze an den Tentakeln der Hydroiden weist jedenfalls darauf hin, dass diese Organe die Bestimmung der Fangfäden der Medusen vollziehen und dabei gleichzeitig die Functionen der Fangfäden verrichten. Sehr seltsam und unbegreiflich ist aber das Erscheinen dieser Fortsätze. Man kann sich nicht leicht vorstellen, dass die Zellen des Ectoderms eine derartige amöbenförmige Beweglichkeit und Ausdehnbarkeit besässen, die man selbst bei Schwämmen nur selten findet. Andererseits kann man noch weniger zugeben, dass zwischen diesen Zellen freies Protoplasma existire, oder dass die Zellen verschmelzen könnten, wie bei den Schwämmen.

Das Pigment, welches kaum bemerkbar ist und bloss die Enden der Tentakel färbt — gelb oder orange bei *Oorhiza* und roth bei *Hydractinia* — ist bei ersterer diffus, bei letzterer in Form von Körnchen vorhanden. Die Gegenwart solcher Körnchen in den äusseren Zellen der *Hydractinia* gab Mereschkowsky Veranlassung, eine höchst geistreiche Hypothese aufzustellen; er vergleicht diese Enden mit Anlagen von Augen. Es unterliegt wohl keinem Zweifel, dass ihr Protoplasma auf irgend eine Weise, im freien Zustande oder in Zellenform, Fortsätze treibt und sich höchst empfindlich erweist. Diese allgemeine Function solcher Fortsätze ist bei den Fangfäden der Siphonophoren einleuchtend, andererseits können sie jedoch einfach zum Ergreifen der Beute dienen. An ihrem klebrigen Protoplasma können wahrscheinlich kleine lebende oder auch Theile grösserer todter Organismen haften bleiben, die den Tentakeln des Hydroiden entgegenkommen, wenn er Nahrung sucht. Jedenfalls werden directe Versuche und Beobachtungen diese Frage bequemer und richtiger entscheiden. Ich bemerke nur, dass meiner Meinung nach zum Ergreifen der Beute per analogiam aber die Nesselzellen dienen können, die immer in beträchtlicher Anzahl auf den Enden der Tentakel sitzen. Die Bildung der protoplasmatischen Fortsätze kommt nicht ausschliesslich den Tentakelenden zu; sie können am ganzen Körper des Polypiten auftreten. Offenbar wird hier ihre Bildung durch Verkürzung des ganzen Körpers bedingt (Taf. I, Fig. 16). Ebenso kann diese Verkürzung ringförmige oder unregelmässige Falten hervorrufen, besonders an den Körpern junger Hydranten (Taf. II, Fig. 2).

Bei schwacher Vergrösserung kann man fast bei jedem Gynaekophor von *Oorhiza* einen dunklen Punkt entdecken (Taf. II, Fig. 1), der ein braunes Entoderm darstellt, das durch die Dicke des Eies durchschimmert (Fig. 3, *e*). In jedem Gynaekophor entwickelt sich nur ein Ei; aber ich habe nicht constanten können, aus welcher Schicht des Entoderms oder des Ectoderms. Im letzteren Falle liefert das Entoderm bloss das Material zur Entwickelung dieses Eies. Es dringt in das vom Ectoderm gebildete Gynaekophor in Form einer lichtbraunen Masse von conischer Gestalt ein, und nach Massgabe seiner weiteren Entwickelung schwindet es allmählich. In jedem mit protoplasmatischen Körnchen und kleinen Fettkügelchen gefüllten Ei liegt excentrisch ein Kern, der ein Kernkörperchen enthält (Taf. II, Fig. 3). Die reifwerdende Eizelle, oder besser gesagt, die Wände des Gynaekophors lassen, ebenso wie die Tentakel, protoplasmatische Fortsätze hervorschiessen. Offenbar dehnt sich hier in diese Fortsätze das Protoplasma der Zellen selbst aus (Taf. II, Fig. 1).

II. Die Medusen.

Während meines Aufenthaltes zu Solowky gelangten folgende Medusenformen in meine Hände:

1. *Lizzia blondina*. Forbs.
2. *Rangenwillia (Hybocodon superciliaris* L. Ag)
3. *Plotonide borealis*, n. gen.
4. *Circe (Trachinema kamtschatica*. Brandt.
5. *Sarsia tubulosa*. Less.
6. *Tiara pileata*. L. Agassiz.
7. *Argismopsis Laurentii*. Brandt.
8. *Staurophora laciniata*. A. Agassiz.
9. *Aurelia aurita*. L.
10. *Cyanea arctica*. Perr. & Less.

Von diesen Formen kommen in der Solowetzkischen Bucht am häufigsten vor: *Lizzia, Rangenwillea, Sarsia tubulosa, Circe* und *Cyanea arctica*, die hier übrigens nie bedeutende Dimensionen erreichen. Ziemlich häufig ist *Aurelia aurita*, die aber noch viel häufiger in den anderen Baien der Solowetzkischen Inseln vorkommt. Einmal wurden, wie mir N. Pyeschitschin mittheilte, nach einem stärkeren Sturme ganze Heerden dieser Medusen in die Behausung der Fischerei getrieben. Im Jahre 1877 und 1878 war im Monate Juni der ganze Solowetzkische Rechi mit *Sarsia* gefüllt, 1880 dagegen war aber

Meduse ziemlich selten und erscheint dabei nur auf kurze Zeit. Ende Juni beginnt das Auftreten von jungen Ohyaea treten und *Aurelia aurita*, von denen sich die erstere Ende Juli und Anfang August definitiv entwickelt.

1. Lizzia blondina. Forbes.

(Taf. III, Fig. 1—5.)

Lizzia und *Bougainvillea* trifft man gleichzeitig an. Trotz aller Bemühungen konnte ich keine Hydroiden dieser Medusen finden. Bereits Agassiz[1] weist auf einige Beziehungen hin, die zwischen ihnen stattfinden. Wirklich zeigen beide Medusen dieselbe Form und Grösse der Glocke, denselben Bau des Polypiten, selbst die Farbe ist bei beiden beinahe vollkommen gleich. Der Hauptunterschied liegt in den Fangfäden oder Randtentakeln; weniger in ihrem Bau als vielmehr in ihrer Anzahl. Bei *Lizzia* giebt es deren 6, bei *Bougainvillea* nur 4 Gruppen, entsprechend den Radiärcanälen; unter den letzteren Medusen jedoch sieht man nicht selten solche mit 6 und mit 8 Büscheln von Tentakeln (Taf. II, Fig. 7). Oft erscheinen diese Büschel unvollständig entwickelt (Taf. II, Fig. 6) und zuweilen sieht man nur Augenflecke. Dieser letzte Umstand ist dadurch bemerkenswerth, dass die Sehorgane (und wahrscheinlich auch die Nervenknoten) der Entwickelung der Fangfäden vorangehen.

Lizzia (Taf. III, Fig. 2) kommt beinahe immer mit 6—10 Knospen in verschiedenen Entwickelungsstadien vor. Von diesen sind die zwei gegenüberliegenden am meisten entwickelt (Taf. III, Fig. 3), was auf ihre frühzeitige Entwickelung hinweist. Uebrigens geht diese Entwickelung im Allgemeinen unregelmässig vor sich, und zwar ist sie offenbar an jener Seite stärker, wo das meiste Material zur Knospenbildung angehäuft ist. Das Ectoderm und Entoderm des Polypiten setzen sich, ebenso wie seine Speisehöhle, unmittelbar in dieses Knospengewebe fort. Bei einigen Exemplaren geht die Entwickelung der Knospen so energisch vor sich, dass in einer derselben, welche noch lange nicht ihre vollständige Entwickelung erreicht hat und noch gar keine Spuren von Tentakeln besitzt, bereits an ihrem Polypiten eine neue Knospe zum Vorschein kommt (Taf. III, Fig. 4, 9c), öfter jedoch eine solche auf einem bereits beträchtlich ausgebildeten Polypiten auftritt (Taf. III, Fig. 3). In jeder Knospe erscheinen, ausser dem Polypiten, wie bei allen Hydromedusen zunächst vier Radiärcanäle, welche an ihrer Spitze kreuzförmig zusammenwachsen. Hierauf wachsen aus ihren verschmolzenen Enden vier Lobeu hervor, welche sich nach aussen umbeugen (Taf. III, Fig. 3, 4e, Fig. 4, 4e). Bei weiterer Entwickelung erscheinen zwischen ihnen noch zwei Canäle nebst den ihnen entsprechenden Lobeu, zu denen bei einigen Exemplaren noch zwei weitere hinzukommen. Hierauf lösen sich diese Lobeu von einander ab, und verwandeln sich in kleine Hügelchen oder Verdickungen des Randcanals und bilden so den Keim zur Entwickelung der Randkörperchen und Tentakel und wahrscheinlich auch der Nervenknoten. Hierauf findet eine Vermuthung richtig, so wiederholt sich hier eine Thatsache analog der Entwickelung der Hauptcentren des Nervensystems bei Arthrozoen, d. i. das Erscheinen von anfangs verhältnissmässig zahlreichen Ablagerungen grosser, gleichförmiger Zellen, aus denen sich später specielle Nervenzellen herausbilden. Ich führe hier noch eine Erscheinung an, die an Kelche einer in ihrer Entwickelung bedeutend vorgeschrittenen Knospe beobachtete. Daselbst waren kleine protoplasmatische Fortsätze deutlich wahrzunehmen, wie sie mir bei erwachsenen Medusen nicht vorgekommen sind (Taf. III, Fig. 3, 9m, 1b). Schwerlich darf man voraussetzen, dass diese Fortsätze durch Verkürzung der Kelchmuskeln zusammengedrückt wären; höchst wahrscheinlich stellen sie Körperchen dar, analog den protoplasmatischen Fortsätzen, die man an den Tentakeln von *O_hira* und verschiedenen Medusen trifft. Schliesslich will ich bei dieser Gelegenheit auf eine pathologische Erscheinung hinweisen. In den Radiärcanälen der Meduse, am Grunde derselben, kommen grosse dünnwandige Zellen (Taf. III, Fig. 4) vor, welche nichts anderes als durch Wasser geschwollene Entodermzellen sind; man trifft sie überhaupt in den chylaquösen Canälen bei verschiedenen Medusen und Siphonophoren vor ihrem Absterben.

Niemals habe ich eine *Lizzia* mit Geschlechtsorganen gesehen; — ja es fragt sich, ob überhaupt dieselben Individuen einer Meduse, die sich durch Knospung vermehren, sich ausserdem auch auf geschlechtlichem Wege fortpflanzen könnten?

2. Bougainvillea superciliaris. L. Agassiz.

(Taf. II, Fig. 5—9.)

Männchen von *Bougainvillea* trifft man nur selten an. Aeusserlich unterscheiden sie sich von den Weibchen, ausser durch ihre geringere Grösse, gar nicht. Ihre Polypiten haben eine röthlichgelbe, schmutzige oder hellbraune Farbe (Taf. II, Fig. 5). Von dieser Farbe, welche eigentlich dem Entoderm angehört, stechen vier länglich ovale, völlig farblose Tentakel (4a) scharf ab, die seitwärts vom Polypiten an der Basis der Radiärcanäle gelegen sind. Ausser durch dieses wesentliche Kennzeichen unterscheiden sich die Männchen durch den Bau der Mundtentakel (9c). Diese erreichen nie eine solche Entwickelung, wie die Tentakel der Weibchen, welche von anderen Autoren, besonders von Agassiz[2], ziemlich ausführlich beschrieben sind. Jeder Tentakel spaltet sich an der Spitze und trägt zwei Nesselköpfchen. Ausserdem sitzen je zwei solche Köpfchen oder Hügelchen am Rande der Mundöffnung, die weit ausgesperrt werden kann (Taf. I 3, N). — Während in den Tentakeln der Weibchen das Entodermgewebe stark entwickelt ist — es besteht aus quer länglichen polygonalen Zellen, deren scharfe Contouren an gewisse Pflanzengewebe erinnern — fehlen hier solche Zellen gleichsam vier Schnüre, die

1) L. Agassiz, Contributions to the Natural History of the Acalephae of North America. p. 334.
2) L. Agassiz, l. c. 339, 340.

längs der Verdauungshöhle laufen (Taf. II, Fig. 12). Ein derartiges Gewebe ist bekanntlich bei allen Medusen und Siphonophoren stark entwickelt. Mir scheint, dass dasselbe einerseits eine derbe Consistenz darbietet und andererseits leicht Wasser einsaugt. In Folge dieser beiden Eigenschaften kann es gleichsam als Stütze für alle jene Theile dienen, welche sich spontan verlängern und verkürzen, z. B. für Tentakel und Fangfäden. Die Verkürzung dieses Gewebes hängt wahrscheinlich nicht so sehr von der Verkürzung der Ectodermzellen, als vielmehr der Muskelfasern ab. Die länglich ovale Form seiner Zellen in den Tentakeln der Bougainvillea und anderer Medusen hängt wahrscheinlich von der in der Längsrichtung vorherrschenden Contraction ab. Ich bemerke hier zugleich, dass derartige Gewebszellen, obgleich in anderer Form, in den Tentakeln aller Hydroiden angetroffen werden.

Agassiz weist darauf hin, dass die Eier von Bougainvillea (Hippocrene) sich ausserhalb der Speisehöhle entwickeln[1]. Wie bei dem grössten Theile der Medusen entstehen dieselben aus den Zellen des Ectoderms (Taf. III, Fig. 1, a x). Bald jedoch legt sich jede von diesen stark wachsenden Zellen an das Entoderm an und scheidet sich von den übrigen benachbarten Zellen ab, welche sich sofort einander nähern, den leeren Zwischenraum ausfüllen und dieses künftige Ei verdecken. Auf diese Weise gelangt jedes Ei zwischen das Entoderm und Ectoderm. Eine solche Entwickelung der Eier bei jungen Medusen findet anfangs an der ganzen Oberfläche der Speisehöhle gleichmässig statt (Taf. II, Fig. 6; Taf. III, Fig. 1), später jedoch, bei weiterer Entwickelung neuer Eier ordnen sich die früher gebildeten in vier Längsreihen (Taf. II, Fig. 7), entsprechend den vier Testikeln der Männchen. Hierauf verdoppelt sich bei den erwachseneren Medusen jede Reihe und zu jeder gesellen sich noch ein Paar Reihen, so dass auf der ganzen Speisehöhle acht Paare unregelmässiger Reihen auftreten, die in vier Gruppen getheilt und von einander durch breite Zwischenräume geschieden sind. Während die Zwischenräume zwischen den paarweisen Reihen eine dunkelbraune, vom Entoderm abhängige Farbe besitzen, ist diese Farbe in den Zwischenräumen zwischen den Reihen blässer und geht in röthlichgelb über. Bei weiterer Entwickelung ragen solche Eier vor und treten immer mehr aus den Contouren der Speisehöhle des Polypiten heraus. Bald entsteht an der Basis eines jeden derselben ein ziemlich dicker Stiel, welcher aus dem mit dünnen Ectodermzellen bedeckten Entoderm gebildet ist (Taf. II, Fig. 15, 16). Zu dieser Zeit geht im Innern des Eies der gewöhnliche Furchungsprocess des Dotters vor sich; — in dem Masse, wie dieser Process fortschreitet, vergrössert sich das Ei immer mehr und es findet in ihm die Entwickelung des Entoderms auf eine mir unbekannte Weise statt (Taf. II, Fig. 16). Gleichzeitig verändert das Ei seine Gestalt; aus der kegelförmigen Form wird eine ovale und hierauf eine eiförmige, die mit dem dünnen Ende nach aussen gerichtet ist. In dieser Form lässt sich diejenige der künftigen Planula unmöglich verkennen. Zur Zeit, wo die Segmentation des Eies stark fortschreitet, wird die Ectodermschicht immer dünner; offenbar zerfallen die Zellen derselben und werden allmählich von dem sich entwickelnden Keim resorbirt. Endlich beginnen auf diesem bedeutend vergrösserten Keim Flimmerhärchen aufzutreten, welche die Oberfläche seines Ectoderms festzuhalten. Der Keim fängt an sich zu bewegen, seinen Sarkodekörper zu verkürzen und auszudehnen. Dieser Sarkodekörper ist immer mit gründlichen, stark lichtbrechenden Körperchen gefüllt; er reisst sich endlich von dem ihn stützenden Stiel los und fängt an, ziemlich rasch in der Mutterglocke umher zu schwimmen (Taf. II, Fig. 8, 9 Pfg). Die Stiele erhalten sich noch einige Zeit mit den protoplasmatischen Fortsätzen ihres Ectoderms (Taf. I, Fig. 17), auf dem der Keim angefliesst war. Hierauf ziehen sie sich zusammen und jede Spur von ihnen verschwindet.

Mit fortschreitender Entwickelung füllen die Planulen die Mutterglocken, häufen sich an den Oeffnungen derselben an, drehen sich an fest geschlossenem Munde der Mutter und verlassen endlich die Glocke, um ein selbständiges Leben zu führen. Nach den Beobachtungen über diese eigenartige Entwickelung, oder genauer über das Hervortreten der Larven unmittelbar durch die Wände der Speisehöhle, forschte ich dem Ursprung dieser Erscheinung nach und es gelang mir, denselben bei anderen Medusen festzustellen. Bougainvillea stellt in ihrer sonderbaren Fortpflanzungsart dadurch nur die letzte abgeschlossene und ganz zweckmässige Phase einer Erscheinung dar, die in ihrem Keime bei Sarsia und Staurophora beobachtet wird, worauf ich bei Beschreibung dieser Medusen hinweisen werde.

Bougainvillea bietet noch die Eigenthümlichkeit, dass in ihrem Innern ihres Magens und der chylaposen Canäle Parasiten leben, welche sich bei den Weibchen hauptsächlich während der Bildung der Eier entwickeln. Von Infusorien erscheinen ein Balantidium Medusarum und unbestimmte Flagellaten. Die Entwickelungsstadien dieser Parasiten bieten interessante Eigenthümlichkeiten und ein dankbares Feld für Untersuchungen.

Die Randtentakel von Bougainvillea zeigen schliesslich auch die Fähigkeit, dass sie beinahe ihrer ganzen Länge nach ziemlich lange Sarkodefäden treiben können (Taf. III, Fig. 18). Fast jeder Fortsatz enthält ein Nesselorgan. Bei schärferer Musterung und gehöriger Vergrösserung (No. 9 Hartnack) kann man bemerken, dass sich eine dichtere oder consistentere Protoplasmaschnur zu diesen Fortsätzen durch alle Ectodermzellen hinzieht (nr). Eine solche Schnur kann man mit jenem protoplasmatischen Gebilde vergleichen, das sich in den Tentakeln der Hydroiden oder den Fangfäden einiger Medusen durch die Zellenlange des Entoderms hinzieht, so z. B. bei Plotocnide, zu deren Beschreibung ich jetzt übergehe.

3. Plotocnide borealis. Mihi.
(Taf. IV, Fig. 1, 2.)

Unter Exemplaren von Lizzia und Bougainvillea fand ich einst in der Ssuwetzkischen Bucht eine Meduse von derselben Grösse wie die vorher genannten, jedoch vollkommen farblos und eigenthümlich. Auf den ersten Blick erinnerte sie

[1] L. Agassiz, l. c. p. 173.

einigermaassen an ein junges Exemplar von *Syndiction reticulatum* Agassiz, unterschied sich aber vielfach von ihm, besonders dadurch, dass das (einzige) Exemplar sich schon als erwachsenes Individuum, obgleich mit unreifen Hoden, erwies, während die erwachsenen Individuen von *Syndiction* sich beinahe gar nicht von *Sarsia* unterscheiden (Taf. IV, Fig. 1).

Die Form der Glocke ist bei dieser Meduse derjenigen von *Sarsia* gleich, nur ist sie nach verkürzt und nach unten zu ein wenig verengt. Dieser letztere Umstand war möglicherweise eine Folge davon, dass mein Exemplar bereits im Absterben begriffen war und beinahe in allen Organen deutliche Spuren des Zerfalls der Gewebe zeigte. Auf der Oberfläche der Glocke waren gerau wie bei *Syndiction* kleine Gruppen von 5—7 Nesselzellen zerstreut. — Unter dem Ectodermgewebe grenzten sich die querliegenden Ringmuskeln scharf ab. Der Polypit hatte eine ellipsoide Form und enthielt im Innern grosse Fetttropfen. Sein verengtes Mundende war mit grossen Nesselzellen besetzt. Beinahe bis zu diesem Ende ist er von einem stark entwickelten, dicken Testikel wie von Glocken umgeben. — Aus der Speisehöhle des Polypiten gehen vier Radialcanäle, die, wie die Radialcanäle bei *Sarsia*, an den Enden sehr erweitert sind. Um diese Erweiterung herum waren keine Spuren pigmentirter Augenflecke vorhanden; im Innern waren sie mit Fetttropfen gefüllt. Die vier langen Tentakel endigten mit sehr erweiterten Nesselköpfchen (Taf. IV, Fig. 1), während bei dem *Syndiction* die keulenförmigen Fangfäden einige mit Nesselorganen bedeckte Höckerchen tragen. Ihr Ectoderm besteht aus einer Reihe sehr grosser Zellen mit deutlichen Kernen. Grosse Nesselzellen sind im Ectoderm zerstreut.

Es giebt vielleicht Stellen im Weissen Meere, wo die beschriebene Meduse keine seltene Form ist; in der Solowetzkischen Bucht dagegen erlangte ich im Laufe von drei Jahren nur ein einziges Exemplar. Ich glaube übrigens, dass sie sich in gewissen Jahren in grösserer Menge entwickeln kann. Wenigstens komme ich zu diesem Schluss in Anbetracht der massenhaften Entwickelung von *Sarsia* und *Rançainvillea* im April 1877.

4. Circe kamtschatica. Brandt.
[Taf. III, Fig. 7, 8.]

Trachynema oder *Circe kamtschatica* (Taf. III, Fig. 7) trifft man in der zweiten Hälfte des Juni ziemlich häufig an. Von ihren beiden Varietäten ist die eine vollkommen farblos und entbehrt beinahe gänzlich der Fangfäden, bei der anderen dagegen ist der Körper leicht rosenroth gefärbt und mit grell rosenrothen langen Fangfäden versehen. Die wohlgestaltete Form der schön gewölbten und ziemlich consistenten Glocke, die immer ihre graziöse Form beibehält, die schön saturirte rosige Farbe der Fangfäden, sowie die raschen angestauten Bewegungen zeichnen diese Meduse vor den anderen Formen in besonderer Weise aus. — Zum ersten Male wurde sie von Brandt[1] beschrieben, welcher eine verstümmelte Abbildung von Mertens abdrucken liess; hierauf wurde sie von A. Agassiz[2] beschrieben und in groben Umrissen ziemlich getreu abgebildet, so dass man eine annähernde Vorstellung von ihr bekommt. Die Form der Glocke (Taf. III, Fig. 7, 8) erinnert an die Form einer scharf zugespitzten Mütra. — Ihre dicken, vollkommen durchsichtigen Wände besitzen in ihrer weiten Oeffnung ein gut entwickeltes Velum (Fig. 8, *rm*). Der Polypit (Fig. 8, *Pl*) stellt eine nach unten umgestürzte Flasche dar, deren Oeffnung mit vier kurzen zugespitzten Tentakeln endigt. Der ganze Polypit erreicht weder die Oeffnung der Glocke, noch drängt er sich nach aussen vor. Seine Wandungen stellen deutliche, der Länge nach in acht Portien getheilte Ringmuskeln dar. Der verengte, gleichsam als Speiseröhre dienende Theil kann seine Form bedeutend verändern, d. h. sich biegen, ausdehnen, verkürzen (Fig. 11, 12, 13). Ebenso beweglich und contractil sind die vier conischen Tentakel; sie sind an der Innenseite mit Flimmerhärchen besetzt, welche wahrscheinlich eine Fortsetzung des Flimmercilien des Ectoderms der Speisehöhle darstellen (Fig. 17). — Vom Grunde des Magens gehen acht Radiärcanäle aus. Nicht weit von ihrem Ursprung wölbt sich das Gewebe des Canals in Gestalt eines kleinen Anhangs in die Höhle der Glocke hervor und bildet die Geschlechtsorgane (Fig. 8, *se*), welche bei den schwach rosafarbenen Exemplaren gleichfalls leicht rosa gefärbt sind. Während die Eierstöcke kleine Klümpchen darstellen, die in das Innere der Glocke hineinragen und verhältnissmässig mit wenigen Eiern gefüllt sind, präsentiren sich die Hoden (Fig. 14) als Säckchen oder Auswüchse, welche an den Canälen hängen und ebenfalls gegen die Innenseite der Glocke gekehrt sind. Jedes dieser Säckchen hat sehr dicke Wände und eine ziemlich breite Höhle. Die Wände bestehen aus Zellen, in deren Innerem sich der Same entwickelt. Nach erlangter Reife schwimmen die Spermatozoen (Fig. 5) frei im Säckchen umher und werden wahrscheinlich mittelst des Flimmerepithels der chylopoëten Canäle und der Speisehöhle nach aussen geleitet. Die Lage der Hoden nicht weit von der Basis des Polypiten erleichtert wahrscheinlich das Heraustreten durch den Magen und die Mundöffnung. Das Gleiche gilt auch von der Lage der Eierstöcke.

Die Fangfäden (Taf. III, Fig. 8, *te*) sind, wie oben bemerkt, nicht gleichmässig entwickelt. Bei einigen Exemplaren sind sie erst in der Anlage begriffen, während bei anderen ihre Länge um das Doppelte und Dreifache die Körperlänge übertrifft. Ihre Anzahl beläuft sich gewöhnlich auf 16, schwankt jedoch stark. Zwischen diesen Fangfäden befinden sich kleine Anlagen anderer in verschiedener Anzahl. Gewöhnlich sitzen sie paarweise zwischen den langen Fangfäden, so dass ihre Anzahl also im Ganzen 32 beträgt; zuweilen jedoch befinden sich daselbst 3—4 kürzere Anlagen. Das Ectoderm (Taf. III, Fig. 10, *ee*) der langen Fangfäden trägt der ganzen Länge nach Flimmerhaare; in ihm sind Nesselorgane zerstreut,

1) Brandt, Ausführliche Beschreibung der von C. Mertens beobachteten Schirmquallen. S. 351.

2) A. Agassiz, Illustrated catalogue of the museum of comparative Zoology. 1865. p. 55.

welche sich an den Enden häufen, ohne daselbst den Nesselköpfchen ähnliche Verdickungen zu bewirken. Das Entoderm (Fig. 9, $En._1$, $En._2$) dieser Fangfäden, deren Bau sehr elementar ist, besteht aus zwei Schichten. Wie kann man nun diese Einfachheit des Baues mit den raschen Bewegungen der Meduse in Einklang bringen, die sehr an die ungestümen Sprünge irgend einer *Diphyes* erinnern? Bei diesen Sprüngen verkürzen sich alle Fangfäden rasch, ebenso wie sich der Stiel von *Diphyes* rasch verkürzt, der kleine Gruppen von Organismen, oder, um den Ausdruck der Monozoisten zu gebrauchen, kleine Gruppen von Organen trägt. Gewöhnlich steht die *Circe*, ihre langen Tentakel ausgebreitet, unbeweglich an der Oberfläche des Wassers; wird sie durch einen kaum merklichen Reiz aus diesem ruhigen Zustande gebracht, so zieht sie plötzlich alle ihre Tentakel ein und fängt an sprungweise zu schwimmen. Es scheint mir, dass die Art dieser raschen Bewegungen durch die Form der Glocke bestimmt wird. Wie wir wissen, besitzt auch *Diphyes* beinahe dieselbe Form der Glocke, wie *Circe*, nur ist sie bei jener stark in die Länge gezogen, und wahrscheinlich sind darum ihre Bewegungen auch noch schneller. Diese Schnelligkeit ist offenbar von der Länge des Wassersäulchens abhängig, welches die Meduse hinauswirft, sowie auch von dem kleinen Durchmesser der Glockenöffnung, welcher die Kraft des Stosses nur auf einen Punkt concentrirt. Hieraus resultirt wieder die Nothwendigkeit der Dicke und Consistenz der Glockenwände, theils um dem herausgestossenen Wasser kräftigeren Widerstand zu leisten, theils um die Glockenöffnung enger zu machen. Daher sehen wir auch diese Wände bei *Circe* bedeutend compacter als bei anderen Medusen; besonders an der Oeffnung der Glocke, wo der Andrang des Wassers am stärksten ist, weil es beim Zusammenziehen der Glocke sich insgesammt in dieselbe stürzen muss. Endlich ist die Erweiterung dieser Wände und wahrscheinlich die Erweiterung der Glocke selbst an dieser Stelle, allen Vermuthen nach, durch dieselbe Ursache bedingt. Dasselbe gilt auch von dem langen Velum, dessen Ausbreitung auch die nothwendige Folge des durch die Wasserschläge veranlassten Reizes ist; überdies erscheint es als ein sehr vortheilhafter Anhang der Glockenöffnung, denn es giebt dem hervordringenden Wasserstrahl die grösstmögliche Länge und eine bestimmte Richtung. Diese Anpassung setzt wahrscheinlich die Meduse in den Stand, ziemlich schnelle Wendungen zu machen.

Die Zuspitzung der Glocke trägt unstreitig auch zum schnellen Schwimmen bei, und ich glaube, dass die ganze Form derselben durch eine strenge und zweckmässige Anpassung hervorgerufen ist. Der ganze Contour ihrer schönen Krümmungen hat offenbar zum Zweck, die Stärke der Reibung so viel als möglich abzuschwächen. Die Spitze selbst besitzt eine kaum bemerkbare Ausbuchtung, auf die bereits A. Agassiz aufmerksam gemacht hat und die den ersten Stoss des Wassers aufnimmt, welches dann über eine glatte, kugelförmige Oberfläche hinweg gleitet. Diese Oberfläche verengt sich allmählich gegen das Ende der Glocke und macht hieraut, bevor sie das Ende erreicht, eine neue Ausbuchtung, welche aber, da sich während der fortschreitenden Bewegung der Rand der Glocke verengert, das über deren kugelige Oberfläche hingleitende Wasser nicht aufhält. Das vollkommen durchsichtige Gewebe der Glocke macht es möglich, dass man durch ihren Rand sammt der Tentakel hindurch sehen kann. Bei einer solchen Besichtigung konnte ich nie etwas bemerken, was einem Nervensystem ähnlich wäre; natürlich will ich aber durchaus nicht behaupten, dass ein solches nicht vorhanden sei. Bei meinen Untersuchungen gebrauchte ich keine Reagentien und machte keine in diesem Falle nothwendigen Durchschnitte und Zerzupfungen. — An der Basis eines jeden Fangfadens am Rande der Glocke kann man breite, ins Innere derselben führende Oeffnungen bemerken.

5. Sarsia tubulosa. Lesueur.

(Taf. III, Fig. 15, 16, Taf. IV, Fig. 3, 4, 5, 6.)

In der Solowetzkischen Bucht trifft man eine Abart von *Sarsia tubulosa* an, die vielleicht als Repräsentant einer künftigen neuen Species gelten kann; richtiger jedoch wird man sie, meiner Ansicht nach, als den Ahnen der jetzt stark verbreiteten *Sarsia tubulosa* ansehen. Diese Varietät (Taf. III, Fig. 15) ist viel kleiner, als die typische Species; ihr Polypit ist bedeutend kürzer und kann sich aus der Glocke kaum hervorstrecken. Der Stiel des Polypiten ist sehr klein, schmutzig grün, und dies ist auch die Farbe der Randtentakel. Ist die Meduse gesättigt, so verkürzt sich ihr Polypit stark und bei jungen Exemplaren verschwindet der ihn stützende Stiel vollständig. Fig. 15, Taf. III stellt eine solche Meduse dar, nachdem sie fünf grössere Krebsthiere (Copepoden) verschlungen und mit denselben ihre Speisehöhle vollkommen angefüllt hat. Ein Theil des langen Stieles ist an seiner Basis von einem andern Exemplar (Taf. IV, Fig. 3) dargestellt, nämlich von einer erwachsenen Meduse mit deutlich entwickelten Eiern. Man kann in der Abbildung kleinere Zellen des Ectoderms sehen, aus denen sich solche Eier entwickeln und welche und an die Zellen des Ectoderms angelegt und gleichsam auf kurzen Stielen sitzen. Eben diese Entwickelung halte ich für den Keim der verhältnissmässig längeren aus den Contouren der Speisehöhle hervortretenden Stiele, die ich oben bei *Bougainvillea* beschrieben habe. Aus dieser Beschreibung ist zu ersehen, dass das Ectoderm bei weiterer Entwickelung der Eier dieselben bedeckt. Es ist dies sehr schön bei einigen durchsichtigeren Exemplaren von *Sarsia tubulosa* (Taf. IV, Fig. 3, 6r) zu sehen. Während die auf den Stielen sitzenden Eier die Ectodermzellen dicht bedecken, bedeckt diese wieder die Ectoderm und einer dichten Schicht von regelmässigen, dünnen, vieleckigen Zellen (Fig. 6).

Bei *Sarsia tubulosa* dehnt sich bekanntlich der Polypit in eine lange Röhre aus, welche sich weit aus der Glocke hervorstrecken kann. Ich bewahrte Exemplare dieser Meduse in einem grossen, weiten Glasgefäss, in dem sich zahlreiche Copepoden befanden, besonders viele waren am Boden des Gefässes in einer dichten, fingerdicken Schicht angehäuft, und hierher begaben sich die Medusen zu deren Fange. Sie schnappten sie gierig auf und bald war ihr

Magen mit diesen Kreisen gefüllt. In einer Meduse zählte ich 10 Exemplare von einer der grössten im Weissen Meer vorkommenden Species von *Calanus*. Bei dieser allmählichen Füllung mit Krebschen schwoll nur das aus der Glocke hervorragende Ende der Röhre an, das, wie mir scheint, eigentlich die Speisehöhle bildet, während höher hinauf der verengte Theil des Polypiten mit dickem Ectoderm als Haendstock oder Bode dient; noch höher hinauf beginnt dann ein einfacher Stiel, der länger oder kürzer sein kann, da die Entwickelung der Eier höher hinauf zu gehen vermag und fast bis zur Glocke reicht (Taf. IV, Fig. 3). Bei einigen Exemplaren ist jener Stiel mit protoplasmatischen Fortsätzen bedeckt (Taf. IV, Fig. 4, *pr*). Auf jener Stelle des Stiels, aus der die Radiärcanäle hervorgehen, erhebt sich ein bräunlicher Kegel (Fig. 4, *con*), der am Boden der Glocke mit einem dünnen Faden endigt, dem Rest der Gewebe des Hydranten, aus dem sich die Meduse entwickelt hat.

Der vordere Theil der Speisehöhle und besonders die Ränder der Mundöffnung sind mit Nesselzellen besetzt, welche wahrscheinlich die Aufnahme der Nahrung auf die eine oder andere Weise befördern. An dem vorderen Theil dieser Röhre kann man auch kleine Sarkodenfortsätze bemerken. Wenn man eine mit Krebsthieren vollgefütterte Meduse mit dem Deckglase des Compressoriums andrückt, so öffnet sie nach einiger Zeit ihren Mund und fängt an die verschiedenen Species zu entleeren. Wahrscheinlich geschieht auf ähnliche Weise der Auswurf der Speisereste. Das Entoderm des Magens besteht aus grossen, ovalen Zellen, welche entweder kleine protoplasmatische Körnchen und gelblichrothe Pigment-körnchen enthalten oder mit einem grünlichbraunen Pigment angefüllt sind (Taf. IV, Fig. 5, 10).

Wie und wo bilden sich nun die in den Radiärcanälen circulirenden Körperchen, die wir bis zu einem gewissen Grade den Körperchen der allgemeinen Körperhöhle anderer wirbelloser Thiere gleichstellen können? Unter den Entodern-zellen trifft man nichts an, was diesen Körperchen ähnlich wäre; den Dimensionen nach reihen sie sich unter die Zellen, die die chylaquösen Canäle und einige Stellen der Speisehöhle um den Ausgang dieser Canäle bedecken. Vielleicht geht an diesen Stellen auch die Absonderung dieser Körperchen vor sich.

Die Fangfäden oder Randtentakel von *Sarsia* stellen, wie bekannt, an ihrer Basis breite, kissenartige Erweiterungen dar. Der obere Theil einer solchen Erweiterung enthält im Innern eine mit Flimmerhärchen ausgekleidete Höhle (Taf. IV, Fig. 9, *ec*). Dieselbe ist aus der Erweiterung des Radiärcanals entstanden und geht unmittelbar in den Ringcanal über. Bei vielen Exemplaren ist dieser Theil gelblichbraun oder röthlichgelb gefärbt. Aeusserlich lehnt sich an diese Höhle eine drei- bis viereckige Anhäufung von Ectodermzellen an, an deren Enden sich die Augenpunkte befinden (Fig. 9, *pg*). An den unteren Theil dieser Anhäufung schliesst sich das Rundkörperchen an, ein Kissen, das ebenso wie die höher liegende Anhäufung aus kleinen ovalen Zellen besteht. Ich halte jene Körperchen für Nervenelemente, ebenso auch die von dem Kissen nach beiden Seiten ausgehenden Fasern, welche die ringförmige Commissur bilden (Fig. 9, *cm*). Obgleich es mir nicht gelungen ist, weder die Verbindung dieser Körperchen mit den Fasern, noch ihren Zusammenhang unter einander zu entdecken, glaube ich doch, dass diese Verbindung existirt. Darauf weist Folgendes hin. Erstens: wozu kann dieses Kissen dienen, das aus kleinen, vollständig gleichförmigen Körperchen, die aus demselben feinkörnigen, dotterhaltigen, klebrigen Protoplasma gebildet sind, wie die Nervenzellen? Wenn wir ihre Function als Nerven verwerfen, so müssten wir auch die Function des Augenfleckes als Kern eines Sinnesorganes verwerfen, da dieser Fleck unmittelbar auf dem Kissen aufsitzt. Dann müssen wir die Nervenfunction auch in den Nesselzellen vermuthen, welche ebenfalls direct auf diesem Kissen gelagert sind. Diese Zellen sind sehr klein und bedecken dicht den ganzen Raum über der Erweiterung des chylaquösen Canals, während das Kissen selbst mit wenigen, jedoch sehr grossen Zellen bedeckt ist. Durch Zerdrücken desselben kann man Zellen herausdrängen, welche den anderen Nervenzellen vollkommen ähnlich sind, mit dem Unterschiede, dass in einer solchen Zelle mehr oder minder eine Nesselkapsel sitzt (Taf. IV, Fig. 11, 12, *a, b, c, d*). Wenn das Nervengewebe bei den Polypen und Hydren anfänglich im Ectoderm auftritt, so ist es ganz natürlich, dass dasselbe auch bei den Medusen äusserlich der Fall sein wird, wie dies die Brüder Hertwig bewiesen haben. — Ein umfangreiches Werk von F. E. Schulze enthält gewichtige Einwürfe gegen diese eben angeführten Voraussetzungen. Dieser Autor hat eine Anhäufung von Nervenzellen im Innern der Nervencommissur bei *Sarsia tubulosa* dargestellt[1]. Es mag mir jedoch gestattet sein, die Richtigkeit dieser Darstellung in Zweifel zu ziehen.

Beim Untersuchen des Augenfleckes von *Sarsia tubulosa* (Taf. IV, Fig. 9, *pg*) sehen wir, dass derselbe unter der äusseren Schicht des Ectoderms liegt und aus feinen spindelförmigen, mit dunkelbraunen Pigment gefüllten Zellen mit kleinen Kernen besteht (Fig. 8). Kleine Körnchen eines rauchig-trüben Pigments sind überhaupt äusserlich in den das Kissen bildenden Zellen zerstreut.

Der Fangfaden oder Randtentakel kommt aus der Mitte des unteren Kissenrandes hervor, wo sich ein ziemlich tiefer Einkruck befindet, aus dem jener entspringt, während er bei einigen Exemplaren aus der Oberfläche des Kissens selbst hervorkommt, bei anderen jedoch sich auf dessen Basis schiebt. Das Entoderm des Tentakel besteht aus grossen, durchsichtigen, scharf contourirten Zellen; in ihrem Innern verläuft ein Canal, der die unmittelbare Fortsetzung des entsprechenden Radiärcanals bildet (Taf. III, Fig. 6, *cf*) und ebenfalls mit kleinen Flimmerzellen ausgekleidet ist. Auf diese Weise erscheint hier offenbar nicht eine Schicht des Ectoderms, sondern zwei (Fig. 6, *cp*). —

Der langgestreckte Bau von *Sarsia* bildet einen schroffen Gegensatz zu den Medusen, wie *Escope* oder *Staurophora*, deren Glocke sich mehr oder weniger der Kreisform nähert und deren Polypit zu einem Minimum eine-krumpf oder vollends verschwindet. Der Polypit von *Sarsia* erscheint dagegen übermässig lang und dabei biegsam, beweglich, so dass diese Meduse Krebsthierchen

---

1) F. E. Schulze, Ueber den Bau von *Syncoryne Sarsii*, Leipzig 1873. Taf. II. Fig. 16.

auf eine grosse Distanz von der Glocke bequem erfassen kann. In noch höherem Grade befördern dieses Erfassen der Nahrung die Fangfäden, die sich 10—15 cm ausdehnen und alles, was in diesem Raum unterhalb des Körpers der Meduse schwimmt, ergreifen können. Vermittelst derselben kann *Sarsia* sich bequem und reichlich nähren, umsomehr, als die Gewässer der Solowetzkischen Bucht einen sehr grossen Ueberfluss an Nahrung darbieten. Hand in Hand mit dieser reichlichen Ernährung geht natürlich eine reichliche Bildung der Eier und überhaupt der geschlechtlichen Producte und zugleich damit auch eine zunehmende Vermehrung. In diesem Nahrungsüberfluss und den Mitteln, seiner habhaft zu werden, liegt vielleicht die Ursache der Vermehrung durch Knospung bei *Sarsia prolifera* und *S. gemmipara*.

Wenn man diese für die Fortpflanzung so günstigen Bedingungen mit der Unregelmässigkeit ihres zahlreicheren Auftretens in der Solowetzkischen Bucht in Beziehung setzt, so kann man diese unmöglich dem Mangel an Nahrungsmitteln zuschreiben. Richtiger ist die Vermuthung, dass die Ursache davon, dass sie im Jahre 1880 nicht massenhaft erschien, auf atmosphärische Bedingungen zurückzuführen ist, die auf das Medusa, in dem sie sich entwickelt, von Einfluss waren.

Wie bereits oben angeführt, trat *Sarsia tubulosa* im Sommer 1877 in der Solowetzkischen Bucht in ungeheuren Massen auf. In der zweiten Hälfte des Juni wimmelte das Wasser buchstäblich von diesen Medusen, denen die Massen von Copepoden, den constanten Bewohnern dieser Gewässer, reichlichen Nahrung darboten. Ungeachtet ihrer reichlichen Menge im Jahre 1877 und trotz meiner sorgfältigen Nachsuchungen sowohl in der Klosterbucht als auch im ganzen Solowetzkischen Golf gelang es mir nicht, hier ihre Hydroiden zu finden. Ich fand sie im Jahre 1880 in der Solowetzkischen Bucht an den Barrièresteinen, doch nur in sehr geringer Anzahl.

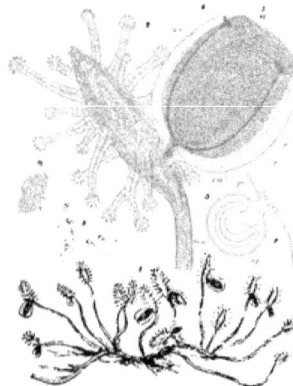

Sarsia tubulosa. ♂. Less.

1. Eine Hydroiden-Colonie mit natürlichen Medusen. — 2. Ein Hydrant mit der Glocke einer entwickelten Meduse. — *na* Die Wände der Glocke. — *r* Radialcanäle. — *p* Polypit. — *rp* Entoderm. — *te* Spermatozoiden erzeugende Gewebe. — *b* Die erweiterten Endgangen des Radialcanals. — 3. Eine junge Glocke, aus der sich eine Knospe entwickelt. — *p* Polypit. — *rp* Entoderm-Auswüchse, aus dem sich später die Wände der Glocke und die Canäle entwickeln. — *pr* Prosark. — *t* Das Gewebe, aus dem sich die Spermatozoiden entwickelt M. *z.* Fig. 2. — 5. Die Spermatozoiden.

Dabei erzeugten alle diese Hydroiden nur Medusen männlichen Geschlechts. Diese Hydroidcolonien krochen und waren mit hartem Perisark bedeckt (s. Holzschnitt). Aus dem gemeinsamen Stamme entstanden unverzweigte Stöcke mit je einem Hydranten an ihrem Ende. Auf jedem dieser Hydranten sass ein medusenartiger Organismus. Die Gesammtfarbe der ganzen Colonie war eine schmutzig-gelbliche, die der Meduse aber eine rothgelbe oder orange. Die Hydranten besassen eine länglich-ovale Form und waren mit den für *Sarsia* charakteristischen, an ihrem Ende knopfartig angeschwollenen Tentakeln, in der Zahl von 14—16, versehen. Jede Meduse entwickelte sich an dem unteren Theile eines solchen Hydranten; sie hatte fast dieselbe Länge wie dieser, übertraf ihn aber an Breite mehr als dreimal. Alle Medusen, die ich antraf, waren unvollkommen entwickelt, und obgleich ich sie ziemlich lange Zeit in Gefangenschaft hielt, und dabei das Wasser, in dem sie lebten, erneuerte, so schienen sie sich doch nicht weiter entwickeln zu wollen. Jedes Thier sass auf einem kurzen, stark pigmentirten Stiele, in welchem das Ectoderm und Entoderm leicht zu unterscheiden war. An der Medusenglocke ging dieser Stiel in die Radialcanäle über, die ebenso stark pigmentirt erschienen. Am Rande der Glocke endigten diese Canäle in kleinen Erweiterungen. Kleine kissenartige Verdickungen sowie Tentakel waren noch nicht vorhanden. Fast das ganze Innere der Glocke nahm der Polypit ein, in welchem man das Ectoderm von dem Entoderm unterscheiden konnte und dessen Inhalt aus kleinen durchsichtigen Zellen bestand. Von aussen war diese ganze Masse durch kleine pigmentirte Zellen von röthlichbrauner Farbe bedeckt, denen sich die dicke Entodermschicht anlegte. Diese Schicht unterschied sich scharf von der Entodermmasse durch ihre helle, röthliche Farbe, die von kleinen rothen Körnern herrührt, welche die in regelmässigen Abständen von einander liegenden Zellen anfüllten. Aus diesen Zellen entwickeln sich die Spermatozoiden. Ich traf sie in Uebergangsstadien bis zu ganz reifen, die sich zwischen diesen kleinen Zellen in heftiger Bewegung befanden. Sie besassen einen grossen Kopf von ovaler Form und einen kurzen und feinen Faden oder Schwanz.

6. Tiara pileata. L. Agassiz

(Taf. IV, Fig. 13.)

Ich will jetzt kurz Einiges über *Tiara pileata* anführen (Taf. IV, Fig. 13), die ich jedoch nicht näher untersuchen konnte. Diese Meduse wird sehr selten in den Solowetzkischen Gewässern angetroffen. Im Jahre 1877 wurden mir zwei Exemplare von ungleicher Grösse gebracht, von denen das eine sich in einem kläglichen Zustande befand. Da beide Exemplare von gleicher Farbe waren, und sich nur durch die Intensität derselben unterschieden, und da auch Haeckel keine Abbildung mit einer solchen Farbencombination bringt, so hielt ich es nicht für überflüssig, eine Zeichnung dieser im Weissen Meere lebenden und sehr varurenden Meduse zu liefern. Ihr Polypit war von ziemlich grosser, röthlichgelber Farbe, die breiten Radiärcanäle waren sehr rein rosenroth, die Tentakel und der Rand der Glocke von gleicher Farbe wie die Polypiten, nur blasser und schmutziger. Beide Exemplare hatten dieselbe Form, bei beiden hatte der obere Anhang der Glocke die Form einer plattgedrückten Kugel. Der geräumige Magen war in zahlreiche Querfalten zusammengezogen, welche durch vier Längsrippen, die in den Zwischenräumen zwischen den Radiärcanälen lagen, geschieden waren. Die weit auseinander stehenden Mundtentakel waren ebenfalls in zahlreiche Falten zusammengezogen. Beide Exemplare zeigten fast keine Bewegung, sie standen im Gefäss unbeweglich an der Oberfläche des Wassers, liessen ihre Fangfäden nach unten sinken, zogen dieselben langsam zusammen und breiteten sie wieder aus. Aus dieser Beobachtung konnte ich keine Schlüsse auf ihre allgemeinen Bewegungen machen.

Es scheint, dass die zwei von Haeckel dargestellten Varietäten (Taf. IV. Fig. 6 u. 8), Var. *coccinea* und *smaragdina*, beinahe dieselben raschen Bewegungen zeigen, wie *Circe camtschatica*. Zu dieser Folgerung berechtigt mich wenigstens der mehr oder weniger zugespitzte obere Theil ihrer Glocken. Der Varietät des Weissen Meeres wurde in dieser Beziehung keine so glückliche Organisation zu Theil. Sie behält jedoch alle andern der *Tiara pileata* zukommenden Eigenthümlichkeiten, denen sie höchst wahrscheinlich auch ihren grossen Verbreitungsbezirk verdankt. Wie bekannt, kommt sie im Atlantischen Ocean, im Mittelmeere, an den Gestaden von Norwegen, im Nördlichen Ocean und endlich im Weissen Meere vor.

Ihr dicken Glockenwände schützen diese Meduse hinreichend vor der Einwirkung grosser Temperaturveränderungen. Der geräumige Kappe über der Glocke liefert eine solide Basis, an welcher der Polypit mit seinem geräumigen Magen hängt. Dieser Magen, dessen Zellen reich an Gallenpigmenten, d. h. an secernirten Gallensäuren und Fetten sind, ist fähig, eine reichliche und wahrscheinlich auch eine mannigfaltige Nahrung zu verdauen. So erhält das Thier ein reiches Material für seine Existenz, für den Bau des Körpers und für die Producte der Vermehrung. Der ungewöhnlich geräumige Magen hat wahrscheinlich das Auftreten ungewöhnlich breiter Circulationscanäle hervorgerufen, von denen der mit Ernährungsmaterial gefüllte Ringcanal zur Bildung von zahlreichen (48—60), dicht nebeneinander sitzenden Randtentakeln geführt hat. Ihrerseits setzen diese zahlreichen langen Tentakel das Thier in Stand, seine Beute leicht zu ergreifen.

Diese Hypothesen drängen sich bei aufmerksamer Betrachtung der Organisation von *Tiara pileata* unwillkürlich auf und erklären einigermassen die weite Verbreitung dieses Thieres. Obgleich sie einen hohen Grad von Wahrscheinlichkeit besitzen, müssen sie natürlich noch in der Wirklichkeit controlirt werden, woran ich wegen Mangels an Material und Zeit verhindert war. Schliesslich mache ich auf die Verschiedenheit in der Entwickelung der Tentakel aufmerksam. Ebenso wie bei *Circe camtschatica* sitzen auch hier zwischen den vollständig entwickelten Tentakeln kleine Keime neuer; diese Keime befinden sich gleichsam im Vorrath und wahrscheinlich entwickelt sich aus jedem ein langer Tentakel, wenn sich das zu seiner Entwickelung nothwendige Material vorfindet und gleichzeitig damit behufs vermehrten Fanges der Beute auch die Nothwendigkeit einer solchen Entwickelung eintritt.

7. Aeglonopsis Laurentii. Brandt.

Ueber diese Species kann ich nur sagen, dass ich sie gesehen habe. Im Jahre 1878 kam diese Meduse öfter in der Solowetzkischen Bucht vor. Ein Exemplar wurde von Merschkowsky gezeichnet.

Ohne sie zu beschreiben, erlaube ich mir doch hier einige Erwägungen zu äussern, die beim Betrachten ihrer Organisation unwillkürlich sich aufdrängen. Die Randtentakel treten bei dieser Meduse, ebenso wie bei vielen andern Thieren der Familie Aeglonopsida, auf die obere Seite des Körpers; offenbar können sie nicht dazu dienen, die Beute in die Mundöffnung zu leiten; ausserdem sitzt diese Oeffnung tief mitten in Boden der flachen Glocke und ist von kurzen Tentakeln oder, richtiger gesagt, von Mundloben umgeben. Beim Betrachten des Baues dieser Tentakel und Loben überzeugt man sich, dass die Meduse keine Organe besitzt, um die Beute erfassen und in den Mund bringen zu können, es mangelt ihr die Fähigkeit, sich Nahrung zu verschaffen. Und man kann wirklich, bei Betrachtung ihres flachen Magens, der in sich mit Eiern gefüllten Taschen übergeht, mit Bestimmtheit den Schluss ziehen, dass sie die Speise nicht verdauen, dass sie sich nicht nähren kann. In dieser Entwickelungsphase stellt die Meduse einen ausschliesslich geschlechtlichen Organismus dar, der im Innern der Magenhöhle geschlechtliche Producte entwickelt. Ihre Fangfäden dienen ihr als Schutz; sie besitzen weder die Biegsamkeit noch die Beweglichkeit der Tentakel anderer Medusen, sie biegen sich wie vier bogenförmige Sprungfedern um und hängen mit ihren Enden nach unten, so dass sie eine Berührung des Körpers durch fremde Gegenstände nicht gestatten; natürlich müssen sie zu diesem Ende gewissen Grad von Empfindlichkeit besitzen. Wenn jedoch in dieser Lebensphase die *Aeglonopsis* ausschliesslich geschlechtlichen Zwecken dient, so gilt dies nicht auch von ihrer früheren Entwickelungsstufe und Lebensepoche. In jenem Stadium, in welchem sie bloss zwei lange und biegsame Fangfäden besitzt, können diese frei die Beute erfassen und in den Mund bringen; ausserdem können die Mundtentakel selbst diese Function ausführen. Dieses Stadium des individuellen Lebens kann als Ernährungsstadium bezeichnet werden, es tritt nicht allein bei Medusen, sondern auch bei vielen anderen wirbellosen Thieren auf.

Diese den Medusen eigene strenge Abgrenzung und vollständige Anpassung beider Stadien, des Ernährungs- und des Geschlechtsstadiums, finden wir auch bei Rhizostomen, bei denen im letzteren die Mundöffnung verwächst, der ganze Organismus sich in einen Beuteraum, in eine schwimmende Kammer zum Ausbrüten der Eier umwandelt; als eine solche Kammer fungirt der geräumige Magen dieser Medusen, in dem die schweren Massen der sich entwickelnden

Eier durch eine starke knorpelige Kreuzbinde gestützt werden. Vier breite, durch Klappen verschliessbare Löcher können das Wasser, das die Eier mit Sauerstoff versieht, in die Kammer hinein- und aus derselben Kammer herauslassen, und zugleich auch die aus den Eiern entstehenden Planulen herausführen. Der Ueberfluss dieses Wassers dient zur Oxydation der Fangfädengewebe und läuft zum Theil durch die in diesen langen Tentakeln sich verzweigenden Canäle ab. Die Bestimmung dieser Tentakel ist, zum Schutz des ganzen Brutraumes zu dienen. Ein anderer Theil des Wassers fliesst durch kleine Oeffnungen heraus, welche sich an den Enden der Fangfäden befinden. —

8. Staurophora laciniata. A. Agassiz.

(Taf. IV. Fig. 14.)

Der Organismus der *Staurophora laciniata* stellt eine Vereinigung der zwei erwähnten Stadien, des Ernährungs- und des Geschlechtsstadiums dar, nur ist in diesem letzteren Stadium die Anpassung an die Ernährungsweise durch das Geschlechtsleben hervorgerufen. Diese eigenthümliche Meduse (Taf. IV. Fig. 14) geräth in den Gewässern des weissen Meeres recht oft (in der ersten Hälfte des Juli 1880) in meine Hände. Die Grösse der Exemplare variirte von 6—1½ cm Durchmesser des kreisförmigen Leibes, und doch waren sie noch nicht vollkommen ausgewachsen. Das Erste, was an ihnen auffällt, ist ihr vollkommen durchsichtiger, farbloser Körper, der eine flache Linse darstellt, auf dem sich eine vollkommen regelmässige Kreuzbinde von grauer, brauner, grüner und anderer Farbe grell abbildet, welche von der Farbe der Speisepigmente abhängt. In ihrer Jugend besitzt diese Meduse einen kleinen Magen, die Mundöffnung ist von ziemlich langen, faltigen Loben umgeben, der Körper hat die Form einer flachen Glocke. Bei weiterem Wachsthum nehmen diese faltigen Mundloben allmählich zu und breiten sich längs der kreuzförmig gelegenen Radialcanäle aus, wobei die Mundöffnung vollkommen verwächst. Diese Anomalie ist offenbar durch das Geschlechtsleben hervorgerufen, um durch das Stechen, die in der Ernährungshöhle sich entwickelnden Eier zu isoliren und zu beschützen. An der Stelle des früheren Magens entwickelt sich ein neuer, in Form zweier sich kreuzförmig durchsetzenden Rinnen, deren Boden dicht an die Radialcanäle stösst; die Wände bilden lange gefranste Loben, die sich aus den Mundtentakeln entwickeln. Die Ränder dieser Loben sind von einem aus den Verdickungen des Ectoderms gebildeten Leiste eingefasst, in welcher Reihen verlängerter Nesselzellen mit stark hervortretenden Nesselfäden stehen, die borstenartig aus ihnen hervorragen (Taf. IV. Fig. 15, nm).

Von den Rändern des kreisförmigen Körpers hängen zahlreiche, ziemlich kurze Tentakel, die mit den Randkörperchen abwechseln (Taf. IV. Fig. 18.) und sich horizontal ausbreiten können. Diese letzteren stellen weder Gehör- noch Sehorgane dar, sondern erscheinen als blosse Tastorgane (Fig. 18, cp). Jedes Randkörperchen hat die Form eines verlängerten Kölbchens, das innen mit Entodermgewebe gefüllt ist, welches von aussen scharf conturirten Zellen besteht; äusserlich ist dagegen das Kölbchen von einer ziemlich dicken Entodermschicht, mit einigen zerstreuten Nesselzellen bedeckt. Die Sehorgane erscheinen im Keime als ein kleines Pigmentfleckchen, das auf den verbreiteten Theile der Basis des Fangfadens liegt (Fig. 18, pg). Diese Basis dringt wie ein Keil zwischen die beiden Randgewebe der Glocke ein. Innen ist dieselbe, wie auch der ganze Tentakel, mit stark conturirten Entodermzellen gefüllt und äusserlich durchgehends mit Nesselkapseln besäet. An der Basis sind die Kapseln sehr klein, und erreichen ihre vollständige Entwickelung an den Enden der Tentakel, welche mit diesen Organen dicht bedeckt sind.

Zur Bewegung eines jeden Tentakels dient ein eigenes, durch die ganze Länge desselben laufendes Muskelbündel (Taf. IV. Fig. 19 mm). Mittelst dieses Bündels ist der Tentakel im Stande, sich rasch zusammenzuziehen, oder richtiger gesagt, sich zickzackförmig zusammenzufalten, sobald ein fremder Körper oder die Beute mit seinen Nesselfäden in Berührung kommt. [2] Zwischen den langen, vollständig entwickelten Fangfäden kann man viele unentwickelte, kurze und dünne, weniger dicht mit Nesselkapseln bedeckte Fangfäden antreffen. Jedes Randkörperchen ist an seiner Basis von einem kleinen halbmondförmigen Lobus bedeckt. Von den Fangfäden dringt wie ein Keil zwischen sich ein kurzer Schirm (Umbrella) hin.

Betrachtet man die allgemeine Körperform der Meduse und die Fangfäden an den Rändern ihres Körpers, die so kurz sind, dass sie die Magenhöhle gar nicht erreichen können, so sollte man denken, dass dieselben auch nicht zur Erlangung der Nahrung dienen; gleich bei der ersten Beobachtung erweist sich jedoch diese Voraussetzung als nicht stichhaltig. Die Meduse kann die Glockenränder an die Ränder der gefransten Fangfäden der Magenhöhle anpressen, so dass auf diese Weise die Fangfäden mit den Tentakeln in Berührung kommen. Hierbei nimmt der Körper der Meduse eine viereckige und bei grösserer Zusammenziehung eine kreuzförmige Gestalt an, worauf bereits L. Agassiz [3] hinweist. Die gefransten Fangfäden bestehen im Innern aus scharf conturirten Entodermzellen und sind ausserlich mit kleinen Flimmerzellen des Ectoderms bekleidet. Dieses Flimmerectoderm kleidet aussen und innen alle Wände der Speisehöhle aus, so dass es in derselben kein Entodermgewebe giebt. Die ganze Höhle ist auf allen Seiten in zahlreiche Abtheilungen oder Vertiefungen getheilt, in denen die Verdauung vor sich geht.

Die Meduse hält ihre Beute in den Mundloben fest. Hier sondert sich wahrscheinlich von dem Magensafte analoger Stoff ab, unter dessen Einwirkung jedes ergriffene Thierchen zersetzt und verdaut wird. Ich fand im Magen dieser Medusen

[1] A. Agassiz, Illustrated Catalogue of the Museum of comparative Zoology. 1865. p. 136.

[2] Die Fäden der Nesselkapseln bei den Coelenteraten stehen sich noch die Beute an, worauf ich auch durch Untersuchungen und Beobachtungen bei *Lucernaria quadricornis* überzeuge. Ich kann also in dieser Hinsicht die Beobachtungen von Mulders vollkommen bestätigen.

[3] L. Agassiz, Contributions I. c. p. 301.

kleine Krebsthiere aus der Gruppe Daphnida und sah, wie sie kleine Clusien ergriffen. In dem Glasgefäss, in dem ich die Medusen beobachtete, hatten die Weibchen von *Heteromeris* zahlreiche Eier gelegt, welche ebenfalls von jenen ergriffen und verschluckt wurden. Das gelbliche Pigment des Eidotters hatte dabei ihre Speisehöhle ziemlich stark grünlich gefärbt. In Folge der Verschluckung von Clusien färbt sich die Speisehöhle röthlich gelb, indem sie die Farbe der Clusien annimmt. Offenbar werden die Speisepigmente von den Entodermzellen unverändert resorbirt; später jedoch werden sie zersetzt, da in den chylaquosen Canälen keine Pigmente mehr vorkommen. Der Ueberschuss an Speise wird in Form von fetten, röthlich gelben Tropfen (Kugeln), in die Gewebe der Speisehöhle abgelagert (Taf. IV, Fig. 15, *gf*, *gf*). Bei jungen Staurophoren ist ausser diesen Tropfen in den Vertiefungen der Speisehöhle weiter nichts enthalten; später jedoch beginnt allmählich, wahrscheinlich aus diesen Fettablagerungen an den Wänden der Vertiefungen der Speisehöhle, die Production der Eier, ebenso geht hier höchst wahrscheinlich auch die Ablagerung der Samenproducte vor sich; nur ist jedoch kein einziges Exemplar mit solchen Ablagerungen vorgekommen.

Die Entwickelung der Eier beginnt von oben, an der Basis der Speisehöhle, welche an die Radiärcanäle stösst. Dieser Umstand zeigt deutlich, dass als Material zur Eierbildung keineswegs Stoffe dienen, die unmittelbar aus der Speise ausgeschieden werden, sondern Stoffe, die bis zu einem bestimmten Grade in den Entodermzellen verarbeitet sind. Meiner Ansicht nach stellen in dieser Beziehung alle Medusen eine gewisse Gradation dar; bei allen werden die geschlechtlichen Producte aus dem sich im Entoderm ablagernden Protoplasma gebildet; bei *Bougainvillea* u. a. lagern sie sich längs der ganzen Ausdehnung des Magens, bei *Sarsia* nur an den oberen Theil des Polypiten; bei vielen anderen Medusen, *Eucope*, *Circe* u. a., entwickeln sich die Geschlechtsproducte in den Erweiterungen und Anhängen der Wandungen der Radiärcanäle in grösserer oder geringerer Entfernung vom Magen; bei *Aurelia*, *Equorea* u. a. existiren, obgleich dieselben an den Magenwandungen abgelagert werden, entweder abgesonderte, bestimmte Stellen neben den Radiärcanälen, oder aber, falls die Eier sich längs der ganzen Länge des Magens entwickeln, geschieht solches während des Geschlechtsstadiums, d. h. in dem Stadium, wo die Magenwandungen nicht mehr zur Ernährung, sondern ausschliesslich zu geschlechtlichen Zwecken dienen. — *Staurophora* gehört zur vorletzten Categorie, oder sie bildet, richtiger gesagt, den Uebergang zu derselben, obgleich sie gleichzeitig eine ganz besondere Categorie darstellt, da ihre Eier sich nicht im Magen, sondern aus dem secundären Gebilde entwickeln, das aus den Mundlentakeln hervorgegangen ist; jedenfalls aber entwickeln sich diese Eier aus dem Ectoderm. Die Flimmerhärchen der Ectodermzellen, welche von beiden Seiten der Fangfäden des Mundes bedecken, vermitteln nach meinem Dafürhalten hauptsächlich die Zuführung des Sauerstoffs zu den in der Entwickelung begriffenen Eiern. Bei *Staurophora* begegnen wir einer ähnlichen Erscheinung, wie bei *Bougainvillea*. Die Eier drängen sich bei der Entwickelung aus den Wandungen der Vertiefungen hervor. Dies geschieht hierselbe ausschliesslich am Anfang der Vertiefungen, dort wo die Mundläppen aus den Körperwänden hervorgehen. An diesen Stellen findet eine energischere Verarbeitung und Umwandlung der Ectodermzellen in Eierzellen statt (Taf. IV, Fig. 15, 16, *orf*), welche sich hier anhäufen und, statt nach innen gegen die Seite des Ectoderms, sich nach aussen drängen, was viel leichter ist, und zu einem gewissen Grade in Eier umgebildet werden. Zuweilen erscheint eine ganze Reihe solcher Zellen in den in der Speisehöhle befindlichen Vertiefungen.

Uebrigens hängt, wie es scheint, dieses Hervordrängen davon ab, dass sich an dieser Stelle die Abtheilungen der Speisehöhle stärker zusammenziehen. Die Entwickelung dieser nach aussen getretenen Eier schreitet aber nicht weiter fort, sobald die inneren einigermassen reif geworden sind, verschwinden die äusseren beinahe gänzlich, offenbar werden sie allmählich von den Entodermzellen resorbirt. Mit ist keine einzige Meduse mit vollständig reifen Eiern vorgekommen und ich weiss nicht, auf welche Weise das Heraustreten der letzteren aus den vollkommen geschlossenen Speisehöhlen stattfindet; jedenfalls aber findet es durch die Wände statt. Die reifsten Eier, die ich zu beobachten Gelegenheit hatte, füllten beinahe bis zur Hälfte die Abtheilungen der Speisehöhlen, die in Form grosser Erhabenheiten oder Aufbláhungen sich präsentirten. Solche Eier besassen einen grossen Kern, in dessen Innern ein deutlicher kleinerer (Nucleolus) und in diesem ein ganz kleiner Kern (Nucleolinus) war (Taf. IV, Fig. 20).

Ich bemerke noch, dass diese Gebilde bei der Eierbildung in bestimmter Folge erscheinen, indem eines in dem andern concentrisch entsteht. Ferner sei bemerkt, dass die Entfernung zwischen der Eihülle und der auf dem Dotter gefüllten Kernwand wahrscheinlich in proportionalem Verhältniss steht zu dem Raume zwischen der letzteren und der Wand des kleinsten Kernes, und dass diese Entfernungen sich allmählich proportional vermindern. Der Dotter besteht aus grobkörnigem farblosem Protoplasma, dessen Körnchen mit Fettröpfchen gemengt sind.

9. Aurelia aurita. Linnaeus.

In der zweiten Hälfte des Juli 1880 traf ich in der Solowetzkischen Bucht sehr oft Exemplare von *Aurelia aurita* an. Es kommen zwei Varietäten vor; die eine davon, die seltenere, war zart blassblaufarbig; diese Farbe war jedoch an den Rändern der Glocke, in den Tentakeln, Radiärcanälen und den Magenhöhlen sehr intensiv. Diese Meduse gehört, wie bekannt, zu den allgemein verbreiteten Formen, sie kommt im Süden und Norden vor, im Italien und Mittelländischen Meer, im Atlantischen und Nördlichen Ocean, und gehört zugleich zu den in Massen und Heerden erscheinenden Medusen.

Die Ursache der grossen Verbreitung dieser Thiere müssen wir natürlich in ihrer kräftigen und ausdauernden Organisation suchen, welche sie befähigt, unter sehr verschiedenen Breitengraden zu leben.

Die breite und flache Glocke von 25—30 cm Durchmesser, welche dicke knorpelige Wände besitzt und an den Rändern mit breiten Schwimmlappen — Schwimmflossen — versehen ist, macht es der Meduse möglich, energisch, lange und unermüdlich umherzuschwimmen und während dieser Locomotion ihre Nahrung an verschiedenen Stellen, selbst auf grössere Entfernungen, aufzusuchen. Zahlreiche, kurze, von den Rändern dieser Glocke herabhängende Tentakel schützen ihre Ränder, ebenso wie die ganze Oberfläche der Glocke von zahlreichen Nesselzellen geschützt wird, die auf dem Ecto-derm in Gruppen genähert sind. Die Radiärcanäle bilden eine grosse Zahl von Verzweigungen, die zur Ernährung der breiten und dicken Glocken unentbehrlich sind.

Die Nahrung wird durch einzeln lange und breite, löffelförmige Mundtentakel ergriffen und festgehalten; die Meduse ist im Stande, eine recht grosse Beute, z. B. ein Fischchen zu erfassen, und dasselbe zwischen den Fangfäden in der Schwebe zu erhalten. Letztere sind am Magen, und dieser an der knorpeligen Basis der Glocke befestigt. Eine Menge verzweigter Canäle nähren diese Glocke. Der geräumige, flache, vierlobige Magen gestattet dem Thiere, eine bedeutende Menge von Nahrung zu verschlingen, und in den vier Loben der reifen Medusen entwickelt sich zur Zeit des geschlecht-lichen Stadiums eine ungeheuere Masse von Eiern. Zu den Eiern hat das Wasser durch die vier sehr weiten, unter der Glocke liegenden und in die Magenhöhle führenden Oeffnungen einen freien Zutritt. Die aus ihnen entstehende unzählbare Menge von Planulen vergrössert sich wenigstens um das Zehnfache, durch Knospung von Scyphistoma und dessen Zerstückelung in »Sternschreibchen« (Ephyra). Alle diese günstigen Bedingungen der Organisation wirken in vortheilhafter Weise auf die Verbreitung und das Leben und ebenso auf das »Aushalten« von Aurelia aurita. Dazu tritt noch ein bestimmtes proportionirtes oder gleich-berechtigtes Verhältniss der Organe unter einander, das man überhaupt bei den meistverbreiteten Thieren antrifft. Bei einer derartigen Gleichberechtigung der Organe erhält in der gemeinschaftlichen Concurrenz keines derselben ein Ueber-gewicht über die andere und keines entwickelt sich auf Kosten eines andern. Die grosse knorpelige Glocke hat kein Ueber-gewicht über den Polypiten. Dieser ist sehr kurz und besitzt hinreichend lange und starke Mundtentakel, um seine Beute mit Leichtigkeit zu erfassen und sich ihrer zu bemächtigen. Die gleichfalls kurzen Fangfäden haben eine durchaus hin-reichende Länge, um die Ränder der Glocke zu schützen. Eine solche gleichmässige Beziehung der Organe muss in gün-stiger Weise auf den Kampf um's Dasein und die Verbreitung der betreffenden Formen einwirken.

Ich erlaube mir an dieser Stelle die sehr interessanten Experimente anzuführen, die Romanes mit dieser Meduse gemacht hat. Dieser Gelehrte schnitt, wie bekannt[1], aus diesem Thiere einen spiralförmigen Streifen heraus, ohne jedoch das kleine Plateau mit dem Magen und den Geschlechtstaschen zu verletzen. Indem er das Ende dieses Streifens reizte, überzeugte er sich, dass sich diese Erregung den ganzen Streifen entlang bis zur unberührten Spitze der Glocke fortsetzte. Auf Grund dieser merkwürdigen Thatsache stellte Romanes eine ganze Reihe von Versuchen mit verschiedenen Medusen an und beschrieb diese Experimente in zwei ziemlich umfangreichen Abhandlungen, welche er der Londoner Königlichen Gesellschaft vorlegte. Diese mit Aurelia aurita vorgenommenen Versuche zeigen geradezu, dass eine Nervenerregung sich auch mittheilen könne, wenn der gegenseitige Zusammenhang der Nervenelemente und überhaupt der Nervenapparat als Ganzes aufgehoben ist.

Da ich von dieser Meduse grosse Exemplare in hinreichender Anzahl besass, machte ich im Sommer 1889 eine Probe des Romanes'schen Grundexperiments; meine Bemühungen, um denselben Resultate wie er zu erhalten, blieben aber erfolglos. Zu den Experimenten nahm ich Exemplare von mittlerer und beträchtlicher Grösse, frische und lebenskräftige Thiere. Ich schnitt aus ihnen genau solche Streifen heraus, wie Romanes dieselben auf Taf. 33[2] abgebildet hat, und suchte dieselben in die Stellung zu bringen, wie es in der Zeichnung angegeben ist, was mir indessen nicht gelang, so dass ich mit einigem Recht vermuthe, dass die Romanes'sche Zeichnung schematisch ist und zur Bedingungsweise gilt und dass behufs einer begrenzteren Darstellung der Figur auf der Tafel die Lage des Streifens verdreht ist.

Jeder, der nicht allein Aurelia aurita, sondern überhaupt eine Meduse in Händen gehabt hat, weiss, dass die Ränder der Glocke dünn sind und ihre grösste Dicke in der Mitte liegt. — Romanes reichnet dagegen im Durchschnitte diesen Rand in Form eines dicken, quadratförmigen Klotzes. Bei Erregung des ausgeschnittenen Streifens erhielt ich eine Ver-kürzung des ganzen unteren Randtheiles der Glocke, d. h. des ganzen Theiles, in welchem der Nervenapparat bis zu einer gewissen Grenze unzerstört blieb. Diese Erregung hreilte sich jedoch über den anderen Theilen des Streifens nicht mit, diese blieben, wie auch die Spitze der Glocke, ohne Leben. Eine Ausnahme machten die Mundtentakel, die sich beim Streichen oder Kneipen schwach verkürzten. Das ist alles, was ich bei meinen, übrigens nicht sehr häufigen Experimenten erreichte.

In Folge dieses Widerspruches zwischen den Romanes und von mir erhaltenen Resultaten erachtete ich, da ich mir in diesem Falle nicht traute, meinen Collegen Prof. Cienkowsky, meinen Experimenten beizuwohnen; er kam genau zu demselben Schlusse wie ich, denn das Resultat der Experimente war zu deutlich und präcise! Leider konnte ich die wei-teren Experimente von Romanes wegen Mangels an Zeit nicht prüfen. Wahrscheinlich würden auch die Resultate dieser Nachversuche ganz anderes ergeben, denn das von mir geprüfte Experiment ist das wichtigste und bildet gleichsam den Ausgangspunkt, während die übrigen nur dessen weitere Entwickelung und specielle Bestätigung darstellen.

1) George J. Romanes, Preliminary observation on the Locomotor. System of Medusae. Philos. Transact. 1876. Vol. 166. p. 176.
Idem. Further Observations on the Locomotor. System of Medusae. ibid 1877. Vol. 167. p. 660.
2) l. c. Vol. 166.

Wie überraschend auch das von Romanes erlangte Resultat sein mochte, hielt ich es doch nicht und halte es auch jetzt nicht für nöthig, um zu mehr, weil die ausführliche von den Gebrüdern R. und Osc. Hertwig gemachte Untersuchung des Baues vom Nervensystem der Medusen vollkommen der Erklärung dieser Versuche entspricht.[1] Die Methode, die Romanes bei seinen Experimenten angewandt hat, ist mir unbekannt. Auf welche Weise bewirkte er die Erregung? im Wasser oder ausserhalb desselben? befestigte er das Thier oder nicht? wandte er Türk's Methode an? etc. etc. Uebrigens stimmen die Resultate des einen meiner Experimente vollkommen mit den Versuchen und Thesen überein, welche Romanes im Anfange seiner ersten Abhandlung ausgesprochen hat, d. h. der Glockenrand, welcher das Nervensystem enthält, vermittelt die Reize zur Bewegung der ganzen Glocke. Mit dem Abschneiden dieses Randes, d. h. der Knoten des Nervensystems, hört jede Bewegung der Glocke auf.[?] Zu demselben Resultaten ist Eimer früher als Romanes gelangt.[?] Schliesslich sei noch erwähnt, dass die Experimente von Romanes derart vollständig, seine Untersuchungen im Ganzen so detailliert und umständlich sind, dass es sehr schwer, ja sogar unmöglich ist, einen so groben Fehler, auf den meine Untersuchungen hinweisen, gelten zu lassen, einen Fehler, der die Resultate der ganzen Untersuchung zu nichte macht. — Offenbar liegt hier ein Missverständniss vor.

10. Cyanea arctica. Perron & Lesueur.

[Taf. V, VI.]

Indem ich zur Beschreibung der schönen und im Weissen Meere sehr verbreiteten Cyanea arctica schreite, erinnere ich daran, dass Beschreibungen und Abbildungen dieser längst bekannten Medusenspecies bereits in der Literatur existiren; ich will nur zu diesen Beschreibungen einige Ergänzungen und Berichtigungen fügen. Beim Vergleich der letzten von L. Agassiz[4] herausgegebenen Beschreibung, könnte man glauben, dass die Exemplare dieser in der Solowetzkischen Bucht und dem Solowetzkischen Golf vorkommenden Meduse einer eigenen Species angehören; der Unterschied liegt jedoch wahrscheinlich nur im Wachsthum. Mir ist kein einziges Exemplar mit vollständig reifen Geschlechtsproducten vorgekommen; das grösste, das ich gesehen, hatte noch nicht 20 cm Durchmesser. Die Farbe war bei Allen beinahe gleich, dunkelroth mit Uebergang in's Bräunliche. Die jungen Exemplare hatten eine blassere oder hellere Farbe.

Bereits in der zweiten Hälfte des Juni zeigten sich in der Solowetzkischen Bucht kleine »Sternscheibchen« dieser Meduse (Taf. V, Fig. 2, Taf. VI, Figg. 3, V). Ihre ziemlich langen, beinahe geraden, mit parallel laufenden Bändern versehenen Schwimmlappen besassen an den Enden oberflächliche Ausschnitte, in denen der Randkörperchen gelegen sind. Jodes Körperchen (Taf. V, Fig. 3) ist ebenso wie bei den Sternscheibchen der Aurelia gebaut, nur mit dem Unterschied, dass seine Otolithen von einem deutlichen, doppelten Contour umgeben sind (Taf. V, Fig. 4, 5).

Dieser Umstand scheint anzudeuten, dass die Gehörsteinchen ungleichartig sind und dass sie eine Höhle haben, die eine von ihren dicken Wandungen verschiedene Substanz enthält. In den Winkeln zwischen den Schwimmlappen befinden sich kleine, lappenförmige Auswüchse (Taf. V, Fig. 3) und um den Magen vertheilen sich vier Gruppen von Mundtentakeln in Form kurzer Fortsätze (Fig. 3), die aus einer gemeinsamen Basis hervorgeben, ganz so wie bei den Sternscheibchen der Aurelia.

Ich habe die allmählichen Entwickelungsstadien der Ephyra nicht beobachtet, glaube jedoch, dass sich aus den lappenförmigen, in den Ecken der Schwimmlappen gelegenen Auswüchsen jene Loben, oder richtiger gesagt, Plateaus entwickeln, auf denen bei erwachsenen Medusen die Tentakel sitzen.

Die Anordnung der Organe bei Cyanea ist ganz anders als bei Aurelia; dieser Umstand ist offenbar von Einfluss auf die Lebensweise und vielleicht auch auf den Verbreitungsbezirk des einen und der andern Typus; wenigstens gehört Cyanea arctica ausschliesslich den nördlichen Meeren an. Sieht man den Körper der Meduse nur einen Augenblick an, so bemerkt man sofort, dass seine Consistenz viel geringer ist als bei Aurelia. Bei letzterer hat die umfangreiche, breite Glocke dicke, knorpelige Wände, welche ihr eine bedeutende Derbheit und die Möglichkeit verleihen, anhaltende und starke Bewegungen auszuführen. Das, was bei Aurelia die Glockenwandungen thun, verrichten bei Cyanea die grossen Schwimmloben, welche sich leicht bei den Bewegungen biegen, da sie keine starken Wände besitzen; bei Schwimmlossen fällt jedoch nicht so sehr die Stärke in die Wagschale, die je mehr und minder die Biegsamkeit beeinträchtigt, als vielmehr die Form derselben. Dabei hat Cyanea arctica mit Rücksicht auf die Art und Weise, wie sie die Beute fängt, biegsame, dünne Glocken nöthig.

Nach Mereschkowsky's Beobachtungen nährt sich diese Meduse hauptsächlich von Krebsthierchen, die sie mit den Mundtentakeln fängt, oder richtiger gesagt, mit einem ungemein grossen sackförmigen Anhang, in dem sich die Fangfäden entwickeln. Dieser Anhang nimmt in der Organisation der Meduse eine ansehnliche Stelle ein und fällt schon beim ersten Blick in die Augen. Vom Boden der flachen Glocke, dort wo der Magen anfängt, gehen dessen Wände in diejenigen eines ungemein grossen Sackes oder, richtiger gesagt, eines vielfach gefalteten Netzsackes über (Taf. VI, Fig. 2). Mit diesem Netzsack

1) Osc. und Rich. Hertwig. Das Nervensystem und die Sinnesorgane der Medusen. 1878. S. 115—135.
2) Romanes, l. c. p. 173—176.
3) Th. Eimer, Zoologische Untersuchungen. 1874. Heft 1.
4) L. Agassiz, Contributions to the natural History of the United States of America. Vol. III. pl. III—Va.
5) Aurelia flavidula. L. Agassiz, l. c. pl. XI a, b.

11*

fängt nun, nach Mereschkowsky's Beobachtungen, das *Cyanea arctica* ihre Beute. Sie entfaltet denselben der ganzen Breite und Länge nach und lässt sich still in die Tiefe hinab an Stellen, wo es von Copepoden wimmelt. Die Krebschen werden allmählich mit diesem Netzsack wie mit einer Kappe bedeckt; je mehr die Meduse sich senkt, desto mehr Thierchen sammelt sie ein; hierauf schliesst sie durch eine rasche Aufwärtsbewegung des ganzen Körpers die Ränder des Sackes gegen einander und hat eine Menge von Krebschen in dieser Falle gefangen.

Zu einem derartigen Einfangen der Beute ist die Biegsamkeit der Glocke und die Verlängerung der ebenfalls biegsamen Schwimmlappen höchst nothwendig. Wenn die Meduse mit dem ganzen Körper untertaucht, stellt die Glocke eine nach innen gebogene Fläche dar. Im ruhigen Zustande erscheint die Glocke beinahe flach und nur die Schwimmlappen hängen theilweise herunter. Trotz der Biegsamkeit des oberen Theiles der Glocke besitzt dieselbe eine dicke, knorpelige Wand, die hinreichend stark ist, um die Last des ungemein grossen, vielfach zusammengefalteten Sackes zu tragen. Dieser Sack hängt an vier starken halbknorpeligen Strängen, die sich verzweigen und Stützpunkte für die Insertion der seine Wandungen bewegenden Muskeln abgeben (Taf. VI, Fig. 1). Eine dicke Muskellage liegt wie ein breiter Ring zwischen der Basis der Glocke und den Schwimmlappen (Taf. V, Fig. 6, m_i, m_2). Dieser Ring ist durch Längsfurchen in 16 besondere Muskeln getheilt, der aus Längs- und Querfasern bestehen. Die ersteren liegen mehr nach aussen und dienen zum Heben des Fangnetzes; die letzteren ziehen die Höhle des Magens oder die der Geschlechtsorgane zusammen und befördern zugleich das Senken der Schwimmlappen. Als Ergänzung zu diesen Muskeln erscheinen noch 16 andere, die schmäler sind und höher, unter der Basis der Schwimmflossen, liegen; es sind ihrer zwei auf jeder Seite jeder Gruppe der Randtentakeln. Diese Muskeln bestehen ebenfalls aus Längs- und Querfasern. Schliesslich befinden sich zwischen ihnen andere Muskeln, die die Schwimmflossen herabsenken und nur aus Längsfasern bestehen, die dünner und länger sind als alle übrigen.

Die Bedeckung dieser Muskeln ist bei jungen Medusen röthlich, bei erwachsenen schmutziggelb gefärbt, während die ganze übrige Bedeckung bei jungen ziemlich grell röthlichgelb, bei erwachsenen dagegen gelblichbraun ist. Dabei haben alle diese Hüllen ausser denen, die die Muskeln der Schwimmflossen überziehen, dunkle sich durchkreuzende Längs- und Querstreifen, die beim Zusammenziehen der Muskeln zickzackförmig werden. Diese Pigmentansammlung steht wahrscheinlich mit der Thätigkeit der Muskelfasern in Verbindung, welche unter dem Ectoderm eine nahrhafte Flüssigkeit (Surrogat des Blutes) in die von diesen Streifen eingenommenen Räume absondern; aus denselben lagert sich hier eine färbende Substanz ab.

Mit dieser Farbe der Muskelbedeckung contrastirt die Farbe der übrigen Körpertheile der Meduse. Die Glocke besitzt überhaupt wenig Pigment und ist hier leicht röthlich gefärbt; in der chylösgrünen Gumäben der Schwimmflossen tritt diese Farbe intensiver hervor. Der Sack zum Fangen der Beute besitzt, besonders bei erwachsenen Medusen, eine blassröthliche Farbe, die an den knorpeligen Sehnen viel blasser ist. Die gelbliche Farbe der Muskeldecken erstreckt sich bis an die Basen dieser Knorpel. Der Magen ist bei jungen Medusen röthlich gelb, bei erwachsenen wird er jedoch zu der Zeit, wo er sich in Geschlechtshöhlen umwandelt, mehr röthlich.

Die Randtentakel oder Fangfäden der Meduse erreichen eine ungewöhnliche Länge, welche 15—20 Mal den Durchmesser der Glocke übertrifft (Taf. VI, Fig. 2). Sie sitzen in Gruppen oder Büscheln von 20—30 Stück in den Ecken der Schwimmflossen unterhalb der Glocke. Jede Gruppe sitzt auf einem besonderen Hügel, der sich von aussen in Gestalt einer Vertiefung darstellt, die aus zwei dreieckigen Plateaus mit abgerundeten Ecken gebildet ist (Taf. VI, Fig. 1). Die Tentakeln fassen diese Plateaus von drei Seiten ein und bedecken den ganzen Raum des Hügels hinter ihnen. Die Länge und Menge dieser Tentakel, die in verschiedenen Richtungen nach unten hängen, verleihen der Meduse ein sonderbares Aussehen, welches noch durch den Fangsack gesteigert wird, der in Form zahlreicher Falten und gefranster Lobén herabhängt. Alle Fangfäden sind ungemein dehnbar und ungewöhnlich klebrig, was wahrscheinlich von der Menge der Nesselkapseln herrührt, welche als eine beinahe ununterbrochene dichte Schicht ihr Ectoderm auskleiden. Die Farbe der Tentakeln ändert sich nicht so sehr mit dem Grade des Wachsthums der Meduse, als vielmehr in Folge der mehr oder weniger stattfindenden Ausdehnung derselben. Contrahirt besitzen sie eine dunkelrothe, an das Venenblut der Wirbelthiere erinnernde Farbe. Bei der Ausdehnung nehmen sie eine rothe, blassröthliche oder bräunliche und bräunlichgelbe Farbe an. Hinter den Hügeln um den Magen haben die kurzen, jungen Fangfäden immer eine schmutzige, bräunlichgelbe Farbe von verschiedenen Schattirungen. Contrahirt besitzen die Tentakel sind sehr langsam. Sehr selten contrahiren sie sich zickzackförmig, gewöhnlich dehnen sie sich in Form gerader Fäden aus, die an den Spitzen dünner werden. Niemals bemerkte ich an ihnen solche Verdickungen, wie sie Agassiz bei dieser Meduse abbildet.

Wenn wir uns jetzt die ganze Masse dieser Tentakel vorstellen, die in verschiedener Ausdehnung nach unten herabhängen, sich nach allen Seiten um den Körper der Meduse ausstrecken, die Beute in verschiedenen Richtungen suchen und dieselbe ergreifen; wenn wir dabei erwägen, welch kräftiges Fangorgan die Meduse in ihrem Fangnetz besitzt, so begreifen wir, wie mächtige Mittel diesen Thiere zur Verfügung stehen, um sich die Nahrung zu verschaffen. Dabei wird alles Erbeutete in den zahlreichen und tiefen Falten des Fangsackes der Meduse verdaut und in dem geräumigen Magen assimilirt. Dieser Magen hängt unter der Glocke in Form von vier Beuteln herab, die in zahlreiche kleine Falten zusammengelegt sind. Auf diese Weise besitzen die *Cyanea* keine solche Proportionalität der Organe wie bei *Aurelia*; wir sehen im Gegentheil ein offenbares Uebergewicht der Ernährungs- und Fangorgane gegenüber den übrigen Organen. Man kann sagen, dass sie in ihrer Totalität, wenigstens im jugendlichen Alter, einen stark entwickelten Fang- und Ernährungsapparat vorstellt.

Trotz der gut entwickelten und theilweise sogar stärkten Muskeln besitzt ihre biegsame Glocke doch nicht die Kraft und Energie, wie die Glocke der *Aurelia*, und so erklärt sich vielleicht der beschränkte Verbreitungsbezirk der beschriebenen

Meduse. Alle ihre Bewegungen sind sehr langsam. Sie schleppt offenbar mit grosser Anstrengung einen langen Schweif hinter sich, der aus zahlreichen sich durchkreuzenden Fangfäden und der schweren Fangglocke besteht. Nicht selten kann man an klaren windstillen Tagen sehen, wie sie am Ufer unbeweglich an einer Stelle steht und ihre Schwimmflossen sanft und nur so weit bewegt, als sie nöthig hat, um ihren Körper aufrecht zu erhalten und ihm Ströme frischen Wassers, das ihr zum Athmen dient, zuzuführen.

Bei dieser Gelegenheit will ich andeuten, welche Dienste die Krebsthiere der Gruppe Hyperinea der *Cyanea arctica* und anderen Medusen erweisen. Sie klammern sich mit den Hinterbeinen an verschiedene Körpertheile der Medusen an und bewegen sich rasch vermittelst der Schwanzflossen, wodurch sie ununterbrochen diesen Theilen frischen Wassers zuführen. Für die Krebse selbst ist dieses Anklammern an den Medusenkörper nothwendig als Mittel zu einer rascheren Ortsveränderung. Besonders können sie sich an die Glocken der rasch schwimmenden Medusen anheften. Dabei ist ein solches Krebsthierchen unter der Glocke irgend einer *Aeginopsis* in grösserer Sicherheit vor Wellen und Raubthieren, als an einer offenen Stelle.

Die Hauptsache jedoch, die diese Thiere zum Zusammenleben veranlasst, ist die Essgenossenschaft. In der Nähe eines grossen Räubers kann das kleine, alles fressende Thier allerlei Abfälle vorfinden. In den Lücken der Magenhöhle oder unter der Glocke von *Aurelia* kann man ziemlich oft grossen Exemplaren von Hyperineakrebsen begegnen; sie verzehren wahrscheinlich die Ueberbleibsel der Nahrung und die Excremente und erhaschen vielleicht auch junge, den Magenöffnungen entschlüpfende Planulen.

Es ist mir nicht gelungen, das chylaquöse Gefässsystem von *Cyanea arctica* vollständig zu untersuchen. Ich erforschte nur seine Endigung in den Schwimmlappen. Wie es scheint, dringen aus dem Magen in diese Lappen breite Gänge, welche die ganze Strecke einnehmen, an welche die Muskeln befestigt sind, die diese Lappen bewegen. An den Rändern der Schwimmflossen giebt sie zu beiden Seiten eine Menge ebenfalls breiter Canäle ab (Taf. VI, Fig. 1), die sich wie Hirschgeweihe leicht verzweigen. Am Ende der Schwimmflosse angelangt, theilt sich, da wo ein tiefer Einschnitt das Auge einfasst, dieses Ende in zwei Loben; der breite Gang theilt sich ebenfalls in zwei lobenförmige Canäle, deren Ränder von Fortsätzen umsäumt sind, die sich weiter verästeln (Taf. V, Fig. 7, *r. v*). Bei schwächer Vergrösserung kann man leicht die weiten Oeffnungen sehen, durch welche die lobenförmigen Canäle in diese Fortsätze einmünden. Der Hauptcanal entsendet, bei den Randkörperchen angelangt, einen blinden Canal in deren Stiel. Da diese Canäle sind im Innern mit Wimperzellen des Entoderms ausgekleidet und im Stiel des Auges kann man immer das Kreisen der Organiten der chylaquösen Flüssigkeit beobachten (Taf. V, Fig. 8, 10, *ck*). Die acht Augen der Meduse sitzen auf kurzen gekrümmten Stielen. Jedes Auge ist von ovaler Form und besteht aus zwei vollständig durchsichtigen Umhüllungshäuten (Fig. 8, *iu*, *ia*). Mir scheint, dass man in dem Häutchen, welches dieses Auge von oben bedeckt, wie auch bei allen Medusen mit bedeckten Augen, den Anfang der Differenzirung der Augenhöhle oder den Anfang der Isterirung des Organs bemerken kann.

Das Auge ist mit seinem zugespitzten Ende nach aussen gekehrt und dieses Ende ist für die Perception der Lichteindrücke am meisten geeignet. Sein Inneres ist beinahe vollständig mit kleinen Zellen angefüllt, — vielleicht Surrogaten der Nervenzellen. An der nach aussen gekehrten Hälfte des Auges sind diese Zellen mit einer dünnen Schicht dunkelbraunen Pigments bedeckt, welches bei jungen Medusen undeutlich erscheint. Sowohl an diesem Pigment, als auch an die quasi Nervenzellen an seiner hinteren Hälfte liegen sich zahlreiche krystallinische Concremente an (Taf. V, Fig. 14), die an seinem äusseren Ende grösser und dichter angehäuft sind. Dieselben sind vollkommen durchsichtig und stark lichtbrechend; dicht am Ende des Auges stellen sie sechsseitige Prismen (Fig. 8, *sp*) dar und sind ziemlich regelmässig in einer Reihe geordnet und sonst mit kleinen Krystallen in Form von vierseitigen Prismen gemengt. Zwischen diesen Concrementen trifft man ziemlich lange, nadelförmige an (Fig. 14, *c*). Einige sechsseitige Prismen sind abgeplattet, bei anderen die oberen Ecken zugespitzt. Zuweilen erscheinen ziemlich grosse Concremente in Kugelform mit concentrischen Schichten im Innern. In jedem der grösseren Krystalltheile kann man im Innere eine Höhle bemerken (Fig. 11, *a*, *b*), welche wahrscheinlich ein Ueberbleibsel der anfänglichen Höhle, welche in jungen Concrementen auftritt und jener analog ist, die, wie wir gesehen haben, in den Augenconcrementen der Sternscheibchen auftritt.

Bei jungen Exemplaren von *Cyanea* fängt die Entwickelung der Geschlechtsproducte ziemlich früh an. In den Magenabtheilungen, die sich in geschlechtliche Höhlen umwandeln, erscheinen längliche Tentakel oder Borsten, die ich möchte vorschlagen, als »geschlechtliche« (Taf. V, Fig. 7, *in*, *g*) zu nennen. Wie bekannt, existiren derartige Tentakel bei vielen anderen Medusen, darunter auch bei *Aurelia*; mir scheint, dass sie ein Analogon bilden zu den Fangfäden, die sich in der Speisehöhle von *Lucernaria* befinden. Bei *Cyanea arctica* erscheinen sie in Form kleiner runzlicher Anhängsel, welche in unregelmässigen Reihen und Büscheln an den Falten der vier Magenabtheilungen gelagert sind. Ich bemerkte keinen Unterschied zwischen den Fangfäden der Männchen und denen der Weibchen; dieselben dienen wahrscheinlich zum Schutze der Geschlechtsproducte. Die Meduse kann die Magenfalten willkürlich bewegen und sie sich entwickelenden Eier oder Gruppen der Samenthierchen in die Tiefe bergen, da diese beständig von den Geschlechtstentakeln bewacht werden. Gleichzeitig kann man eine andere, wiewohl weniger wahrscheinliche Voraussetzung machen. Diese bartförmigen Anlagen erscheinen als sehr entwickelte Wärzchen, welche die nährenden Stoffe an den Speisen aufsaugen und denselben nicht gestatten, mit den Zellen in Berührung zu treten, in denen die Geschlechtsproducte zur Entwickelung kommen. Ist diese Voraussetzung richtig, so zeigt sich in Magen dieser Medusen zum ersten Mal eine Differenzirung der Gewebe, eine Trennung zwischen dem Gewebe, welches der Verdauung dient, und demjenigen, welches die geschlechtliche Function besorgt.

Da im letzteren, dem Geschlechtsstadium, die Meduse beinahe gar keine Nahrung zu sich nimmt, muss demzufolge letzteres Gewebe das Verdauungsgewebe verdrängen, und zugleich mit ihm auch alle Verdauungswärzchen. In der Wirklichkeit jedoch bemerkt man dies nicht, und wenn sich auch die geschlechtlichen Tentakel der Zahl nach nicht vermehren, so werden sie dafür länger und dicker. Das Nähere dieser Umänderungen muss ich künftigen Forschungen überlassen; meine freie Zeit war mir so knapp zugemessen, dass es mir nicht einmal möglich war, eine genaue Bekanntschaft mit diesen Organen zu machen, und dass ich daher nicht entscheiden konnte, aus welchen Geweben sie bestehen.

Bei jungen Medusen besteht das Ectoderm der Geschlechtsabtheilungen des Magens aus grossen ovalen, vollständig durchsichtigen Zellen; grösstentheils enthalten sie hier und da zerstreute Körnchen rothen Pigments (Taf. V, Fig. 13, *eu*). Unter diesen Zellen liegen die Eier, oder richtiger die Eierzellen in verschiedenen Entwickelungsstadien. Vollkommen entwickelte Eier sind mir nie zu Gesicht gekommen. Die jüngeren Zellen sind oval, vollständig durchsichtig und enthalten einen grossen, ebenfalls durchsichtigen Kern, und in demselben einen Nucleolus. Mit dem Wachsthum vergrössert sich der Raum zwischen diesem Kern und den Zellwänden, er füllt sich mit einem röthlichen, grobkörnigen Protoplasma, dem künftigen Dotter, in welchem einzelne Fetttröpfchen bemerkbar sind. Die Zellen, in denen sich die Samenthierchen entwickeln, vergrössern sich während des Wachsthums und verwandeln sich in Bläschen, die mit unbewaffnetem Auge leicht bemerkbar und mit Protoplasmaklümpchen gefüllt sind (Fig. 14), besonders gross sind sie an den Rändern der Geschlechtshöhlen. Jedes Klümpchen zerfällt in immer kleinere und kleinere Theilchen, in denen sich endlich der Beginn einer Schwänzchenbildung zeigt. Jeder einzelne Theil nimmt die Form einer stark gestreckten Ellipse an, die an dem nach aussen gegen die Klümpchen gerichteten Ende zugespitzt ist (Fig. 15). Mir ist kein einziges Mal eine Meduse mit reifen Spermatozoiden vorgekommen, in Folge dessen blieb mir auch die Form der vollständig entwickelten sich bewegenden Samenthiere unbekannt. Beim Zerdrücken des Inhalts der Geschlechtshöhlen oder Testikel traf ich längliche Körperchen in grosser Menge an (Fig. 15, *d*), jedoch weiss ich nicht, ob die Klümpchen der Spermatozoiden in diese Körperchen zerfallen und sich hierauf erst aus diesen Körperchen reife Spermatozoiden entwickeln, oder ob jene beim Zerdrücken der Klümpchen künstlich erzeugt werden.

Bei näherer Betrachtung der zehn in den Solowetzkischen Gewässern vorgefundenen Medusenformen kann man zu einigen allgemeinen, mehr oder minder wahrscheinlichen Folgerungen gelangen. Zunächst geschieht ihre Verbreitung, wie überhaupt die Verbreitung aller übrigen Medusen, auf zweierlei Art.

Die Hydromedusen, mit einer mehr oder weniger langen Glocke versehen, bewegten sich in mehr oder minder tiefen Schichten, wobei wahrscheinlich die Krebschen, besonders der Ruderpolzen (Copepoda), auf diese Fortbewegung einen grossen Einfluss ausübten. Die Medusen hielten sich gewöhnlich in den Schichten auf, wo sich Krebschen aufhielten; das Wogen des Meeres nöthigte die letzteren, sich in verschiedene Tiefen zu senken, zugleich sanken auch mit diesen die Hydromedusen, welche von selbst, unabhängig von den ersteren, bei stürmischem Wetter grössere Tiefen aufsuchten. Ganz anders geht die Ortsveränderung der kreisförmigen Medusen vor sich, welche wir vorzugsweise schwimmende nennen können. Wenn sich auch diese Medusen bei stürmischem Wetter verbergen, so senken sie sich doch niemals sehr tief und es ist eine starke Wellenbewegung erforderlich, um sie zum Untertauchen in bedeutenden Tiefen zu veranlassen. Infolge dessen kann man nach starken Winden oder leichten Stürmen immer an den Ufern der einen oder der andern Bai ganze Heerden von *Aurelia aurita* oder *Cyanea arctica* antreffen. Nach mehreren windigen Tagen war einmal fast das ganze Uferriff der Solowetzkischen Bucht mit jungen Exemplaren von *Cyanea* besät. Diese Art der Ortsveränderung wirkt vielleicht auf die Entwickelung des knorpeligen Gewebes der Glocke ein, so dass sie dicker und stärker wird. Wenigstens gelangt man zu dieser Annahme mit Rücksicht auf die stark entwickelten Glocken der Rhizostomen, deren Locomotion hauptsächlich durch den Wind geschieht. Die Anwesenheit des knorpeligen Kammes der *Tutella* spricht auch in dieser Beziehung angemessen ist.

In den Solowetzkischen Gewässern kommen höchst wahrscheinlich viel mehr Medusenformen vor, als ich gefunden habe. Doch glaube ich kaum, dass es ganze Reihen von Species einer und derselben Gattung giebt. Jedenfalls charakterisiren die von mir angeführten, einzeln vorkommenden Formen der Gattungen *Lizzia*, *Bougainvillea*, *Sarsia*, *Cuspidella? Thaea*, *Staurophora*, *Aegineopsis*, *Cyanea*, *Aurelia* die Physiognomie der Fauna der Solowetzkischen Gewässer, da der grösste Theil dieser Formen ziemlich häufig und in beträchtlicher Anzahl von Exemplaren vorkommt. Demzufolge spricht sich in ihnen die jetzige Organisation der Typen aus, wie sie den gegenwärtig bestehenden Bedingungen angemessen ist. Betrachten wir diese Organisation im Ganzen, so sehen wir bei derselben einerseits, ebenso wie bei höher organisirten Formen, Adaptationen, welche durch die innere physiologische Thätigkeit des Organismus selbst hervorgerufen sind, andererseits finden wir einen deutlichen Einfluss der äusseren Umgebung. Dieser Letztere äussert sich auf besonders sichtbare Weise durch die Farbe, da überhaupt die gefrässigeren Typen der Medusen mit stark entwickelten Ernährungsapparaten auch mehr Pigment ablagern. Eine Ausnahme von dieser Regel bildet nur *Staurophora*: sie verwendet jedoch den Ueberschuss des Nahrungsmaterials und sämmtliche Pigmente der verzehrten Thiere unmittelbar zur Bildung der ganze beträchtlichen Eier; daher gehört diese Meduse zu den Arten, die am meisten umherschwimmen und sich vorzugsweise an der Oberfläche des Meeres aufhalten; auch sind die pelagischen Thiere überhaupt farblos.

Nicht nur die Medusen, sondern auch andere Thiere des Weissen Meeres legen in den meisten Fällen eine Ablagerung rothen oder himbeerfarbigen Pigments dar, welches, nebenbei bemerkt, nicht nur in Thieren, sondern auch in

Algen vorkommt. In diesem Falle wirkt vielleicht die Kälte auf die Farbe ein. Bei Thieren ist diese Pigmentbildung analog der Bildung des Xanthophylls und Erythrophylls. Ist diese Voraussetzung richtig, so ist es auch begreiflich, weshalb bei jungen Exemplaren von *Cyanea werden* ein grelleres, röthlichgelbliches und rothes Pigment auftritt. Die Kälte muss auf diese jungen Organismen stärker einwirken. Beim Wachsthum werden die Pigmente dunkler oder gehen in bräunlichgelbe und violette über. — Es wäre sehr interessant, zu bestimmen, durch welche Ursachen die Entfärbung der *Circe kanstchalion* Leibings ist — ein Gegenstand, der künftigen Forschungen vorbehalten bleibt.

Betrachten wir die Organisation der Schwenk'schen Typen, so bemerken wir bei jedem derselben irgend eine Eigenthümlichkeit, irgend eine Richtung, in der sich diese Organisation entwickelt hat. Von allen Typen besitzen *Lizzia* und *Bongeinvillea* den Charakter des Einfachen, Primären. Diese wenig beweglichen Medusen zeichnen sich durch eine grosse Verzweigung der Tentakel und eine Menge Fangfäden aus, ihre Glocke weist eine gleichsam allgemeine, noch unbestimmte Form auf. Bei beiden tritt die Vermehrungsprocess sehr hervor; *Lizzia* bildet zahlreiche Knospen, während der stark entwickelte umfangreiche Magen der *Bongeinvillea* zahlreiche Planulen hervorbringt. Diese vorherrschenden Eigenschaften der Organisation sichern das Leben dieser kleinen Medusen.

Die Existenz der *Circe* sehen wir auf eine andere Art gesichert. Die eigenthümliche Glockenform, die auf rasche und gewandte Bewegungen berechnet ist, gestattet diesen Medusen, sich mit Leichtigkeit von einem Ort zum andern zu bewegen und Nachstellungen zu entgehen. Durch ihre langen Fangfäden oder Randtentakel werden sie leicht von der Gefahr in Kenntniss gesetzt, welche ihnen von unterhalb der Glocke droht, sie ziehen dieselbe rasch zusammen und entweichen dadurch um so schneller seitwärts.

Die gefrässige *Sarsia*, welche beinahe beständig umherschwimmt und vermöge ihres langen Polypen ihre Beute erfasst, stellt wieder eine andere Form einer im höchsten Grade zweckmässigen Anpassung dar. Ihre sehr langen Fangfäden suchen und erfassen beständig ihre Nahrung in verschiedenen Tiefen, sie theilen die mit, wo diese Beute — Heerden von Krebschen — am meisten angehäuft ist. Die stark entwickelten Randkörperchen (Nervenknoten?) gestatten dieser Meduse wahrscheinlich eine rasche Coordination ihrer Bewegungen und verleihen ihr die Möglichkeit, sich schneller verschiedenen Umständen zu accommodiren.

Tiara zeichnet sich durch einen ungemein grossen Magen und gut eingerichtete Mundtentakel aus: zahlreiche lange Tentakel führen diesem Magen massenhafte Nahrung zu, aus welcher die Nährstoffe extrahirt werden und hiernuf in den sehr weiten chylopoaeen Canälen frei circuliren. Auf diese Weise zieht auch diese Meduse von ihren Ernährungsorganen einen Vortheil, obgleich im übrigen ihre Organisation eine andere ist als die der vorhergehenden Typen.

Eine Sicherung anderer Art zeigt *Aequorapsis*; hier bietet die breite Glocke einen bedeutenden Raum für das Unterbringen der Geschlechtstaschen des Magens und folglich auch für die Entwickelung der Geschlechtsproducte. Zugleich steigen vom oberen Theile des Körpers vier Fangfäden herab, die so zu sagen die Glocke umfassen und so ein geeignetes Schutzmittel für dieses schwimmende geschlechtliche Laboratorium abgeben.

Eine vollständig neue, eigenthümliche Art einer starken Entwickelung der Ernährungs- und Geschlechtsorgane bietet *Stauropbora* dar, obgleich der Grund davon derselbe ist wie bei der vorhergehenden Form. Hier vergrössert sich ebenfalls die Glockenfläche, um für die Entwickelung des nutritiv-geschlechtlichen Systems einen möglichst grossen Raum zu gewinnen. Die Speisehöhle erscheint in Form einer Kreuzbinde, welche von zahlreichen Falten der stark in die Breite und Höhe gewachsenen Mundtentakel (Verdauungstentakel) eingefasst ist; die Ränder der breiten Glocke tragen eine ganze Reihe von Fangfäden. Die Glocke selbst liegt sich mit ihren dicken, knorpeligen Wänden in Form eines vierstrahligen Sternes leicht zusammen und kann in Folge dieser Biegungen starke Schwimmbewegungen machen.

Cyanea stellt, wie wir sehen, mit ihrer flachen biegsamen Glocke einen sehr grossen nutritiven Apparat dar. Die Menge ihrer unverhältnissmässig langen Fangfäden und der ungeheuer grosse Fangsack führen ihrem gerüumigen Magen beständig reichliche Nahrung zu, aus der sich in dem Geschlechtssacke des Magens zahlreiche Eier entwickeln.

Schliesslich stellt *Aurelia* gleichsam den Complex aller dieser vortheilhaften Anpassungen dar, und zwar erscheinen diese in bestimmt proportionirten Verhältnissen. Hier haben wir eine breite krugförmige Glocke mit dicken und biegsamen knorpeligen Wänden. Die schwache Entwickelung der Geschlechtshöhlen wird in reichlichem Maasse durch Knospung von Scyphistoma ersetzt. Eine Menge kleiner Fangfäden schützen die Ränder, die Schwimmslossen der Glocke, während die zierlich langen und breiten Mundtentakel überreiche Nahrung ergreifen und verdauen. Endlich verzweigen sich die Radiärcanäle reichlich in den Wandungen der breiten Glocken, indem sie ihnen das Nährmaterial zuführen, welches übrigens hauptsächlich zur Ernährung der Randlanlen der Glocke und der zahlreichen Randkörperchen dient.

Bieten also die aufgezählten neun Typen Besonderheiten hinsichtlich der möglichst vortheilhaften Anpassung an das Leben dar, so bildet offenbar *Apolauoplegma*, von welcher ich übrigens nur einziges, halbtodtes Exemplar erbielt, keine Ausnahme. Berücksichtigt man ihr starke, besonders an den langen Fangfäden, entwickeltes System der Nesselkapseln, so kann man nicht daran zweifeln, dass die Existenz dieser Meduse durch die genannten Kapseln gesichert ist. Mittelst derselben kann sie auch ihre Nahrung leicht erfassen; ausserdem wird die Glocke durch sie geschützt.

Diese wenigen Vertreter der in den Solowetzkischen Gewässern lebenden Medusengruppen zeigen eine verstärkte Entwickelung des einen oder des andern Organs und nicht selten gleichzeitig die Entwickelung mehrerer Organe. Man kann sagen, dass es nicht ein Organ giebt, welches nicht an dieser allgemeinen und gegenseitigen Concurrenz theilnimmt. Die Glocke (*Aurelia, Circe, Aequorapsis, Stauropbora*), der Polypit (*Sarsia*), die Mundtentakel (*Cyanea, Stauropbora*.

Aurelia), der Magen (*Cyanea, Bougainvillea, Tiara*), die Fangfäden (*Circe, Cyanea, Tiara, Staurophora, Aurelia*, die chylaquosen Canäle (*Tiara, Aurelia*), die Randkörperchen (*Sarsia, Aurelia*), die Geschlechtshöhlen (*Bougainvillea, Aequorea, Staurophora, Cyanea*), die Vermehrung durch Knospung (*Lizzia, Aurelia*) — Alles entwickelt sich der Reihe nach und während dieser Entwickelung haben die betreffenden Organe ein Uebergewicht gegenüber den anderen.

In all diesen Erscheinungen offenbart sich die Compensation der Organe oder das Gesetz des «organischen Gleichgewichts», das bereits Etienne Geoffroy-Saint-Hilaire ausgesprochen hat.

Wenn bei *Staurophora* die Mundtentakel sich in die Breite, der Fläche nach, stark entwickeln, so können sie es nicht mehr in die Länge thun. Wenn der Polypit von *Sarsia* sich stark in die Länge entwickelt, so kann es bei ihr keine separirten geräumigen Geschlechtshöhlen geben. Die stark entwickelten Mundtentakel bei *Aurelia* schliessen ebenfalls die Möglichkeit der Entwickelung der Geschlechtshöhlen aus; die grosse Anzahl dieser Höhlungen bei *Aequorea* gestattet hier jedoch den Polypiten nicht, sich zu entwickeln. Die grosse Menge der Fangfäden und der ungemein grosse Fangsack (Mundtentakel) bei *Cyanea* bedingen eine schwache Entwickelung der Glocke.

Es liegt auf der Hand, dass jedes Organ, das sich stark entwickelt, dies auf Kosten eines andern thut; anders ist es nicht möglich, da die Masse an Material, aus dem sich alle Organe aufbauen, bei jedem Typus schon bei der Geburt bestimmt ist. Jeder Organismus muss folglich eine Arena darstellen, in welcher der Kampf um die Entwickelung und uns Dasein unter seinen Organen stattfindet. Jedes Organ für sich findet einen Reiz oder Trieb zur Entwickelung, welcher ihm den ersten Anstoss giebt; das Weitere vollbringen dann Erblichkeit und natürliche Auswahl. Dieser Anreger, der den ersten Anstoss gegeben, repräsentirt schon an und für sich eine der für die Adaptation möglichst vortheilhaftesten Seiten. Heerden von Krebschen erregen die erste Anpassung in den Fangfäden, von denen sie erfasst werden, in den Mundtentakeln, und der Ueberfluss an Nahrung, gleichviel welcher, wird früher oder später die Entwickelung der Speisehöhle nach sich ziehen. Die Entwickelung des Organs erschöpft sich jedoch nicht durch die Erblichkeit und die natürliche Auswahl. Nicht selten folgt hierauf eine physiologische Trägheit und macht das überflüssig, ja schädlich, was früher bei zweckmässiger Grösse und Anzahl Nutzen gebracht hat. Gewiss würde *Cyanea* an Leichtigkeit der Bewegung gewinnen, wenn sie nicht gezwungen wäre, einen langen Schweif von Tentakeln hinter sich her zu schleppen, von denen mehr als die Hälfte ohne allen Nachtheil für den Organismus, ja vielleicht zu seinem Vortheil wegfallen könnte.

Betrachten wir die Typen der in den Solowetzkischen Gewässern lebenden Medusen in ihrer allgemeinen Concurrenz, so können wir keinem derselben den Vorrang einräumen. Sie sind gleich gut ausgerüstet zu dem gemeinschaftlichen Kampfe und dem gemeinsamen Leben in den Solowetzkischen Gewässern gleich gut angepasst.

Stellen *Lizzia* und *Bougainvillea* Medusen dar, die wenig Beweglichkeit und einen schlecht ausgerüsteten Fangapparat besitzen, so dass sie in Folge dessen zuweilen Mangel an Nahrung leiden und in mehr oder weniger beträchtlicher Anzahl vor Hunger zu Grunde gehen, so reichen wieder einige Exemplare hin, um eine nach Millionen zählende Nachkommenschaft zu erzielen; zuerst in Form von Knospen und Plasuden, dann in Gestalt von mehr oder weniger verzweigten Hydroiden und der aus denselben erwachsenden neuen Medusen.

Mir scheint, dass hier eine bestimmte Compensation zwischen dem Leben und der Entwickelung der Hydroiden einerseits und denen der Medusen andererseits existiren müsse. Vielleicht sind einige Jahre dazu nöthig, damit der Hydroid die Möglichkeit erlange, eine möglichst grosse Zahl von Medusen zu produciren, und speciell war vielleicht die starke Entwickelung der *Sarsia* im Sommer des Jahres 1878 diesem Umstand zu verdanken. Schliesslich weise ich noch darauf hin, dass jedes Organ in dem umgebenden Medium einen entsprechenden Erreger besitzt, und da bei den Thieren irgend einer Gruppe, z. B. den Medusen, sich eine bestimmte Anzahl von Organen vorfindet, so kann jedes von ihnen seinerseits das vorherrschende sein. Auf diese Weise wird die Entwickelung der Gruppe um so grösser und sie selbst um so zahlreicher sein, je mehr Organe und Theile derselben sie besitzt. Die Summe dieser Organe und Organtheile bildet demgemäss das Material, welches früher oder später bei phylogenetischer Entwickelung erschöpft sein muss. Natürlich kann während dieser Entwickelung aus irgend einem Gliede der Gruppe eine neue Gruppe mit neuer Zusammensetzung der Organe entstehen.

In diesen und ähnlichen Erscheinungen finden wir wahrscheinlich jenes «Streben» der Natur nach «Mannigfaltigkeit» und «Oeconomie» bethätigt, auf welches einst Milne-Edwards[1]) hingewiesen hat.

---

1) H. Milne-Edwards, Introduction à la Zoologie générale. 1851. Chap. I et II.

VIII. Untersuchungen über die nördliche Clio (*Clio borealis* Brug.).

Die Literatur enthält sehr wenige anatomische Untersuchungen über die Pteropoden und wir besitzen demzufolge kein Material, das uns eine vollständige und klare Vorstellung von dieser interessanten Molluskengruppe im Ganzen geben könnte. Ferner erscheinen alle diese Untersuchungen mehr oder weniger unvollständig, oberflächlich oder veraltet. So haben wir z. B. für die nördliche *Clio* nur eine Monographie von Eschricht[1], aus dem Jahre 1838 und dann eine oberflächliche Untersuchung von Eydoux und Souleyet[2], aus dem Jahre 1852. Das sind die Gründe, die mich veranlasst haben, meine Aufmerksamkeit auf den Bau und auf das Leben dieses Thieres zu richten. Ich kann übrigens über dasselbe auch nur Weniges und Fragmentarisches mittheilen. Was speciell die Organisation dieser Molluske anbelangt, so hat mir auch hier Mangel an Zeit und Material keine vollständige und abgeschlossene Untersuchung anzustellen gestattet.

1. Allgemeine Beschreibung des äusseren Baues.

Wenn man mit einer »Selujaka« (Boot) in der ersten Hälfte des Juni, an einem stillen sonnigen Tage, in den Solowetzkischen Meerbusen hinausführt, trifft man die *Clio* in grösseren oder kleineren Mengen, je nach der Temperatur des Wassers. Die Thiere halten sich in diesen Busen, nahe der Meeresoberfläche, fast den ganzen Juni, bisweilen (1882) auch bis zur Mitte Juli auf. Sie verschwinden in Folge der während dieser Jahreszeit nicht selten vorkommenden Stürme, und erscheinen dann auf eine kurze Zeit und in weit kleineren Mengen wieder. Sie schwimmen ziemlich rasch in dem von der Sonne erwärmten Wasser, indem sie ihren Körper leicht biegen, auswenden und dabei immer mit ihren flügelähnlichen Flossen schwingen.

In dieser Bewegung, wie auch sonst, stellt *Clio* eine originelle Erscheinung dar. Ihrer allgemeinen Form nach erinnert sie an jene Glaspüppchen, die kartesianischen Teufelchen, die in langen, mit Wasser gefüllten Glascylindern zum Verkauf kommen und sich senken, wenn man auf das den Cylinder von oben schliessende Gummiblättchen drückt. Diesen Püppchen ähnlich, besitzt *Clio* einen grossen, halbdurchsichtigen, farblosen Kopf mit zwei Hörnern. Ihr langer, am Ende sich verjüngender Körper geht allmählich in den Schwanz oder in die Schwanzflosse über; er ist gleichfalls farblos, halbdurchsichtig und lässt die Eingeweide, nämlich einen dunkelbraunen, fast schwarzen Magen und eine intensiv rothe, hermaphroditische Drüse durch sein dünnes Integument hindurchschimmern. Das Körperende selbst besitzt ebenfalls eine intensive orange- oder himbeerrothe Farbe, während die halbdurchsichtigen Flossen sich durch leichte gelbliche Färbung auszeichnen. Endlich opalisirt oder funkelt regenbogenartig der ganze Körper bei gewissen Wendungen im Sonnenlichte. Es ist zu bemerken, dass diese Färbung in der Brunstzeit sich etwas ändert, was weiter unten auch erwähnt werden wird.

Der Kopf von *Clio* ist vorzugsweise von Blut oder überhaupt von Leibesflüssigkeit, welche in ihm wie in einem Sacke sich befindet und für die Thätigkeit der wenigen hier liegenden Organe nothwendig zu sein scheint. Ueberhaupt muss bemerkt werden, dass der ganze Körper von *Clio* einen Sack vorstellt, der überall, den Kopf ausgenommen,

---

[1] D. F. Eschricht, Anatomische Untersuchungen über die *Clione borealis*. Kopenhagen 1838, S. 18, Taf. I—III.

[2] Eydoux und Souleyet, Mollusques et Zoophytes du Voyage de la Bonite. Paris 1852. Zur Vervollständigung dieser Literaturübersicht will ich noch der Untersuchung des Nervensystems von *Clio* in Jhering's »Vergleichender Anatomie des Nervensystems und Phylogenie der Mollusken«, Leipzig 1877, erwähnen. Da aber dieses Werk in Bezug auf *Clio borealis* viel Unrichtiges enthält, so gedenke ich desselben nur »vorübergehend.

doppelte Wände besitzt. Dieser Sack ist durch eine Einschnürung in Kopf und Rumpf getheilt, und an letzterem kann ein Brust- und ein Bauch- oder Schwanztheil unterschieden werden. Die dem Kopf abkehrende Einschnürung scheint durch eine dicke Muskelschicht bedingt zu sein, welche von der unteren Seite her den Körper quer durchkreuzt und zur Bewegung der Flossen dient. Der Umfang des Kopfes wird vorzugsweise von drei Paaren »verborgener« Fühler bestimmt, die an beiden Seiten der Mundöffnung sich befinden. Ich nenne dieselben »verborgene«, weil sie gewöhnlich eingezogen sind und das Thier sie nur selten ausstreckt, nämlich nur bei der Nahrungsaufnahme oder in dem dem Tode vorausgehenden Augenblicken, wenn es, erstickend, seinen ganzen Kopf zusammendrückt und dabei unwillkürlich auch diese intensiv rothen Fühler oder Hörner herauspresst. Der Vorgang ist für beide Fälle verschieden. Beim Ergreifen der Beute schnellen fast augenblicklich alle sechs Fühler in ihrer ganzen Länge heraus; vor dem Tode dagegen treten sie nur allmählich hervor und erscheinen dabei kurz und verdickt. Man muss jedoch bemerken, dass in einigen, übrigens sehr seltenen Fällen das Ausstrecken der rothen Fühler kein unzweifelhaftes Kennzeichen des Auftretens von Agonie ist. Bisweilen zogen einige Clio, die aus Mangel an Luft schon fast erstickt waren, die Fühler wieder ein und kehrten in den normalen Zustand zurück, sobald sie in frisches Seewasser übertragen wurden. Ins Innere des Kopfes eingezogen, schimmern diese Hörner als drei Paare quer-ovaler rother Flecken (Taf. VII, Fig. 4) durch das Integument durch. Es ist merkwürdig, dass die Forscher, welche die nördliche Clio abgebildet haben, sie gewöhnlich mit ausgestreckten dicken und kurzen Hörnern, d. h. nach todten Exemplaren zeichneten.

Der Mund von Clio liegt an der unteren Seite des Kopfes, zwischen zwei Längsfalten der Haut verborgen. Er liegt an der Spitze eines kurzen, aber breiten, braunen oder orangefarbenen Rüssels (Fig. 6, 7, pb), an dessen Seiten zwei Oeffnungen zum Herausstrecken der Kiefer sich befinden (Fig. 6, mb, mb). An der oberen Kopfseite, da wo die den Kopf tragende Einschnürung sich befindet, sind zwei kleine Grübchen sichtbar, welche, wie auch die ganze Körperoberfläche, von Flimmerepithel bedeckt sind. Eschricht hält dieselben für Augen (Ocelli); aber wie wir weiter unten sehen werden, enthalten sie keine Elemente, die eine solche Benennung rechtfertigten.

Die flügelähnlichen Flossen sind die hauptsächlichsten Locomotions-Werkzeuge von Clio, und entsprechen dem Epipodium. Dieselben befinden sich hinter dem Kopfe an beiden Seiten des Körpers. Eine jede Flosse stellt ein äusserst biegsames dreieckiges Plättchen vor, welches dicke, einander durchkreuzende Muskelfasern besitzt, deren Bündel eine Art schon mit blossen Augen sichtbares Gitter bilden (Fig. 5). Unter dem Halse liegen zwischen den Flossen zwei dicke, dreieckige Plättchen, welche mit ihrem spitzen Winkeln nach unten gerichtet sind (Fig. 4, 8 Pp). Sie sind an ihrer Basis zusammengewachsen und an den Körper angedrückt; sie stellen einen Ueberrest vom Propodium vor, welcher zur Locomotion gar nicht dient. Unter denselben, in ihrer ganzen Länge und Breite, befindet sich eine viereckige, ziemlich dünne Platte, das Metapodium (Fig. 8, Mt), welche fast ganz unbeweglich ist und an der Locomotion ebenfalls nicht theilnimmt. An ihrem hinteren Rande setzt sie sich in der Mitte in einen kleinen zungenförmigen Fortsatz fort. Dieser Rand ist der einzige freie Theil, während die ganze Platte an die dicke Muskelschicht oder, richtiger gesagt, an ein Muskelbündel angewachsen ist (Taf. XIV, Fig. 10, 11, Fz), an welchem auch die Basis des Propodiums sich befestigt. Endlich sind das Epipodium oder die flügelähnlichen Flossen ebenfalls in der Mitte diesem Bündel der Länge nach angewachsen, aber nur in einer sehr schmalen Strecke. Die beiden Flügel besitzen eine gemeinschaftliche Basis und Mitte, welche dem Muskelbündel aufliegt und an dasselbe anwächst. Es versteht sich, dass dieses Bündel von der Haut unbekleidet ist und, so zu sagen, eine Grundlage oder ein Skelett nicht nur für die Flossenbewegung, sondern auch für die untere Körperseite bildet (baid, Fz). Die Fasern dieses Bündels gehen einerseits im Kopfe auseinander, andererseits aber gehen sie in die Bauchmuskeln über. Bei der Contraction liegt dieses Faserbündel den ganzen Körper ringförmig zusammen oder zieht den Kopf und das Bauchseite näher.

Die Insertionsstelle der Flossen am Körper nimmt ebenfalls eine ziemlich kleine Strecke ein, so dass sie von oben vom Körper überdeckt erscheinen. Die sie überdeckenden Wölbungen biegen sich gleichfalls um ihre oberen und besonders über ihre unteren Ränder. Neben den letzteren verbreitert sich die Haut stark, insbesondere an der linken Seite. Bei vielen Exemplaren ist diese Verbreiterung löffelförmig (Taf. VII, Fig. 5, 14), aber ich habe vergebens in ihrem Innern nach irgend welchem Organe gesucht. Die Function dieser Wölbung scheint ein Gegengewicht gegen die rechte Seite zu bilden, in welcher asymmetrisch das Herz und das Bojanus'sche Organ liegen.

Der lange, gestreckte Bauch verengt sich allmählich kegelförmig nach hinten und endigt an der Spitze mit einem kleinen eiförmigen Anhang, welcher vom übrigen Körper schwach abgetrennt ist (Fig. 15). Dieser Anhang ist gewöhnlich von intensiver bläulicher oder orangerother Farbe, welche, wie wir weiter unten sehen werden, von grossen, mit öhartigen Flüssigkeit gefüllten Zellen abhängt. Eben solche, wenn auch kleinere und eine farblose oder leicht gelbliche Flüssigkeit enthaltende Zellen sind im ganzen Körper zerstreut und bedingen die Opalisirung, oder das regenbogenartige Schimmern derselben im Sonnenlichte.

Neben dem unteren Rande der rechten Flosse befinden sich an der Bauchseite drei Oeffnungen. Am vorderen Ende desselben liegt die weitere Geschlechtsöffnung (Fig. 8, 'G ♀), welche sowohl zum Austritt der Geschlechtsprodukte als zur Aufnahme von Sperma dient. Neben dem letzteren verbreitert sich die Ausführung (Fig. 8, A). Noch niedriger, fast unter der Sexualöffnung, liegt die kleine Oeffnung des Bojanus'schen Organes ('Br). Nach oben von diesen beiden Oeffnungen liegt an der rechten Seite, neben der Basis des Propodiums, eine grosse Oeffnung für das Ausstrecken des Copulations-organes (G ♂). Nicht selten sind die Ränder dieser Oeffnung orangebraun gefärbt.

2. Das Integument und die Muskeln.

Der ganze Körper von *Cio* ist, wie bei allen Weichthieren, von Flimmerepithel bedeckt, dessen Zellen ziemlich gross und regulär sechseckig oder oval sind. Ein solches Epithel befördert mehr oder weniger die Respiration und verwandelt hier den ganzen hinteren Theil des Körpers in einen sehr grossen respiratorischen Sack. Das Integument ist in diesen Körpertheile äusserst dünn und zart, so dass das in einem die allgemeine Leibeshöhle ausgebildeten Sinus befindliche Blut durch dieses Integument sich leicht zu oxydiren scheint. Dieses dünne Integument wird von den unter der Haut gelegenen Muskelfasern gestützt (Taf. X, Fig. 3, mfr).

Es schien mir, dass die ganze Hautschicht, wenigstens an einigen dünneren Stellen, blos aus zwei epithelialen Schichten, der äusseren und der inneren bestehe, zwischen welchen das Netzwerk von Muskelfasern liege. Doch bedarf dieser Theil meiner Untersuchung einer noch sorgfältigeren Bearbeitung.

In der Haut liegen überall zwei in die Augen springende Elemente: die von einer öligartigen Flüssigkeit erfüllten Zellen und die Schleimdrüsen. Die ersteren konnten fast in allen Theilen des Körpers vor, hauptsächlich aber sind sie in der Spitze des Schwanzes und in der Körpermitte zusammengehäuft (Taf. IX, Fig. 3, gf). Die Zellen besitzen eine ellipsoide Form, haben eine dünne Zellmembran und sind von einer dichten, vollständig durchsichtigen, stark lichtbrechenden Flüssigkeit erfüllt, welche leicht gelblich oder röthlichgelb gefärbt ist. Die Farbe des Schwanzes hängt, wie schon oben bemerkt, vom Inhalte dieser Zellen ab. Am grössten erscheinen dieselben in der Mitte des Körpers, in der den Magen und den Eingeweide-Sinus umgebenden Zone. Bei jungen, noch nicht vollständig in die definitive Form verwandelten Exemplaren befindet sich am hinteren Rande dieser Zone ein Ring langer und dicker Wimperhaare (Taf. IX, Fig. 3, pa). Bei diesen Exemplaren erreichen die Zellen eine beträchtliche Grösse, und noch grösser, auch an Zahl, sind sie bei den Larven. Sie bilden offenbar ein embryonales Nahrungsmaterial, aber ich habe nicht bemerkt, dass ihre Anzahl oder Grösse bei hungernden Exemplaren sich verminderte. Sie stellen folglich keine Ablagerung, keinen Ueberschuss fettiger Stoffe vor. Ich meine aber, dass sie einigermassen die Leichtigkeit des Körpers bedingen, welche diesem zum Schwimmen nahe der Meeresoberfläche nothwendig ist.

Ich will noch bemerken, dass diese Zellen in den Flossen und überhaupt im Fusse (Propodium und Metapodium) fehlen. Sie treten auch in kleiner Anzahl auf oder fehlen ganz im Kopfe und an denjenigen Stellen, wo die Muskeln kräftig entwickelt sind. Der rasche Stoffwechsel hindert folglich die Ablagerung dieser Vorräthe. Bei den Spiritus-Exemplaren verschwinden dieselben, was klar genug beweist, dass ihr starker Glanz in der That vom Fette abhängt, welches im Spiritus löslich ist.

An einige grosse Zellen dieser Art treten Nervenzweige heran, aber es gelang mir nicht, ihre Endigungen zu verfolgen.

Eine andere Art von Hautelementen stellen die Schleimdrüsen vor. Sie sind ebenfalls im ganzen Körper zerstreut und mehr an denjenigen Stellen zusammengehäuft, welche sich durch eine grössere Empfindlichkeit auszeichnen. Diese Drüsen besitzen in der Mehrzahl der Fälle die Form eines flegenförmig gekrümmten Ellipsoides oder eines Köllbchens mit ausgestrecktem, nach aussen gerichtetem Hälschen. Der basale Theil des Drüschens ist etwas verbreitert und durch eine kaum bemerkliche Einschnürung abgetrennt. Gegenüber ihrem freien peripherischen Ende befindet sich in der Haut eine kleine Oeffnung (Taf. IX, Fig. 3, a), durch welche dieses Ende herausgeschoben und das Secret ausgelassen werden kann. Das Drüschen ist mit einer sehr dicken, farblosen oder leicht-gefärbten, stark lichtbrechenden Flüssigkeit erfüllt. Es gelang mir, die Ausscheidung dieser Flüssigkeit nur in den sehr grossen Drüschen zu sehen, die im hinteren Körpertheil liegen und eine besondere Form besitzen. Sie haben die Gestalt eines eiförmigen Ellipsoides, deren zugespitzte Enden der Peripherie zugewendet sind. Aus diesem Ende trat im Strom dicker, trüber, farbloser Flüssigkeit heraus (Fig. 5, 7).

An die Basis eines jeden Drüschens tritt gleichfalls ein Nerv (Taf. IX, Fig. 3, n. gf. Taf. XI, Fig. 1, n), dessen Endigung in demselben ich auch nicht beobachten konnte. Es scheint mir, dass die Nervenendigung vollständig mit der Membran der Basis des Drüschens zusammenfliesst, welches jedenfalls die Bedeutung eines percipirenden Körperchens und sogar einer Empfindungszelle hat (Taf. IX, Fig. 3, cp. Taf. XI, Fig. 1, cp, Fig. 3, cp'). Ich glaube in einigen Fällen in dieser Basis sogar einen grossen Kern gesehen zu haben. Zu einer solchen Voraussetzung über die physiologische Rolle dieser Drüschen führt uns nicht nur der Umstand, dass dieselben vorzugsweise an den empfindlichsten und an einfachsten reflectorischen Contractionen am häufigsten unterliegenden Stellen sich vorfinden, sondern auch die Thatsache, dass sie in einem unmittelbaren Zusammenhange mit einer Muskelzelle stehen. Am leichtesten ist dies letztere an dem ganzen convexen Rande der Flossen zu beobachten, welcher mit solchen empfindlichen Drüschen besetzt ist. Viele davon sind blind, andere besitzen eine entsprechende Oeffnung in der Haut. Von einer jeden Drüse geht eine Nervenfaser ab und alle diese Fasern fliessen zu einer gemeinschaftlichen Faser zusammen (Taf. IX, Fig. 12, na), welche in einer grossen, dreieckigen Muskelzelle endigt (nc). Auf diese Weise kann man sich überzeugen, dass eine von einer Muskelzelle ausgehende Faser fähig ist, sich zu verzweigen und mehrere Fortsätze zu den Empfindungszellen oder zu den percipirenden Körperchen abzugeben. In der Abbildung sind vier solche Fortsätze von einer demselben aufsitzenden Drüschen zu sehen (Fig. 12, cp). Von einer Muskelzelle (Fig. 12, n.c.) geht eine dicke Faser aus (n), welche einen kleinen Zweig zu den ersten entgegenkommenden Muskelbande abgiebt (zn). Bisweilen schickt die Zelle unmittelbar einen derartigen Fortsatz zu einem solchen Bande (Fig. 12, n.m) und giebt einen anderen, weiter gehenden ab (n'). In beiden Fällen — sei es einer Faser oder einem Zellen-fortsatz — gehen diese Zweige weiter und erreichen endlich wahrscheinlich irgend welchen Centralapparat. Jedenfalls müssen wir in dem eben beschriebenen Mechanismus einen einfachen reflectorischen Apparat erkennen, welcher auch unabhängig von einem Nervencentrum wirken kann. — Aehnliche, nur nicht so stark entwickelte Apparate kommen auch in

13*

92

anderen Theilen des Körpers vor. Bisweilen scheint ein kleines percipirendes Körperchen — in der Gestalt eines kleinen Bläschens — eine Faser zu einem Muskel abzugeben. Doch verbinden sich hier höchst wahrscheinlich zwei Fasern, deren eine von dem percipirenden Körperchen, die andere von der Muskelzelle ausgeht. Wir werden übrigens noch Gelegenheit haben, unten, bei der Beschreibung des Nervensystems, über diese Apparate zu sprechen.

Im Muskelsysteme von *Clio* können der obere und der untere oder der dorsale und der ventrale Theil unterschieden werden. Diese beiden Theile gehen allmählich ineinander über und sind vermittelst lateraler Netzwerke und Verflechtungen eng miteinander verbunden. Von denselben ist der letztere stärker entwickelt, und jeder Theil besitzt sein Centrum, in welchem die Hauptfasern oder deren Bündel liegen. Wenn wir die Bewegung von *Clio* im Wasser beobachten, so bemerken wir, dass das Thier seinen Körper lieber und leichter in dem oberen Theile biegt, — mit anderen Worten, es biegt leichter und öfter den Rücken aus, den Bauch aber ein. Das ist eine directe Folge der unregelmässigen Entwickelung der Muskelfasern. Längs der Rückseite gehen drei oder vier dünne Bündel, welche im Kopfe und im Schwanzende sich theilen (Taf. VII, Fig. 5, *fa*). Im Kopfe geben dieselben eine Menge feiner Verzweigungen ab, welche bis zu den Fühlerspitzen gelangen und diese ins Innere des Kopfes einzuziehen gestatten (Fig. 5, *fa*). Ueberhaupt vollziehen alle diese Zweige die Längsbewegungen. Der Kopf kann auf den Rücken zurückgeschlagen werden (wobei der Mund sich nach vorne richtet) oder sich nach links oder nach rechts wenden, je nach der Wirkung der Muskelbündel der linken oder der rechten Seite. Da fast in allen Punkten desselben reflectorische Apparate sich befinden, so können vermittelst einzelner Fasern locale Contractionen stattfinden.

Betrachten wir im Allgemeinen die Bestandtheile aller dieser Bündel, so sehen wir entweder lange, feine, oder kurze, an beiden Enden zugespitzte und verschiedenartig gekrümmte Fäserchen (Taf. IX, Fig. 11 *u*). Insbesondere kann man solche Fäserchen in allen Netz- und Gitterwerken finden (Taf. XI, Fig. 6). Von den längs oder schief-querverlaufenden Fasern abgesehen, finden wir quere und ringförmige, von denen die letzteren besonders deutlich in den Fühlern zu sehen sind, wo sie von einander ziemlich weit abstehen (Taf. X, Fig. 10, *nnn, nnn*). Ueberhaupt bemerken wir im Kopfe mehrere nach verschiedenen Richtungen gehende Fasern (wenigstens drei Schichten), aber als hauptsächlichste kann man unter ihnen immer die von den vier Längsbündeln auf der Rückenseite ausgehenden unterscheiden. Ausser diesen verlaufen fast im ganzen Rumpfe feinere Längsfaserbündel, die schon dem unbewaffneten Auge sichtbar sind.

Das Centrum der unteren, der Bauch-Seite, wird von denjenigen Muskelbündel gebildet, von welchem oben gesprochen ist und welches so zu sagen die Grundlage für die Bewegung des Fusses vorstellt. Seine Fasern gehen an der unteren Seite des Kopfes auseinander, treten in die Fühler hinein und gehen, vermittelst Nebenfasern, welche flache Bündel und Netze bilden, allmählich in das Fasersystem der Rückenseite über. Einzelne, dünne und flache, lange Muskelbündel, die das Einziehen der Fühler besorgen, befestigen sich an deren Basis und an der unteren Wand des Kopfes. Diese Muskeln ziehen neben den Nerven hin, von denen sie schwer zu unterscheiden sind. Eben solche Muskeln befestigen sich an der Basis der verborgenen Fühler.

Das Brust- oder richtiger Fuss-Bündel der Fasern geht unten in breiten Bändern auseinander, die sich an der Basis des Bauches befestigen. Ausser diesen starken Muskeln verlaufen andere in den übrigen Theilen des Bauches, sowohl oben als an beiden Längsfaserbündeln, welche durch quer und schrägverlaufende, und auf diese Art ein Gitterwerk bildende Fasern verbunden werden.

Den vollkommensten Typus eines solchen Gitterwerkes finden wir in den Flossen (Taf. XI, Fig. 6). Durch ihre gemeinschaftliche Basis zieht ein sehr regelmässiges, in jeder Flosse fächerförmig sich vertheilendes Faserbündel. Diese Vertheilung ist schon von Eschricht[1] ganz richtig beschrieben worden. Hauptsächliche Gittertheile werden von dickeren, fächerförmig sich ausbreitenden Bändern gebildet. Feinere Bänder gehen diagonal von unten nach oben und kreuzen die ersteren der ganzen Flossenausdehnung nach. Diese verzweigen sich an den Flügelspitzen, indem sie feinere Fasern abgeben oder in feinere Zweige sich theilen (Taf. VIII, Fig. 5).

Jede Flosse stellt, ähnlich einem Insectenflügel, einen plattenförmigen Sack vor, an dessen beiden Wänden, der oberen und unteren, gleiche Muskelbänder liegen, welche an der oberen Wand aber stärker, als an der unteren entwickelt sind. Die beiden Wände sind an verschiedenen Punkten durch Muskelbalken verbunden.

Die erste und Hauptfunction der Flossen ist die der Bewegung. In ihrer ganzen Länge ausgestreckt, besitzen sie eine herzförmige Gestalt und sind 4—5 mm lang. Im verkürzten Zustande nehmen sie eine Halbkreisform an und treten kaum aus den lateralen Contouren des Körpers hervor. Kräftiges musculöses Gitterwerk gestattet ihnen solche Verkürzungen. Wenn man *Clio* anrührt oder unstösst, so zieht sie gewöhnlich ihre Flossen zusammen. Dasselbe Resultat wird auch durch andere innere Reize des Nervensystems erzeugt. So zieht bisweilen das Thier seine Flossen bei der Copulation zusammen. Bei der Bewegung scheint *Clio* einfach und einförmig ihre Flossen zu schwingen. Aber da diese Bänder und Spitzen sich sehr verschiedenartig umwenden, verkürzen und krümmen können, so hängen von diesen Aenderungen auch die verschiedensten Formen der Bewegungen und Wendungen ab. Letztere geschehen auch mit Hülfe des Schwanzes.

Kräftige, aber sehr einförmig gebaute Muskelschichten finden sich im Propodium, welches in sehr seltenen Fällen, z. B. bei der Begattung, sich verschiedenartig, wenn auch sehr schwach, krümmen oder ausstrecken kann. Was das Metapodium betrifft, so entbehrt dasselbe der Muskelfasern fast gänzlich. Diese beiden Theile des Fusses erreichen bei den

1) Eschricht. l. c. S. 4. Taf. I, Fig. 5.

Larven von *Clio* in einer gewissen Entwickelungsperiode eine bedeutende Grösse. In einem der definitiven Form nahen Entwickelungsstadium ragen die beiden Hälften des Propodiums als zwei zugespitzte Anhänge stark hervor (Taf. IX, Fig. 2, *Pp*). Noch stärker ist das Metapodium entwickelt, welches von unten in der Gestalt eines grossen zungenförmigen Anhänges zwischen beiden Hälften des Propodiums hervortritt (Fig. 2, *Mf*). Diese Organe haben keine Function. Sie erscheinen hohl, sackförmig und von Fett erfüllt, welches besonders prall das Metapodium anfüllt und dann mit der Verkürzung und der Atrophie dieser Anhänge zur Ernährung des Larvenkörpers dient. Das Verschwinden dieser Anhänge selbst ist wahrscheinlich durch ihre Unthätigkeit bedingt. Sie erscheinen provisorisch als Ueberreste von Organen der vorigen Formen, bei welchen sie wahrscheinlich von Bedeutung waren.

Auf einige, eine specielle Function besitzende Muskeln werde ich bei der Beschreibung der Organe, zu deren Bewegung dieselben dienen, hinweisen.

3. Organe der Nahrungsaufnahme und der Verdauung.

Mit *Clio* erscheint im Juli ein anderer kleiner, mit grossen Flügeln versehener, violett-schwarzer Pteropod, *Limacina arctica*, welcher in ungeheuren Mengen an der Meeresoberfläche rasch umherschwimmt, vorzüglich vor dem Sonnenuntergange. Dieser Pteropod ist das Nahrungsmittel der *Clio*, welche ihre Beute von unten her ergreift, indem ihre langen, rothen Fühler, welche sich stark ausstrecken und sich beugen, dieselbe anhalten und zu betasten scheinen, wobei ihnen die Kieferhaken zu Hülfe kommen, welche in den Körper von *Limacina* hineingestossen werden. Die ganze Oberfläche dieser Fühler ist mit kegelförmigen, an der Spitze wagerecht abgeplatteten, kleinen Erhöhungen bestreut (Taf. VII, Fig. 9, 13 . und hier öffnen sich 8—12 birnförmige Drüsen, die eine klebrige, zähe Flüssigkeit ausscheiden (Fig. 10, 11, 13), welche die *Clio* als Speichel beim Verschlucken der Beute dient, während sie, wie wir unten sehen werden, auch gut entwickelte Speicheldrüsen besitzt. Diese Flüssigkeit fliesst aus einem der Fühler an denjenigen Stellen auf die Beute hin, wo *Clio* dieselben an letzterer während des Verschluckens ausdrückt. Mit Hülfe dieser schleimigen Flüssigkeit wird die *Limacina* allmählich in den Schlundkopf und in die Speiseröhre eingezogen, was vermittelst der oberen Kiefer und besonders der kleinen Radula-Häkchen vor sich zu gehen scheint. Durch das Integument hindurch kann man leicht sehen, wie die schwarze Masse des verschluckten Mollusken langsam durch die Speiseröhre geht. Zu dieser Zeit bedarf *Clio* der Hülfe der rothen Fühler nicht mehr. Sie zieht dieselben ins Innere des Kopfes ein und fährt nun den noch aus ihrem Munde hervorragenden Ueberresten der Beute zu schwimmen fort. Die dünne, vom Körper leicht abtrennbare Schale von *Limacina* wirft *Clio* gleich beim Beginn des Verschluckens heraus. Fast bei einer jeden zu der Zeit, wenn die Limacinen in Menge vorkommen, gefangenen *Clio* kann man eines dieser Thiere aus ihrem Munde hervorragen sehen. Sie fressen dieselben sehr gern auch in der Gefangenschaft, aber es ist unmöglich, sie damit eine längere Zeit zu ernähren, da die Limacinen gewöhnlich nur während einer kurzen Zeitperiode zu finden sind. Was *Clio* ausser dieser Nahrung frisst, weiss ich nicht; jedenfalls unterliegt es keinem Zweifel, dass dieselbe zu den Raubthieren gehört. Das letztere beweisen übrigens sowohl ihre kräftig entwickelten Kiefer, welche Bündel von grossen und scharfen Haken darstellen, als auch ihre scharfen hakenförmigen Radula-Zähne. Der kurze, breite Rüssel von *Clio* steckt (Taf. VII, Fig. 12), wie alle Mundtheile, in einer Längsvertiefung und ist hinter zwei Lippenförmigen, leicht voneinander verschiebbaren Mundfalten verborgen (Fig. 6, 7). Die weite Mundöffnung besitzt unten einen Ausschnitt. An ihrem oberen Rande befinden sich 4—5 lange, wahrscheinlich sehr empfindliche Borsten (Taf. VIII, Fig. 2, *ps*). Der Rüssel ist mit Flimmerepithel bedeckt, unter welchem eine Schicht kleiner, länglicher, von braun-orangefarbenem Pigment erfüllter Zellen liegt. Ein ähnliches Integument kleidet auch die aus dem Mund liegenden Theile dar. Ausserdem biegt sich dasselbe nach innen um und setzt sich in den Schlund fort (Taf. VIII, Fig. 2, *oe*, Fig. 13, 15).

Zu beiden Seiten des Mundes liegen Oeffnungen, durch welche die Kiefer, die im Schlundkopf (Bulbus oesophagi) in zwei separaten, hornförmigen, der Radula anliegenden Säckchen verborgen sind (Taf. VIII, Fig. 6, *mb*, *mb*), herausgestreckt werden. Die diese Kiefer beherrschenden Muskeln bilden eben die Hauptmasse des Schlundkopfes (Taf. VIII, Fig. 2, *Sc*, *Sc*), und vermitteln das Herausstrecken der Hakenbündel durch die Oeffnungen und die Ergreifung der Beute. Ein jeder Kiefer besteht aus einer halb hornigen Basis, an welcher die 10—12 grosse und eine Menge von kleinen, verschiedene Entwickelungsstadien darstellenden, ebenfalls hornigen Häkchen befestigt sind (Fig. 2, *Hn*), von denen jedes dicke hornige Wandungen besitzt, in welchen sich bisweilen kleine, längliche, wahrscheinlich das Gewicht der Häkchen vermindernde Höhlen vorfinden (Fig. 11, *rc*). Letztere werden durch die von innen sich aneinander lagernden Schichten der Wandungen gebildet. Von dieser Art des Wachsthums kann man sich durch die Beobachtung des Baues der Häkchen in verschiedenen Altersstadien überzeugen. Zuerst erscheint ein kleinstes Häkchen in der Gestalt eines compacten hornigen Fortsatzes. Dann bildet sich eine Höhle in demselben und zum Besitz der Fortsatz schon eine selbständige, in der sehnenförmigen Haut sitzende Basis (Taf. VIII, Fig. 16), an welcher sich allmählich die Schichten innerhalb der Höhle des Häkchens ablagern. Sie erscheinen in der Gestalt neuer Häkchen oder richtiger Käppchen, welche beim Wachsen sich ineinander hineinlagern. Die Gipfel aller inneren Käppchen ragen frei in die Höhle des äusseren Käppchens; an den Seiten aber verschmelzen sie stellenweise alle mit einander, so dass sie eine gemeinschaftliche Höhle bilden und in der dicken gemeinschaftlichen Wand hie und da leere Räume darstellen (Fig. 11, *rc*, *rc*). Im basalen Käppchen kann man leere, scharf contourirte Zellen sehen, welche das Nahrungs-material für das Wachsen des Häkchens enthalten zu halten scheinen (Taf. VIII, Fig. 12, *nt*). Ueberhaupt erinnert deren Wachsen an den Vorgang der Federbildung bei den Vögeln. Ein jedes Bündel solcher Häkchen kann nach aussen hervorgeschoben und wieder eingezogen werden. Die erstere Bewegung kommt vermittelst einer quer-ringförmigen Muskelschicht zu Stande, welche fast den ganzen Bulbus bekleidet und bei ihrer Contraction leicht und rasch das Bündel aus dem Ueberzuge herauspressen kann (Fig. 2, m). Die am stärksten entwickelten Häkchen besitzen eine gemeinschaftliche hornartige Basis oder einen Handgriff, an welchem sie sich befestigen. Die Basis eines jeden Häkchens ist schief abgeschnitten, weshalb letzteres an die Innenseite des ganzen Bündels angelegt werden kann. Dabei richtet es sich selbstverständlich mit seiner Spitze nach unten. Durch die Wirkung der Muskeln werden die Häkchen nach oben gehoben, jedoch nicht mit gleicher Kraft. Die grössten heben sich am meisten, die kleinen aber bleiben ausser Wirkung. Dieses Heben und Niederziehen kann mit dem Herausschieben der Schneide eines Federmessers verglichen werden. Dabei erinnern auch die Häkchen selbst durch ihre Form an ein etwas hakenförmig nach der Schneide gekrümmtes Messer. Oben haben wir gesehen, dass dieselben eher als Schluckwerkzeuge und nicht als Organe zum Ergreifen der Beute fungiren. Einer gleichen Function dienen auch die kleinen Radula-Häkchen.

Der Schlundkopf von Clio nimmt im Kopfe einen verhältnissmässig kleinen Raum ein, indem er nicht die Hälfte der Kopflänge erreicht (Taf. VIII, Fig. 1, B, oe). Der grössere Raum innerhalb dieses Sackes ist für die Muskeln bestimmt, welche die Häkchen der Oberkiefer einziehen oder in den Körper der Beute hineinstossen (Fig. 2, m n). Dabei gestatten dieselben Muskeln, dass die Häkchen, indem sie sich ins Innere der Kiefersäckchen hineinbürgen, sich wie ein Federmesser entgegen.

Das Herausstrecken der Kieferhäkchen hängt von anderen Muskeln ab, flachen, querlaufenden Fasern, die den ganzen Sack umgeben und, indem sie denselben zusammendrücken, diesen ganzen Greifapparat nach aussen schieben. Ausserdem kann jeder Kiefer vermittelst zweier bandförmiger, sich durchkreuzender Muskeln nach rechts oder nach links gedreht werden (Taf. VIII, Fig. 2, m r); jeder von ihnen ist mit seinem oberen Ende an dem oberen Theil des Zahnsäckchens, mit dem unteren aber an dem unteren Theil des entgegengesetzten Säckchens befestigt.

Die Radula befindet sich auf einer muskulösen, kegelförmigen Erhöhung (Taf. IX, Fig. 1), die vermittelst verschiedener, sie zusammensetzender oder an der befestigter Muskeln an die Mundöffnung angezogen, oder umgekehrt eingezogen werden kann. Diese Erhöhung ist ganz von den Muskeln ausgefüllt, welche verschiedener Theile der Radula bewegen. An ihrem oberen Ende inseriren sich zwei lange, S-förmig gekrümmte Muskeln (Taf. VIII, Fig. 9, m, ae), welche offenbar die Antagonisten der ebenfalls am oberen Ende dieses Organs, aber an seiner entgegengesetzten Seite befestigten sind (Taf. IX, Fig. 1, Iy.)

Die Speiseröhre (Taf. VIII, Fig. 1, oe) scheint ausserhalb dieses Pharynxapparates zu liegen, welcher an ihrer unteren Seite, nämlich an der Pharynxhöhle sich befestigt. Das äussere Epithelium, welches aus kleinen, deutliche Kerne besitzenden, von orangefarbenen oder dunkelgelben Pigmentkörnchen gefüllten Zellen besteht, bekleidet die ganze Oberfläche des Bisses und der Kiefergruben und kommt auch an der Oberfläche des Pharynx und der Speiseröhre vor, hier aber sind seine Zellen weit länger, gekrümmt und mit verhältnissmässig kleineren Kernen versehen (Taf. VIII, Fig. 15). Die ganze Innenfläche des Schlundes, der Pharynxhöhle und der Mundöffnung ist mit Flimmerhaaren dicht besetzt, welche eine Fortsetzung der den ganzen Körper des Thieres bekleidenden Flimmerbedeckung bilden. Die Radula besteht aus einer doppelten Häkchenreihe. An der breitesten Stelle derselben kann man 11—12 solcher vollständig farblosen Häkchen zählen. Aus der Mitte einer jeden Radulareihe genommene, vollständig entwickelte und ausgebildete Häkchen stellen eine breite, angeschwollene, nach oben höckerförmig hervorragende Basis vor (Taf. VIII, Fig. 7), von welcher ein langes, dünnes und scharfes Häkchen bogenförmig nach unten herabsteigt. Die ausgebreitete Basis besitzt oben und unten leicht hervorragende Ebenen, welche als Befestigungsstellen für die das Häkchen bewegenden und niederziehenden Muskeln dienen. Im unteren oder hinteren Ende der Radula treffen wir schon kleine, feine, verschiedenartig gekrümmte Häkchen (Taf. VIII, Fig. 8). Hier befindet sich offenbar der hintere, unnöthige Theil derselben, welcher keine Function hat und auf welchen die Kraft der Anpassung wenig Einfluss übt. In der Bedeckung desselben finden wir auch grosse ovale Zellen (Fig. 8, cl), welche wahrscheinlich Kalk oder überhaupt ein Material zur Bildung neuer Häkchen enthalten.

In den unteren Theil des Pharynx oder in den oberen Theil der Speiseröhre mündet ein Paar langer Speicheldrüsen (Taf. VIII, Fig. 1, 2, 3, Gl. s), welche sich durch die ganze Länge der Speiseröhre erstrecken und sich mit ihren hinteren Enden vermittelst Bänder an der oberen Wand des Thieres Magenanfanges befestigen. Jede dieser Drüsen besitzt einen ziemlich dicken Ausführungsgang (Fig. 2, d) und besteht aus kleinen, von aussen durch geringe Abgrenzungen eines gelblichen Pigments bezeichneten Läppchen (Fig. 3, Gl. s), in deren Centrum wir eine feinkörnige, dicke, oben kugelförmige Masse (Fig. 14, ep, cp) finden, um welche herum viele mit Fett oder mit einer farblosen, stark lichtbrechenden Flüssigkeit erfüllte Kügelchen (Gr) liegen. Alles dieses betrachte ich als aufgespeichertes Material, welches zur Bereitung von Speichel bestimmt ist.

Der Magen von Clio stellt einen schwarzen, umfangreichen Sack vor (Taf. VIII, Fig. 1, v), welcher die ganze Brusthöhle einnimmt und in einem besonderen, auch den anliegenden Theil der Geschlechtsorgane umfassenden Sinus liegt. Die Wandungen dieses Sackes bestehen, ebenso wie die Wandungen der Speiseröhre, aus ringförmigen und langsverlaufenden Muskelfasern, die ganze innere Fläche des Magens ist aber von grossen, sehr reichlich von Fettropfen und dunkelbraunen oder schwarzem Pigment erfüllten Zellen bedeckt, man besitzt der ganze Magensack eine Menge kleiner Ausstülpungen oder kleiner sackförmiger, mit dunkelbraunen Zellen belegter Anhänge, welche wir als die Leber des Thieres betrachten müssen, weil Clio keine andere differenzirte Leber besitzt.

Nach stürmischen Tagen, während welcher die Limacinen und Clio in grössere Tiefen gehen und nach welchen nur Clio an der Meeresoberfläche auftritt, erscheinen die Zellen des besitzenden dieses Magens sehr gross, lang, ausgestreckt

und mit grossen, gelben Fetttropfen überfüllt (Taf. VIII. Fig. 5). Man braucht nur einen Blick auf die Geschlechtsorgane solcher Exemplare zu werfen, um zu begreifen, woher in der Zeit des Hungerns diese Ablagerungen des ernährenden
Fettes im Magen entnommen sind. Sie sind ein Product der Zersetzung oder der fettigen Metamorphose der Geschlechtsorgane, welche fast bis zu ihrem embryonalen Zustande zurückgebildet werden (Taf. XIV, Fig. 2).

Die obere Magenwandung ist von der unteren durch eine breite, glatte Stelle getrennt (Taf. VIII, Fig. 4, *Mt, b mt*),
welche, einem breiten Gange ähnlich, von der hinteren Magenöffnung anfängt und, allmählich sich verengend, bis in die
Spitze des Magens sich verlängert. Hier, in dieser breiten Vertiefung, begegnen wir den hauptsächlichen, den Magen
ernährenden Blutgefässen (Fig. 4, *Vs*). Der übrige Theil des Darmtractus oder der eigentliche Darm besteht aus einem
dicken, kurzen und ziemlich geradlinigen Rohre (Fig. 4, *r*), das fast unmittelbar an seinem Austritt aus dem Magen sich
nach vorne umbiegt, sich diagonal nach unten richtet und mit der Ausmündung im rechten Winkel des Bauchtheiles endet.
Dieser Darm besitzt eine röthlichbraune oder schwarze Farbe und ist von aussen mit Flimmerhaaren bedeckt (Taf. XIV, Fig. 3, *re*).

Die ausserordentliche Kürze des Darmcanales von *Clio* weist klar auf die räuberische Lebensweise dieses Thieres
hin. Es ist ein unversöhnlicher Räuber, der sich an die Ernährung mit dem zarten Fleische der Limacinen angepasst
hat. Wahrscheinlich bietet deren Pigment ein reiches Material für die helle Färbung des Körpers. Jedenfalls geht
die Verdauung des Fleisches derselben sehr rasch und energisch vor sich, sie geschieht zur Hälfte im Pharynx und
wird in der Speiseröhre beendigt. In die letztere ergiesst sich der reiche Inhalt der Speicheldrüsen, und in ihr geschieht
auch das langsame Zerreissen der Nahrung vermittelst einer so starken Reibevorrichtung, wie die Radula-Blättchen sie vorstellen. Bemerken wir dazu, dass der Schleim der rothen Fühler das Verschlucken der Nahrung erleichtert, so können wir
schliessen, dass das reiche Product der Speicheldrüsen die Rolle eines wesentlichen Verdauungsfactors spielt. In der ersten
Hälfte oder im ersten Drittel des Darmtractus vollzieht sich also auch die Hälfte der Verdauung, — die übrige Hälfte wird
von den Lebernischen des Magens vollendet. Der Umfang des Magens ist ziemlich gross, doch wird derselbe, wenn *Clio*
zwei Limacinen gefressen hat, vollständig von denselben ausgefüllt; er scheint nur so gross wegen einer zu grossen Verschiedenheit seiner Breite im Verhältniss zu derjenigen der Speiseröhre und des Rectums. Im Vergleiche mit dem ganzen
Körperumfange von *Clio* ist er jedoch nicht zu gross zu nennen. Specielle Beobachtungen über die Verdauung dieses
Pteropoden habe ich nicht gemacht; aber es scheint mir, dass hier, bei einfachem, embryonalem Baue des Darmcanals und
bei der Durchsichtigkeit des Integumentes, für die Experimente über die Verdauung keine besonderen Hindernisse bestehen können.

Der Darmcanal erscheint bei *Clio* sehr früh und in derselben Form, welche er bis zum Lebensende beibehält. In
dieser primären Form sind in demselben drei Hauptabtheilungen zu unterscheiden: der Vorderdarm, der Mitteldarm und
der Hinterdarm (Taf. IX. Fig. 2, *ae, V, Re*). In den ersteren zwei Abtheilungen vollzieht sich die Verdauung, in der letzteren
geht die Resorption vor sich. Wahrscheinlich ist während des ersteren Actes diese letzte Abtheilung, d. h. der Enddarm,
geschlossen, zu welchem Zwecke eine sphincterförmige, kräftigen Ringmuskeln versehene Klappe besteht (Taf. VIII,
Fig. 5, *sph*). Die Resorption geschieht durch die Wände oder richtiger durch die Zellen dieser Wände und von dort wird
der Nahrungssaft in die Leibeshöhle geführt; wenigstens habe ich hier kein resorbirendes System aufgefunden, und ein
solches fehlt wahrscheinlich auch bei anderen Mollusken. Bei den Pilchenteraten geht der Chylus unmittelbar durch die
Wände der Baumverzweigungen in die Leibeshöhle über. Dasselbe scheint auch bei den Pteropoden zu geschehen. Ich
meine, dass eine künstliche Ernährung mit gefärbten, durch den Anus in den Enddarm eingespritzten Flüssigkeiten diese
ganz unklare Frage entscheiden könnte.

4. Das Blutgefässsystem und die Respiration.

Das Herz von *Clio* befindet sich an der rechten Körperseite, neben dem Magen (Taf. VII, Fig. 5, 8, *c*), und
ragt mit seinem hinteren Ende in den gemeinschaftlichen Sinus des hinteren Körpertheiles. Die Höhle dieses Sinus verbindet sich ohne scharfe Grenze mit der Herzvorkammer (Taf. X, Fig. 2, *pv*), in welche bei der Diastole das Blut
aus jener eintritt. Die Vorkammer ist von einem dünnen, von zerstreuten, sich durchkreuzenden Muskelfasern ge-
stützten Epithelialgewebe gebildet (Taf. X, Fig. 5, *pv*) und besitzt die Form eines kleinen, kurzen Kegels, dessen
Spitze in den Herzventrikel übergeht, durch die breite Basis aber mit dem gemeinschaftlichen hinteren Sinus des
Körpers zusammenfliesst (Taf. X, Fig. 2, *pv*). Der Ventrikel hat eine birnförmige Gestalt (Fig. 5, *rc*) und geht mit
seinen vorderen verkleckten Theile in die Aorta über. Von der Vorkammer ist derselbe durch eine einfache, sphincterförmige Klappe getrennt. Die Wände des Ventrikels sind etwas dicker, als die der Vorkammer, und weit reicher
an Muskelfasern. Wir finden hier ein ganzes System von feinen, langsförmigen Muskeln (Taf. XI, Fig. 7, *m, m*), welche
nach allen Richtungen gehen, sich durchkreuzen und mit feinen, von den der Muskeln aufliegenden Herzganglien (*gc, gc*)
ausgehenden Nervenverzweigungen versehen sind. Endlich sind die Vorkammer und der Ventrikel in die Pericardialkapsel
eingeschlossen (Taf. X, Fig. 6, *pc*), deren hinteres Ende an die Wände der Vorkammer angewachsen, während das vordere an dem
Aortenanfang befestigt ist. In der Mehrzahl der Fälle erscheint das Herz farblos, bei den stark gefärbten Exemplaren ist es
aber von gelblicher und sogar gelblichbrauner, von einem diffusen Pigmente abhängiger Farbe, welche jedoch ausschliesslich
nur das Pericardium erfüllt. Wegen seiner Farblosigkeit wird das Herz, wenn es zu schlagen aufhört, dem unbewaffneten
Auge sehr oft unsichtbar; während die Pulsation es dagegen durch das durchsichtige Körperintegument bei allen

Exemplaren leicht sichtbar. An unbeweglich befestigten Thieren ist es sehr gut bei schwacher (10—15facher) Vergrösserung zu beobachten. Noch besser aber kann man die Herzpulsation und fast den ganzen Bau des Herzens bei jungen, ganz durchsichtigen Exemplaren bei 100facher Vergrösserung sehen. Es schlägt ziemlich energisch, obgleich langsam, 40—55 Mal in einer Minute. Ich glaube, dass an einem so durchsichtigen Thiere, wie *Clio*, ganz bequem alle Pulsverländerungen und überhaupt alle Herzfunctionen unter der Wirkung verschiedener, das Nervensystem beeinflussender Stoffe zu beobachten sein werden. Hier scheint ein weites Feld für anatomisch-physiologische Untersuchungen offen zu liegen; ich meinerseits kann nur eine morphologische und zwar nicht ganz vollständige Beschreibung dieses grossen Pteropoden des Weissen Meeres vorlegen.

Das Blutgefässsystem ist nur theilweise, in Bruchstücken, bei verschiedener Vergrösserung zu beobachten. Um dasselbe vollständig in allen seinen Theilen zu sehen, ist es nothwendig, Injectionen zu machen. *Clio* ist viel leichter zu injiciren, als z. B. eine Hausspinne oder eine Assel; aber es wäre sehr gewagt zu sagen, dass diese Injectionen immer gelängen. Mit der Beale'schen Flüssigkeit habe ich vergebens operirt. Mit weit grösserem Erfolg kann man schwere Injectionsmassen anwenden und mit Zinnober injiciren. Feines Pulver dieses schweren Farbstoffes (poudre impalpable), sorgfältig mit Glycerin verrieben (2 Theile Zinnober und 3 Theile Glycerin) und mit sehr wenig Wasser verdünnt, hat mir immer schöne Resultate nicht nur bei Injectionen von *Clio*, sondern auch von andern kleinen Weichthieren gegeben.

Ich habe stets durch das Herz injicirt, indem ich mittelst Pincetten die Wände der Vorkammern an die Canäle andrückte oder an dieser Stelle eine Ligatur anlegte. Die letztere Methode ist schwieriger als die erstere, giebt aber viel bessere Präparate. Wenn das Herz bei der Einführung der Canüle unbeschädigt, unzerrissen bleibt, so fliesst die gefärbte Masse leicht und frei aus demselben in die ziemlich weite Aorta hinein (Taf. X. Fig. 1, *aa*). Zu den Geschlechtsorganen und zum Magen tretend, giebt letztere zunächst eine sehr dicke Arterie ab (Fig. 1, *a. gen. v*), deren Zweige vorzugsweise in den Magenwandungen sich vertheilen (*a. ven.*), während einige andere zur Geschlechtsdrüse gehen (*a. gen.*). Das scheint mir einerseits auf einen engen Zusammenhang der Functionen dieser beiden Organe, andererseits aber auf die Möglichkeit der Uebernahme der Bestandtheile der während der Hungerzeit verschwindenden hermaphroditischen Drüse durch jene Arterie hinzuweisen. Zu gleicher Zeit bedingt die Function der dieser Uebergabe bewirkenden Arterie eine Hypertrophie derselben, es entsteht hier eine Art natürlichen Aneurysmas und das ganze Gefäss, von der Geschlechtsdrüse angefangen, nimmt die Form eines langen Sackes an (Taf. XIV, Fig. 3, *a. gen.*), dessen Wandungen mit dünnen, in verschiedenen Richtungen sich kreuzenden Muskelfasern versehen sind. Zweige dieser Arterie senken sich in die Masse der Drüse (*a. a, a*) ein, welche das Bild einer völligen Zerstörung darbietet; dieselbe besitzt keine Spur von Geschlechtselementen, und alle Producte der fettigen Degeneration kehren höchst wahrscheinlich durch die Arterien in die erweiterte Geschlechtsarterie zurück, welche in diesem Falle ein partielles, dem Inhalt der hermaphroditischen Drüse sein Magen übergebendes Herz vorstellt. So erscheint dann ausser dem allgemeinen Blutkreislaufe noch ein anderer, partieller, welcher dem Magen hauptsächlich nicht Blut, sondern Nahrungsmaterial zuführt. Vielleicht fallen die Contractionen dieses zeitweiligen Aneurysmas mit den Herzschlägen zusammen, und indem das Herz eine Blutwelle schickte, hat dieses Aneurysma seinen ernährenden Inhalt in den Magen entleert.

Früher, vor diesem Zweig für den Magen bezüglich die Geschlechtsorgane, giebt die Aorta noch zwei oder drei Aeste zum Uterus, zum Samengange und zum Samenreservoir ab (Taf. X, Fig. 1, *a. ut*). Es versteht sich, dass bei Abgabe aller dieser Zweige die Aorta sich krümmen und der Körpermitte sich nähern muss, weil das Herz an der rechten Seite des Körpers liegt. Danach geht die Aorta ganz gerade nach vorne und entsendet, nachdem sie bis zur Flossenbasis gelangt ist, aus ihrem unteren Theile eine Arterie (Fig. 1, *a. ap*), welche sich in den Brust- und Bauchtheilen des Körpers, insbesondere in den unteren Seite desselben, vertheilt. In die Flossenbasis selbst schickt die Aorta zwei starke, paarige Arterien (*a. nr.*), deren jede sich bei ihrem Eintritt in die Flosse in viele Blutcanäle zertheilt. Ihre Injectionsmasse erfüllt nichts desto weniger die ganze Flosse und vertheilt sich zwischen den Muskeln in ganz regelmässigen parallelen Gängen, welche an vielen Stellen durch ebenso regelmässige Querästchen untereinander verbunden sind (Taf. XI, Fig. *aaa*). So erscheint die ganze Flossenhöhle als ein Gitterwerk von Blutröhren oder Gängen, welche sich die kreuzenden Muskelfasern jeder Flosse durchlaufen.

Nach der Abgabe dieser beiden Flossenarterien verengt sich die Aorta in ihrem weiteren Verlaufe allmählich und geht unter leichter Krümmung nach unten, ohne eine scharfe Grenze zu haben, in die Hauptschlundarterie über, aber auf ihrem Wege befindet sich der Nerven-Schlundring. Bis zu diesem gekommen, schickt sie zwei Aeste ab (*a. ypl*), welche sich um die beiden Hälften des Ringes herum biegen und an verschiedenen Stellen des Schlundringes in ein besonderes Blutgefässsystem münden, das ich das Nervengefässsystem nennen will.

Als Alphonse Milne-Edwards seine Untersuchungen über *Limulus* angestellt hatte, waren die Gelehrten über die Lage des Nervensystems dieses Thieres innerhalb des Blutgefässsystems verwundert. Etwas Aehnliches finden wir bei *Clio* vor. Hier verlaufen gleichfalls alle Stämme des Schlundringes innerhalb der Blutgefässe, welche ihren Anfang aus den jedes Nervenganglion separat umschliessenden Blutsinus nehmen (Taf. XII, Fig. 1, *sin*), in welche die Aeste der Kopfarterie münden. Da das Nervengefässsystem offenbar eines Ueberflusses von oxydirtem Blute bedarf, so wirft sich der Strom dieses Blutes gerade in dasselbe hinein und begleitet alle Nerven bis zu ihrer Endigung in den speciellen Apparat. Um die eine oder die andere Hälfte des Nervensystems stärker und rascher irrigiren zu lassen, besteht zwischen den am meisten entwickelten Kopfganglien eine directe Blut-Communication (*a. cph taf*, *a. cph tif*). Zwischen den zwei grossen

Cerebralganglien befindet sich eine grosse, die beiden Sinus dieser Ganglien verbindende Blutgefässschlinge (Taf. XII. Fig. 1, *ca. a.*), und obgleich ich in den Wänden dieses Blutgefässsystems keine Muskelfasern gefunden habe, kann doch offenbar die ganze Höhle des Sinus des einen oder des anderen Ganglions durch den allgemeinen Druck der umgebenden Flüssigkeit (des Blutes) augenblicklich verengert werden und kann folglich das Blut aus diesem Sinus ebenso augenblicklich durch die Blutgefässschlinge in die andere Hälfte desselben herüberfliessen. Zwar konnte ein solches Herüberfliessen auf grösseren Regenmässigkeit durch den die Commissuren beider Ganglien umfassenden Sinus geschehen, aber es besteht hier wahrscheinlich irgend eine physiologische Unzugänglichkeit, infolge deren das oxydirte Blut unmittelbar auf die Nervencentren, d. h. auf die Ganglienzellen wirken muss. Ich lege diese Erklärung des sonderbaren Baues des Blutgefässsystems nur als reine Hypothese vor und werde mich freuen, wenn sie durch directe Experimente und Beobachtungen widerlegt oder bestätigt werden sollte.

Eine weniger lange Blutgefässschlinge verbindet die beiden Fussganglien (*a. cph. inf.*). Die Wandungen dieses Nervengefässsystems scheinen nichts mehr als eine besondere Art von Neurilemma darzustellen. Dickere Wandungen tragen verzweigte Pigmentzellen.

Nachdem die Kopfarterie zwei Aeste zum Nervengefässsysteme abgegeben hat, zieht sie ganz gerade über der Speiseröhre bis zum Schlundkopf hin und schickt zum letzteren einige Zweige (Taf. X. Fig. 1, *ah.*); auch früher aber geht sie zwei Aeste ab (*b, b*), welche nach unten, in die Tiefe gehen und dort in Muskeln und in Fühlern (*u. l.*) sich vertheilen; endlich biegt sich jeder dieser Aeste schlingenförmig nach hinten um (*a. w.*) und endet in den Muskeln an der unteren Seite des Kopfes.

Das ist der Weg des arteriellen Blutes bei *Clio*. Wenden wir uns jetzt zum Venensysteme. Dasselbe besteht aus grossen Sinus und breiten Gängen, welche in allen Höhlen und intercellularen Räumen des Körpers ihren Anfang nehmen. In dieser Beziehung kann das Venensystem von *Clio*, den Körpertheilen entsprechend, an den Kopf-, Brust- und Bauch- oder Schwanzabtheilung zerlegt werden. Alle diese Abtheilungen sind von einander durch Scheidewände geschieden, in welchen sich aber weite Oeffnungen befinden. Die erste Scheidewand (Taf. X. Fig. 2, *sp*) befindet sich am vorderen Rande der Flossen. In ihrem unteren Theile liegt eine ziemlich grosse, aber enge Oeffnung, durch welche das Blut aus dem Kopfe in die Brust hinein- und durch den ganzen Brusttheil hindurchfliesst, um dann durch zwei weite Oeffnungen in den Schwanztheil hineinzuströmen (Fig. 2, *sp3*).

Der Brusttheil ist vom Bauchtheile ebenfalls durch eine hinter den Flossen liegende Scheidewand getrennt, welche einen Theil des Eingeweide — d. h. den Magen und die weiblichen Geschlechtsorgane — einschliessenden Sackes oder Sinus bildet.

In den Brustgang münden auch die Flossengänge (*pu*) und die ganze Blutmasse geht in zwei Gängen in den Bauch- oder respiratorischen Sinus hinein.

Ueberhaupt stellt der ganze Bauch- oder Schwanztheil von *Clio* einen grossen, doppelten Sack vor (*S. r.*), zwischen dessen Wandungen die Oxydation des Blutes und der Lymphe vor sich geht. Das Innere dieses Sackes (*vr. i*) ist mit einem schon oxydirten Blute gefüllt, welches bei jeder Diastole zu das Herz tritt. Dieser Theil des Blutgefässsystemes enthält echtes Blut, d. h. eine farblose, eine Menge äusserst kleiner Blutzellen von unregelmässiger ellipsoider Form enthaltende Flüssigkeit. Die ganze Innenfläche dieses Sackes oder Blutreservoirs ist mit Flimmerepithel belegt; seine dünnen Wandungen bestehen aus einem Muskelgitter, in welchem sich die Längsmuskeln durch ihre grössere Dicke auszeichnen (Taf. X. Fig. 3, *mli, mli*). Diese Muskeln sind in allen Richtungen von dünnen, schiefen oder schiefquerverlaufenden Muskelbündeln durchkreuzt. Besondere Oeffnungen scheinen in diesen Wandungen zu fehlen; es können aber leicht zu jeder Zeit und an jeder Stelle entstehen, was, wie wir unten sehen werden, selbst an den Wänden dieses Körpertheiles, d. h. in den äusseren Wänden des respiratorischen Sinus geschieht. Durch diese Oeffnungen fliesst das Blut aus dem respiratorischen Sinus frei in den inneren Blutbehälter und aus diesem in das Herz hinein. Uebrigens besitzt die Herzvorkammer, wenn ich mich nicht irre, eine directe Communication mit dem respiratorischen Sinus (Taf. X. Fig. 4, *o*).

Der respiratorische Sinus zeigt ebenfalls einen Gitterbau; seine *t—* Inum er einander abstehenden Wandungen sind hauptsächlich von Längsmuskeln gebildet (Fig. 3, *w. l. i.*) und zwischen den Wandungen verlaufen eine Menge von Muskel- und Bindegewebsfasern, welche sich in den verschiedensten Richtungen kreuzen (Fig. 3, *wü*). Dieser Sinus stellt also, ebenso wie das Herz, ein blutbewegendes Reservoir vor, nur mit dem Unterschiede, dass die Bewegungen desselben äusserst unregelmässig und zufällig sind. In ihm trifft man, ebenso wie in den Flossen, ausser Blutzellen, auch die allgemein in der Leibeshöhle vorkommenden Leucocyten (Fig. 3, *c. a.*, Figg. 7, 8, *cp*), die viel grösser als die Blutzellen sind, sich von den letzteren durch ihre unregelmässige Form unterscheiden und eine langsame amöboide Bewegung zeigen, welche ihnen ein verschiedenartiges Aussehen giebt. Nicht selten besitzen diese Körperchen eine leichte gelbliche Färbung und in ihrem Innern sind verschieden grosse Körnchen zu bemerken, von denen einige stark lichtbrechend sind. Ausserdem liegt innerhalb eines jeden solchen Körperchens ein Zellkern (Fig. 8, *h*). Die kleinsten dieser Körperchen erscheinen als Zusammenhäufungen einiger stark glänzender Körnchen, die von einem, ziemlich lange, dünne Fortsätze aussendenden Protoplasma umgeben sind. Niemals habe ich die Körperchen (Fig. 7, *a*) ohne solche Fortsätze gesehen; die kleinste Anzahl derselben betrug zwei (Fig. 8, *b*), und diese waren kurz, breit und stumpf; schwerlich aber zeigten dieselben noch, jedenfalls waren sie im Begriff, zu sterben. Manchmal habe ich eine grosse Körperchen mit ziemlich kurzen, breiten, stark verzweigten Fortsätzen gefunden (Fig. 8, *a*), am häufigsten aber erscheinen sie in ihrem normalen Zustande ellipsoid oder spindelförmig verlängert, an den Enden in zwei lange, dünne, fadenförmige, einfache oder verzweigte Fortsätze ausgezogen (Fig. 7, *b, c, d*).

die sich ebenso auch an den anderen Stellen des Körpers verdicken. Bisweilen kommen zwei (e durch ihre langen Fortsätze miteinander verbundene Körperchen vor; ganze Gruppen derselben, wie man sie in der Leibeshöhle der Echinodermen und Würmer sehen kann, habe ich hier niemals gefunden.

Die Leucocyten der Leibeshöhle fallen niemals in den inneren Schwanz-Sack oder -Sinus hinein. Woher dieselben stammen, gelang mir nicht zu erkennen und überlasse ich diese Frage künftigen Forschern.

Es unterliegt für mich keinem Zweifel, dass der ganze respiratorische Sinus der Athemfunction dient und dass das Blut oder die Lymphe mittels der den ganzen Schwanztheil des Thieres bedeckenden Flimmerhaare (Taf. VIII, Fig 16) und durch die allgemeine Bewegung des Körpers und insbesondere die des Schwanztheiles einer beständigen Oxydation unterworfen ist. Denn das Blut, welches bei jeder Systole durch die Aorta nach vorne in den Kopf und in die Brust strömt, kehrt, nachdem es seinen Sauerstoff abgegeben hat, in den Schwanztheil zurück und wird hier in dem respiratorischen Sinus des Bauchtheiles von neuem oxydirt. Aber dieses Organ ist keineswegs ein ausschliesslich respiratorisches Organ. Die Respiration vollzieht sich vielmehr ohne Zweifel, und dazu wahrscheinlich noch energischer, in den sich beständig bewegenden Flossen des Thieres.

Diese Organe bedürfen einer Menge oxydirten Blutes, welches aus dem Brusttheile der Aorta in sie einströmt. Es fliesst in breiten Arterien, so dass alle vor den Flossenarterien abgehenden Aeste, ihrem Durchmesser nach, mit diesen letzteren nicht verglichen werden können. Offenbar circulirt durch dieselben die Hauptmasse des im respiratorischen Sinus oxydirten Blutes, und nur ein verhältnissmässig kleiner Theil geht in die Geschlechts- und Darmarterien über. Dennoch ist die Oxydation für das Blut der Flossen unzureichend; wahrscheinlich geschieht dieselbe unmittelbar durch das dünne, flimmernde Integument dieser kräftigen Bewegungsorgane.

Wenn Clio auf den Boden sinkt und ihre Flossen rasch verkürzt und zusammenzieht, so strömt die ganze Menge des in denselben enthaltenen Blutes in den respiratorischen Sinus. Aber ebenso kommt dieses Ueberfliessen des Blutes beständig bei jeder Systole und Diastole und bei jeder Verkürzung der Flossen zu stande. Wenn diese Blutmenge in den respiratorischen Sinus gelangt, wird sie sogleich oxydirt und tritt in das Herz hinein. Alle Eingeweide und Geschlechtsorgane bekommen also ein, so zu sagen, ultraoxydirtes Blut, welches die Oxydation in den Flossen und dann im respiratorischen Sinus erfahren hat. Vielleicht ist dieser verstärkte Zufluss des doppelt oxydirten Blutes die Ursache erstens der beständigen Bewegung des Thieres, zweitens seiner räuberischen Lebensweise, drittens der raschen Verdauung und viertens überhaupt eines raschen Stoffwechsels.

Der Kopf von Clio erhält auf diese Weise ein weniger oxydirtes Blut als der Magen und die Geschlechtsorgane; aber wir dürfen dabei nicht vergessen, dass der Hauptstrom desselben bei jeder Systole direct in den Kopf gerichtet ist. Alle auf dem Wege dieses Stromes abgehenden Arterien stellen nur untergeordnete Aeste dar. Die Hauptmasse des gereinigten Blutes fliesst zunächst in den Nervenganglien-Sinus hinein, aus welchem sie in alle Nerven einschliessende Gefässe strömt, so dass die Function des Nervensystems dadurch also vollkommen gesichert zu sein scheint. Dasselbe muss auch von allen übrigen Theilen des Kopfes, ebenso auch von den starken im Schlundkopf liegenden Muskelapparaten gesagt werden.

Auf diese Weise ist die Respiration von Clio vollkommen geregelt, obgleich das Thier kein specielles Athmungsorgan besitzt. Aber es versteht sich, dass bei der Abwesenheit dieses Organs verschiedene Unbequemlichkeiten in der Stellung und Dislocation aller anderen Organsysteme entstehen, und man braucht, um davon eine Vorstellung zu gewinnen, nur die Lage der Organe bei Clio und bei irgend welchen Platypoden zu vergleichen. Bei letzteren sind die Athemorgane specialisirt und liegen im vorderen, mittleren oder hinteren Theile, in jedem Falle aber ist das Nervensystem in zwei Theile, den vorderen und den hinteren, in das System des thierischen und des pflanzlichen Lebens getheilt. Bei Clio finden wir keine solche Theilung. Hier mischen sich die Flossen in die Anordnung dieser Lagerung ein und stören dieselbe gänzlich. Wenn Clio und die ihr ähnlichen Organismen bei solchen Verhältnissen der Athmungs- und Circulationsorgane überhaupt leben können, so ist das dem beständigen Schwimmen und überhaupt ihrer beweglichen Lebensweise zu danken, welche aber wieder durch die Nothwendigkeit einer beständigen Oxydation des Blutes, einer beständigen Erfrischung desselben vermittelst eines Ueberflusses von Sauerstoff bedingt wird. Alle Pteropoden und unter ihnen Clio schwimmen beständig umher und scheinen immer etwas an der Meeresoberfläche zu suchen. Das Ziel ihres Suchens sind frische, sauerstoffreiche Wasserströme.

6. Nervensystem und Sinnesorgane.

Neben der starken Beweglichkeit zeichnet sich Clio durch ihre ausserordentliche Empfindlichkeit aus; ein leichter Stich, sogar eine leise Berührung an irgend welchem Körpertheile ist hinreichend, um sogleich einen Reflex und eine starke Contraction in demselben hervorzurufen. Die Region der tactilen Empfindungen zeigt bei diesem Thiere eine starke Entwickelung. Dabei ist diese Region das einzige unter allen Sinnesorganen, durch welches die Entwickelung und der Bau der Haupttheile des centralen Nervensystems bestimmt worden sind. Uebrigens muss ich bemerken, dass es mir gelungen ist, an einigen Stellen ihres Körpers locale reflectorische Apparate zu entdecken, so dass offenbar gar nicht alle von den tactilen, percipirenden Körperchen ausgehenden Verbindungsfäden bis zu den centralen Theilen des Nervensystems gelangen. Andererseits darf man nicht ausser Acht lassen, dass der gesammte Contractiltheil dieses Systems kein specifisches

Eigenthum von *Clio* und überhaupt von allen Pteropoden vorstellt, es ist vielmehr ein von anderen Cephalophorentypen auf diesen Typus übergegangener Erbtheil. Wir werden noch Gelegenheit haben, über diesen Gegenstand ausführlicher zu sprechen.

Ebenso wie bei allen Platypoden, bilden auch bei *Clio* die Centraltheile, die Ganglien des Nervensystems, einen Schlundring, der ebenfalls aus drei Hauptgruppen, — den Cerebral- (Taf. XII, Fig. 1, *G. cb.*), Pedal- (*G. P.*) und Visceral- oder Pleuralganglien (*G. v. inf., G. v. s.*) — besteht. Bei *Clio* sind alle diese Abtheilungen fast einander gleich; obgleich die Gehirn- und Fussganglien auf den ersten Blick an Grösse überwiegen, so erscheinen doch die Visceralganglien in einer Anzahl von zwei Paaren, von welchen jedes seinem Umfange nach dem Pedal- oder dem Cerebralganglion gleich ist.

Bei einigen Exemplaren erscheinen die Gehirnganglien etwas mehr entwickelt, als die Fussganglien, mit denen sie durch ziemlich lange Commissuren verbunden sind. Ich begnüge mich mit der blossen Constatirung dieser Thatsache, ohne aus derselben irgend welchen Schluss zu ziehen, da ich in dieser Richtung keine Experimente oder Beobachtungen angestellt habe. Die Cerebralganglien finden sich in ihrer gewöhnlichen Lage unmittelbar hinter dem Schlundkopfe (Taf. XI, Fig. 4, *G. cb.*, Taf. VIII, Fig. 1, *G. cb.*) und sind mit einander durch eine sehr kurze, aber breite Commissur verbunden. Uebrigens kann diese Lage stark verändert und beide Ganglien können vom Schlundkopfe weit abgerückt werden, da die dieselben mit dem Schlundkopf- (Buceal-) Ganglien verbindenden Commissuren, ebensowie alle von diesen Ganglien ausgehenden Nerven, ausserordentlich lang sind. Diese Leichtigkeit der Versetzung des ganzen Schlundringes von vorne nach hinten fast in der ganzen Länge der Speiseröhre ist überaus nothwendig für starke, energische Bewegungen von *Clio*, wenn das Thier seinen Kopf verlängert oder verkürzt oder die eine oder die andere Hälfte desselben nach rechts oder links beugt.

Die Pedalganglien sind etwas schief quer zu beiden Seiten der Speiseröhre gelagert und mit einander durch eine lange, unter derselben gehende Commissur verbunden, welche drei oder vier Mal so lang ist, wie die Commissur der Cerebralganglien (Taf. XII, Fig. 1, *pp*).

Vom unteren, tieferen Theile der Cerebralganglien gehen ziemlich lange und breite Commissuren aus (Taf. XII, Fig. 1, *c. v₁*), an welchen das erste Paar der Visceralganglien aufgehängt ist. Dieses Paar verbindet sich mit den Pedalganglien wieder durch breite Commissuren von unbedeutender Länge (*c. p.*), welche sich mit jenen neben den nach oben vom unteren tieferen Theile dieser Ganglien liegenden Gehörorganen (*Au*) vereinigen. Es verbindet sich ferner durch gerade, nach hinten gehende Commissuren mit dem zweiten, hinteren Paare (*G. v. s.*), welches etwas mehr entwickelt ist, als das erste. Alle vier Ganglien stellen kleine, kegelförmige Knötchen vor. Die Knötchen des hinteren Paares liegen neben einander und sind durch eine sehr kurze Commissur verbunden. So stellt dieser Theil des centralen Nervensystems von *Clio* eine Art doppelten Ringes dar, dessen obere Hälfte aus den Cerebral- und Pedalganglien besteht und eigentlich die Speiseröhre umfasst, während die untere Hälfte von den Cerebral- und Visceralganglien gebildet ist.

Die beiden Visceralganglien erscheinen unter allen anderen als ein accessorischer und dabei, so zu sagen, verstärkender Apparat. Die Ganglien liegen fast gegenüber oder etwas nach vorne vor den Pedalganglien, auf dem halben Wege zwischen den Cerebral- und den unteren Visceralganglien und könnten weder mit diesen noch mit jenen Visceralganglien sein, noch näher liegen sie aber den Pedalganglien, mit welchen sie wahrscheinlich bei den Typen, welchen *Clio* als Stammmutter diente, vereinigt waren.

Es bleibt uns noch übrig, einige Worte über die kleinen Buccalganglien zu sagen, (Taf. XI, Fig. 4, *gl*, Taf. VIII, Fig. 2, *gl*, Taf. XI, Fig. 10, Taf. IX, Fig. 1, *gi*). Diese kleinen Centraltheile des unpaaren oder Verdauungs-Nervensystems liegen unmittelbar hinter dem Schlundkopf und stellen zwei kleine, ellipsoide, durch eine sehr kurze Commissur mit einander verbundene Knötchen dar. Bei einer genügenden Vergrösserung sieht man nach einem Paar kleiner, ellipsoider Knötchen (Taf. XI, Fig. 10, *G. s.*, Taf. IX, Fig. 1, *g s*), welche mit den vorhergehenden durch kurze Commissuren verbunden sind. Höchst wahrscheinlich sind dieselben die sogenannten oberen Buccalganglien.

Wie bekannt, zeigen die Nerven bei allen Platypoden eine grosse Unbeständigkeit in Bezug auf ihre Anzahl und auf die Art ihres Austrittes aus den Ganglien. Sehr oft, man kann fast sagen immer, treffen wir hier eine Asymmetrie, so dass zwei paarige Ganglien eine ungleiche Anzahl von Nerven entsenden. Eine sehr grosse Verschiedenartigkeit dieses Verhaltens zeigt uns das Nervensystem von *Clio*.

a) Die Nerven der Cerebralganglien. Jedes Gehirn- oder Cerebralganglion entsendet aus seinem vorderen Theile einen sehr dicken, oder, richtiger, sehr breiten Nerv (Taf. XI, Fig. 4 *N₁*, Taf. XII, Fig. 1, *N₁*), aber der Nerv des einen Ganglions geht gerade nach vorne oder etwas schief seitwärts, während derjenige des anderen sich fast sofort in zwei oder drei Aeste theilt. Diese Nerven gehen in den Kopffühlern und zu den dieselben beherrschenden Muskeln. Mehr nach unten von diesen Nerven und fast aus den Seitentheilen eines jeden Ganglions gehen zwei bis drei feinere Nerven aus (Taf. XI, Fig. 4, *N₂*, Taf. XII, Fig. 1, *N₂*), welche ebenfalls diagonal nach vorne gerichtet sind, sich stark verzweigen und endigen: 1) in den rothen Fühlern, 2) in den die letzteren bewegenden Muskeln, 3) in den Muskeln des unteren Theiles des Kopfes, endlich 4) im Integument dieses Körpertheiles. Auf diese Weise bekommen alle Theile des Kopfes ihre Nerven aus diesen vorderen Ganglion und nur der untere Theil desselben wird von den Nerven der Pedalganglien versorgt. Dabei gehen alle diese Nerven des Gehirnganglions von seinem vorderen Theile aus. Nach unten von ihnen entspringen kleine, sehr kurze Nerven (Taf. XII, Fig. 1, NO, Fig. 2, NO_1, NO_2), die sich sogleich zu kleinen Knötchen verbreitern, welche die in specielle Sinnesorgane gehenden Endäste abgeben. Eschricht hat diese Organe für Ocelli genommen [1], ich halte sie aber für Geruchsorgane. Sie liegen in der Haut neben der Basis des Kopfes (Taf. VII, Fig. 5, O, in der Mittellinie des Körpers, und da alle in denselben sich vertheilenden Knötchen und Nerven sehr kurz sind, so erscheinen die Gehirnganglien wie angebunden an dieser Stelle der Haut. Man muss aber beachten, dass diese Stelle selbst, dank den unter der Haut gelegenen Muskeln, sich verschieben kann.

Vom unteren Theile des linken Gehirnganglions entspringt ein zum copulativen Organe gehender Nerv (Taf. XI, Fig. 4, N_3), welcher aber auch aus der dieses Ganglion mit Pedalganglien verbindenden Commissur entspringen kann und sogar bei manchen Exemplaren von diesem letzteren ausgeht (Taf. XII, Fig. 1, N_3).

b) Die Nerven der Pedalganglien. Die hauptsächlichen, dickeren von diesen Nerven (Taf. XII, Fig. 1, N_1, Taf. XI, Fig. 4, N_1) entspringen vom unteren Theile eines jeden Ganglions an seiner unteren Seite und richten sich schief seitwärts und nach hinten. Sie sind so breit, dass das Ganglion selbst nur ihre Fortsetzung zu sein scheint, und gehen vorzugsweise zu den Brustflossen, in welche eingetreten sich jeder Nerv in drei Aeste (Taf. XI, Fig. 4, α. β. γ.) theilt. Aber ehe er die Flosse erreicht, giebt er eine grössere oder kleinere Menge von Zweigen ab (Taf. XI, Fig. 4, N_3, Taf. XII, Fig. 1, N_3), welche sowohl zum Propodium und zum Metapodium, als auch zu den Muskeln aller nahe liegenden Theile gehen. An der unteren Seite der Fussganglien entspringen kleine Nerven (Taf. XI, Fig. 4, N_0, Taf. XII, Fig. 1, N_4), welche ihre Verzweigungen zu den Muskeln des Kopfes und des unteren Theiles der Brust schicken. Auch die Haut wird von deren Endzweigen versorgt. Bei einigen Exemplaren gehen vom hinteren Theile des linken Pedalganglions noch ein oder zwei Nerven aus (Taf. XI, Fig. 4, N_5, N_6, Taf. XII, Fig. 1, N_5, N_6), welche weit nach hinten gehen und in den Muskeln und in der Haut des Bauchtheiles des Körpers sich vertheilen. Bei anderen Exemplaren nehmen diese Rolle andere, aus dem hinteren Theile des linken visceralen Ganglions entspringende Nerven auf sich. Es muss bemerkt werden, dass die Nerven der Flossen sich etwas verdicken, ehe sie sich zu verzweigen anfangen. In diesen Verdickungen kann man bisweilen Zellen auffinden (Taf. XII, Fig. 4). Stellen diese Zellen Anfänge von einem neuen Ganglion vor oder sind dieselben Ueberreste einer unvollständigen Centralisation der schon existirenden Ganglien? Das letztere scheint mir richtiger zu sein. Bei Clio, sowie überhaupt bei den Platypoden, ist sowohl die Gruppirung der Nervenzellen, als auch das Entspringen der Nerven aus den Ganglien nicht streng bestimmt. Zwar geht hier die Centralisation niemals über die Grenzen der drei Gruppen (Cerebral-, Pedal- und Visceralganglien) hinaus, aber einzelne kleine Zellengruppen liegen öfters in Commissuren zwischen den Ganglien oder in den Anfangstheilen der Nerven.

c) Die Nerven der Visceralganglien. Ein jedes Ganglion der ersten Paare sendet einen Nerv zu den benachbarten Muskeln (Taf. XI, Fig. 4, N_1, Taf. XII, Fig. 1, N_1). Jedes untere Visceralganglion sendet aus seinem hinteren Theile zwei Nerven (Taf. XI, Fig. 4, N_2, N_3, Taf. XII, Fig. 1, N_2, N_3), welche fast gerade nach hinten in die Bauchhöhle gehen und bei allen Exemplaren asymmetrisch sind. Bei einigen Individuen giebt das linke Ganglion drei Nerven ab, wie überhaupt seine Nerven weit mehr entwickelt sind, als die des rechten, die sich nicht selten zu einem einzigen vereinigen. Der äusserste Nerv des linken Ganglions geht zu den Muskeln der Bauchseite des Körpers und zur Haut (N_3). Der andere, mehr nach innen gelegene (N_2) verzweigt sich in den Muskeln des respiratorischen Sinus. Der äussere Nerv des rechten Ganglions geht fast gerade nach hinten und verzweigt sich in den naheliegenden Muskeln und in der Haut und versorgt mit seinen Zweigen theils und vorzugsweise das Herz und das Bojanus'sche Organ (Taf. XI, Fig. 4, H?), theils den Magen und die Geschlechtsorgane. Es muss bemerkt werden, dass bei vielen Exemplaren an der rechten Seite einer von den aus dem rechten Pedalganglion (N_{10}) entspringenden Nerven die Function des vorigen Nerven übernimmt. Endlich entspringt aus der kurzen, die zwei unteren Visceralganglien verbindenden Commissur ein feiner Nerv (N_4), der einen Zweig zu den naheliegenden Muskeln abgiebt und dann nach hinten sich richtet, um mit seinen Zweigen den Magen sowohl als die aus der Aorta entspringenden Arterien zu versorgen.

d) Die Nerven der Buccalganglien. Lange Commissuren, welche diese mit den Cerebralganglien verbinden, entspringen aus der hinteren und mehr äusseren Seite eines jeden der letzteren (Taf. XII, Fig. 1, $C. t_1$). Aus jedem Buccalganglion entspringen 4 Nerven (Taf. XI, Fig. 10 N_1, N_2, N_3, N_4), deren Anzahl und Stärke vielfach schwanken. Ein ziemlich dicker Nerv (Taf. IX, Fig. 1, N_1, Taf. XI, Fig. 10, N_1) verläuft am Rande des Schlundkopfes und vertheilt sich in den die Radula bewegenden Muskeln. Ein anderer (N_2) entspringt nahe nach unten und geht ebenfalls zu den die Radula und den Kiefer bewegenden Muskeln. Kurze Commissuren verbinden die Buccalganglien mit kleinen oberen Knötchen (Taf. IX, Fig. 1, Taf. XI, Fig. 10, gn). Ein einziger aus diesem Knötchen entspringender Nerv (N_3) geht zu dem muskulösen Kegel, auf welchem die Radula sitzt. Aus der Basis der Commissur tritt ein feiner Nerv (N_4?) zu den mehr nach aussen gelegenen Muskeln, endlich entspringt an derselben Stelle ein Nerv von wesentlicher Bedeutung (N_5), welcher nach hinten zur Speiseröhre geht und mit seinen Zweigen diese und den Magen versorgt. In der ersteren angekommen, giebt dieser Nerv (Taf. VIII, Fig. 3, n. d.) nach rechts und links kleine Zweige ab, welche eine Verflechtung bilden, theilweise aber zu Knötchen sich verbreitern, von denen wieder sehr feine Nerven ausgehen. Dieser ganze Theil des unpaaren oder sympathischen Nervensystems von Clio ist durch feine Körnchen eines gelblichen, vorzugsweise zu den Knötchen angehäuften

1) Eschricht, l. c. S. 7.

Pigmentes ausgezeichnet. Aus der die Pharyngealganglien verbindenden Commissur entspringt ein unpaarer (Geschmacks-) Nerv (Taf. IX, Fig. 1, Taf. XII, Fig. 10, N_g), dessen Endigungen zu verfolgen mir nicht gelungen ist. Er geht in die Tiefe des Kegels, auf welchem die Radula sitzt.

Ich will jetzt einige Worte über diejenigen Nervenknötchen (Taf. XI, Fig. 7, $g. c.$) sagen, welche die Herzbewegungen reguliren. Unter diesen Knötchen kommen kleine, kaum bemerkbare, blos aus drei bis vier Nervenzellen bestehende Ganglien vor; es giebt aber auch ziemlich grosse Anhäufungen dieser Zellen, wie es z. B. ein fast an der Mitte einer der Herzwandungen gelegenes Ganglion zeigt ($G. c'$). Streng genommen kann diesen Centraltheilen der Name von »Ganglien« nicht gegeben werden. Solche quasi-Ganglien sind nichts weiter als einfache, grössere oder kleinere, an verschiedenen Muskeln anliegende Zellenanhäufungen. Feine, von diesen Zellen ausgehende Nervenfasern endigen in verschiedenen Muskeltrabekeln (Fig. 7, cp). Aehnlich den letzteren gehen sie nach verschiedenen Richtungen und kreuzen sich mit Muskelfasern, von denen sie, so lange eine solche Faser nicht bis zu einer Nervenzelle verfolgt ist, sehr schwer zu unterscheiden sind.

Unter den Sinnesorganen von Clio sind die Tastorgane, wenigstens ihrer Anzahl nach, am meisten entwickelt. Es ist das diejenige Menge von tactilen Körperchen, welche ich schon oben besprochen habe. Sie kommen im ganzen Körper vor, begleiten gewöhnlich die Schleimdrüsen und sind an den empfindlicheren Stellen angehäuft. Insbesondere sind sie am vorderen Flossenrande entwickelt und verbinden sich hier fast überall mit einfachen reflectorischen Apparaten (Taf. IX, Fig. 12). Eine ebensolche Einrichtung scheint auch an anderen empfindlichen, auf Reize schnell reagirenden Stellen zu bestehen, aber es gelang mir nicht, dieselbe dort zu constatiren. An empfindlichen Stellen findet man nichts anderes als veränderte Schleimdrüsen vor, und werden nicht selten durch letztere ersetzt. Jedenfalls sind sie denselben in Form und Bau äusserst ähnlich; nur in seltenen Fällen finden wir unbedeutende Abweichungen von dem allgemeinen Bauplane. Immer stellen diese Körperchen kolbenförmige, verlängerte, den Enden von Nervenfaserverzweigungen aufsitzende Anhänge dar. Gewöhnlich endigen zwei solche Verzweigungen in einer grossen, dreieckigen Nervenzelle, welche einen Kern besitzt und eine lange Faser entsendet, deren Verzweigungen zu den entgegenkommenden Muskelbündeln und -Fasern gehen. In der Mitte der Flosse ändert sich diese Form des Baues des reflectorischen Apparates etwas. Hier finden wir keine grossen Muskelzellen, sondern diese werden wahrscheinlich in die Centraltheile des Nervensystems übertragen. Die tactilen Nervenendigungen sitzen hier den Fasern auf, welche direct Zweige zu den naheliegenden Muskelröhrchen abgeben (Taf. IX, Fig. 13, n). Bisweilen entspringt eine solche Faser aus einer Reihe von kleinen Zellen, welche eine Art von knotenförmiger Verdickung des Nerven bilden.

Diese letzte Einrichtung erinnert an diejenigen Nervenendigungen, welche wir in den Schleimdrüschen finden. Hier bilden nicht selten die zu einem Drüschen gehenden Nervenfasern eine bemerkbare Verdickungen (Taf. XI, Fig. 1, $n. g.$), in welchen ich übrigens Zellenkerne nicht auffinden konnte. Sehr selten sieht man unter solchen Nervenendigungen etwas einem reflectorischen Apparate Aehnliches. Eine zu einem Schleimdrüschen gehende Faser verbreitet sich zu einer kleinen Zelle und eine von dieser letzteren ausgehende Faser giebt einen sehr feinen Zweig zu einer auf ihrem Wege liegenden Muskelfaser ab (Taf. XI, Fig. 2).

In der Mitte des Körpers von Clio, da wo stark entwickelte Schleimdrüschen und grosse Fetttropfen angehäuft sind, bilden die Nervenendigungen ein ganzes Netz von Nervenfasern (Taf. IX, Fig. 3), von denen zwei bisweilen zu einem und demselben Drüschen gehen.

In einer ganz anderen Form kommen dieselben im Bauchtheile, neben der Innenfläche des Schwanztheiles vor. Hier sind diese Endigungen den Körperchen der Leibeshöhle sehr ähnlich, so dass sie bisweilen von diesen schwer zu unterscheiden sind (Taf. IX, Fig. 11, $cp. s$). Eine jede Nervenendigung stellt eine Zelle mit einer Menge sich verzweigender Fortsätze dar. Uebrigens muss ich bemerken, dass unter solchen Zellen bisweilen auch einfache, der Fortsätze entbehrende vorkommen.

Alle diese Untersuchungen über die Nervenendigungen sind von mir an frischen, lebenden Präparaten gemacht. Es ist wohl möglich, dass eine Anwendung von Reagentien neue Thatsachen zu diesen Beobachtungen hinzufügen oder einige Abänderungen und Verbesserungen ergeben wird.

Die Kopffühler von Clio besitzen ebenfalls Nervenendigungen in der Gestalt von kolbenförmigen Drüschen (Taf. X, Fig. 10, cp), aber es kommen auch andere vor. Das Innere der Fühler ist von einer Menge von einfachen oder verzweigten Muskelfasern durchdrungen (Taf. X, Fig. 15, $m. m. m$). Eine Menge von Ringfasern zieht die Fühlerhöhle zusammen. Diese zeigt uns, wie contractil die Fühler sind. Alle diese Muskelapparate besitzen entsprechende Nervenverbindungen. Ein ziemlich starkes Nervenbündel verläuft im Centrum des Fühlers und entsendet dicke oder feine Nervenfasern zu jenen. Bisweilen kann man Netze solcher quer zu den Ringmuskeln gehender Nervenfasern sehen, in anderen Fällen treten wir unmittelbar in der Haut einzelne kolbenförmige Endigungen oder ganze Bündel solcher Nerven-Schleimdrüschen, zu welchen feine Nervenfaserverzweigungen gehen. Zuweilen sehen wir kaum bemerkbare Körperchen, deren Nerven in kleinen, wahrscheinlich empfindlichen Zellen endigen; von diesen Zellen abgehende Faser aber mündet in eine grosse Muskelzelle, deren Fortsätze in Muskelfasern übergehen. Ein so einfacher reflectorischer Apparat macht uns die fast augenblicklich dem Reize folgende Contractilität des Fühlers begreiflich. Ein in der Mitte desselben verlaufendes Nervenfaserbündel endigt an der Fühlerspitze mit langen ellipsoiden Zellen (Taf. X, Fig. 10, *t. ep.*), von welchen die Fasern in feine, der Fühlerspitze aufsitzende Härchen übergehen (*ps*). Im Fühler selbst, neben seiner Basis, bemerkt man eben solche empfindliche Härchen, zu denen direct Nerven gehen (*ps'*).

Ich wende mich jetzt zu der Beschreibung der Gehörorgane von *Clio*. Dieselben liegen, wie wir schon oben gesehen haben, an den Spitzen von Pedalganglien, an deren unterer Seite (Taf. XII, Fig. 1, *Au*). Jedes Gehörorgan stellt ein ellipsoides Bläschen oder einen Otocyst (Taf. XIII, Fig. 1, *oł*) mit dicken, von sehr grossen Zellen gebildeten Wänden dar. Diese Zellen sind von einer allgemeinen Neurilemma-Membran bedeckt, welche an den Nerven in die Wandungen des Nervengefässsystems übergeht (*Nr.v.*). Die dicke Otocysten-Membran besteht aus Zellen, welche ein diffuses, orange-farbenes Pigment enthalten, dieselben vertheilen sich aber unregelmässig, in Zonen (*pg'*), in der gemeinschaftlichen Masse der nicht gefärbten Zellen. Die physiologische Rolle dieses Pigmentes ist schwer zu bestimmen. Wahrscheinlich geschieht seine Ablagerung vollständig passiv und zwecklos; die Pigmentzellen sind hier nichts anderes als veränderte Pigmentzellen des Nervengefässsystems. Das ist um so wahrscheinlicher, als dieselben um den Otocyst herum gänzlich fehlen und ihr Product in den sehr entwickelten Pigmentzellen der Wandungen des Gehörorgans abgelagert zu sein scheint. — Das Innere des Otocysten ist von Microgonien (*Mg*) erfüllt, welche von seinen Wandungen etwas abstehen. Dieselben erscheinen als kleine ellipsoide, stark lichtbrechende Körperchen mit zugespitzten Enden.

Ich schliesse hieran die Besprechung jenes problematischen Organs, welches Eschricht für ein schwach entwickeltes Sehorgan hielt. Die Widerlegung dieser Ansicht ist sehr leicht und, wie ich hoffe, überzeugend. Dieses Organ besitzt keine Elemente, welche bei jedem Thiere einen wesentlichen, nothwendigen Bestandtheil eines Auges bilden. Hier fehlen sowohl lichtbrechende Medien, als eine Nervenpigmentschicht oder Retina. An seiner Aussenseite stellt es eine ziemlich tiefe Grube dar, die mit kurzen Flimmerhaaren bedeckt ist, welche eine Fortsetzung des den ganzen Körper bedeckenden Ueberzuges von Flimmerhaaren bilden. Von aussen gesehen ist es also gar kein Organ, sondern nur eine einfache Haut-vertiefung; aber die Empfindlichkeit seiner Flimmerhaare ist augenscheinlich und wird durch innenliegende Nervenapparate verstärkt. An der Innenseite gehen zu einer jeden Flimmergrube zwei oder auch drei Nervenknötchen, von denen das mittlere, mehr entwickelte eigentlich das Geruchsorgan bildet (Taf. XII, Fig. 2, *Gn. 1. Gn. 2. Gn. 3.*, Taf. XIII, Fig. 2, *Gn. 1. Gn. 2.*). Diese Knötchen entspringen, wie wir gesehen haben, vom Gehirnganglion mit zwei Nerven (Taf. XII, Fig. 2, *NO₁, NO₂*), von welchen der eine, untere, sich bald nach seinem Ursprunge zu einem kleinen, nur aus 4—6 Nervenzellen bestehenden Ganglion (Fig. 2, *Gn*) verbreitet, welches bei einigen Exemplaren von *Clio* ganz verschwindet; darauf setzt sich der Nerv fort und erweitert sich an seinem Ende zum Geruchsorgane, entsendet aber vor demselben eine oder zwei Commissuren (Fig. 2, *cm*) zu dem anderen, oberen Ganglion.

Das Geruchsorgan stellt ein glockenförmiges Knötchen vor (*Gn*), in welchem ovale Zellen innerhalb einer gewöhnlichen Nervenmembran liegen. Eine jede solche Zelle entsendet einen ziemlich langen Fortsatz, und ein Bündel solcher Fortsätze stützt sich gegen das Flimmerepithel der Haut (Taf. XII, XIII, Figg. 2, 3, *ep. O*). Das obere, unter diesem Organe gelegene Knötchen (*Gn.2*) erscheint weniger entwickelt und scheint ein anderes Element des reflectorischen Apparates vorzustellen, ein Element nämlich, in welchem Nerven-Muskelzellen zusammengelaufen sind. Von solchen Zellen gehen Faser-gruppen ab, welche eben in der Nähe dieses Apparates, in den die Haut bewegenden Muskeln sich verzweigen (Taf. XIII, Fig. 2, *n,n,n*), deren Fasern in verschiedenen Richtungen sich kreuzen und deren Function in der Bestimmung der Lage und der Wendungen der Riechgrube besteht, welche vollständig von dem Willen des Thieres abzuhängen scheinen. Das neuromotorische Ganglion verbindet sich, wie wir oben bemerkt haben, mit dem Geruchsapparate vermittelst zweier kleiner, sehr kurzer Commissuren. In einigen Fällen setzen wir nur eine solche Commissur, und noch seltener noch weiter, neben der Spitze des Geruchsknotens, eine andere Verbindung vermittelst einer einzigen Faser. Bei solchen Exemplaren entsenden die Zellen des Geruchsganglions lange Fortsätze oder Fasern, welche in den naheliegenden Muskeln sich verzweigen (*n,n,n*). Dies Alles beweist uns, dass sowohl in den centralen, als in den peripherischen Theilen noch sehr viel gefunden wird, was wir nicht zu definiren vermögen.

Beim ersten Blick auf die Ganglien des Nervensystems von *Clio* wird jeder Beobachter durch die ausserordentliche Grösse ihrer Zellen, insbesondere derjenigen der vorderen oder Gehirnganglien, überrascht. Dieselben sind schon bei schwachen (10—15 fachen) Vergrösserungen sichtbar; dabei erscheint jedes Ganglion durch eine Menge röthlicher oder röthlichgelblicher Körnchen pigmentirt, welche die Zellconturen noch deutlicher machen. An vielen Stellen bemerken wir, dass diese Pigmentablagerungen nicht in den Nervenzellen selbst liegen, sondern in den Wandungen gewisser Gänge (wahrscheinlich der Blutgänge), welche zwischen den Zellen verlaufen.

Die ungemeine Grösse der Nervenzellen brachte auch auf den Gedanken, einen alten Wunsch zu erfüllen und den ganzen Complex des Nervensystems wenigstens bei einem Typus der Wirbellosen zu präpariren. Ein solches Studium könnte höchst wahrscheinlich zu einer, wenn auch nur annäherungsweisen Erklärung vieler Functionen des Nervensystems der Mehrzahl der wirbellosen Thiere führen. Zwar wollte ich diese Arbeit ohne grossen Aufwand an Mühe machen und es flösste mir in diesem Falle die Durchsichtigkeit oder so zu sagen die Offenheit des Nervensystems die Hoffnung auf einen Erfolg ein. Aber schon bei den ersten Schritten stiess ich auf Hindernisse, welche weder durch Zerzupfen noch durch schärfste der Ganglien zu beseitigen waren, und so war ich gezwungen, auf die Erfüllung meines Wunsches zu verzichten. Ich führe hier die bei dieser mühsamen Arbeit von mir gewonnenen Thatsachen an.

Die Nervenzellen von *Clio* lassen sich der Grösse nach in drei Kategorien theilen: die grossen, mittelgrossen und kleinen, welche sämmtlich zu den Empfindungszellen zu gehören scheinen. Was die Form derselben anbelangt, so ist dieselbe ziemlich verschiedenartig; am seltensten kommen kugelförmige Zellen vor, gewöhnlich aber besitzen sie eine ovale, an den Anfangsstellen der Fortsätze gestreckte Form. In den Ganglien selbst erscheinen besonders die grösseren peripherischen Zellen etwas kegelförmig, mit engen Spitzen dem Innern des Knotens zugewendet. Ebenso erscheinen diese peripherischen Zellen im Innern der Knoten, insbesondere in den Gehirnganglien, vielkantig, was von dem gegenseitigen Drucke ihrer Wandungen abzuhängen scheint. Nach der Isolirung aus den Ganglien nehmen sie, sogar bei den Spiritus-Exemplaren, ihre sphärische Form wieder an. In jeder Zelle finden wir einen ziemlich grossen Kern und in demselben einen Nucleolus; der letztere verschwindet aber bisweilen, besonders bei den in Glycerin gelegten Zellen, und ihr Kern nimmt sehr grosse Dimensionen an. Nicht selten bemerkt man in grossen peripherischen Zellen zwei kleine Kerne, welche auf eine beginnende Theilung hinzuweisen scheinen (Taf. XII, Fig. 1, *nd*). Was die Anzahl der von den Nervenzellen entspringenden Fortsätze betrifft, so habe ich meist nur bipolare Zellen gesehen. Sehr selten kamen mir solche von Mittelgrösse, mit nur einem Fortsatze vor, aber dieser Fortsatz war sehr lang und theilte sich alsdann in zwei und drei Aeste (Taf. XII, Fig. 1, *a b c*), so dass in diesem Falle die Möglichkeit einer physiologischen Function der Zelle keineswegs verloren war. Sie besass zu- und abführende Apparate, durch welche verschiedene physiologische Effecte erreicht werden konnten. Nicht selten fand ich in bipolaren mittelgrossen Zellen einen sehr sonderbaren Modus der Entstehung der Fortsätze. Vor Allem muss ich bemerken, dass solche Zellen aus den in Alcohol gelegten, gefärbten und dann in Glycerin aufgehellten Ganglien genommen waren, wie ich deren zwei aus dem unteren visceralen Ganglion auf Taf. X (Taf. 13, 14) abgebildet habe. Beide besassen sehr grosse Kerne mit feinkörnigem Inhalte, von denen ein Fortsatz ausging, der durch seine dunklere Farbe ausgezeichnet und von der Zelle selbst umfasst war; an der entgegengesetzten Seite besass die Zelle einen anderen, klareren Fortsatz. Der eine von diesen zuführenden Apparaten scheint den Effect des Reizes in die Zelle selbst hineinzuleiten; dieser Effect erzeugt Veränderungen im Zellenkerne, welche sich in molecularen Umlagerungen der Nerven-Moleküle des zuführenden Apparates des Zellenkernes ausprägen. Ich muss noch darauf hinweisen, dass der helle zuführende Apparat unmittelbar aus der Zelle entsprang, während der dunkle Apparat mit seiner erweiterten Basis an dem Zellenkern anlag. Einmal beobachtete ich zwei sehr grosse Zellen mit grossen, mit einander durch einen sehr kurzen Fortsatz verbundenen Kernen (Taf. X, Fig. 14). Jede Zelle entsendete an ihrem, dieser Verbindung entgegengesetzten Ende einen langen Fortsatz, der einmal sogar in drei Zweige getheilt war.

Ich habe auch grosse Zellen gefunden, deren Fortsätze weit in einen Nerv hineingingen und dort sich verzweigten (Taf. XIII, Fig. 1, *a b c*). Sehr selten kamen auf solchen innerhalb eines Nerven liegenden Fortsätzen kleine Zellen vor. Einmal habe ich eine Zelle mit zwei Fortsätzen gesehen, von denen der eine sehr dick war und gerade verlief, der andere, sehr feine, aber einige kleine Zweige abgab. Nicht selten fanden sich Zellen mit zwei Fortsätzen, von denen der eine, dicke, einen kleinen feinen Fortsatz abgiebt (Taf. XII, Fig. 5). Einmal kam mir eine 0,2 mm grosse Zelle von einer sonderbaren, birnförmigen Form vor, welche 3 unipolare Fortsätze und zwei an ihrer Basis gelegene Höckerchen besass, welche Anfänge von neuen Fortsätzen vorzustellen schienen. Alle solche verschiedene Formen des Zellenbaues haben mir nur jene grosse Complicirtheit der Aufgabe bewiesen, welche ich ohne besondere Hindernisse zu entscheiden hoffte.

Aus meinen sämmtlichen Untersuchungen lassen sich nur folgende Resultate und Schlüsse ziehen. Erstens erscheinen immer die grossen Zellen als peripherische (Taf. XII, Fig. 3, *Cpr*), die mittelgrossen und die kleinen aber liegen im Innern der Knoten (*cs*). Wenn man die letzteren für Empfindungselemente hält, so stellen die ersteren ohne Zweifel die Bewegungszellen vor. Die einen wie die anderen besitzen wenigstens je zwei zuleitende Apparate, welche entweder durch unmittelbar entspringende Zellenfortsätze oder durch Verzweigungen derselben vertreten sind, deren die mehr nach innen gelegenen kleineren Zellen mehrere besitzen. Alle diese Leiter sammeln sich zu Bündeln, welche in die Mitte der Ganglien verlaufen und von da in die Nerven sich fortsetzen, in welchen zu ihnen noch die aus den grossen peripherischen Zellen entspringenden Fortsätze hinzutreten. Zwei solcher Bündel habe ich in Fig. 7 und 8, Taf. XII abgebildet. Fig. 9 stellt eine Gruppe von vier Zellen vor, von denen *a*, *d* und *e* durch deutliche Commissuren unter einander verbunden sind. Die Verbindung der grossen, motorischen, und der kleinen, sensiblen Zelle kann man ebensowohl im Visceralganglion (Taf. XII, Fig. 3, *Cm*) sehen. Hier glaube ich einen vollständigen reflectorischen Apparat mit seinen Zu- und Ableitern (*ad* und *dd*) verfolgt zu haben. Die durch die Ganglien hindurchgehenden Faserbündel sind durch alle Zellen deutlich sichtbar, wenn man nur die Stellen ihres Verlaufes in den Focus genau einstellt (Fig. 2, 3, *ff*), vergebens suchte ich aber nach ihrer gegenseitigen Lage das Bild der durch diese Bündel verlaufenden Nervenströme zu construiren. Die stärksten von diesen Nerven sind zweifelsohne die, welche aus dem vorderen Gehirnganglion entspringen; zu ihnen finden sich die allerstärksten Faserbündel. Ebenso gehen in die Flossen nicht weniger starke, vielleicht noch stärkere Faserbündel, welche durch die ganze Länge der Fussganglien laufen und direct in die Cerebralganglien treten. Die die beiden Cerebralganglien verbindenden Commissuren, welche aus Faserzügen bestehen, finden sich hier in manchen Exemplaren in zwei Bündel. Da der gerade Weg von den Pedal- in die Cerebralganglien sehr deutlich ist, so werden offenbar alle Functionen der ersteren in letztere, als das Centrum des Bewusstseins oder der coordinirten Bewegungen des Thieres, geleitet. Wenn wir uns irgend welche durch die Fühler des Thieres empfangene Reize oder Eindrücke vorstellen, so sehen wir, dass dieselben direct in die Gehirnganglien gelangen und augenblicklich durch reflectorische Bewegungen sich abspiegeln können, sei es durch die Bewegungen der Kopfmuskeln, indem die Reize durch die aus den Gehirnganglien entspringenden Nerven dahin gelangen, oder durch die Bewegungen der Flossen, der Brust- oder Bauchmuskeln, falls die Reize weiter gehen. Dieser letztere Weg ist länger bei denjenigen Exemplaren, bei welchen die die Bauchmuskeln beherrschenden Nerven nicht aus den Pedalganglien ihren Anfang nehmen. Hier wird die Communication durch die Faserbündel bewirkt, welche aus jenen zuerst in den oberen und dann in den unteren Visceralknoten gehen. Diese vier Ganglien stehen in Communication mit den Cerebralganglien und die beiden Hälften des Nervenschlundringes können unabhängig von einander wirken. Andererseits bilden die Commissuren, welche zwischen den jedes Gehirnganglion mit dem Fuss- und Eingeweideganglion verbindenden Strängen sich befinden, eine Schlinge, durch welche die Nervenreize in die eine oder die andere Seite gehen können; so kann z. B. ein durch die Flossen empfangener Reiz in das Pedalganglion und aus diesem in das Gehirnganglion übergehen, hier aber umgesetzt werden und durch die dieses Ganglion mit dem Pedalganglion verbindende Commissur in die Nerven der Flossen zurückkehren. Derselbe Weg kann in umgekehrter Weise durch dieselbe Schlinge durchlaufen werden. Es ist dies aber nichts weiter als eine Vermuthung, welche ein Vorhandensein der in die eine oder die andere Seite führenden tactilen Wege zulässt, die indess leicht durch ein directes Experiment, d. h. durch die Durchschneidung gewisser Commissuren bestätigt werden kann.

Ein solches Experiment findet, besonders an 4—5 cm grossen Exemplaren, keine beträchtlichen Hindernisse. Alle Operationen können an Clio, ohne einen erheblichen Nachtheil für das Leben des Thieres, vorgenommen und der ganze Nervenschlundring kann ausgeschnitten werden, was die (allerdings jetzt unregelmässig gewordenen) Muskelcontractionen und den ziemlich regelmässigen Herzpuls gar nicht stört. Aus dem Körper ausgeschnitten, fährt das Herz ziemlich lange fort, sich zu contrahiren. Die Eröffnung aller Höhlen des Körpers unter Wasser beeinträchtigt die Lebensfunctionen nicht wesentlich.

Werfen wir einen Blick auf die Abbildung des Nervensystems von Clio, so sehen wir deutlich, dass der ganze Schlundring in zwei symmetrische Hälften, die rechte und die linke, getheilt ist. Alle Gangliengruppen dieser Hälften sind mit einander durch Quercommissuren verbunden. Eine kurze, aber breite Commissur verbindet die Gehirnganglien unter einander, eine sehr lange und ebenfalls breite Commissur liegt zwischen den Pedalganglien; endlich besteht eine kurze Commissur zwischen den unteren Visceralganglien. Dies Alles beweist klar das Vorhandensein gekreuzter Wege für die Nervenströme, welche denen bei den Arthropoden und Vertebraten ähnlich sind. Wenn wir die Abbildung der Vertheilung von Faserbündeln in den Nervenknoten betrachten, so sehen wir klar, dass die aus der rechten Commissur führenden Wege zwischen dem Pedal- und dem rechten Gehirnganglion in das linke Gehirnganglion übergehen. Eben dasselbe, wenn auch nicht so deutlich, finden wir in den Fussganglien. Alle peripherischen Wege tragen also ihre Eindrücke oder Reize von der einen Körperhälfte in die andere, von rechts nach links oder umgekehrt, in das nächste Ganglion über.

Eine solche Kreuzung fehlt nur zwischen den oberen Visceralganglien, aber auch hier kann der Weg der Nervenströme aus den Flossennerven von der linken Seite in das rechte Pedalganglion überleiten, von diesem aber entweder direct in das rechte Cerebralganglion, oder durch den oberen Visceralknoten in das untere Herzganglion, und von hier aus seine Erregung an der Bauch- und Herzmusculatur sich abspiegeln. Ich bemerke dabei, dass wahrscheinlich eine gewisse Compensation zwischen den aus dem unteren rechten Visceralganglion oder dem rechten Pedalganglion gehenden Wegen und denjenigen, welche aus ihm zur Aorta führen, besteht. Oben haben wir gesehen, dass aus der die beiden Visceralganglien verbindenden Commissur ein zu den Arterien gehender Nerv entspringt. Eine zu starke Pulsation des Herzens kann durch eine Zusammenpressung der aus ihm entspringenden Stämme compensirt werden. Thatsächlich diese Vermuthung zu begründen, ist schwer möglich, da die von der Aorta zum Herzen gehenden Nerven sehr fein sind und ihre Lage durch die umgebenden Theile verwickelt erscheint. Jedenfalls würde auch diese Compensation, wenn sie existirt, auf die Möglichkeit eines Vorhandenseins sich kreuzender Wege zwischen den in den unteren Visceralganglien verlaufenden Nervenströmen hinweisen.

Bei der Vergleichung der den tactilen Kopffühlern gehenden Nerven mit denen der rothen Fühler wird man unwillkürlich durch die einander nicht entsprechende Entwickelung derselben überrascht. Zu den zwei verhältnissmässig kleinen Fühlern treten dicke oder breite Nerven, während zu den sechs weit umfangreicheren Fühlern sechs [so?] acht Nerven gehen, deren gesammte Dicke kaum derjenigen der zwei ersteren gleichkommt. Es handelt sich hierbei darum, dass die tactilen Fühler beständig functioniren, während die rothen fast immer unthätig liegen, da das Thier derselben nur in dem Falle benutzt, wenn es seine Beute ergreift und verschluckt. Die verschiedene Dauer der functionellen Uebung spiegelt sich hier unmittelbar in der Nervenentwickelung ab.

Ich wende mich nun zur Beschreibung derjenigen Zellen und Fasern, welche den wesentlichsten Bestandtheil der Gehörfunction bilden. Taf. XIII, Fig. 1. Zur Hülle des Otocysten treten Fasern von verschiedenen Seiten. Die von den Flossen herantretenden verbreiten sich direct in dieser Hülle, wenigstens lässt sich ein ziemlich grosses Bündel derselben deutlich erkennen; ausserdem kommen Fasern aus anderen Bündeln und vertheilen sich ebenfalls auf dieser dicken Hülle, während andere Fasern desselben Bündels weiter in die in den Fuss gehenden Nerven übergehen.

Meines Erachtens bilden die Flossen die Stelle, an welcher der peripherischen Endigungen der Gehörnerven gelegen sind. Vielleicht stellen einige von den kolbenförmigen Endigungen die Nerven des Gehörapparates dar. Denn gehen die aus dem Gehörbläschen führenden Wege auch in den ersten Visceralknoten durch die diesen Knoten mit dem Pedalganglion verbindende Commissur über und dann von hier weiter, wahrscheinlich in die das Herz bewegenden Nerven. Ebenso sind aus dem Gehörorgane zu den Cerebralganglien führende Wege vorhanden.

In dem ersten oberen Burealganglion treffen wir auf dem Wege der Nervenfaserzüge eine Gruppe von sehr grossen, birnförmigen Zellen (Taf. XIII, Fig. 4, *g, r. z*), in welche diese Fasern hineintreten. Hintere Fortsätze der Zellen vermochte ich nicht zu unterscheiden. Aber diese Gruppe grosser, offenbar motorischer Zellen steht schwerlich in irgend welcher Beziehung zum Gehörorgane, ich glaube vielmehr, dass die speciellen Gehörzellen in demjenigen Theile der Pedalganglien zu suchen sind, an welchem das Gehörorgan sich befestigt. Hier finden wir eine ziemlich compacte Gruppe von mittelgrossen und kleinen Zellen (*c.P.*), aber es gelang mir nicht, zu erkennen, wohin und auf welche Weise von denselben Fortsätze ausgehen.

6. Die Absonderungsorgane.

Verschiedene Drüsschen des Körpers sind schon früher hinreichend besprochen worden; hier will ich speciell nur noch über das Bojanus'sche Organ reden. Dasselbe ist unpaarig, wie bei allen Pteropoden. Seine Grösse ist ziemlich bedeutend, über seine Function aber kann man schwerlich dasselbe sagen. Das Bojanus'sche Organ stellt einen langen, flachen, dünnwandigen Sack dar, der dem unteren Theil der Brustwand anliegt, mit welcher er sehr innig verwächst (Taf. VII, Fig. 8, *Bc*). Die allgemeine Gestalt dieses Organes ist bei der Mehrzahl der Exemplare die eines langen, irregulären, gleichschenkeligen Dreiecks, dessen Spitze nach hinten gerichtet ist. Der äussere Basalwinkel dieses Dreiecks zieht sich in eine lange zuführende Röhre aus, welche durch eine neben der Geschlechtsöffnung und dem Anus gelegene Oeffnung nach aussen mündet (*Re*). Das Bojanus'sche Organ liegt neben dem Herzen und dient demselben als eine Unterlage. An vielen Stellen ragt es in kleinen, an das Pericardium anwachsenden Fortsätzen hervor, bei einigen Exemplaren habe ich im hinteren Ende des Organs eine Art von breitem Canal gesehen, welcher an den Herzbeutel tritt und dort an ihn anwächst (Taf. X, Fig. 6, *z*); ich konnte aber keine directe Communication zwischen diesem Beutel und dem Bojanus'schen Schlauche auffinden. Ich habe Injectionen in diesem und in das Pericardium gemacht, aber weder eine schwere noch eine leichte Injectionsmasse ging aus dem einen Organe in das andere über. Die schwere Masse zerriss nur bisweilen die Wandungen des ersteren, dann die Wandungen der Schwanzhöhle und floss dadurch in die letztere hinein. Daher glaube ich behaupten zu können, dass es keine directe Communication zwischen dem Herzbeutel und dem Bojanus'schen Organe giebt, obgleich es sehr wahrscheinlich ist, dass durch die Wandungen dieser einander berührenden Organe ein wechselseitiger Austausch ihres Inhalts geschehen wird. Eine solche Voraussetzung wird durch die Wahrnehmungen aller Forscher bestätigt, welche eine directe Communication zwischen dem Herzen und dem Bojanus'schen Organe aufgefunden haben. Endlich wäre selbst das Vorhandensein dieses Organes fast ganz unnöthig, wenn es nicht zur Reinigung des Blutes diente und in einer oder der anderen Weise mit dem Blutgefässsysteme sich verbände.

Die dünnen Wandungen des Bojanus'schen Organes sind innen mit cylindrischen Flimmerepithelzellen belegt, welche sehr kurze, dichte Härchen besitzen und mit Fetttröpfchen, kleinen Concrementen und Pigmentkörnchen überfüllt sind, die in grösserer oder kleinerer Menge vorkommen und verschiedene Farben zeigen (Taf. X, Fig. 9). Bei jüngeren, noch nicht geschlechtsreifen Exemplaren werden diese Körnchen in geringerer Menge abgelagert und besitzen eine röthliche oder rosige Farbe, wodurch auch die Wandungen des Bojanus'schen Organes rosig gefärbt erscheinen. Bei erwachsenen Exemplaren ändert sich diese Farbe in die röthlichgelbe und die Anzahl der Körnchen wird grösser. Endlich geht bei den allergrössten Exemplaren, besonders in der Brunstzeit, diese Farbe in die orange oder röthlichblaue über und alle Epithelzellen werden mit Pigmentkörnchen überfüllt. Dieses ins Orangegelbliche übergehende Pigment lagert sich auch im Körperintegument ab und färbt fast die ganze rechte Seite des Brusttheils neben dem Bojanus'schen Organe (Taf. VII, Fig. 1). — Weist nicht eine solche zunehmende Pigmentablagerung auf eine verstärkte Thätigkeit des Organs selbst oder der Geschlechtsorgane hin, welche fast bei allen Thieren mit den Organen der Harnabscheidung so eng verbunden sind?

Unter der epithelialen Schicht der Wandungen des Bojanus'schen Organs liegen dünne, rings- längs- und querverlaufende Muskelfasern, zwischen welchen in dem Zellengewebe, besonders bei grossen Exemplaren, ziemlich grosse, scharf contourirte Drüsschen sich befinden (Taf. XIV, Fig. 9, *gd*). Jedes besitzt die Form eines Kolbens oder Thränenfläschchens mit einem langen, ausgestreckten Hals, welcher beim Andrücken an das Präparat leicht durch die Contour des Flimmerepithels hervorragt und mit einer weiten Oeffnung endigt. In solchen Drüschen sind kleine Concremente (*cm*), Fetttröpfchen und orangefarbene Pigmentkörnchen zu bemerken. Sie bilden sehr wahrscheinlich einen wesentlichen Bestandtheil des Absonderungsorganes, denn vermittelst ihrer besteht die Absonderung der unnöthigen Stoffe vom Blute und deren Ausfluss nach aussen, in die Höhle des Bojanus'schen Organs zu geschehen.

Sehr contractile, an Muskelfasern reiche Wandungen des letzteren befinden sich fast in beständiger Bewegung, indem sie immer an dem einen oder anderen Punkte sich contrahiren und dadurch die Function der Drüschen und die beschriebene Aussonderung der unnöthigen Stoffe aus dem Bojanus'schen Organ zu befördern scheinen.

7. Die Geschlechtsorgane und die Befruchtung von *Clio*.

Heisse Tage der Monate Juni oder Juli sind die Brunstzeit von *Clio*; doch gilt dies nicht für sämmtliche Individuen. Unter den erwachsenen schon sich befruchtenden oder zur Befruchtung bereiten kann man einer Menge solcher Individuen begegnen, bei welchen die Geschlechtsorgane noch in einem unentwickelten Zustande sich befinden. Solche Exemplare lassen sich leicht schon nach ihrem Aeusseren von den geschlechtsreifen unterscheiden; ihr Körper ist beinahe farblos. Die oben genannten Stellen ausgenommen (S. 89) haben sie keine Färbung und durch das durchsichtige Körperintegument schimmert nur die dunkle Masse des Magens durch. Die Zwitterdrüse, falls sie sich zu entwickeln anfäng, erscheint orangegelblich oder röthlichgelblich und erst später, wenn sie unter dem Magen hervortritt, fängt sie an, diejenige intensiv rothe Farbe anzunehmen, welche sie in späteren Stadien auszeichnet. Aber auch in diesem Falle zeigt die Nuance der Farbe einen Unterschied; bei den brünstigen Exemplaren nimmt die hermaphroditische Drüse eine besonders zarte, sammetartige, röthlich-rosige Farbe an, und ich bin der Meinung, dass letztere von einer Ueberfüllung der Drüsenschläuche mit Geschlechts-elementen abhängt, unter welchen stark lichtbrechende Dotterkörnchen prävaliren.

Die männlichen Geschlechtsorgane von *Clio* sind, wie bei manchen wenn nicht bei allen Cephalophoren, von den weiblichen scharf getrennt; doch betrifft dies nur die copulativen Theil. Bei *Clio* besteht dieser Theil aus zwei Organen: 1) dem Organe der Reizung und 2) dem eigentlichen Copulationsorgane. An dem ersteren müssen wir einen langen, sehr weit ausstreckbaren Anhang unterscheiden, in welchem sich ein Canal (Taf. XIII, Fig. 7, *Cau.*) befindet, der in seinen Wandungen besondere Körperchen producirt, welche in die weibliche Individuum übergehen. An dem Copulationsorgane sind ebenfalls zwei Theile zu unterscheiden: der eine, durch welchen die eigentliche Befruchtung bewirkt wird (*P.*), und welchen ich die Begattungslippen nenne, und der andere, welcher in einer angeschwollenen Stelle des Organs sich befindet und einen Sack für die Aufbewahrung des Samens bildet, den ich den männlichen Samenbehälter nennen will (*R♂*).

Ehe ich eine vollständigere und detaillirtere Beschreibung der Geschlechtsorgane von *Clio* gebe, muss ich eine besondere physiologische und biologische Eigenthümlichkeit erwähnen, welche in den Geschlechtsfunctionen dieses Thieres zu bemerken ist. Aehnlich einigen anderen Weichthieren (wahrscheinlich allen Pteropoden) besitzt *Clio* eine doppelte Befruchtung. Bei einem völlig geschlechtsreifen, aber noch unbefruchteten Exemplare erscheint der männliche Samenbehälter vollständig leer. Bei der Begegnung mit einem anderen vollständig erwachsenen Exemplare lässt es sein Copulationsorgan in die Vagina desselben hinein und dieses Organ nimmt allmählich den Samen aus dem Samenleiter des anderen Exemplars in sich auf, bis sein eigener Samenbehälter vollständig angefüllt ist; damit ist der erste Befruchtungsact beendigt. Die Individuen gehen auseinander und dasjenige, welches einen Samenvorrath in seinen Behälter bekommen hat, wird ein wirkliches Männchen und fängt jetzt an, im Wechseln zu suchen, welches es dem empfangenen Samenvorrath übergeben kann. Auf diese Weise functioniren die beiden ersten Exemplare als Männchen, und nur das dritte tritt in diesem complicirten Begattungsprocess als Weibchen auf. Man trifft übrigens gewöhnlich zwei Exemplare, bei welchen die Samenbehälter mit Sperma gefüllt sind. Die Individuen ergossen dasselbe zu gleicher Zeit beiderseitig in weibliche Behälter. Dabei vermag ein jedes Exemplar von *Clio* nicht sich selbst zu befruchten, und der im Samenbehälter eines jeden befruchteten Weibchens befindliche Samen gehört nicht demselben an. Aber dieser Samen gehört auch nicht demjenigen Exemplare, welches ihn aus seinem männlichen in diesen Behälter übertragen hat. Er ist von einem dritten Exemplare überkommen, welcher ihn in den männlichen Samenbehälter hineingoss. Auf diese Weise geschieht die Befruchtung von *Clio* nicht nur durch zwei Exemplare, sondern noch öfter durch drei Individuen und zerfällt in zwei zeitlich getrennte Acte. Ich möchte glauben, dass solch eine Begattungsart bei denjenigen Mollusken vorkommt, wo die unmittelbare Communication des Copulations-organs mit den Geschlechtsdrüsen fehlt.

Das Copulationsorgan befindet sich im unteren Theile des Kopfes (Taf. VIII, Fig. 1, *P.*, Taf. XI, Fig. 4, *Pn.*) an derjenigen Stelle, wo dessen äussere Oeffnung liegt, das heisst an der rechten Seite, neben der Basis des Propodiums (Taf. VII, Fig. 8, *G♂*). Im ruhenden Zustande ist dasselbe gänzlich eingezogen, so dass von aussen nur die Eingangsöffnung zu sehen ist. Betrachtet man das Organ innerhalb des Körpers, so erscheinen seine beiden Theile, das Reizungs- und das Copulations-organ, nach innen hineingestülpt. Das Copulationsorgan erscheint hier unmittelbar an der Basis als ein ausgeschwollener Sack, an welchem das Reizungsorgan eine Art von Anhang bildet (Taf. XIII, Fig. 7, *Pn.*). In diesem unterscheiden wir nicht zwei Theile, von welchen der eine eine lange, aus den Wandungen des Reizungsorganes bestehende Röhre vorstellt, während der andere Theil einen langen blinden Sack von gleicher Länge mit dem Organ selbst, in den Wandungen dieses Sackes werden besonders Körperchen verarbeitet, deren Function wir weiter unten beschreiben werden. Wenn das Reizungsorgan sich nach aussen ausstülpt, zieht sich immer der Spitze desselben auch der blinde Sack heraus und diese beiden nacheinander eingelegten Theile werden aussen herausgestülpt. In dieser Lage wollen wir jetzt dasselben, mit dem ihnen noch das nach aussen ausgestülpte Copulationsorgan studiren. Es besitzt in diesem Zustande die Form einer kleinen Glocke, deren Ränder zuerst verengt, dann wieder erweitert und an einer Seite zungenähnlich ausgezogen sind. Speciell diese Zunge sammt den Glockenrändern entspricht der Begattungslippen (Taf. XIII, Fig. 8, *lng*, *lb*.). Zwischen denselben liegt die Innere des männlichen Samenbehälters führende Oeffnung. Das ganze Organ ist bräunlich oder orangefarben, während die kleinen Lippen weiss, silberfarbig oder überhaupt farblos erscheinen (Taf. XIV, Fig. 4). Diese und die Glockenränder können verlängert, ausgezogen oder verkürzt werden und erhalten sehr verschiedenartige Gestalten annehmen, was hauptsächlich von einer Menge regelmässiger, zellenartiger Höhlungen abhängt, welche in ihrem Innere liegen und mit Blut gefüllt werden können (Fig. 4, *vc.vc.*). Nicht selten nimmt dieser ganze Theil des Copulationsanhänges die Form einer kleinen Zwiebel an, welche mit einem zungenähnlichen Anhange endet, welcher bei der Begattung röhrenförmig ausgezogen wird und geht ziemlich tief in die Vagina des anderen Thieres hinein. An seiner Basis befinden sich zwei zungenähnliche oder dreieckige kleine Anhänge, welche sich verbreitern und ausstrecken können und deren Function höchst wahrscheinlich darin besteht, während der Begattung zum Festhalten zu dienen (Taf. XIV, Fig. 4, *Ap.*). An den Rändern der Oberflächen der Lippen, neben der in den Samenbehälter führenden Oeffnung, befinden sich kleine Höckerchen (*t*,), welche vom für specielle empfindliche Fühler nehmen könnte, wenn es mir gelungen wäre, in ihnen die Anwesenheit von Nervenelementen zu entdecken. Uebrigens schienen mir diese mikroskopisch kleinen Anhänge von dichterer Consistenz als die Lippenränder zu sein, und es ist wohl möglich, dass dieselben einfach zur Reizung der Wandungen der Vagina während der Begattung dienen. Was die Spitze des Organs selbst, d. h. die weiche Zunge (Taf. XIII, Fig. 8, *l u g*.) anlangt, so streckt sie sich merklich aus, nimmt eine ... Form an und empfängt den Samen, welcher vermittelst einer Menge kleiner, die ganze Spitze des Begattungsanhanges bedeckender Flimmerhaare ins Innere des Behälters übergeführt wird.

Das Reizungsorgan stellt eine sehr lange doppelte Röhre dar, welche von gleicher Farbe wie der Penis ist. Sein Ende ist zu einem kleinen, mit langen Flimmerhaaren besetzten Saugnapfe verbreitert (Taf. XI, Fig. 9), innerhalb dessen das Ende der Röhre in Gestalt eines kleinen hervorstehenden Walles sich befindet (*b*), welcher äusserst empfindlich sein muss. Während der Begattung betastet das befruchtende Exemplar mit diesem Walle den Schwanztheil des anderen Exemplares, vorzugsweise an derjenigen Seite, an welcher sein Copulationsorgan sich befindet. Bei diesem Betasten wählt dasselbe wahrscheinlich dünnere Stellen, wo das Körperintegument lockerer ist, und macht nun, nachdem es eine solche Stelle gefunden hat, von seinem Saugnapf Gebrauch, welcher, dank seinen langen Flimmerhaaren, bisher nur am Körperintegumente leicht hinglitt, und saugt sich an. Streng genommen durchsaugt es dabei das Körperintegument selbst, so dass die Oeffnung des Reizungsanhanges mit der Höhle des respiratorischen Sinus communicirt (Taf. XIII, Fig. 5). Ein solches Ansaugen kann an verschiedenen Stellen eines anderen Exemplares geschehen, je nach der Lage, in welcher der Reizungsanhang sich hervorstreckt, und je nach der Seite, nach welcher er sich umbiegt und wo er eine zum Ansaugen geeignete Stelle findet. Ich habe Exemplare gefunden, bei welchen dieses an der Rückenseite, andere, bei denen es an der Bauchseite geschehen war, einmal aber kamen mir zwei miteinander verbundene Exemplare in die Hände, von welchen die Spitze dieses Organs des einen an seine eigene Bauchseite angesogen war, d. h. an die Bauchseite desjenigen Exemplares, welches als befruchtendes Thier diente und dessen Copulationsorgan in die Vagina des anderen eindrang (Taf. XIII, Fig. 6). Ich werde sogleich die muthmaassliche Ursache einer solchen sonderbaren Anomalie erläutern, will aber vorher bemerken, dass nicht selten an derjenigen Stelle, an welcher das Reizungsorgan des einen Individuums sich ansaugt, bei dem anderen eine Wölbung, eine Geschwulst erscheint, durch deren dünnes Integument eine Menge weisslicher Körnchen deutlich zu sehen ist (Fig. 5), welche aus dem Reizungsorgane hervortreten und in das Innere des respiratorischen Sinus gelangen. Ihr Befruchtung ist eine wechselseitige. Der Penis des einen Thieres geht in die Vagina des andern hinein et vice versa. Dabei kann man natürlich das zu befruchtende Exemplar von dem befruchtenden nicht unterscheiden. Vielleicht entleeren beide ihre männlichen Samenbehälter in einander, bezüglich füllen dieselben beiderseitig an. Nur dann, wenn die Thiere auseinander gehen, sieht man bisweilen, dass das eine oder beide von Samen strotzende Behälter besitzen; beide erweisen sich also als zu befruchtende Individuen. Umgekehrt, wenn bei beiden nach der Begattung die männlichen Behälter ausgeleert erscheinen, ist dieses ein sicheres Kennzeichen, dass sie einander befruchtet, d. h. dass sie den in ihren männlichen Behältern enthaltenen Samen in ihre weiblichen Behälter übertragen haben. Bei der Begattung treffen aber nicht immer solche Paare zusammen, deren beide Individuen gleich entwickelt sind; man kann nicht selten, insbesondere um Anfange der Brunstzeit, grosse, vollständig entwickelte Exemplare finden, welche für die Begattung zufällig oder aus irgend welcher Absicht andere, kleinere, nicht ganz entwickelte Thiere auswählen. In solchen Fällen verhalten sich die letzteren während der Begattung ganz passiv oder nehmen vielmehr an derselben gar keinen Theil und schwimmen ganz gleichgiltig neben dem grossen befruchtenden Thiere umher, welches in den jungen, wahrscheinlich jungfräulichen Samenbehälter derselben seinen Samen übergiesst und sie mit seinem Reizungsorgane reizt. Wenn aber dieses Organ nicht die erwünschte Wirkung auszuüben scheint, so übertragen die erwachsenen Individuen seine Function auf sich selbst, d. h. sie saugen sich an den eigenen Bauch- oder Schwanztheil an. Dies weist einerseits darauf hin, dass die Geschlechtsfunctionen in freier Weise sich ausgebildet haben, wobei eine Auswahl zwischen verschiedenen Befruchtungsweisen zu Gebote stand; andererseits wird dadurch bewiesen, dass anomale Fälle der geschlechtlichen Lust in Thierreiche schon sehr früh, bei sehr einfach gebauten Thieren vorkommen.

Bevor wir jetzt zur besonderen und detaillirteren Beschreibung der inneren Geschlechtsorgane übergehen, wollen wir einige Worte über die rein äusserliche Seite der Fortpflanzung sagen. Es besteht ein grosser Unterschied in der allgemeinen Färbung des Körpers zwischen zwei ungleich entwickelten, zur Befruchtung gelangenden Individuen.

Ich habe oben (S. 89) bemerkt, dass überhaupt während der Brunstzeit Clio durch eine besondere, hellere, intensivere Körperfärbung sich auszeichnet. In der That nahm die Farbe des Integuments bei vielen in der südlichen Hälfte des Solowetzkischen Meerbusens gefangenen Thieren eine gelbliche oder leicht orangefarbene Nuance an, welche in der Brustregion besonders intensiv wurde. Die orangeröthliche Farbe derselben schien von der Zwitterdrüse auf das äussere Integument überzugehen und färbte die rechte Brustwand auf der Seite des Bojanus'schen Organs (Taf. VII, Fig. 1), sie erschien auch in den Flossen, besonders an ihrer Basis, wo sie in bräunlichroth überging. Am stärksten und intensivsten war mit ihr das Gitterwerk der Muskelfasern oder vielmehr das unter demselben begonnene Epithel durchdrungen. Wir erinnern uns dabei, dass an dieser rechten Seite die Oeffnungen und überhaupt alle meist äusserlichen Theile der Geschlechtsorgane sich befinden, so dass man diese ganze bei den brunstigen Individuen so sehr gefärbte Seite die Geschlechtsseite nennen könnte. Ebenso intensiv und hell gefärbt erscheinen bei solchen Thieren die männlichen Copulationsorgane. Der gelbliche Kopf derselben trägt unten hellrothe, den verborgenen Fühlern gleich gefärbte Flecken.

In den Wandungen des Reizungsorganes, besonders an der Spitze desselben, befestigt sich die innere Röhre neben dem Saugnapfe; dann kann man im Anfangstheile verschiedene Muskelfasern und Bindegewebsbalken bemerken, welche die Wandungen beider Theile desselben Organes miteinander verbinden. Seine Spitze ist mit reichlichen Nervenverzweigungen versehen, deren Endigungen durch den kleinzelligen, flimmernden Theil des Saugnapfes und des runden Walles schwer zu sehen sind. Aber in einiger Entfernung von diesen Organen sind diese Endigungen, welche die Form kleiner runder Zellen oder kolbenförmiger Drüschen von derselben Gestalt, wie die Nervenendigungen am vorderen Theile der Flossen besitzen, leicht sichtbar (Taf. XI, Fig. 9, *Cp. S.*).

Die innere Röhre oder richtiger der lange Schlauch ist im Innern mit einem flachen, orangegelb oder orangebraun pigmentirten Flimmerepithel besetzt. Ein Niederschlag von orangegelben Körnchen (Fig. 8 *cp*) dieses Pigmentes lässt sich auch auf der äusseren Wandung desselben Schlauches bemerken, in welcher eine Menge von rings- und längsverlaufenden Muskelfasern liegt. Diesen Körnchen sind bei jungen Exemplaren noch grosse orangegelbe Oeltropfen (*gd*) beigefügt, welche das künftige Material für den Aufbau von Geweben, für die Verarbeitung des Pigmentes oder von besonderen Drüsenschläuchen zu enthalten scheinen, aus welchen hauptsächlich alle Wandungen dieses Röhrenschlauches bestehen. In unentwickeltem Zustande erscheinen diese Elemente in der Gestalt grosser ovaler Zellen mit deutlichem Kerne (Taf. XII, Fig. 10). Später dehnen sich die Zellen aus und ordnen sich in regelmässige Reihen, wobei ihre am meisten verlängerten und zugespitzten Enden dem inneren Flimmerepithel in der Höhle des Canales zu gewendet sind (Taf. XIV, Fig. 8, *gf*). Jede solche Zelle oder ein jedes Drüschen erscheint in seinem verbreiterten äusseren Theile von einer Menge ziemlich stark lichtbrechender Körnchen überfüllt, welche feiner werden und endlich nach dem vorderen Ende zu gänzlich verschwinden, so dass die ganze Vorderhälfte der Drüschen von ihrer hinteren Hälfte scharf geschieden ist. Die erstere stellt eine fast ununterbrochene Masse dar, letztere enthält deutlich entwickelte Körnchen, welche sich mit dem Alter vergrössern und eine ellipsoide Form annehmen, während jedes derselben endlich wiederum ein kleines weissliches Körnchen bildet, welches in den inneren Theil des Schlauches fällt. Gerade diese weisslichen Körnchen, welche von oben kaum bemerkbare Vertiefungen bilden (Taf. XII, Figg. 11, 12, 13) und aus dichter, farbloser, feinkörniger Masse bestehen, treten bei der Begattung aus dem Reizungsorgane heraus und bilden weissliche Bläschen innerhalb des respiratorischen Sinus. Nach der Begattung verschwinden diese Körnchen allmählich und schmelzen bei der Circulation der Lymphe.

Was sind nun diese Körnchen? Welches ist ihre physiologische Rolle?

Ich muss gestehen, dass man auf solche Fragen mit einigen vielleicht sehr weitgreifenden und verlockenden Hypothesen antworten könnte. Man könnte die Pangenesis wieder ins Leben rufen und in diesen Körnchen Elemente der erblichen Eigenschaften sehen, welche von einem Individuum auf das andere übertragen werden. Da aber solche Muthmassungen sich nicht auf Thatsachen stützen und die problematischen Körnchen einfach nur einen Ueberfluss an dem in das zu befruchtende Individuum hineinzuführenden Nahrungsmateriale vorstellen könnten, so wird es besser sein, sich hier vor jeder weiteren Speculation zu hüten und eine thatsächliche, experimentelle Entscheidung der Frage abzuwarten.

Bei dem ersten Blick auf den inneren histologischen Bau des copulativen Anhangs fällt ein besonderes Gewebe in die Augen, welches aus grossen, scharf contourirten, ovalen, polygonalen oder mehr weniger verlängerten, gestreckten Zellen besteht, die den Entodermzellen vieler Siphonophoren sehr ähnlich sind. Diese Zellen stellen mit Blut ausfallende Höhlen dar; viele davon geben in kleine verzweigte Schläuche oder Canäle über, und wahrscheinlich kann infolge dieser Anordnung der Copulationsanlage seine Form stark wechselt und sich verjüngen. Ich will auch bemerken, dass ebensolche Zellen in den lateralen Anhängen oder Haken dieses Organs aufzufinden sind. Von aussen ist dasselbe vollständig mit Epithel bedeckt, dessen kleine Zellen von orangefarbenem Pigment gefüllt sind. Unter dieser Schicht liegt das Gewebwerk von Muskel-Fasern und Trabekeln (Taf. XIV, Fig. 1 *w, w, w*) zwischen welchen die Nerven und Blutgefässe (*v*) sich vertheilen, noch weiter nach innen fängt eine Schicht von Erections-Zellen oder -Höhlen an (*Ve*). Der eigentliche, im Copulationsorgane gelegene Samenbehälter ist ebenfalls mit langen Flimmerhaaren besetzt.

Die weiblichen Geschlechtsorgane bestehen aus 1' der Vagina (Taf. XIV, Fig. 1, *Vg*), 2) dem Uterus (*ut*), 3) einer Schleimdrüse, 4) dem weiblichen Samenbehälter (*rc*), 5) dem Ausführungscanale (*r.df*) und 6) der Zwitterdrüse (*Gl.h*). Das erste von diesen Organen, die Vagina, stellt eine ziemlich kurze und nicht sehr weite Röhre dar, welche an ihrem Ende sich in zwei Zweige spaltet, von denen einer in den Uterus, der andere aber in den Samenbehälter mündet. Die Epithelzellen dieser Röhre enthalten gelbes oder braunes Pigment in sehr grosser Menge. Der Uterus stellt eine sattelförmige Drüse oder einen weiten, in der Mitte umgebogenen und kreisförmig zusammengerollten Sack dar (Taf. XII, Fig. 9, 10, *ut*), in das eine Ende dieses Sackes mündet die Vagina, in das andere aber der Ausführungsgang und der Samenbehälter; da der innere Rand desselben bogenförmig gekrümmt ist, so bilden sich an seinen Wandungen einige (1—6) verzweigte Falten, in welchen Blutgefässe liegen (Fig. 9, *ut*). Der entgegengesetzte freie Rand des Schlauches ist zugespitzt und mit einer breiten, an Spiritusexemplaren deutlich hervortretenden Kante versehen (*K*). Die Höhle beider Hälften des Uterus stellt weite sich schlängelnde Gänge dar, in welchen die Eier sich verbreiten und von Schleim umhüllt werden. Für diesen Zweck befindet sich in den Uteruswänden eine Menge von einzelnen schleimabsondernden Drüschen und ausserdem ist noch eine besondere Schleimdrüse vorhanden (Fig. 10, *Mn*), welche über dem sattelförmig gekrümmten Uterus in derjenigen Vertiefung oder besser in demjenigen Ausschnitte liegt, welcher im Centrum seiner Krümmung sich befindet. Der ganze Uterus scheint aus dieser Drüse herum gedreht zu sein, welche nichts Anderes, als eine Differenzirung seiner Wände darstellt. Gewöhnlich hat die Drüse die Form einer sphärischen Wölbung und ist von gleicher Farbe wie der Uterus selbst, in einigen Fällen aber kann man an dieser Wölbung querverlaufende, sich schlängelnde Furchen unterscheiden. Das ganze Organ ist von schmutziger, röthlichgelber oder röthlichrosiger, etwas welker oder angegriffener Farbe. Seine Grösse ist im

Vergleich mit der der Zwitterdrüse ziemlich bedeutend und bei einigen Exemplaren schwillt es im letzten Stadium der Schwangerschaft so beträchtlich an, dass es den Umfang dieser Drüse übertrifft. Aber die Function dieses umfangreichen Uterus scheint nur eine sehr kurze Zeit zu dauern. Die Eier gelangen fast fertig in ihn, nur ihre Hülle ist noch nicht so stark verdickt und das Eiweiss fehlt gänzlich.

Der Samenbehälter stellt eine weisse Blase von sphäroidischer Form vor. Er bildet nur eine besondere Specialisirung des Ausführungsganges und bei einigen, besonders jungen Exemplaren ist er von diesem Gange und selbst vom Uterus, welchem er dicht anwächst, schwer zu unterscheiden. Jedenfalls ist dieses Organ keineswegs wesentlich nothwendig und im Falle der Atrophie der Geschlechtsorgane verschwindet es sammt der Schleimdrüse am frühesten.

Der Ausführungsgang kann nicht als Samengang (Vas deferens) bezeichnet werden, da er nicht nur zur Ausführung des Samens, sondern auch zur Ausführung der Eier dient, obgleich diese Functionen sich nicht gleichzeitig vollziehen. Wenn ich mich nicht irre, so functionirt jede Clio anfänglich als Männchen und zu dieser Zeit füllt sich ihr Ausführungsgang mit Samen an, erweitert sich stark und stellt, wenigstens der Function nach, ein Surrogat von einem Samenbläschen (Taf. XIV, Fig. 1, ss) vor. In solchem Zustande sucht das Individuum ein anderes auf, um diesem den in seiner Zwitterdrüse bereiteten Vorrath männlicher Geschlechtselemente zu übergeben. Ist dies gelungen, so wird es zu einem Weibchen, die Entwickelung weiblicher Elemente in seiner Zwitterdrüse fängt an vorzuherrschen und das Thier verbindet sich mit dem ersten entgegenkommenden Exemplare. Letzteres wird den jungen, jungfräulichen Behälter eines solchen Weibchens mit demjenigen Samenvorrathe versehen, welchen es selbst in seinem männlichen Behälter von einem anderen Exemplare bekommen hatte.

Ich will dabei bemerken, dass das Ueberfüllen des männlichen Samenbehälters mit Samen oder das Fehlen desselben in dem weiblichen Behälter bisweilen pathologische Erscheinungen bei den in der Gefangenschaft lebenden Thieren erzeugt, für welche die Begattung unmöglich ist. Jedoch muss ich erwähnen, dass die Clio sich ziemlich gern auch in der Gefangenschaft begatten. Wenn brünstigen Individuen durch irgend welche Ursache die Möglichkeit der Copulation entzogen ist, so unterliegen sie krankhaften Symptomen. Bei Männchen, deren männlicher Behälter mit Samen überfüllt ist, schwillt das Copulationsorgan stark an und ragt sammt dem Reizungsorgane stark nach aussen hervor, die Anhänge aber erweitern sich stark und nehmen eine verschiedenartige Lage an. Ich glaube, dass ein solches pathologisches Verhalten geheilt werden kann, wenn der Samenbehälter entleert wird. Ferner muss ich bemerken, dass bei solchen Exemplaren auch die Ränder des glockenförmigen Copulationsorganes eine besondere Form annehmen. Ist dies gelungen, so wird es zu einem Weibchen sich etwas an der Spitze aus, besonders aber werden die Endlippen ausgedehnt und wickeln sich spiralig nach innen ein (Taf. XIII, Fig. 8, 10). Meines Erachtens ist eine solche Lage ganz normal und findet immer statt, wenn das Copulationsorgan innerhalb der Vagina-Röhre sich befindet. Bei solcher Lage kann der Samen mit grösserer Bequemlichkeit in das Innere des männlichen Samenbehälters gelangen oder aus demselben herausfliessen und in den weiblichen Samenbehälter eindringen.

Ein Mal fiel mir ein pathologisches Individuum mit überfülltem männlichen Samenbehälter in die Hände, durch dessen dunkelgelbes Integument der Same mit weisslicher Farbe durchschimmerte. Dieses Individuum zeigte die intensiven Farben der Brunstzeit. Es hatte seine rothen Fühler in dem augenscheinlichen Verlangen, etwas ihm Fehlendes zu ergreifen, ausgestreckt; es hatte den Mund geöffnet und schwamm langsam und stossweise und war offenbar dem Erstickungstode nahe, der in der That nach einiger Zeit erfolgte. Ich muss dabei bemerken, dass man sterbende Clionen sehr oft mit ausgestreckten oder vielmehr herausgepressten männlichen Geschlechtsorganen findet; die Ursache dieser Erscheinung ist hier ganz klar. Während der Asphyxie drängt Clio öfter und stärker die Brust- und insbesondere die Kopfhöhle zusammen, indem sie das Blut in die Flossen und hauptsächlich in den respiratorischen Sinus treibt. Auch werden durch die starke Contraction der Kopfmuskeln die rothen Fühler herausgepresst und dabei die männlichen Genitalanhänge zusammengedrückt. Aber ein Auslassen von Samen oder eine Entleerung des männlichen Samenbehälters ist dabei von mir niemals beobachtet worden, obgleich beides in der That stattfinden kann. Ist diese Annahme richtig, so stellt die Asphyxie von Clio eine der menschlichen sehr ähnliche Erscheinung dar, nur dass letztere einen complicirteren Charakter zeigt, da an ihr nicht nur das Blutgefäss- und das Athmungs-, sondern auch das Nervensystem theilnimmt. Aber es kann wohl sein, dass auch bei Clio diese Phänomene nicht einen so einfachen Charakter haben, wie es zunächst scheint. Vielleicht geschieht auch hier das Herausstrecken der männlichen Genitalien nicht einfach in Folge eines mechanischen Blutdruckes, sondern in Folge des Druckes, welchen das Blut auf die Bewegung dieser Organe beherrschenden Nervencentren ausübt. [?]

Einmal habe ich eine Clio gefunden, welche als Weibchen fungirte, dem eben beschriebenen männlichen Exemplare aber gänzlich analog war. Nur trat hier anstatt des Herausstreckens der männlichen Geschlechtsorgane ein Prolapsus uteri auf, in Folge einer Ueberfüllung der Zwitterdrüse mit Eiern und eines Mangels an Samen. Dieses Thier befand sich ebenfalls in einem der Asphyxie nahen Zustande, sein Kopf war sehr verkürzt und zusammengedrückt, alle rothen Fühler herausgepresst. Offenbar hatte es seine ganze Kopfhöhle zusammengepresst und das Blut in die Athemhöhle hinübergegossen, wodurch deren Ueberfüllung mit Blut constatirt war, welche sich in einem Herauspressen des Uterus manifestirte. Das ist jedenfalls die am nächsten liegende Erklärung dieser Erscheinung, sie ist aber ohne Zweifel nicht so einfach, wie sie

<hr>

1) Im Jahre 1866 habe ich mit meinem Freunde Prof. M. Danilevsky in der ersten Naturforscher-Versammlung eine Untersuchung über die Wirkung des Kuraïns auf das Geschlechtsnervenganglion bei Dytiscus marginatus vorgelegt. Unsere Experimente haben gezeigt, dass die mechanische Wirkung der Muskeln und ein unmittelbarer Anstoß des Blutes nicht die Grundursachen bilden, welche die Erection des Penis und den Samenauswurf bewirken. Dieses Alles kann nur durch eine auf die Ganglien der Geschlechtsnerven oder der Nerven der Ruuthhöhle einwirkende Ursache geschehen. «Berichte der ersten Versammlung russischer Naturforscher.» 1868. S. 14.

zu sein scheint, und es wird auch die Function des Nervensystems an ihren Ursachen einen Antheil haben müssen. Uebrigens muss ich gestehen, dass die Individuen mit den eben beschriebenen pathologischen Veränderungen von mir nicht genügend studirt worden sind, und es ist wohl möglich, dass hier einige Thatsachen zu Tage treten können, welche zu ganz anderen Erklärungen führen würden.

Der Ausführungsgang mündet in den Uterus mit einer ziemlich weiten Oeffnung (Taf. XIV, Fig. 3, *sph*), welche durch eine sphincterartige Klappe geschlossen werden kann. Dieser Gang geht, sich schlängelnd und allmählich verengend, zur Zwitterdrüse (Fig. 1, *Gtk*). Letztere stellt (bei vollständig entwickelten Individuen) ein ziemlich umfangreiches Organ dar, welches mit einer grossen Traube sehr kleiner hellrother Weinbeeren viel Aehnlichkeit hat, und ist in kleine Läppchen getheilt, welche vorzüglich in querer, d. h. in derjenigen Richtung gelagert sind, in welcher das allmähliche Wachsen der Drüse geschieht. Diese Quertheilungen scheinen gewöhnlich durch das Integument des Thieres durch

Die Drüse liegt nach unten und nach links vom Magen. Die weiblichen Geschlechtsorgane sind danach etwas schief gelagert. Sie fangen von rechts an, neben der Analöffnung, und setzen sich nach unten und nach links fort. Die vollständig entwickelte Zwitterdrüse ragt nach hinten unter den Magenwandungen hervor.

Betrachten wir die Befestigung der weiblichen Geschlechtsorgane in der Brusthöhle von *Clio*, so können wir nicht umhin, die leichte, oder richtiger schwache Art dieser Befestigung zu bewundern. Die ganze Zwitterdrüse und der ganze Uterus hängen fast frei in dieser Höhle, und sind nur durch sehr wenige und überaus feine Bänder mit denselben verbunden. Die ganze Drüse besteht aus langen Blindsäckchen (Asci), welche auf den Verzweigungen des Ausführungsganges hängen und durch Bindegewebsbalken und feine Muskelbänder untereinander verbunden sind. Besonders stark ist dieses Zwischengewebe neben den Hälschen dieser Säckchen entwickelt und dient offenbar zur Ausführung der in letzterem sich entwickelnden Geschlechtsprodukte. Die Wandungen der Säckchen sind sehr dünn und fast ganz farblos und durchscheinend (Taf. XIII, Fig. 11). Die hellrothe Färbung der Drüse hängt von Pigmentkörnchen ab, welche sich in ihrem Zwischengewebe ablagern (Fig. 11, *pg*). In dem Epithel der Wandungen der Gänge dieses Gewebes kann man ziemlich grosse ovale Zellen sehen, welche eine Anfangsstufe der Entwicklung künftiger Säckchen zu sein scheinen.

In einem und demselben Säckchen kann man sowohl Spermatozoenbüschel als Eier (Taf. XIII, Fig. 11, *sp*) (diese in verschiedenen Entwicklungsstadien) finden. Ich habe mich weder mit der Entwickelungsgeschichte der einen noch der anderen beschäftigt, weil ich meinte, dass sie fast gar kein Interesse gewährt, da wir schon viele solche Arbeiten über die Entwickelung von Geschlechtsprodukten bei verschiedenen Molluskentypen haben. Wenn ich mich an diesem Falle irre, so kann ich künftigen Bearbeitern dieser Frage die Säckchen der Zwitterdrüse von *Clio* als ein Untersuchungsobject empfehlen, welches seiner Durchsichtigkeit wegen sehr bequem ist.

Spermatozoenbüschel kommen im oberen oder vorderen, also im Ausgangstheile der Säckchen vor. Ein jedes Bündel ist in seiner ganzen Länge gestreckt und stellt eine Ansammlung unbeweglicher Spermatozoen vor. Einzeln genommen, hat jedes Spermatozoon die Gestalt eines langen, dünnen Stäbchens oder eines Fadens, welcher in seiner oberen Hälfte von sehr dünnen, membranösen Fransen umgeben ist (Taf. XIV, Fig. 5). Die Spiralwindungen dieser Fransen wie wenig schräg und wickeln sich allmählich gegen das Ende der vorderen Hälfte des Stäbchens aus, wo letzteres sehr verdickt ist, während es sich im Schwanztheile sehr verengt und fadenförmig wird. Solche Spermatozoen bewegen sich in reifem Zustande äusserst langsam, wellenartig; es gelang mir manchmal, ihre Bewegung in dem Moment zu beobachten, wo sie aus der Oeffnung des Copulationsorganes hervortraten oder, richtiger gesagt, herausgepresst wurden. In diesem Falle kamen sie in der Gestalt eines Bündels heraus, welches sich allmählich aufwickelte und auseinander ging (Taf. XIV, Fig. 4, *Sp*).

Die Eier von *Clio* zeichnen sich, sogar bei voller Reife, durch die Durchsichtigkeit der gelblichen oder röthlichgelben Dotterkörnchen aus und sind sehr klein; in jedem Säckchen liegen nicht mehr als 3—5 vollständig entwickelte Eier. Je näher der Reife stehen, desto mehr entfernen sie sich von der Kugelform und nehmen diejenige eines langen Ellipsoides an. Der Kern oder das Keimbläschen zeichnet sich schon in den ersten Entwicklungsstadien des Eies durch beträchtliche Grösse aus, welche mit zunehmendem Alter desselben nur noch beträchtlicher wird, so dass wir in fast vollkommen reifen Eiern ein sehr grosses Keimbläschen und in ihm einen ebenfalls stark entwickelten, scharf contourirten Nucleolus sehen.

Clio legt ihre Eier in kleinen Ketten, deren Hauptbestandtheil eine grosse Menge eines vollständig durchsichtigen, sehr zähen und klebrigen Schleimes ist. Die Eier selbst nehmen in diesen Ketten so schwachen, in welchen sie sieben oder zehn sehr unregelmässige Reihen bilden, einen verhältnissmässig kleinen Raum ein. Es gelang mir niemals, solche Eier vom Meeresboden heraufzuholen. In der Gefangenschaft aber, in den Aquarien, legte *Clio* sie auf die Enteromorpha ab, welche ich in Menge in die Gefässe brachte. Daraus kann man, glaube ich, schliessen, dass auch im natürlichen Zustande diese Mollusken ihre Eier an tiefen Stellen mit strömendem, lufthreichem Wasser auf Wasserpflanzen ablegen.

Die abgelegten Eier entwickeln sich sehr rasch. Ein schönes, leicht zu beobachtendes Bild der Dotterklüftung lockte mich an, mit der Entwickelungsgeschichte von *Clio* mich zu beschäftigen; da ich aber einerseits andere, nicht minder interessante Fragen zu entscheiden hatte, zu deren Lösung die Fauna des Solowetzkischen Meerbusens ein reiches Material darbot, und da andererseits die Entwicklungsgeschichte von *Clio* nach der Publication der schönen Untersuchungen von Hermann Fol über die Entwickelung der Pteropoden schwerlich noch grosses Interesse erregt hätte, so habe ich diese Untersuchung bis zu einer günstigeren Zeit oder für künftige Forscher der Naturgeschichte von *Clio* aufgehoben.

Anfang Juni fand ich nicht selten Larven von *Clio* in ziemlich früher Entwickelungsperiode. Dieselben besassen einen sehr schwach entwickelten Kopf, welcher noch der Fühler entbehrte, und waren ohne Flossen und überhaupt ohne Fuss. Sie bewegten sich vermittelst dreier, aus sehr langen und verhältnissmässig dicken Wimperhaaren bestehender Gürtel, von denen einer an der Basis des Kopfes, ein anderer an der Basis der Brust und ein dritter dicht vor dem Schwanzende sich befanden. Mittelst dieser Wimperringe oder -kreise bewegte sich die Larve sehr rasch und behende.

Aus einer späteren Entwickelungsperiode kamen mir Larven mit deutlich entwickelter Form und den Organen der erwachsenen *Clio* vor, die aber ihren mittleren, d. h. an der Basis der Brust gelegenen Wimpergürtel noch nicht verloren hatten (Taf. IX, Fig. 2). Oben habe ich Gelegenheit gehabt, darauf hinzuweisen, dass diese Larven durch eine starke Entwickelung des Propodiums und insbesondere des Metapodiums (siehe S. 93) ausgezeichnet waren. Das erstere erschien in der Gestalt von zwei mit einander verwachsenen, zungenähnlichen Anhängseln, während das Metapodium nur einen einzigen solchen Anhang darstellte, welcher unter der Basis der zwei vorhergehenden hervorragte und zugleich weit nach unten herüberreichte. Jedenfalls bildeten diese Organe ohne jegliche Anwendung. Sie schienen einen erblichen Ueberrest stark entwickelter Schwimmorgane zu bilden, welche bei einem Urtypus vorhanden waren. Der Anfang der regressiven Metamorphose ist bei der später zu beschreibenden Larve zu sehen. Im Innern des Metapodiums (in seiner Spitze) lässt sich schon eine Anhäufung grosser Fettzellen bemerken, welche von einem Zerfalle von Muskeln und Geweben herzustammen scheinen. Die Zungen des Propodiums unterliegen dem Zerfalle nicht. Sie wachsen dagegen wahrscheinlich noch mehr, so dass wir als Endresultat bei *Clio* verhältnissmässig grosse Propodiumlappen und ein sehr kleines Anhängsel sehen, welches einen Ueberrest von dem bei der Larve stark entwickelten Metapodium vorstellt.

An der Brust, neben dem Wimpergürtel und nach oben von diesem, begegnen wir überall zerstreuten, aber sehr grossen, gelartigen, sphärischen Ablagerungen, welche höchst wahrscheinlich ein dem Dotter ähnliches Material für die Entwickelung des künftigen Thieres darstellen. Eben solche fettige Ablagerungen liegen in zwei anderen Gürteln auch bei anderen, jüngeren Larven. Spuren davon bleiben auch bei einem erwachsenen Thiere im Kopfe, in der Gestalt kleiner, fettartiger Anhäufungen oder mit einer gelartigen Flüssigkeit gefüllter Bläschen. Bei einigen Individuen werden solche Ablagerungen schon bei schwachen Vergrösserungen als kleine rothe Pünktchen sichtbar; in der Brust bilden sie einen ganzen Gürtel von zerstreuten grossen, mit einer gelartigen Flüssigkeit gefüllten Zellen, welche im Sonnenlichte als opalisirende oder irisirende Pünktchen erscheinen. Endlich treffen wir am Schwanzende eben solche und noch grössere Ablagerungen, welche hier den Pigmentzellen sich beimischen und ihren Glanz und die Grelle ihrer Farbe verstärken.

In Larven von *Clio* aus einer reiferen Periode kann man neben der Anhäufung Zellenablagerungen bemerken, aus welchen nachher die weiblichen Geschlechtsorgane sich bilden. Ein sehr starker Nerv geht zu denselben und vertheilt sich in den umgebenden Körperwandungen.

Nachdem ich den Bau und die Verrichtungen der Geschlechtsorgane von *Clio* in ihrem normalen Zustande beschrieben habe, will ich einige Worte über diejenigen Veränderungen sagen, welchen diese Organe bei ihrer fettigen Degeneration unterliegen. Dieser Vorgang ist übrigens schwerlich als ein pathologischer zu bezeichnen, weil er beständig bei allen Individuen vorkommt, welche den Einfluss des Hungers erfahren haben. Vor Allem muss ich bemerken, dass einer solchen Degeneration nur derjenige Theil der Geschlechtsorgane unterliegt, welcher neben die Verdauungsorganen liegt und mit den letzteren durch das Arteriensystem sich verbindet, d. h. die weiblichen Geschlechtsorgane. Was die männlichen Geschlechtsorgane anbetrifft, so bleiben diese unverändert und behalten in ihrem Behälter den ganzen Vorrath des empfangenen Samens, anscheinend um ihn für künftige Begattungen aufzubewahren.

Ihrem äusseren Ansehen nach stellen die atrophirten Organe eine Art von kleinen Anhängen des Darmcanals vor (Taf. XIV, Fig. 2). Sie bestehen aus einer sehr kurzen, kaum bemerkbaren Scheide, welche sich fast sogleich zu einem kleinen, den Uterus vorstellenden Säckchen erweitert; aus diesem entspringt dann ein langer Canal, welcher mit einem kleinen traubenförmigen Säckchen endet. Die genannten Theile sind sämmtlich von ziemlich heller und intensiv röthlichrosiger Farbe, welche im durchgehenden Lichte gelb oder röthlichgelb erscheint, und durch eine verstärkte Thätigkeit, deren Folge die fettige Degeneration ist, pigmentirt. Ich bemerke dabei, dass eine Emhärm und die Speiseröhre bei Exemplaren mit atrophirten Geschlechtsorganen sehr schwach gefärbt sind: der Darm ist röthlich, die Speiseröhre aber besitzt eine kaum bemerkbare blasse, gelblichrauche Färbung. Nur die Farbe des Magens bleibt unverändert und seine schwarze sammetartige Oberfläche bildet eine sehr schöne Unterlage für die himbeerrothen Geschlechtsorgane.

Das Bild der Geschlechtsorgane in diesem pathologischen Zustande ist so charakteristisch und lehrreich, dass ich mich entschloss, dasselbe bei einer 100-fachen Vergrösserung zu fixiren und für diese Abbildung den grössten Theil der Tafel XIV zu bestimmen. Vor Allem fallen in diesem Bilde stark entwickelte Sehnen und Bänder in die Augen, welche in den Wandungen der Scheide und des Anfangstheiles des Uterus liegen (Fig. 3, *lg*, *lg*). Dieser letztere stellt ein kleines Säckchen vor (Fig. 2, *ut*), von welchem der Samenbehälter nur eine kleine Ausstülpung bildet. Ungeachtet dieses Umstandes ist der Uterus mit wenn auch feinen Nerven versehen, welche nur an einigen Stellen Verdickungen (eine Art von kleinen Knöchen) besitzen (Fig. 3, *gn*, *gu*), wodurch dieses System demjenigen des am Magen sich verzweigenden unpaaren Nerven ähnlich wird. Uebrigens besitzt der zu diesen atrophirten Geschlechtsorganen gehörige Nerv alle Charaktere eines gesunden Nerven und vertheilt sich in der Zwitterdrüse in einer Menge von kleinen Zweigen (*n*), welche zu den Ueberresten der Säckchen und der traubenförmigen Abtheilungen gehen. Es hat mich die Frage beschäftigt, warum der Geschlechtsnerv seine ganze

18*

Kraft und Normalität in einem Organe beibehält, welches der Zerstörung anheimfällt. Es scheint mir, dass die Atrophie gerade von dem Nerven aus beginnen, und dass, wenn dieser energische Factor zerstört oder beschädigt würde, dann auch die Atrophie des Organes selbst vor sich gehen müsste. Aber es ist nicht zu vergessen, dass die Atrophie hier nur zeitweilig aufzutreten scheint, dass sie nur die fettige Degeneration und speciell die Uebergabe der Producte dieser letzteren, der Fette, als eines Nahrungsmateriales, an den Magen zum Zwecke hat. Für diesen Vorgang ist der Antheil eines normalen Nerven unentbehrlich. Uebrigens muss ich bemerken, dass der kantige Theil dieses Nerven, welcher sich im Uterus verzweigt, ebenso gut, wenn nicht noch besser, bei normalen Exemplaren entwickelt ist.

Eine Klappe in der Oeffnung des Ausführungsganges scheint hier zu fehlen und die Oeffnung beständig geöffnet zu sein. Der Ausführungsgang zeichnet sich durch die Dicke seiner Wandungen aus, welche hauptsächlich von derjenigen der ringsverlaufenden Muskelfasern abhängt. Die Zwitterdrüse wird am Magen durch ein dünnes Band befestigt, welches in seinem oberen Theile in feine, schlangige Fasern sich theilt (Fig. 3, fig.) und auch bei normalen Exemplaren vorkommt, hier aber bemerklicher und deutlicher sichtbar ist in Folge einer Verminderung aller umgebenden Theile. Dasselbe kann man auch von den schlingen Bändern der Uterusscheide sagen, welche hier die Gestalt sich schlängelnder, verzweigter Gebilde annehmen. Offenbar ist für die Zerstörung dieses compacten Gewebes weit mehr Zeit erforderlich als für den Zerfall anderer, weicherer Theile; ausserdem erscheinen auch seine Elemente wenig nahrhaft und folglich für den Vorgang, welcher zum speciellen Endzwecke die Ernährung des hungernden Organismus hat, wenig tauglich.

8. Allgemeine Folgerungen und Schlüsse.

Clio gehört offenbar zu den höheren Pteropodentypen. Erstens ist dieselbe ein Raubthier, und alle Raubthiere müssen in pflanzenfressenden Organismen das Material für ihre Entwickelung gehabt haben. *Clio* hat dieses Material in ihrem älteren Verwandten, der *Limacina arctica*, gefunden. Dank dieser räuberischen Lebensweise geht ihr ganzes Leben sehr rasch, im Verlaufe weniger Wochen, vorüber. Ich weiss nicht, ob die Clionen zu überwintern fähig sind und ob sie länger als ein Jahr leben. Da ich aber sehr junge Thiere am Ende des Sommers gefunden habe, so neige ich mich mehr der Meinung zu, dass *Clio* wenigstens zwei Jahre leben kann. Andererseits bin ich zu demselben Schlusse durch das Vorkommen grosser, sehr alter Individuen geführt worden, welche bei den Sajatskije-Inseln zu finden sind. Eines derselben zeigte eine sonderbare Monstrosität. Dasselbe entbehrte des Schwanztheiles, welcher fast gänzlich, fast bis zu den Geschlechtsorganen, abgerissen oder abgebissen war, und es ragten anstatt des langen Schwanzes nur zwei ungleich grosse Stummel hervor. Sowohl diese Stummel, als die ganze Mitte des Körpers waren von dunkler, orangerother Farbe, welche theilweise in himbeerroth überging. Das fast vollständige Fehlen der Athemhöhle und der anderen, thätige Zustand dieser Clionen scheinen meine Vermuthung, dass der Athmungsprocess nicht nur im respiratorischen Sinus des Schwanztheiles, sondern auch in den Flossen stattfindet, zu bestätigen.

Die energische Athmung ist bei ihnen eine directe Folge ihrer allgemeinen energischen Thätigkeit und fast beständigen Beweglichkeit. Ich konnte in meinen Aquarien beobachten, dass *Clio* ganze Stunden hindurch mit ihren Flossen arbeitete, indem sie entweder an der Wasseroberfläche sich hielt, oder zum Boden niedersank und wieder nach oben stieg, oder endlich längs der Wandungen des Gefässes umherschwamm. Ihre Bewegungen erinnerten noch an diejenigen in enrichtet Käfigen eingesperrter Raubthiere. Auch ein Eichhörnchen im Käfige macht solche, kann aber bekanntlich nicht als ausschliesslich pflanzenfressendes Thier bezeichnet werden; wenigstens fressen sie sehr gern Insecten. Aus höchsten fällt sich *Clio* an der Oberfläche des Wassers, indem sie immer auf einer und derselben Stelle sich aufhaltreibt und wahrscheinlich hier ihre beliebte *Limacina* zu finden hofft. Während der Brunstzeit hat dieses Umhertreiben an der Oberfläche des Meeres eine andere Ursache und es kommen hier am häufigsten gepaarte, sich begattende Exemplare vor.

Eine andere Quelle der beständigen schnellen Bewegung und des raschen Lebensverlaufes von *Clio* liegt in der starken Entwickelung ihrer Empfindlichkeit und in der starken Ausbildung oberflächlicher tactiler Nervenkörperchen und localer reflectorischer Apparate. Wir haben gesehen, dass fast jeder Punkt des Körpers von *Clio* eine starke Reizbarkeit und eine fast augenblickliche Contractilität zeigt, und dass die Flossen sich am raschesten und am stärksten contrahiren. Sticht man *Clio* in einer Dissectionswanne mit einer Nadel, so löst jeder Stich sofort eine Contraction des angestochenen Theiles aus. Der angestochene Kopf drückt sich so stark zusammen, dass er fast unsichtbar wird; die Spitze des gekrümmten Schwanzes biegt sich um und legt sich an diesen oder jenen Punkt des Kopfes an, und man muss auch diesen Theil anstechen, wenn das Thier wenigstens in der Längsachse seine natürliche Länge bewahren soll.

Das Anlegen des Schwanzes an die angestochenen Theile des Kopfes beweist einerseits eine gute Coordination der Bewegungen, scheint aber andererseits auch zu zeigen, dass auch die Schwanzspitze als ein Ergreifungsorgan dienen könnte, wenn die Entwickelung diese Richtung annähme.

Das ganze Vertheidigungsverfahren von *Clio* ist rein passiv und es gelang mir niemals, trotz aller schmerzhaften Operationen, die ich an demselben machte, zu sehen, dass das Thier sich mit seinen rothen Fühlern oder scharfen und feinen Kieferhaken zu vertheidigen suchte. Dies scheint mir zu beweisen, dass ein tiefer Unterschied zwischen den Ergreifungs-Organen überhaupt und den Vertheidigungs-Organen von *Clio* besteht. Erstere sind in ihren Functionen mit den letzteren noch nicht vereinigt und das Thier vertheidigt sich rein passiv, indem es in erster Linie auf die Kraft und Schnelligkeit seiner Flossen und dann auf die Contractilität seiner Muskelfasern rechnet. Jeden angegriffenen Punkt seines Körpers sucht es, wie es scheint, zu verstecken und möglichst weit von der Stelle des Augriffes zu entfernen. Alle diese Manipulationen macht es gewöhnlich ganz auf reflectorische Weise.

Selbst in der Nähe des Todes, in der Asphyxie, wendet *Clio* ihre Vertheidigungsorgane nicht an; nur ganz passiv, allmählich und langsam werden ihre sonst zum Ergreifen dienenden Organe hervorgestreckt. Nur einmal gelang es mir, eine todte *Clio* mit hervorgetretenen Bündeln der Kieferhaken zu finden. Aber auch hier war dies, wahrscheinlich ganz unbewusst, in Folge einer reflectorischen Contraction der diese Häkchen aus ihren Hüllen herauspressenden Muskeln geschehen.

Die grelle Färbung von *Clio*, die Anhäufung heller Pigmente an einigen Punkten ihres Körpers ist eine Folge verschiedener Ursachen. Vor Allem ist *Clio* ein Tagesthier. Sie liebt das Licht, die Sonne, und schwamm nur in der Zeit umher, wenn die Sonne am stärksten leuchtet und wärmt, d. h. von 10—11 Uhr Morgens bis zu 7—8 Uhr des Abends. Nur an sehr warmen Tagen werden einzelne Clionen noch später schwimmend gesehen. Gepaarte, sich begattende Thiere kamen mir dagegen nur zur Mittagszeit, um 2—3 Uhr, bei hellem, sonnigem Wetter vor. In allen diesen Fällen hat offenbar das Licht auf *Clio* nicht in dem Maasse Einfluss, wie die Wärme, und erst beide Factoren zusammen beeinflussen die Ablagerung von hellen Farbstoffen. Dazu tritt übrigens noch ein Umstand, den ich nicht erklären kann. An einigen wenigen Tagen des Juni 1882 war die Witterung sehr heiss und das Thermometer zeigte 17° im Schatten und 24° in der Sonne; die Tage waren hell und doch war *Clio* von der Oberfläche verschwunden, schwamm in der Tiefe umher oder verbarg sich ganz; aber das waren nur Ausnahmen von der allgemeinen Regel und diese können die obige Vermuthung, dass Licht und Wärme auf *Clio* einen Einfluss haben, indem sie in ihrem Körper die helle Färbung hervorrufen, keineswegs erschüttern. Wir wollen nun sehen, an welchen Stellen des Körpers diese Färbung sich vertheilt.

Die Fühler des Kopfes sind, ihrer beständigen, ununterbrochenen Bewegung ungeachtet, ohne jede Färbung; sie sind ganz farblos und durchsichtig, wie der grössere Theil des Körpers überhaupt. Die hellrothe Färbung concentrirt sich in den verborgenen Greiffühlern des Thieres. Ferner finden wir eine Ablagerung eines wenn auch nicht so grellen und starken, aber doch intensiveren Pigmentes in dem kurzen Rüssel, in der Haut neben dem Munde und im ganzen Darmcanale. Das orangefarbene Pigment des vorderen Theiles dieses Canales geht in ein schwarzes über, welches in den oberflächlichen Epithelzellen des Magens abgelagert ist. Ebenso oder fast ebenso intensiv ist diese Färbung im Enddarme, welcher, wie wir oben gesehen haben, sich unter einem scharfen Winkel nach vorne und nach rechts krümmt.

Anhäufungen heller oder dunkler Farbstoffe gehen weiter in die Brusthöhle hinein. Alle Geschlechtsorgane sind gefärbt und dabei sehr hell, insbesondere die Zwitterdrüse, welche als ein grellrother Fleck durch das Integument durchschimmert. Endlich zeigen an demselben Körpertheile die Flossen eine blassröthliche Farbe, obschon dieselbe ausser der Brunstzeit schwach ist; das Bojanus'sche Organ ist ebenfalls sehr blass.

Weiter, zum hinteren Ende des Körpers gehend, finden wir die dritte und letzte Ablagerung stärkerer oder greller Pigmente; dieselbe befindet sich an der Spitze des Schwanzes.

So sehen wir bei dem ersten Blicke auf *Clio* etwa drei Zonen hellerer bis dunklerer Färbung des Körpers, und es kann wohl sein, dass die Intensität derselben durch die gesteigerte Function der drei primitiven Wimpergürtel, dieser Bewegungsorgane der jungen Larven von *Clio*, hervorgerufen ist. Ich bemerke dabei, dass in diesen Gürteln, wie wir gesehen haben, Vorräthe von gefärbten, ölartigen Flüssigkeiten abgelagert werden, aus welchen in der Folge unter Anderem die Pigmente sich entwickeln.

Wir sehen also, dass die Ursachen der Pigmentablagerung bei *Clio* sehr verschiedenartige sind und dass ausser dem äusseren Medium und den Functionen der inneren Organe sich hier auch der Einfluss erblicher, embryologischer Erscheinungen geltend macht.

Wir wenden uns jetzt wieder zu der Muthmassung bezüglich der Ursache der grellrothen Färbung der Greiffühler von *Clio*. Warum hat sich dieses Pigment in jenen Organen abgelagert, welche während des grösseren Theiles ihres Lebens ruhig und unthätig liegen? Wir finden leicht die Ursache dieser Erscheinung, wenn wir uns die Voraussetzung erlauben, dass auf die Ablagerung der Pigmente, insbesondere der starken, das Nervensystem und hauptsächlich psychische Ursachen einen grösseren oder geringeren Einfluss haben. Beim Ergreifen der Beute werden die langen Greiffühler plötzlich, augenblicklich, wie durch einen elektrischen Reiz herausgeworfen, welcher offenbar durch einen starken psychischen Impuls hervorgerufen wird. Dabei tritt stets eine Menge von Blut in diese Fühler ein, aus welchem unter dem Nerveneinflusse allmählich das Pigment herausgearbeitet wird. Erinnern wir uns ferner, dass der Lichtreiz die Ablagerung des Augenpigmentes hervorruft. Es besteht in dem gegebenen Falle, und vielleicht sogar überhaupt ein stärkerer Reiz, welcher aber nicht von den Lichtstrahlen herrührt, nicht von aussen, sondern von innen, aus den nervenelektrischen Strömen des Organismus selbst kommt. Hier und da ruft die gleiche Ursache die gleiche Resultat hervor. Eine Reizung der Endungen von Augennerven erzeugt die Ablagerung des dunkelrothen Augenpigmentes (Fuscin), die Reizung der Nervenendungen der Greiffühler diejenige des grellrothen Pigmentes dieser Organe.

Wenden wir uns jetzt zu der Färbung des Darmcanales. Der am meisten gefärbte Theil desselben ist derjenige, in welchem der chemische Vorgang am intensivsten sich vollzieht, wo das Pigment am stärksten ist, der Magen. Hier sind die Gallenpigmente angelaufen, hier geht die stärkste chemische Arbeit vor sich, und ebenso in der Nähe eines anderen Theils, des Geschlechtslaboratoriums, welches wenigstens während der Brunstzeit, unter dem Einflusse starker Nervenreize wirkt, die ihrerseits wieder die Pigmentablagerung hervorrufen oder verstärken. Endlich circulirt an derselben Stelle ein grosser Strom oxydirten Blutes, welcher aus den Flossen in den respiratorischen Sinus zurückkehrt. Wir sehen also, wie viele günstige Bedingungen für die Ablagerung greller oder intensiver Pigmente hier vereinigt sind, und finden darin die Ursache, dass sich dieselben hier reichlich ablagern. Wir dürfen auch dabei nicht vergessen, dass *Clio* ein Raubthier ist und dass die Verdauungsvorgänge bei ihr sehr rasch und energisch sich vollziehen, wodurch gewissermassen die Ablagerung und Anhäufung der Pigmente verstärkt wird.

Vor und hinter dem Magen sind die Theile des Darmcanals ebenfalls, besonders ist das flectum, in welchem der Verdauungsprocess so zu sagen vollendet wird, intensiv dunkler gefärbt. Was die Speiseröhre anbelangt, so bildet ihre Färbung offenbar eine Fortsetzung derjenigen der äusseren Mundtheile. Die Energie der Bewegung dieser Theile kann schon an sich eine grellere Pigmentirung hervorrufen; dabei müssen wir uns erinnern, dass in der Speiseröhre, mit Hülfe der Speicheldrüsen, der erste Act der Verdauung sich vollzieht.

Ich will noch auf einen zwischen den Kieferhaken und den Haken der Radula bestehenden Unterschied hinweisen. Die ersten sind ziemlich intensiv gelb gefärbt, die letzteren absolut farblos. Jene stehen unter der Wirkung eines Nervenreizes; sie ergreifen und halten die Beute fest; diese zerreissen und zerkleinern dieselbe ganz ruhig und ohne Erregung. Hier wie dort prägt sich die Verschiedenartigkeit des psychischen Nerveneinflusses in der Pigmentablagerung aus.

Erkennen wir den Einfluss der Nervenaffecte auf die Ablagerung des Pigments in den rothen Fühlern an, so müssen wir mit noch grösserem Rechte einen eben solchen Einfluss, nur in weit höherem Grade, auf die Ablagerung des Pigments in den Geschlechtsorganen zugeben. Andererseits mischt sich ebensowohl hier als in der Färbung des Verdauungscanales der Einfluss der vegetativen Processe bei. Erinnern wir uns der starken und hellen Färbung der Blüthen bei den Pflanzen, wo die chemische Intensität des Organismus ihr Maximum erreicht und in denen unter dem Einflusse des Lichtes, der Wärme und der ozonisirten Luft in der Corolle mehr oder weniger helle und reichhaltige Farbstoffe, ätherische Oele und zuckerhaltige Flüssigkeiten in den Nectarien abgelagert werden. Etwas Aehnliches vollzieht sich auch hier, bei *Clio*, nur in einem höheren Grade, da die Energie der chemischen Thätigkeit der Geschlechtsorgane unter der Wirkung der Nervenströme verstärkt wird. Unter diesem doppelten Effecte geschieht die Pigmentablagerung nicht nur in den Geschlechtsorganen, sondern auch in den anliegenden Theilen. Das Bojanus'sche Organ und sogar das Herz sind bei einigen Individuen leicht gelblich oder gelblichroth gefärbt. Zu der Zeit aber, wenn der ganze Organismus seine volle Reife erreicht, seine Zwitterdrüse mit Geschlechtsproducten überfüllt wird und eine hellrothe Färbung annimmt, wenn sein Vas deferens breit anschwillt und in Folge des Samenzuflusses ganz weiss, wenn der männliche Copulationsschlauch aus einem farblosen oder leicht bräunlichen zum orangefarbenen oder röthlichbraunen wird, — dann geht die Erregung von den Nerven aller dieser Theile bis zu den Nervencentren und spiegelt sich reflectorisch allmählich in dem ganzen Organismus wieder. Dann kommt die Zeit der geschlechtlichen oder Hochzeitsfärbung der *Clio*. Der ganze Körper nimmt dann (wenigstens bei grossen Thieren) eine leicht gelbliche oder gelblichroth Nuance an, welche in den Flossen und an der rechten Seite der Brust sehr intensiv wird, bei einigen Exemplaren aber in die hell orangefarbene oder röthlichgelbe Färbung übergeht; die ganze Brust bedeckt sich mit der gleichen Farbe, besonders an der rechten Seite des Körpers, und endlich nehmen auch die Flossen dieselbe an. Die Schwanzspitze nimmt ebenfalls Theil an diesen Veränderungen, ihre Färbung verbreitet sich etwas weiter nach vorne und wird heller und intensiver.

Indem ich alle diese Muthmassungen über die Färbung von *Clio* ausspreche, stelle ich dieselben nicht sowohl als Fragen oder als Themata für künftige Untersuchungen in dieser Richtung auf. Aber es zieht in dieser Beziehung noch andere Fragen, für welche selbst solche hypothetische Erklärungen undenkbar sind und deren Entscheidung eine weit reichere Ausstattung an Untersuchungsmitteln und eine angestrengtere Arbeit erfordert. So unter Anderem die Frage nach der Qualität der Färbung von *Clio*. Warum ist die Färbung des Körpers und sowohl Theile gelb, orange, roth, röthlich braun oder schwarz? Es versteht sich, dass die Entscheidung einer solchen Frage in erster Linie von der chemischen Untersuchung der Pigmente selbst abhängt. In diesem Falle kann schon ein sehr einfaches Verfahren die Anwesenheit zweier verschiedener Pigmentarten bei *Clio* zeigen. Nicht sehr starker Spiritus (50%) zieht alle rothen, rothen und gelben Pigmente (Lipochromen) aus; starker Spiritus (90%) aber lost alle Farbstoffe ohne Rest, so dass fast der ganze Körper von *Clio* weiss wird und nur der Magen und theilweise der Darm gefärbt bleiben. Pigmente, welche alle diese Organe gleichmässig färben, scheinen zu einer ganz anderen Reihe (Melanoiden) zu gehören.

Grelle, durch Spiritus leicht auszuziehende Pigmente, das rothe und das gelbe, sind einander sehr nahe verwandt und scheinen nur Producte einer weiteren Veränderung eines und desselben Pigmentes vorzustellen. Hierher ist auch das himbeerfarbene Pigment zu zählen, falls dasselbe überhaupt einen eigenen, besonderen chemischen Bestandtheil besitzt. Ebenso scheinen nur das orangefarbene und orangebraune oder schwarze Pigment des Verdauungscanales unter einander in genetischem Zusammenhange zu stehen. Aber es wird besser sein, an die Stelle aller dieser Annahmen thatsächliche Untersuchungen zu setzen, und ich mache diese Voraussetzungen nur zum Zwecke der Vergleichung des Pigments von *Clio* mit solchen anderer Thiere, bei welchen die Möglichkeit einer solchen Theilung und Verwandlung derselben thatsächlich bewiesen ist. Endlich will ich noch einen Versuch zur Aufstellung einer mehr allgemeinen Frage machen, welche nicht *Clio*, sondern alle Thiere und sogar Pflanzen des Solowetzkischen Meerbusens betrifft. Warum erscheint die Färbung dieser Thiere und Pflanzen in der grossen Mehrzahl der Fälle roth oder einer hierhergehörigen oder leicht bläulichen Nuance?

Wenn wir die oben ausgesprochene, zuerst von Moleschott in seiner «Generation des Stoffwechsels» gemachte Voraussetzung über den starken Einfluss der ozonisirten Luft auf die Pigmente zulassen, so stehen wir auf dem Wege zur

— 115 —

Entscheidung dieser Frage. Es scheint zweifellos zu sein, dass die Luft im Norden mehr oder weniger ozonisirt ist, eine sehr grosse, von Nadelholzwäldern bedeckte Fläche dieser Länder beweist die Richtigkeit dieser Meinung[1]. Andererseits ozonisirt zweifellos die Bewegung der Meereswellen, welche Elektricität erzeugt, die im Meerwasser befindliche Luft. Alles dieses kann in verschiedener Weise in der Pigmentirung der Thiere und Pflanzen sich abspiegeln und in denselben einen höchsten Grad von Oxydation der Pigmente hervorrufen, welcher in der allen rothen Algen eigenen rothen oder himbeerartigen Färbung sichtbar wird, sie erscheint oft bei den Crustaceen und vorzugsweise bei den Thieren der Amerikanischen Meerenge (wie wir oben sahen), d. h. an der Stelle, wo das Wasser mehr oder weniger stark strömt und folglich in demselben eine starke Reibung, eine Elektrisirung und Ozonisirung der in ihm enthaltenen Luft stattfindet. Unter dem Einflusse der letzteren entwickelt sich reichlich rothes Pigment, welches vielleicht bei den Thieren als Zooerythrin sich erweisen wird.

Die eben ausgesprochene Erklärung scheint mir sehr wahrscheinlich zu sein und wird sich vielleicht als vollkommen richtig erweisen; aber es giebt noch andere Ursachen, welche mit der ozonisirten Luft concurriren und die rothe Färbung hervorrufen. Zu solchen gehört eine niedrige Wassertemperatur; und wenn die Kälte das Xanthophyll der pflanzlichen Pigmente in Erythrophyll verwandeln kann, warum sollte eine ähnliche oder dieselbe Reaction nicht auch bei den Thieren bestehen können? Man wird mir erwidern, dass bei den Thieren die Sauerstoffathmung einen fast ganze Lebensphasen erfüllenden Grundvorgang bildet, den wir bei den Pflanzen nicht sehen. Aber es scheint, dass jene die Oxydation des Pigments nur verstärken kann. Jedenfalls wiederhole ich, dass ich alle diese Hypothesen nur als Themata für künftige mehr oder weniger complicirte Arbeiten aufstelle.

Bei der Besprechung der Färbung von Clio muss ich auch über die Pigmentirung des Nervensystems dieses Thieres einige Worte sagen und bemerke, dass überhaupt dieselbe bei erwachsenen Thieren stärker wird. Ebenso verstärkt sie sich bei den Individuen im Hochzeitskleide. Die grössere Energie der physiologischen Vorgänge vermehrt also die Färbung, besonders wenn diese Energie noch durch geschlechtliche Erregungen gesteigert wird. Dies ist eine allgemeine, die Ablagerung aller Pigmente betreffende Regel, aber dasjenige im Nervensysteme von Clio hat noch ein specielles Ziel. Sie scheint das Nervensystem vor einem zu starken Einflusse der Kälte zu schützen. Zu einem solchen Schlusse führt uns die Färbung des Neurilemma, der Hülle der Nerven bei vielen Meereswürmern und Mollusken.

Das Integument von Clio ist in einem grösseren Theile und bei der Mehrzahl der Individuen farblos. Das ist theilweise eine Folge der schwimmenden Lebensweise des Thieres; andererseits entfärben sich alle Lipochrome bei verstärkter Licht- und Ozonwirkung. Wir wissen, dass eine grosse Mehrzahl von schwimmenden wirbellosen Thieren entweder des Pigmentes gänzlich entbehrt, oder nur sehr schwach gefärbt ist, und dabei ist die Färbung nur an einigen empfindlicheren, oder aber an denjenigen Stellen des Körpers concentrirt, an welchen die Farbstoffe wegen der Verdauungsprocesse sich ablagern. Hierher gehören alle Gallenpigmente von Hydroiden und Medusen. Es scheint, dass bei der Einwirkung des Lichtes auf die an der Oberfläche des Meeres schwimmenden Thiere eine verstärkte Pigmentablagerung stattfindet und dass alle diese Thiere stark gefärbt sein müssten, während wir dagegen hier bisweilen eine vollständige Farblosigkeit und Durchsichtigkeit des Organismus finden. Das Pigment verbleicht oder entfärbt sich hier aber vielleicht durch die Wirkung des Lichtes. Es giebt übrigens Fälle, in welchen eine solche Erklärung unanwendbar ist. So erscheint z. B. die nördliche Limacina ganz tief schwarz oder violettschwarz gefärbt. Aber solche Fälle bilden nur eine seltene, durch irgend welche specielle Ursache bedingte Ausnahme. Vielleicht haben wir es hier mit anderen Farbstoffen, aus der Reihe der Melanoiden, nicht mit Lipochromen, zu thun.

[1] Die Ozonisirung der Luft im Norden scheint keinem Zweifel zu unterliegen, obgleich noch keine directen Experimente in dieser Richtung, wenigstens bei uns in Russland, gemacht worden sind. Ich meine, dass nicht die niedrige Temperatur der Luft, sondern der Einfluss des Ozons auf den verschiedenen Organismus die Functionen desselben so grösserer und intensiverer Thätigkeit anregt. Hier im Norden empfindet der Mensch stärker das Bedürfniss nach Nahrung [ein Bedürfniss, das der beständigen Armuth und Noth der ganzen Gegend keineswegs zu Hülfe kommt], sein Appetit fordert beständig Befriedigung und zwar durch eine ganz besondere, reichliche und möglichst zuverlässige Nahrung, welche zu besten aus Kohlenhydraten und Fetten besteht, von welchen unsere Einwohner eine sehr grosse Menge verzehren können, ohne dadurch die Leistungsfähigkeit ihrer Verdauungsorgane zu beeinträchtigen. Wollen wir uns nur die Masse von Fett erinnern, welche von nördlichen, fremden Völkern verbraucht wird. In der Umgegend des Weissen Meeres wird dieses Bedürfniss mit Häring und Stockfisch befriedigt, welche bekanntlich grosse Mengen von Fett enthalten. Diese Kohlenhydrate stillen den Appetit und dienen schliesslich zur Befriedigung der Athmung, welche mehr oder weniger viel zu verbrauchendes Material erfordert. — Was das Bedürfniss nach Alcoholicis anbetrifft, welches bei Nordländern ebenfalls sehr entwickelt ist, so hat dies andere Ursachen, welche mit der ozonisirten Luft nichts zu thun haben.

In unserer Zeit erst kam die empirische Medicin zu dem Schlusse, dass für schwindsüchtige Menschen oder überhaupt für Individuen mit schwach entwickelten Athmungsorganen das Leben im Norden weit zu erwünschter ist, als im Süden. Und das ist vollkommen richtig, nicht weil die ozonisirte Luft auf die Athmungsorgane und auf den Process derselben besser einwirkt, sondern weil diese Luft so zu sagen den Boden für die Thätigkeit anderer Organe vorbereitet. Indem dieselbe die Energie des Verdauungsapparates erregt, lässt sie denselben eine grössere Menge von Nahrung verarbeiten, welche dem Subjecte in höherem Maasse plastisches Material liefert, das die Reorganisation und die Genesung der schwachen oder beschädigten Athmungsorgane nothwendig ist. Wenn ein Reisender auf der nördlichen Dwina sich Archangelsk nähert, fühlt er schon hundert Werst vorher, dass die Luft sich völlig verändert hat. Sie hat jene besondere Frische des Ozons, welches die Einathmung sehr zu erleichtern scheint, da diese Luft erregt, oder besser die physiologischen Verrichtungen des ganzen Organismus hebt. Ich wünsche sehr, dass diese Annahme sich als richtig erweise und dass der Solowetzkischen Inseln, welche Herr Nemirowitsch-Dantschenko in seiner anziehenden, plastischkühnen Beschreibung dieser Gegend und Italien vergleicht, für alle Brustkranken in unserem Vaterlande zu einem wirklichen Italien würden. Ich muss hier noch hinzufügen, dass so grossen Menschenleben über vor einer grossen Menge von Arbeitern, welche hier den ganzen Sommer unter sehr schweren hygienischen Bedingungen und insbesondere bei sehr schlechter Nahrung leben, doch nur ein sehr geringer Procentsatz an Brustkrankheiten leidet.

19*

Die Farbe von *Clio* hängt auch von ihrem räuberischen Leben ab. In der grössten Mehrzahl der Fälle zeigen Raubthiere eine grellere Farbe, als die Pflanzenfresser, und *Clio* scheint von dieser Regel keine Ausnahme zu machen. Die hellrothe Farbe ihrer Greiffühler beweist deutlich, dass die Nervenerregungen des räuberischen Lebens eine sehr starke Wirkung haben und eine Ablagerung hellen Pigmentes hervorrufen; aber noch stärker ist die Wirkung der geschlechtlichen Erregungen.

Die räuberische Lebensweise von *Clio* ist mit dem Charakter der Bewegungen des Thieres und mit seiner Athmung so innig verbunden, dass Ursachen und Folgen sich hier miteinander gänzlich vermischen, so dass es schwer ist, zu sagen, was hier das Eine hervorruft, das Andere bestimmt und welches von beiden nur eine Folge des Anderen ist. Ist es die räuberische Lebensweise, welche eine stärkere Beweglichkeit hervorruft, oder ist dieselbe nur eine Folge der Ernährung mit besserem Nahrungsmateriale, welches einmal von den Urahnen von *Clio* gefunden, vererbt und verdaut wurde? Eine verstärkte Athmung wiederum ist bei vermehrter Beweglichkeit unentbehrlich; wer kann aber sagen, ob diese energische Athmung als eine Folge der räuberischen Lebensweise und der Nothwendigkeit eines rascheren Stoffwechsels erscheint oder ob sie in Folge der stärkeren Bewegungen des die frischen luftreichen Gewässer aufsuchenden Thieres sich entwickelte? Mag dem sein, wie es wolle, diese Athmung scheint jedenfalls durch diejenigen ölartigen Ablagerungen unterstützt zu werden, welche wir im Integument des Thieres gefunden haben. Zwar waren dieselben sehr unbedeutend und scheinen hauptsächlich für die Pigmentbildung oder Pigmentauflösung zu dienen (weil Pigmente, wie es schon Heusinger gezeigt hat, in Fetten lösbar sind), aber *Clio* ist ein Raubthier und bei solchen werden überhaupt nur kleine Mengen von Fett aufbewahrt, da dasselbe fast in statu nascenti für die Athmung und zum Ersatz des Körperverlustes nach starken und raschen Bewegungen zur Verwendung kommt.

Alle Ersparungen in dem physiologischen Körperhaushalt von *Clio* dienen zur Bildung der Geschlechtsprodukte und insbesondere des Samens, und dieser Umstand verursacht ihre starke Wollust. Durch ihn wird es bedingt, dass die grossen Individuen, bei der Begegnung mit unreifen oder kleinen, mit diesen gern in Verbindung zu kommen und ihnen den Leberfluss des sie belästigenden Samens zu übergeben sich bemühen. Dadurch erklärt sich auch, warum solche Thiere sogar sich selbst mit ihrem Reizungsorgane erregen.

Nicht minder stark ist auch die Wollust der Weibchen, bei welchen die Fälle von Prolapsus uteri keineswegs selten sind. Endlich ersehen die Entwickelung kleiner Anhänge und Häkchen am Copulationsorgane als ein Ausdruck derselben Wollust und es kam ein langes Reizungsorgan mit seinem complicirten Bau und seiner zum Theil räthselhaften Bestimmung zum Vorschein.

In Aquarien, wie ich schon oben beschrieben habe, sammeln sich die Clionen zur Zeit des geschlechtlichen Suchens an einer Stelle an der Wasseroberfläche, aber es gelang mir nie, solche Ansammlungen im Freien, in den Gewässern des Solowetzkischen Meerbusens zu beobachten. Ebensowenig vermochte ich die ersten Anfänge einer Verbindung zweier freischwimmenden Exemplare wahrzunehmen. Sie nähern sich einander wahrscheinlich mit Hülfe des Geruchsinnes, wenn wir voraussetzen dürfen, dass zwei kleine Grübchen an ihrem Nacken wirklich ein Geruchsorgan vorstellen. In diesem Falle zeigen die sehr entwickelten Nervenknötchen die starke Entwickelung seiner Function. Andererseits wird der Geschlechtsgeruch oder der vom Männchen zu empfindende Geruch von den letzteren, wie bekannt, schon in einer sehr grossen Entfernung gespürt. Auch kann man ein zufälliges Zusammentreffen von zwei Exemplaren in einem so grossen Raume, wie den Gewässern des Solowetzkischen Meerbusens, kaum begreifen, wenn man nicht einen Antheil der Geruchsorgane anerkennt, welche bei den geschlechtlichen Verbindungen aller niederen wie höheren Thiere eine so wichtige Rolle spielen.

9. Phylogenetische Beziehungen der *Clio*.

Die Vergleichung der Organisation und des Lebens der *Clio* mit dem Bau und der Lebensweise anderer Pteropoden giebt zu verschiedenen, mehr oder weniger interessanten Fragen Veranlassung.

Wenn man die *Clio* in ein geräumiges Gefäss setzt, welches eine genügende Quantität Wasser enthält, dessen Luftgehalt durch die Seepflanzen beständig erneuert wird, so kann man bemerken, dass sie den grössten Theil ihres Lebens in steter Bewegung verbringt und, wenn sie auch zuweilen auf dem Grunde des Gefässes liegend ruht, diese Rast doch nur von kurzer Dauer ist. Das eben Gesagte veranlasst die Frage: was und wie ruht sie in der Freiheit? liegt sie sich auf den Grund des Meeres nieder, ruht sie dort auf Steinen und Algen aus und steigt darauf aufs Neue in die höheren Wasserschichten?

Wenn sie im freien Meere ebenso unermüdlich und thätig ist, wie in der Gefangenschaft, so fragt es sich, woher sie das Material zu diesen steten Bewegungen erhält, die bisweilen mehrere Stunden ununterbrochen dauern?

In dieser Hinsicht bildet *Clio* unter den anderen Pteropoden keine Ausnahme. Im Gegentheil giebt es viele Formen, die sich viel energischer, rascher und unermüdlicher bewegen als sie. Die *Limacina*, von der sie sich nähert, verschiedene Arten der *Cleodora*, der *Creseis* und andere bewegen mit bewundernswerther Schnelligkeit ihre Flügelflossen, die bedeutend stärker entwickelt sind, als die flügelähnlichen Epipodien der *Clio*.

Die ganze Gruppe der Pteropoden stellt uns so zu sagen eine Collection verschiedenartiger Typen der geflügelten schwimmenden, oder richtiger an der Oberfläche des Meeres schwebenden Mollusken dar. Und wenn bedarf es dieser beständigen, fast unaufhörlichen Bewegung? Wird etwa die letztere durch die Nothwendigkeit einer schnellen, energischen Athmung, des Stoffwechsels oder des Aufsuchens der Nahrung hervorgerufen?

Zur Lösung dieser Fragen fehlen die Thatsachen. Wir wissen sogar nicht, womit sich die Pteropoden nähren, ausgenommen die Clionen und alle Gymnosomata, die unzweifelhaft Räuber sind. Alex d'Orbigny wollte im Magen von *Hyalea* und *Cleodora* Ueberreste junger *Atlanta* gefunden haben; van Beneden dagegen stellt mit Recht die Vermuthung auf, dass der genannte Autor jene Knorpelzähne, mit denen der Magen von *Hyalea* und *Cleodora* versehen ist, für Ueberreste der Schale von *Atlanta* hielt. Ich weiss nicht, wer die Beobachtung gemacht hat, die Keferstein in Bronn's classischem Werke[1] anführt, indem er sagt, dass "im Magen einer Form (welcher?) einmal ein recht grosses Algenstück (*Fucus?*) gefunden worden ist». Es unterliegt jedoch schwerlich einem Zweifel, dass es unter diesen schwimmenden Mollusken viele Pflanzenfresser geben wird. Meiner Meinung nach gehören zu diesen alle Formen, bei denen der vordere Theil des Magens kropfartig erweitert und der folgende, musculöse Theil mit Knorpelzähnen bewaffnet ist. Eine derartige Organisation des Magens ist, dem Prinzip des Baues nach, der Organisation des Magens bei den Pflanzenfressern — *Phylline, Bullea, Aplysia* und anderen — analog. Vermittelst der Zähne ergreifen und verschlucken diese Mollusken Seealgen, welche, nach der ersten Verarbeitung unter der Einwirkung des Speichels im kropfartigen Magen, vermittelst der Knorpelzähne im musculösen Magen zermalmt werden.

Wenn die Vermuthung über die Ernährung vieler Pteropoden durch Pflanzen richtig ist, so giebt sie wiederum zu Fragen Veranlassung. Kann denn ein beständig schwimmendes, pflanzenfressendes Seethier genügend Nahrung finden, um die Bestandtheile des Körpers im steten Gleichgewicht zu halten und keinen Mangel darin hervorzurufen? Wer das rasche, fast unaufhörliche Schweben der Limacinen, von *Carolinia, Creseis* beobachtet hat, der begreift gewiss diese Frage und ihre Unlösbarkeit. Der Schmetterling, der, nachdem er ausgeruht, in der Luft schwebt, hat ein eigenes Körper, eine Niederlage von Verbrennungsstoffen in Form der Kohlenhydrate der Fettsubstanz, die er zum Athmen braucht. Die Pteropoden entbehren aber einer solchen Niederlage. Ausserdem ist den Schmetterlingen in den Honiggefässen der Blumen stete Speise vorbereitet; wo aber findet der schwimmende Pteropod einen solchen Ueberfluss an pflanzlicher Nahrung?

Daraus geht klar hervor, dass die pflanzenfressenden Flossenfüsser früher oder später sich in Räuber verwandeln mussten, und solche sind sie in der That geworden. Die pflanzenfressenden Formen haben sich in räuberische Clionen und *Pneumodermon* entwickelt. Ich bemerke gelegentlich, dass diese letzteren gewisse Apparate — lange Anhänge mit Saugnäpfen — ausgerüstet haben, vermittelst deren sie sich an Seetang festhalten und auf diesem von der Anstrengung des Schwimmens ausruhen.

Wenn wir alle Formen der Flossenfüsser betrachten und ihre phylogenetische Aufeinanderfolge erforschen, müssen wir zu dem Schluss kommen, dass die älteren dieser Formen in eine Gruppe — *Cymbulia* — vereinigt sind, die sich aus der Gruppe der Heteropoden ausgesondert hat. Die letzte Folgerung ergiebt sich besonders aus der Aehnlichkeit der Larven des ersten Stadiums bei den und jenen, sodann auch aus der Aehnlichkeit der provisorischen Muscheln dieser Larven, jener dünnwandigen, durchsichtigen, spiralig gewundenen Muscheln, die sich ebenso leicht vom Körper ablösen, wie bei den erwachsenen Thecosomata. Bei den Larven der *Pterotrachea* sehen wir ein einfaches Velum, das demjenigen, welches wir bei den grössten Theil der Platypoden bemerken, analog ist; bei den Larven der *Atlanta* und *Carinaria* dagegen sehen wir ein getrenntes Velum, welches aus drei Paar Lappen, die an den Rändern vibriren, besteht. Bei den Larven der *Cymbulia* und *Tiedemannia* ist das Velum auch getheilt, jedoch bemerkt man in seinen Theilen eine Verringerung des Homologen; es hat nicht sechs, sondern nur vier vibrirende Lappen.

Die andere Aehnlichkeit liegt im Rüssel von *Tiedemannia*. Es entsteht unwillkürlich die Frage: warum entstand dieser Rüssel? Es giebt augenscheinlich keine Ursache, welche die Nothwendigkeit der Entwicklung eines solchen Organs hervorrufen musste, und wir müssen diese Ursachen in der Phylogenesis, im Atavismus suchen und zugeben, dass es der Rüssel der *Pterotrachea* ist, der aber ausartete und sich dem neuen Charakter der Organisation gemäss verändert hat.

Wenn wir die Lage der einzelnen Organe der *Pterotrachea* und *Cymbulia* vergleichen, so werden wir darin fast nichts oder überhaupt nichts Analoges finden. Die *Pterotrachea* hat einen deutlich ausgebildeten Kopf mit grossem, cerebralem Knoten, enormen Augen und speciellen Gehörorganen. Die *Cymbulia* hat fast gar keinen Kopf oder er ist unter der Höhle versteckt, in der das Herz schlägt. Das Nervensystem der *Pterotrachea* ist ausgebildet, die Knoten liegen zerstreut und sind durch lange Commissuren, die an diejenigen der Lamellibranchiaten erinnern, mit einander verbunden. Das Nervensystem der *Cymbulia* ist centralisirt und zu einem Schlundring vereinigt. Die *Pterotrachea* hat einen langen Darmcanal, welcher der Länge ihres Körpers entsprechend ausgebildet ist. Bei der *Cymbulia* ist dieser Canal verkürzt, zusammengedrängt und in einem Sack, in dem die Eingeweide liegen, eingeschlossen. Jedoch bildet dieser Sack nicht den Punkt der phylogenetischen Annäherung. Noch viel weniger Aehnlichkeit besteht zwischen *Pterotrachea* und *Atlanta*. Bei *Pterotrachea* und *Cymbulia* fällt ein länglich-ovaler, silberartig glänzender Sack aus dickem, grobem, stark pigmentirtem Gewebe auf, in welchem bei beiden Formen die Eingeweide — Magen und Kopftheil des Sexualapparates — verborgen sind. Einen ähnlichen Sack finden wir bei keiner anderen Form der Mollusken wieder — und dieser Thatsache liegt der Hauptpunkt der phylogenetischen Annäherung dieser Formen zu Grunde.

Die wichtigste Verschiedenheit besteht in der Kürze des Körpers der *Cymbulia* im Verhältniss zu dem der *Pterotrachea*.

[1] Keferstein, Bronn's Klassen u. Ordnungen des Thierreichs, Bd. III, S. 611.

Bei der ersteren kommt der Sack mit den Eingeweiden dem Kopfe dergestalt nahe, dass der das Herz einschliessende Raum den Platz des Kopfes einnimmt. Eine so seltene Lage wird, wie mir scheint, durch die Form der Muschel motivirt, deren umfangreichster Theil vorne liegt und somit das Herz — von vorne und von oben, und theilweise des Nervenschlundring von unten — bedeckt.

Um die Bewegung, das Durchschneiden des Wassers zu erleichtern, ist der mittlere Theil zugespitzt und kuppelartig vorgestreckt. In dieser Hinsicht ist *Cymbulia* günstiger entwickelt als *Tiedemannia*.

Ein solches Vorstrecken der Centraltheile des Organismus hat seine ganze Construction verunstaltet, die *Cymbulia* und *Tiedemannia* sind augenscheinlich die letzten, übriggebliebenen Formen einer langen Reihe bereits verschwundener Formen. In welchem Grade ihre Organisation verunstaltet ist, darauf weist die Atrophie der cerebralen Knoten bei *Cymbulia* hin, welche sich in eine dicke Commissur verwandelt haben, die oberhalb der Speiseröhre hinführt und die daneben liegenden, enorm entwickelten Pedalganglien verbindet. Das Centrum des ganzen Nervensystems ist so zu sagen in diese grossen Ganglien verlegt, die hauptsächlich die enorm entwickelten Flossen innerviren.

Bevor ich in der Analyse der Genesis der Formen weiter gehe, will ich kurz bei diesen flügelartigen Anhängen verweilen, die bei *Tiedemannia* und *Cymbulia* die höchste Stufe der Entwickelung erreichen. Mir scheint, dass diese Anhänge den mittleren Fuss — das Mesopodium — darstellen, und daher erscheint überall, bei allen Larven der Pteropoden, wo die Entwickelung dieses Fusses beobachtet wurde, anfangs ein in der Mitte in ein gemeinsames Organ vereinigter Theil, der sich von den Seiten in zwei flügelartige Anhänge erweitert. Es genügt, einen Blick auf die Abbildung dieses Theils der *Clio* von Eschricht[1] zu werfen, um sich zu überzeugen, dass derselbe ein Ganzes bildet. Dieselben Muskelfasern gehen durch die Mitte dieses Theils und setzen sich in die flügelartigen Anhänge fort. Wie wir gesehen, verwächst dieser Theil mit dem mittleren, centralen Muskelbündel, oberhalb setzen sich auf der vorderen Seite das Propodium, hinten der Endlappen des Metapodiums an (S. 90). Dieser Theil ist folglich seiner Lage nach der mittlere Fuss oder das Mesopodium.

Da *Cymbulia* und *Tiedemannia* die erste Uebergangsgruppe von den Heteropoden bilden und da das Hauptmerkmal dieser Gruppe in der ausserordentlichen Entwickelung des flügelartigen Mesopodiums besteht, so möchte ich für diese Gruppe die Bezeichnung der geflügelten Pteropoden — *Pt. alata* — vorschlagen.

Es fragt sich noch, woraus sich dieses in Flügelflossen verwandelte Mesopodium entwickelt hat? — Augenscheinlich aus dem Mesopodium der Heteropoden. Wenn wir uns auf dem Mesopodium von *Carinaria* und *Atlanta* einen Saugnapf vorstellen, der sich weit nach beiden Seiten in flügelartige Anhänge ausdehnt, aber eingezogen ist, so haben wir den Ursprung jener Vertheilung der Muskelfasern, die bei den Cliones ihre volle Entwickelung erreicht haben.

Zur Genealogie zurückkehrend, will ich auf eine ganze Reihe von Formen hinweisen, die zusammen das vorhandene Material einer vollständigen Classe bilden und augenscheinlich zu den gegenwärtigen Formen gehören, d. h. zu solchen, die noch jetzt die Stufenleiter der morphologischen Verwandlungen durchmachen oder in der jüngst verflossenen Zeit durchlaufen haben. Dies sind derjenigen Pteropoden, die ich *Pterocephala* (Flossenköpfige) nennen möchte, weil sie die flügelartigen Flossen am Kopfe tragen. Sie haben alle ein enormes, zweilappiges Mesopodium, welches so auf dem Kopfgipfel sitzt. Dies ist die wesentlichste Eigenthümlichkeit ihrer Organisation, welche dem ganzen Bau ihres Körpers und ihrem Leben eine besondere Richtung giebt. Diese Mollusken sind so zu sagen verurtheilt, fast ganzes Leben lang diese ihre colossalen Ruder unausgesetzt in Bewegung zu setzen. Es leuchtet ein, dass eine so starke Entwickelung dieser Organe auf Kosten der Nachbarorgane vor sich gegangen sein musste, und wirklich verschwindet das Propodium fast gänzlich bei allen Gliedern dieser Gruppe. Auf ihre gegenwärtige Entwickelung weist besonders die Mannigfaltigkeit ihrer Arten im Vergleich mit anderen Ruderschnecken hin. Ausserdem sind alle Formen unter einander nahe verwandt, fast alle werden durch Uebergangsformen verbunden und stellen gewissermaassen eine Gattung mit zahlreichen verschiedenen Subgenera dar. Solcher subgenerischer Typen kann man drei aufweisen: 1) mit einem langen, gestreckten Körper (*Limax*); 2) mit einem spiralig gewundenen Körper (*Spiratis, Limacina*); 3) mit einem verkürzten, fast selten zusammengeschwollenen Körper (*Hyalea, Carolinia*). Was die *Eurybia* (*Thecosomyia*) anbetrifft, so bildet dieser wenig erforschte Typus aller Wahrscheinlichkeit nach eine Uebergangsform von der *Cymbulia* und *Tiedemannia* zu dieser langen Reihe.

In der Hauptsache stellen alle diese Typen keine bedeutende Verschiedenheit weder im äusseren noch im inneren Bau dar. Der Körper, ob er in die Länge gestreckt oder in einer langen, schraubenartig aufsteigenden oder in einer kurzen, flachen Spirale gewunden ist, bildet keine besondere Erscheinung in den Typen der Mollusken und kommt in denselben Familien, in neben einander stehenden Gattungen vor. Bei allen diesen Gattungen ist die Vertheilung der Organe fast dieselbe; sie bilden, mit einem Wort, nur einen gemeinsamen, phylogenetischen Zweig.

Unter all diesen stellt die *Carolinia* den höchsten Typus dar, bei dem alle Organe und besonders die Kiemen eine vollkommene Entwickelung erreicht haben.

In dieser ganzen Reihe bieten die Larven nie jenen Typus dar, welcher den secundären Larven der *Alata* und zugleich auch den Larven des grössten Theils der Platypoden eigen ist. Auch die Larven haben ein Velum, welches entweder ungetheilt ist oder nur in vier Lappen zerfällt. Ihr Körper ist kegelförmig und hat auch eine kegelförmige Schaale, die entweder abgerundet oder am Ende zugespitzt ist und in der man fast immer zwei auf einander folgende Perioden der Entwickelung unterscheiden kann.

---

[1] Eschricht, l. c. pl. 4, fig. 8.

Es unterliegt anscheinend keinem Zweifel, dass diese Reihen der Pterocephalen aus der Reihe der geflügelten Pteropoden entsprungen sind; was aber hat diese letzteren bewogen, ihre Organisation zu verändern und zu kleineren und einfacheren Typen zurückzukehren?

Es ist am richtigsten anzunehmen, dass die Ursache in dem wenig entsprechenden Charakter der Organisation der *Cymbulia* und *Tiedemannia* liegt. Diese Mollusken kann man fast als kopflose bezeichnen. Die Centra des Nervensystems sind zurückgetreten und das Herz hat den vorderen Platz eingenommen. Augenscheinlich ist hier die Organisation zur Seite getreten und, im Vergleich mit denjenigen der Heteropoden, einige Schritte zurückgegangen. Die Hauptursache liegt aber in der Unbeweglichkeit, auf die ich im Anfang dieses Kapitels hingewiesen habe, in dem Uebergewicht der Bewegung über die Processe der Ernährung, der Blutcrzeugung und des Zuwachses der Bestandtheile des Körpers überhaupt.

Um diese Ursache genauer zu erklären, bringe ich eine These der allgemeinen Physiologie in Erinnerung. Jedes Organ vergrössert sich durch Uebung; wenn jedoch diese Uebung das gewöhnliche Maass übersteigt, wenn sie eine beständig wiederkehrende Ermüdung zur Folge hat, so wird das Organ nicht nur nicht an Wuchs und Ausbildung gewinnen, sondern im Gegentheil kleiner werden, regressiren und atrophiren.

So enorme, starke Organe, wie die Flügel der Alata, würden diesen Mollusken die Möglichkeit geben, sich mit Leichtigkeit in bedeutende Entfernungen zu versetzen, um zu beseitigen. Bei *Gavia* ist der Körper in die Länge gestreckt und aus dem Magen heraus bildet sich ein langer Anhang, der hier wahrscheinlich die Stelle der Leber vertritt. Bei *Spirialis*, *Limacina* und anderen windet sich der lange Körper zu einer Spirale, in welcher die stark entwickelte Leber und die umfangreiche Sexualdrüse liegen. In den angeschwollenen *Cleodora* und *Carolinia* endlich giebt diese Anschwellung selbst Raum für das Verdauungslaboratorium. Diesen compensatorischen Versuchen müssen wir es zuschreiben, dass die Reihen der Pterocephalen nicht ausgestorben sind. Sie existiren bis auf den heutigen Tag, aber welch gewaltiger Unterschied in der Grösse dieser Thiere im Vergleich mit der Grösse der *Tiedemannia* und *Cymbulia*! Ein Blick auf eine durchsichtige *Hyalea* und insbesondere auf die *Gavia* genügt, um sogleich zu begreifen, dass wir es hier mit Rudimentären, Degradirten zu thun haben, dass der Typus hier zur Entartung, zum Aussterben und zu einfacheren elementaren Functionen neigt. Der allgemeine primitive Bau, die elementare Construction des Nervensystems, alles weist darauf hin und ist die Folge einer übermässigen, fast ununterbrochenen Bewegung, und der beständigen Erschöpfung des Organismus, welche eine unvermeidliche Verkümmerung, Atrophie und Degradation nach sich zieht.

Dieses traurige Bild verändert sich, sobald wir in die Gruppe der Chonen eintreten. Die räuberische Lebensweise hat ihr Werk gethan. Sie hat dem Thiere die Möglichkeit gegeben, das Gleichgewicht in den Stoffen herzustellen, die der Organismus aufnimmt und ausscheidet. Sie hat die Greifanhänge am Kopfe, die Kiefer und die Fühler hervorgerufen und ausgebildet, die bei den Pterocephalen sich nicht entwickeln konnten. Die Kiefer haben wiederum die grosse Ausbildung des Schlundkopfes zur Folge gehabt und dieses alles zusammen hat die starke Entwickelung der Cerebralganglien und des Schlundringes überhaupt bestimmt. In Folge der Entwickelung aller dieser Organe hat sich der vordere Theil des Körpers gesondert, in einen Kopf umgestaltet und die flügelartigen Flossen sind nebst dem Propodion und Metapodium zurückgetreten. Diese Absonderung des Kopfes ist das hervorragendste, auffallendste Factum in dem Bau des Körpers dieser Thiere und daher möchte ich dieser Gruppe die Bezeichnung **Deutocephala,** Kopfpteropoden oder Pteropoden mit deutlichem Kopf geben.

Alle Raubtypen mit mehr oder weniger gestrecktem, langem Körper bilden zweifellos die folgende, höhere Stufe der Entwickelung der Pterocephalen. Darauf weist der Bau ihrer Larven im ersten Stadium hin, die die Organisation der *Gavia* wiedergeben. Ausserdem entwickeln sich aus diesen Larven jene kegelförmigen Muscheln, welche, die mit Larven anderer Pteropoden und sogar Platypoden nichts gemein haben, sondern an diejenigen der Würmer mit ihrem Flimmergürtel erinnern.

Wenn wir *Clio* und *Pneumodermon* vergleichen, so werden wir natürlich letzterem den höheren Platz einräumen. In der That erreichen hier die Fühler nicht die Länge wie bei *Clio*, dagegen sind die anderen Organe stark entwickelt. Die rothen Greifanhänge haben sich hier in zwei lange, mit gestielten Saugnäpfen besetzte Organe umgestaltet. An Stelle der Büschel von hakenartigen Kiefern sind lange, cylindrische, ausstülbare Säcke getreten, die der Länge des Körpers fast gleich kommen und zwei mit starken Haken besetzte Rüssel darstellen, die sich hervorstrecken und herausziehen kann. Mit Hülfe dieser Anhänge kann es seine Beute von weitem ergreifen. Merkwürdig ist es, dass beide Paare von Anhängen und gestielten Saugnäpfen anfänglich als äussere Anhänge erscheinen, darauf intussuscipirt und nur im Fall der Nothwendigkeit ausgezogen werden.

Der Schwanz- oder Athemsinus der *Clio* verschwindet bei *Pneumodermon* als ein überflüssiges Organ. An seiner Stelle haben sich Kiemen entwickelt. Ich möchte hier noch einmal jenes verunstalteten Exemplars von *Clio* erwähnen, bei dem der Schwanztheil des Körpers bis fast dicht an das Herz heran abgerissen war (S. 112). Dieses augenscheinlich vollkommen gesunde und stark pigmentirte Exemplar beweist klar, dass das Athmen von *Clio* nicht nur in dem Athemsinus, sondern auch in den Flossen vor sich geht.

30*

Die Kiemen von *Pneumodermon* befinden sich am hinteren Ende des Körpers und das Herz empfängt aus ihnen das Blut auf dieselbe Weise, wie bei *Clio*, aus dem Schwanz- oder Athenasinus. Hier drängt sich aber eine unlösbare Frage auf. Die Kiemen haben sich bei *Pneumodermon* an zwei Stellen entwickelt — am Ende des Körpers und an der rechten Seite etwas oberhalb dieses Endes. Zwischen diesen Kiemen giebt es keine Verbindung und das Herz empfängt aus denselben das Blut vermittelst zweier Bahnen durch zwei weite Venen. Es fragt sich, was die Entwickelung der Kiemen an zwei Stellen hervorgerufen hat; haben sich diese Kiemen gleichzeitig gebildet oder entstand die Seitenkieme später als die Nebenkieme zu dem Hauptorgan, das sich am Ende des Körpers befindet? Ist endlich diese Seitenkieme vielleicht ein Atavismus, ein Rückgang zu der Kieme der einkiemigen Mollusken? Ich bemerke gelegentlich, dass bei *Spongiobranchus* die Kiemen eine stärkere Entwickelung erreichen und die Nebenkieme als Homologon hier verschwindet.

Es ist schwierig den Grund zu finden, weshalb bei *Clio* besondere Athmungsorgane fehlen? Wenn die Clionen aus den der *Carolina* verwandten Formen entsprungen sind, so finden wir bei diesen letzteren die Hypertrophie der Kiemen. Wie mir scheint, ist es richtiger anzunehmen, dass gewisse *Crescis*-Formen den deutocephalen Pteropoden, deren Larven jenen ähnlich sind, den Ursprung gaben.

Die Verwandtschaft von *Clio* mit *Pneumodermon* unterliegt keinem Zweifel. Sie äussert sich in der Trennung des Kopfes, in der allgemeinen Form des Körpers, in dem Bau der rothen Fühler, die sich bei *Pneumodermon* in Saugnäpfe verwandelt haben; in den Haken der Kiefer, die bei denselben in langen Röhren liegen und welche wahrscheinlich eine Variation jener Hüllen oder Säckchen bilden, in denen die Haken bei *Clio* eingeschlossen sind; in dem Bau der flügelartigen Anhänge, in der Lage des Herzens, besonders bei *Clio mediterranea*, die einen vollständig deutlichen Uebergang von den Clionen zu *Pneumodermon* bildet.

Wohin ging aber die Entwickelung über die letzten Typen der Pteropoden hinaus?

Wie mir scheint, kann eine genauere Untersuchung über die Entwickelungsgeschichte der deutocephalen Typen der Pteropoden und besonders von *Pneumodermon* eine Aufklärung und einen Hinweis geben.

Aus den vorhandenen Thatsachen ersehen wir, dass die relative Lage der Kiemen, des Herzens und des Darmcanals und auch das Vorhandensein der Anhänge mit gestielten Saugnäpfen uns auf die Entwickelung der Kopflösser aus den deutocephalen Pteropoden hinweisen. Vielleicht aber sind dies nur scheinbare Aehnlichkeiten, eine zufällige Annäherung, und keine thatsächlich genealogischen Züge.

Zum Schlusse entwerfe ich das über die Phylogenesis der Pteropoden Gesagte in folgendem Schema:

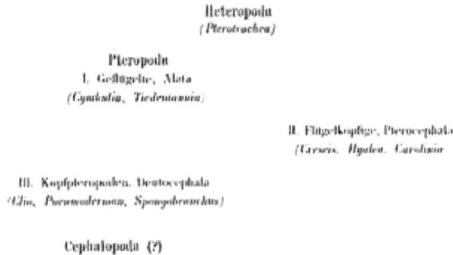

Heteropoda
(Pterotrachea)

Pteropoda
I. Geflügelte, Mata
(Cymbulia, Tiedemannia)

II. Flügelkopfige, Pterocephala
(Larven, Hyalea, Carolina)

III. Kopfpteropoden, Deutocephala
(Clio, Pneumodermon, Spongiobranchus)

Cephalopoda (?)

IX. Die Ascidien des Solowetzkischen Golfes.

Keine Fauna kann der filtrirenden Organismen entbehren, unter denen es äusserst verschiedenartige Typen giebt. Im Entwickelungsgang aller Gruppen oder im allgemeinen phylogenetischen Bild erscheinen sie als einzelne einfachere Phasen desselben und werden mit der Zeit von anderen, vollkommeneren Formen verdrängt. Wenn wir zwei sehr verwandte Typen der filtrirenden Thierformen, nämlich die Acephalen und die Tunicaten vergleichen, die man lange neben einander stellte und deren Verwandtschaft noch vor zehn Jahren einer der talentvollsten französischen Zoologen, H. Lacaze-Duthiers[1], zu beweisen suchte, so können wir daraus schliessen, dass die ersteren, im Vergleich zu den letzteren, vermöge ihrer complicirteren Gewebe und ihrer filtrirenden Flimmerapparate viel höher stehen. Die eine wie die andere Gruppe hat den Lauf ihrer Entwickelung schon vollendet. Die Tunicaten haben in ihren niederen Repräsentanten (Appendicularia), die in grosser Menge in allen, und besonders in südlichen Meeren auftreten, eine seltsame, primitive Organisation beibehalten, die unter den Typen der gleichzeitigen Fauna gänzlich fehlt. Die Ascidien bilden den Höhepunkt der Entwickelung dieses Typus, aber sie tragen auch schon die Kennzeichen der Degenerirung an sich, welche hauptsächlich in ihrem Nervensystem — das bei den Larven besonders entwickelt ist — und in ihrer sitzenden, filtrirenden Lebensweise zu Tage tritt. — Die Zeit der Muschelthiere ist auch vorbei: sie haben die Stadien der thätigen Typen durchgemacht und das Stadium der passiven, sitzenden Formen erreicht, bei denen augenscheinlich die Schalen, die todten, anorganischen Theile, über die lebenden organischen Theile das Uebergewicht haben.

Wenn die Tunicaten bis zum heutigen Tage nicht verschwunden sind, so verdanken sie dies ihrer ungewöhnlichen Fruchtbarkeit. Sie vermehren sich nicht nur durch Eier, die sie massenweise ablegen, sondern auch durch ihre Knospen, welche sich bei den Salpen ausserordentlich zahlreich entwickeln. In Folge davon können die schwimmenden Typen der Tunicaten die Concurrenz mit anderen schwimmenden Formen glänzend bestehen. Allein die Salpa maxima mit ihrer Nachkommenschaft, die sich aus den Keimstöcken entwickelt, zuerst mehrere Faden an Länge ein und ihre Nachkommenschaft zählt mehrere tausend Individuen. Noch grösser ist die Zahl der Appendicularien, welche, wenn auch nur kurze Zeit, in so grosser Menge auftreten, dass die Oberfläche des Meeres mit ihnen überfüllt ist. Fügen wir zu diesen Formen noch Doliolum und Pyrosoma, die bei weitem nicht in so grosser Anzahl auftreten, so erhalten wir eine annähernde Vorstellung von der Zahl der schwimmenden Tunicaten, welche zusammengenommen, nach der Zahl ihrer Individuen, wenigstens ein Viertel, wenn nicht ein Drittel aller schwimmenden wirbellosen Thiere ausmachen.

Zu den oben angeführten Gründen, weshalb die schwimmenden Formen der Tunicaten prädominiren, müssen wir noch einen hinzufügen. Unter allen schwimmenden Formen überhaupt, welche zu den Räubern gehören, bilden diese fast allein eine Ausnahme, indem sie durch ihre grossen Filtrirapparate ohne Unterschied alle organischen Reste, die ihnen überall auf ihrem Wege begegnen, verarbeiten.

Anders verhält es sich mit den sitzenden Tunicaten. Selbst bei nur flüchtiger Beobachtung fällt hier das Uebergewicht an anderen filtrirenden Thierformen auf. Ich bemerke gelegentlich, dass alle Ascidien nur in fliessendem Wasser, oder in mehr oder minder ansehnlichen Tiefen leben können, weil sie nur hier die Mittel zu ihrer Existenz finden. In seinen

---

1) H. de Lacaze-Duthiers, Les Ascidies simples des côtes de France. Archives de Zool. expériment. 1874. Vol. III, p. 144 sq.

classischen Beobachtungen über die zusammengesetzten Ascidien des La Manche sagt Henry Milne-Edwards[1], dass es an den Felsen und an den Fucus unserer Küsten nichts gewöhnlicheres giebt, als diese. Abgesehen von der Unklarheit dieses Ausdruckes, ist es schwer anzunehmen, dass dies der Fall sei. Die zusammengesetzten wie die einfachen Ascidien fallen dem Beobachter deshalb auf, weil sie grösser und in den meisten Fällen heller gefärbt sind, als andere Thiere — Schwämme, Bryozoen, Lamellibranchiaten. Wenn man ihre Anzahl mit der der Muschelthiere vergleicht, welche das Haupt-contingent der litoralen und Tiefwasserfauna bilden, so wird sich unzweifelhaft erweisen, dass die letzteren vorherrschen, und in der Fauna des Weissen Meeres wird dies besonders stark hervortreten. Indessen scheinen die Ascidien auf den ersten Blick aus dem Grunde zu prädominiren, weil sie vor den anderen kleinen Formen leichter zu bemerken sind. Sie sind die Riesen unter den wirbellosen Bewohnern der Solowetzkischen Bucht.

Eine der Hauptursachen des Prädominirens der Acephalen vor den Ascidien liegt in der grösseren Entwickelung ihres filtrirenden Flimmerapparates. Während bei den Ascidien der gemeinsame Leibesraum von dem Flimmerepithel nicht bedeckt wird, ist letzteres bei den Bivalvia über die ganze innere Körperhöhle, welche von den Mantellappen oder vom Mantel überhaupt gebildet wird, ausgebreitet. Während der Flimmerapparat, durch den das Wasser in die Kiemen-sack einströmt, bei den Ascidien sehr einfach ist und aus langen Härchen, die in geringer Dichtigkeit an dem Rande der Kiemenöffnungen sitzen, besteht, bildet dieser Apparat bei den Muschelthieren eine enorme Fläche, die nicht nur die Kiemen, sondern die ganze innere Oberfläche des, mit kleinen Zellen des Wimperepithels bedeckten Leibesraumes begreift. Der Unterschied der Resultate, welche durch diese Apparate erreicht werden, äussert sich deutlich bei den schwimmenden Formen der Tunicaten. Bei den grössten, den Salpen, musste sich diese bewimperte Respirations-Magenhöhle vergrössern und sich in einen enormen Sack verwandeln, zu dem alle übrigen Organe, so zu sagen, kleine Anhänge bilden. Noch schärfer tritt dieses bei Doliolum hervor, welches ohne Zweifel den Ueberrest eines Hauptzweiges bildet, aus dem sich die Ascidien entwickelt haben.

Bevor ich zur Beschreibung der Organisation dieser Formen komme, will ich einige allgemeine Bemerkungen über den Platz, den die Ascidien und überhaupt die Tunicaten in dem Entwickelungssystem einnehmen, vorausschicken. Savigny[2] war der erste, der auf die Verwandtschaft der Tunicaten mit den Lamellibranchiaten hingewiesen hat. Nach ihm haben van Beneden[3] dasselbe noch bestimmter ausgesprochen und die Idee dieser Verwandtschaft entwickelt, so dass Bronn im Jahre 1862 in seinem classischen Werke »Die Classen und Ordnungen der Weichthiere« mit vollem Recht und ohne jedes Bedenken die Tunicaten, als eine Classe der Acephalen, zwischen die Classen der Bryozoen und Brachiopoden stellen konnte.

Da erschien im Jahre 1866 die Arbeit von A. O. Kowalevsky[4], die so lebhafte Sensation unter den Zoologen hervorrief und viele derselben zwang, die Tunicaten aus der Gruppe der Mollusca Acephala auszusondern. Dieses Werk gab zu manchen Meinungsverschiedenheiten Anlass; Viele sind bis jetzt Savigny's früherer Ansicht treu geblieben und rechnen fortdauernd die Tunicaten zu den Mollusken. Betreffs dieser letzteren kann man auf den bekannten französischen Zoologen Prof. Lacaze-Duthiers hinweisen, welcher mit grosser Fachkenntniss und Ausführlichkeit eine Parallele zwischen den Tunicaten und den Muschelthieren zog. Bei diesem Autor[5], der die Ansichten seiner Vorgänger zusammenfasst und recht-fertigt, wollen wir denn auch kurz verweilen.

Lacaze-Duthiers findet, dass die Lage der Organe in dem einen Typus mit der Lage derselben in dem anderen analog ist, wenn wir die Ascidie in einer umgekehrten Lage betrachten, d. h. wenn die Eingangs- und Auswurfsöffnungen des Thieres unten sind; dann wird der Kiemensack den Kiemen der Muschelthiere analog sein. Dabei muss man sich vorstellen, dass die Kiemen in ihrer ganzen Länge an den freien Rändern verwachsen sind und somit einen langen Sack bilden, an dessen Spitze sich die Mundöffnung[6] befindet, und dass der ganze Darmcanal auf die rechte Seite des Thieres in den Mantelsack oder in den gemeinsamen Leibesraum übergeht und mit einer Ausgangsöffnung in demselben Sack, welcher seine eigene Auswurfsöffnung nach aussen hat, mündet. Lacaze-Duthiers nennt diese zwei concentrischen, in einander gelegten Säcke Vorder- und Hinterkammer. Mir scheint, dass nach der Lage des Darmcanals die Benennung »rechte« und »linke« Kammer besser für sie passt. Bei diesem Analogien hält Lacaze-Duthiers ziemlich schüchtert zu recht ausführlich. Sich darauf stützend, hält er es für richtig, die Ascidien in der von ihm angenommenen umgekehrten Lage zu betrachten. Dasselbe thut er bei der Schilderung aller anderen Organe. Diese künstlich erzeugte Lage des Thieres widerspricht jedoch nicht nur der natürlichen, sondern auch selbst derjenigen der Muschelthiere. Angen-

1) H. Milne-Edwards, Observations sur les Ascidies composées des côtes de la Manche. Ann. des Sciences. Paris 1843, t. XVIII, p. 217.

2) Jules César Savigny, Mémoires sur les animaux sans vertèbres. II partie, I fascicule. 1816.

3) J. van Beneden, Recherches sur l'Embryogénie, l'Anatomie et la Physiologie des Ascidies simples. Mem. de l'Académie Roy. des sciences, des lettres et des beaux-arts de Belgique. Vol. XX. 1846.

4) A. Kowalevsky, Entwickelungsgeschichte der einfachen Ascidien. Mem. de l'Académie de St. Pétersbourg. 1866. Serie VII, T. X. p. 1.

5) Henri de Lacaze-Duthiers, Les Ascidies simples des côtes de France. Archives de Zoologie expérimentale et générale. Tome III 1874, p. 119 sqq.

6) Lacaze-Duthiers. l. c. p. 139—150.

schmlich hat der Autor ausser Acht gelassen, dass hier diesen Thieren im natürlichen Zustande die Siphonen nach oben gekehrt sind.

Diese Siphonen tragen, wie mir scheint, viel dazu bei, dass man die Tunicaten und die Muschelthiere für verwandte Typen hielt; jedoch ist die Aehnlichkeit dieser Organe, die sich auf den ersten Blick an diesen filtrirenden Organismen bemerkbar machen, ebenso täuschend, wie die Aehnlichkeit der Schalenklappen bei den Armfüssern und bei den Muschelthieren; letztere ist es, welche Veranlassung gab, diese verschiedenartigen Classen in eine Gruppe zu stellen. Es kann hier bemerkt werden, dass eine ebensolche äussere Aehnlichkeit der harten Kalkintegumente Cuvier Bünschte und ihn bewog, die Rankenfüsser zu den Muschelthieren zu rechnen.

Die Tunicaten haben auch ihren eigenen Repräsentanten mit einer Schale — Cheyreodius (Rhodosoma Ehrb.) culensis Lac.-Duth. Diese Schaale steht aber in einer ganz anderen Beziehung zu den Theilen des Körpers, als die der Muschelthiere. Sie ist ungekehrt symmetrisch und stimmt sogar mit der allgemeinen Symmetrie des Körpers der Ascidien nicht überein. Wenn wir die Ascidie in zwei etwa symmetrische Hälften zerlegen, die ihren Kiemensack, der Nervenganglion, die Mundöffnung, die beiden Siphonen und endlich die Sexualorgane zu gleichen Theilen enthalten, so wird ein solcher Schnitt die Schale der Rhodosoma culensis (Lac.-Duth) nicht in gleicher Weise symmetrisch halbiren: der eine Theil wird ausser dem Charnier die Hälfte der Schale und des Deckels, der zweite nur die andere Hälfte dieser letzteren Theile enthalten.

Die andere Analogie, welche Veranlassung gab, die Verwandtschaft der Muschelthiere mit den Tunicaten zu behaupten, liegt in der Aehnlichkeit und zum Theil in der Lage der Athmungsorgane. Diese Organe bieten jedoch eine grosse Mannigfaltigkeit in einer ganzen Gruppe, indem sie bald bandförmig — bei den Salpen —, bald in Form einer Siebenwand, die mit grossen ovalen Oeffnungen versehen ist — bei Botullus und Amchinia —, oder endlich in Form eines Kiemensackes — bei den Ascidien — erscheinen, und nur die Pyrosoma nähert sich (theilweise wenigstens) dem Kiemensack, der Kieme dem Typus der Lamellibranchiaten. Wenn wir selbst zugeben, dass beide Säcke, von ihrer Insertion gelöst, den Darmcanal und das Herz verlassen und sich hinter oder richtiger über demselben in einen vollständigen, mit der Mundöffnung verwachsenen Kiemensack ausgebildet haben, so sind wir doch auch in diesem Fall von der analogen Entwickelung dieser Organe noch weit entfernt. Der Kiemensack muss an den Eingangssiphon anwachsen und den hinteren Theil des Darmcanales in dem Ausgangssiphon frei lassen. Wir wollen auch diese Verwandlungen und Umlagerungen der Organe zugeben, denn wir wissen, dass sie noch merkwürdiger und verwickelter vorkommen. Wie stellen wir aber dann die Analogie des Nervensystems der Ascidien mit dem Nervensystem der Muschelthiere auf? Wenn wir auch zugeben, dass das Nervenganglion der Ascidien den Anfang des hinteren Nervenknotens der Muschelthiere bildet, so können wir doch auf keine weitere, offenbare Analogie hinweisen, und das merklichste für die gegenseitige Annäherung dieser Typen ist das Vorhandensein eines muskulösen Sackes, der bei den Lamellibranchiaten den grössten Theil der Eingeweide einschliesst. Nehmen wir an, dass die Sexualorgane von Ciona intestinalis in der Schlinge des Darmcanals eingeschlossen sind, so besteht der Unterschied doch darin, dass sich an diese Schlinge auch das Herz anschliesst; jedenfalls ist diese Lage von den topographischen Verhältnissen, denen wir bei den Lamellibranchiaten begegnen, sehr verschieden. Endlich ist der Fuss der Lamellibranchiaten ein Organ, welches bei den Ascidien keine Analoge findet. Es ist schwer, ja fast unmöglich, zu behaupten, dass sich dieses Organ aus dem Schwanze der Appendicularien und aus dem Schwanzanhang der Larven der Ascidien entwickeln konnte.

Das grösste Hinderniss der Vereinigung dieser verschiedenartigen Typen bietet aber die vollständige Unähnlichkeit ihrer embryologischen Entwickelungsstufen. Sollten sich die Lamellibranchiaten aus den Tunicaten gebildet haben, so würde in ihrer Entwickelung, wenn auch nur eine Phase aus der Embryologie dieser letzteren Thiere durchblicken. Endlich, wenn wir die einfachsten uns überkommenen Formen der Muschelthiere (Tunicaten) mit den Formen der Tunicaten vergleichen, so sehen wir hier einen merkwürdigen Widerspruch. Die niederen Formen, den Larven der Ascidien vollkommen unähnlich, unterscheiden sich zugleich auch von den höheren Formen dieser letzteren.

So verhält es sich mit den vorhandenen Thatsachen, welche die Behauptung einer Verwandtschaft dieser beiden Typen, die auf den ersten Blick einander ähnlich, bei näherer und genauer Beobachtung aber unähnlich sind, durchaus nicht rechtfertigen. Diese Unähnlichkeit betrifft nicht allein die Lage oder die topographischen Verhältnisse der Hauptorgane, sondern, was noch wichtiger ist, auch die histologischen Elemente. Wer Gelegenheit hatte, eine Ascidie und ein Muschelthier zu seciren, hat gewiss sofort den wesentlichen Unterschied in den Elementen ihrer Organe erkannt. Bei den Muschelthieren bilden die Muskelelemente einen ebenso wesentlichen, vorherrschenden Theil, wie bei allen übrigen Mollusken. Obgleich wir in den Muskeln keine scharf ausgeprägte Differenzirung finden, so ist dieselbe doch in einigen derselben, z. B. in denen, welche die Schalenklappen verschliessen, sehr auffallend. Eine solche Differenzirung giebt eher Veranlassung, eine Verwandtschaft der Muschelthiere mit den Bryozoen, als der einfachen mit den Tunicaten zu suchen. Bei den complicirtesten Tunicaten, bei den höchsten Typen derselben, die die Ascidien aufweisen können, finden wir nirgends eine specielle Differenzirung der Muskeln. Sie erweitern sich nur als kurze Muskelfasern, die an verschiedenen Theilen des Körpers zerstreut oder in kleine Bündel vereinigt sind und gar keine Aehnlichkeit mit deutlich gesonderten Muskeln der Mollusken, Bryozoen und Brachiopoden haben. Die Gewebe der Tunicaten sind von denjenigen der Muschelthiere verschieden, und dieser Unterschied tritt nicht nur bei den erwachsenen Formen, sondern auch in allen Stadien der Entwickelung zu Tage.

Aus diesen Gründen können, wie mir scheint, diese beiden, wesentlich verschiedenen Typen nicht für verwandt erklärt werden; in diesem Fall stütze ich meine Meinung auf die Forschungen anderer Zoologen.

Bei der Betrachtung der verschiedenen Typen der Ascidien des Solowetzkischen Meerbusens stossen wir auf verschiedene Abstufungen; um aber ihre Beziehungen zu einander zu begreifen, ist es durchaus nothwendig, mindestens einen Typus näher kennen zu lernen, und zu diesem Zweck habe ich die *Molgula groenlandica* gewählt, eine Form, welche grösser ist als alle anderen Ascidien und im Solowetzkischen Meerbusen wie in der Bucht öfter vorkommt. Dabei werde ich mich stets von der ausgezeichneten, ich möchte sagen classischen Untersuchung von Lacaze-Duthiers über *Molgula tubulosa*[1]) leiten lassen, welche meine Arbeit um vieles erleichtern wird. Um Wiederholungen zu vermeiden, will ich die Theile der Organisation, die Lacaze-Duthiers mehr oder weniger genau bearbeitet hat, nicht weiter eingehen. Bei meiner Beschreibung werde ich mich ferner an Charles Julin[2]), der seine Aufmerksamkeit hauptsächlich auf den Bau des Nervenknotens bei den verschiedenen Typen der Ascidien richtete, anschliessen.

Organisation der *Molgula groenlandica*. Trautstedt.

1. Aeussere Form und allgemeine Beschreibung.

Diese Ascidie gehört ihrer Breite und Länge nach zu den mittelgrossen Formen. Ihr Körper ist nicht so in die Länge gestreckt, wie z. B. bei *Ciona intestinalis* oder bei *Styela rustica*, erweitert sich auch nicht und ist nicht so platt, wie der Körper der *Chelyosoma*. Er ist von den Seiten her zusammengedrückt und giebt mir selten im Durchschnitt einen regelmässigen Kreis. Die Farbe des Körpers ist graulich oder schmutzig-grünlich (Taf. XV, Fig. 1, r s). Ausserdem ist dieselbe, sogar bei grossen Exemplaren, leicht durchsichtig, ungeachtet der dicken Wandungen, durch die man, wenn auch nicht bei allen Exemplaren, die Sexualorgane und den Magen durchscheinend bemerken kann. Die Oberfläche des Körpers ist uneben, höckerig, faltig und mit einer Masse recht langer, weicher, herabhängender Härchen bedeckt. Viele derselben verzweigen sich und tragen Sand, Schlamm oder verschiedene Fragmente, die in dem einen und in dem anderen vorkommen, an sich. Eigentlich sehen wir hier dasselbe, was Lacaze-Duthiers an *Molgula tubulosa* beschrieben hat und worauf ich keine weitere Aufmerksamkeit verwenden will, besonders da seine Untersuchung in dieser Hinsicht ausführlicher ist, als die meinige. Uebrigens werde ich noch Gelegenheit haben, auf diese Anhänge des äusseren Integuments von *Molgula groenlandica* bei der Besprechung der Circulation des Blutes und der Respiration dieser Thiere zurückzukommen. Als Ergänzung füge ich nur hinzu, dass die Härchen, welche diese Ascidie bedecken, eine dunklere, schmutzigere oder grünlichere Färbung haben, als der ganze Körper. Aeusserlich sind sie gerunzelt, von einer Masse ungleichmässig zerstreuter Höcker oder Körner besetzt und geben an vielen Stellen Fortsätze ab, an welchen Sandkörner und überhaupt diverse fremdartige Theilchen kleben bleiben. Diese Fähigkeit der Härchen, sich an Gegenstände in ihrer nächsten Umgebung anzuklammern, giebt der jungen *Molgula groenlandica* die Möglichkeit, sich an langen Algen oder Confervareen in dem Fall zu befestigen, wenn diese Pflanzen den Boden bedecken, der sonst keine sicheren Anhaltepunkte bietet. Einmal traf ich ein Exemplar von *Molgula groenlandica* an, welches manche Eigenthümlichkeiten an sich trug, so dass ich geneigt war, dasselbe als eine besondere Species anzusehen; jetzt kann ich es aber höchstens nur zu den Varietäten dieser Form — unter dem Namen *var. villosa* — zählen. Dieses Thier war klein, sehr flach, von schmutzig-grüner Färbung und mit langen Härchen dicht besetzt.

Die Grösse der *Molgula groenlandica* ist gewöhnlich 5 bis 9 cm; die grössten Exemplare dieser Ascidie kommen, wie ich schon oben bemerkt habe, in dem Winkel der offenen Solowetzkischen Bucht vor, dem ich den Namen *das Reich der Ascidien* gegeben habe. Am liebsten hält sich *Molgula groenlandica*, wie auch andere Ascidien, auf Steinen und anderen harten Gegenständen, besonders auf leeren Muscheln von Weichthieren auf. Nicht selten fand ich sie auf leeren Schalen von *Cardium islandicum* oder von *Mytilus edulis* (Taf. XXI, Fig.), an der inneren Seite der Klappen sitzend. Einmal traf ich eine grosse Muschel dieser Art, auf deren beiden Klappen jederzeit gross symmetrisch je ein grösseres Exemplar von *Molgula groenlandica* angesiedelt war. Die jungen Individuen dieser Form haben gewöhnlich keine so scharf ausgeprägten, sphäroidalen Umrisse des Körpers, wie die erwachsenen. Der Körper einer jungen *Molgula groenlandica*, die sich an eine Muschel oder einen Stein befestigt hat, ist zum mindesten unten von cylindrischer Form, welche dadurch entsteht, dass sich die Basis des Körpers selbst nach allen Seiten weit ausbreitet und so zu sagen einen flachen, tellerförmigen Fuss bildet, auf dem der ganze Körper ruht. Auf der oberen Seite der Basis sind verschiedene Duplicaturen und Erhöhungen zu bemerken, welche sternförmig in Strahlen sich nach allen Seiten des Körpers hin erstrecken. Mit dem Alter der Ascidie wird dieser dicker, worauf Breit des Körpers flüger, ohne an Umfang zuzunehmen. In Folge dessen entsteht bei grossen Thieren unten eine Art Boden, mit dem sie

1) Lacaze-Duthiers, l. c. p. 119.

2) Charles Julin, Recherches sur l'organisation des Ascidies simples. Archives de Biologie 1881, Vol. II, p. 211—232.

auf den Steinen, Muscheln und anderen harten Gegenständen sitzen. Dieser Fusstheil ist der Ueberrest jener Wurzeln und Stengel, die wir an *Clavellina* und anderen ihr ähnlichen Ascidien antreffen.

Nach der oberen Seite des Körpers hin werden die Härchen weniger dicht und verschwinden auf der dicken, runzeligen Haut der Siphonen fast ganz. Letztere können sich bedeutend in die Länge strecken, wobei der Unterschied in der Länge beider Siphonen, oder der Hälse, nicht ansehnlich ist. Jeder Siphon hat nach aussen eine Oeffnung, deren Ränder in sechs vollkommen gleiche, fühlerförmige Anhänge auslaufen. Wie der Hals, so sind auch diese Anhänge schmutzig schwarzbraun oder grünlich gefärbt; übrigens ist diese Farbe etwas dunkler, als die des ganzen Körpers und besonders dunkel sind die Anhänge selbst. Zuweilen ziehen sie sich stark aus und biegen zur Seite ab, wobei ihre Färbung inwendig ebenso schmutzig-schwarz oder grünlich ist, wie auswendig.

Junge Exemplare haben ausser diesen Fühlern an dem Siphon selbst tentakelförmige Anhänge, die unregelmässig oder in sechs Reihen, den sechs Fühlern entsprechend, sitzen; in beiden Fällen biegt der Anhang bogenförmig abwärts.

Ich muss noch hinzufügen, dass von aussen an den Enden der Siphonen sehr kleine, fadenförmige Algen wachsen, die, wie mir scheint, zu der Gattung der Chaetophoren gehören. Eins dieser Exemplare habe ich auf Taf. XIV, Fig. 1, dargestellt.

Wie bei allen Ascidien bildet das dicke, äussere Körperintegument eine besondere Hülle, in welcher der ganze, wie in einen Mantel eingeschlossene Körper ruht. Diese Hülle, welche alle Autoren »Tunica« oder »Test« nennen, ist jener Körpertheil, welcher Veranlassung gab, diesen Thieren den Namen Mantelthiere oder Tunicata zu geben. Bei *Molgula groenlandica* ist diese Tunica viel dicker, als bei den übrigen Ascidien des Schweizerischen Meerbusens. Bei den grossen Exemplaren dieser *Molgula* ist die Tunica sogar 2½—3 mm dick. Im Schnitt ist sie ganz durchsichtig, ebenso wie an der inneren Seite, und nur die äussere Epidermisschicht giebt ihr eine schmutzige Färbung und macht sie undurchsichtig. An den Enden der Siphonen wird diese Tunica dunkler und dünner; sie tritt in die Oeffnungen des Siphons und dringt als dunkel-violette, fast schwarze, recht harte Membran in die innere Mantelgewebe, oder des zweiten inneren Integument ein.

Wenn man die dicke äussere Tunica von *Molgula groenlandica* durchschneidet, so zieht sie sich passiv zusammen und legt sich fest an den Leibeswandungen oder an dem zweiten inneren Integument (Mantel) an. Man muss geübt sein, um diesen zweiten, dünneren Mantel nicht zu durchschneiden. Bei einem ungeschickten Schnitt wird das Wasser und ein Theil der Eingeweide rasch ausgeworfen.

Wenn der Schnitt breiter gemacht ist, erreicht die Zusammenziehung der Wandungen des äusseren Integuments oder der Tunica ihr Maximum und hört ganz auf. Wenn der innere Sack oder die Wandungen des Mantels nicht beschädigt sind, so liegt dieser Sack mit allen in ihm eingeschlossenen Eingeweiden und allen Organen — mit einem Wort der ganze Körper des Thieres — frei und ist nur an zwei Stellen, an den Punkten, wo sich die Siphonen befestigen, mit der dicken Tunica verbunden. Mit den Seitenwandungen der letzteren ist der Mantelsack nur an zwei symmetrischen Punkten seine Verbindung. Durch diese Punkte treten die dem ersten zugehörenden Blutgefässe aus dem Mantel in die Tunica. Vermittelst desjenigen Theils der Blutgefässe, welcher bei grossen Exemplaren die Länge von einem Centimeter erreichen kann und welcher von eigenen Hüllen umgeben, im Zwischenraume der beiden Integumente verläuft, ist der ganze Körper der Ascidie an dem dickeren, äusseren Integument oder der Tunica aufgehängt. Auf diese Weise befindet sich zwischen den Wandungen des Mantels und denjenigen der Tunica jener bedeutende Zwischenraum, welchen das lebende Thier, aller Wahrscheinlichkeit nach, vergrössern und verkleinern kann, indem er denselben mit den Exsudaten seines Körpers oder mit dem Meerwasser anfüllt. Diese Excretionen kann man, meiner Meinung nach, nicht normal nennen: sie hängen von den unnatürlichen Bedingungen, in die das Thier versetzt wird, ab. Wenn in meinem Aquarium das Wasser lange nicht gewechselt wurde oder wenn das Thier hungern musste und seinen ganzen Körper und seine Siphonen ausstreckte, bedeckte sich die äussere Hülle oder die Tunica oft mit grossen erhabenen Längsstreifen oder mit Falten, welche, wie mir schien, mit irgend einer Flüssigkeit gefüllt waren.[1]

Bei den Siphonen biegt die Tunica ein, wie wir das schon oben gesehen, und tritt in das Innere der Mantelgewebe, was schon Lacaze-Duthiers und Julin bemerkt haben. Sie erreicht, wie der erstere Autor lehrt, jene Linie, auf der die Mundfühler des Thieres sitzen. Dieser Theil der Tunica sondert sich von den sie umgebenden Geweben leicht ab. Man kann ihn leicht auszuziehen, wenn man den Mitteltheil des Siphons an seiner Basis festhält. Es wäre interessant zu erforschen, erstens, auf welche Weise die Absonderung der äusseren Hülle von den Körperwandungen oder dem Mantel entstehen konnte, und zweitens, was für eine physiologische Function diese, zwischen den beiden Hüllen liegende Höhle hat. Die äussere dicke Hülle oder die Tunica kann sich nur passiv zusammenziehen, und zwar zu der Zeit, wenn die Körperwandungen oder der Mantel beständig nach und nach von dem Wasser, welches in die Respirationshöhle eindringt, ausgedehnt werden. Zugleich mit den Wandungen dieser letzteren dehnen sich auch die Wände der Tunica aus und zwar ebenso passiv. Bei starken Zusammenziehungen der Mantelwände konnten die Wände der Tunica nicht in demselben Maasse

[1] Ich muss bemerken, dass die von mir zwischen der Tunica und dem Mantelwandungen angezeigte Höhle bei allen lebend dissecirten Ascidien des Weissen Meeres sowohl wie des Golfes von Neapel vorhanden war. Deshalb kann ich mich mit den folgenden Angaben Herdman's Voyage of the Challenger. Vol. VI. p. 30, nicht einverstanden erklären: »in the living animal the mantle is in direct union with the enclosing lying over it so that there is no space between the mantle and the test, but in specimens preserved in alcohol the mantle contracts away from the test and leaves a large cavity between, the only points of union being the sides of the branchial and atrial syphons, and the place near the posterior end of the body where the large bloodvessels pass across from the mantle to the test.« — Eine solche völlig unbegründete Angabe zwingt mich unwillkürlich zu dem Verdacht, dass der Verfasser niemals die Gelegenheit, eine lebende Ascidie zu dissecieren, gefunden hat. — Allerdings ist auch wohl denkbar, dass eine solche Erscheinung aus dem Vergleich der Ascidien mit schwimmenden Tunicaten, bei welchen die Tunica mit dem Mantel verwachsen ist, entstehen konnte.

folgen und das ist, wie mir scheint, der Grund, weshalb die Absonderung der Körperwandungen von den Wänden der Tunica und der Zwischenraum entstand. Dieser Raum ist von einem deutlich unterscheidbaren Epithel, welches aus kleinen Zellen mit deutlichen Kernen besteht, bekleidet (Taf. XVII, Fig. 16, *ep.*). Julin fand dieses Epithel bei den von ihm untersuchten Ascidien nicht vor und bekämpft, sich darauf stützend, die Meinung Huxley's, welcher die Tunica für eine separate, besondere Hülle hält. Ich glaube nicht, dass sich die von Julin untersuchten Arten in dieser Hinsicht von den Formen, die ich selbst beobachtete, scharf unterscheiden, und wage zu behaupten, dass die Ansicht des belgischen Zootomen über die Abwesenheit des Epithels an der äusseren Hülle durch das zu eifrige Streben, eine vollständigere Analogie zwischen den Tunicaten und Vertebraten zu finden, veranlasst wurde. Julin bemüht sich in seiner Arbeit, diese Analogie nach Möglichkeit klar nachzuweisen. Was mich anbetrifft, so theile ich die Ansicht des berühmten englischen Zoologen und sehe die Epithelschicht als ein nothwendiges Zubehör der inneren Oberfläche der Tunica aller Ascidien an. Ich weiss nicht, ob sich diese Schicht bei verhärteten, oder überhaupt in einer Flüssigkeit liegenden Exemplaren gut erhält; bei lebenden ist sie deutlich zu sehen, wenigstens nur an manchen Stellen der Tunica. An anderen Stellen gebt sie leicht ab und zwar besonders dort, wo sich die Tunica stärker zusammenzieht und wo ihr Epithel nicht im stande ist, diesen Zusammenziehungen gleichmässig zu folgen. So entstehen Risse und kahle Stellen. Ich beobachtete dieses Epithel an kleinen, aus lebenden oder frischen Exemplaren und von der inneren Oberfläche der Tunica ausgeschnittenen Stücken, welche, mit Atonearmin gefärbt, sich noch jetzt unter meinen Präparaten befinden.[1]

Das Vorhandensein des Epithels an der äusseren oder peripherischen Seite des Mantels ist noch nie geleugnet worden und wird auch von Julin anerkannt, welcher dasselbe subtunicales Epithel nennt.

Ich gebe jetzt zu der Beschreibung der Leibeswandungen oder des Mantels und zugleich zu der Beschreibung der allgemeinen Topographie der Organe über, welche von verschiedenen Autoren mehrmals dargelegt wurde. Ich glaube aber, dass eine neue Schilderung desselben Gegenstandes die unklaren und streitigen Punkte, die zufolge der letzten Arbeit von Julin entstanden sind, aufzuklären im stande ist. Ich werde mich daher zunächst mit der allgemeinen, zum Theil schematisirten Beschreibung der Topographie der Organe im Mantelsack der Ascidien beschäftigen.

Der Eingangssiphon hat vorne eine weite Oeffnung, welche, wie bekannt, in die Athemhöhle oder in den Kiemensack führt. Diese Oeffnung kann sich erweitern, zusammenziehen oder ganz schliessen, je nach den verschiedenen Bedürfnissen des Thieres. Ebenso kann sich der Siphon selbst mehr oder weniger aus- oder einziehen, wobei, wie ich meine, jene dünne, aber ausserordentlich feste, pergamentartige Schicht der Tunica, welche in die Gewebe des Halses eintritt, eine wichtige Rolle spielt. Diese Schicht dient einerseits als Skelet, an dem sich die Muskeln, die den Siphon ins Innere ziehen, befestigen, andererseits repräsentirt diese harte Hülle eine Einhelme dieser Muskeln, vermittelst welcher der ganze Siphon in das Innere gezogen werden kann. Etwas unterhalb der Stelle, wo sich dieses Ende der Tunica befestigt, befindet sich ein Fühlerkranz. Den ganzen Theil zwischen der Eingangsöffnung und diesem Kranze nennt Julin »Kranz- oder Mund-regione (Région couronnale ou buccale). Der Fühlerkranz sitzt auf einer besonderen Duplicatur, für die Lacaze-Duthiers den Namen »Pericoronal-Furche« (Sillon péricouronnal) und Julin den Namen »Pericoronal-Halsband« (Bourrelet péricoronnal) vorschlagen. Den Fühlerkranz nennt der letztere »Kronenkreis« (Cercle couronnal).

Bei *Molgula groenlandica* ist das Pericoronal-Halsband sehr breit und dick und in der Mitte desselben ist eine tiefe Furche, welche es in eine obere und eine untere Hälfte theilt. Die Fühler sitzen am unteren Rande des Halsbandes, welcher gewöhnlich, bei den todten Exemplaren, die Basis der Fühler bedeckt.

Zwischen diesem Fühlerkranz und dem Kiemensack befindet sich ein ziemlich grosser Zwischenraum, auf dem recht starke Bündel breiter, bandartiger Muskeln sitzen. Diesen Zwischenraum hat Lacaze-Duthiers in seiner Zeichnung richtig dargestellt, er bezeichnet ihn aber mit keinen Buchstaben und schweigt davon im Texte. Dasselbe thut Julin. Lacaze-Duthiers sagt: »La couronne tentaculaire est placée au fond du tube de l'orifice branchiale; elle est placée là où finit ce tube, et là où commence la branchie.«[2] Ich nenne diesen Raum Zwischenraum (espace intervésiculaire), da er den Platz zwischen dem Anfang der Kiemen und der Basis der Fühler (Bourrelet péricoronnal) einnimmt.

Wir kommen jetzt zu der Region, welche von Lacaze-Duthiers und Julin zwar verschieden, aber ausführlicher und genauer beschrieben wurde, als von ihren Vorgängern. Diese Region ist eigentlich der Rand der Eingangs-öffnung in den Kiemensack. »Nous considérons comme dépendant encore de l'orifice branchiale l'espace libre, lisse et ne presentant aucune particularité de décoration, qui entoure la couronne tentaculaire, ainsi que le repli mince postcouronnal saillant qui sépare cette espace des extrémités inférieures des lames branchiales« (Lac.-Duth. l. c. p. 263). Hier sehen wir zwei dünn-membranöse Falten der Haut, oder richtiger zwei Vorsprünge an der inneren Oberfläche des Mantels, zwischen welchen sich eine flache Rinne befindet. Die obere, dem Ausgange nähere Falte theilt sich nicht, sondern bildet einen vollständig

---

[1] Die Meinung, dass die Tunica eine quasi-euticulare Ausscheidung des Mantelepithels darstelle und ...
[2] Lacaze-Duthiers, l. c. p. 151.

geschlossenen Kreis, während die untere an zwei entgegengesetzten Stellen, am Endstyl und am Nervenknoten, unterbrochen wird. Julin[1]) nennt die erste dieser Falten »äussere Lippe« (la lèvre externe), die zweite »innere Lippe« (lèvre interne), nachdem diese Organe schon vorher von Lacaze-Duthiers (l. c. p. 263) den Namen »Lippe« erhalten haben. Julin bezeichnet die Rinne und die sie bildenden Falten als »Nebenkronenfurche« (Sillon péricouronnal). Obgleich die Abbildung und die Beschreibung dieses Organs bei Lacaze-Duthiers gut ausgeführt sind, giebt doch Julin, indem er sich darauf beruft, dass die Organe noch nicht vollständig untersucht sind, noch die folgende Beschreibung:

»La lèvre interne constitue un repli membraneux, qui n'est nullement interrompu, ni du côté de la gouttière hypobranchiale ni du côté du raphé dorsal, de sorte qu'il forme une saillie circulaire complète. Au niveau de la gouttière hypobranchiale il s'applique sur le cul-de-sac. Au niveau du raphé dorsal il se continue soit immédiatement, soit médiatement, en avant avec la surface de l'organe vibratile.

»La lèvre externe du sillon péricouronnal se comporte tout différemment. Sur les côtés, elle constitue, comme la lèvre interne, un repli membraneux. Au niveau du cul-de-sac antérieur de la gouttière hypobranchiale, il devient beaucoup moins élevé et se continue directement avec les bourrelets marginaux de cette gouttière. Près du cul-de-sac, les deux lèvres se confondent et le sillon qu'elles délimitent vient se perdre insensiblement, sans se continuer avec la gouttière hypobranchiale (pl. V, f. 3). Au niveau du raphé dorsal, la lèvre externe de la gouttière péricouronnale devient de moins en moins élevée et vient mourir, en même temps que le sillon qu'elle délimite en dehors, sur les faces latérales du raphé, soit directement (pl. IV, f. 2), soit après s'être unie à la lèvre interne (pl. IV, f. 1 & 3).

»De cette disposition des lèvres de la gouttière péricouronnale, il résulte que le sillon péricouronnal se compose, en réalité de deux gouttières, une de droite et l'autre de gauche, ces deux gouttières venant mourir insensiblement, d'une part au niveau du cul-de-sac antérieur de la gouttière hypobranchiale, d'autre part au niveau du raphé dorsal.«

Wenn das beschriebene Organ nicht bei allen Ascidien eine physiologische Bedeutung hätte, so würde es sich nicht beständig wiederholen und würde in seinem Bau nicht so unveränderlich sein. In dieser Hinsicht bildet nur ein Theil desselben eine Ausnahme und zwar derjenige, welcher am Endstyl gegenüber neben dem Ganglion liegt und sich unter demselben auf die Platte herabbiegt, die Hancock Mundplatte nennt (lame orale). Lacaze-Duthiers nennt sie »raphé postérieur«, Julin »gouttière epibranchiale«, Herdman »Dorsal-Lamina« und ich will sie aus später folgendem Grunde mit dem Namen »Nervenplatte« belegen. Nach Julin's Beschreibung sehen wir auf dieser Platte bei den verschiedenen Formen der Ascidien eine andere Rinne, welche sozusagen die Pericouronalfurche ergänzt. Diese Ergänzung fehlt bei Molgula groenlandica.

Unmittelbar hinter der Pericouronalfurche oder richtiger hinter der Rinne fängt der Kiemensack an, auf dessen einer Seite sich an der inneren Oberfläche das Endstyl (raphé intérieur — Lac.-Duth., gouttière hypobranchiale — Julin) hinzieht. Die physiologische Function dieses letzteren ist, dank den Untersuchungen und Beobachtungen von H. Fol, mit genügender Bestimmtheit erkannt worden und bestimmt mich, dasselbe als »Speiserinne« zu bezeichnen.

Bekanntlich macht der Kiemensack an der Seite dieser Rinne die stärkste Krümmung. Seine Länge übertrifft an dieser Stelle fast um das doppelte diejenige auf der entgegengesetzten Seite, d. h. derjenigen, auf der sich die Nervenplatte befindet. An seiner Basis liegt die Eingangsöffnung in den Nahrungscanal, welche von allen Autoren einstimmig Mundöffnung oder Mund genannt wird. Die Krümmung, welche der Kiemensack längs der Speiserinne bildet, ist der Art, dass sie an dieser Stelle den Magen, welcher bei allen Ascidien fast unmittelbar hinter der Mundöffnung liegt, zum Theil verdeckt. Er liegt etwas gegen die Speiserinne um und die gleiche Richtung nimmt auch bei Molgula groenlandica der Darmcanal. Bei der Speiserinne angekommen, geht er zurück, wendet sich nach oben und geht darauf in den Mastdarm über, welcher an die Wände des Mantels unweit des Auswurfsiphons angewachsen ist. Hier endigt der Darmcanal mit der Analöffnung. Auf seinem Gange wächst er an vielen Stellen an eine der Mantelwände an.

Der Kiemensack befestigt sich hauptsächlich, oder an die innere Seite des Mantels an einer Stelle, nämlich an der Basis des Eingangssiphons, und der ganze Theil dieses Siphons, auf dem der Nervenknoten sitzt, wächst sammt dem Kiemensack fest an diese Wandungen an. Ausserdem ist letzterer längs der ganzen Speiserinne mit dem Mantel verwachsen; endlich ist das Respirationsorgan durch eine Menge grösstentheils regelmässig vertheilter Bänder oder Trabekeln, an denen die Blutgefässe verlaufen, an die Wandungen befestigt. Der übrige Theil dieses Sackes und alle seine Wände bleiben frei und der Zwischenraum zwischen denselben füllt sich mit Wasser an, welches durch eine Menge flimmernder Oeffnungen des Kiemensackes eindringt. Diesen Raum nennt Lacaze-Duthiers hintere Höhle, zum Unterschied von der Höhle des Kiemensackes, welche er als vordere bezeichnet, ist der gemeinsame Leibesraum, welcher nebenbei gesagt bei den Acephalen gänzlich fehlt. Der hintere Theil dieser Höhle wird von den Autoren Cloakenraum genannt; dem vorderen, an die Basis des Eingangssiphons angrenzenden, haben die Autoren den Namen »Region interosculaire« gegeben.

In der vorhergehenden Beschreibung vermied ich jede künstliche Lagerung des Thieres und hielt mich an die natürliche, in welcher es sich in freier Natur in situ befindet. Ich wiederhole nochmals, dass die Ascidie in dieser Lage mit allen Lamellibranchiaten mehr Analogien bietet, als in der umgekehrten. — Was die Lage anbetrifft, welche Huxley bei seiner Beobachtung anwandte, indem er die Siphonen nach vorne kehrte, so finde ich, dass ein solches Verfahren nicht gerechtfertigt ist. Indem Julin die Organisation der Ascidie mit derjenigen der Wirbelthiere in Vergleich setzt, folgt er dem Beispiel Huxley's, entfernt sich aber dabei noch mehr von der natürlichen Lage, da er die Fläche, auf der die

Speiserinne liegt, für die Bauchseite und die entgegengesetzte, auf der sich die Cloake befindet, für die Rückenseite des Körpers hält. Eine solche Anordnung existirt nicht und kann bei keinem Wirbelthiere existiren.

Wir gehen jetzt zu der Beschreibung der einzelnen Organe über und beginnen mit den Mantelwandungen des Leibes.

2. Die Leibeswandungen, das Muskelsystem und Bewegungen.

Bei den Körperbewegungen der Ascidien, Holothurien, Gephyreen und der Muschelthiere spielt das Wasser eine grosse Rolle. Es ersetzt ihnen das Skelet. Die Längsmuskeln, welche die Siphonen in den Körper der Ascidien einziehen, würden nicht wirken, wenn sie keine festen Stützpunkte hätten. Was die Muskeln anbetrifft, welche den Körper zusammenziehen und welche wir nur sehr bedingungsweise Muskeln nennen können, weil sie nichts weiter als Faserbündel sind, die sich nach allen Richtungen hin zerstreuen und verzweigen, so haben wahrscheinlich auch diese ihre Stützpunkte in dem Wasser, welches in der allgemeinen Leibeshöhle des Thiers eingeschlossen ist. Uebrigens kann ihre Arbeit auch anders erklärt werden. Alle diese langen und kurzen Fasern (Taf. XVIII, Fig. 11) ziehen zwischen ihren Enden einen gewissen Theil der Mantelwandungen zusammen. Zwei stärkere Faserbündel sind fächerartig zu beiden Seiten der Cloakenöffnung, d. h. der Basalöffnung des Auswurfsiphons, vertheilt. Die starken, dicken Muskelbündel liegen gleichfalls in der oberen Körperwandung zwischen zwei Siphonen. Die ersteren dienen ohne Zweifel zum Oeffnen der Auswurfsöffnung des Siphons, die Function der zweiten ist das Zusammenziehen des oberen Theils der gemeinsamen Leibeshöhle, wenn das Wasser in der Gegend des grössten Durchmessers des Körpers, in der Fläche, wo die Wandungen desselben, welche die Siphonen tragen, gleichsam zusammengedrückt sind, liegen kleine, dünne, verfilzte Muskelfasern, die diese Contraction besorgen. An den Muskelfasern der Ascidien bemerken wir die Eigenthümlichkeit, dass sie aus einzelnen Stückchen zusammengesetzt sind.

Die Mundtentakel der Ascidien haben bekanntlich eine grosse physiologische Bedeutung und bedingen die verschiedensten Bewegungen der Siphonen, besonders des Eingangsiphons. Die Ascidien fühlen den Wechsel der Temperatur des Wassers, ziehen sogleich ihren Hals zusammen, verengen ihre Eingangsöffnung oder schliessen dieselbe ganz und ziehen den Siphon ein. Dasselbe geschieht bei jeder Berührung mit einem fremden Körper. Im letzteren Fall bemerke ich, dass nicht jeder Körper die gleiche Wirkung ausübt. Stechen und Kneipen zwingen die Ascidien, ihre Siphonen zu schliessen und zu verwahren; diese reflectorischen Bewegungen werden in dem Fall für längere Zeit aufgehalten, wenn das Wasser im Aquarium lange nicht gewechselt wird; dann dehnen sie ihre Siphonen weit aus und sind vor Erschöpfung dem Tode nahe. Mir ist es aber nie gelungen, das Thier zu zwingen, in dieser Lage zu sterben. Die Siphonen sind verschiedenartiger, partieller Bewegungen fähig; leichte Stiche an irgend einer Stelle des Siphons veranlassen unmittelbar an der gestochenen Stelle eine Verkürzung oder eine Verengerung derselben, welche letztere durch stark entwickelte Sphincteren bedingt wird.

Ausser den oben beschriebenen Muskeln, welche kaum Muskeln zu nennen sind, finden wir keine anderen. Nur in dem Kiemensack, wo die Nervenplatte liegt, sehen wir zwei starke Muskelbündel. In allen übrigen Körpertheilen finden wir nirgends solche Bündel, sondern nur einzelne Fäserchen, die hier und da an den Wandungen des Kiemensackes, des Darmcanals und der Mundtentakel zerstreut liegen. Wenn man den Körper der aus ihrer Tunica befreiten Ascidien nach der alten, classischen Methode zergliedert, wie Savigny es gethan und wie Lacaze-Duthiers es noch heut zu Tage thut, d. h. wenn man die Speiserinne mit den Körperwandungen bis hart an die Mundöffnung und von der anderen Seite den Eingangsiphon aufschneidet und auseinander legt, so bleibt der Körper bewegungslos und nur seine Wandungen ziehen sich bei Stichen reflectorisch zusammen. Der Respirationssack mit allen seinen Organen ist gegen Stiche vollkommen unempfindlich. Wie wir weiter sehen werden, rührt dies von der differenzirten Innervation der animalischen und vegetativen Organe her. Die Hauptursache aber ist in der mangelhaften Entwickelung der Muskelfasern der letzteren Organe zu suchen.

3. Respirationsorgane.

Das erste, was beim Seciren einer Ascidie auffällt, ist die enorme Entwickelung ihres Respirationssackes, welcher nach allen Richtungen fast die ganze gemeinsame Mantelhöhle einnimmt, so dass für die anderen Organe verhältnissmässig wenig Raum übrig bleibt. Diese enorme Entwickelung des Respirationsorgans lässt unwillkürlich die Nothwendigkeit einer starken Oxydirung des Blutes mit allen ihren Folgen, d. h. der kräftigen Fortbewegung des Thieres, der complicirten Entwickelung des Blutgefäss- und des Nervensystems und der Sinnesorgane u. s. w. voraussetzen. Doch alle diese Muthmaassungen und Schlüsse heben sich von selbst auf, wenn man die Organisation der Ascidien näher kennen lernt. Sie zeigt uns deutlich, dass der Umfang des Organs nicht immer in innigem Zusammenhange mit seiner Function steht. Im Gegentheil, — die Function hängt nicht von der Quantität, sondern von der Qualität des Organs ab, nicht von der Grösse, sondern von dem Bau desselben. Das betreffende Organ ist bei den Ascidien sehr gross, seine Functionen aber sind verhältnissmässig schwach; es zieht mit allen seinen Nebenapparaten eine Menge Wasser in sich ein, aber der chemische Process der Oxydirung des Blutes ist hier höchst mangelhaft und unvollständig. Man kann keinen anderen Schluss ziehen, wenn man die Masse jener Capillargefässnetze, jenes Netz mitzählt, welches mit denen die Mantelwandungen des Körpers, der Respirationssack und überhaupt alle Organe der Ascidien reichlich versehen sind.

Im Vergleich mit der Entwickelung bei allen anderen Gattungen der Ascidien erreicht der Kiemensack bei *Cynthia* und ebenso bei *Molgula groenlandica* den Höhepunkt seiner Entwickelung. Hier ist er viel complicirter und sein Umfang grösser, man kann aber nicht sagen, dass dies mit der Complication oder mit der Vervollkommnung der Construction der allerges Organe correspondire. In dieser Hinsicht stehen *Phallusia* und *Ciona intestinalis* unzweifelhaft weit höher; bei denen aussert sich die Complication und die Vervollkommnung der Organisation vielleicht durch die weniger dicke und mehr bewegliche Tunica des Körpers. Es kann sein, dass letzteren auch bei der Complication und der Vergrösserung des Umfangs des Kiemensackes eine wichtige Rolle spielt. Uebrigens werden wir in dem Abschnitt über den Blutumlauf der Ascidien noch Gelegenheit haben, diesen Punkt zu berühren.

Lacaze-Duthiers hat uns eine sehr gute, ausführliche Beschreibung des Respirationssackes der *Molgula tubulosa* gegeben; es ist die einzige ausführlichere, welche die Literatur bietet. Seine Schilderung entspricht aber nicht genau dem Bau des Organes bei *M. groenlandica*, wenn sie auch in vielem an die schon von Savigny in seinen berühmten Mémoire[1] gegebene Beschreibung der Construction desselben bei Cynthien erinnert.

Bei allen Cynthien vergrössert sich der Umfang des Kiemensackes und hauptsächlich dessen Oberfläche mit Hülfe der Längsfalten, welche mehr oder weniger weit in die Höhle eindringen. Diese Falten haben an ihrem Theil des Kiemensackes ihren Ursprung und führen nach unten an seiner Basis, wo sie sich gegen besondere Auswüchse stemmen, die an der Mundöffnung liegen und von Lacaze-Duthiers[2] richtig dargestellt sind. Auf jeder Seite des Kiemensackes sitzen sieben Falten und Auswüchse. Die Basalteile der ersteren liegen in zwei halbrunden Reihen, welche auf der einen Seite durch die Speiserinne und auf der anderen durch die Nervenplatte und Mundöffnung getrennt werden. — Der ganze Raum zwischen diesen Auswüchsen — oder der Grund des Kiemensackes — ist entweder vollständig glatt, oder hat leichte Querfalten und wächst mehr oder weniger fest an die Wandungen des Magens an. Letzterer scheint durch diesen Grund braunröthlich durch — eine Farbe, die von seinen Lebensdrüsen herrührt.

Ausser der Basis der Kiemensackfalten, diesen den Wandungen des Magens mehr oder weniger dicke, gitterartig verbundenen Balken als Grundlage, welche die Wände dieses Sackes zusammenhalten. Die dickeren verlaufen längs seiner Wandungen, die weniger dicken bilden Querbalken, die sich mit ersteren unter rechten Winkeln kreuzen und 8—10 Ringe bilden, welche die Kiemen auf der äusseren Seite oder, mit anderen Worten, auf der Seite der gemeinsamen Mantelhöhle umschliessen. Auf diese Weise zerfällt der ganze Kiemensack in eine Menge Rechtecke, die sich an seinem Ursprung und an seiner Basis in Trapeze verwandeln.

Jede Falte hat sieben Längsbalken, von denen je drei sich auf jeder Seite derselben befinden, der vierte (oder siebente), breitere an ihrer Spitze liegt (Taf. XXI, Fig. 11, *a. Br. Vert.*, *a. Br. Vert.*). Der Abstand dieser drei Balken von einander vermindert sich allmählich von der Basis nach der Spitze zu; zwischen den Falten und ihnen parallel läuft ein dünnerer Balken.

Wenn man den Kiemensack einer Ascidie spreizt, sieht man also, dass er in regelmässige, halbrunde Falten getheilt ist; jede Falte hat fünf Längsbalken, von denen einer, ein dünnerer, in der inneren Biegung der Falte verborgen ist.

Zwischen den Längsfalten des Kiemensackes kann man die Wandung des Sackes (Taf. XXI, Fig 11) von derjenigen unterscheiden, welche die Falte selbst bildet; die eine wie die andere sind aus doppelten Netzen, einem äusseren und einem inneren, zusammengesetzt. Das eine dieser Netze ist aus den Maschen der Kiemenöffnungen gebildet, während das andere Maschen darstellt, die diese Oeffnungen unterstützen. In dem Raume zwischen den Falten befindet sich das Netz ausserhalb der Kiemenöffnungen und das unter ihm liegende Verbindungsnetz bildet seine Unterlage (Taf. XXI, Fig. 11, *in.n.*).

Auf der Falte selbst, zwischen den Balken, bemerken wir das umgekehrte Verhältniss der Netze. Dort liegt das Verbindungsnetz oben und das Netz der Kiemenöffnungen darunter (Taf. XXI, Fig. 11.). Die Anordnung der Maschen des einen Netzes ist derjenigen des anderen Netzes vollständig entgegengesetzt; während die Kiemenöffnungen in die Länge laufen, gehen die Maschen der Verbindungsnetze in die Quere. Jede Falte der Kiemen kann man mit einem Fischernetz vergleichen, dessen Flügel durch den Raum zwischen den Falten dargestellt werden und das sich von hier als allmählich gegen die Spitze der Falte hin verengt, um hier zwischen je zwei Querbalken in zwei kleine, garnbeutelartige Säcke auszulaufen. In den meisten Fällen liegt auch zwischen diesen letzteren noch ein Querbalken oder richtiger eine kurze Brücke, welche flache, breite Ausläufer hat, auf denen die Säckchen ruhen (*a.*).

Ich bemerke übrigens, dass diese Brücke zwischen den Säcken in manchen Fällen auch fehlen kann. Zuweilen ist der Querbalken weiter gerückt und kommt zwischen die zwei folgenden Längsbalken zu liegen (*a. Br. zw.*).

Die Säckchen, die den Abschluss der Netze der Kiemenmaschen bilden, stellen sogenannte Spirakel dar; die Kiemenöffnungen, die die Maschen des inneren Netzes bilden, müssen entweder in concentrische Kreise geordnet oder spiralförmig sein; sie verengen sich allmählich in jeder Falte und werden nach deren Spitze hin dichter; in dem Sacke selbst sind sie so dicht und fein, dass die Zwischenräume nahezu verschwinden.

Es kann bemerkt werden, dass diese Zwischenräume durch die Maschen der unteren Wandung der Säckchen selbst verdeckt werden (*sp. sp.*). Endlich kann man als Ergänzung der Beschreibung hinzufügen, dass der obere, breitere, zweifach gebogene Längsbalken die Enden der Säcke selbst bedeckt und jedem derselben einige Verbindungsbrücken entgegenschickt.

Auf der inneren Seite sind diese Balken, bemerken wir, durch Querbrücken aneinander gekoppelt.

Die Kiemenöffnungen bilden ovale Spalten, die an einigen Stellen gekrümmt sind. Diese gekrümmten Oeffnungen muss man als den Ueberrest der spiralförmig angeordneten Oeffnungen des Spirakels ansehen. Die Ränder jeder Oeffnung sind von dünnen Muskelfasern umringt und mit langen Flimmerhärchen besetzt.

1) Savigny, Recherches anatomiques sur les Ascidies composées et sur les Ascidies simples. — Système de la classe des Ascidies. 1816.

2) Lacaze-Duthiers, l. c. Pl. IV, Fig. 8.

Wenn das Thier stirbt, so ziehen sich diese Ränder zusammen und ihre Muskelfasern zerfallen in einzelne höckerige Theilchen. So hat sie Lacaze-Duthiers (Taf. V, Fig. 7) dargestellt.[1] — Eine ausführlichere Beschreibung dieses Theils des Kiemensackes werde ich unten, bei der Schilderung des Kiemensackes der *Molgula nuda*, n. sp. geben. Diese Ascidie hat einen einfacheren Bau dieser Organe und gestattete mir daher, dieselben mit grösserer Genauigkeit zu untersuchen.

Nach Betrachtung des Baues des Kiemensackes verweilen wir kurz bei seiner Function. Seine Wandungen sind beweglich, aber die Bewegungen sind sehr schwach und dem unbewaffneten Auge fast unsichtbar.

Dieselben geschehen mit Hülfe dünner Muskelfasern, die in den Längs- und Querbalken zerstreut sind. Alle Oeffnungen des Sackes vibriren mit ihren Flimmerhärchen und ziehen frisches Wasser, welches zugleich auch eine Masse frischer, sauerstoffreicher Luft enthält, ins Innere desselben hinein.

Wenn das Wasser in den Sack einströmt, stösst es vor allen Dingen auf die Spitzen der Falten, und unter diesen, in den dünnen, kleinen Maschen der kegelförmigen Säckchen, geht die erste energischere Oxydation des Blutes vor sich. Damit diese Säckchen ihre Lage durch die Wassereinströmung nicht verändern, sind sie an den oberen Balken, von denen sie verdeckt sind, durch äussere Netze und Brücken befestigt. Diese Netze und Balken schützen ihre feinen, zarten Gewebe gegen den Andrang des Wassers und seine vernichtende Kraft.

In dem Raume zwischen den Falten werden, wie wir bereits gesehen, die Kiemenöffnungen viel grösser, die Maschen selbst viel dicker und fester. Im Innern der Netze wird das Wasser in seinem Laufe aufgehalten; es fliesst hier nicht mehr mit jener zerstörenden Kraft, mit der es gegen die Spitzen der Falten anstösst. In Folge dessen bleiben die Maschen der Kiemenöffnungen auf dem Grunde der Falten offen. Um sie aber gegen den Andrang des Wassers noch sicherer zu stellen, befindet sich hinter denselben ein quermaschiges Schutznetz. Endlich verzögern diese Maschen die Bewegung des Wassers und halten dasselbe während der Zeit, die zur Oxydirung des Blutes nöthig ist, ganz auf. Es versteht sich von selbst, dass alle Schutznetze der Kiemensackfalten denselben Zwecke dienen.

Die gegebene Erklärung der Function des Kiemensackes ist nur eine Hypothese, welche meiner Meinung nach sich in vollständigem Einklang mit der anatomischen Einrichtung des Organs befindet. Die Undurchsichtigkeit der Bedeckung erlaubt nicht, direct die Respirationserscheinungen zu beobachten. Bei jüngeren, mehr durchsichtigen Individuen hat der Kiemensack eine viel einfachere, mehr elementare Construction und deshalb können sie zu diesem Zweck nicht dienen.

4. Organe zur Aufnahme und Verdauung der Nahrung.

Die Organe, die allen Ascidien zur Aufnahme der Nahrung dienen, sind mit den Respirationsorganen mehr oder weniger eng verbunden. Hier haben wir auch einen der Hauptmängel der Organisation zu suchen; vergessen wir aber nicht, dass dieser Mangel bei höheren Typen der Thierwelt oft vorkommt und dass sogar bei den Fischen die Respirationsorgane und die Organe für die Nahrungsaufnahme nicht scharf abgegrenzt sind.

Die frei schwimmenden Tunicaten bedürfen keiner so grossen Zuströmung des frischen Wassers zum Athmen, wie die Ascidien; die ersteren haben eine Masse sauerstoffreichen Wassers zur Verfügung, welches sie schwimmend immer neu erhalten; die Ascidien führen dagegen eine sitzende Lebensweise. Zugleich mit der Vergrösserung ihrer Verdauungsorgane mussten sie auch für die Vergrösserung ihrer Respirationshöhle sorgen. Dies war uns so eher möglich, als die Entwickelung der einen und der anderen parallel gehen konnte; denn die Ursache, die beides hervorrief, war eine ähnliche. Hier wie dort war eine grössere Zuströmung frischen Wassers nothwendig, die dem einen Organ Luft zum Athmen, dem anderen Nahrungsstoffe zuführt. Dasselbe Wasser, welches das Blut in ihren Respirationsorganen mit Sauerstoff versorgt, versieht auch ihre Verdauungsorgane mit der nöthigen Nahrung. Diese scheinbare Bequemlichkeit führt in ihren Endresultaten zu grossem Mangel in der Construction beider Organe; vor allen Dingen ist es einerlei, ob das Wasser, welches speziell zum Athmen nöthig ist, von dem abzugrenzen, welcher der Nahrungstheilchen zuführt. Zwar könnten sich diese letzteren vom Wasser in Folge ihrer Schwere leicht abscheiden; doch ist dieses Moment ungenügend für die Masse ausserordentlich kleiner, leichter Nahrungstheilchen, die durch die Bewegungen der Flimmerhärchen fortwährend in dem Wasser in suspendirtem Zustand aufgehalten werden. Ich sveirte in nicht selten Exemplare von *Molgula groenlandica*, bei denen fast alle Falten des Respirationssackes mit Schlammkügelchen angefüllt waren. Sei diese Erscheinung normal oder pathologisch, jedenfalls beweist sie die Mangelhaftigkeit der Functionen des gemeinsamen Apparates, der zum Athmen und zugleich zur Aufnahme der Nahrung dienen muss.

Die meisten Nahrungstheilchen gelangen ohne Zweifel aus Zoel, d. h. gehen ins Innere der zur Aufnahme der Nahrung bestimmten Organe. Verfolgen wir den Gang derselben von dem Momente an, wo dieselben ins Innere des Körpers der Ascidien eintreten.

Der Eintritt des Wassers in den Körper oder zunächst in den Kiemensack geschieht grösstentheils durch die Flimmerbewegungen seiner Oeffnungen. Die energische Bewegung der langen, verhältnissmässig dicken Härchen lässt das frische Wasser viel lebhafter zuströmen, als es die übrigen Theile des Kiemensackes vermögen, und ohne Zweifel würde die Kraft dieser Bewegung alle Nahrungstheilchen anziehen, wenn die Bewegung der unzähligen Flimmerhärchen, die die lange Speiseröhre bedecken, sie nicht noch stärker anzöge; andererseits werden sie auch durch die eigene Schwere, die sie beständig

---

[1] Bei *Boltenia* und *Cynthia* geht die Zertheilung weiter, der ganze Rand der Kiemenöffnung zerfällt in einzelne Stücke, die sich von dem sie umgebenden Gewebe separiren.

...auf den Grund des Kiemensackes herabzieht, demselben zugeführt. Beim Eintreten in die Oeffnung des Eingangssiphons der Ascidien begegnen diese Theilchen geraden, horizontal vorgestreckten Fühlern und deren mit entsprechenden Nervenapparaten versehenen Verzweigungen. Indem sich die Zweige dieser Fühler verzweigeln und sich kreuzen, bilden sie eine Art Netz, welches augenscheinlich nichts durchlässt, was für den Organismus nicht nahrhaft oder gar schädlich wäre. Dessen ungeachtet gelingt es doch verschiedenen Parasiten, die fortwährend thätige Zellwacht zu durchbrechen. Bei den nördlichen Ascidien kommt dies selten vor und ich habe nur einmal Gelegenheit gehabt, einen Fall von Parasitismus zu beobachten, welchen ich, seiner Seltenheit wegen, bei der Beschreibung der Verdauungsorgane erwähnen werde. Lacaze-Duthiers schreibt, wie mir scheint mit Recht, die Möglichkeit, dass die Parasiten ins Innere der Respirationshöhle dringen können, einer besonderen Eigenschaft derselben, die sie befähigt, ungehindert in das Organ zu gelangen.

Um den Weg, den die Nahrungstheilchen im Innern des Kiemensackes durchlaufen, genauer zu beschreiben, ist eine klare Vorstellung von der Lage desselben innerhalb der gemeinsamen Leibeshöhle nothwendig. Wenn man die Ascidie von der Seite betrachtet, kann man sich leicht überzeugen, dass der Eingangssiphon bei der natürlichen Lage des Thieres niemals ganz vertical ist. Seine äussere Hälfte ist immer nach unten geneigt und in Folge dessen befindet sich der Anfang des oberen Endes der Speiserinne tiefer, als das obere Ende der Nervenplatte. Die Krümmung der Conturen des Kiemensackes weiter verfolgend — einerseits nach der Richtung der Nervenplatte und andererseits nach der Speiserinne hin — sehen wir, dass die Wandungen dieses Organs recht verschieden sind. Die Krümmung der Wandungen, auf denen die Nervenplatte ruht, ist sehr schwach ausgebildet, während die Krümmung der Wandungen in der Umgebung der Speiserinne viel grösser ist. Längs dieser letzteren Krümmung gleiten alle Speisetheilchen und fallen vermöge ihrer eigenen Schwere auf den Grund der Speiserinne. Zuletzt gerathen sie in die Vertiefung, die über dem Magen liegt und den Grund des Kiemensackes bildet. Bei Molgula groenlandica fehlt die gekrümmte Rinne, welche Lacaze-Duthiers bei Molgula tubulosa (Pl. IV, Fig. 13, ra) dargestellt hat.

Die Mundöffnung ist zum ersten Male von Lacaze-Duthiers ganz richtig geschildert worden. In der That bildet sie eine doppelte Falte, die entweder spiral- oder halbmondförmig gestaltet ist (Taf. XX, Fig. 2, o). Bei Molgula groenlandica und bei allen anderen Ascidien, die ich secirt habe, fand ich jedoch keine so fest zusammengepresste Mundöffnung, wie Lacaze-Duthiers sie darstellt. Bei allen war der Mund offen.

Es ist merkwürdig, dass die Spiralform des Mundes und der Anfangstheil der Verdauungshöhle sich in den angrenzenden Theilen wiederholt. Ueberhaupt fand ich, dass bei Molgula groenlandica die linke Seite an der Mundöffnung etwas mehr nach oben gekehrt ist, als die rechte; als linke Seite gilt hier diejenige, welche bei der nach der oben genannten classischen Methode zergliederten Ascidie auf der linken Seite der Nervenplatte und der Mundöffnung liegt. Es ist kaum anzunehmen, dass die Spiralform des Speiseraums durch die speciellen Bedingungen der Speiseaufnahme bestimmt wird; wenn es aber der Fall ist, so müsste die Nahrung im Inneren des Kiemensackes oder wenigstens in der Speiserinne auch eine spiralig rotirende Bewegung haben.

Bei allen Ascidien überhaupt und bei Molgula groenlandica insbesondere tritt der Eingang in den Verdauungscanal in Form einer kleinen rundlichen Erhabenheit hervor, welche sich durch ihre weissliche Farbe von den sie umgebenden Theilen des Kiemensackgrundes sondert, durch welche die röthlichbraune Färbung des Magens durchscheinen. Diese Erhabenheit wird durch die spiralförmige Schlängelung des Schlundes oder des oberen Theils der Speiseröhre, an den sich unmittelbar der Magen (x) schliesst, bedingt. Auch die Wandungen dieses letzteren sind spiralförmig gewunden, nach welcher Richtung auch die Falten des Magens selbst liegen mögen.

Der Magen hat die Form eines kleinen, ovalen Sackes, dessen Wände ausserhalb keine Vertiefungen oder Duplicaturen haben, im Innern dagegen bedeckt das Epithel des Magens sehr dicke, spiralförmige Falten, deren jede in mehrere kleinere getheilt ist, welche wiederum gefaltet sind, so dass jede grosse Falte im Durchschnitt kammartig erscheint und ihrer Form nach an den Arbor vitae des Kleinhirns höherer Thiere erinnert.

Alle diese kleinen und grossen Falten füllen den Magen inwendig aus und alle ihre Wandungen bestehen aus Leberzellen. Folglich bildet dieses complicirte System eher die Leber eines Thieres als seinen Magen.

Es ist mir nicht gelungen, die Leber von Molgula groenlandica zu untersuchen; ich werde aber weiter unten die Beschreibung dieses Organs bei anderen Arten dieser Gattung geben; hier will ich nur erwähnen, dass ihre Farbe überhaupt röthlichbraun oder gelblichroth ist, und dass dieselbe nicht nur an den Wandungen des Magens, sondern auch an einer anderen, recht weit vom Magen entfernten Stelle des Darmcanals erscheint, und zwar sehen wir sie als Querstreifen im Anfange der Schlinge, die von dem Darmcanal, indem er sich wieder zum Magen wendet, gemacht wird (Taf. XX, Fig. 1, w. bp.). Diese Färbung fand ich an den genannten Stellen des Darmcanals bei allen von mir untersuchten Ascidien, und Lacaze-Duthiers hat bei Molgula tubulosa dieselbe Beobachtung gemacht. Mir kam die Uebertragung der Galle durch eine so grosse Entfernung vom Magen seltsam vor. Ich suchte nach einer unmittelbaren Verbindung der Leberdrüsen mit der gefärbten Stelle des Darmcanals und fand dieselbe auch wirklich bei einem Exemplar von Molgula groenlandica, bei dem man deutlich einen Canal mit recht dünnen Wandungen unterscheiden konnte, welcher von der unteren Seite der Gedärme herkam und in dem gefärbten Theil mit einer Erbreiterung endigte (Taf. XX, Fig. 3, rk). Jedoch hatte dieses Exemplar eine anomale Leber, indem sein Magen einen Anhang (Pt) von freien Leberdrüsen, in welchem in einem besonderen, kleinen, dunklen Concrement ein sehr seltsamer Parasit lag, besass. In der Hoffnung, diesen Parasiten in der Leber der Molgula groenlandica nochmals zu begegnen, schätzte ich das gefundene Exemplar nicht genügend und

17*

machte nur eine oberflächliche Untersuchung seines Darmcanals. Jener Parasit ist ein kleiner, sackförmiger Körper mit einem schwanzähnlichen Anhang. Aus dem vorderen Theil des Körpers kann er einen recht langen Rüssel vorstrecken, der mit einer Masse kleiner, leicht zugespitzter, nach hinten gekehrter Höcker besetzt ist. Die starken Muskelbündel sind an die Wandungen des Darmcanals an der Stelle befestigt, wo dieser Rüssel sitzt. Wie mir scheint, geht dieser Rüssel in die Wandungen des Darmcanals über, welcher sich am Ende der kurzen Speiseröhre in einen grossen, umfangreichen Magen öffnet, der in seinem hinteren Theil mit zwei kleinen, blinden Anhängen, welche mit ihren Spitzen nach vorne gekehrt sind, versehen ist. Der Schwanztheil des Körpers beschliesst den hinteren Theil des Darmcanals, der mit einem After endet. Das ist der seltsame Parasit, der meiner Meinung nach zu den Krebsen gehört und dem ich den Namen *Hepatobdella Ascidii* geben will.

Alle meine Bemühungen, bei anderen Exemplaren von *Molgula groenlandica* den Gallengang zu finden, blieben erfolglos, jedoch war bei den meisten die Wandung des Darmcanals an der oberen und unteren Seite mit Gallenpigmenten gefärbt, und ich meine, dass die Galle im Anfang der Darmcanalschlinge an diesen Stellen durchtritt. Ausserdem scheint es mir wahrscheinlich, dass sich dieselben Stellen durch eine Eigenthümlichkeit der Verdauung auszeichnen. Leider gelang es mir nicht, diese Frage genügend aufzuklären. Mir scheint, dass der von mir gefundene Canal das Rudiment jenes problematischen Organs ist, welches zum ersten Mal ausführlicher und genauer bei den Tunicaten von Chandelon[1] beschrieben wurde.

Aller Wahrscheinlichkeit nach existirt dieses Organ bei allen Ascidien, ich habe jedoch bei der Untersuchung der Formen des Weissen Meeres nicht die gebührende Aufmerksamkeit darauf verwandt.

Der Darmcanal der Ascidien ist im allgemeinen dem der anderen Tunicaten und besonders von *Doliolum* und *Anchinia* ähnlich. Bei den ersteren existirt augenscheinlich vermittelst des Organs von Chandelon eine Verbindung zwischen dem hinteren Theil des Magens und dem hinteren Theil des Mastdarms unweit der Analöffnung. Dies ist ein dünner, flacher Gang, der im Inneren mit bläulichen Zellen ausgelegt ist, wie der hintere Theil des Magens, und auch Muskelfasern enthält. Es gelang mir nicht, das Lumen desselben zu unterscheiden; wenn ein solches existirt, so ist es ohne Zweifel ein Nebendarm, der dem Gallengange, den ich bei *Molgula groenlandica* fand, analog ist. Ich bemerke hierüber, dass bei denjenigen *Doliolum*, bei welchen der Darm nach oben biegt, dieser vermeintliche Nebendarm sehr kurz ist, aber dennoch den Magen mit dem hinteren Theil dieses Canals verbindet.

Alle Nahrungstheilchen werden durch einen klebrigen Schleim, der von den in der Speiserinne liegenden Drüsen abgesondert wird, in kleine Klumpen zusammengeballt; wenigstens gilt dieses von den Appendicularien, wie es Hermann Fol durch seine unmittelbaren Beobachtungen und Versuche bewiesen hat. Dasselbe lässt Lacaze-Duthiers bei *Molgula tubulosa* zu. Vielleicht findet diese Art der Speiseaufnahme auch bei *Molgula groenlandica* statt, aber jedenfalls erscheint die von diesen Thieren aufgenommene Speise erst im Magen in Form zweier dunkelbrauner Schnüre, welche nachher den ganzen übrigen Theil des Darmcanals ausfüllen. Diese doppelten Schnüre scheinen nicht nur durch die Wandungen des Darmcanals, sondern hier durch die Körperwandungen durch. Ihr Inhalt besteht aus Schlammtheilchen, mikroskopischen Algen, Diatomeen und dergleichen.

Als Ergänzung zu dem Gesagten will ich noch einiges über den Bau der Speiserinne und der Nervenplatte, die auch, wie mir scheint, an der Speiseaufnahme, wenn auch nur einen geringen Antheil haben, hinzufügen. Eine solche Muthmassung wird durch den Bau dieser Platte bei *Clavellina lepadiformis* veranlasst, wo dieselbe in Form einer recht breiten Membran, die in mehrere Festons oder Züngelchen getheilt ist, erscheint; die Bewegung dieser Züngelchen trägt wahrscheinlich zur Speiseführung bei, d. h. zu der Speiserinne hin. Die *Clavellina lepadiformis* hat einen geraden cylindrischen Kiemensack, welcher, seiner Form nach, dem der *Cona intestinalis* entspricht. Auch bei letzterer tritt die Nervenplatte im Inneren dieses Sackes weit hervor und ist an ihrer Spitze in kleine zungenähnliche Anhänge getheilt. Bei *Molgula groenlandica* liegt die Wandung des Kiemensackes, auf der die Nervenplatte befestigt ist, nicht vertical, sondern schräg-horizontal und das ist der Grund, weshalb hier die Nervenplatte nicht so stark fungirt und somit schwach entwickelt ist. Im letzteren Fall gleiten die Speisetheilchen nicht längs der Wandung des Sackes, die der Speiserinne entgegengesetzt ist, sondern gelangen grösstentheils direct in diese Rinne ohne Hülfe der Nervenplatte.

Der allgemeine Bau der Speiserinne ist schon von Lacaze-Duthiers und Julin recht genau beschrieben worden. Ich füge hier nur noch Einiges über ihren inneren Bau hinzu. Die ganze Basis dieser Rinne ist von einer Menge bandartiger Muskelbündel, die sich unter verschiedenen Winkeln kreuzen, durchwoben. Diese Muskelfasern sind dazu bestimmt, die Speiserinne nach den verschiedensten Richtungen hin zusammenzuziehen und auf diese Weise die Fortbewegung der Speisetheilchen darin zu erleichtern.

Endlich könnte man als Ergänzung zum Vorhergehenden eine Vermuthung über die physiologische Bedeutung der Pericoronalfurche aussprechen; mir scheint aber, dass die Aufklärung ihrer Function richtiger auf dem Wege des Experiments gefunden werden kann. Ohne Zweifel nimmt diese Furche einen thätigen Antheil an den Functionen der Respirationsorgane und den Apparaten zur Aufnahme der Nahrung. Darauf weisen die Blutgefässe und hauptsächlich die recht starken Nerven hin, die in ihren Wandungen verlaufen. Worin aber ihre Function besteht, ist mir jetzt unbekannt. Jedenfalls ist dies ein Organ, welches mit gleicher Beständigkeit bei allen Tunicaten, bei den schwimmenden wie bei den sitzenden,

---

1) Theod. Chandelon, Recherches sur une espèce du tube digestif des Tuniciers. Bull. Acad. Roy. Belgique. Vol. XXXIX, No. 6, 1875. S. 541.

softzeit, und überall ist es mit dem Flimmerorgane mehr oder weniger eng verbunden. Bei allen hat diese Pericoronalfurche Wimperbänder oder Wimpergürtel, die mit der Speiseröhre in unmittelbarer Verbindung stehen. Bei den Ascidien wimpert auch der obere Theil der Furche, die *sleyre externe*, wie Julin sie nennt.

6. Blutgefässsystem und Kreislauf des Blutes.

Im Jahre 1866 legte ich der Petersburger Academie eine vorläufige Mittheilung über die Untersuchung des Respirations- und des Blutgefässapparates der Tunicaten vor. In diesem kleinen Artikel wurde zum ersten Mal auf das Vorhandensein eines vollkommenen, geschlossenen Blutgefässsystems bei den Ascidien hingewiesen. Acht Jahre später, 1874, erschien darauf eine ausgezeichnete Monographie «*Molgula tubulosa*» von Lacaze-Duthiers. Wir erfahren daraus, dass die Thatsache der Existenz des vollkommenen Blutgefässsystems bei den Ascidien seinem Laboratorium längst bekannt war und bei Vorlesungen und während praktischer Arbeiten demonstrirt wurde. Da es in der That leicht ist, das Blutgefässsystem der Ascidien zu demonstriren, so muss man sich wundern, dass es nicht schon längst bei ihnen gefunden worden ist. Dies lässt sich nur dadurch erklären, dass die einzige Arbeit über das Blutgefässsystem, von Milne-Edwards, nur sehr kleine Formen betraf, bei denen die Injection fast unmöglich war. Obgleich im Jahre 1847 die bekannte Arbeit von van Beneden über die *Ascidia ampulloides* erschien, so hatte sich dieser unermüdliche Forscher doch nie mit den Injectionen der Wirbellosen beschäftigt und ohne solche ist das Blutgefässsystem der Ascidien der Untersuchung unzugänglich. Einen kleinen Theil dieses Systems, den van Beneden auf Taf. I, Fig. 9 seiner Abhandlung[1], dargestellt hat, bildet ohne Zweifel ein Stück der Kiemenwandung mit ihren bewimperten Respirationsöffnungen. Von 1847 bis 1866, d. h. bis zum Erscheinen meiner Arbeit über das Blutgefässsystem der Tunicaten, ist dieser Gegenstand nicht wieder berührt worden. Wenn die erste Mittheilung über das Vorhandensein des vollkommen geschlossenen Gefässsystems bei diesen Thieren auch von mir herrührte, so lege ich doch darauf kein grosses Gewicht. Dieselbe hatte hauptsächlich den Zweck, die Ursache der zwei entgegengesetzten Richtungen des Blutumlaufs bei den Tunicaten aufzuklären. Dieses Ziel verfolge ich, indem ich an dem Blutgefässsystem der Salpen und Ascidien arbeitete. Aber gerade dieser Hauptzweck meiner Arbeit wurde von Seiten einer Autorität, wie die des Zootomen Professor Lacaze-Duthiers angegriffen. Im Laufe von acht Jahren, die nach dem Erscheinen seines Memoirs über die *Molgula tubulosa* vergingen, lockten mich verschiedene andere Arbeiten ab, so dass ich dem Wunsche, meine Ansicht ausführlicher und genauer darzulegen und zu rechtfertigen, nicht genügen konnte und aus demselben Grunde war ich nicht im stande, die Thatsachen, welche mich bewogen, das Vorhandensein der doppelten Athmung bei allen Tunicaten anzunehmen, den Beweisen von Lacaze-Duthiers entgegenzustellen. Desto williger thue ich es jetzt, weil mir die Ascidien des Solowetzkischen Meerbusens neues Material liefern und mich wiederum von der Richtigkeit meiner Ansicht überzeugen.

Zuerst erlaube ich mir, alle die Thatsachen zu wiederholen, die ich bei der Untersuchung des Blutgefässsystems der Salpen gefunden habe und die mich überzeugen, dass auch bei den Ascidien eine analoge Erscheinung existire. Das Herz liegt hier zwischen zwei Gefässsystemen: dem Blutgefässsystem des Nucleus und dem Respirationsstande andererseits. Bei dem Kreislauf, welcher vom Herzen aus in den zweiten Theil dieser beiden Systeme, d. h. in den Nucleus und in die Kiemen geht, wird das Blut unstreitig in den letzteren oxydirt. Es fragt sich, ob das Blut bei entgegengesetzter Strömung, wenn es vom Herzen aus in den Mantel dringt, auch in diesem Organ oxydirt werden muss? In dieser Frage liegt der Ausgangspunkt und die Lösung der zwei entgegengesetzten Ansichten über den Blutumlauf und die Respiration der Tunicaten, die ich und nach mir Lacaze-Duthiers gefasst haben.

Beim ersten Blick auf das capillare Blutgefässsystem der Salpen fällt dem Beobachter die starke Entwickelung dieses Systems auf. Die ganze innere Oberfläche des Mantels bildet so zu sagen ein grosses Netz mirabile, in dessen mikroskopischen Maschen eine Masse von Blutkörperchen circulirt. Wenn der Beobachter Geduld hat, einige Zeit (eine oder zwei Minuten) die Bewegung dieser Körperchen zu verfolgen, so wird er bemerken, dass sie sich im Anfange des Wechsels in der Richtung des Herzschlages, d. h. im Anfang des Herz-Mantellaufs?) ziemlich rasch bewegen. Im weiteren Laufe wird die Zahl der Körperchen in den Capillargefässen merklich grösser und ihre Bewegung langsamer; an vielen Stellen stehen sie ganz still und sammeln sich in Gruppen, — das ist der Moment, wann die entgegengesetzte Strömung des Blutes nothwendig wird und die Körperchen aus allen Mantelcapillargefässen so zu sagen ausgepumpt werden müssen. Der Grund, weshalb das Blut aus dem Mantel nicht direct in den Kiemenkreislauf übergeht, lässt sich durch den grösseren Widerstand, den das kleinere Lumen der Capillargefässe des Kiemens bietet, im Vergleich zu dem Capillardurchschnitt auf der inneren Oberfläche des Mantels, leicht erklären.

Obgleich das Capillarsystem in den Kiemen viel feiner ist, als in dem Mantel, und somit die Zahl der Maschen in seinen Netzen auf der Flächeneinheit bedeutend grösser sein muss, so ist dennoch die Fläche dieses ganzen Gefässsystems wenigstens siebenmal kleiner als die Fläche, die das Gefässsystem des Mantels einnimmt. Folglich wird der freie Blutumlauf in der Richtung durch das Gefässsystem der Kiemen verhindert, welches bei dem Herz-Mantellauf so zu sagen am Ende seines Weges liegt. Dies ist, wie mir scheint, die Ursache der Eigenthümlichkeit, der wir beim Herzschlage und Blutkreislaufe der Tunicaten begegnen.

---

[1] v. Beneden, Recherches sur l'embryogénie, l'anatomie et la physiologie des Ascidies simples. Mem. Acad. royal. Belg. T. XX. p. 9.

[2] Ich benutze hier die sogenannte Terminologie; zwischen dem Blutgefässsystem des Mantels vorgeschlagen wurde, um die Richtung des Blutkreislaufs zu bezeichnen: das erste Wort soll den Ausgangspunkt des Blutes, das zweite die Stelle, wohin das Blut strömt, angeben. Daher wird die entgegengesetzte Strömung des Blutes — d. h. aus dem Mantel ins Herz — Mantel-Herzlauf heissen.

Es giebt aber noch eine andere Ursache, die mindestens ebenso wichtig ist; sie ist nicht in der Anatomie, sondern in der Physiologie zu suchen. Das ist das Streben, den Verdauungsorganen oxydirtes, arterielles Blut zuzuführen. In der That liegt der kleine Sack mit den Verdauungsorganen oder der Nucleus bei den Salpen gerade auf der Kreuzung dieser doppelten Mantel-Kiemenathmung und des Blutkreislaufs. Im Fall des Kiemen-Herzlaufs erhält dieser Sack unstreitig das in den Kiemen oxydirte Blut. Im Fall des Mantel-Herzlaufs bekommt er wiederum arterielles Blut, welches aber dieses Mal im Mantel oxydirt wird. Bei dieser Vertheilung des Blutkreislaufes im Darmcanal kann dieser, ungeachtet seiner verhältnissmässig geringen Grösse und bei seinem beständig gereizten Zustande, eine sehr energische Arbeit verrichten, die wahrscheinlich allen Anforderungen des Organismus entspricht.

Andererseits ist es schwer, das Vorhandensein einer so grossen an Capillargefässen reichen und mit Wimperepithel bekleideten Fläche, wie die Mantelfläche der Salpen, zu erklären. Sollte ihr Blutgefässsystem, welches aus einer Menge von Netzen, auch Art des Rete mirabile, besteht, nur dazu dienen, um die Ernährung dieser verhältnissmässig dünnen Mantelschicht zu besorgen?

Man könnte mir freilich erwidern, dass hinter dieser dünnen Schicht, hinter dem Mantel, eine dicke Schicht der Tunica liegt, zu deren Ernährung eine grosse Zahl feiner Netze von Blutgefässen nothwendig ist. Um die Unrichtigkeit dieser Ansicht zu begreifen, genügt es an die schwache Entwickelung des Blutgefässsystems in der Tunica der Ascidien zu erinnern, d. h. der Thiere, bei denen diese Tunica eine vom Mantel vollständig getrennte Hülle bildet.

Wenn man das Verhältniss des Kiemenbandes zu dem ganzen Körper bei den Salpen, oder der Kiemenscheidewand bei Doliolum ins Auge fasst, drängt sich unwillkürlich die Frage auf, ob es für die Oxydirung des Blutes im ganzen Gebiet dieser schwach entwickelten Athmungsorgane genügt und ob diese Athmungsorgane vielleicht nichts weiter sind, als eine specialisirte Ergänzung zu den anderen, entwickelteren Organen, welche demselben Zwecke dienen, d. h. zu der inneren Oberfläche des Mantels. Erinnern wir uns, dass bei einigen Formen von Doliolum die dünne Kiemenscheidewand von grossen Oeffnungen, die fast ihre ganze Fläche einnehmen, durchbrochen ist. Es fragt sich, was dieses schwache Organ für die Masse des Blutes, welches im Körper circulirt, zu thun vermag. Wir sehen, dass es Thiere giebt, bei denen die speciellen Athmungsorgane gänzlich fehlen; ihr Blut oxydirt sich dennoch durch die Wandungen des Körpers eben so gut und ich finde keinen Grund, dasselbe für die Wandungen des Mantels wie bei den Salpen und bei Doliolum nicht annehmen zu müssen.

Das sind die Beweggründe, die mich gezwungen haben, die innere Oberfläche des Mantels bei den Salpen und bei Doliolum als Respirationsorgan anzusehen. Dabei habe ich nie behauptet und will auch jetzt nicht behaupten, dass das Verhältniss der Capillargefässe des Mantels zu dem Blutgefässsystem der Kiemen und der Verdauungsorgane die einzige Ursache der doppelten Richtung des Blutkreislaufs der Tunicaten sei. Diese Verhältnisse bieten uns den Ausgangspunkt, während die nächste Ursache vielleicht in dem Unterschied der Innervation dieser Nervencentra, die die Bewegungen des Herzens regaliren, liegt. Wenn die ausgesprochene Vermuthung über die Entwickelung der Kiemen als Ergänzungsorgane zum Zweck der Blutoxydirung sich als richtig erweist, so ist die Anpassung der Verdauungsorgane eine weitere Folge desselben Erscheinung oder eine Vervollkommnung der inneren physiologischen Oeconomie des Organismus. Bei dergleichen Abänderungen der Anpassungen sehen wir, dass die Respirationsorgane bei den Ascidien nicht zur Vervollständigung der Mantelrespiration dienen, sondern dass im Gegentheil letztere so zu sagen die Function des stark entwickelten Kiemensackes dieser Thiere unterstützt. Wir wollen indess nicht vorgreifen und bei der Beschreibung des Blutgefässsystems von Molgula groenlandica stehen bleiben.

Das umfangreiche Herz (Taf. XVI. Figg. 2, 3, 4. C. Taf. XV. Fig. 7, c) dieser Ascidie hat dieselbe Lage im Körper, wie bei Molgula tubulosa, d. h. es liegt auf derjenigen Seite des Körpers, welche dem Orte, wo sich der Darmcanal befindet, entgegengesetzt ist. Ueber dem Herzen liegt einer Kierstöcke, unter demselben das grosse Organscistische Organ (Taf. XV. Fig. 7, Bj, Taf. XVI, Fig. 2, 3, Bj, Taf. XX, Fig. 2, Bj). Von der Seite der Mantelhöhle gesehen, ist das Herz bei den meisten Individuen schwer zu unterscheiden, weil es von den angrenzenden Organen verdeckt wird; aber von der äusseren Seite der Mantelwände her sieht man es durch die dünnen Integumente zuweilen deutlich, besonders während seiner Pulsationen. Seine Form stimmt mit der des Herzens von Molgula tubulosa vollkommen überein. Es stellt auch eine Art langen, cylindrischen Sackes dar, welcher an beiden Enden etwas gestreckt und schwach bogenartig gekrümmt ist. Das dünne Pericardium (Taf. XVI, Fig. 2, pc., Taf. XV, Fig. 7, pc), innerhalb dessen Wände er ganz frei liegt, wächst dicht mit den feinzelligen, musculösen Körperwänden zusammen und kann nur durch Präparation von diesen getrennt werden.

Da das eine Ende des Herzens an den Magen angrenzt und das andere durch die Aorta mit dem Kiemensack in Verbindung steht, so will ich das erstere als Magenende und das zweite als Kiemenende bezeichnen, obgleich es richtiger wäre, das erste Ende Mantelende zu nennen; mit dem Mantel ist es aber nur durch das Mantelblutgefässsystem verbunden. In diesem Magenende des Pericardiums fand ich beständig fast bei allen Ascidien kleine Klumpen von Blutkörperchen, welche weiss gefärbt waren, sich bei jedem Herzschlage bewegten und gegen das Ende des Pericardiums strömen. Was ihr Zweck dieser Eigenthümlichkeit ist, die bei vielen anderen Ascidien existirt, kann ich nicht sagen; jedenfalls weist es klar darauf hin, dass erstens in das Pericardium des Herzens Blutkörperchen eindringen, und dass zweitens in diesem Pericardium beständig eine seröse Flüssigkeit vorhanden ist, in welcher solche Blutklumpen schwimmen. Die Wandungen des Herzens sind sehr dünn und zart und bewegen sich peristaltisch nach beiden Seiten, nach rechts und nach links. Sie bestehen aus ringförmigen, sehr dünnen und deutlich quergestreiften Muskelfasern und sind auswendig wie inwendig mit äusserst dünnem, aus ovalen Zellen bestehendem Epithel bekleidet.

Das Herz nimmt zwei Drittel der Länge der ganzen Seitenwand der Ascidien ein, so dass an beiden Enden noch genug Raum für die aus ihm entspringenden Gefässe übrig bleibt. Bei der Beschreibung dieser Gefässe könnten wir das ganze Blutgefässsystem, wie Lacaze-Duthiers es that, in zwei Hälfte: den arteriellen und den venösen, zerlegen. Da aber hier meiner Meinung nach kein constantes venöses System existirt und sich in allen Gefässen und Capillaren abwechselnd oxydirtes Blut befindet, so theilen wir das ganze Blutgefässsystem der *Molgula groenlandica* in: 1. das System des Kiemensackes, 2. das System des Mantels und der Siphonen, 3. das System der Eingeweide (dieses letztere liegt in der Mitte der beiden vorhergehenden und hierher kommen die Gefässe des einen, wie des anderen Systems eindringen), und endlich 4. das System der Tunica.

Natürlich werden wir bei der Beschreibung aller dieser Systeme nicht im stande sein, die Grenzen jeder Kategorie fest zu stellen, da sie theilweise in einander übergehen. So gehört z. B. das Blutgefässsystem zum Mantel oder zu den Wandungen des Körpers; der Eingangssiphon führt aber das Wasser und die Speisetheilchen in den Kiemensack und daher muss man das Blutgefässsystem des Siphons und des Mantels gemeinsam genauer betrachten.

a) Das Blutgefässsystem des Kiemensackes. Indem ich zu der speciellen Beschreibung des Blutgefässsystems von *Molgula groenlandica* schreite, muss ich erwähnen, dass dasselbe sich im allgemeinen wenig von dem der *Molgula tubulosa* unterscheidet, welches von Lacaze-Duthiers ausgezeichnet dargestellt und beschrieben worden ist.

Die Blutgefässe des Kiemensackes nehmen im Kiemenende des Herzens ihren Ursprung. Dieses Ende erzeugt eigentlich nur eine Kiemenaorta (Taf. XVI, Fig. 2, 3, *Ao. Br.*), aber dicht bei deren Basis gehen von demselben noch zwei Arterien aus, von denen die eine zum Kiemensack, die andere zur Tunica führt.

Die Kiemenaorta geht fast gerade zur Speiserinne; hier angekommen, theilt sie sich in zwei Kiemenarterien, von denen die eine fast unter einem rechten Winkel nach oben, die andere unter gleichem Winkel nach abwärts führt.

Jede dieser Arterien theilt sich sogleich nach ihrem Austritt in zwei dünnere, die wir Hauptlängsarterien (Taf. XVI, Fig. 3, *a. Br. pr.*) nennen, weil von hier aus das ganze Blutgefässsystem des Kiemensackes seinen Anfang nimmt.

In den Blutgefässen des Kiemensackes unterscheiden wir zwei Systeme: das äussere, oder das System der netzförmig gegitterten Wandungen, die aus letzteren entspringen dem Bau des Netzes des Kiemensackes entspricht, ihren Anfang bestebt, die ein Gitter bilden (Taf. XVI, Fig. 11, Taf. XVI, Fig. 1), und das innere oder das System seiner Falten, welches eine unmittelbare Fortsetzung des ersteren bildet.

Die Quergefässe, deren es acht giebt, entspringen von jeder Seite des entsprechenden Längsgefässes und wir wollen sie Ringgefässe nennen, mit Ausnahme der zwei dünneren oberen, welche in der oberen Hälfte der Pericoronalfurche liegen; dies sind die Pericoronalarterien (Taf. XVI, Fig. 1, *a. pr.*, Fig. 2, 5, *a. pze.*, Fig. 3, 4, *a. pc.*, Fig. 7, *ap. cr.*).

Die gitterähnlichen Gefässe sehen wir auch in den Quer- und Längsbalken der Falten des Sackes. In diesen Balken nehmen die Gefässe der Kiemennetze, deren Natur dem Bau des Netzes des Kiemensackes entspricht, ihren Anfang.

Seiner Vorstellung gemäss nahm Lacaze-Duthiers im Kiemensack der *Molgula tubulosa* ein doppeltes Blutgefässsystem an, in welchem die Venen von aussen und die Arterien innerhalb des Sackes und zwar Falten vertheilt sind. Es ist kaum anzunehmen, dass dieses doppelte System bei *Molgula tubulosa* existire, denn weder bei *M. groenlandica*, noch bei irgend einer anderen Ascidie, die ich injicirte, fand ich ein solches vor.

Ausser den Ringgefässen, welche eine unmittelbare Fortsetzung der äusseren Ringe bilden, verlaufen in den Falten und zwar zwischen denselben noch secundäre Ringgefässe, die viel feiner sind und in den Längsgefässen der Falten entspringen.

Die Kiemennetze bilden, wie wir schon bei der Beschreibung des Kiemensackes gesehen haben, in jeder Falte zwischen den Querbalken der Wandungen absolute Kegel, oder sogenannte Spiraket (Trichter nach Lacaze-Duth.), welche an den Spitzen der Falten in kleine, kegelförmige Anhänge auslaufen. Solche Spiraket bilden sich aus Kiemennetzen und das Blutgefässsystem trägt den Charakter dieser Bildung an sich.

Jede Kiemenöffnung ist von einer Blutgefässschlinge umringt, aber in den Netzen, die die Spiraket unterstützen und zusammenhalten, finden wir keine vollständige Wiederholung aller Maschen, weil in viele derselben die Gefässe gar nicht eindringen.

In dem Kiemensack liegen die Speiserinne und die Nervenplatte, welche beide ihre Gefässe aus denen des Kiemensackes empfangen.

Bei allen Injectionen färbt sich die äussere Seite der Speiserinne intensiv roth und eine solche Injection vertheilt sich, bei genügender Vergrösserung gesehen, in eine Menge feiner Capillargefässe, welche in den Hauptlängsarterien des Kiemensackes ihren Ursprung nehmen. Bei Injectionen durch das Herz füllen sich zugleich mit den Querkiemenarterien auch die Netze der Capillargefässe der Speiserinne. — Wir werden später sehen, dass diese Netze mit den Mantelcapillaren in directer Verbindung stehen.

Die Capillaren der Speiserinne sind in deren oberem Ende besonders stark entwickelt, und zwar da, wo dieselbe von einer kleinen halbrunden Platte bedeckt ist (Taf. XVI, Fig. 7, *opr.*). An dieser Stelle bemerken wir bei der Injection eine Duplicatur oder eine Anschwellung, die mit Capillarnetzen ausgefüllt ist. Durch diese Netze laufen von jeder Seite der Rinne zum oberen Rande des Kiemensackes zwei feine Gefässe, die sich längs des oberen bewimperten Randes der Pericoronalfurche hinziehen und die wir die Pericoronalarterien genannt haben (Taf. XVI, Fig. 7, *ap. cr.*). Sie vereinigen sich an der Stelle, wo beide Hälften des Pericoronalfürchen zusammenkommen, d. h. an dem Flimmerorgan, und geben der Arterie, welche längs der Nervenplatte verläuft und sich darin in eine grosse Zahl von Capillargefässen verzweigt, den Ursprung. Dies ist **die Arterie der Nervenplatte** (Taf. XVI, Fig. 5. *a. N. pl.*).

In dem oberen Theil, d. h. im Flimmerorgan, dringt diese Arterie in seine Wandungen ein und versieht dieselben mit Blut (*a. A.*); darauf verzweigt sie sich in der Hypophysialdrüse (*a. gl. pg.*), tritt in die Mantelwandung ein und zerfällt daselbst in ein feines Netz, welches einen Theil des allgemeinen Capillarnetzes des »Interstitialraumes« (Taf. XVI, Fig. 1, *a int.*, Fig. 5, *a in.*) bildet.

Der Nervenknoten selbst ist nicht von Blutgefässen durchwoben, sondern Blutgefässringe verzweigen sich um ihn herum (Taf. XVII, Fig. 4, *sin. sin.*), so dass er gleichsam inmitten eines Schwammes liegt, aus dem das Blut zu jeder Zeit die eine oder die andere Gruppe der Nervenzellen erreichen kann.

Die Nervenarterie ist an der Stelle, wo sie in das Flimmerorgan eintritt, mit noch einem tieferliegenden Gefäss verbunden, welches in dem Kreislauf des Blutes eine wesentliche Rolle spielt. Dieses Gefäss ist sehr weit, erstreckt sich längs des ganzen Kiemensackes und steht durch feine Seitenzweige mit den Blutgefässen der Querkiemenbalken (Taf. XVI, Fig. 5, *a. pall. Br.*, Fig. 2, 4, 6, *a. Pall. Br.*) in Verbindung, in seinem unteren Theil spaltet es sich gabelförmig.

Ich will dieses Hauptlangsgefäss das **centrale oder das Kiemen-Mantelgefäss** nennen. Lacaze-Duthiers hält es für eine Vene und nennt es »la veine du raphé postérieure.«

Der linke, kurze Zweig dieser Gabel läuft um die Mundöffnung und daher können wir ihn **Mundarterie** nennen (Fig. 5, *a. ex.*). Der rechte führt in die den Magen bedeckende Platte und deshalb nennen wir ihn **Magenplattenarterie** (*a. v. pl.*). Diese starke Arterie theilt sich wiederum gabelförmig in zwei Zweige. Jeder Zweig entsendet in seinem Laufe Seitenzweige, von denen die äusseren in die Basis jeder Falte des Kiemensackes (Fig. 5, *a. b. Br.*) führen.

Die inneren Zweige dieser Gefässe dringen tiefer ein und vereinigen sich mit den Gefässen des Magens; ebenso auch die linke Seite dieses Hauptlängsgefässes, die von der linken Seite der Mundöffnung kommt, mit den Capillaren des Magens. Nach oben zu, neben dem Nervenknoten wächst der Kiemensack an die Mantelwandungen an und etwas niedriger, an dem Auswurfssiphon, entsendet das Centralgefässsystem zwei starke Arterien, die sich in den Wandungen dieses Siphons verzweigen und sich mit den Capillaren des Mantels vereinigen. Das sind die **hinteren Siphonarterien** (Taf. XVI, Fig. 6, *a. Syp. p.*).

Unweit der Ränder der Afteröffnung entspringen aus dem Centralgefäss zwei Zweige, die in Capillarnetze, von denen diese Ränder bedeckt sind, zerfallen. Wir wollen dieses System **Rectalcapillargefässe** nennen (*Cap. r.*).

Die sich auf der Magenplatte verzweigenden Endäste dieses Centralgefässes vereinigen sich in die gemeinsame Arterie, die längs des Grundes des Kiemensackes verläuft und sich in den Capillaren der Speiserinne verliert. Der Kiemensack ist in seinem oberen Theil mit dem Eingangssiphon, dessen Blutgefässsystem einen Theil des Mantelblutgefässsystems bildet, verbunden.

An der Basis dieses Siphons befindet sich ein Fühlerkranz. Er liegt, wie schon oben erwähnt, auf dem unteren Theil des Tentacularkragens. Dieses und die darauf sitzenden Fühler erhalten aus den Capillaren des oberen Theils der Speiserinne (Taf. XVI, Fig. 7, *a. tu.*) eine ziemlich dünne Arterie; die Capillaren entsenden auch, wie wir schon wissen, zwei Arterien zu der Pericoronalfurche. Die zu dem Kragenlande führende Arterie wollen wir **Tentacularterie** nennen (Taf. XVI, Fig. 4, *a. tu.*, Taf. XV, Fig. 5, *a. tu.*).

Sie führt in den unteren Theil des Kragens, d. h. dorthin, wo die Fühler sitzen, und entsendet in jeden derselben einen besonderen Zweig (Taf. XV, Fig. 5, *a. tu.*), der, sich wiederum theilend, in jeden Fühleranhang eindringt und zu die Ausführungsarterie, die an der unteren Seite inneren Seite des Fühlers läuft, übergeht. Nach seinem Austritt aus dem Fühler biegt sie nach unten in den Interstitialraum ab und löst sich hier in ein feines Netz auf (Fig. 5, *a. int.*).

Die Tentacularterie entsendet zwischen den Fühlern Zweige (*a. cu.*), die in den oberen Theil des Kragens führen und in denselben einen anderen, dem der Tentacularterie ähnlichen Ring bilden.

Auf diese Weise liegen im Halskragen zwei Ringe, von denen wir den einen Tentacularterie genannt haben, den anderen, oberen — **Halskragenarterie** (Taf. XV, Fig. 5, *a. cll.*) nennen wollen. Die letzteren entsenden schlingenähnliche Gefässe und aus jeder Schlinge entspringen feine Arterien (Fig. 5, *a. cg. cu.*), die sich in dem äusseren Theile des Siphons vertheilen und bis an seine Enden reichen, wo sie auf die äussere Oberfläche des Siphons übergehen und in feine Netze zerfallen. Alle diese Arterien können wir mit dem Namen **Arterien des Eingangssiphons** bezeichnen.

Zu dieser Beschreibung des Blutgefässsystems des Kiemensackes müssen wir noch diejenige der Gefässe oder richtiger der Blutgänge fügen, die dieses System mit dem Mantel- und Eingewedesystemen verbinden.

Der Kiemensack ist an die Mantelwandungen durch eine Menge Muskelbänder befestigt. Diese Bänder sind da besonders stark entwickelt, wo sich der Kiemensack mit den Sexualorganen, dem Darmcanal und auch mit dem Mantel vereinigt. In ihrem Innern liegen starke Gefässe, die wir **Mantelkiemengefässe** oder **Traberkel** nennen wollen (Taf. XV, Figg. 6, 7, 8, *tr., tr.*, Taf. XVI, Fig. 8. *tr.*) Auf der einen Seite treten dieselben aus den Kiemengefässen heraus, auf der anderen verlieren sie sich in den Capillaren des Darmcanals, der Sexualorgane und des Mantels.

b) **Das Blutgefässsystem der Eingeweide.** Wir wenden uns jetzt zu dem entgegengesetzten Ende des Herzens. Die Aorta und die Arterien, die hier ihren Ursprung nehmen, versehen mit ihren Verzweigungen hauptsächlich den Magen und den Darmcanal.

Die ziemlich starke Aorta, die vom Magenende des Herzens ausgeht, und die wir deshalb Magenaorta (Taf. XVI, Fig. 2, *a o. Ven.*, Taf. XV, Fig. 7, *ao*) nennen wollen, erzeugt bald nach ihrem Austritt eine ziemlich grosse Arterie, die nach unten biegt und sich in den Wandungen des Bojanus'schen Organs verzweigt. Das ist die Arterie des Bojanus'schen Organs (Taf. XV, Fig. 7, *a. Bj.*, Taf. XVI, Fig. 1, 2, 3, 4, *o. Bj.*). Sie verläuft an der unteren Seite, längs seiner unteren Wandung, indem sie rechts und links Arterien abgiebt, von denen die obere nach oben an dem Herzen vorbei führt, in den Eierstock eintritt und sich daselbst verzweigt (Taf. XVI, Fig. 4. *a. Bj.*).

Hierbei sei bemerkt, dass oberhalb der Arterie des Bojanus'schen Organs eine Arterie zur Tunica hin abgeht (Taf. XVI, Fig. 2, 4. *a. T. r.*)

Nachdem die Magenaorta eine Arterie zur Tunica entsendet hat, zerfällt sie in der Leber und in den Falten an den äusseren Wandungen des Magens (Taf. XV, Fig. 8, *a. Ven.*, Taf. XVI, Fig. 2, 4, 5, *a. v. a. Ven.*). Sie bildet dort ein ziemlich starkes, aus sehr grossen, breiten Maschen zusammengesetztes Netz, jede Masche aber hat einen kleinen Zweig, der ins Innere des Magens führt und in dessen Leberfalten sich dichotomisch verzweigt.

Das Gefässsystem des Magens geht in die Capillargefässe des Darmcanals über. Die Hauptarterien dieses Darmsystems entspringen aus der Kiemenaorta, welche, in Kiemenlängsarterien verzweigt, auf der rechten Hälfte des Körpers übergeht und, bei der Schlinge des Darmes angekommen, dieser entsprechend, sich in zwei Arterien theilt. Die obere verläuft längs des oberen Randes der Schlinge und tritt darauf in die Tunica (Taf. XVI, Fig. 3) ein, die untere, oder die eigentliche Darmarterie *a. m.*, führt längs des unteren Randes hin und geht, sich verzweigend, in Capillargefässe, welche sich mit den Capillargefässen des Magens und der Sexualorgane vereinigen, über und verliert sich in den Gedärmen. Auf der unteren Seite der letzteren, unmittelbar unter dem cylindrischen und prismatischen Epithel, bilden diese äusserst dünnwandigen Capillaren ein vollständiges, feines Netz, an dessen Schlingen sich blinde Vorsprünge oder Anhänge (Taf. XV, Fig. 4, *Gr. Gr. Gr.*) befinden. Dieses ganze System ist meiner Meinung nach für das Saugegefässsystem zu halten.

Andererseits geht das System des Magens in das Centralgefässsystem über. Die hintere Oeffnung des Darmcanals bildet einen ziemlich breiten, faltigen Spalt; wie wir schon gesehen, führen zu demselben aus dem Centralgefäss feine Capillarnetze, die seine Ränder umgeben.

Die Sexualorgane der rechten Seite erhalten, wie wir wissen, das Blut aus dem Kiemenende des Herzens. Dieses Ende giebt eine Arterie ab, welche wir linke Geschlechtsarterie (Taf. XVI, Fig. 1, 2, *a. se*) nennen wollen. Sie biegt stark zurück und verzweigt sich in den Eierstöcken und Testikeln, wo sich ihre Capillaren, wie es scheint, mit denen der Arterie des Bojanus'schen Organs vermischen.

Wir werden gleich sehen, dass sich an diese Capillargefässe noch Capillarnetze schliessen, die aus weiten, von den Kiemen herkommenden Blutgängen entspringen. Endlich gehen die Capillargefässe der Sexualorgane in die Capillaren des Mantels über.

Die Sexualorgane der rechten Seite werden von dem, aus dem Blutgefässsystem des Magens zufliessenden Blut ernährt. Die Magenaorta öffnet sich im unteren Theil desselben und das Blut, welches im oberen Theil des Magens, neben der Speiseröhre circulirte, geht in die Geschlechtsarterie über, welche wir rechte Geschlechtsarterie (Taf. XV, Fig. 8, *a. gen.*) nennen wollen. Sie biegt scharf nach unten ab und vertheilt sich in dem Eierstock und in den Testikeln, ebenso wie die linke Geschlechtsarterie. Ihre Capillargefässe vermischen sich aber mit den Capillaren des Darmcanals. Ueberhaupt ist diese Arterie viel entwickelter, als die linke. Ebenso sind auch die Sexualorgane der rechten Seite, die auf der Schlinge des Darmcanals liegen, stärker entwickelt.

Wie auf dieser letzteren die Capillaren der Geschlechtsarterie von der einen Seite in die Capillaren des Mantels übergehen, vermischen sie sich auf der anderen Seite mit den Netzen der Blutgefässe, die in den weiten Kiemenblutgängen ihren Ursprung nehmen (Taf. XVI, Fig. 8, *tr. tr. tr.*).

c) **Das Blutgefässsystem des Mantels.** Der Mantel von *Molgula groenlandica* steht in keiner so regelmässigen Beziehung zu dem allgemeinen Blutkreislauf, wie dies bei *Ciona intestinalis* der Fall ist. Letztere ist aber, wie mir scheint, die einzige Ascidie, bei der diese Gefässe regelmässig vertheilt sind; ausserdem kann diese Regelmässigkeit nur sehr bedingt und beziehungsweise angenommen werden. Ich habe in meiner vorläufigen Mittheilung[1] Folgendes darüber gesagt:

«Chez les autres genres des Ascidies simples on rencontre encore une plus grande confusion entre les diverses parties du système vasculaire et cette circonstance est déterminée par les différents modes de position des organes.»

Die *Ciona intestinalis* stellt uns einen Typus mit langem, gestrecktem Körper, einen Typus, bei dem der Kiemensack sich nicht so tief als bei anderen senkt; zwischen ihm und dem Grunde des Mantelsackes ist ein ziemlich grosser Raum, in dem sich der Magen, der Darmcanal, das Herz und die Sexualorgane befinden. Bei *Cynthia* überhaupt und bei der *Cynthia microcosmus* insbesondere liegt der Grund des Kiemensackes auf dem Grunde des Mantelsackes und gegen diesen letzteren stemmt sich gewöhnlich der Theil des Sackes, auf dem sich die Speiseröhre befindet. Fast dasselbe sehen wir auch hier bei *Molgula groenlandica*, und das ist wohl auch die Ursache, weshalb die Gefässe, welche aus dem Mantel in den Kiemensack führen, nicht so regelmässig vertheilt sind, wie bei *Ciona intestinalis*. Wie wir wissen, liegen diese Gefässe überall zwischen den Wandungen des Mantels und denen der Respirationshöhle zerstreut. Sie entspringen auch aus

1) N. Wagner, «Recherches sur la circulation du sang chez les Tuniciers. Bull. de l'Acad. Imp. des sciences de St. Pétersb. T. X, p. 209

den Kiemenringgefässen, ebenso wie die Gefässe, welche aus den Kiemen in die Sexualorgane oder in den Darmcanal führen, und bilden nichts weiter als eine physiologische Abänderung derselben, während sie in anatomischer Hinsicht auch als Brücken zu betrachten sind, die den Kiemensack an die Wandungen des Mantels befestigen; diese Brücken enthalten inwendig mehr oder weniger starke Gefässe, von denen jedes, sobald es in den Mantelraum eintritt, in ein Capillarnetz (Taf. XV, Fig. 7, 8, *a. pall.*) zerfällt, welches regellos mit dem allgemeinen Blutgefässnetz zusammenfliesst, so dass der Gang jedes von den Kiemen ausgehenden Gefässes in diesem ununterbrochenen Netze von Capillargefässen spurlos verschwindet.

Wie bei *Molgula tubulosa*, so kann man auch in dem Mantelblutgefässsystem von *Molgula groenlandica* zwei Schichten unterscheiden: die eine liegt näher an der Oberfläche des Körpers, die andere ist in das Innere der allgemeinen Mantelhöhle gekehrt. Beide stellen Blutgefässnetze dar, aber die erste besteht aus langen, meistentheils den Muskelfasern parallel liegenden und unter einander anastomosirenden Blutgefässen, welche zugleich kleinen Capillarnetzen den Ursprung geben, in welche auch die aus dem Kiemensack tretenden, in den Brücken verlaufenden Blutgefässe münden.

Schliesslich muss ich noch jener Capillarnetze erwähnen, die in den Wandungen der Spritzrinne, welche in ihrer ganzen Länge an den Mantel angewachsen sind, liegen. Obgleich dieselben aus den Hauptlängsarterien des Kiemensackes entspringen, vermischen sie sich und gehen unvermerkt in die Capillarnetze des Mantels über.

d) Blutgefässsystem der Tunica. Es bleibt uns noch übrig, den Blutkreislauf der dicken, äusseren Hülle bei *Molgula groenlandica* zu betrachten.

In jede Hälfte dieser Hülle, in die rechte wie in die linke, treten aus der Mitte des Mantels zwei Gefässe; zwischen ihrem Ausgange und ihrem Eintritt in die Mantelhülle bleibt ziemlich viel Raum. Man kann sie leicht bemerken, wenn man beim Secieren der Ascidie den grösseren Theil ihrer Tunica nach der Richtung der Spritzrinne aufschneidet; dann sieht man das Thier so in dem Mantel liegen, dass es wie durch zwei Nahtschnüre an zwei Stellen der Tunica befestigt ist; und diese Nahtschnüre sind eben jene Tunicalgefässe (Taf. XVI, Fig. 16, 20).

Auf der linken, d. h. auf der Seite, wo das Herz liegt, gehen diese zwei Tunicalgefässe von beiden Enden desselben aus, das eine aus dem Kiemen-, das andere aus dem Magenende. Das erstere wird von der Herz-Kiemenaorta entsendet; fast unmittelbar nach seinem Austritt aus dem Herzen biegt dieses Gefäss zurück (während die Aorta ihren geraden Weg zu den Kiemen hin verfolgt), und nachdem es die Mantelwandungen bis zu ihrer Mitte durchlaufen, tritt es heraus und schlägt die Richtung zur Tunica ein. Wir wollen dieses Gefäss Kiemen-Tunicalgefäss (Taf. XVI, Fig. 2, *a. T. Br.*), nennen, weil es aus der Kiemenaorta entspringt.

Das andere Gefäss geht von der Magenaorta aus, bevor diese sich in den Geweben des Magens verzweigt; es biegt gleichfalls zurück, erreicht die Mitte der Mantelwandung, tritt neben dem ersteren heraus und wendet sich zur Tunica hin. Dieses Gefäss können wir Magen-Tunicalgefäss (*a. T.*), nennen, weil es aus der Magenaorta entspringt und sich zur Tunica hinwendet. Ich muss dabei bemerken, dass diese Benennung nicht vollkommen richtig ist, denn bei anderen Ascidien tritt dieses Gefäss aus dem Netz, das sich in den Gedärmen verzweigenden Gefässe heraus. Die von mir vorgeschlagene Benennung ist daher nur in Bezug auf *Molgula groenlandica* und *tubulosa* richtig.

Wir sehen also, dass aus den zwei Enden des Herzens vollkommen symmetrisch zwei zur Tunica führende Gefässe entspringen.

Wenden wir uns nun zu der rechten Seite der Tunica von *Molgula groenlandica*.

Indem die Kiemenaorta auf diese Seite übergeht und die Schlinge des Darmes erreicht, verzweigt sie sich, wie wir bereits gesehen, in zwei Arterien, von denen die eine die untere Hälfte der Schlinge, die andere die obere begrenzt. Nachdem diese letztere die Mitte der Mantelwandung erreicht hat, tritt sie heraus und schlägt die Richtung zur Tunica ein. Diese Arterie wird die Darm-Tunicalarterie (Taf. XVI, Fig. 3, *a. T. in.*) heissen können.

Aus den Capillaren des Mantels entspringt neben dieser Arterie eine andere, welche sich zusammen mit der ersteren nach der Tunica wendet; diese letztere wollen wir Mantel-Tunicalarterie (*a. T. pall.*) nennen.

Diese vier paarigen Tunicalarterien gehen bei ihrem Eintritt in die Tunica sternförmig auseinander. Dabei verzweigen sich je zwei Arterien gleichzeitig so, dass sie parallel eine neben der anderen bis zu ihren letzten, feineren Endverzweigungen (Taf. XVII, Fig. 20) laufen und erst durch diese letzteren mit einander (Taf. XIX, Fig. 8) schlingenförmig in Verbindung treten. Endlich vereinigen sie sich an manchen Stellen durch kurze Anastomosen. Das Princip dieser Verzweigungen und Vereinigungen hat Oskar Hertwig bei der *Phallusia mamillata* in seinem Werk »Untersuchungen über den Bau und die Entwickelung des Cellulosa-Mantels der Tunicaten«[1] vollkommen richtig schematisch dargestellt. In ihren Endverzweigungen dringen diese Arterien nicht in die Härchen ein, wie Lacaze-Duthiers es bei *Molgula tubulosa* darstellt, sondern endigen unweit der Basis derselben (Taf. XIX, Fig. 9, *v.*).

Ich will noch erwähnen, dass immer eine von beiden Arterien mit Blut überfüllt ist und eine grössere Anzahl Körperchen enthält, als die andere. Diese Ueberfüllung findet wahrscheinlich in der Arterie statt, in deren Richtung das Herz schlägt.

Am Schlusse der Beschreibung des Blutgefässsystems der *Molgula groenlandica* halte ich es für zweckmässig, auf die Methode hinzuweisen, die ich bei den Injectionen angewandt habe. Ich stellte Injectionsversuche mit leichten und schweren Flüssigkeiten an. Als erstere diente mir Carminlösung, zu dem ich eine geringe Menge Glycerin hinzufügte. Bei Injectionen

1. Ovk. Hertwig, Jenaische Zeitschrift. Bd. XII, S. 45, Taf. IV, Fig. 5, 7, 8

durch das Herz legte ich eine Ligatur an. Trotz aller Bemühungen gelangen mir diese Injectionen nicht. Darauf versuchte ich, die Ascidie zuerst aufzublasen. Zu diesem Zwecke nahm ich sie aus der Tunica heraus und band den Ausgangssiphon fest zu. Dann setzte ich in den Eingangssiphon eine Glasröhre ein und verband auch diesen, nachdem ich den ganzen Kiemensack und die Mantelhöhle mit Luft angefüllt hatte. In einer so vorbereiteten Ascidie drang die Masse in den Kiemensack, in den Magen und in den Darmcanal und ist überhaupt ein Bild, wie es in Fig. 2, 3 und 4 der Taf. XVI von mir dargestellt ist. Ueber dieses so zu sagen äussere Gebiet hinaus drang die Masse nicht.

Dann wandte ich mich zu den schwereren Farben und blieb bei dem Zinnober. Zu diesem Zwecke nahm ich feines Pulver des besten im Handel vorkommenden Zinnobers (*Poudre impalpable*), verrieb es mit einer geringen Quantität Glycerin, und setzte dann so viel Wasser zu, dass die Farbe nicht zu rasch an den Boden des Gefässes fiel, sondern sich einige Zeit im Wasser und im Glycerin suspendirt erhielt. Die Injectionen wurden stets durch das Herz gemacht und zwar mit Anlegung der Ligatur. Indem ich die besser gelungenen benutzte, setzte ich die Abbildungen zusammen, die erste auf Tafel XVI und andere Figuren.

Schliesslich muss ich noch bemerken, dass das Circulationssystem und dessen Function bei *Molgula groenlandica* mir erst nach den Untersuchungen klar wurde, welche ich über den Blutkreislauf der Ascidien des Golfes von Neapel gemacht habe. Den Injectionen dieser Ascidien widmete ich fast den ganzen Winter 1883/84 und hoffe, diese Arbeit bald der Oeffentlichkeit übergeben zu können. Diese Untersuchungen haben mich noch ein Mal von der Richtigkeit meiner Ansicht über den Blutkreislauf der Ascidien überzeugt.

Kreislauf des Blutes.

Nachdem wir das Blutgefässsystem der *Molgula groenlandica* betrachtet haben, wollen wir zu seiner Function, welche uns schon theilweise bei der Schilderung seiner einzelnen Theile klar geworden ist, übergehen. Ich bleibe bei meiner schon früher geäusserten Meinung stehen, und zwar jetzt mehr als je, dass bei den Manteltheiren eine doppelte Athmung existire, und wenn wir mit Lacaze-Duthiers zugeben, dass die Lamellibranchiaten eine unmittelbare Fortsetzung des Typus der Manteltheire bilden, so finden wir auch bei diesen letzteren eine doppelte Athmung. Um sich davon zu überzeugen, genügt es einen Blick auf die bekannte schematische Zeichnung zu werfen, welche Langer uns in seinem Werke über den Blutumlauf bei *Anodonta* giebt, und welche vielfach in Lehrbücher und Atlanten aufgenommen worden ist. In dieser Zeichnung, die den Querdurchschnitt einer Anodonta darstellt, sind alle Capillaren des Mantels, mit Ausnahme seiner Rückenseite, roth gefärbt, d. h. sie enthalten alle arterielles Blut. Vielleicht wäre es nach Lacaze-Duthiers Meinung richtiger zuzugeben, dass auch dieser Körpertheil der Lamellibranchiaten venöses Blut enthalte, da dieses nicht in die Kiemen, d. h. nicht in die speciellen Athmungsorgane eintritt. Das scheint aber die Annahme richtiger, dass hier, ebenso wie bei den Tunicaten, die feinen, aber eine bedeutende Fläche ausgedehnten Capillarnetze den directen Zweck haben, das in ihnen enthaltene Blut durch das dünne, sie bedeckende Wimperepithel hindurch zu oxydiren. Es mag hier bemerkt werden, dass dieser Theil des Blutgefässsystems der Acephalen ein besonderes, dem Bojanus'schen gleichendes Organ besitzt, welches zur Reinigung des Blutes dient, das in den Kiemen oxydirt wird. Für das in dem Mantel oxydirte Blut dient als Reinigungsorgan die Köber'sche Druse, welche auch ihre Ausmündungen hat, die in die Höhle des Pericardiums mündet.

Wenn wir das Vorhandensein der doppelten Athmung bei allen Tunicaten zugeben, können wir uns von diesem Gesichtspunkte aus den Kreislauf und die Oxydirung des Blutes bei *Molgula groenlandica* bildlich vorstellen.

Lassen wir mit Lacaze-Duthiers zu, dass die Kiemenaorta, mit ihren daraus entspringenden Gefässen, beim Herz-Kiemenschlage nicht oxydirtes Blut in die Kiemen treibt, so versteht es sich von selbst, dass bei einem solchen Schlage das ganze Herz in die Bahn des venösen Blutlaufs zu liegen kommt. Augenscheinlich müssen dadurch die Sexualorgane der rechten Seite, wie auch die Tunica derselben Seite, sich aus noch unbekannten Gründen mit venösem, nicht oxydirtem Blute füllen, um bei umgekehrter, bei der Kiemen-Herzrichtung des Blutes, das venöse Blut wiederum aus diesem Organe hinauszutreiben und sie mit oxydirtem Blute, welches ihnen durch die Trabekel direct aus dem Kiemensack zufliesst, zu füllen.

Um den Lauf des Blutes zu bestimmen, welches durch das Kiemenende des Herzens geht, ist es am einfachsten, zu verfolgen, wie sich alle Gefässe, die aus dem Kiemenende entspringen, successive mit Injectionsmasse anfüllen. Anfangs werden zu gleicher Zeit die Geschlechtsarterie und das Tunicalgefäss der linken Seite injicirt; darauf dringt die Masse in die Kiemenaorta, tritt in die Kiemenlangsarterien und beginnt endlich die Kiemenringgefässe und die Netze der Kiemenfalten zu füllen. Hier muss bemerkt werden, dass die Masse zunächst in die Spitzen der Falten und in die Spiralgefässe eindringt. Fast zu gleicher Zeit beginnen auch die Blutgefässnetze der Speiseröhre sich zu füllen. Weiter geht die Masse durch die Pericoronal- und zugleich durch das Tunicalarterien, von hier aus füllt sie die Capillararterie des Eingangssiphons.

Mit einiger Wahrscheinlichkeit kann man annehmen, dass sich alle angegebenen Arterien beim Herz-Kiemenschlage ebenfalls mit Blut füllen werden, welches seinen Sauerstoff an die Verdauungsorgane abgegeben hat. Der Hauptblutlauf geht in den linken Eierstock, in die linke Seite der Tunica, in den Kiemensack und in den Speisercanal.

Bei weiterer Fortbewegung der Injectionsmasse fängt das Centralgefäss, welches unter der Nervenplatte liegt, an sich zu färben. Rufen wir uns ins Gedächtniss, dass dieses Gefäss am Ende aller Ringgefässe des Kiemensackes liegt, folglich das Blut durch alle Netzsysteme, welche in den Wandungen des Kiemensackes liegen, durchlaufen muss, und dass das durch

18*

diese secundäre Oxydirung im Athmungsorgane so zu sagen erneuerte Blut in das Gefäss eintritt, aus dem die Arterien entsprungen, welche die Centraltheile des Nervensystems der Ascidien nähren.

Bei weiterer Ueberfüllung dieses ganzen Theils des Gefässsystems mit Blut läuft dasselbe durch das Centralgefäss in die hintere Siphonarterie und von dort in die Capillaren der hinteren Wandung des Mantels. Zu gleicher Zeit fliesst es aus demselben Centralgefäss in die Rectalcapillaren des Analringes, und kann hier theilweise oxydirt werden, da das ganze Ende des Darmcanals mit Wimperhärchen bedeckt ist, welche beständig vibriren und durch den offenen, hinteren Siphon Wasser einziehen können.

Die Fortbewegung des Blutes weiter verfolgend, bemerken wir, dass es durch dasselbe Centralgefäss in den Magen und von dort in die linke Hälfte der Sexualorgane, in den Verdauungscanal und endlich in die Capillaren des Mantels dringt. Beim Eintritt in die letzteren wird es einer secundären, wahrscheinlich schwächeren Oxydirung als im Kiemensack unterworfen. Dabei füllen sich selbstverständlich zunächst die Mantelcapillaren mit diesem Blut, welches darauf in das Netz der tiefer liegenden Längsgefässe tritt. Weiter hat es in den Mantelwandungen keinen Gang und das ist die Thatsache, die Lacaze-Duthiers viel Bedenken verursachte. »Hier«, sagt er (l. c. p 555), »liegt ein factisches Hinderniss, das durchaus aufgeklärt werden muss, weil es den Blutkreislauf des Mantels und, ich möchte sagen, denjenigen der Ascidien charakterisirt. Die Gefässe nehmen die Mitte der Mantelwandung ein und an beiden Seiten derselben liegen noch secundäre Gänge, die in Capillargefässe zerfallen. An jeder Seite dieser mittleren Reihe befinden sich unzählige Capillarnetze.«

»Auf der inneren Seite vermischen sich die Capillaren mit den Gefässen derselben Gruppe, welche von den zu den Kiemen führenden Mantelvenen ausgeht.« (Mantelvenen nennt Lacaze-Duthiers die Brücken zwischen dem Kiemensack und dem Mantel, d. h. das, was ich Kiementralbekel genannt habe.)

»Auf der äusseren Seite, ausserhalb des Mantels, existirt für diese Capillaren kein weiterer Gang. Mit welchen Ausgangsgefässen vereinigen sich also die Capillaren dieser Oberfläche? Um diese Frage zu beantworten, nehmen wir an, dass das Blut aus dem Herzen in die Eingeweidecapillaren und darauf in die Parallelgefässe des Mantels geht. Von hier kann es leicht in die Capillaren und Venen der inneren Oberfläche der Kiemen eindringen, aber auf der äusseren Seite hat es keinen Ausgang. Wir sehen den Zufluss des Blutes deutlich, aber der Rückweg ist schwer zu bemerken.«

»Hier sind zwei Hypothesen möglich: entweder circulirt das Blut in der That nicht in dem äusseren Theil des Mantels, sondern bewegt sich nur in Folge der Zusammenziehungen der Muskeln hin und her, oder, was mir wahrscheinlicher vorkommt, es giebt Quercapillaren, die eine Verbindung zwischen der äusseren und inneren Oberfläche der Mantelschichten herstellen. Auf diese Weise wird das Blut, indem es aus dem Herzen in die Mantelgefässe dringt, von der inneren Seite leicht in die Kiemen zurückkehren, während es von der äusseren Seite das Athmungsorgan nicht anders erreichen kann, als indem es durch die Capillaren, die mit den Parallelgefässen in Verbindung stehen, in die inneren Capillaren, aus denen die Mantelvenen entsprungen, zurückkehrt.«

»In allen Theilen des Mantels, die an die Siphonöffnungen grenzen, und besonders in dem Theil, der sich oberhalb des Fühlerkranzes befindet, wo der Mantel keine Mantelvenen hat, ist es sehr schwer, vermittelst Injectionen die zuführenden Gefässe von den abführenden zu unterscheiden. Selbstverständlich haben die raschen, so zu sagen spasmatischen Zusammenziehungen, die sich bei allen Ascidien im gesunden Zustande oft wiederholen, den Zweck, die Capillaren zu entleeren, deren Turgescenz ihrerseits das Oeffnen der Siphonen und eine grössere Dickigkeit ihrer Wandungen bezweckt.«

Das ganze Blutgefässsystem ist von Lacaze-Duthiers so ausführlich untersucht worden, dass es schwer ist, seiner Hypothese über das vermuthliche Vorhandensein von Quercapillarnetzen, die den Rückweg des im Mantel circulirenden Blutes in die Kiemen herstellen sollen, beizustimmen. Gerade der Theil des Blutkreislaufes des Mantels ist, wie mir scheint, von ihm am sorgfältigsten untersucht worden und er bietet uns hier nicht nur die Darstellung der Injection, sondern auch die schematisirten genauen Abbildungen des Blutkreislaufes (l. c. Taf. XXI. Figg 12, 13, 14, 15 u. 15bis, so dass ich mir die Freiheit nehme zu behaupten, dass die Voraussetzung des berühmten Zootomen eben nur eine blosse Hypothese ist.

Ich weise zunächst noch einmal auf die Nothwendigkeit einer Oxydirung des Blutes in den Mantelcapillaren hin. Erinnern wir uns des über die Circulation des oxydirten Blutes bei den Salpen Gesagten; erinnern wir uns, dass sich der Darmcanal bei dieser oder jener Richtung des Blutlaufes immer auf dem Wege des arteriellen Blutes befindet. Das Gleiche geschieht auch hier bei den Ascidien, wenn auch nicht so deutlich.

Wir haben den Blutlauf in dem Kiemensack und von dort in den Mantel betrachtet, aus dem letzteren oder aus dessen Capillaren kehrt es auf einem anderen Wege zurück.

Erstens geht es durch die Tentaculargefässe aus dem oberen Theil des Mantels, der einen Theil der Wandungen der Siphonen bildet, zusammen mit dem Blut, welches in den Fühlern circulirt, zu den Capillaren der Speiseröhre zurück.

Zweitens läuft es zu gleicher Zeit durch die Peribranchialröhre und ergiesst sich ebenfalls in die Capillaren der Speiserinne, wohin es aus den Kiemengefässen und theilweise aus dem Mantel durch die Capillarnetze dieser Rinne eindringt. Bei einer solchen Richtung des Herzschlages verwandelt sich das System der Kiemenaorta in ein Ausführungssystem, und in das Kiemenende des Herzens dringt das Blut ein, welches aus den Sexualorganen der linken Seite und der Tunica eindringt. Bei einem solchen Blutkreislauf öffnen sich zugleich alle Trabekel, alle weiten Blutgänge, die den Kiemensack mit dem Mantelsystem vereinigen.

Wir wissen, dass diese Blutgänge in die äusseren Kiemenaortggefässe ausmünden. Andererseits aber nehmen sie ihren Ursprung sämmtlich aus den Capillarnetzen oder doch grösstentheils aus den Netzen, welche in der Masse der Sexualorgane des Roganos'schen Organs und besonders des Darmcanals verhalten. Alle Capillaren dieser Organe füllen sich beim Herz-Magenschlage mit Blut an, und zwar durch die Blutgefässe des Magens. Diese sind sehr weit, liegen in der Nähe des Herzens und entsprangen gewissermassen unmittelbar aus seinem Magenende.

Mit jedem Herzschlage in dieser Richtung wird der Lauf des Blutes immer langsamer, denn die unzähligen Capillargefässe werden immer mehr und mehr von Blut überfüllt. Sie haben wohl einen breiten, freien Durchgang durch die Kiementrabekel, aber um diesen Durchgang zu erreichen, muss das Blut einen beschwerlichen, geschlängelten Weg zurücklegen. In Folge dessen wird der Herzschlag bedeutend erschwert, bis zuletzt, nach einer kurzen Pause, das Blut seinen Rückweg antritt.

Natürlich werden sich bei dem Wechsel des Herzschlages zunächst diejenigen Capillaren von Blut entleeren, welche dem Magenende des Herzens am nächsten liegen, d. h. die Capillaren des Magens, des Darmcanals und die mit ihnen verbundenen der anderen Organe. Das Blut, welches bei jedem Herzschlage aus allen diesen Theilen angesogen wird, strömt in alle Gefässe, die aus dem Kiemensack entsprangen, und hauptsächlich in die Kiemenaorta, das weiteste von allen. Aus dieser Aorta läuft es durch die Kiemenringarterien und trifft überall auf seinem Laufe mit den Trabekeln zusammen. In diese Trabekel kann es aber nicht eindringen, weil sie mit dem Blut angefüllt sind, welches sie den hier ansaugenden Capillarnetzen des Magens und des Darms bei der Herz-Magencirculation entzogen haben. Da alle diese Wege, die mit dem Mantel communiciren können, verschlossen sind, so läuft das Blut in den Kiemensack, in die Gefässe der Falten desselben, in den Eingangssiphon und so weiter, wie oben beschrieben.

Bei dieser Blutcirculation füllen sich die Kiementrabekel durch die Ringgefässe nur dann, wenn das Blut aus denselben in die Capillarnetze des Darmcanals und der Sexualorgane getrieben wird.

Beim Herz-Magenschlage geht das Blut durch die Capillaren des Magens in das Centralgefäss; von dort wendet es sich zum Theil in den Kiemensack, ausserdem geht es höher hinauf zum Wimperapparat, zum Nervenknoten und zur Nervenplatte. Mit einem Wort, es wechselt und erneuert sich das Blut in allen Organen, wohin es früher beim Herz-Kiemenschlage gelangt war.

Rufen wir uns ins Gedächtniss, dass dieses Blut sich früher in den Capillaren des Mantels befand, wohin es durch die Capillarnetze des Verdauungscanals und der Sexualorgane gelangte. Indem es wiederum in die Capillarnetze eintritt, giebt es selbstverständlich einen Theil des Sauerstoffes an den Darmcanal und die Sexualorgane ab, und zudem vermischt es sich beim Eintritte in das Centralgefäss mit völlig oxydirtem, aus den Falten des Kiemensackes hierher zuströmendem Blute. In diesem Zustande durchläuft es das Centralgefäss und dringt darauf durch die Arterien des hinteren Siphons in den Mantel. In dem letzteren wird es von neuem oxydirt, und wenn das Herz in der Richtung des Kiemensackes zu schlagen beginnt, tritt es durch das Centralgefäss wiederum in den Magen und ins Herz ein.

Man könnte mir erwidern, dass hier die Zahl und die Dimensionen der Gefässe, die das Blut dem Mantel zuführen, und derjenigen, welche das oxydirte Blut aus demselben ableiten, in grossem Widerspruch stehen. Aber das Gleichgewicht wird durch das Centralgefäss hergestellt, welches einen grösseren Umfang hat, als alle übrigen Gefässe des Kiemensackes.

Dabei dürfen wir aber nicht vergessen, dass die Anfüllung der Capillaren des Mantels mit Blut den Zweck hat, dasselbe zu oxydiren, was wahrscheinlich langsam von statten geht und mittelst Wasser, welches schon einen bedeutenden Theil des in ihm enthaltenen Sauerstoffes an das Blut der Kiemen abgegeben hat, geschieht; und dem letzteren stösst es zumtheil bei seinem Eintritt in das Innere des Thierkörpers zusammen. Unabhängig von diesem Laufe durch das Centralgefäss hat aber das Blut des Mantels eine grosse Zahl von Abflusswegen aus den Mantelcapillaren, was Lacaze-Duthiers ausser Acht gelassen hat.

Durch das Centralgefäss läuft nur ein unbedeutender Theil dieses Blutes; es ist so zu sagen sein grosser Weg, auf dem es die Centren des Nervensystems belebt und direct in den Magen geht. Indem Lacaze-Duthiers das oben angeführte Hinderniss in dem Blutabfluss zeigte, berücksichtigte er ausschliesslich die Richtung des Blutes und liess alles andere aus dem Auge.

Bei dem Austritte des Blutes aus dem vorderen oder dem Kiemenende des Herzens verwandeln sich alle Gefässe, die aus dem entgegengesetzten Ende entsprangen, nämlich die Gefässe des Magens, der Gedärme und der rechten Hälfte der Sexualorgane, in abführende Gefässe, in denen das Blut zum Herzen fliesst; es wird aber sogleich von einem neuen Blutstrom aus dem Centralgefäss ersetzt, wenn es aus den Ringverzweigungen der Kiemen und auch aus dem Mantel eindringt; zu gleicher Zeit empfangen die Schlingen des Darmcanals eine Fülle oxydirten Blutes direct aus den Kiemen durch die Trabekel, welche an vielen anderen Stellen als Verbindung zwischen dem Kiemensack und den Wandungen des Mantels dienen.

Um von der Blutcirculation ein klares Verständniss zu erhalten, darf man nicht vergessen, dass das Centralgefäss mit dem Kiemensack in unmittelbarer directer Verbindung steht; folglich führt es dem Darmcanal nicht nur in dem Mantel, sondern hauptsächlich in den Kiemen oxydirtes Blut zu; bei dieser, wie bei jener Richtung der Blutcirculation erhalten nicht nur der Darmcanal, sondern auch die Sexualorgane immer oxydirtes Blut; das heisst, das Verhältniss der Organe, welche das Blut oxydiren, zu den Verdauungs- und Sexualorganen bleibt dasselbe, und ebenso unveränderlich bleiben die abwechselnden Richtungen des Herzschlages. In der That sehen wir bei *Molgula* geschildert einen Ueberfluss zu oxydirten Blut, das heisst, das Blut, welches in dem Mantel circulirte und daselbst aller Wahrscheinlichkeit nach mit Sauerstoff sich sättigte, geht beim Wechsel des Herzschlages auf's Neue in die Kiemen über. Vergessen wir aber nicht, dass diese Erscheinung jene Bedeutung verloren hat, welche dieselbe bei anderen Tunicaten mit anderer Vertheilung der Gefässe in den Kiemen, im Mantel und in dem Darmcanal besitzt. Wer die Vertheilung der Capillargefässe in dem Mantel von *Ciona intestinalis* und in dem Mantel irgend einer *Cynthia* gesehen hat, kennt den grossen Unterschied, den die Vertheilung dieser Gefässe hier und dort bietet. Dieser Unterschied offenbart sich sogar bei Injectionen dieser und jener Ascidien. Bei *Ciona intestinalis* dringt die Injectionsmasse leicht in die Capillaren des Mantels; man kann sie sogar durch die Mantelgefässe injiciren und alsdann wird der ganze Mantel mit Injectionsmasse angefüllt. Ihre Gefässe bieten ein schönes Bild regelmässig vertheilter Netze, deren Längsgefässe sich grösstentheils durch kurze Queranastomosen unter einander verbinden. Der erste Blick auf diesen Reichthum an Blutgefässnetzen weckt unwillkürlich den Gedanken an eine stark entwickelte, an Capillargefässen reiche Respirationsfläche. Die genauere Kenntniss der Mantelgefässe, die in den Mantelsack führen, und das Verhältniss dieses Sackes zu der Lage des Darmcanals und zu dem doppelten Herzschlage bestätigen diese Hypothese.

Ein ganz anderes Bild bietet uns die Blutcirculation des Mantels bei *Molgula groenlandica*. In ihrer Mantelhälfte liegen bedeutend mehr Muskelfasern als Blutgefässe. Letztere sind bei ihr viel ferner als bei *Ciona intestinalis*. Ihre Capillarnetze sind unregelmässig und die Hülle, unter der ihre Blutgefässe verlaufen, ist viel dicker, als bei dieser. Mit einem Wort, wir sehen, wir schon oben bemerkt, dass die Kiemenathmung bei *Molgula groenlandica* über die Mantelathmung prädominirt; man kann aber nicht behaupten, dass letztere vollständig beseitigt wäre.

Betrachten wir die schematische Abbildung des Blutkreislaufs bei *Molgula tubulosa*, die uns Lacaze-Duthiers (l. c. pl. XXII, fig. 23) gegeben hat, so sehen wir, dass das arterielle Blut im Mantel eine sehr untergeordnete Rolle spielt, nämlich bei der Richtung des Herzschlages zum Magen hin, und dass das ganze arterielle Blutsystem diejenige Blut empfängt, welches in dem Magen circulirte, folglich einen bedeutenden Theil des in ihm enthaltenen Sauerstoffs abgegeben hat. Bei dieser Richtung seiner Bahn erweist sich fast das ganze Blut des Mantels als venöses, während es in umgekehrter Richtung derselben sich fast ausschliesslich in arterielles Blut verwandelt. Wenn der Herzschlag beständig in einer und derselben Richtung, d. h. in der Herz-Magenrichtung wirkte, so wäre das Blut des Mantels stets ein venöses. Dieser Umstand genügt, um den Herzschlag wechselweise zu verändern, d. h. das Blut in gewissen Zeiträumen nach zwei diametral entgegengesetzten Richtungen zu treiben; aber diese Ursache ist, wie wir oben gesehen, nicht die einzige, sondern es giebt noch andere wesentlichere.

Im Vergleich mit den Kiemen bietet uns der Mantel ein Organ mit viel stärkerer Muskelbewegung dar, ein Organ, in dem die gesteigerte Muskelarbeit eine verstärkte Zuströmung von oxydirtem Blut verlangt, und dieser Umstand widerspricht gerade jener schematischen Abbildung, die uns Lacaze-Duthiers giebt und welche die Hauptschlussfolgerung seiner ganzen Arbeit ist. Dieser Zeichnung gemäss ist das Blut bei der Herz-Magenrichtung seiner Strömung in dem grössten Theil des Mantels ein venöses; folglich muss während der Palpitation des Herzens in dieser Richtung die Muskelarbeit im Mantel erschwert sein. Bei der umgekehrten Richtung des Herzschlages dagegen, wenn durch alle Mantelgefässe, die sich in den Trabekeln befinden, ein starker Strom arterielles, in den Kiemen oxydirten Blutes in die Waschungen des Mantels sich ergiesst, wird die Erregbarkeit aller Gewebe, der Nerven und der Muskeln dieses Körpertheils erhöht, und dieser Zustand muss sich nothwendig an dem Muskelsystem des Mantels kund geben und sich in dessen kräftigeren Bewegungen äussern. Die nächste Folge eines solchen Baues und einer solchen Strömung wäre die periodische, regelmässige Zusammenziehung der Mantelwandungen und das Auswerfen des Wassers durch den Ausgangssiphon. Dieses periodische, regelmässige Auswerfen bemerken wir an lebenden Ascidien aber gar nicht. Sie führen das Wasser gleichmässig auf eine dem Auge unbemerkbare Weise und pressen nur in grossen Zwischenräumen einen energischeren Wasserstrom aus, welcher gewöhnlich zugleich mit den Excrementen ausgeworfen wird.

Wenn wir die Grösse der Respirationsfläche der Kiemen mit der Grösse der Fläche, auf der die Capillarnetze des Mantels vertheilt sind, vergleichen, so werden wir wohl zugeben müssen, dass letztere nicht kleiner als die erstere ist; vorwiegend sind hier nur die Längsfalten, die in den Respirationsraum hineinragen. Mit einem Worte, wir haben es hier mit derselben Frage zu thun, die wir in schärferen Zügen bereits bei den Salpen beim Vergleich der Mantelfläche mit derjenigen der Kiemen besprochen haben. Es fragt sich, warum hier, bei den Ascidien, eine so grosse, aus den Capillargefässen bestehende Fläche vorhanden ist?

Man kann durchaus nicht behaupten, dass ihre Capillarnetze und überhaupt ihr Blutgefässsystem zur Ernährung der Tunica dienen sollte, obgleich Lacaze-Duthiers eine solche Methode der Ernährung bei *Molgula tubulosa* anführt.

Bei allen vorausgegangenen Erklärungen nahmen wir an, dass das Blut der Ascidien mit unbedingt gleicher Schnelligkeit nach der einen wie nach der anderen Richtung circulire; in der That verhält es sich aber anders. Vor jedem Wechsel des Schlages werden die Bewegungen langsamer; manchmal pulsirt es sehr unregelmässig und oft bleibt es und längeren oder kürzeren Zeit ganz stehen. Fast bei allen von mir sezirten Exemplaren von *Molgula groenlandica* hörte das Herz in dem Moment auf zu schlagen, wenn ich die obere Hülle oder die Tunica ablöste. Bei einigen hörte der Herzschlag ganz auf, bei anderen begann er nach einem längeren oder kürzeren Zeitraum von Neuem. Solche Unterbrechungen in der Herzbewegung mussten an dieser oder jener Stelle Blutstockungen hervorrufen, die verschiedenen Störungen nach sich ziehen würden. Bei den Ascidien kommt das nicht vor, erstens weil sich alle ihre Functionen von denen der höheren Thiere unterscheiden, und hauptsächlich weil in Folge der Zusammenziehung und Ausdehnung der Muskeln fast an jedem Punkt ihres Mantels die Zuströmung des Blutes sich verstärken oder vermindern kann. Solche locale Regulirungen zu dem

Kreislauf des Blutes kann man mit vollkommener Gewissheit auch beim normal lebenden Thiere annehmen. Es genügt, dass die Wandungen des Mantels sich an diesem oder jenem Punkt zusammenziehen, um die Zuströmung des Blutes nach dieser Stelle hin aus den Kiemen-Mantelräderlein zu verhindern, und das Blut in die nächstliegenden Trabekel hinein-zutreiben.

Lacaze-Duthiers weist auf die Schwierigkeit hin, die die Injectionen der Ascidien bieten, und hebt dabei hervor, dass sich ihre Gewebe zusammenziehen und keine Injectionsmasse durchlassen können, oder sich umgekehrt ausdehnen und in Folge dessen die Capillarnetze, hinter denen die Hauptgefässe liegen, vollständig offen lassen. Bei den Injectionen der Ascidien kann man in der That leicht gewahr werden, dass die gefärbte Masse in dem einen oder anderen Punkt stockt und hier die Capillarnetze der Gefässe überfüllt. Es kann möglich sein, dass ein solcher Umstand auch unter normalen Bedingungen stattfindet, nur können die Capillargefässe an verschiedenen Stellen, statt mit Injectionsmasse, mit Blut überfüllt werden. Auf diese Weise, und nachdem wir alles über diesen Gegenstand Gesagte ins Auge gefasst, können wir schliessen, dass der Kreislauf des Blutes bei den Ascidien, der überhaupt langsam vor sich geht, der Regelmässigkeit entbehrt, die Lacaze-Duthiers bei *Molgula tubulosa* und ich bei *Molgula groenlandica* in den beschriebenen beiden Richtungen gefunden haben. Man kann also sagen, dass der Blutlauf nach dieser oder jener Richtung nur in den Hauptzügen nach dem bestimmten Plan vor sich geht; im Einzelnen weicht er von diesem Plan ab und wählt andere, passendere zufällige Bahnen. Zu einem solchen Schlusse führt unumgänglich der Ueberfluss an Capillarverbindungen zwischen den verschiedenen Theilen des Blutgefässsystems, so dass der Blutlauf an den Stellen, wo er in das Gebiet der Capillarnetze eintritt, beinahe ausser-halb des Planes der allgemeinen Kreislaufsrichtung liegt und verschiedenen Veränderungen unterworfen ist. Erinnern wir uns beispielsweise des Blutlaufes in der linken Hälfte der Sexualdrüsen, wo sich das Blut, ohne durch die Kiementrabekel hindurchzugehen, in die Capillaren der Genitäme und des Mantels ergiessen kann.

Nach Lacaze-Duthiers nimmt das ganze Blutgefässsystem des Magens keinen Antheil an der Blutoxydation in den Kiemen, indem sich diese, wie wir wissen, mittelst des Centralgefässes vollzieht; ebenso wenig betheiligt sich an jener Oxydation auch das Blutgefässsystem der Tunica, über welches Lacaze-Duthiers sich auf Seite 566 seiner Abhandlung folgendermaassen äussert: »Zwei zuführende und zwei abführende Gefässe, von denen je zwei nach rechts und links abgeben, führen in die Tunica und treiben das Blut in dieselbe. Sie vertreten Arterie und Vene im absoluten Sinne des Wortes, da sie keine Communication haben können, die nicht in den Punkten zu bemerken wäre, wo sie in ein so streng abge-sondertes Organ, wie die Tunica, einlaufen.« Indem wir die von diesem Autor gegebenen Zeichnungen (l. c. pl. XXII, figg. 19, 20, 23) betrachten, kommen wir unwillkürlich zu der Ueberzeugung, dass in der That zwischen diesem Theil des Blut-gefässsystems und den Respirationsorganen keine Communication existirt. In diesem Fall drängt sich aber die Frage auf, wo sich denn das in der Tunica circulirende Blut oxydirt? Wenn wir die Oxydation des Blutes in dem Mantel zulassen, so kann die Frage leicht gelöst werden. Lacaze-Duthiers scheint es aber unmöglich, eine solche Respiration anzunehmen, indessen giebt er dieselbe in an Punkten, die von den Kiemen weiter entfernt sind; er überträgt diesen Process in die besonders ausgebildete äussere Hülle des Thieres. Wenn die Logik der Thatsachen auch zwingt, die Nothwendigkeit eines solchen Processes anzuerkennen, so ist es seltsam, warum sich Lacaze-Duthiers gegen die Oxydation des Blutes im Mantel erklärt, was wiederum die Logik der anatomischen und noch mehr der physiologischen Thatsachen fordert.

Wir haben gesehen, dass von jeder Seite des Körpers zwei Gefässe in die Tunica eintreten, während ihr Ausgang aus dem Körper an der rechten Seite von dem an der linken Seite verschieden ist. An der linken Seite laufen beide Gefässe aus dem Herzen, das eine aus dem Kiemen-, das andere aus dem Magenende desselben. Dieses letztere treibt beim Herz-Kiemenschlage nicht- oder nur wenig oxydirtes Blut aus dem Magen in die Tunica. Das erste dagegen treibt dieses Blut in den Kiemensack. Beim umgekehrten Herzschlage wird das erste dieser beiden Gefässe ein abführendes und führt in den Magen zunächst das Blut, welches seinen Sauerstoff in der Tunica eingebüsst hat, und darauf oxydirtes Blut, welches aus dem Kiemensack durch ein anderes, durch ein Kiemen-Tunicalgefässe, kommt.

Von der rechten Seite des Körpers empfängt die Tunica durch eine Darm-Tunicalarterie beim Herz-Kiemenschlage auch schwach oxydirtes Blut, welches aus dem Magen-Darmsystem herkommt. Dieses Blut tritt in die abführende Mantel-Tunical-arterie und durch dieselbe in die Capillaren des Mantels.

Nachdem sich das Blut in diesen Capillaren oxydirt und daselbst mit dem Blut der Darm-Sexualorgane vermischt hat, tritt es beim umgekehrten Herzschlage aufs Neue in die Mantel-Tunicalarterie und läuft darauf durch die Darm-Tunicalarterie in die Kiemenaorta.

Wenn es keine Manteloxydation gäbe, so hätte die rechte Hälfte, wie wir oben bemerkt haben, ausschliesslich venöses Blut erhalten, wie Lacaze-Duthiers (l. c. pl. XXII, fig. 20) dargestellt hat.

Sollten meine bisherigen Darlegungen nicht im stande sein, von der Richtigkeit meiner Ansicht zu überzeugen, so will ich noch Thatsachen anführen, die Lacaze-Duthiers' eigener Arbeit über die Entwickelung von *Molgula tubulosa* entnommen sind. Er beschreibt und giebt uns die Abbildung ziemlich grosser Mantelanlagen, die anfangs vier und später fünf an der Zahl sich weit aus der dicken Tunica hervorstrecken. Diese Beobachtung macht er an jungen Larven dieses Thieres. Diese Anlagen gehören ebenso wie der Mantel zu dem Athmungssystem und vielleicht entwickeln sich später daraus jene Tunicalgefässe, die sich in der äusseren Tunica befinden und mit ihren Endschlingen bis zu den Bärchen reichen, welche nach Lacaze-Duthiers die Tunica bedecken, — mit einem Wort: dies ist das Organ, welches Lacaze-Duthiers

16*

für das Organ der unmittelbaren Athmung hält. Indem er eine Tunicatathmung in jugendlichem Zustande bei den Larven der *Molgula tubulosa* zulässt, leugnet er dieselbe bei den erwachsenen Individuen. Von allen Motiven und Gründen einer solchen Nichtanerkennung war kein einziger, den wir als stichhaltig annehmen könnten und der den von mir aufgestellten Beweisen treffend widersprochen hätte.

Ich glaube jetzt alle Beweggründe und Ursachen, die mich veranlassen, eine doppelte Athmung bei den Ascidien anzunehmen — im Mantel und im Kiemensack — mit genügender Klarheit dargelegt zu haben, und kehre jetzt nochmals zu der Annahme zurück, die ich im Anfang dieses Capitels gemacht habe. Die Respirationsfläche einer Ascidie kommt kaum derjenigen irgend eines anderen, höheren oder niederen Thieres gleich, indessen geht der Athmungsprocess augenscheinlich viel langsamer vor sich und zeigt nicht die Symptome, die jenen Thieren eigen sind, welche eine kleinere Respirationsfläche haben, sich aber durch Schnelligkeit und Energie aller Processe des Stoffumsatzes und unter anderen auch durch die Energie der Respiration auszeichnen. Dasselbe sehen wir bei den Ascidien in ihrem jugendlichen Zustande; ihre Larven, die sich gleich den Appendicularien bewegen, haben einen stark entwickelten Respirationssack und auch eine umfangreiche respirirende Mantelhöhle. Die erwachsenen Ascidien, die eine passive, sitzende Lebensweise führen, zeichnen sich durch eine starke Entwickelung des Kiemensackes und durch eine verhältnissmässig schwache Entwickelung der respirirenden Mantelfläche, d. h. durch schwach ausgebildete Capillargefässe aus. Ich habe schon oben die Vermuthung ausgesprochen, dass hier die stärkere Entwickelung des Kiemensackes durch die sitzende Lebensweise hervorgerufen ist, d. h. dass die Ascidien viel weniger im stande sind, stets neue Zuströmungen von frischem, sauerstoffreichem Wasser zu erhalten, als die anderen, schwimmenden Tunicaten. Hier wie dort, bei den sich mehr oder weniger rasch bewegenden schwimmenden, wie auch bei den sitzenden Mantelthieren finden wir denselben Fehler, der in dem Wesen des chemischen Athmungsprocesses besteht. Bei beiden Formen schlägt das Herz nur schwach und langsam, in Folge dessen oxydirt sich auch das Blut nur allmählich. Mir scheint, dass der Grund dieser langsamen Oxydirung darin liegt, dass das Blut der Tunicaten beständig mit Lymphe gemischt ist. Ihre Blutkörperchen sind viel grösser, als diejenigen der anderen Wirbellosen, und gleichen ihrer Farbe und ihrem Bau nach eher den weissen Blutkörperchen der Wirbelthiere. Dieses Blut kommt wahrscheinlich aus dem Dorsalcanal und dringt durch die Capillargefässe in den Mantel, wo es der vorläufigen Oxydation unterworfen wird. In Folge dieser Mischung, oder richtiger der Nichttrennung des Blutes von der Lymphe entsteht das Bedürfniss der sitzenden Lebensweise, die wir bei den höheren Tunicaten gesehen haben.

Ich hatte keine Gelegenheit, die Schnelligkeit des Verdauungsprocesses dieser Thiere zu beobachten. Bemerkt man jedoch, nach wie langen Zwischenräumen sie ihre sehr geringen Excremente auswerfen, so kann man, wie mir scheint, ohne zu irren sagen, dass auch dieser Process sehr langsam von statten geht. Nach und nach werden Lymphe und Blut aus der Nahrung gebildet und demzufolge geht der Zuwachs des Nahrungsmaterials im Organismus langsam vor sich. Es darf uns also nicht wundern, wenn alle Bewegungen und alle Processe der Ascidien äusserst langsam sind.

Bei den schwimmenden Salpen geschieht der Process des Stoffwechsels aller Wahrscheinlichkeit nach rascher und ebenso wird auch die Nahrung in ihren schwach entwickelten Verdauungsorganen rascher verarbeitet.

Es lassen sich noch andere Vermuthungen oder richtiger Fragen aufstellen, die ihrem Wesen nach für die Lebensdynamik der Tunicaten wichtig sind und welche zu lösen künftigen Forschern bevorsteht. *Molgula groenlandica* bietet in diesem Fall ein sehr passendes Material für alle, die sich mit der Lösung dieser Fragen an den Küsten des Solowezkischen Meerbusens, auf der Biologischen Station, beschäftigen wollen.

Eine dieser Fragen, nämlich die über die Schnelligkeit der Verdauung, kann, wie mir scheint, auf bequeme und einfache Art gelöst werden, wenn man die Ascidie mit verschiedenen Stoffen füttert und beobachtet, mit welcher Schnelligkeit diese Stoffe sich an den verschiedenen Theilen des Darmcanals zeigen. Die Lösung dieser Frage in diesem oder jenem Sinne kann einen weiteren Hinweis geben und neue Fragen aufwerfen, deren Lösung wahrscheinlich complicirtere und schwierigere Methoden erfordern wird. Jedenfalls glaube ich, dass das Feld für solche Arbeiten genügend vorbereitet ist, und nach den ausführlichen, schönen Abhandlungen von Lacaze-Duthiers bleibt an dem allgemeinen morphologischen Theil nur wenig Arbeit übrig. Der Bau der Organe ist jetzt bekannt, daher ist es nothwendig, sich nun mit ihren Functionen zu beschäftigen.

Die Verdauung und die Nahrung stehen andererseits in nahe oder weniger enger Beziehung zu der Ausscheidung der Stoffe, die der Organismus nicht mehr braucht. Zu diesem Zwecke dient bei *Molgula* das Bojanus'sche Organ, obgleich diese Benennung zwischen den Tunicaten und den Lamellibranchiaten eine Analogie setzen lässt.

6. Excretionsorgane.

Van Beneden[1] hat zuerst das Bojanus'sche Organ entdeckt, aber auf dessen Analogie und Function nicht länger hingewiesen und demselben auch keinen Namen gegeben. Lacaze-Duthiers vergleicht dieses Organ — wie überhaupt die Tunicaten — mit dem Excretionsorgan der Acephalen. In der That sind einige wichtige Gründe zu einer solchen Analogie vorhanden, andererseits giebt es aber doch Umstände, die ihr im Wege stehen.

---

[1] P. van Beneden, Recherches sur l'Embryogénie, l'Anatomie et la Physiologie des ascidies simples. Mém. de l'Académie de Bruxelles. T. XX, p. 24.

Allgemein lässt sich bemerken, dass das Bojanus'sche Organ von *Molgula groenlandica* nach Lage, Bau und Inhalt demselben Organ von *Molgula tubulosa* sehr ähnlich ist. Es nimmt fast die ganze Breite der linken Körperwandung ein, d. h. der Wandung, auf der das Herz liegt (Taf. XVI, Figg. 1, 2, *Bj* , Taf. XV, Fig. 7, *Bj*); es liegt ferner auf dem Grunde der Mantelhöhle, etwas von ihrem unteren Rande abstehend, und stellt einen umfangreichen, langen, blinden Sack dar, der an beiden Enden abgerundet ist.

Uebrigens traf ich ein Exemplar mit einer Oeffnung in diesem Sacke, die sich am hinteren Ende des rechten Eierstockes befand und, wie mir schien, in dessen Ausführungsgang mundete. Ich bin aber nicht sicher, ob diese Oeffnung nicht eine zufällige oder pathologische Erscheinung war. Letzteres scheint deshalb wahrscheinlich, weil das Bojanus'sche Organ bei den anderen Ascidien eine Art blindes, ovales Säckchen, das fast den ganzen Darmcanal bedeckt, darstellt.

Das Bojanus'sche Organ ist, den Biegungen der Körperränder entsprechend, gekrümmt, d. h. es bildet auf der inneren Seite eine concave Biegung, an welcher das Herz mit seinem Pericardium angewachsen ist. Die Beziehungen dieser Organe sind von Lacaze-Duthiers auf Taf. XIX, Fig. 3 seiner Abhandlung ausgezeichnet dargestellt worden. Ihre Wandungen des Bojanus'schen Organs wachsen mehr oder weniger dicht an die Mantelwandungen des Körpers auf seiner ganzen Ausdehnung an; dennoch lässt es sich aber aus dieser Scheide aussondern und bietet dann dasselbe Bild, welches Lacaze-Duthiers bei *Molgula tubulosa* beschreibt, d. h. es erscheint in Form eines umfangreichen, vollständig glatten, gelblich schwarzbraunen Sackes, der durch die in ihm enthaltene Flüssigkeit und durch harte Substanzen ausgedehnt ist. Die Wandungen dieses Sackes sind so dünn und durch alle diese Substanzen so ausgedehnt, dass der geringste Stich oder Schnitt besonders von der inneren Seite der Mantelhöhle einen reichlichen Austritt einer bräunlichgelben Flüssigkeit hervorruft.

Die Wandungen des Sackes sind doppelt. Die äussere ist musculös und besteht aus dünnen, in regelmässige Reihen vertheilten Ringfasern. An diese befestigen sich andere Faserbündel, welche sich auf der inneren Oberfläche der Wandung sternartig vertheilen und darauf direct nach der inneren, dünnen Hülle sich hinziehen. Der ganze Raum zwischen diesen Hüllen und der Menge sie verbindender Muskelfasern ist mit grossen, sphäroidalen Zellen ausgefüllt, die eine vollständig durchsichtige, farblose Flüssigkeit enthalten. An diese dünne, innere Hülle schliesst sich eine Schicht kleiner cylindrischer Zellen dicht an, die jene gelbe Flüssigkeit absondern, welche den ganzen inneren Sack ausfüllt. In der Flüssigkeit im Inneren dieses Sackes kann man auch gelbe Körner, eine Ansammlung gelber Fettkügelchen und besondere Körperchen unterscheiden, welche auch Lacaze-Duthiers bei *Molgula tubulosa* angetroffen hat und die zufällig in dieses Organ gelangende Parasiten hält. Im ersten Stadium der Entwickelung stellen sie sphaeroidale Zellen dar, die vollständig durchsichtig und von einer sehr dünnen Hülle umgeben sind und eine farblose Flüssigkeit enthalten. Unter diesen Körperchen findet man Uebergangsformen zu anderen, längeren Zellen, die eine ununterbrochene Reihe sphäroidaler Bläschen enthalten. Auf den Bläschen und hauptsächlich zwischen diesen liegen Körnchen, die stark lichtbrechend sind und nicht selten eine schmutzig-grünliche Färbung annehmen. Lacaze-Duthiers hielt diese Körneransammlungen für Scheidewände, die im Inneren einiger Algen vorkommen (l. cit. p. 309). Ferner traf ich unter den Körperchen noch verlängerte an, die bis 0,32 mm erreichten und eine lange Reihe durchsichtiger, farbloser Zellen oder feine Körnchen in sich schlossen. Unter solchen Derivaten kommen, wie mir scheint, einige Uebergangsformen vor, die successiven Entwickelungs-Phasen angehören. Anfänglich erscheinen dieselben als verlängerte Körperchen, die ihrer Grösse und ihrer Gestalt nach den oben erwähnten Zellen gleichen, aber gekrümmt sind; innerhalb dieser letzteren, im Protoplasma, kann man einige zerstreute Körnchen bemerken und, wie mir scheint, auch den Kern der Zelle unterscheiden. Je nach der ferneren Entwickelung werden diese Formen länger und dünner und erscheinen zuletzt als Stäbchen, die anfangs an beiden Enden abgerundet, darauf zugespitzt sind und sich endlich fadenförmig auslehnen. Inwendig bestehen die Körperchen aus einem feinkörnigen, gleichartigen Protoplasma und enthalten nicht selten eine unregelmässige fein graugrüner, glänzender Körnchen. Diese letzteren sind ziemlich weit von einander entfernt. Gewöhnlich erreichen diese Körperchen die Länge von 0,5 mm und stellen auf verschiedene Weise gekrümmte, gedrehte Fäden dar, welche immer unbeweglich sind. Als ich das Bojanus'sche Organ unter dem Mikroskop zerdrückte, glaubte ich Bildungen in der Wandung selbst, zwischen den beiden Hüllen zu bemerken. Es ist merkwürdig, dass ich diese Bildungen bei allen Exemplaren von *Molgula groenlandica* fand, deren Bojanus'sches Organ ich untersuchte.

Alle diese Körperchen haben ihren Sitz in dem oben beschriebenen Raume, zwischen beiden Hüllen des Bojanus'schen Organs. Im Innern des letzteren befindet sich eine gelblichbraune Flüssigkeit, in der oft Concremente von harnsauren Salzen vorkommen; sie sind gelb oder gelblich-schwarzbraun gefärbt und stellen oft doppelte Sphärolide dar, in denen man nicht selten concentrische Schichten und einen strahligen Bau erkennen kann. Jedes von diesen Concrementen enthält ein Conglomerat aus strahlenförmig vertheilten Nadelkrystallen. Ich muss indess bemerken, dass die Untersuchung des Bojanus'schen Organs von mir noch bei weitem nicht zu Ende geführt ist, was wohl wünschenswerth wäre; daher überlasse ich es späteren Forschern, an dem histologischen Bau desselben zu arbeiten.

Das Bojanus'sche Organ, das von den darin enthaltenen Substanzen und Flüssigkeiten bald mehr, bald weniger angefüllt ist, bildet feste Stützpunkte zur Befestigung des Herzbeutels, welcher eben mit den ihn umgebenden Mantelwandungen zusammenwächst und sich zuletzt mit den Wandungen des Sackes verbindet, indem er zusammen mit diesem Sack so zu sagen ein Ganzes bildet, stellt er eine compacte, unbewegliche Höhle dar, in der das von einer serösen Flüssigkeit umgebene Herz schlägt.

7. Nervensystem und Sinnesorgane.

Es ist in der Zoologie allgemein der Satz über den Einfluss der Grösse der mit der Aussenwelt in Berührung kommenden Oberfläche des Thieres auf die Complication und Vervollkommnung seiner Organe als gültig anerkannt worden. Je grösser die Entwickelung der Oberfläche, desto complicirter ist das Thier. Von dieser allgemeinen Regel müssen die Ascidien ausgeschlossen werden. Es kann Niemand bestreiten, dass die Berührungsfläche mit der Aussenwelt hier ungewöhnlich gross ist. Abgesehen von der Oberfläche der Tunica, haben wir die enorme Fläche der gemeinsamen Mantelhöhle des Körpers, wohin das Wasser aus dem Kiemensack eindringt, ferner sind hier zwei Flächen des Kiemensackes, die auch vom Wasser bespült werden; endlich bildet der Darmcanal fast auf seiner ganzen Ausdehnung zwei Oberflächen, von denen die eine mit dem sich in der Mantelhöhle befindenden Wasser in Berührung steht, während zu der anderen die, wiederum der Aussenwelt entnommenen, Nahrungstheilchen beständigen Zutritt haben. Dem oben angeführten Satz nach müssten die Ascidien sehr hoch entwickelt sein. In der That aber beweist ihre Organisation, dass bei jeder Anwendung eines Satzes auch andere Thatsachen, die ihm entgegenwirken, in Betracht gezogen werden müssen. Das Gesetz findet aber bei den Larven der Ascidien und bei den schwimmenden Tunicaten eine theilweise Anwendung. Hier sehen wir in der That eine augenscheinliche Complication, welche mit der starken Entwickelung der Verdauungshöhle und der gemeinsamen Körperhöhle zusammenhängt, eine Complication, die sich hauptsächlich in dem Nervensystem, in den Sinnesorganen und in den anfänglichen Ablagerungen, die an die Chorda dorsalis der Fische erinnern, äussert. Etwas ganz anderes sehen wir bei den sitzenden Ascidien, diesen ruhigen degradirten Typen, bei welchen die Verdauungshöhle und der verurtheilt sind, sich der Aussenwelt gegenüber passiv zu verhalten. Bei ihnen kann die Aussenwelt keine Complication hervorrufen, oder sie wird sich nur in der Quantität der Elemente der Gewebe, in dem Wuchs und in der Grösse des Körpers oder in der Complication der ausschliesslich vegetativen Organsysteme äussern; aber auch diese Complicationen haben, wie wir oben gesehen haben und was wir bei der Beschreibung der Sexualorgane aufs Neue sehen werden, eine sehr niedrige Stufe der Differenzirung erreicht.

Die erste Bedingung der Entwickelung des Nervensystems ist die Ausbildung der recipirenden Endapparate, die früher oder später unvermeidlich eine Complication in den Centraltheilen hervorrufen muss. Diese Apparate befinden sich bei den Ascidien in einem beklagenswerthen Zustande. In einigen besonders ausgebildeten Organen, wie z. B. in dem Wimperorgan, dem vibrirenden Geruchsorgan, der Speiseröhre und endlich in den Fühlern, ausсерn wir in der That auf eine Masse Nervenenden, welche zwar ausserordentlich fein sind, deren Receptionskraft aber gewiss gering ist; sie gehören alle so zu sagen in die Kategorie der quantitativen und nicht der qualitativen Entwickelung, d. h. sie vergrössern nur die Summe der sensitiven Gewebe, ohne ihre Qualität auch nur im mindesten zu verändern.

Natürlich erzeugt die Armuth an tactilen und anderen Endapparaten der Nerven auch eine Mangelhaftigkeit in der Entwickelung der Centraltheile. Von dieser Regel macht nur das System des vegetativen Lebens, d. h. das System der Verdauungsorgane, und hauptsächlich das letztere mit keine Ausnahme. Aber in diesem System konnte ich keine Endapparate finden. Ich zweifle natürlich nicht an ihrem Vorhandensein, sie entgehen aber dem Auge des Beobachters durch ihre ungewöhnliche Feinheit und Durchsichtigkeit. Gemäss dieser Unvollkommenheit im Bau der Endapparate ist das Centralganglion der Ascidien aus kleinen einförmigen Elementen zusammengesetzt. Dieses Ganglion befindet sich auf der oberen Seite des Körpers zwischen beiden Siphonen. Bei *Molgula groenlandica* liegt es näher zum Eingangssiphon und zwar an der Stelle, wo die Nervenplatte anfängt. Die Ränder dieser Platte oder die Pericoronalfläche kreuzt den unteren Theil dieses Nervencentrums, während das letztere mit keine obersten Theil bis zur Mitte des Zwischenraumes, zwischen der Pericoronalfurche und dem Fühlerkranz (Taf. XVII, Fig. 1) reicht. Da alle dasselbe umgebenden Theile sehr beweglich und mit Bündeln von Muskelfasern ausgestattet sind, so kann es sich frei bewegen, sich heben und senken.

Der Centralknoten hat die Form eines etwas gestreckten Ellipsoides. Sein vorderer, gestreckter Theil geht in zwei recht starke Nerven über. Dasselbe bemerken wir an seinem hinteren Theil (Taf. XVII, Fig. 1, *n. a., a. p.*).

Vor der Austrittstelle der vorderen Nerven befindet sich ein stark entwickeltes Wimperorgan. Es stellt eine Art Schale dar, deren Ränder von zwei Seiten nach innen gekehrt sind und zwei gewundene Spiralen (Taf. XV, Fig. 3) bilden. Die innere Oberfläche dieser Spiralen ist mit Wimperepithel bekleidet.

Die Höhle dieses in zwei Spiralen gewundenen Wimperorgans steht, wie mir scheint, mit der unterhalb desselben gelegenen Drüse (Taf. XVII, Fig. 1) in Verbindung. Julin vergleicht diese Drüse mit der Hypophysis der Wirbelthiere. Bei *Molgula groenlandica* ist sie recht stark ausgebildet, liegt zu beiden Seiten des Knotens und bedeckt ihn zu gleicher Zeit von oben; bei einigen Exemplaren entwickelt sie sich asymmetrisch von der einen Seite des Knotens und in diesem Fall nimmt das Wimperorgan auch eine unsymmetrische Lage ein. Uebrigens ist die streng symmetrische Lage ziemlich selten. Einmal traf ich ein Exemplar, bei dem jene Drüse den unteren Theil des Knotens bedeckte und eine Art Kissen darstellte, auf dem das Wimperorgan ruhte (Taf. XVII, Fig. 3, *gl. pg.*).

Indem ich nun zu der Beschreibung des peripherischen Theils des Nervensystems übergehe, muss ich bemerken, dass die Untersuchung dieses Theils bei *Molgula groenlandica* viele Schwierigkeiten bietet. Die mehr oder weniger feinen Nerven laufen zwischen den zerstreut liegenden Bündeln der Muskelfasern, von denen man sie nur sehr schwer unterscheiden kann. Die Nervenfasern, wie auch die aus denselben zusammengesetzten Nerven sind so durchsichtig, dass man sie mit Hülfe des Mikroskops nur mit Mühe auffinden und von den feinen Muskelfasern schwer unterscheiden kann.

Die zwei starken Nerven, die aus dem vorderen Theil des Knotens entspringen, geben, fast unmittelbar nach ihrem Ursprung, einen feinen Zweig ab, der sich in den zunächst und hauptsächlich in den oberhalb der Pericoronalfurche liegenden Längsmuskeln (Taf. XVII, Fig. 1, *n. int.*) vertheilt.

Darauf geht der Nerv gerade vorwärts und theilt sich neben dem Fühlerkranz in zwei Aeste, welche zur Peripherie abgehen und fast parallel einer neben dem anderen verlaufen. Der erste, untere Ast giebt Zweige zu den Tentakeln hin ab (Taf. XXI, Fig. 1, *n. tn.*), während sich der obere über demselben in der Haut, an der sich der dünne Theil der Tunica befestigt, verzweigt (Taf. XVII, Fig. 1, *n. cell.*).

Der Nerv steigt nun höher und vertheilt sich, in den Raum oberhalb dieser Haut eingetreten, in die Längs- und Querringmuskeln des Sipho Taf. XVII, Fig. 1 *n. sg. n.*). Einige seiner Verzweigungen reichen bis an das Ende des Sipho und endigen wahrscheinlich in dessen Rändern oder in den sechs Tentakeln, die an diesen sitzen. Um diese Beschreibung zu vervollständigen, bemerke ich, dass der mittlere Pericoronalfühler bei sehr vielen Individuen einen sehr feinen, besonderen Nerv für sich hat, der aus dem vorderen Theil des Knotens, zwischen den beiden grossen, starken Nerven entspringt (Taf. XVII, Fig. 1).

Es kann leicht möglich sein, dass aus dem mittleren Theil des Knotens noch einige andere Paare sehr feiner Nerven ausgehen; ich konnte sie aber nicht finden, obwohl ich speciell in der Haut, die diesen Knoten bedeckt, darnach suchte, indem ich alle Theilchen derselben genau mit dem Mikroskope durchforschte. Ohne Zweifel müssen zu dieser Haut, ebenso wie zu den Wimperorganen, Nerven führen. Den peripherischen Theil des sich im Wimperorgan verzweigenden Nerven konnte ich nur in kleinen Bruchstücken auffinden. In den Durchschnitten ist der ganze äussere bewimperte Theil dieses Organs mit cylindrischem Epithel bedeckt, das mit langen Wimperhärchen und mit deutlich sichtbaren, in einer Linie liegenden Kernen versehen ist (Taf. XVII, Fig. 5, *ep.*), und dessen Zellen ziemlich regelmässige sechsseitige Prismen darstellen.

Von der inneren Seite treten an das Epithel die Faserverzweigungen des Bindegewebes heran, mit welchem fast das ganze Innere des Wimperorgans angefüllt ist; in denselben, dicht am Epithel kann man sehr feine Nerven mit ungemein kleinen Knötchen bemerken, die unter dem Epithelialgewebe ein ganzes Netz bilden (Taf. XVII, Fig. 6, *n.*).

Aus dem unteren Theil des Ganglions entspringen, symmetrisch zum oberen Theil, wie wir gesehen, auch zwei Nerven, die weniger stark und kürzer sind, als die vorderen (Taf. XVII, Fig. 1, *n. p.*). Jeder von diesen geht schräg abwärts und vertheilt sich in drei oder vier Zweige; der erste von ihnen, der sehr dünn und kaum sichtbar ist, biegt sogleich nach oben ab und vertheilt sich in den Basalmuskeln des Siphos. Die zwei anderen ziemlich starken, langen Nerven laufen fast parallel mit einander; der äussere von ihnen zerfällt in der Mantelwandung an der Basis des hinteren Siphon, der innere giebt dem Ring- und Längsmuskeln desselben Siphon Zweige ab, von denen einige wahrscheinlich bis zu seinem Ende reichen und sich hier, wie die sensiblen Nerven, verzweigen. Ich habe die Endigungen dieser Nerven nicht gesehen, ich schliesse aber auf dieselben aus der Analogie mit den Ascidien, bei denen es mir gelungen ist sie zu entdecken.

Endlich verzweigt sich auch der letzte, innere Zweig des hinteren Nervs, welcher sehr klein und kurz ist, in den Muskeln, die den hinteren Sipho bewegen. Bei einigen Exemplaren fehlte dieser Zweig.

Bei wieder anderen Thieren gelang es mir, einen dünnen, kurzen Nerv zu bemerken, der aus dem oberen Theil des Knotens zwischen den beiden hinteren Nerven entsprang. Ich war aber nicht im stande, die Verzweigung desselben zu verfolgen; vielleicht führt er zu dem äusseren Mantelepithel.

Wir sehen also, dass das Hauptcentrum der Nerventhätigkeit der *Molgula* vier Nervenpaare erzeugt: zwei vordere und zwei hintere, welche fast alle Muskeln der Ascidien innerviren. Man könnte sagen, dass die Muskelthätigkeit des ganzen Thieres von der Thätigkeit dieser zwei Nerven abhängt, wenn man nur jene feinen Nerven, von denen ich die Endigungen gesehen habe, nicht in Betracht zieht. Von diesen vier Nerven gehen materielische, wie sensible Fasern ab; sie sind, mit anderen Worten, nichts anderes, als gemeinsame Bündel beider Arten von Nervenfasern, die in vier Gruppen vereinigt und mit gemeinsamen Hüllen bekleidet sind. Es ist daher nicht wunderbar, dass man in den einzelnen Verzweigungen dieser Bündel weder eine anatomische noch eine physiologische Differenzirung erkennen kann. Es besteht eben keine Sonderung der Nerven, durch welche jedem derselben eine bestimmte Function zuertheilt wäre. Die Anzahl und theilweise sogar die Vertheilung dieser Nerven zeichnet sich deshalb durch Unbeständigkeit und Wechsel aus. Der feine Nerv, der aus dem Anfang des vorderen austritt, kann höher und niedriger entspringen. Die Nerven, die zu den Tentakeln und zu der oberhalb derselben liegenden Haut führen, können direct aus dem vorderen oder aus einem gemeinsamen Nerv entspringen, der einen Zweig desselben bildet. Endlich kann der Faserbündel, das zu dem mittleren Tentakel geht, auch ganz fehlen, in welchem Falle sich dieses letztere mit einem Zweige, der vorderen Nerv ausgebildet, begnügen muss. Es versteht sich von selbst, dass alles über die vorderen Nerven Ausgesagte entsprechend auch für die hinteren gilt.

Wenn sich aber die Differenzirung noch nicht in den Nerven des animalen Lebens äussert, so unterscheiden sich doch alle diese Nerven scharf von denen, die das vegetative Leben des Thieres regieren. Die Fasern in den Nerven dieses letzteren Systems zeichnen sich durch eine ungewöhnliche Feinheit und Durchsichtigkeit aus. Ihre Dicke erreicht nicht einmal die Hälfte der Dicke der Nervenfasern des animalen Systems (vgl. Taf. XVII, Fig. 2*, und Taf. XVIII, Fig. 13). Das ist der Grund, weshalb, wie mir scheint, dieses System des pneumogastrischen oder des sympathischen Nerven bisher noch von keinem Forscher beobachtet worden ist. Die Nervenfasern des animalen Systems (Taf. XVIII, Fig. 13) zeigen bei starker Vergrösserung (9, 10 Syst. Hartnack) recht scharf begrenzte doppelte Contouren und sind mit einander durch eine feinkörnige Masse (Punktsubstanz) verbunden und haben eine eigene Nervenhülle.

Anders ist ihr Bau in dem pneumogastrischen Nervensystem. Sie stellen dort einfach Bündel von ausserordentlich feinen Fäserchen dar, welche nicht verbunden sind und in dem sie umgebenden Gewebe (Taf. XVII, Fig. 2, *u*.) frei liegen. Bei einigen Exemplaren von *Molgula* sind die Fasern lichtgelb gefärbt; in diesem Fall kann man sie leicht erkennen und diesen Theil des Nervensystems, wenigstens die starkeren Hauptbündel desselben, verfolgen.

Dieses Nervensystem beginnt mit einem ziemlich starken unpaaren Nerv, der zwischen den beiden hinteren Nerven aus dem unteren Theil des Ganglions entspringt (Taf. XVII, Fig 1, *n p. g.*). Dies ist ihr Hauptstamm, welcher sich durch das Gewebe der Nervenplatte hinzieht. Bei den Querbalken des Kiemensackes angekommen, giebt dieser Stamm oder, richtiger, das starke Bündel der Nervenfasern in jeden Balken wieder kleinere Bündel ab (Taf. XVII, Fig. 9, *n. p. g².*); darauf geht er, immer feiner werdend, bis zur Mundöffnung und zum Magen (Fig. 3. *n. p. g'''*), zu dem er gleichfalls Nervenfasern entsendet, deren directe Verbindung mit dem Hauptbündel ich nicht sehen konnte. In einigen Querkiemenbalken sind directe Verbindungen durch bogenförmige Nervenfasern (Fig. 2, *n. p. g²*, *n. p. g³*) vorhanden. Das Hauptbündel giebt zu einigen Balken zwei Faserbündel ab.

Ich habe die feinen Endigungen dieses Nervensystems sich zwischen den Respirationsöffnungen an den Bündeln der Muskelfasern und an den Balken des Bindegewebes schlängeln sehen; nur selten aber in ganz unzweifelhafter Weise. Ebenso selten fand ich die dünnen Bündel der vollständig durchsichtigen, sich auf dem Magen verzweigenden Fasern. Aus diesem unpaaren System entspringen wahrscheinlich jene Nerven, die in die Tunica eindringen, deren Ursprung ich jedoch nicht beobachten konnte; in den starken Tunicalarterien liegen aber Nerven, die in ihrem Bau denjenigen des sympathischen unpaaren Systems gleichen. An diesen Tunicalnerven kommen eben solche Drüsen vor, wie an den Nerven der Nervenplatte. Wir werden später auf diese Drüsen noch ein Mal zurückkommen.

Wenn man das Verhältniss des animalen Nervensystems zu dem vegetativen betrachtet, so scheint hier das erstere zu prädominiren; dies ist aber auch nur scheinbar der Fall. Wir haben gesehen, dass wieder hier noch da, wenigstens nicht solche Nerven vorkommen, wie wir sie bei höheren Thieren zu sehen gewohnt sind; es sind einfach sehr schwach differenzirte Bündel von Fasern, die von Nervenhüllen umgeben sind. Wenn wir die Abwesenheit von reines differenzirten Muskeln, die hier entweder durch zerstreute Muskelfaserbündel oder durch einzelne Muskelfasern ersetzt werden, berücksichtigen, so begreifen wir, woher die schwache Differenzirung der motorischen und sensiblen Nerven kommt. Erinnern wir uns hierbei jener wenig complicirten Functionen, die dieses elementäre Muskel- und folglich auch Nervensystem zu besorgen haben.

Einen noch primitiveren Charakter trägt das vegetative System. Die Organe und ihre Functionen sind hier noch einfacher und einförmiger, und daher sehen wir dieses Nervensystem in einer so primitiven Weise entwickelt — als Faserbündel, die in diesen, wie in jenen Theilen des pneumogastrischen Apparates liegen. Wenn wir aber die Anzahl der Fasern dieses Systems mit der Anzahl derjenigen vergleichen, welche die Bewegungen der Muskeln reguliren, so liegt das Uebergewicht auf Seiten der ersteren. Während man die Anzahl der Fasern in den motorischen Nerven noch genau bestimmen kann, ist das bei den feinen, kaum sichtbaren Fasern in den Bündeln des Kiemensackes durchaus nicht mehr möglich. Wir sehen also in dem pneumogastrischen Nervensystem dasselbe Uebergewicht, wie wir es in dem System der Organe des vegetativen Lebens über diejenigen des animalen finden.

Werfen wir jetzt einen Blick in das Innere des Hauptnervenknotens, des einzigen Mittelpunktes des ganzen Nervensystems. Auch hier ist alles ebenso primitiv und einförmig, wie in dem Bau des peripherischen Theiles des Nervensystems. Wir wissen bereits, dass dieser Knoten vermittelst einer Menge mehr oder weniger kurzer Muskeln und Bänder an die angrenzenden Theile befestigt ist. Mit Hülfe dieser Muskeln kann er verschoben werden, wahrscheinlich haben sie aber noch eine andere Bestimmung. Mittels derselben können verschiedene Theile des Knotens zusammengedrückt und erweitert werden, je nach der Grösse der Blutmenge, welche zu einer Gruppe von Nervenzellen gesandt werden muss. Uebrigens kann hier von Zellengruppen kaum die Rede sein, da der ganze peripherische Theil des Knotens oben, unten, überhaupt auf allen Seiten aus sehr feinen, ziemlich dicht liegenden Nervenzellen besteht, unter denen man grössere, mittelgrosse und feine unterscheiden kann. Die ersteren (Taf. XVII, Fig. 4, *a. a. a.*) müssen wir, ungeachtet ihrer geringen Grösse, für motorische Zellchen oder Zellen der Muskelthätigkeit halten, da sie immerhin die grössten sind, welche der Knoten erhält. Jede von ihnen hat mehrere sichtbare Ausläufer, von denen ich einige auf beträchtliche Entfernung recht weit zu verfolgen vermochte.

Neben diesen Zellchen und zwischen denselben sind kleinere unregelmässig vertheilt (Fig. 4, *b. b. b.*).

An einer Stelle gelang es mir die Vereinigung einer mit mehreren Ausläufern versehenen grossen Zelle (Fig. 4, *d.*) mit einer länglichen, kleinen Zelle (Fig. 4, *e.*), die zwei feine Ausläufer abgab, zu beobachten. Die Verbindungsstrecke beider Zellen war sehr kurz, und ich kann nicht bestimmt sagen, ob diese zwei Zellen zusammen nicht einen einfachen Reflexapparat, d. h. eine Verbindung der Muskelzelle mit der sensiblen darstellen. Wenn diese Vermuthung richtig ist, so gehören augenscheinlich alle jene feinen, kaum bemerkbaren Zellen (Fig. 4, *c, c, c.*), die an einigen Stellen in der Mitte des Knotens zerstreut oder an seiner Peripherie angehäuft sind, zu den sensiblen. Das ganze Innere ist mit den feinsten Fasern ausgefüllt, die nach allen Richtungen hin gehen und nie in regulären Zügen liegen.

Das sind die Resultate, die sich aus den feinen Schnitten der Nervenknoten, die allmählich in Spiritus und Alcohol erhärtet waren, ergaben. Indem ich aber diese in einer schwachen Chromsäurelösung macerirten Knoten zerpflückte, bekam ich Zellengruppen oder einzelne Zellen mit einem oder zwei Ausläufern (Taf. XVII, Figg. 8, 9, 10, 11.)

149

Mit dem Nervenknoten der Ascidien hat die Drüse, die Julin der Hypophysis der Wirbelthiere gleichstellt, eine anatomische und vielleicht auch eine physiologische Verbindung, und steht in mehr oder weniger enger Beziehung zu dem pneumogastrischen Nerv, weshalb ich sie pneumogastrische Drüse nenne. Bei *Molgula* entwickelt sie sich bedeutend und besteht aus feinen, einförmigen Zellen, die in kleinen Läppchen angeordnet sind (Taf. XVII, Fig. 7). Wenn man sie zwei bis drei Tage in 70° Spiritus liegen lässt, sie darauf färbt und dann zerzupft, so zeigt sich, dass sich viele ihrer Zellen mit Hülfe der Ausläufer paarweise vereinigen (Taf. XVII, Fig. 13), andere geben mehrfach dicke und kurze Ausläufer ab; endlich giebt es noch Zellen, die sich von den Nervenzellen weder durch ihre Form noch durch ihre Grösse unterscheiden und lange, faserähnliche Ausläufer entsenden (Figg. 14, 15). Auf feinen Schnitten kann man diese Ausläufer im Mikroskop nicht bemerken und ich kann kaum kaum annehmen, dass das gleichzellige Gewebe dieser räthselhaften Drüse aus Elementen des Nervengewebes bestehe. Es kann sein, dass einige dieser Elemente auch in das Drüsengewebe eintreten, aber diese, so zu sagen, zufälligen Herkömmlinge machen nicht wesentlich ihren Inhalt aus.

In den Läppchen der Drüse entstehen Unterabtheilungen durch die bindegewebigen Balken, in deren Zwischenräume fast immer die Injectionsmasse eindringt, obgleich dieselben keine Gefässe enthalten. Es sind einfach Lacunen, in welche das Blut hineinfliesst (Taf. XVII. Fig. 7, *vix. sin.*). An der Peripherie sind die Läppchen der Drüse mit Bündeln von Muskelfasern besetzt (Fig. 7, *w. w.*) und können ohne Zweifel durch letztere zusammengedrückt und dadurch das in den Lacunen enthaltene Blut entleert werden. Es gelang mir nicht, die Verbindung der Drüse mit der Höhle des Wimperorgans zu sehen, aber aller Wahrscheinlichkeit nach senkt sich diese Höhle in das Gewebe der Drüse.

Die Thätigkeit derselben steht aller Wahrscheinlichkeit nach mit derjenigen des pneumogastrischen Nervensystems in Verbindung, und die Elemente, aus denen erstere zusammengesetzt ist, befinden sich nicht ausschliesslich neben dem Nervenknoten. Wie wir weiter sehen werden, häufen sie sich auch in den anderen Theilen des pneumogastrischen Nervensystems an. Ich traf Exemplare von *Molgula*, bei denen ähnliche Zellengruppen, wie diejenigen, aus denen das Drüsengewebe besteht, auf dem Hauptbündel des pneumogastrischen Nerven vorhanden waren. Diese Zellchen gruppiren sich in vier oder fünf bealenartige Massen, die fest auf dem Hauptfaserbündel des pneumogastrischen Nerven (Taf. XVII, Fig. 2, *gl. py., gl. py.*) liegen.

—

Jedem Beobachter lebender Ascidien fällt die ungewöhnliche Sensibilität ihres Körpers auf. Die *Molgula* hat diese Eigenschaft gleichfalls; sie schliesst rasch ihre Siphonen und zieht sie ein, sobald sie von einem fremdartigen Gegenstande berührt wird. Dieser Umstand lässt eine hohe Entwicklung der Nervenendigungen in dem äusseren, dicken Integument voraussetzen. Überhaupt ist die Sensibilität des Integuments oder der allgemeine Tastsinn desselben stark entwickelt, gewiss auf Kosten der anderen Sinne. Die Sensibilität der Siphonen repräsentiren ohne Zweifel Organe eines mehr specialisirten Tastsinnes der Körperoberfläche, doch müssen von diesen die ringförmig vor dem Eingang in den Kiemensack geordneten Tentakel functionell unterschieden werden. Die ersteren, sechs an der Zahl, bilden kurze, kegelförmige Anhänge von derselben dunkelvioletten oder grünen Farbe, welche auch der Eingang in die Mündung des Sipho selbst zeigt. Diese Tentakel nehmen alle Eindrücke auf, ziehen sich bei jeder unangenehmen Empfindung zusammen und werden eingezogen, dann schliessen sie sich nach Art der Sphincteren und der Sipho selbst wird gleichfalls geborgen.

Die eigentlichen Tentakel der Siphonen, die am Eingange in den Kiemensack einen Perikoronalkranz bilden, dienen in erster Linie zum Schutz dieses Sackes. Ich hatte mehrere Male Gelegenheit zu beobachten, wie fremdartige, in den Hals des Sipho bereits eingedrungene Theilchen zugleich mit dem Wasserstrom wieder ausgeworfen wurden, wobei jener sich leicht zusammenzog und versteckte. Man kann aber kaum annehmen, dass diese Tentakel als Geschmacksorgane dienen. Die *Molgula* gehört zu den Ascidien (Cynthien), bei welchen dieselben in Form von baumartig verzweigten Anhängen, 14 bis 15 an Zahl, erscheinen. Jeder Tentakel stellt einen ziemlich langen kegelförmigen, inwendig hohlen Anhang dar, der seine Lage auf verschiedene Weise verändern, sich heben, senken und nach allen Seiten biegen kann, dank den Muskelfaserbündeln, die an seiner dorsalen Seite liegen. Von den Seiten geht dieser Anhang in kegelförmige Zweige aus, die sich wiederum verästeln. In jedem Fühler geht ein Nerv, dessen Fasern in den Enden der Zweige, nämlich in deren Epithel, als kleine, stark lichtbrechende Körperchen auslaufen.

Zum Schluss der Beschreibung des Nervensystems füge ich noch einige Worte über die Functionen des Wimperorgans hinzu.

Kann man dasselbe wohl für ein Geruchsorgan halten?

Die grosse Zahl von Nervenendigungen in seinem Wimperepithel weist positiv auf seine Rolle als sensitives Organ hin. Zu dieser Annahme veranlasst sein stetes Vorhandensein im vorderen Theil des Respirationssackes. Selbst bei den Ascidien, wie z. B. bei *Phallusia mentula* und *mamillata*, bei denen der Nervenknoten weit zurücktritt und sich beim Ausswurfsipho befindet, liegen die Wimperorgane vor dem Kiemensack.

Man kann schwerlich annehmen, dass das Wimperorgan als Trichter dient, durch welchen das frische, sauerstoffreiche Wasser beständig zu dem Nervenknoten fliessen sollte, um das in demselben circulirende Blut zu oxydiren. Hiermit steht das Verhältniss dieses Organs zu den Nervenknoten anderer Tunicaten in offenbarem Widerspruch.

8. Sexualorgane.

Die Fortpflanzungsorgane der Ascidien sind einerseits mit dem Darmcanal und andererseits mit dem Mantel mehr oder weniger eng verbunden. An der Entwickelung dieser Organe und hauptsächlich an der Entwickelung der Testikel nehmen theilweise die Blutgefässe des Mantels, hauptsächlich aber diejenigen des Darmcanals Antheil. Daher sehen wir bei den Ascidien überhaupt, und bei *Molgula groenlandica* insbesondere, eine enge Verbindung dieser Organe. Die Testikel dringen in die Gewebe der Gedärme oder wachsen so zu sagen hinein. Sie bedecken die Wandungen des Darmcanals von aussen und zu gleicher Zeit umgiebt einer derselben den Eierstock von der unteren Seite. Ein solcher unpaarer Testikel liegt auf der rechten Seite, während die linke Seite von dem Bojanus'schen Organ (Taf. XX, Fig. 2, *ts*.) eingenommen wird. Die Farbe des Testikels ist schmutzig-grünlich und seine eiferen, mit Samen gefüllten Säckchen oder Bläschen scheinen in dieser allgemeinen schmutzig-grünlichen Masse als weisse Flecken durch. Unter dem Mikroskop kann man in der allgemeinen Masse des Bindegewebes, welches mit Blutkörperchen und mit Zellen dieses Gewebes angefüllt ist, die Bläschen oder die Säckchen des Testikels sehen, von denen mehr oder weniger lange Ausführungsgänge ausgehen (Taf. XVII, Fig. 17). Diese Gänge vereinigen sich unter einander und münden in die gemeinsamen Ausführungsgänge ein, die als kurze Röhrchen heraustreten (Taf. XX, Fig. 2, *r. df.*), deren Anzahl bei den verschiedenen Exemplaren variirt und bis auf 10 für einen Testikel steigt. Alle diese Röhrchen öffnen sich natürlich in die gemeinsame Leibeshöhle.

In den Bläschen der Testikel kann man die Spermatozoen in den verschiedenen Perioden der Entwickelung sehen.

Die weiblichen Sexualorgane sind paarig; der linke Eierstock befindet sich oberhalb des Bojanus'schen Organs, der rechte liegt symmetrisch auf der rechten Seite über dem Testikel und dem Darmcanal (Taf. XX, Fig. 2, *ov. ov.*). Bei der jungen *Molgula* stellt jeder Eierstock einen einfachen, länglichen Sack mit einem ziemlich langen, deutlich erkennbaren Oviduct dar (Fig. 2, *ovd.*). Die Farbe eines solchen Sackes ist hell gelblich-röthlich und nur an wenigen Punkten sind ziemlich reife Eier in Form von kleinen, intensiv rosagefärbten Fleckchen zerstreut.

Mit dem Alter nimmt die Zahl der Eier zu und an dem Sack treten eine Masse Läppchen hervor, in denen die Eier traubenförmig liegen; der ganze Eierstock färbt sich gleichmässig schön rosa. Unter dem Mikroskop erscheint letzterer von aussen mit Wimperepithel bekleidet und seine kleinen Läppchen oder Bläschen erscheinen wie mit Eiern gefüllte Säckchen. Es fragt sich, zu welchem Zwecke das hier vorhandene Wimperepithel dient? — Ich bin der Ansicht, dass die Entwickelung der Eier einen bedeutenderen Zufluss von sauerstoffhaltigem Wasser als die nächstliegenden Manteltheile, welche solchen Wimperepithels entbehren, bedarf. Diese Eier entwickeln sich augenscheinlich aus den Zellen des inneren Epithels. Nach Erreichung eines gewissen Alters sondern sich diese Zellen ab und liegen frei; jede von ihnen ist von einer eigenen Epithelialhülle umgeben, die sich später ihr äussere Eihülle ausbildet. Jedes Ei hat bereits in einem früheren Stadium einen sehr grossen Nucleus und in demselben einen kugelförmigen Nucleolus mit scharfen Contouren. Mit dem Wachsthum des Eies bleiben diese Bildungen fast unverändert, aber das Ei selbst wächst in Folge des in ihm sich ablagernden Eidotters, welcher dunkelrosa gefärbt ist. Das reife Ei liegt in einem aus einer Schicht bauchiger Zellen gebildeten Säckchen (Taf. XV, Fig. 9) und entwickelt sich augenscheinlich aus der embryonalen Epithelialhülle des Eies. Ob man diese räthselhafte Hülle mit dem Follikulus der höheren Thiere analogisiren soll — ist eine Frage, die ich nicht berührt habe, die aber, wie mir scheint, durch die neuesten Arbeiten von Fol und Sabatier genügend aufgeklärt ist.[*)]

---

[1] M. Fol. Recueil Zoologique Suisse. 1884. T. I, p. 91. — Arm. Sabatier, ibid. T. I, p. 421.

X. Die Organisation anderer Ascidien des Weissen Meeres.

Unter der Fauna des Solowetzkischen Meerbusens treffen wir fast nie zusammengesetzte oder richtiger sociale Ascidien an. Ich habe wenigstens nur eine Form — *Polyclinium aurantium* — gesehen. Von einfachen Ascidien finden wir hier nur zehn Formen, die *Clavellina lepadiformis* mit eingerechnet, welche nichts mehr und nichts weniger als eine Uebergangsform von den zusammengesetzten zu den einfachen, oder richtiger von den socialen zu den einzeln lebenden Ascidien ist. Diese Formen sind: 1) *Chelyosoma Mac-Leyanum*, Br. & Sow., 2) *Glandula fibrosa*, St., 3) *Molgula groenlandica*, Traust., 4) *Molgula longicollis*, n. sp., 5) *M. nuda*, n. sp., 6) *Pera crystallina*, Vern., 7) *Cynthia echinata*, l., 8) *C. Nordenskjöldii*, n. sp., 9) *Styela rustica*, L.

---

1. Chelyosoma Mac-Leyanum. Brod. & Sowerby.

(Taf. XV, Fig. 4, 5, Taf. XX, Fig. 6, 13.)

Die flachste von allen Ascidien des Weissen Meeres und sogar aller Meere ist die schon längst bekannte sonderbare *Chelyosoma Mac-Leyanum* (Taf. XV, Fig. 4, 5, Taf. XX, Fig. 6, 13). Die Organisation dieser Ascidie ist aber bei weitem nicht so sonderbar, wie man es aus einer von Eschricht[1]) gegebenen Beschreibung schliessen könnte. Am auffallendsten ist bei dieser Form das Vorhandensein eines hornigen Integumentes, welches an der unteren Seite, mit welcher die Ascidie an einen unter dem Wasser gelegenen Gegenstand anwächst, glatt und ununterbrochen ist, an der Rückenseite aber aus acht dicht zusammengewachsenen Schildchen von regelmässiger Form zusammengesetzt wird (Taf. XVIII, Fig. 19). Ein mittleres, zwischen den Siphonen gelegenes Schildchen oder Platte besitzt eine sechseckige Form, während die Form der übrigen sich mehr einem Fünfeck nähert. Jedes Schildchen ist von einem breiten Saume umrandet und die Grenzen zwischen denselben sind durch braune Contouren gekennzeichnet, welche sich von der Farbe der ganzen hornigen, schmutzig hellbraun gefärbten Hülle ziemlich scharf abheben.

An den Oeffnungen der Siphonen befinden sich sechs dicke, hornige, dreieckige Klappen, welche durch ihr Zusammenlegen eine leicht kugelig gewölbte Schliessung des Siphons herbeiführen.

Zwischen dem unteren Rande des Körpers und den unteren Rändern der Schildchen befindet sich ein ziemlich glatter, gleichfalls horniger Saum. Dieses ganze complicirte Integument wird durch den unter ihm liegenden Mantel abgesondert und dient dem Thiere in erster Linie als ein Schutzmittel gegen die Kälte. In der allgemeinen Phylogenie der Ascidien scheint *Chelyosoma* die niedrigste Stelle einzunehmen. Der grössere Theil der Kräfte des Organismus wurde hier für die Ausbildung eines festen Integumentes verwendet, welches den ganzen Körper des Thieres

---

1) Eschricht, Anatomisk beskrivelse af *Chelyosoma Mac-Leyanum*. — Dansk. Selsk. naturvd. og mathem. Afh. IX. Deel. 1841. p. 1.

36*

so zu sagen gebunden hat, eine Entwickelung desselben in die Länge verhinderte und dem für eine freie Entwickelung der Organe nöthigen Raum verengte. Die Bänder der dieses Integument zusammensetzenden Platten erscheinen ziemlich biegsam und weich, wodurch dasselbe an diesen Stellen je nach dem Willen des Thieres ausgedehnt oder verengt werden kann. Nimmt man dieses Integument weg, so erscheint der Mantel, gleich wie ersteres, in vieleckige Facetten getheilt; da wo diese Facetten sich mit einander berühren, sind sie durch dünne und kurze Muskelfasern wie zusammengenäht (Taf. XVIII, Fig. 20). In der Mitte der oberen sechseckigen Facette schimmert in gelblicher Farbe das Nervenganglion durch. Ebenso sind die Siphonen gleichwie die hornigen Klappen in Segmente getheilt, deren jedes ein Bündel von kurzen Muskeln trägt, welche zum Schliessen der Platten dieser Klappen dienen.

Wenn wir den ganzen Körper des Thieres in der Längsrichtung durch die beiden Siphonen aufschneiden, so bemerken wir, dass der Kiemensack den oberen Theil desselben in der ganzen Breite einnimmt, der untere, weniger umfangreiche Theil aber für den zwischen den Geschlechtsorganen liegenden Darmcanal bestimmt ist. Dieser ist, wie bei der Mehrzahl der Ascidien, schlingenförmig gekrümmt; die Schlinge liegt in einer horizontalen Ebene und war das hintere Ende des Darmcanals ist nach oben gekrümmt und endigt mit der Analöffnung in der Nähe des hinteren Sipho (Taf. XVIII, Fig. 23).

Wie bei allen Ascidien, ist der Kiemensack von Chelysoma an den Mantel durch eine Menge von Bändern befestigt, von welchen, wenn nicht alle, so doch die Mehrzahl Gänge oder Verbindungen zwischen dem Blutkreislaufe im Mantel und Kiemensacke vorstellen sollen. Der Bau dieses letzteren erscheint sehr elementar. Der Kiemensack ist aus Schlingen gebildet, welche in ziemlich regelmässigen Reihen gelagert sind und sich mit einander durch Längsbalken verbinden (Taf. XVIII, Fig. 22). An der Nervenplatte sehen wir eine Reihe von ziemlich langen, fadenförmigen Anhängseln, wie sie schon Eschricht abbildet (Taf. I, Fig. 6, k). Die Mundöffnung liegt an derjenigen Körperseite, an welcher der Ausgangssipho sich befindet; sie stellt eine ebensolche Spiralwindung vor, wie bei allen anderen Ascidien, und führt in eine ziemlich kurze Speiseröhre, hinter welcher der ziemlich grosse Magen folgt, dessen Wandungen in eine Menge von zuerst Längsund dann Querfalten zusammengelegt sind; alle diese Falten sind braun gefärbt (Taf. XX, Fig. 11, e). Wie bei allen Ascidien ersetzen diese Falten die Leber. Der Magen geht in den schlingenförmigen Darmcanal über, welcher bis zu zwei Dritteln der Länge der unteren Seite des Körpers reicht, dann sich gegen den Magen krümmt und sich an die obere Körperseite zieht, sich um den Kiemensack, an denselben anwachsend, herumlegt und mit der Analöffnung neben dem hinteren Sipho (Taf. XVIII, Fig. 23, re) endigt.

An der unteren Seite des Körpers schimmern durch den Manteltiberzug die Geschlechtsorgane durch. Dieselben sind beim ersten Blicke durch das Integument in der Gestalt von zwei Systemen sternförmig gelegener Röhrchen bemerkbar. Die einen der letzteren zeichnen sich durch schmutzige Lilafarbe aus; dies sind die Hoden (Taf. XX, Fig. 11, h). Die anderen sind ziemlich hell orange gefärbt — die Ovarien (o). Bei näherer Untersuchung erscheinen die ersteren als baumartig verzweigte blinde Stückchen, welche sich mit einander vereinigen und mit einem gemeinschaftlichen Gange neben dem Rectum öffnen (vdf). Neben diesem Ausführungsgange liegt der Eileiter, welcher eine lange Röhre darstellt, deren Ende die Schlinge des Darmcanals erreicht und beiderseits Bündel von blinden Säckchen, in welchen die Eier formiert werden, in sich aufnimmt. Die Gruppen dieser Stückchen lagern sich ziemlich regelmässig, dichotomisch, an beiden Seiten des Eileiters, welcher dem Darmcanal entsprechend sich anbiegt. Diese Gruppen von Eisäckchen sind weit mehr an der äusseren, freien, als an der inneren Seite, welche an den Darmcanal anliegt, entwickelt.

Wenn man den unteren Theil von Chelysoma sammt dem Darmcanale und den Geschlechtsorganen abschneidet, ohne den ersteren vom Kiemensacke zu trennen, und den abgeschnittenen Theil zurückschlägt, so sieht man die Organe in der Lage, welche von Taf. XVIII in seiner Fig. 1 abgebildet ist. Offenbar wurde wegen der zusammengedrückten Form des Körpers eine freie Entwickelung der Schlinge des Darmcanals und der Geschlechtsorgane in senkrechter Richtung unmöglich, und sowohl diese als der Kiemensack haben sich in der Horizontalebene entwickelt.

Die Sonderung aller Theile der Geschlechtsorgane und selbst ihre Form erinnert an den Bau derselben bei den zusammengesetzten (besser socialen) Ascidien. Wenn wir die letzteren sogar für mehr elementare Formen als die einfachen Ascidien halten, so stellt uns die Chelysoma auch in diesem Falle eine niedrigste Form dar.

Während der vier Sommer meines Aufenthaltes auf den Solowetzkischen Inseln kamen mir nur 3 Exemplare von Chelysoma vor. Sie sassen auf kleinen Steinen in einer Tiefe von 10—16 Meter; eins derselben, welches von mir auf Taf. XIV, Fig. 1ᵃ abgebildet ist, war an der Basis von Styela rustica befestigt.

2. Glandula fibrosa. Stimpson.

(Taf. XVIII, Fig. 14.)

Diese Ascidie ist nächst der vorhergehenden die flachste. Ich traf sie in den Gewässern des Solowetzkischen Meerbusens nur einmal; das Thier besass eine ellipsoide Form und war fast 2½ cm lang; seine dicke, härtere Tunica war mit Sand dicht bedeckt, was ihm eine gewisse Stärke und Schwere verlieh und zu veranlasste, sie unter Meeresboden anzuhalten.

Einen Uebergang zu dieser frei schwimmenden, sich nicht befestigenden Ascidie können wir in denjenigen Exemplaren von Molgula groenlandica oder von M. longicollis sehen, welche an feinen Fadenalgen schwach befestigt sind. In diesem Falle verliert die erstere dieser Ascidien gänzlich ihren hornigen Boden und nimmt eine mehr oder weniger kugelähnliche Form an, der Sand bleibt aber nicht nur an den den Körper bedeckenden Härchen, sondern auch am Mantel selbst kleben.

Andererseits ist der Uebergang von *Glandula* zu *Rhodosoma* (*Lhectrolum*) leicht möglich. Die Tunica der ersteren scheint wie aus zwei Hälften zu bestehen, welche an der Mitte, wo die Siphonen sich befinden, klaffen. Zieht das Thier die Siphonen ein, so schliesst sich die Oeffnung, wobei ihre Ränder sich fest aneinander legen. Hatte sich etwa der eine von diesen Rändern stärker entwickelt, so konnte er die Oeffnung allein schliessen; aus diesem Rande entwickelte sich dann am Schlusse der nach dieser Richtung gehenden phylogenetischen Reihe ein besonderer Lappen, aus welchem endlich ein Operculum gebildet wurde. Es versteht sich, dass eine Kalkablagerung in diesem Integument schon eine secundäre und zufällige Erscheinung ist.

Wenn man den Mantel von dieser Ascidie abtrennt, so sieht man deutlich, wie die Muskeln sternförmig um die Siphonen herum liegen; es sind Muskeln, welche den Mantel und mit diesem zugleich auch die Tunica zusammenziehen (Taf. XVIII, Fig. 15). Die Enden der Siphonen sind orange gefärbt, welche Farbe zum Theil auch die der Ränder der Oeffnung ist, welche streng genommen nur eine Falte des Mantels bildet. Bei dem Durchschnitte des Mantels begegnen wir dem Kiemensack, an dessen einer Seite, der Seite des Ausgangssipho, der Enddarm sich entlegt (Taf. XVIII, Fig. 17, *s*), und zwar auf dieselbe Weise, wie bei *Chelyosoma*. An beiden Seiten des Kiemensackes legen sich die Geschlechtsdrüsen an *un*. Es sind dies ziemlich umfangreiche Säcke, von denen ein jeder sich etwas schlängelnd oder richtiger schlangenförmig in Querfalten zusammengezogen erscheint. Ein jeder Sack besitzt zwei zusammengewachsene Ausführungsgänge, von denen der eine, der längere und breitere, für die Eier, der andere, kürzere und engere, für den Samen bestimmt ist.

Der Eingangssipho besitzt sechs Lappen, der Ausgangssipho nur vier.

Aus geöffneten Kiemensacke lässt sich leicht absehen, wie kurz der Eingangssipho ist, so dass die Spitzen von zwölf verzweigten Fühlern aus den Rändern desselben hervorragen (Taf. XVIII, Fig. 16). Der »Zwischenraum« ist ziemlich gross. Ebenso stark ist das Flimmerorgan entwickelt, welches direct auf dem Nervenknoten liegt.

Der Kiemensack ist gefaltet; an jeder Seite liegen sechs weit hervorragende Falten.

Der Darmcanal liegt ebenso wie bei *Chelyosoma* schlingenförmig am Boden des Körpers unter dem Kiemensacke. Der Enddarm krümmt sich gleichfalls an die obere Seite des Darmcanals und endigt neben dem Ausgangssipho.

Ich bedaure sehr, dass mir nur ein einziges Exemplar von dieser interessanten Ascidienform zu Gesicht kam, und dass ich dasselbe nicht genauer untersuchen konnte.

3. Molgula longicollis n. sp.

(Taf. XVIII, Fig. 1.)

In der »Sommerbucht«, in einer Tiefe von vier Faden, kamen mir drei Exemplare einer kleinen Ascidie vor, welche ich beim ersten Blicke für junge *Molgula groenlandica* nahm; als aber diese Ascidien in meinem Aquarium sich in die Länge zogen, ihre langen Siphonen hervorstreckten und die eine von ihnen eine beträchtliche Menge von Eiern geworfen hatte, sah ich, dass ich es mit vollkommen entwickelten Exemplaren zu thun hatte.

Dem äusseren Aussehen und zum Theil auch dem inneren Baue nach steht diese Ascidie der *M. macrosiphonica* Kupf. am nächsten, sie unterscheidet sich von dieser letzteren wesentlich durch manche Merkmale. Sie ist ungefähr 2 cm lang, besitzt einen kugelförmigen Körper und ebenso lange Siphonen, wie *M. macrosiphonica*, nur ist hier der Eingangssipho weit grösser und fast um das Doppelte länger, als der Ausgangssipho, während wir bei der letzteren umgekehrt bemerken, dass die Länge des Ausgangssipho die des Eingangssipho übertrifft. Die Farbe des Körpers ist dunkel schmutzig-braun, zum Theil grünlich und an den dünneren durchsichtigen Stellen schmutzig graulichgelb. Der ganze Körper weist Unebenheiten auf, an welchen verschiedene fremde Gegenstände und Sand kleben. Zwischen diesen Unebenheiten befindet sich eine ziemlich grosse Anzahl von kurzen Härchen, aber keins von den mir vorgekommenen Exemplaren zeigte einen solchen Reichthum von Sandkörnchen und langen Härchen, wie es bei *M. groenlandica* der Fall ist.

Durch das Integument sieht man den braunen Magen und die dunkle Darmschlinge, an der entgegengesetzten Seite aber schimmert kaum merklich in weisslicher Farbe der mit weissen (farblosen) Eiern gefüllte Eierstock durch.

Die Siphonen sind ebenfalls mit kleinen Höckerchen bedeckt, und der Eingangssipho endigt mit sechs Lappen, welche im vollständig ausgestreckten Zustande desselben sich ziemlich stark seitwärts zurückbiegen. Noch stärker dehnt sich der Ausgangssipho aus, welcher nur drei Lappen besitzt, die im ausgestreckten Zustande ein Viereck bilden, in dessen Mitte eine cylinderförmig nach innen führende Oeffnung sich befindet.

Wenn man die Siphonen aus dem äusseren Integument herausnimmt, erscheinen sie vom übrigen Körpertheil scharf abgegrenzt (Taf. XVIII, Fig. 2), was übrigens auch bei *Molgula groenlandica* stattfindet. Ebenso wie der Mantel des ganzen Körpers besitzen sie eine gelbliche Farbe und auf diesem hellgelben Grunde fallen die weisse Eierstock und das sehr grosse, ebenfalls weisse (farblose) Bojanus'sche Organ scharf in die Augen, welches Organ mit einer Menge von röthlich-braunen Fleckchen bedeckt ist, die durchscheinende Krystalle von Harnsäure vorstellen. An der einen Seite des Bojanus-schen Organs sieht man einen scharfen braunen Fleck, den durchschimmernden Magen (1).

An der anderen Seite des Körpers schimmert eben so scharf in grünlichbrauner Farbe der Darmcanal durch, an dessen Schlinge die weissen Geschlechtsorgane befestigt sind.

Bei der Eröffnung des Thieres fällt eine geringe Anzahl von Falten des Kiemensackes in die Augen (Taf. XVIII, Fig. 3); es giebt ihrer nur je fünf an jeder Körperseite. Diese Falten ragen schwach in das Lumen des Sackes hinein und an jeder von ihnen schmmern 5—6 ellipsoide Vertiefungen oder Oeffnungen durch, welche den Mantelwandungen zugewendet sind.

Die bogenförmig gekrümmten Oeffnungen des Kiemensackes lagern sich concentrisch in kleinen Gruppen wie bei den übrigen Molgula-Arten.

Die federförmigen Fühler stellen nichts besonderes vor. Der «Zwischenraum» ist ziemlich beträchtlich und die pericoronale Rinne erstreckt sich ziemlich tief nach unten.

Der Magen ist ziemlich gross, umfangreich und scheidet sich scharf vom übrigen Darmcanale.

Die Geschlechtsorgane lagern sich symmetrisch zu beiden Seiten des Körpers. Beim Aufschneiden der Ascidien längs der Nahrungsrinne sieht man ebenso wie bei M. groenlandica an der einen Seite des Körpers das Bojanus'sche Organ, das Herz und den Eierstock, während an der anderen der Darmcanal sich befindet. Er ist etwas stärker als dort entwickelt, und das ist die Ursache, warum die Geschlechtsorgane (der Eierstock und die Hoden) an der rechten Seite weniger Raum einnehmen und in der schlingenförmigen Krümmung des Enddarmes liegen.

Ziemlich grosse, ganz farblose Eier dieser Art haben das Besondere, dass ihre Deckbläschen oder -Zellen sehr scharf in der Gestalt von stark lichtbrechenden, jedes Ei umgebenden Körperchen hervortreten.

Alle drei Exemplare dieser Ascidie wurden von mir auf sandigem Grunde gefunden, auf welchem sehr viele Röhren von Polydora ciliata und Bruchstücke verschiedener Muscheln vorkamen.

4. Molgula nuda n. sp.

(Taf. XXI, Fig. 1.)

Einmal habe ich in der Solowetzkischen Bucht eine Ascidie gefunden, die ich zuerst für eine junge Molgula groenlandica gehalten habe, die sich aber bei der näheren Untersuchung als eine besondere Species erwies, und die ich zu meinem Bedauern genöthigt war, an einem schon ziemlich lange Zeit in Spiritus liegenden Exemplare zu untersuchen, wodurch mir vieles unbekannt geblieben ist.

Die Ascidie war an langen Aesten von Cryptomerium befestigt. Von Molgula groenlandica unterschied sie sich schon beim ersten Blicke dadurch, dass ihr Körper die gewöhnlich vorhandenen langen, mit Sand besetzten Fädchen nicht besass und nur an einigen Stellen kleine, flache, fadenförmige Fortsätze aufwies. Dabei hatte der ganze Körper ein weit dünneres, ziemlich durchsichtiges Integument, durch welches die inneren Organe durchschimmerten. Seine Farbe ging ins graublaue. Die Länge der Ascidie betrug 2½ cm.

Die Siphonen derselben sind kürzer, als die der Molgula groenlandica. Sowohl der Eingangs- als der Ausgangssipho besitzt an seinen Rändern sechs warzenförmige Anhängsel. Ausserdem ist jeder Sipho von aussen mit fühlerförmigen kleinen Fortsätzen versehen, welche sich bogenartig nach rückwärts krümmen. Diese Fortsätze stehen in regelmässigen Reihen, zu je 3—4 in jeder Reihe. Im allgemeinen müssen solche Siphonen ein Bild vorstellen ähnlich demjenigen von Molgula echinosiphonica.

Das äussere Integument, welches sich ins Innere der Siphonen fortsetzt, erscheint gerunzelt und weit dicker, als das Integument von Molgula groenlandica. Die Ascidie besitzt nur neun sehr kurze, breite, gefiederte Fühler.

Der Raum zwischen dem Fühlerkranze und der pericoronalen Rinne ist ungemein lang, weit länger als bei Molgula longicollis, so dass der ganze Nervenknoten in diesem Raume liegt (Taf. XXI, Fig. 2).

Die pericoronale Rinne dringt ziemlich tief in den Kiemensack ein. Letztere stellt je sieben kleine Falten an jeder Seite vor. Der ganze Sack ist stark angeschwollen und der Raum zwischen den Falten ist sehr breit, insbesondere zwischen den der Schlundrinne anliegenden Falten.

Eine jede Falte und folglich auch der ganze Sack ist durch Querbalken in acht Querstreifen getheilt, welche zwischen den Falten kaum bemerkbar sind, und der ganze Raum erscheint hier netzförmig, d. h. aus ziemlich weiten, gekrümmten Schlingen gebildet, welche die Kiemenöffnungen vorstellen. Diese Oeffnungen sind durch zwei oder drei kleine, kurze Balken gestützt; sie liegen nicht in einer und derselben Ebene, verengen sich und ziehen sich dabei an einigen Stellen neben den Längsbalken zusammen (Taf. XXI, Fig. 12), welche sich zu drei an jeder Falte befinden, ausgenommen die äussersten, d. h. am nächsten zur Nahrungsrinne oder zur Nervenplatte gelegenen. Ausserdem zog sich ein sehr feiner, kaum bemerkbarer Längsbalken in der Mitte zwischen den Falten hin (Vr'). Von den drei Balken war der erste, d. h. derjenige, von welchem die Falte anfing, breiter als die anderen (Taf. XXI, Fig. 12, Vr'). Innerhalb derselben, zwischen je zwei Querbalken bilden die Schlingen des Kiemensackes doppelte Spiracula (Taf. XXI, Fig. 12, sp.) und stellen ein Bild dar, welches dem von Lacaze-Duthiers bei der Schilderung von Molgula tubulosa (l. c. Pl. V, Fig. 15) gegebenen sehr ähnlich ist. Innerhalb dieser Balken lagern sich die Kiemenöffnungen, ebenso wie bei Molgula tubulosa, in concentrischen Linsen, die Wandung des Sackes selbst bildet aber einen breiten Kegel, welcher sich jenseits des Längsbalkens sehr scharf in zwei mehrere theilt, von denen der eine nach oben, der andere nach rückwärts sich richtet (Fig. 12, sp.), während beide mit ihren Spitzen vermittelst eines besonderen Bändchens an den letzten, die Spitze der Falte bildenden Balken befestigt sind. Ausserdem verbindet ein gemeinschaftliches, nur in zwei Fortsätze getheiltes Band die Basis einer jeden Spiracula mit dem zweiten Balken (Taf. XXI, Fig. 12 v).

Die Function dieser Längsbalken besteht offenbar im Schutze der sehr zarten, feinen, netzförmigen, kleinen Spirakel des Kiemensackes. Die in denselben hineinfliessende oder aus ihm durch die Siphonen zu entladende Wassermenge muss bei dem Zusammendrücken des ganzen Körpers mit grosser Kraft strömen, und wenn die Netze und die netzförmigen Kegel keine zuverlässigen Verbindungen besässen, so könnten sie leicht zerrissen werden. Andererseits erweist sich der Bau des Kiemensackes dieser *Molgula*, wie der aller übrigen Ascidien, welche denselben oder einen ähnlichen Bau des Athmungsorganes besitzen, als sehr zweckmässig. Das verschiedene kleine fremde Thierchen mit sich bringende Wasser geht leicht durch die hinreichend grossen Oeffnungen der Athmungsschlingen, von welchen die Wandungen des Sackes gebildet sind, zwischen den Falten hindurch, und gleichzeitig gleitet das Wasser längs derselben hinab und wird an ihnen aufgehalten, um dem in feinen Netzen von kleinen Kiemenkegeln enthaltenen Blute eine hinlängliche Zeit für die Oxydation zu geben.

Was schon beim ersten Blicke auf die Wandungen und die Netze des Kiemensackes besonders in die Augen fällt, ist das fast vollständige Abhandensein von Muskelfasern. Der ganze Sack ist in Folge dessen zur Unbeweglichkeit und Passivität verurtheilt, von der nur die Erweiterung und Verengung seiner Oeffnungen eine Ausnahme macht.

Wie bei allen Ascidien sind auch hier diese Oeffnungen von Streifen, welche aus feinen Muskelfasern bestehen, umgürtet (Taf. XVII, Fig. 18, *m*.). Diese Fäserchen sind mit sehr kleinen Zellen untermengt, deren Charakter mir unverständlich geblieben ist. Vielleicht sind dies Nervenzellen; indess gelang es mir nicht, Fortsätze oder eine Verbindung mit Muskelfasern zu sehen.

An den zwei entgegengesetzten Polen einer jeden Kiemenöffnung befindet sich gleichfalls eine Anhäufung von sehr kleinen Zellen, zu welchen ich manchmal sehr feine, kaum bemerkbare Nervenfasern verlaufen zu sehen vermeinte (Fig. 18, *c. n*.). Man könnte also die Anhäufung jener kleinen Zellen für Nervenknötchen halten, von denen die Fasern sich in die die Oeffnung umgebenden Muskelfasern verbreiten und sich mit den kleinen, an den letzteren zerstreuten Zellen verbinden. In einigen Fällen ist es mir gelungen, zu diesen Knötchen gehende Nervenfasern zu beobachten. Die Epithelzellen sind weit grösser und deutlicher als die letzteren; eine jede Epithelzelle besitzt einen queroralen Kern und diese Kerne bilden eine ganze Reihe rings um die Kiemenöffnung (*ep*.). Diese Zellen tragen lange Flimmerhaare, welche an den Enden der Oeffnungen etwas länger sind, dann kürzer werden und an den Enden einer jeden Kiemenöffnung gänzlich verschwinden. Es bleibt mir noch zu sagen übrig, dass auch in den Räumen zwischen den Oeffnungen feine Nerven vorkommen, in ihnen sich verzweigen und nicht selten im äusseren Epithel in kaum bemerkbaren, länglichen Körnelchen endigen (*n*).

Der eben beschriebene Bau der Kiemenöffnungen scheint sich mit allen Details bei sämmtlichen Ascidien zu wiederholen, hier aber, bei *Molgula nuda*, ist derselbe leichter zu beobachten, da der Kiemensack sehr dünne und dabei durchsichtigere Wandungen besitzt, welche das Studium seines Baues ermöglichen.

Der Darmcanal dieser Ascidie stellt weder in Bezug auf seine Form, noch auf seinen Bau etwas von dem Darmcanale anderer Ascidien verschiedenes vor. Ebenso bieten die Geschlechtsorgane keine Abweichungen vom Baue derselben bei anderen Molgulae. Der Ausführungsgang der Hoden scheint durch die Mitte des Eierstockes zu gehen und mit dem Eileiter verwachsen zu sein. Diese Organe waren bei einem Exemplare zerknittert und beschädigt und in Folge dessen schwer zu untersuchen.

Das Ganglion dieser Ascidie ist ziemlich klein und seine Form weicht von der des Ganglions von *Molgula groenlandica* nicht ab, nur dass die von seinen hinteren Nerven etwas länger erscheinen, da seine Entfernung von der Cloakenöffnung bedeutender ist, bei dem letztgenannten Thiere.

Das Wimperorgan war bei dem von mir untersuchten Exemplare auffällig gross und lag asymmetrisch an der linken Seite des Ganglions, dagegen fehlte die Nervendrüse fast ganz, wenn man sich nicht entschliessen wollte, die an beiden Seiten des Nervenknotens gelegenen Zellengruppen dafür zu halten.

5. Paera crystallina, Möller.

(Taf. XX, Fig. 14.)

Traustedt[1]) zählt diese sonderbare Ascidie zur Gattung *Molgula*, aber schwerlich mit Recht. Zwar ist dieselbe zufolge ihrer gefalteten Kiemen mit concentrisch gelegenen Oeffnungen in die Nähe von *Molgula* zu stellen, dann auch zufolge ihrer gefiederten Fühler und der ähnlichen Lagerung des Darmcanals an der linken Seite, des Herzens und des Bojanus'schen Organs aber an der rechten Seite, — endlich aber wegen des Baues der Geschlechtsorgane und wegen des Vorhandenseins eines Bojanus'schen Organs selbst. Alle diese Theile sind genau ebenso wie bei allen *Molgula*-Arten gebaut. Aber kurze Siphonen und besonders das Vorhandensein eines kleinen Stückes an der unteren Seite des Körpers scheidet diese Ascidie sehr scharf von *Molgula* ab und lässt sie uns zu einer besonderen, von Stimpson aufgestellten Gattung zählen.

Paera besitzt eine ziemlich dicke, aber vollständig durchsichtige, runzlige und höckerige Hülle. Ihr Körper ist birnförmig und seitlich zusammengedrückt. Die kurzen Siphonen endigen mit kleinen Bläsern, welche als Klappen dienen (Taf. XVIII, Fig. 24), von denen der Eingangssipho sechs, der Ausgangssipho aber vier besitzt.

1 Traustedt, Oversigt over der fra Danemark og dets nordlige Bilande kjendte Ascidiae simplices. (Vidensk. Meddel. fra den naturh. Foren. i Kjöbenhavn. 1879—80 S. 17.)

Im kurzen Eingangssipho ist der Fühlerkranz der pericoronalen Rinne sehr nahe gerückt, so dass der «Zwischenraum» zwischen beiden sehr verengt ist (Taf. XIX, Fig. 12).

Das ziemlich grosse Wimperorgan befindet sich fast in derselben Ebene mit der pericoronalen Rinne.

Zu beiden Seiten des Kiemensackes liegen je fünf kleine Falten, an welchen in der Längsrichtung je 5—8 Spirakel sich befinden, deren jedes im Centrum mit kurzen, gekrümmten und in Spiraltouren gelegenen Oeffnungen beginnt (Taf. XIX, Fig. 14, 15). Je nach ihrer Annäherung zur Peripherie werden dann aber die Oeffnungen länger und gerader, so dass wir in der Mitte der Falte fast ganz gerade, lange und enge Schlitze sehen.

In der Mitte eines jeden Spirakels zieht sich eine Längscommissur hin und über einen jeden Schlitz geht eine Menge von Balken, welche in der ganzen Spirakel radial sich lagern. In einigen Spirakeln schliessen sich an diese Balken Bündel von Muskeln an, welche unregelmässig gelegen sind und die Spirakel in ihrer ganzen Breite durchkreuzen (Fig. 14, m. m.).

Zwölf lange, gefiederte Fühler, deren Spitzen über die Länge der Siphonen weit hinausragen, schützen die Oeffnung des Eingangssipho. Von oben stellen dieselben und alle ihre Zweige Anschwellungen dar, an welchen Längsmuskeln sich hinziehen (Fig. 13, m.). Von unten oder von innen sind sie in eine Menge Läppchen getheilt, welche mit einem Saume von längeren und mehr zusammengedrückten Epithelzellen umrandet sind.

Die Mundöffnung führt in eine ziemlich kurze Speiseröhre, hinter welcher der recht umfangreiche, durch die ihm anliegenden Leberzellen rothbraun gefärbte und durch die Integumente durchschimmernde Magen folgt. Bei einem Exemplare ragten die Falten dieses Magens als Fransen hervor (Taf. XX, Fig. 12, V). Das ziemlich umfangreiche Herz hat dieselbe Lage, wie auch in anderen Molgula-Arten. Von unten ist es durch das gelbliche Bojanus'sche Organ begrenzt (Fig. 12, Bj), welches bei erwachsenen Thieren vom Hoden abgedeckt wird.

Von oben legen sich an das Herz die Geschlechtsorgane an, nämlich die röthlichgelben Eierstöcke, deren dunkle Flecken reife Eier kennzeichnen (Taf. XX, Fig. 12, ••). Unter dem Mikroskop kann man diese Eier in verschiedenen Entwickelungsstadien sehen; zwischen denselben verzweigen sich die Blutgefässe. Von einem jeden Eierstocke geht ein ziemlich langer Eileiter aus. Ausführgänge von Hoden gelang es mir nicht zu sehen.

Ich habe nur drei Exemplare dieser interessanten Ascidie gefunden. Sie waren alle mit ihren Stielen an Seepflanzen befestigt und sassen in einer Tiefe von 2—3 Faden.

Zum Schlusse möchte ich die Aufmerksamkeit künftiger Forscher auf die Frage lenken, wovon die Länge der Ein- und Ausgangssiphonen abhängt. Im Allgemeinen vergrössert sich dieselbe mit der Verlängerung des ganzen Körpers, aber es giebt hier auch Ausnahmen; so hat z. B. der kurze, kegelförmige Körper von Molgula macrosiphonica oder Molgula longicollis lange Siphonen.

Das Ausziehen des Eingangssipho diente vielleicht als ein Ausgangspunkt für die Längenausdehnung des ganzen Körpers, die Verlängerung des Sipho selbst wurde aber durch das allgemeine Streben des Thieres, ringsum schwärmende Nahrungstheilchen zu ergreifen, hervorgerufen. Hier hat offenbar eine Zuchtwahl gewirkt, indem die Exemplare, welche einen längeren Sipho besassen, dadurch zugleich die Möglichkeit gewannen, früher und reicher Nahrungspartikel und damit auch frisches Wasser zur Athmung zu bekommen.

Uebrigens werde ich Gelegenheit haben, dieses Alles näher zu besprechen, nach Beschreibung aller von mir im Weissen Meere gefundenen Ascidien. Hier wollte ich nur auf den Zusammenhang des zu kurzen Siphonen mit dem Vorhandensein eines Stieles, auf welchen der birnförmige Körper von Pura crystallina sitzt, hinweisen und die Frage aufwerfen, ob hier nicht das Füsschen das ersetzt, was bei anderen Ascidien vermittelst des Eingangssipho erreicht wird.

6. Cynthia echinata. Linneus

[Taf. XV, Fig. 1?]

Diese schon längst bekannte und durch ihre sonderbare Hülle leicht unterscheidbare Ascidie kommt nicht selten in den Gewässern des Solowetzkischen Meerbusens in mehr oder weniger grossen Tiefen vor. Der Form des Körpers nach nähert sie sich mehr Molgula, als einer anderen Cynthia. Ihr kegelförmiger, bezüglich mehr oder weniger verkürzter und augenscheinlich voller Körper besitzt eine röthlichbraune Farbe und ist mit langen, sternförmigen Dornen besetzt. Jeder Dorn hat eine dicke cylindrische Basis, aus welcher 6—8 Nadeln hervorwachsen, deren längste und geradeste aus der Mitte hervorgeht, während die übrigen rings um dieselbe sich lagern. Diese seitlichen Nadeln erscheinen entweder einfach oder weiter verzweigt oder mit Dornen bewaffnet. Die Basis ist dunkelbraun, fast schwarz gefärbt, während die von derselben ausgehenden Nadeln eine gelbliche oder braune Farbe besitzen und nicht selten durch dunkle Querringe ausgezeichnet sind. Ein jeder solcher sternförmiger Dorn sitzt auf einem Höcker, und sein Abstand von den nächsten ist ziemlich gross. Auf dieser ganzen Fläche sind Gruppen von kleinen dunklen, einfachen oder verzweigten Nadeln zerstreut.

Sehr kurze und dünnwandige Siphonen sind in je vier Lappen getheilt, welche bei deren starker Ausdehnung fegenförmig nach oben hervorragen. An der inneren Seite der Ränder sind sie schon rosa gefärbt. Bei längeren Exemplaren geht diese Färbung ziemlich tief ins Innere; bei einem der mit vorgekommenen Thiere, welches anscheinend starke Pigmentationen zeigte, war aber der ganze Sipho bis zum Fühlerkranz ziemlich hell braunrothen (Taf. XX, Fig. 1). Auf diesem braunrothen zeichneten sich sehr scharf und schön schneeweisse, halbdurchsichtige, verzweigte Fühler ab, deren Anzahl überhaupt von 12 bis 14 variirt, und von denen jeder ziemlich lange conische Seitenfortsätze und an diesen wieder kleine conische Anhängsel besitzt. Der »Zwischenraum« ist ziemlich gross, das Wimperorgan stark entwickelt, der Nervenknoten aber in die Länge gestreckt.

Die Kiemenfalte ragt sehr stark ins Innere vor. Eine jede Falte stellt, wie bei allen *Cynthia*- und *Molgula*-Arten, Quer- und Längsbalken dar, welche ihren ganzen Raum in regelmässige Vierecke theilen. Innerhalb dieser Vierecke liegen weite Kiemenöffnungen, zwischen welchen schwache Längsbalken verlaufen, und zwischen den letzteren, zu der Mittellinie der Oeffnungen, ziehen andere Balken hin, welche mit den ersteren durch Querverbindungen communiciren. An der Aussenseite tragen dicke Balken ziemlich lange, fühlerförmige Anhänge.

Die Farbe des Kiemensackes ist gewöhnlich gelblich, aber bei dem oben erwähnten stark pigmentirten Exemplare war er zart isabellfarben und durch den Kiemensack schimmerten die röthlichgelbe Magen und die bei allen Exemplaren hellrothen Eierstöcke, deren Färbung von den sie anfüllenden vollständig reifen Keim herrührt (Taf. XX, Fig. 1).

Die ziemlich lange und dünne Speiseröhre dieser Ascidie führt in den Magen, der sich durch starke Entwickelung der Leber auszeichnet, welche in seinen Wandungen liegt und denselben das Aussehen von röthlichgelben oder braunen, traubenartigen Lappen giebt. Richard Hertwig[1] zeichnet diesen Magen mit drei Paaren von gerundeten, blinden Anhängen, welche aber in der Wirklichkeit bei lebenden Ascidien niemals eine solche Form besitzen. Unter dem Mikroskop erweisen sich diese Lappen als Falten oder besser als gefaltete Säckchen, welche von aussen mit durchsichtigen, farblosen Zellen belegt sind (Taf. XX, Fig. 13, Taf. XVIII, Fig. 9, ep). Das innere Epithel aber stellt vieleckige, sehr dicke Leberzellen vor, die mit gelben oder gelblichbraunen, stark glänzenden Körnchen überfüllt sind (Taf. XX, Fig. 15, Taf. XVIII, Figg. 8, 9), und von denen jede einen ziemlich deutlichen Kern besitzt. Zwischen diesen fast gleich grossen Zellen begegnet man auch sehr grossen, welche farblos erscheinen und deren Umfang vier normalen Zellen gleich ist (Taf. XVIII, Fig. 8, A u l), wobei innerhalb jeder Zelle ein grosser Stärkekorn liegt (Taf. XVIII, Fig. 10, a, b, c). Ein jeder Kern besitzt eine ziemlich regelmässige rundliche Form und deutliche concentrische Schichtung. Durch schwache Jodlösung wird er charakteristisch dunkelblau tingirt. Bei einigen Exemplaren von *Cynthia echinata* kommen solche Kerne im Magen in grosser Anzahl vor und ich hielt sie anfangs für die von der Ascidie verschlungenen Nahrungsstoffe. In der That fand ich manchmal im Magen Stückchen von Cellulose. Später aber, bei näherer Untersuchung der Gewebe der Magenwandungen, überzeugte ich mich, dass diese vermeintlichen Nahrungstheilchen oder Kerne von Stärkemehl sich in den Magenwandungen entwickeln.

Ausser regelmässigen vieleckigen kommen auch unregelmässig geformte, ellipsoide, birnförmige oder an dem einen Ende ausgezogene Leberzellen vor (Taf. XX, Fig. 15). Ebenso trifft man kleinere Stärkekörnchen von unregelmässiger Form, stark ausgezogen oder stückchenförmig (Taf. XX, Fig. 15').

Es bleibt die Frage zu lösen, ob diese Erscheinung normal oder pathologisch ist und in welcher Beziehung sie zu dem amyloiden Vorgange steht, welcher in der Leber der höheren Thiere stattfindet.

In der Tiefe der peribranchialen Höhle liegen jederseits die Geschlechtsdrüsen. Eine jede von ihnen erscheint als ein ziemlich langer, sich schlängelnder schlauchförmiger Schlauch, von hellrother Farbe, neben welchem, an seinem Ende, noch einige grosse kugelförmige Drüsen liegen, von denen kleine Ausführungsgänge in ihn hineintreten. Es sind dies die Hoden (Taf. XX, Fig. 1). Aber die Scheidung der männlichen Geschlechtsdrüsen von den weiblichen ist hier noch nicht gänzlich vollzogen. In der rothen Eierstocksröhre begegnet man zugleich mit den Stückchen, in welchen sich die Eier entwickeln, auch Bläschen, in welchen die Entwickelung von Spermatozoen vor sich geht (Taf. XVI, Fig. 14, ts). Mit solchen Bläschen sind die abgetrennten kugelförmigen Hodendrüsen angefüllt. Ihre Farbe ist weiss oder etwas gelblich. In der rothen Zwitterdrüse nehmen die Hodenbläschen gewöhnlich die Peripherie ein. Unter dem Mikroskope stellen dieselben sehr feine zerstreute rothe Pigmentkörnchen dar. Die Membran der Zwitterdrüse ist sehr dünn und aus kleinen länglich-ovalen Flimmerzellen Epithelzellen gebildet (ev). Sie steht etwas von den Hodenbläschen und den Eisäckchen ab und der Raum zwischen diesen und jenen ist mit lockerem Bindegewebe gefüllt, zwischen dessen Fasern sich viele Colomkörperchen befinden.

Die Zahl der Hoden variirt von 2 bis 4 und es kommen Individuen vor, in welchen dieselben von der Zwitterdrüse nicht abgetrennt erscheinen. Von einem jeden Hodenbläschen geht ein dünner Gang aus und alle diese Gänge verbinden sich mit einander, um beim Austritt aus Ausführungsmündung zu bilden, welche endlich zu einem gemeinschaftlichen Ductus ejaculatorius sich vereinigen, der als eine kleine mit dem Eileiter verwachsende Röhre mündet. Die Eileiterröhre ist viel länger, als das Vas ejaculatorium des Hodens. Uebrigens wiederholt sich ein eben solches Verhältniss bei sehr vielen Ascidien, bei denen die Ausführungsgänge im Vergleich mit der Drüse selbst sehr kurz und dünn sind.

7. Cynthia Nordenskjöldii n. sp.

(Taf. XV, Fig. 1.)

Dies ist unstreitig die hervorragendste Form von allen Ascidien des Weissen Meeres, sowohl in Betreff ihrer Grösse als auch ihrer schönen rothen Farbe. Dem äusseren Aussehen nach kann man sie leicht mit *C. papillosa* verwechseln, und die bisherigen Forscher der nördlichen Meere schienen sie in der That damit verwechselt zu haben, doch unterscheidet sie sich durch so scharfe Merkmale von letzterer, dass ich dieser Art den Namen des berühmten nordischen Reisenden und Zoologen zu geben mich entschliesse.

---

[1] R. Hertwig, l. c. Taf. IX, Fig. 22.

Diese Ascidie ist etwas kleiner und bedeutend blasser als *Cynthia papillosa*. Die Oeffnungen ihrer Siphonen (sowohl des Eingangs- wie des Ausgangssipho) sind in vier dicke Lappen getheilt (Taf. XV, Fig. 1⁴, Taf. XX, Fig. 10), während bei *C. papillosa* der Ausgangssipho nur in zwei Lappen zerfällt, welche sich sehr scharf beim Schliessen des Sipho auszeichnen, wobei letzterer sich etwas bogenförmig nach unten krümmt⁽. Aber der hauptsächlichste Unterschied dieser Ascidie besteht in der Abwesenheit jener langen Nadeln, mit welchen die Oeffnungen der Siphonen bei *C. papillosa* bewaffnet sind.

Von aussen ist der ganze Körper von *Cynthia Nordenskjöldi* mit Schildchen von gewöhnlich viereckiger Form bedeckt, zwischen welchen aber auch nicht selten fünfeckige oder ellipsoide vorkommen (Taf. XXI, Fig. 10). Dieselben können bei einer Ausdehnung des Integumentes von einander abrücken, weil zwischen ihnen ein elastisches, sehr dehnbares Gewebe sich befindet. Jedes Schildchen sitzt auf einer kleinen Erhöhung und trägt in seiner Mitte eine gewöhnlich aus sechs hornigen Häkchen oder Nadeln bestehende Bewaffnung. In der Mitte befindet sich eine längere Nadel, welche von kürzeren umgeben ist. Bisweilen wachsen kurze Nadeln auf den langen (Fig. 10⁴), überhaupt erinnert diese Bewaffnung an die Paxillen der Seesterne. Wahrscheinlich ist es ein Rest der starken Bewaffnung, welche wir bei *C. echinata* sehen. Kleinere viereckige oder ellipsoide Schildchen tragen eine kleinere Anzahl von Nadeln, bisweilen auch nur eine einzige, aber lange. Sie können entweder direct im gemeinschaftlichen Gewebe (Taf. XXI, Fig. 10⁴) oder durch eine Theilung der alten Schildchen sich bilden (Taf. XXI, Fig. 10, *x, x*).

Bei *C. papillosa* finden wir am gemeinschaftlichen Integumente anstatt dieser Schildchen eine Menge von ziemlich langen, auf hornigen Erhöhungen sehr nahe aneinander sitzenden Nadeln.

Der Hauptunterschied zwischen diesen beiden Ascidien besteht aber in den anatomischen Merkmalen, unter welchen insbesondere eine so starke Längenausdehnung des Nervenganglion bei *C. papillosa* in die Augen fällt, wie wir sie bei keiner anderen Ascidie finden.

Die allgemeine Körperform ist bei diesen beiden Ascidien beinahe ganz gleich, aber bei *C. Nordenskjöldi* sind die Siphonen viel kürzer und dicker. Das allgemeine Integument erscheint hier wie dort aus zwei eng mit einander verwachsenen Schichten bestehend, von welchen die obere mehr oder weniger dicht und hornig, die untere aber faserig ist. Bei beiden geht dieses Integument am unteren Theile des Körpers in wurzelförmige Fortsätze über, mit welchen sie an den unter dem Wasser gelegenen Gegenständen sich befestigen. Bei *C. Nordenskjöldi* verdickt sich dieses Integument stark an der Basis des Körpers und giebt von der Innenseite grosse, in dessen Innern ringförmige Fortsätze ab (Taf. XXI,Fig. 5, *end. end.*).

Von *C. Nordenskjöldi* kamen mir sehr kleine junge Exemplare vor, welche die Länge von einem Millimeter nicht erreichten. Dieselben waren von einem Integumente bekleidet, welches aus deutlichen polygonalen flachen Epithelzellen bestand, und zwischen diesen Zellen lagen regelmässig, in gleichen Abständen von einander, runde Schildchen, deren jedes mit einer langen, scharfe Dornen tragenden Nadel bewaffnet war (Taf. XXI, Fig. 7). Eine jede solche Nadel war von kleinen Dornen oder Häkchen umgeben. Kurze und weit geöffnete Siphonen waren ebenfalls mit langen, Dornen tragenden Nadeln bewaffnet, welche ihre Ostien dicht bedeckten (Taf. XXI, Fig. 7, 9). Solche Dörnchen oder Häkchen waren dicht neben der Oeffnung zu bemerken; endlich konnte man auch in der Oeffnung selbst eine aus einfachen oder wieder mit feineren Zähnen ausgestatteten Dörnchen bestehende Bewaffnung sehen.

Der Mantel dieser kleinen Exemplare zeigte eine sehr charakteristische Besonderheit, bei welcher ich mich hier passend aufhalte, weil dieselbe ziemlich wichtige Belege für diese von Lacaze-Duthiers bestrittene Meinung liefert. Der ganze Mantel war von ziemlich langen, mit Flimmerhaaren bedeckten Fortsätzen besetzt, welche verschieden lang waren und in verschiedenen Abständen von einander sassen (Taf. XXI,Fig. 8, *ap. ap. ap*). In die längeren Fortsätze traten ebensolche der Wandungen des Kiemensackes hinein. Ich halte es für unzweifelhaft, dass das Blut in diesen Fortsätzen oxydirt wird, weil dieselben mit Flimmerhaaren bedeckt sind und in sie die Kiemenfortsätze hineintraten; da aber die ersteren dem Mantel aufsitzen, so ist es zweifellos, dass der letztere unter Anderem zur Blutoxydation dient. Es ist sogar möglich, dass aus diesen Mantelfortsätzen später die Netze von Mantelgefässen sich entwickeln.

Die Oeffnungen der Siphonen von *C. Nordenskjöldi* sind ebenfalls bewaffnet, aber ihre Bewaffnung erreicht bei weitem nicht einen solchen Grad der Ausbildung, wie bei *C. papillosa*. Es sind verhältnissmässig kleine Nadeln oder Häkchen, mit welchen vorzugsweise die Oeffnung des hinteren Sipho besetzt ist (Taf. XIX, Fig. 1, 5). Von aussen sind beide Siphonen mit kurzen zerstreuten Häkchen bedeckt (Taf. XX, Fig. 9), im Innern tragen sie einen breiten hellrothen Saum, welcher an seiner Spitze kleine, nur unter dem Mikroskop sichtbare Zähnchen besitzt, welche Fortsätze der äusseren, hornigen Schicht sind, die hier in vier tief in die Einschnitte der vier Lappen hineingehende Falten getheilt ist (Taf. XIX, Fig. 1, 5, *Syph.*). Dicht am Rande des Sipho kann man einen ganzen Wald von solchen Bewaffnungen bemerken, welche aus mehr oder weniger scharfen, bisweilen doppelte oder kegelförmige und prismatische Fortsätze darstellenden Nädelchen bestehen (Taf. XIX, Fig. 4, 5, *a, b, c*).

Auf der halben Länge des Sipho endigt ein feines Häutchen, welches sich am Fühlerkranze befestigt (Taf. XIX, Fig. 1, *mbn.*). Der obere Theil dieses Häutchens wächst an das dünne und feste äussere Integument an, welches sich im Innern des Sipho hineinbiegt.

Der Fühlerkranz besteht aus sechzehn verzweigten oder federartigen Fühlern.

---

1) Siehe die Abbildung von Traustedt. — Die einfachen Ascidien des Golfes von Neapel. (Fauna und Flora des Golfes von Neapel. IV. Bd. 1882. S. 418. Taf. XXXVI, Fig. 1.)

Die pericoronale Raum steht ziemlich zwei vom vorderen Theile des Nervenknotens und von dem auf diesem Theile aufsitzenden Wimperorgane ab (Taf. XIX, Fig. 1). Bisweilen nimmt letzteres den an der Spitze des Ganglions sich befindenden Raum zwischen zwei vorderen Nerven ein oder liegt an der Basis derselben. Seine spiralförmig gedrehten Theile sind sehr stark entwickelt (Taf. XVII, Fig. 19, *wl.*).

Im Allgemeinen muss man bemerken, dass das Innere dieser Ascidie durch die starke Entwickelung aller Gewebe im Vergleich mit anderen Formen des Weissen Meeres Staunen erregt. Unter letzteren ist C. *Nordenskjöldii* dasselbe, was unter den Ascidien des Mittelmeeres C. *mammillata*. Ihr Kiemensack ist in Betreff der Gewebe dichter, als der anderer Ascidien; seine Farbe ist orangegelb oder rötlichgelb. Die Falten, je sieben jederseits, erscheinen stark entwickelt und in die Höhle des Sackes hervorragend (Taf. XIX, Fig. 1). Sehr dicke Balken theilen den ganzen Sack sowohl an als zwischen den Falten in regelmässige viereckige Räume, welche durch vier oder fünf Querbalken getheilt sind. Jeder Balken grenzt eine Reihe von 12—15 Kiemenöffnungen ab (Taf. XIX, Fig. 3), welche in der Längsrichtung liegen und elliptisch ausgezogen sind. In einigen Reihen geht über mehrere (3—8) solcher Öffnungen ein dünner Querbalken, welcher zwischen zweien derselben an die Kiemenwandung anwächst (Taf. XIX, Fig. 3, *ll. ad.*), und als der Anfang zur Bildung eines künftigen grossen Balkens zu dienen scheint. Mehr und mehr wachsend, muss er endlich von dem einen grossen Balken zu dem anderen reichen und jede Kiemenöffnung in zwei theilen. Ich muss aber bemerken, dass solche Balken nicht nur bei dieser, sondern auch bei anderen Ascidien vorkommen.

An der äusseren, d. h. der zur Peribranchialhöhle gewendeten Seite des Kiemensackes tragen seine Balken lange fühlerförmige oder zungenförmige Anhänge (Taf. XVIII, Fig. 6), die einen Ueberrest des Jugendzustandes der Kiemen, einen Rest derjenigen Anhänge vorstellen, welche, wie wir gesehen haben, bei kleinen Ascidien derselben Art vorhanden sind (Taf. XXI, Fig. 8). Neben der Mundöffnung, wo die Kiemenfalten endigen, befinden sich sehr kleine lappenförmige, dreieckige Anhängsel (Taf. XIX, Fig. 4. *Ap. Ap*), die höchst wahrscheinlich nur Auswüchse des Kiemensackes ohne jegliche specielle Function darstellen.

Die sehr breite Nervenplatte trägt jederseits eine Reihe von fühlerartigen Anhängen, von denen diejenigen der rechten Seite weit mehr entwickelt sind, als die der linken Seite (Taf. XIX, Fig. 1, *Pl. n.*).

Dicke Wandungen der Nahrungsrinne gehen fast bis zum Anfang des Magens. Von der weiten Mundöffnung geht eine lange Speiseröhre (Taf. XX, Fig. 8, *oe*) ab, welche sich zu einem grossen, massiven, dunkelbraunen oder röthlichgelben Magen (Fig. 8, V) erweitert, welcher in dicke sich schlängelnde Falten getheilt ist und mit einer Menge von gleichmässig vertheilten platten Höckerchen bedeckt wird. Letztere erweisen sich unter dem Mikroskop bei schwacher Vergrösserung als blinde, Leberzellen enthaltende Säckchen. Es ist dies ein Anfang von Differenzirung der Leber bei den Ascidien (Taf. XIX, Fig. 6). Der an die Mantelwandungen angewachsene Darmcanal zeichnet sich durch seine Breite und die Dicke seiner Wandungen aus, welche mit langen prismatischen Epithelzellen dicht besetzt sind.

Das Herz erscheint hier weit mehr entwickelt und differenzirt, als bei anderen Ascidien (Taf. XX, Fig. 8, C., Taf. XXI, Fig. 6, C.). In dieser Beziehung erinnert es an das Herz von *Ciona intestinalis*. Es ist ebenso schlingenförmig gekrümmt und stösst mit dem einen Ende gegen den Magen, auf welchem es in einer Menge von dicken Gefässen sich vertheilt, mit dem anderen Ende aber geht es in die lange Aorta des Kiemensackes über (Taf. XXI, Fig. 6, *a. Bn*). Bevor dies geschieht, dehnt es sich stark aus und an dieser Stelle wächst das Pericardium an die Wandungen des Kiemensackes an. Ein dünnwandiger Herzbeutel (*ps*) umfasst das ganze Herz oder vielmehr die aus zwei Herzhälften zusammengesetzte Schlinge und befestigt sich an dem Mantel vermittelst einer Menge von dünnen Muskelfädchen. Endlich stellt das Herz hier wie bei der Mehrzahl, wenn nicht bei allen Ascidien, quere oder schief-quere Falten dar, welche bei seiner peristaltischen Contraction bald nach der einen, bald nach der anderen Seite hinüberlaufen.

Das Blut von C. *Nordenskjöldii* besitzt eine gelbliche Farbe. Das Nervenganglion hat die Form eines Parallelogramms mit zwei langen concaven Seiten; ausserdem besitzt es bei einigen Exemplaren eine ellipsoide Gestalt (Taf. XVII, Fig. 19, *g*). Von seinem vorderen und hinteren Theile gehen je zwei dicke Nerven ab (*n. a., n. p.*). Bei einigen Exemplaren entspringt zwischen den dicken vorderen Nerven ein feiner, zum mittleren unpaaren Fühler gehöriger Nerv, welcher bei anderen Thieren verschwindet. Ausser diesen Nerven und demjenigen des Wimperorgans, welcher ich nicht auffinden konnte, entspringen an dieser Stelle oder etwas mehr nach unten die zum umgebenden Integumente gehörenden Nerven, welche in dem das Ganglion bedeckenden Epithel endigen. Diese Endigungen besitzen die Form von kleinen Kegeln, welche mit ihren flachen Basen, die vier grösser als die kleine Epithelzellen sind, an das Epithel sich anlegen (Taf. XVII, Fig. 21, 22, *n. s.*).

Bei einem Exemplare dieser *Cynthia* gelang es mir, Nervenendigungen im Integumente des Wimperorgans zu beobachten. Die Nerven theilten sich ziemlich regelmässig in feine Zweige, von denen jeder mit einem länglich ellipsoiden oder spindelförmigen Körperchen endigte (Taf. XIX, Fig. 7, *n. s.*).

Die aus dem hinteren Theile des Nervenknotens entspringenden Nerven theilen sich bald nach ihrem Ausgange in zwei dicke Aeste, welche im hinteren Sipho in den anliegenden Mantelwandungen sich vertheilen. Zwischen diesen hinteren Nerven entspringt der Nervus poroumgastricus (Taf. XVII, Fig. 19, *n. pg.*), welcher bei einigen Exemplaren eine gelbliche oder rothgelbe Farbe besitzt. Ebenso wie bei *Molgula groenlandica* entspringen von demselben Bündel von Nerven, welche in die Kiemenbalken gehen; von diesen Bündeln theilen sich feine Fasern ab, welche zwischen die Kiemenöffnungen eindringen und in den dieselben umgebenden Muskelfasern zu endigen scheinen (Taf. XIX, Fig. 3, *n. py.*).

40*

Bei einigen Exemplaren entsendet das gemeinschaftliche lange Faserbündel dieses Nerven aus Kiemenende zwei dicke, nach rechts und links zu zwei Querbalken gehende Aeste (Taf. XIX, Fig. 2, *n. pg.*, *n. pg.*), und wir bemerken an dieser Stelle eine knotenförmige Erweiterung, welche der pneumogastrischen Drüse anderer Ascidien zu entsprechen scheint, weil eine solche neben dem Nervenknoten Fig. 2, *gl. pg.*) fehlt.

Eine solche Einrichtung scheint mir deutlich zu zeigen, dass die neben dem Nervenknoten gelegene Drüse, falls sie überhaupt in irgend einer Beziehung zum Nervensysteme steht, jedenfalls nicht zum Hauptnervenknoten, sondern zum pneumogastrischen Nerv gehört. Andererseits weist diese Organisation ganz deutlich darauf hin, dass das Wimperorgan nicht zu der »Perinervaldrüse«, wie sie Lacaze-Duthiers nennt, sondern zum Hauptcentrum des Nervensystems gehört.

Dicke Mantelwandungen sind von starken Längsmuskelfasern durchwebt und mit dem Kiemensacke durch viele, auch auf dem Darmcanale sich vorfindende Gänge verbunden. In den Wandungen des letzteren giebt es auch Drüsen, welche in sehr grosser Anzahl in den Mantelwandungen zerstreut sind (Taf. XX, Fig. 8, *euc. euc.*), was darauf hinzuweisen scheint, dass der hintere Theil des Darmcanals in die Mantelwandung hineingewachsen ist und sein äusseres Epithel eine Fortsetzung desjenigen dieser Wandung bildet.

Die Drüsen der Mantelwandung nennt Heller die »Endocarpen«. Er sagt, dass bei *C. papillosa* diese Drüsen mit einer Menge von Blutzellen angefüllt sind und mit dem Blutgefässsysteme des Mantels communiciren. Ihre Hauptfunction, sagt Heller, besteht in der Verhinderung einer Stockung des Blutes in einzelnen Theilen des Gefässsystems.[1] Diese Voraussetzung wäre richtig, wenn die innerhalb dieser Drüsen befindlichen Elemente mit den Blutzellen wirklich identisch wären. — Wir werden weiter unten Gelegenheit haben, über diesen Gegenstand zu sprechen.

Die Geschlechtsorgane dieser *Cynthia* zeigen einen beträchtlichen Unterschied von denen der *Cynthia papillosa*. In beiden haben die Zwitterdrüsen die Gestalt von langen wurstförmigen Anhängen, welche an die Wandungen des Mantels und des Darmcanals anwachsen (Taf. XX, Fig. 8, *ov.*); aber bei *C. papillosa* finden wir jederseits nur je zwei solcher Drüsen, welche mit ihren unteren Enden schlingenförmig zusammenwachsen. Bei *C. Nordenskjöldii* erscheinen diese Drüsen in der Anzahl von je vier an beiden Seiten des Mantels, und mit Rücksicht darauf muss diese Ascidie des Weissen Meeres niederer als alle anderen desselben Meeres gestellt werden, weil sie alle nur zwei Drüsen mit je einem entsprechenden Ausführungsgange besitzen, wenigstens gilt diese Regel für die weiblichen Drüsen oder Eierstöcke. *C. papillosa* hat nur zwei solcher Drüsen, und nur bei *C. Nordenskjöldii* treffen wir deren acht. Einerseits weist dieser Umstand auf eine verstärkte Thätigkeit der Geschlechtsorgane und auf die Möglichkeit einer vermehrten Fortpflanzung hin; andererseits ist aber die Grösse dieser Drüsen im Vergleich zu der des ganzen Körpers viel geringer, als bei *M. groenlandica* und bei anderen Arten derselben Gattung. Dabei deutet hier, ceteris paribus, eine grosse Anzahl von Homologien auf eine niedrigere Stellung des Thieres in der gemeinschaftlichen phylogenetischen Reihe seiner Anverwandten hin.

Jede Drüse stellt, einzeln genommen, eine lange darmähnliche, ziemlich grellrothe Masse dar, welche beiderseits mit durchsichtigen Hoden umsäumt ist. An diesen sind sternförmige, unregelmässige Körperchen zerstreut, die von dem dunklen Grunde des Darmes durch ihre silberweisse Färbung sich abheben. Nach der Spitze eines jeden Eierstockes hin nimmt die Anzahl dieser Körperchen zu, was natürlich auf eine Verlängerung des Hodens an dieser Stelle hinweist. Die ausgezogenen vorderen Enden einer jeden Drüse endigen mit zwei Hälschen: einem längeren, in welchem das Ende des Eileiters sich befindet, und einem anderen kürzeren, welches eine Art Anhang des ersteren bildet und in welchem das Ende des Vas deferens liegt. Dieses Ende geht in die Tiefe der Drüse hinein und theilt sich in viele Canälchen. Innerhalb des Hoden angekommen, endigt jeder solcher Canal in ein viellappiges Säckchen (Taf. XVIII, Fig. 5, *ta. ta.*): die eigentlichen Hoden, von denen jeder mit einer Menge ovaler Zellen angefüllt ist, aus welchen sich die Spermatozoen entwickeln. Zwischen diesen Zellen kann man andere kleinere bemerken, in deren Körnchen van eine dunkelgelbliches Pigment enthalten sind, wie solches auch in den Wandungen der Gänge liegt (Taf. XVIII, Fig. 5, *em.*). Die viellappigen Säckchen der Hoden besitzen je einen blinden, ziemlich langen, gekrümmten Anhang, welcher an vielen Stellen Anschwellungen zeigt (Fig. 5, *ap. ap.*). Die Bedeutung dieser Anhänge ist mir unbekannt, aber es müssen bei Ascidien, welche kein gesondertes Bojanus'sches Organ besitzen, irgend welche andere Organe dessen Function übernehmen. Doch ist das nur eine Vermuthung.

C. Nordenskjöldii findet sich ziemlich oft, insbesondere an der Stelle neben dem Daljä Lmdy vor, welche überhaupt an Ascidien sehr reich ist.

Was *C. papillosa* anbetrifft, so glaube ich, dass sie in den Gewässern des Solowetzkischen Meeres ziemlich selten vorkommt. Ich fand einige kleine, dieser Ascidie ähnliche Exemplare, aber es war mir unmöglich, mich zu überzeugen, ob dieselben wirklich zu dieser Art gehörten, weil ich alle von mir gefundenen Exemplare damals zu derselben gezählt habe; während südliche Meere ihre eigentliche Heimath zu sein scheinen, wird sie im Norden durch *C. Nordenskjöldii* ersetzt.

Zum Schlusse erlaube ich mir noch eine, die ungemein starke Längenentwickelung des Nervenganglions bei *C. papillosa* betreffende Muthmassung auszusprechen. Wer diese Ascidie beobachtet hat, dem wird geschehen, wie stark sie ihren Körper und insbesondere dessen vorderen Theil, in welchem der Nervenknoten sich befindet, ausstreckt. Beim Ersticken dieses Thieres findet man sehr oft diesen Knoten zickzackförmig zusammengelegt, und dies scheint die eigentliche Ursache der ungemein starken Längstreckung dieses Ganglions zu sein.

1) C. Heller, Untersuchungen üb. die Tunicaten d. Adriatischen u. Mittelmeeres. (Denkschriften d. kais. Akademie d. Wissenschaften in Wien, bd. XXXVII, S. 16.)

8. Styela rustica Linnaeus

(Taf. XX, Fig. 1, 5, 7, 8, 9.)

Diese Ascidie der nördlichen Meere ist auch im Weissen Meere, ebenso wie *M. groenlandica*, sehr gemein. Sie kommt im Solowetzkischen Meerbusen vorzüglich bei den Sapätkijinseln vor.

Diese Form bildet, der allgemeinen Organisation ihres Körpers nach, einen Uebergang zu den höheren in die Länge gezogenen Ascidien, als deren Prototyp die Gattung *Ciona* dienen kann. Ihr cylindrischer Körper besitzt eine mehr oder weniger dunkle, röthlichbraune Farbe und die Enden der Siphonen sind an der inneren Seite mit einem rothen Streifen umsäumt. Bei einigen Exemplaren ist dieser Streifen nicht roth, sondern häutiverfärben und hinter demselben folgt nach innen ein blassrosafarbenes Band.

Kurze Siphonen sitzen an der oberen Seite des langen cylindrischen Körpers, der in seiner ganzen Ausdehnung mit Höckerchen bedeckt ist, von welchen einige in stumpfe Dornen übergehen (Taf. XX, Fig. 7). An der Stelle, wo der Nervenknoten liegt, d. h. in einem kurzen Abstande zwischen den beiden Siphonen, befindet sich ein dicker horniger Dorn mit einigen ebenfalls zugespitzten Fortsätzen, und dieser Umstand gab Möller Veranlassung, diese Ascidie »die Einhornascidie« (*C. monoceros*) zu nennen.[1]

Bei der ausführlicheren Beschreibung dieses Thieres muss ich vor Allem einige Worte über den allgemeinen Charakter seiner Organisation sagen. Bis jetzt behandelten wir Ascidien mit starker Entwickelung von Fühlern, Kiemensäcken, verschiedenen Anhängen; hier haben wir nichts dergleichen. Die Fühler der Ascidie erscheinen einfach, unverzweigt. In dieser Beziehung gehört diese Ascidie augenscheinlich, wie die *Chelyosoma*, zu einer anderen Formenreihe, zu welcher Schluss auch die Structur ihres Kiemensackes führt. Während er bei den Cynthien und Molgulen eine breite, reichlich gefaltete Fläche darstellt, ist hier diese Fläche in die Länge gezogen und trägt rudimentäre Falten. Er ist von zahlreichen Längsöffnungen durchlöchert, welche sehr regelmässige Reihen bilden. Der Nervenknoten der Ascidie erscheint klein, verkürzt; der Magen ist vollkommen gesondert, und seiner Form nach dem Menschenmagen ähnlich. Alle Gewebe sind dünn, aber doch ausgebildet. Mit einem Worte, jeder Theil des Organismus weist deutlich darauf hin, dass wir es hier mit einem höheren Typus zu thun haben, bei welchem die Organisation eine compacte und bestimmte Form erreicht hat. Die äusserste Hülle hat hier keine solche Dicke, wie wir sie bei anderen Ascidien gefunden haben.

Die Siphonen sind hier verkürzt, der Kiemensack dagegen verlängert. Wenn die gesammte Fläche dieses letzteren der Fläche des gefalteten Sackes der Cynthien auch nicht gleich ist, so wird dieser Mangel doch durch einen feineren Ausbau desselben, durch eine Menge von feinen und engen Oeffnungen ersetzt.

Bei einigen, übrigens ziemlich seltenen Exemplaren überrascht uns die grelle Färbung der Eingeweide. Sowohl die vorderen als die hinteren Siphonen und die ganze Mantelwandung in der Umgebung des hinteren Sipho sind intensiv roth gefärbt. Der Kiemensack ist orangefarben oder gelb; die ganze Innenwandung des Mantels ist ebenfalls orangefarben und an denselben treten ziemlich scharf die mehr oder weniger grell gelb gefärbten Endocarpen hervor (Taf. XX, Fig. 4, *enc.t, enc.o*).

So gefärbte Exemplare kommen sehr selten vor und es gelang mir leider nicht, die Frage zu lösen, ob diese Färbung einer gewissen Lebenszeit, etwa der Brunstperiode, eigen ist, oder ob sie nur einen individuellen Unterschied bildet.

Der Eingangssipho ist in vier kaum bemerkbare Lappen getheilt und erscheint sehr oft, bei einer gewissen Ausdehnung, vierkantig. Beim Zusammenziehen nimmt jeder Lappen in der Mitte die Form eines Wärzchens an, aber es gelang mir hier nicht einmal etwas den Eingangsfühlern Ähnliches zu beobachten.

18 oder 20 Siphofühler stellen einfache, ziemlich lange, aber ungleiche, kegelförmige Fortsätze dar. Einige davon erscheinen sehr schwach entwickelt.

Die sehr enge pericoronale Rinne vertieft sich sehr schwach in der Nähe des Wimperorgans. Die Nervenplatte ist mit zwei langen Rinnen versehen, welche sich manschettenähnlich quer zusammenlegen (Taf. XX, Fig. 5, *n, npl*). Die Schlundrinne besteht aus zwei dicken und ziemlich hohen Falten. Der Kiemensack zeigt, wie wir oben bemerkt haben, sehr schwach entwickelte Falten, deren Anzahl sich indess, wie die aller Homologa in höheren Typen, vermindert. An jeder Seite des Kiemensackes befinden sich je vier solche Falten.

Wenn wir letztere bei einer schwachen Vergrösserung betrachten, so erscheinen sie (Taf. XIX, Fig. 11) an der hinteren Seite durch eine Menge von Quermuskelfasern gestützt und mit einander so zu sagen zusammengenäht. Die Längsbalken verschwinden bei vielen Individuen zwischen den Falten, von denen aber jede zwölf solche einander sehr nahe gelegene Balken trägt, welche fast ganz die Kiemenöffnungen bedecken. Der Kiemensack selbst ist aber durch eine Menge von engen Längsöffnungen gebildet, welche in regelmässigen, durch feine Querbalken von einander getrennten Reihen stehen. Das Princip des Baues bleibt hier dasselbe, wie bei *Molgula*; hier wie dort sind die feinen, kleinen, an den Spitzen der Falten gelegenen Kiemenöffnungen durch Längsbalken bedeckt, aber für die Blutoxydation dienen die zwischen den Falten gelegenen Theile der Sackwandung eben so gut, wie die Spitzen der Falten selbst. Diese und jene stellen gleichartige, dicht neben einander liegende Kiemenöffnungen dar, durch welche das Wasser langsam, aber ununterbrochen auszuufliessen scheint. Ich muss dabei bemerken, dass dasselbe Princip des Baues bei *Ciona*, *Phallusia* und *Cynthia maculata*

[1] *Ascidia monoceros*, H. P. C. Möller, Index Moll. Groenl. 1842. p. 11.

zu beobachten ist. Man kann nicht zweifeln, dass ein solcher Sack seine Function viel energischer verrichtet, als die Kiemen aller anderen von uns beschriebenen Ascidien. Es bestehen in demselben nur sehr wenige nutzlose Räume; er bildet vielmehr eine Art von feinem Blutgefässnetze, dessen Schlingen mit Flimmerhaaren bedeckt sind.

Die Function verschiedener die Nervenplatte bedeckender Anhänge scheint mir darin zu bestehen, einerseits das zuflissende Wasser zu erfrischen, weil unter dieser Platte der mit einem feinen Capillarnetze umgebene pneumogastrische Nerv liegt, andererseits aber durch seine feinen, faden- oder zungenförmigen Anhänge zu verhindern, dass verschiedene in den Kiemensack gelangende fremde Partikel darin bleiben oder an der Nervenplatte sich anheften. Für diesen Zweck ist der Bau der Nervenplatte bei Styela rustica weit besser geeignet, als allerlei Anhänge.

Die Enden der Kiemenfalten tragen neben der Mundöffnung kurze zugespitzte Anhängsel. Die Oeffnung selbst ist klein und liegt unten dicht am Boden des Kiemensackes.

An die Mundöffnung schliesst sich mit dicken, festen Wandungen (Taf. XXI. Fig. 13, se), die ziemlich lange Speiseröhre, welche in den stark entwickelten Magen übergeht (Fig. 13, V.), der, wie oben bemerkt, seiner Form nach an den Menschenmagen mit seiner Pars cardiaca und pylorica erinnert. Seine Farbe ist schmutziggelb oder braun und an seinen Wandungen zeichnet sich ein Netz von Gefässen deutlich aus, welche ihn überziehen und die Verzweigungen der Magenaorta des Herzens bilden (Taf. XX, Fig. 4, V.).

Der Magen liegt quer und nimmt in dieser queren Richtung eine weit breitere Strecke, als der Kiemensack ein, er ist fast eben so breit wie der Mantel oder der »Hautmuskelschlauch«, wie ihn Heller bezeichnet.

Einen ziemlich complicirten Bau bietet dieser Magen im Innern (Taf. XXI. Fig. 13.) Längs seiner grössten Krümmung verläuft eine tiefe Rinne, welche eine unmittelbare Fortsetzung einer im Innern der Speiseröhre verlaufenden und in den Darmcanal übergehenden Rinne bildet. Rechts ist dieselbe durch eine dünne Falte begrenzt, an der linken Seite befindet sich aber ein dicker, breites Wall, welcher mit regelmässig gelegenen dunklen Querstreifen wie bekränzt ist. Der übrige Theil des Mageninnern ist in der Längenrichtung durch 15 oder 16 dünne Falten getheilt und erinnert an den blätterartig gefalteten dritten Magen der Wiederkäuer. Am Kiemensack ist der Magen durch ziemlich lange und dünne Bänder aufgehängt; ausserdem münden in ihn einige aus diesem Sacke gehende Tracheel (Taf. XX, Fig. 4.).

Sein hinterer Theil krümmt sich nach oben, streckt sich aus und geht unmerklich in die Darmgegend über (Fig. 4, m). Der Darm erscheint hier vollkommen gesondert und weder an die Wandungen des Kiemensackes noch des Mantels angewachsen, eine Ausnahme davon bildet nur das Ende des Rectums (re), welches mit dem Mantel verbunden ist. Der Darm geht, sich schlängelnd, in das Rectum über, welches sich gerade aufwärts richtet und in der Nähe der Ausgangs- oder Cloakenöffnung als Anus endigt (Taf. XX, Fig. 4), es besitzt acht kegelförmige, sternartig gelegene Anhänge.

Der ganze Darmcanal von Styela erscheint eng im Vergleiche zu demjenigen anderer Ascidien, trotzdem aber sind seine Wandungen stärker entwickelt und bieten wahrscheinlich eine grössere Differenzirung, als die dünnen Darmwandungen der letzteren. Es ist zweifellos, dass ein solcher in allen Theilen differenzirter Darmcanal auch eine grössere Sonderung der Functionen darbietet. Dabei ist nur sonderbar, dass sich die Leber nicht ausgebildet hat. Sie wird durch braune, in den Blättern des Magens befindliche Leberzellen ersetzt. Merkwürdigerweise erscheinen die Spitzen dieser Blätter in der Gestalt von weissen Streifen, d. h. jede derselben wird von einfachen Leberzellen gebildet.

Bei dieser Ascidie habe ich das Chandelon'sche Organ gefunden. Dasselbe stellt ein Netz von Canälen dar, welche den ganzen Darmcanal umspinnen und in der Nähe des hinteren Theils des Magens ihren Anfang nehmen. An dieser Stelle, in den Magenwandungen, besitzen diese Canäle einen sehr verschiedenen Durchmesser, krümmen sich stark hinundherum, verzweigen sich und endigen mit einfachen Fortsätzen (Taf. XXI. Fig. 9, Uhu. ap.). An anderen Stellen des Darmcanals bilden sie kugelförmige, variköse Anschwellungen (Taf. XXI. Fig. 10, rr) und endigen mit Aenpullen (uopl.) Am Rectum stellen sie ferner einfach ein Netz von sich verzweigenden feinen Canälen dar, welches ich zuerst für ein Blutgefässnetz nahm (Taf. XXI. Fig. 15). Von letzterem unterscheiden sie sich deutlich durch das grosszelliges Epithel mit stark entwickelten, hervortretenden Kernen. Diese Canäle liegen unmittelbar unter dem oberflächlichen kleinzelligen Darmepithel.

Die Bojanus'schen Organe liegen zwischen den Schlingen der beschriebenen Canäle und erscheinen als kleine zerstreute Bläschen, von denen jedes ein kleines Concrement enthält (Taf. XXI. Fig. 10, Bj, Bj).

Der Nervenknoten von Styela rustica ist ebenfalls eigenthümlich gebaut. Er ist kugelförmig und entsendet mehrere Nervenpaare, unter welchen aber dickere, dem vorderen und hinteren Nerven anderer Ascidien entsprechende Nerven (Taf. XVIII. Fig. 25) sich unterscheiden lassen. Ausser diesen Nerven sehen wir aber auch dünnere, von ziemlich nahe dicht an der Basis der dickeren entspringende Zweige zum Zwischenraume gehen und sich in den Muskeln desselben verbreiten (n. int., n. int.). Neben ihnen geht an jeder Seite des Knotens je ein feiner Nerv speciell für die pneumogastrische Rinne hervor (p. ra.). Aus dem hinteren Theile des Knotens entspringt neben den starken Nerven, an ihrer Basis noch ein Paar dünner, feiner, welche in der Wandung neben dem hinteren Siphon sich vertheilen, während die stärksten Nerven mit ihren Verzweigungen nicht nur diese Wandung, sondern auch den Siphon selbst versorgen (Taf. XX. Fig. 10, n. p., n. p.). Hinzugefügt sei noch, dass aus dem vorderen Theile des Knotens, zwischen den dicken, ein zum mittleren Septum gehender feiner Nerv entspringt.

Aus dem hinteren Theile des Knotens nimmt der pneumogastrische Nerv seinen Anfang, welcher bei einigen Exemplaren röthlichbraun gefärbt ist (Taf. XX. Fig. 5, n. pg.).

Die Nebennervendrüse ist im Allgemeinen schwach entwickelt; es kam mir aber ein Exemplar vor, bei welchem dieselbe dem hinteren Theil des Knotens anlag und, ebenso wie der pneumogastrische Nerv, rothbräunlich gefärbt war (Taf. XX, Fig. 5, *gl u. pg*).

Die innere Mantelwandung ist mit einer Menge von ziemlich grossen, ovalen oder sphäroidischen Endocarpen bedeckt, von welchen mehrere sich in die Länge ausdehnen und auf einem dicken Stiel von Fäsalchen sitzen. Unter ihnen unterscheidet man leicht beim ersten Blicke zwei Categorien, welche vielleicht verschiedene Entwickelungsphasen dieser Endocarpen darstellen; einige davon sind durchsichtig und mit Blutzellen und den Zellen der allgemeinen Leibeshöhle angefüllt (Taf. XX, Fig. 4, *enc. f*), andere sind viel grösser und zeichnen sich durch ihre grelle weissliche Farbe aus (Fig. 4, *enc. a*); sie enthalten eine Menge von weisslichen, höchst wahrscheinlich vom Blute stammenden Körnchen. Weder in diesen noch in jenen gelang es mir, einen Zusammenhang mit dem Blutgefässsysteme zu beobachten, aber in einigen, wahrscheinlich sehr jungen derartigen Bildungen verbindete ich ein zu denselben gehörndes Gefäss zu bemerken. Solche Formen passen auf langen Füsschen, in welche das Gefäss eintrat, um sich in mehrere feinere Zweige zu theilen, welche in den Wänden dieser Gebilde ein förmliches Netz bildeten (Taf. XVIII, Fig. 14). Endlich fand ich einmal ein junges Endocarp, zu welchem ein Gefäss ging, das sich in seinen Wandungen verzweigte; letztere besitzen immer deutliche Muskelfasern und sind aussen mit Flimmerepithel bekleidet.

Wenn wir den langen, sehr contractilen Körper von *Styela rustica* und das Vorhandensein von Endocarpen bei einer anderen gestreckten Form, der *Cynthia papillosa*, in Betracht ziehen, so könnten wir der Meinung Heller's beistimmen, dass diese Organe Höhlen darstellen, in welche das Blut bei starken Zusammenziehungen des Körpers hineinfliesst. Andererseits entsteht aber die Frage, warum bei *Polycarpa varians*, welche einen kurzen Körper besitzt, diese Blasen in einer so grossen Menge sich verfinden, dass dieselben sogar ihren Gattungsnamen bedingt haben. Ferner ist auch sonderbar, dass noch mehr verlängerte cylindrische und ebenfalls contractile Formen, wie *Ciona*, der Endocarpen gänzlich entbehren.[1]

Jedenfalls passt die Erklärung Heller's für diejenigen Endocarpen nicht, welche nicht mit Blut, sondern mit feinen weisslichen Körnchen angefüllt sind. Vielleicht sind es Blutreinigungsdrüsen. Aber wohin entleeren sie dann ihr Secret?

Unter der Menge von Endocarpen unterscheidet man leicht die Geschlechtsorgane, welche schon durch ihre Farbe ganz verschieden sind. Bei den einen Exemplaren sind dieselben grünlich olivenfarben, bei anderen gelbbraun (Taf. XX, Fig. 4, *Gn.*, Taf. XV, Fig. 10, 11). Ihrem allgemeinen Baue nach erinnern diese Organe an *Cynthia papillosa* oder *Styela plicata*, aber auch hier unterscheidet sich *Styela rustica* von allen anderen Ascidien in eigenthümlicher Weise. Ihre Geschlechtsorgane zeigen den höchsten Grad der Vereinfachung oder des Verschwindens der Homologen. Jederseits liegt nur je ein einziges Eierstock (Taf. XV, Fig. 10, 11, *ov.*) und neben demselben mehrere blasenförmige Hoden. Nur einmal fand ich bei einem Exemplare, an der rechten Seite des Körpers, in der Nähe des Mastdarmes, einen zweiten rudimentären Eierstock. Nach dem Princip ihrer Centralisation sind diese Eierstöcke denjenigen sehr ähnlich, welche wir bei einigen *Molgula*-Arten (z. B. *M. empyra*) sehen, wo wie ebenfalls je einen Eierstock an beiden Seiten des Körpers finden, aber dieselben wachsen doch in die Breite, während sie hier, dem langen Körper des Thieres entsprechend, in die Länge sich strecken. Ihre unteren Enden liegen neben dem Magen, während die oberen, ausführenden Enden neben der Ausmündung münden. Es gelang mir nicht, zu sehen, welche Lage diese Organe bei der vollkommen gestreckten Ascidie einnehmen, aber bei dem Exemplaren, welche ich geöffnet habe, waren dieselben stets schlangenförmig gekrümmt. Ebensowenig gelang es mir, die bei den todten Exemplaren erstarrten Mantelwandungen auszudehnen, um die Geschlechtsdrüsen ganz gerade liegen zu machen. Jede Drüse stellt eine lange und ziemlich dicke wurstförmige Röhre dar, die an die Mantelwandungen verbunden ist und ein Ovarium bildet, in welchem die Eier und der lange Ausführungsgang eingeschlossen sind. Die kugelförmigen oder sphäroidischen Hoden, welche sich durch ihre weisse oder leicht gelbliche Farbe auszeichnen, liegen neben dem hinteren oder unteren Theile des Ovariums (Taf. XV, Fig. 10, 11, *te*). Ihre Anzahl schwankt von 12 bis 15. Sie erscheinen verschieden gross und einige von ihnen, nämlich die, welche an der dem Harmcanale zugewendeten Seite des Ovariums sich befinden, sitzen dicht neben denselben. Andere, an der entgegengesetzten Seite gelegene sind von dem Ovarium ziemlich weit entfernt. Diese wie jene sind jedoch mit dem Eierstocke durch kurze oder lange Samengänge verbunden (Taf. XV, Fig. 11, *v. df.*). In einigen Fällen entsenden zwei Samendrüsen je einen ziemlich langen Samengang, die sich zu einem gemeinschaftlichen, in den Eierstock hineintretenden Gänge vereinigen. In letzterem treten auch alle partiellen Samengänge zu einem gemeinschaftlichen Vas deferens zusammen, welches an der äusseren Seite an der Mitte des Ovariums sich hinzieht und oben durch einen kurzen Ausführungsgang in die Eileiterwandungen mündet (Taf. XV, Fig. 10, *Q*, Taf. XVIII, Fig. 18, *♂*).

Dieser ist viel länger, als der weibliche Ausführungsgang (Vagina), welcher eine Art von Anhang des männlichen bildet. Hier sind die Ausführungsgänge mehr gestreckt, als bei anderen Ascidien, welches eine natürliche Folge der Längsstreckung des ganzen Eierstockes ist.

Bei einem sehr grossen Exemplare fand ich eine sehr starke Entwickelung des Eierstocks, welche nicht nur bis zum Magen ging, sondern mit ihrem hinteren Ende sich sogar nach oben krümmte und fast doppelt so lang war, wie

---

[1] Uebrigens sind diese Ascidien für diesen Zweck besonders gut ausgerüstet. Sie haben ein besonderes, unmittelbar unter der Tunica gelegenes und in derselben auszeichnendes, sehr lockeres und schwammiges Integument, welches sehr gut als ein Blutreservoir während der Contraction des Körpers dienen kann. Daher ist es aber nothwendig, dass das Blut durch die aus dem Mantel in die Tunica gehenden Gefässe rasch abfliessen kann.

bei anderen Individuen (Taf. XV, Fig. 10). Dicht an dieser Drüse lagen zwölf Hoden an. Es ist zu bemerken, dass ihre Krümmung oder ihre Ausbildung nach der dem Rectum entgegengesetzten Seite vor sich ging. Beim Eröffnen der Hoden fand ich eine Menge durchsichtiger Säckchen oder Bläschen, in welchen einige Epithelzellen grosse grellrothe Pigmentkörnchen einschlossen (Taf. XVI, Fig. 12).

Ausser den bisher beschriebenen neun kamen mir noch drei Ascidienarten, je ein Exemplar von jeder Art, vor; aber Mangel an Zeit gestattete mir nicht, dieselben auch nur soweit zu untersuchen, dass ich die Gattung, zu welcher sie gehörten, hätte bestimmen können.

Die eine dieser Arten scheint zu der Gattung *Molgula* zu gehören. Wenigstens war sie der *M. groenlandica* durch ihre Körperform und durch die Lagerung der Siphonen ähnlich, aber ihre Hülle war mit Härchen nicht bedeckt und der Mantel besass eine gelbliche Farbe. Der Bau der Geschlechtsorgane dieser Ascidie war von demjenigen bei anderen *Molgula*-Arten verschieden; sie lagen an beiden Seiten des unteren oder hinteren Theiles des Kiemensackes (Taf. XIX, Fig. 16, *ov., ls.*). Der Eierstock einer jeden Zwitterdrüse nahm die Mitte derselben ein (*or.*) und zog sich als eine lange, sich schlängelnde oder zickzackförmige Röhre hin, zu deren beiden Seiten die Samendrüsen als prismatische Säckchen (*ls.*) lagen.

Eine andere Ascidie schien der Gattung *Phallusia* anzugehören. Wenigstens führt uns zu dieser Annahme die einseitige Lagerung der Siphonen, von welchen der eine oben, neben dem vorderen Rand des Körpers sich befand, der andere aber viel mehr nach unten, neben der Mitte des linken Randes lag. Der Mantel dieser Ascidie war an den Rändern und von unten (d. h. an der Seite des Darmcanals) mit einer Menge kleiner gelblichrother Flecke bunt bestreut, die an den Mantel von *Phallusia cristallina* erinnerten, bei welcher sie jedoch rein rosaroth sind. Diese Salzwetzkische *Phallusia* zeichnete sich auch durch starke Entwickelung ihres Darmcanales aus, dessen Schlinge sich von unten her durch ihren ganzen Körper hindurchwand. In diesem Falle stand der Kiemensack fast in derselben Beziehung zum Darmcanale, wie bei *Chelysosoma Mac-Leayanum*.

Endlich zeigte eine dritte, kleine, flache, vollständig durchsichtige Ascidie eine sehr charakteristische Ausbildung des Kiemensackes, welcher der Falten entbehrte und dessen Längsbalken sehr stark entwickelt waren, in denselben Maasse, wie seine äusseren Ringgefässe, welche an die Wandungen des Sackes nicht anwuchsen, sondern nur mit seinen Längsbalken sich verbanden. Jeder Ring trug noch aussen kleine Anhängsel (Taf. XXI, Fig. 17, *Eng.*). Am sonderbarsten war jedoch die Form und die Lagerung der Kiemenöffnungen, welche quer in einer Reihe zwischen je zwei Balken, in Gestalt von grossen, querovalen, mit Flimmerhaaren besetzten Spalten lagen (Taf. XXI, Fig. 17).

Die Fühler dieser Ascidie waren verzweigt und die Zweige an der Basis mit besonderen lappenförmigen Anhängseln versehen; das Thier hatte einen ziemlich schwach entwickelten Magen und einen kurzen schlingenförmigen Darmcanal.

Ich bedauere sehr, dass es mir nicht gelungen ist, diese sehr sonderbare Ascidie, welche ich vorläufig *Hyalosoma singulare* nenne, näher zu untersuchen.

Clavellina lepadiformis. O. F. Müller.

Ich will keine Auseinandersetzung der Organisation dieser längst beschriebenen Ascidie, bei welcher H. Milne-Edwards zuerst den Blutkreislauf erforscht und einen Zusammenhang des Herzens mit einem Brutgefässen gezeigt hat, wiedergeben. Ich bemerke nur, dass eins von diesen letzteren ein Kiemengefäss darstellt, welches längs der Nahrungsrinne (Endostyl) verläuft und der Hauptlängsarterie von *M. groenlandica* entspricht; das andere Gefäss gehört zum Blutkreislauf des Mantels. Beide drangen in den Fuss hinein, welcher von ihnen seine Gefässe erhält. Alles dieses gelang mir bei Ascidien dieser Art aus dem Busen von Villafranca zu beobachten, und ich holte darüber ausführlicher bei der Beschreibung der Bildung der Tunicalgefässe bei verschiedenen Typen der Tunicaten sprechen zu können.

Polyclinum aurantium. M. Edwards.

Es wurde schon oben bemerkt, dass die Synascidien in den Gewässern des Salzwetzkischen Meerbusens nur sehr selten vorkommen. Von diesen Thieren ist es mir nur gelungen, *P. aurantium*, über welche ich einige Worte sagen will, zu beobachten.

Die Individuen dieser charakteristisch orange gefärbten Ascidie findet man auf Steinen und Algen. Ein Mal brachte man mir ein ziemlich grosses Exemplar, welches auf einem grossen Schwamme (*Myxilla ?*) sass, der von mehreren Algen herum gewachsen war. In der gemeinsamen Tunica gruppieren sich die Individuen zu 6 bis 8 neben einer einzigen Oeffnung, doch hat jedes von ihnen noch zwei eigene Oeffnungen, aus welchen seine kurzen Siphonen hervortreten können. Der Eingangssiphon besitzt ziemlich lange und einfache Tentakel, neben dem Ausgangssiphon finden sich sehr grosse zungene oder lappenförmige Fühler. Der lange Kiemensack von orange oder schmutziggelber Farbe zeigt die einfache elementare Structur des Athmungssackes der Synascidien. Ziemlich grosse, länglich ovale Oeffnungen sind in regelmässigen, durch schmale Querbalken getrennten Reihen zugeordnet. — Das Endostyl ist stark in die Breite entwickelt und seine Rinne ist gleichfalls breit. Ein langer Oesophagus, ein langer Magen und endlich eine lange Darmschlinge, Alles das macht keine Ausnahme von der allgemeinen Organisation dieser Werkzeuge bei den Synasciden. Es ist augenscheinlich, dass die Concentration dieser Organe bei diesen Thieren nicht den Grad erreicht hat, welchen wir bei *Clavellina* finden.

Das Herz liegt vom Kiemensack entfernt. Die Sexualorgane sind in die Länge gezogen. Die Eierstöcke entwickeln wenige, aber sehr grosse, mit orange gefärbtem Dotter gefüllte Eier. Die Hoden stellen zwei Reihen grosser Bläschen dar, deren lange, innen mit Wimperepithel bekleidete Ausführungsgänge in den breiten allgemeinen Ausführungscanal einmünden.

Das Nervenganglion dieser Ascidie besitzt eine ovale Form und liegt in einer dicken Hülle, in welcher hier und da Körnchen von rothem Pigment zerstreut sind. Von diesem Ganglion, wie es bei allen Ascidien vorkommt, gehen vier Hauptnerven aus — zwei vordere und zwei hintere. Auf der unteren Seite des Ganglions, dort wo ihm die pneumogastrische Drüse anliegt, entspringt der pneumogastrische Nerv, welcher sofort in die Wand des Kiemensacks hineindringt. Die pneumogastrische Drüse ist ziemlich gross. Sie liegt direct unter dem Ganglion und endigt nach vorne mit dem Wimperorgan.

Allgemeine Folgerungen und Schluss.

Wenn wir die von mir beschriebenen Ascidien des Weissen Meeres betrachten, können wir noch einige allgemeine Folgerungen ziehen. Ungeachtet der sehr geringen Anzahl der von mir aufgefundenen Formen kann man Traustedt nicht beistimmen, sondern muss diese Formen als eine ganz eigenthümliche nördliche Fauna betrachten. Wenigstens ist das richtig in Betreff einiger in südlichen Meeren nicht vorkommender Formen, wie *Chelyosoma Mac-Leayanum*, *Molgula groenlandica* und *Cynthia Nordenskjöldii*. Zu diesen nördlichen Formen sind auch *Cynthia echinata*, *Styela rustica*, *Phera crystallina*, *Glandula fibrosa* und vielleicht die von mir aufgefundenen Molgula-Arten: die *M. nuda* und *M. longicollis* zu zählen. Keine derselben scheint an mittleren Theile des Atlantischen Oceans, in der Nordsee und in der Ostsee vorzukommen; dagegen findet man in diesen Meeren solche Formen, die im Weissen Meere und wahrscheinlich auch im nördlichen Theil des Atlantischen Ocean gänzlich fehlen.

Beim Vergleich der Anzahl der von Traustedt beschriebenen nördlichen Arten mit den südlichen finden wir in den letzteren das Uebergewicht. Daher ist das südliche Ufer des Mittelmeeres, wenn auch nicht bedeutend, artenreicher, als das nördliche.

Unter den Ascidien des Solowetzkischen Meerbusens trifft man die riesige *Phallusia mamillata* nicht, die überhaupt hier nur einen einzigen Vertreter hat, welchen ich auch nur einmal in vier Sommerexcursionen gefunden habe. Die Gattung *Ciona* fehlt hier gänzlich, aber ich glaube nicht, dass Ascidien dieser Gattung im Weissen Meere gar nicht vorkommen; andererseits findet man hier weit mehr Formen mit kurzem, als mit langem Körper. Oben habe ich bemerkt, dass die ersteren eine verhältnissmässig niedrigere Entwickelungsstufe vorstellen müssen. Typisch sind in diesem Falle *Chelyosoma* und *Glandula*. Richten wir unsere Aufmerksamkeit aber auf den Bau des Kiemensackes bei diesen Formen, so erscheint der zwischen ihnen bestehende Unterschied sehr gross. Der Kiemensack von *Chelyosoma* stellt eine primitive, elementare Entwickelungsstufe dar; in ihm können wir nur die ursprüngliche Gestalt derjenigen complicirten Kiemenöffnungen sehen, welche später bei *Cynthia* und *Molgula* sich entwickelt haben. Der ganze Kiemensack von *Chelyosoma* erweist sich etwa als ein einziges, ununterbrochenes Netz von grossen, unregelmässig gekrümmten Schlingen.

Ein ganz anderes Bild zeigt uns der Kiemensack von *Glandula*. Es ist ein Sack mit breiten Falten wie bei den Cynthien und die *Glandula* selbst erscheint als eine Uebergangsstufe zu den letzteren.

Wir haben also gesehen, dass die Mehrzahl der Ascidien des Solowetzkischen Meerbusens einen gefalteten Kiemensack besitzt, aber man kann nicht behaupten, dass die Entwickelung des Organs mit der Ausbildung seiner Falten parallel gehe. Anfänglich war es höchst wahrscheinlich einfach, wie wir es bei einfach organisirten, geselligen Ascidien (Synascidiae) finden. Es erscheint einfach auch bei jungen Ascidien. Einen solchen einfachen Sack besitzen *Chelyosoma* und *Hyalosoma singulare*.

Auch bei *Styela rustica* ist der Kiemensack, wie wir gesehen haben, einfach oder vielmehr vereinfacht. Er trägt jederseits nur je vier sehr kleine Falten. Hiernach gelangen wir nothwendig zu dem Schlusse, dass der gefaltete Bau des Kiemensackes gar nicht die höchste, am besten angepasste Form der Respirationsorgane darstellt. *Styela rustica* scheint von derselben Reihe herzustammen, zu welcher auch *Cynthia* und alle einen gefalteten Kiemensack besitzenden Ascidien gehören. Wenigstens besitzt sie Endocarpen, wie *Cynthia*, und jedenfalls steht sie der *C. papillosa* und *C. Nordenskjöldii* nahe. Aber der Bau ihres Kiemensackes zeigt einen ganz anderen Charakter.

Der im functionellen Sinne thätigste Theil der Falten von *Cynthia* ist in deren Spitzen concentrirt, während die Basis derselben und die zwischen ihnen gelegenen Theile eher einen unterstützenden als functionenden Theil des Organs vorstellen. Beim ersten Blicke erweist sich der Kiemensack einer *Cynthia* oder *Molgula* mit seinen kegelförmigen Spankeln als ein sehr complicirtes und differenzirtes Organ. Aber diese Complicirtheit besteht mehr scheinbar als wirklich, d. h. im physiologischen Sinne. In der That erfüllt der Athemsack von *Styela* mit seinen feinen, dicht an einander gelegenen Kiemenöffnungen die Athemfunction weit vollständiger und energischer, als der Kiemensack einer *Cynthia*. Ein solcher Schluss erscheint noch anschaulicher, wenn wir auf den Athemsack einer höheren Form von Ascidien anderer Meere, z. B. von

Phallusia mentula, mammillata oder *Ciona intestinalis* blicken, bei denen sich der ganze Kiemensack in ein aus feinen, zusammengedrückten und dichten Schlingen bestehendes Netz verwandelt.

Wenn wir den Bau des Kiemensackes der verschiedenen Ascidien betrachten, so ziehen wir unwillkürlich den Schluss, dass dieser eines der Organe ist, dessen Construction Veränderungen am wenigsten unterworfen ist. Sein Bau kann, wie mir scheint, einen genaueren Hinweis geben für die genealogische Verwandtschaft der Gruppen und für ihre phylogenetische Entwicklung überhaupt. Von diesem Gesichtspunkte aus kann ich dem phylogenetischen System der Ascidien nicht beistimmen, welches von Herdman auf Grund der von der Challenger-Expedition mitgebrachten und von ihm untersuchten Formen begründet ist. In diesem System könnte eine so seltsame Form, wie die *Hypobythius*, mit sehr einfachem, elementarem Bau des Kiemensackes nicht aufgenommen werden. Ebenso unnatürlich ist die Zusammenstellung solcher Formen, wie *Corella, Corynascidia* und *Chelyosoma*. In diesem Falle basirt meine Meinung auf folgenden Betrachtungen.

Die Ascidien kann man überhaupt in zwei Gruppen theilen. Die einen zeichnen sich durch einen verkürzten und sogar zusammengedrückten Körper aus. Die anderen dagegen haben einen mehr oder weniger gestreckten, langen Körper.

Wenn wir die jugendlichen Formen aller Ascidien betrachten, so sehen wir, dass sie alle anfangs einen mehr oder weniger kurzen oder erweiterten Körper haben. Auf Taf. XX, Fig. 6, A, ist eine jugendliche *Styela* vergrössert dargestellt und auf Taf. XXI, Fig. 3 sehen wir ein älteres Exemplar derselben Form in etwas verkleinertem Maassstabe. Der Körper dieser letzteren hat seine elliptische Form bereits eingebüsst, streckt sich und geht allmählich in eine cylindrische Form über. Bei dieser wie bei jener Form ist die Basis des Körpers auf der Oberfläche des Steins, auf dem die Ascidie sitzt, weit ausgedehnt.

Ich erlaube mir hier eine kleine Abschweifung, um meine Ansicht klarer darzulegen. Die Grundursache der Verlängerung des Körpers bei allen sitzenden Organismen liegt, wie mir scheint, in den Eigenschaften der Gewebe, aus denen dieser Körper besteht. Wenn die Zellen dieser Gewebe dünnwandig und die in ihnen enthaltene Sarcode flüssig ist, so können sie nicht genug Kraft und Festigkeit haben, um sich in verticaler Lage zu halten. Mit dem Alter gewinnt das Protoplasma, wie die Wandungen der Zellen, an Dichtigkeit und der Körper des Thieres streckt sich in verticaler Richtung.

Einen schlagenden Beweis dafür liefern die Schwämme und besonders unser Süsswasserschwamm (*Spongilla fluviatilis*). Im jugendlichen Zustande erscheint er in Form flacher breiter Massen; später, mit dem Alter, nimmt er die Form unregelmässiger Kugeln oder Ellipsoïde an, die, indem sie sich vergrössern, anfangen, sich auszudehnen und lappenartige Ausläufer zu geben. Endlich kommt die Zeit, wo sich diese Ausläufer in mehr oder weniger lange oder richtiger hohe Zweige ausstrecken.

Wenden wir das Gesagte auf die Genealogie der Ascidien an, so können wir sagen, dass alle diejenigen Ascidien, welche einen flachen Körper haben, d. h. einen solchen, welcher der Form nach den jugendlichen Ascidien ähnlich ist, auf einer niedrigeren Stufe stehen, als die Ascidien mit langem gestreckten Körper. Auf diese Weise steht die *Chelyosoma Mac-Leayanum* niedriger als alle bekannten Formen. — Hier kommt aber noch ein Umstand in Betracht.

Erinnern wir uns, dass jene zusammengesetzten und socialen Ascidien, die einen Uebergang zu den einfachen bilden, entweder einen kurzen Stiel wie die *Perophora*, oder einen langen wie die *Clavellina* haben. Wenn sich der Körper nicht von selbst ausstrecken kann, so geschieht es mit Hülfe eines langen Stiels, der bei *Culeolus* oder *Boltenia* eine so grosse Entwicklung erreicht. Ich bemerke bei dieser Gelegenheit, dass diese letzteren Formen als sociale, d. h. zusammengesetzte Ascidien erscheinen. Wenn die einfachen Ascidien aus solchen gestielten Formen entsprungen sind, so ist es augenscheinlich, dass die flachen Formen, wie *Chelyosoma*, secundäre sein müssen, d. h. solche, die ihren Stiel verloren und ihren Körper der Fläche nach ausgestreckt haben. Wir sollen denn aber diese Complication mit der einfachen, elementaren Form der Sexualorgane, die an den Bau derjenigen der *Synascidia* erinnern, oder mit der einfachen Form des Kiemensackes correspondiren, in der Herdmann wahrscheinlich die ursprüngliche Form des Athemsackes der *Corella* oder der *Corynascidia* zu sehen meint?

Ich weise dabei auf eine recht seltsame, gestielte Form hin, welche, wie mir scheint, in der That zu den secundären Formen gehört. Das ist *Rhopalaea neapolitana*, Philippi, bei der die Schlingen des Darmcanals, das Herz und die Sexualorgane in der Basis des Stengels verborgen liegen; auf den letzteren, im erweiterten Körper des Thieres, befinden sich nur der Kiemensack und die Oeffnungen der Verdauungs- und der Geschlechtsorgane.

Bei Betrachtung der verschiedenen Formen der Ascidien sehen wir, dass der Stiel hier wie überhaupt bei vielen höheren und niederen Formen erscheint. Er verschwindet und tritt aufs Neue hervor. Unter den Arten der *Polycarpa* begegnen wir der gestielten *P. peduta* und *P. viridis*; unter denen der *Styela* der gestielten *St. clava*, unter den Molgulida der *M. pedunculata* und *Pacra crystallina*; endlich unter den einsamen *Ascopera* der *A. pedunculata*. Dieses Streben, den Körper in die Länge zu strecken, hat nun mehr Nahrungstheilchen und frischeres Wasser zu erhalten, ist ganz natürlich, besonders da, wo sich die niederen Formen einen langen festen Stiel ausgearbeitet haben. Uebrigens kann man *Boltenia* und *Culeolus* nicht zu diesen Formen rechnen. Der letztere ist den Salpen etwas ähnlich und vielleicht haben solche Formen den schwimmenden Tunicaten den Ursprung gegeben.

Jedenfalls kann der Stiel bei der Feststellung der Phylogenie der Ascidien nicht als Leitfaden dienen; er kann uns nur auf die phylogenetischen Beziehungen der Formen jenes Zweiges weisen, an dessen Spitze *Boltenia* und *Culeolus* stehen. Einen beständigen, fast anatomischen Beweis der Genealogie der Ascidien bietet dagegen der Bau

167 ⸺

ihrer Fühler, wenigstens in den zwei Formen ihres Baues. Ich rede von den einfachen und verzweigten Fühlern. — Von jenem Merkmal, dessen sich zuerst Traustedt bei der Classification der Ascidien bediente, und darauf Herdman bei der Aufstellung des phylogenetischen Systems dieser Thiere.

Es wäre interessant zu erörtern, welche morphologischen und physiologischen Ursachen hier die Veränderlichkeit der Fühler aufgehalten haben; leider können wir bei der Dürftigkeit der gegenwärtig bekannten Thatsachen auf diese Frage nur hinweisen. Es ist merkwürdig, dass die einfachen und verzweigten Fühler bis zu einem gewissen Grade mit der Organisation der faltigen und einfachen Kiemensäcke zusammenfallen. Bei ersteren haben wir verzweigte Fühler, bei letzteren einfache; bei jenen ist die Organisation complicirter, bei diesen einfacher; folglich erscheinen die ersteren mehr entwickelt, als die zweiten.

Von diesem Gesichtspunkte aus bildet die Fauna des Weissen Meeres eine höhere abgeschlossenere Stufe im Vergleich mit der Fauna der südlichen Meere. In den Gewässern des Solowetzkischen Gebietes sehen wir wenigstens die Cynthien in Arten und Individuen vorherrschen gegenüber anderen Formen der Ascidien. Dieses ergiebt sich aus dem von mir erbeuteten Material, das ich aber durchaus nicht für genügend halte, um daraus einen allgemeinen Schluss zu ziehen.

Ich bemerke gelegentlich, dass hier wie dort, bei den Ascidien mit verzweigten und mit einfachen Fühlern, der Kiemensack auf zweierlei Weise seine Respirationsfläche zu vergrössern strebt. Entweder verlängert er sich und vergrössert damit die Anzahl der kleineren Respirationsöffnungen, wie z. B. bei *Phallusia mentula*, oder er erweitert sich und vergrössert die Anzahl und die Fläche der Falten, wie bei *Cynthia* und *Molgula*.

Ich habe die grösstentheils problematischen Hauptzüge der Complication und der Phylogenie der Ascidien hervorgehoben; natürlich aber wird hier die Entwickelungsgeschichte und der Vergleich der Larven als bester Leitfaden dienen.

ANHANG.

Catalogus Crustaceorum amphipodum, inventorum in mari albo et in mari glaciali
ad litus murmanicum anno 1869 et 1870. Th. Jarzynsky.

Gammaridae.

Pontoporeia. *Kröyer.*

P. femorata. *K.*
Hab. mari albo et mari glaciali ad litus murmanicum.
[P. affinis *Lindstr.* Hab. in lacubus Onega (1868), Palto et Palto (1869)].

Montagua. *Spence-Bate.*

M. glacialis [Leucothoë Kröy.] *Göes.*
Hab. mari albo.

M. variegata n. sp.
Hab. ibidem.

M. clypeata [Leucothoë Kröy.] *Göes.*
Hab. ibidem et mari glaciali ad litus murmanicum.

M. Alderi Sp. *Bate.*
Hab. mari glaciali, regione occidentali litoris murmanici.

M. pellexiana Sp. *Bate.*
Hab. ibidem.

Lysianassa. *Milne-Edwards.*

L. lagena. *Kröy.*
Hab. mari albo et mari glaciali ad litus murmanicum.

L. Vahli. *Kröy.*
Hab. ibidem.

L. crispata. *Göes.*
Hab. mari glaciali ad litus murmanicum.

L. producta. *Göes.*
Hab. ibidem.

L. umbo. *Göes.*
Hab. ibidem.

L. Göesi n. sp.
Hab. ibidem.

Anonyx. *Kröyer.*

A. Edwardsi. *Kr.*
Hab. mari glaciali ad litus murmanicum.

A. Holbölli. *Kr.*
Hab. ibidem.

A. minutus. *Kr.*
Hab. ibidem.

Paramphithoë. *Bruzelius.*

P. exigua. *Göes.*
Hab. mari albo et mari glaciali ad litus murmanicum.

P. media. *Göes.*
Hab. ibidem.

P. Smitti. *Göes.*
Hab. ibidem [mari albo vulgaris].

Atylus. *Leach et Sp. Bate.*

A. carinatus [Paramphithoë Göes] *Leach.*
Hab. mari glaciali ad litus murmanicum.

Calliope. *Leach et Sp. Bate.*

C. laeviuscula [Amphithoë Kr., Paramphithoë Göes] Sp. *Bate.*
Hab. mari albo et mari glaciali ad litus murmanicum.

Phoxus. *Leach et Sp. Bate.*

P. pulchella [Amphithoë Kr., Paramphithoë Göes]
Hab. mari albo.

P. fulvocincta [Amphithoë] *Sars.*
Hab. ibidem et mari glaciali ad litus murmanicum.

Ampelisca. *Kröyer.*

A. Eschrichtii. *Kr.*
Hab. mari albo et mari glaciali ad litus murmanicum.

A. Kröyeri n. sp.
Hab. mari albo.

A. Gaimardii. *Kröy.*
Hab. mari albo et mari glaciali ad litus murmanicum.

Phoxus. *Kröyer.*

P. Holbölli. *Kröy.*
Hab. mari glaciali ad litus murmanicum.

Acanthonotus. *Owen.* [Vertumnus White]

A. inflatus. *Kröy.*
Hab. ibidem.

Amphithonus. Sp. *Bate.*

A. oculatus [Oniscus] *Esperles.*
Hab. mari albo et mari glaciali ad litus murmanicum.

A. Malmgreni. *Göes.*
Hab. mari glaciali ad litus murmanicum.

Oediceros. *Kröyer.*

O. saginatus. *Kröy.*
Hab. ibidem.

O. Brandtii n. sp.
Hab. ibidem.

Syrrhoë. *Göes.*

S. crenulata. *Göes.*
Hab. ibidem.

Pardalisca. *Kröyer.*

P. cuspidata. *Kröy.*
Hab. mari albo.

Amatilla. Sp. *Bate.*

A. Sabini [Gammarus Leach] Sp. *Bate.*
Hab. mari albo rara et mari glaciali ad litus murmanicum vulgaris.

Gammarus. *Fabricius.*

G. locusta. *Aut.*
Hab. mari glaciali, mari albo et in lacubus locubus Russiae septentrionalis [Ladoga Onega 1868, Palto et Palto 1869].

G. cancelloides. Siriff.
Hab. mari albo, mari baltico (sinu Fennico) et in aquulis lacubus fluviisve septentrionalis. Ladoga, Onega, Pdio et Putka.

G. locusta. Lin.
Hab. mari albo et mari glaciali vulgarissimus.

G. poecilurus. Rathke.
Hab. mari albo.

G. dentatus.
Hab. ibidem.

Urnjoa n. gen.
U. viridis n. sp.
Similis Gammaro longicaudae Brandt (mari Ochotero)
Hab. mari glaciali ad litus murmanicum (ad insulas Gabrilienses)

Lilljeborgia. Sp. Bate.
L. pallida. Sp. Bate.
Hab. mari glaciali ad litus murmanicum.

Corophidae.
Podocerus. Leach.
P. variegatus. L.
Hab. mari glaciali et mari albo.

P. rugnipes. Kröy.
Hab. mari albo.

Corupus. Say et Sp. Bate.
C. difformis (Erichthonius). M. Edwards.
Hab. ibidem et mari glaciali ad litus murmanicum.

C. punctatus.
Hab. ibidem.

Hyperidae.
Hyperia. Latreille.
H. Latreille. M. Edw.
Hab. mari albo.

H. Galba. Mont.
Hab. mari glaciali ad litus murmanicum.

Thamisto. Guer.
T. arctica. Kröy.
Hab. ibidem.

Dulichidae.
Dulichia. Kröy.
D. spinosissima. Kröy.
Hab. mari glaciali ad litus murmanicum.

D. Holmgreni n. sp.
Hab. ibidem ad insulas Gabrilienses.

Caprellidae.
Caprella. Lamarck.
C. lobata. Fabr.
Hab. ibidem et mari albo.

C. linearis. Sp. Bate.
Hab. mari glaciali ad regionem occidentalem litoris murmanici.

Praemissus catalogus **Crustaceorum decapodum, inventorum in mari albo et in mari glaciali ad litus murmanicum anno 1869 et 1870. Th. Jarzynsky.**

Brachyura.
Stenorhynchus. Lamarck.
S. ... Leach.
Hab. mari glaciali ad regionem occidentalem litoris murmanici.

Hyas. Leach.
H. araneus. Leach.
Hab. mari albo et mari glaciali vulgarissimus.

H. coarctatus. Leach.
Hab. ibidem.

Carcinus. Leach
C. maenas (Cancer). Linn.
Hab. ibidem.

Anomura.
Lithodes. Latr.
L. arctica. Latr.
Hab. mari glaciali ad litus murmanicum vulgaris.

Galathea. Fabr.
G. strigosa (Cancer). Linn.
Hab. mari glaciali ad regionem occidentalem litoris murmanici.

C. rugosa. Fabr.
Hab. ibidem rarissimus.

Pagurus. Fabr.
P. Bernardus. Linn.
Hab. mari albo et mari glaciali ad litus murmanicum vulgaris.

P. pubescens. Kröy.
Hab. ibidem.

Macrura.
Nephrops. Leach.
N. norvegicus (Cancer). Linn.
Hab. mari glaciali ad regionem occidentalem litoris murmanici rarus.

Pandalus. Leach.
P. annulicornis. Leach.
Hab. mari glaciali ad litus murmanicum.

P. borealis. Kröy.
Hab. ibidem.

Hippolyte. Leach.
H. Gaimardi. M. Edw.
Hab. mari albo et mari glaciali ad litus murmanicum vulgaris.

H. Sowerbyi. Leach.
Hab. ibidem.

H. polaris (Alpheus). Sab.
Hab. ibidem.

H. Phippsi. Kröy.
Hab. ibidem.

H. pusiola. Kröy.
Hab. mari glaciali ad regionem occidentalem litoris murmanici.

Crangon. Fabr.
C. vulgaris. Linn.
Hab. mari albo vulgarissimus et mari glaciali ad litus murmanicum rarus.

C. boreas (Cancer). Phipps.
Hab. ibidem vulgaris.

C. septemcarinatus. Sab.
Hab. mari glaciali ad litus murmanicum.

C. cataphractus. Leach.
Hab. mari glaciali ad regionem occidentalem litoris murmanici.

Mysidae.

Thysanopoda. *M.-Edw.*

T. norvegica. *Sars.*

Hab. mari glaciali ad litus murmanicum et regione septentrionali ~~maris albi~~

Mysis. *Latr.*

M. cornuta *Kroy.*

Hab. mari glaciali ad litus murmanicum.

M. mixta. *Lilljeborg.*

Hab. ibidem rara.

M. erythrophthalma. *Goes.*

Hab. mari albo et mari glaciali ad litus murmanicum.

M. relicta. Hab. mari baltico (sinu fennico) et lacubus. Ladoga, Onega et Pulko].

M. vulgaris. *Thomp.*

Hab. mari albo, mari glaciali ad litus murmanicum et mari baltico (sinu fennico 1858).

Catalogus Echinodermatum, inventorum in mari albo et in mari glaciali ad litus murmanicum anno 1869 et 1870. Th. Jarzynsky.

Crinoidae.

Alecto.

A. Sarsii. *Dan. y Kor.*

Hab. mari glaciali ad regionem occidentalem litoris murmanici (insulas Motka, Kola, Ura, Ara et Litza].

A. sp.*

Hab. ibidem.

Ophiuridae.

Astrophyton.

A. Lovéni. *M. y T.*

Hab. ad occidentalem regionem litoris murmanici (sinu Ura).

Ophioscolex.

O. glacialis. *M. y T.*

Hab. mari albo et mari glaciali ad litus murmanicum.

O. purpurea. *Dan. y Kor.*

Hab. ibidem.

Ophiacantha.

O. spinulosa. *M. y T.*

Hab. ibidem.

Ophiocoma.

O. nigra *Asterias*. *O. F. Müll.*

Hab. mari glaciali ad litus murmanicum.

Ophiopholis.

O. aculeata (Asterias). *O. F. Müll.*

Hab. ibidem et regione septentrionali maris albi (ad Tres-maulas).

Amphiura.

A. squamata *Asterias*. *Delle Chiaje.*

Hab. mari glaciali ad regionem occidentalem litoris murmanici rara.

Ophiura.

O. albida. *Forbes.*

Hab. mari albo et mari glaciali ad litus murmanicum.

O. Sarsii. *Lütken.*

Hab. ibidem.

O. squamosa. *Lütken.*

Hab. ibidem.

O. catura. *Sars.*

Hab. ibidem.

O. nodosa. *Lütken.*

Hab. mari albo vulgaris.

O. Korèni n. sp.

Hab. ibidem.

Ophiocten.

O. Kröyeri. *Lütken.*

Hab. mari glaciali ad litus murmanicum.

Asteridae.

Ctenodiscus.

C. crispatus (Asterias). *Retzius.*

Hab. ibidem vulgaris.

Astropecten.

A. Andromeda. *M. y T.*

Hab. mari glaciali ad regionem occidentalem litoris murmanici rarum.

A. arcticum. *Sars.*

Hab. ibidem.

Archaster.

A. Parelii. *Dan. y Kor.*

Hab. ibidem.

Astrogonium.

A. phrygianum (Asterias). *Parelius.*

Hab. mari glaciali ad litus murmanicum.

A. granulare (Asterias). *O. F. Müll.*

Hab. ibidem rarum.

Plearaster.

P. militaris (Asterias). *O. F. Müll.*

Hab. ibidem.

P. pulvillus. *Sars.*

Hab. ibidem.

Solaster.

S. endyca *Asterias*. *Linn.*

Hab. ibidem vulgaris.

S. sp.*

Hab. ibidem.

S. papposus. *Linn.*

Hab. ibidem vulgaris et regione septentrionali maris albi rarus.

Pedicellaster.

P. typicus. *Sars.*

Hab. mari glaciali ad regionem occidentalem litoris murmanici rarus.

Echinaster.

E. sanguinolentus (Asterias). *O. F. Müll.*

Hab. mari albo et mari glaciali ad litus murmanicum vulgaris.

Asteracanthion.

A. rubens (Asterias). *Linn.*

Hab. mari albo et mari glaciali vulgarissimus.

A. groenlandicum. *Nordenskiold*
Hab. ibidem.

A. glaciale *Asterias*. *Linn.*
Hab. mare glaciali ad litus murmanicum.

A. Mülleri. *Sars.*
Hab. ibidem.

A. n. sp. ?
Hab. ibidem.

Echinidae.

Echinus.

E. dröbachiensis. *O. F. Müll.*
Hab. mari glaciali ad litus murmanicum subarcuatum et regione septentrionali maris albi (ad Tres insulas).

E. angulosus. *Lesk.*
Hab. mari glaciali ad regionem occidentalem litoris murmanici zona.

E. esculentus. *Linn.*
Hab. ibidem.

Amphidotus.

A. ovatus *Spatangus*. *Lesk.*
Hab. mari glaciali ad regionem occidentalem litoris murmanici zona.

Holothuridae.

Cucumaria.

C. frondosa *Holothuria*. *Gunner.*
Hab. mari glaciali ad litus murmanicum.

C. pentactes *Holothuria*. *O. F. Müll.*
Hab. ibidem et mari albo.

Thyonidium.

Th. hyalinum *Cucumaria*. *Forbes.*
Hab. ibidem.

Psolus.

Ps. phantapus *Holothuria*. *Strussenfeldt.*
Hab. ibidem.

Holothuria.

H. intestinalis. *Rathke.*
Hab. mari glaciali ad litus murmanicum.

H. calcarea. *Sars.*
Hab. ibidem.

Chirodota.

Ch. pellucida *Holothuria*. *Vahl.*
Hab. ibidem.

Synapta.

S. inhaerens *Holothuria*. *O. F. Müll.*
Hab. mari glaciali ad regionem occidentalem litoris murmanici.

Praemissus catalogus Pycnogonidarum, inventorum in mari glaciali ad oras Lapponiae rossicae et in mari albo, anno 1869 et 1870. Th. Jarzynsky.

Nymphon. *Fabr.*

N. longitarse, *Kröy.*
Hab. mari glaciali ad oras Lapponiae rossicae et mari albo.

N. glaciale. *Fabr.*
Hab. ibidem.

N. grossipes. *Fabr.*
Hab. ibidem.

N. gracile. *Leach.*
Hab. mari glaciali ad oras Lapponiae rossicae.

N. Strömii, *Kröy.*
Hab. ibidem.

N. hirtum, *Kröy.*
Hab. ibidem.

N. mixtum, *Kröy.*
Hab. ibidem.

Zetes. *Kröy.*

Z. hispidus, *Kr.*
Hab. ibidem (regione occidentali).

Pallene. *Johnst.*

P. spinipes, *Fabr.*
Hab. mari glaciali ad oras Lapponiae rossicae et regione septentrionali maris albi.

P. intermedia. *Kr.*
Hab. ibidem.

Phoxichilidium. *Milne-Edw.*

Ph. coccineum *Orithyia*. *Johnst.*
Hab. mari glaciali ad oras Lapponiae rossicae regione occidentali.

Phoxichilus. *Latr.*

Ph. spinosus. *Mont.*
Hab. ibidem.

Pycnogonum. *Brün.*

P. litorale. *Str.*
Hab. ibidem.

Colossendeis n. gen.

Phoxichilus *Sab.* ?
Heathornyctes, Jart.

Corpus ovale, processibus thoracis lateralibus, extrema parte geniculatis, cylindraceis. Rostrum maximum medio longius et crassius quam corpus, basi constrictum in thoracem collo. Foramen oris maximum, triangulare, armatum tribus dentibus firmis, triangularibus. Vasculus ocularis prope rostrum situs, linguladine exiguum duos, pone situs caudatus collo brevi. Tuberculum ocularis conicum, apice acuminatus. Mandibulae nullae. Palpi longissimi, lineares, decemarticulati. Pedes accessorii longiores palpo undecimarticulati. Pedes longi, ungula armati unguibus auxiliaribus, tarso longissimo (metatarso longiore). Appendix caudatus longissimus, cylindricus, externa parte incrassatus.

C. borealis n. sp.
Rostrum longissimum, triangulare, colla longitudine aequante tertiam partem ipsius, longissimum, superans longitudinem corporis duodepartibus quintis. Palpa tertia parte longiores rostro. Pedes accessorii tertia parte longiores palpo. Pedes femore, femori, animalis longitudinem 1½ superantes. Color animalis carnae ruber.
Maximus animalis Pycnogonidarum, quae ad nostra tempora nota fuerunt — longitudo animalis 1½.
Hab. mari glaciali ad oras Lapponiae rossicae esculente mullis Gebridensibus. L'aspectum serpens et remissvalue praestitus Plankonii micropyteri, maxima profunditate maris (140—150 org.).

ERKLÄRUNG DER ABBILDUNGEN.

Taf. I. Hydroiden.

Fig. 1. Eine Colonie von *Hydractinia echinata* auf einer Schale von *Fusus despectus* sitzend, letztere enthält einen *Pagurus pubescens*. Alle Thiere der Colonie hängen herab und suchen ihre Nahrung. — *a* ein magerer Hydrant, der sich auf der oberen Seite der Schale befindet. — *b, b* Dornen und abgestorbene Hydranten.

Fig. 2. Eine Hydranten-Gruppe von *Hydractinia echinata*.

Fig. 3. Eine *Fusus*-Schale mit Hydranten bedeckt. — *A* Eine nackte Stelle, durch das Reiben der Schale beim Herumkriechen des Pagurus verursacht.

Fig. 4. Ein gut gefütterter Hydrant *a*, von einigen mageren Hydranten umgeben.

Fig. 5. Hydrant, der einen kleinen Krebs verschluckt hat.

Fig. 6. Entodermzellen mit ihren rothen Pigmentkörnern.

Fig. 7. Ein Hydrant mit ausgedehnter Mundöffnung.

Fig. 8. Zwei Hydranten auf einem gemeinschaftlichen Stiele sitzend.

Fig. 9. Ein Theil eines Tentakels von *Hydractinia echinata*. — *ec* Ectoderm. — *m* Muskelschicht. — *en* Entoderm.

Fig. 10. Ein Theil der Basis mit einer Scheidewand *Spt* im Innern.

Fig. 11. Ein kleines Stück der hornigen Wurzelschicht von *Hydractinia echinata*. — *b* Hornige Platte. — *ee* Ectoderm.

Fig. 12. Dieselbe von der Seite gesehen. — *a, a, a, a* Auswüchse der hornigen Platte, mit denen sie an die Muschel angeheftet ist. — *ec* Ectoderm.

Fig. 13. Ein junger Hydrant mit vier Tentakeln, die am basalen Theil des Körpers sitzen.

Fig. 14. Desgleichen, etwas weiter entwickelt.

Fig. 15. Zwei Hydranten von *Obelia flabellata*, aus dem Kelche des einen kriecht ein abgetrenntes Coenosarkstück heraus.

Fig. 15 A. Ein abgetrenntes Stück von Coenosark der *Obelia geniculata*.

Fig. 16. Protoplasmatische Ausläufer auf der Oberfläche des Körpers von *Hydractinia echinata*.

Fig. 17. Spitze eines Tentakels desselben Thieres. — *pr* Protoplasmatische Ausläufer.

Fig. 18. Protoplasmatische Fortsätze an den Tentakeln einer *Obelia borealis*.

Fig. 19. Tentakelspitze desselben Hydroids mit ihren protoplasmatischen Fortsätzen *pr, pr*.

Fig. 20. Zwei keulenförmige protoplasmatische Fortsätze (*a, b*) mit Pseudopodien, von einem Tentakel desselben Hydroids.

Taf. II. Hydroiden und Medusen.

Fig. 1. *Oochiza borealis*, Merensdsk. Eine kleine Partie von einem Hydroid mit zwölf Hydranten in verschiedenen Stufen der Ausstreckung und Contraction, nach der Natur in situ dargestellt. Am Grunde der Hydranten und der Bornen sitzen die kugelförmigen Gynäcophoren.

Fig. 2. Ein junger Hydrant von *Oochiza borealis* im halbeingezogenen Zustande.

Fig. 3. Ein junger Hydrant desselben Hydroids mit Haaf an seinem Grunde sitzenden Gynäcophoren G, G, G auf verschiedenen Entwickelungsstufen. — Es rothbraun gefärbtes Entoderm. Innerhalb jedes Gynäcophores ein Ei mit deutlichem Nucleus. In jungen Eiern innerhalb des Nucleus ein Nucleolus. — p r l Protoplasmatischer Ausläufer auf der Spitze der Gynäcophoren. — p r, p r Protoplasmatischer Ausläufer an der Basis der Gynäcophoren.

Fig. 4. Ein Ei innerhalb der Gynäcophoren. Die Zellen des Ectoderms strecken sich in ziemlich lange nordische Ausläufer aus.

Fig. 5. Ein männlicher Polypit einer *Bougainvillea* mit vier symmetrisch geordneten Boden ts, ts. — vs Nahrungshöhle. — rs, rs, vs Radialcanäle. — ts Tentakel. — c p l Nesselbräuchen.

Fig. 6. Eine junge *Bougainvillea*, fast ganz ohne Fangfäden, mit unregelmässig im Polypit gewucherten Eiern.

Fig. 7. Eine *Bougainvillea* mit gut entwickeltem Fangfaden auf der dem Beschauer zugewandten Seite. Die reiferen Eier sind im Polypit in vier Reihen geordnet, ähnlich wie die Hoden beim Männchen.

Fig. 8. Eine *Bougainvillea*, deren Glocke mit Planulen gefüllt ist.

Fig. 9. Der Polypit aus der vorigen Figur mit den sie umgebenden Planulen pl₁, stärker vergrössert. — pl, pl Die Planulen noch nicht vom Ectoderm des Mutterorganismus getrennt. — pl₂, pl₃ Abgetrennte Planulen. — vs Die radialen Canäle.

Fig 10 u. 11. Planulen (Hartnack, Syst. 7). — 10. im ausgestreckten. 11. im zusammengezogenen Zustande.

Fig. 12. Ein Theil der erweiterten Mundhüllung eines Männchens. In dieser Figur sieht man den Uebergang der mit Nesselorganen versehenen Wärzchen X zu den Köpfchen der Tentakeln ts.] — ts Boden. — en, en Entoderm.

Fig. 13. Die Bänder der erweiterten Mundöffnung eines Weibchens. — N, N Die Wärzchen mit Nesselorganen. — ts Tentakel.

Fig. 14. Zwei Eier von *Bougainvillea*, dem Ectoderm der Nahrungshöhle anliegend. — vr, vr Eier. — Ec Ectoderm.

Fig. 15. Vollständig entwickelte Eier von *Bougainvillea*, die die Form der Planula schon angenommen haben, aber noch auf den vom Ectoderm gebildeten Stielchen sitzen.

Fig. 16. Zwei Eier derselben Meduse unter stärkerer Vergrösserung. — pd, pd Die Stielchen, auf denen die Eier sitzen. .1 Ein Ei, dessen Dotter in grosse Dotterschollen zerfällt ist. — B Ein Ei in weiterer Entwickelung im Planulastadium. Das Ectoderm ist deutlich vom Entoderm zu unterscheiden.

Fig 17. Zwei Stielchen, von denen die Planulen abgetrennt sind. — p r, p r Protoplasmatische Ausläufer.

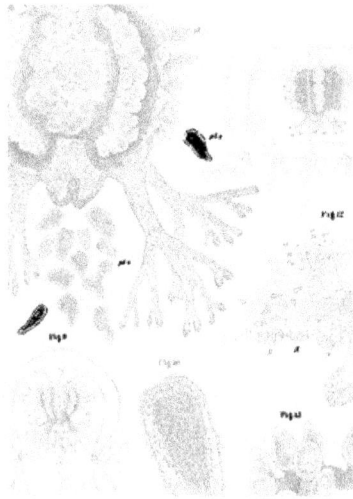

Taf. III. Medusen.

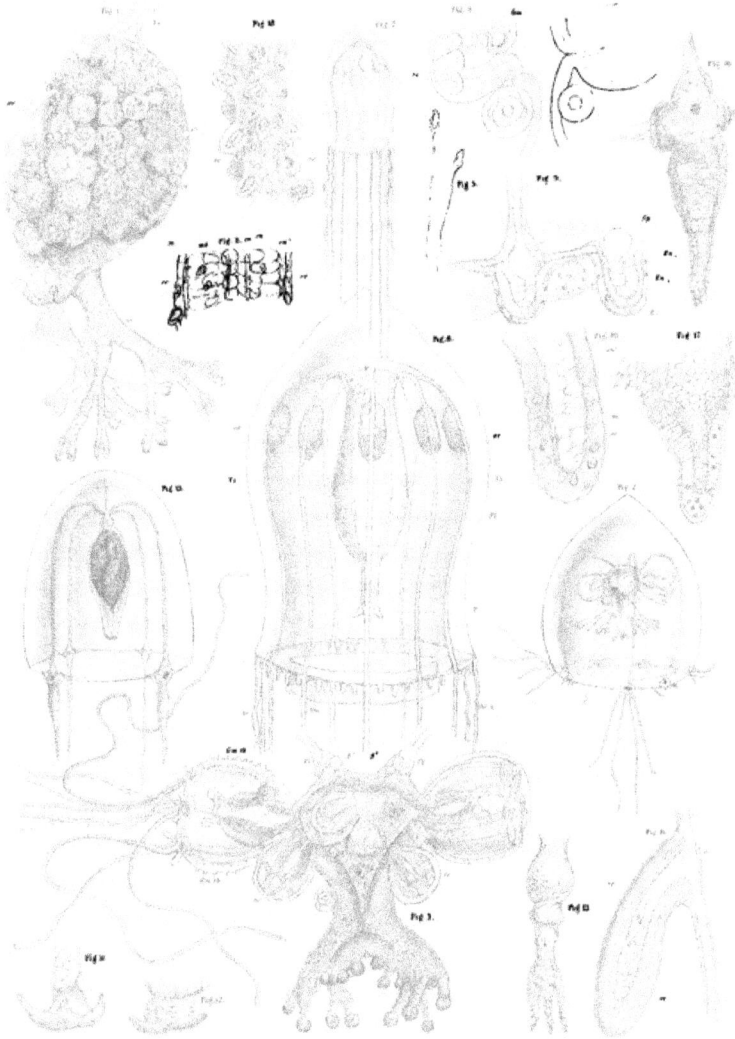

Taf. IV. Medusen.

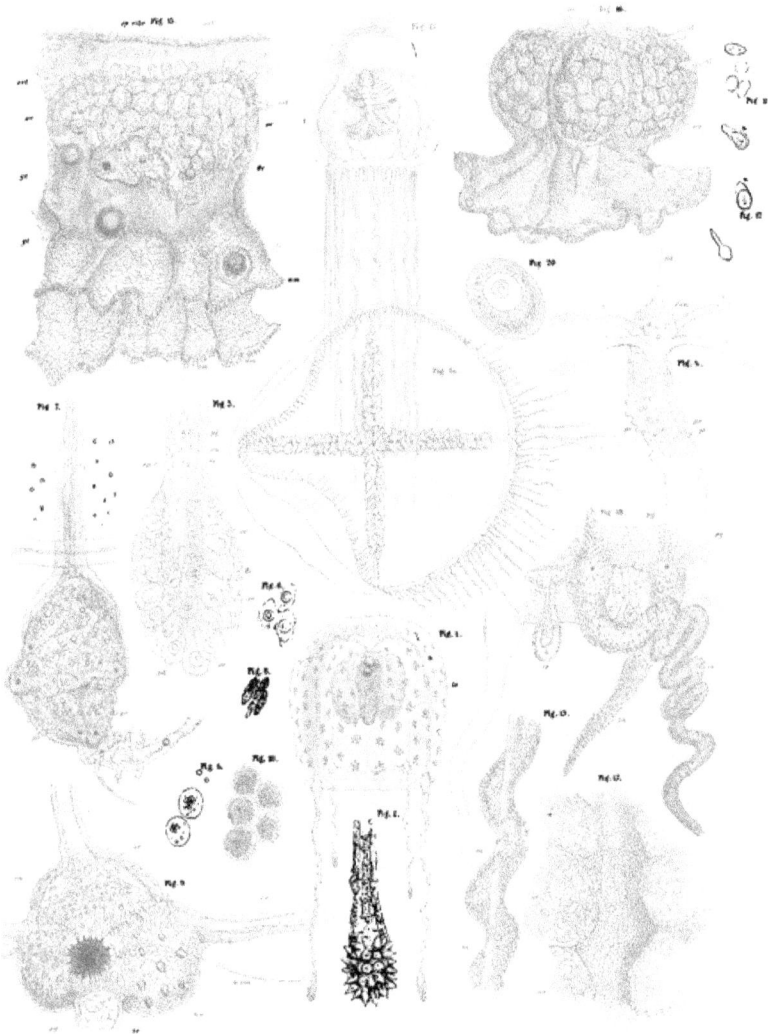

Verlag v. Wilh. Engelmann in Leipzig.

Taf. V.   Cyanea arctica.

Fig. 1. Ein junges Thier mit aufgeschnittenem Mundsack und Fangfaden. Links sind die Fangfäden ausgestreckt.

Fig. 2. Eine *Ephyra*.

Fig. 3. Dieselbe bei schwacher Vergrösserung.

Fig. 4. Ein Auge von *Ephyra* stärker vergrössert. Man sieht im Innern einzelne Concremente.

Fig. 5. Einige Concremente aus demselben Auge bei noch stärkerer Vergrösserung.

Fig. 6. Ein Theil der Glocke von unten mit Längs- m_1 und Quermuskeln m_2. — *cd* Eins der Knorpelbänder, die den Mundsack halten — *g* Genitalorgane. — *tc* Fangfäden. — *te* Genitialtentakel.

Fig. 7. Theil einer Flosse. — *vr* Endigung des Gastrovascularsystems. — *cp* Randkörperchen (Auge). — *pd* Die sie unterstützenden Stengelchen.

Fig. 8. Ein Randkörperchen, mit Hartnack, Syst. 7. — *ch* Wimpern des Canals *h* mit sich bewegenden Blutkörperchen im Innern. — tn_1 Aeussere Kapsel der Otocyste. — tn_2 Innere Kapsel der Otocyste. — *up* Spitze der Otocyste. — *es* Entoderm.

Fig. 9. Anfang der Fangfäden von *Staurophora laciniata*. — *ch* Grosse Entodermzelle. — *ee* Entoderm.

Fig. 10. Randkörperchen von *Cyanea arctica*, auf Stängelchen sitzend; innerhalb der letzteren sieht man im optischen Schnitte das wimpernde Epithel und die Blutkörperchen. — *ol* Otocyst.

Fig. 11. Die Krystallconcremente aus dem Otocyst. — *a, b, b* Grosse Krystalle mit Höhlen im Innern. — *c, e, f* Dünne prismatische und tafelartige Krystalloide.

Fig. 12. Männliche Genitalien. — *tn g* Genitaltentakel. — *t1, to, to* Hoden.

Fig. 13. Ein Theil des die Eier erzeugenden Entoderms. — *en* Entoderm. — *o e* Eier. — *pg* Rothe Pigmentkörnchen.

Fig. 14. Einige Partieen des Hodens (mit Hartnack, Syst. 7) mit Spermatoblasten erfüllt.

Fig. 15. Spermatozoiden in verschiedenen Entwickelungsstadien.

Fig. 16. Ein Stück vom Mundsackrand, mit grossen Nematocysten bewaffnet.

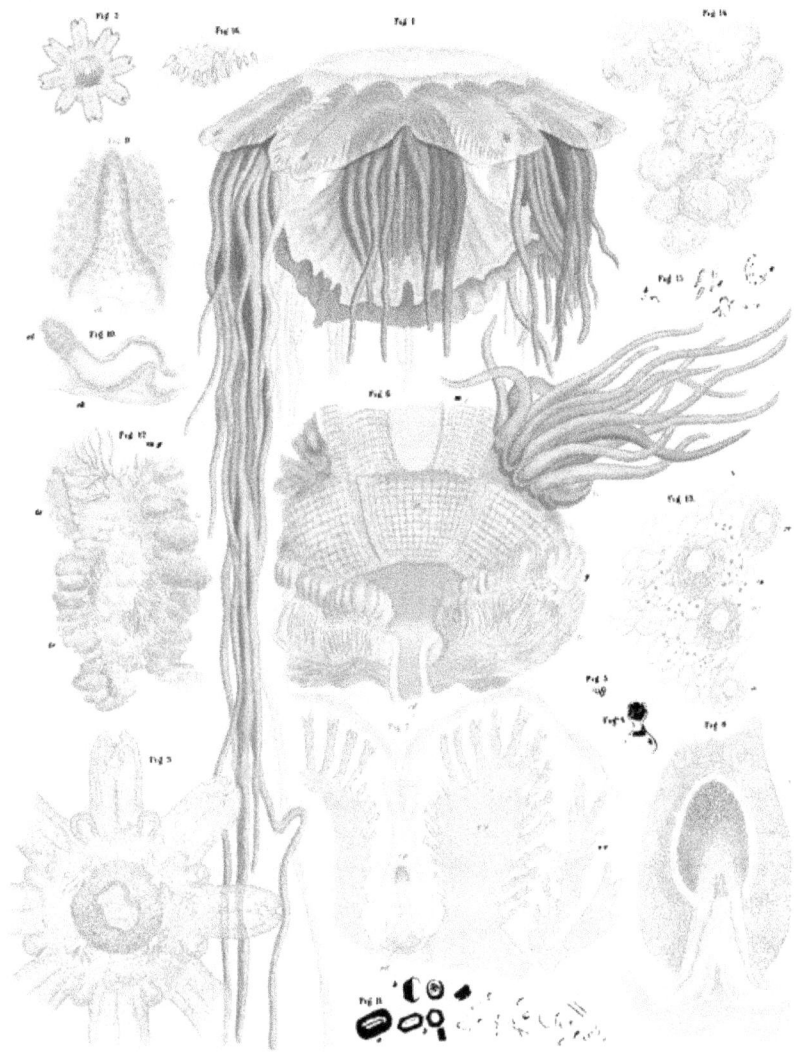

Fig 2.

Fig 16.

Fig 1.

Fig 14.

Fig 15.

Fig 11.

Fig 10.

Fig 6.

Fig 13.

Fig 12.

Fig 5.

Fig 4.

Fig 9.

Fig 3.

Fig 8.

Wilh. Engelmann in Leipzig.

Taf. VI. Cyanea arctica, Agassiz.

Fig. 1. *Cyanea arctica* fast in natürlicher Grösse mit aufgeschlitztem, in Falten gelegtem Mundsack und aufgehobenen Flossen. Zwei Büschel von Fangfäden sind künstlich nach oben gezogen, um die Partien des Magens und des Mundsackes zu zeigen, andere sind in verschiedenen Ausdehnungszuständen. In den Flossen sieht man die Endigung des Vascularsystems. Auf dem Mundsack sind die Verzweigungen der Knospelbänder stark ausgedrückt. Neben einem von diesen sitzt angehakt eine *Hippuris*.

Fig. 2. *Cyanea arctica*, verkleinert, mit langgestreckten Fangfäden und ausgespanntem Mundsack.

Fig. 3. Eine *Ephyra* von der Seite gesehen.

Fig. 4. Dieselbe mit zusammengelegten Flossen.

Cyanea arctica Ag

Taf. VII. Clio borealis.

Fig. 1. Eine *Clio* dreifach vergrössert und von der Bauchseite gesehen. Ein stark pigmentirtes Cycnoplac, das mit seinen rothen Tentakeln eine *Limacina* ungefähr erreichen hat. Die Copulationsorgane sind herausgestreckt. Der Penis mit seinem stark angeschwollenen Receptaculum seminis, den Sperma durchschimmernd wie ein blasser Fleck. Das Reizorgan ist bis zu seiner Mitte herausgestreckt, seine Canäle sind deutlich unter der Bedeckung zu unterscheiden. Die beiden Hälften des Propodiums sind durch die weit herausgestreckten Copulationsorgane nach rechts gerichtet.

Fig. 2. Eine *Clio* mit herausgestreckten Copulationsorganen, von der Seite gesehen.

Fig. 3. Eine *Clio* von der Bauchseite gesehen.

Fig. 4. Der Kopf und die Brust von *Clio borealis* von unten gesehen, mit herausgestreckten Tentakeln und eingezogenen rothen Angriffsorganen. Die Mundöffnung ist verschmälert. — *Pp* Propodium. — *Hz* Epipodium (Mesopodium). — *fx* Die Längs-Muskelfasern der Bauchseite, die in den Kopf übergehen und in den Tentakeln endigen. — *G 5* Männliche Genitalöffnung.

Fig. 5. *Clio* von der Rückenseite gesehen mit ihren ausgestreckten Flügelanhängen (Epipodia), auf denen man deutlich die gitterförmig gelagerten Muskelfasern sieht. — *tu* Die Tentakel. — *tx x* Die rothen Angriffsorgane. — *O* Geruchsgrube. — *l* Magen. — *t* Herz. — *pr* Vorhof. — *Gl. h* Zwitterdrüse. — *Ncu Sinus*. — *fx, fx* Drei Bündel von Muskelfasern, die sich auf der Oberseite des Kopfes verzweigen.

Fig. 6. Der Kopf mit eingezogenen Tentakeln *tu* von unten gesehen. — *tx x* Seine Angriffsorgane. — Im Grunde einer Vertiefung sieht man einen kurzen Rüssel *pb*, an dessen Seiten zwei Kiefer enthaltende Stückchen *wb, wb* zu unterscheiden sind.

Fig. 7. Ein Theil des Kopfes mit dem nach oben gerichteten Rüssel *pb* und mit eingezogenen Angriffsorganen und Tentakeln.

Fig. 8. Mittlerer Theil einer *Clio* von unten gesehen. — *Pp* Propodium. — *Hz* Mesopodium (Epipodium). — *Ht* Metapodium. — *G 5* Männliche Geschlechtsöffnung. — *G5* Weibliche Geschlechtsöffnung. — *l* Ausstülpung. — *Ht* Betheilung des Bojanus'schen Organes. — *Ht* Bojanus'sches Organ. — *c* Herz. — *pu* Vorhof. — *Ncu* Athmungssinus. — *l* Magen. — *re* Rectum. — *Gl. h* Zwitterdrüse.

Fig. 9. Fangtentakel oder Greiforgane mit ihren schleimabsondernden Drüsen.

Fig. 10. Drei Ausscheidungsmassen dieser Drüsen. — *a* Eine einfache birnformige, nicht granulirte Ausscheidungsmasse. — *b* Dieselbe mit beginnender Granulation an ihrer Spitze. — *c* Drei Partien der Ausscheidungsmasse mit deutlich granulirtem Kopfe.

Fig. 11. Ein durch eine Drüse eines stark pigmentirten Greiforgans ausgeschiedener Rüssel, das aus zwölf kleinen Köpfchen zu je mit einem langen Schwänzchen besteht. Jedes Köpfchen ist mit einem Kranz von Pigmentzellen *pg* umgeben.

Fig. 12. Rüssel mit geöffnetem Munde.

Fig. 13. Eine Drüse aus dem Fangorgane mit einem Rüssel von Ausscheidungsmassen auf der Spitze.

Fig. 14. Der Basus der linken Schwimmflossen.

Fig. 15. Hinterende des Körpers einer *Clio*.

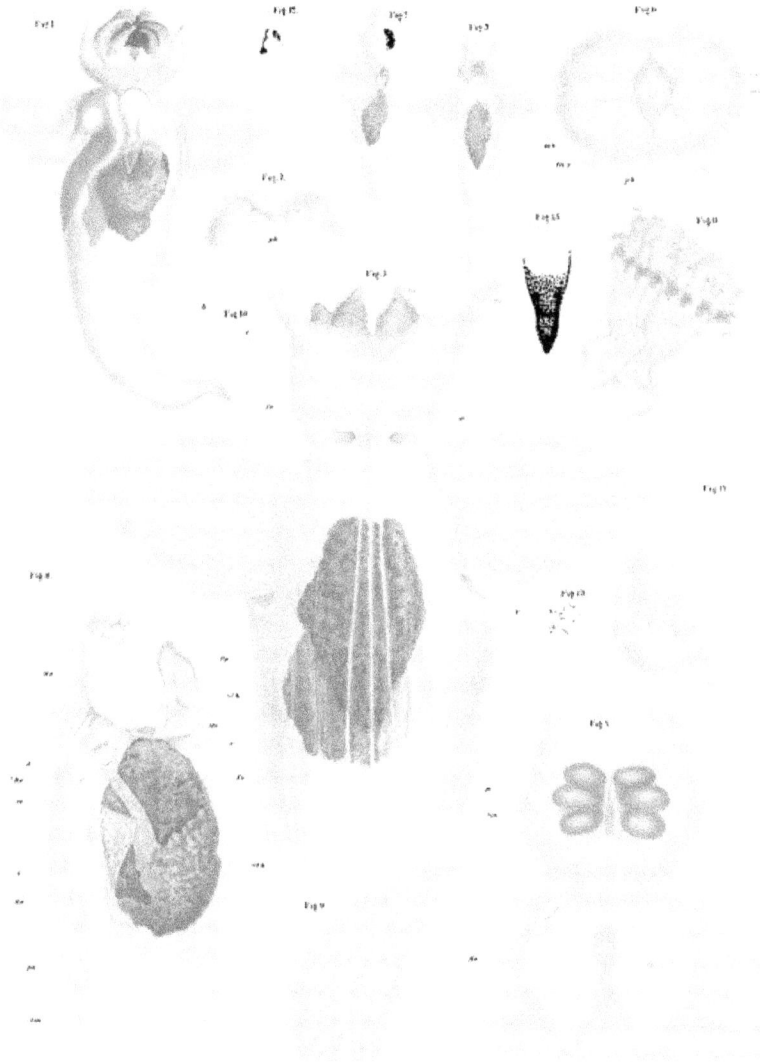

Fig. 1.

Fig. 12.

Fig. 7.

Fig. 3.

Fig. 6.

Fig. 2.

Fig. 8.

Fig. 13.

Fig. 9.

Fig. 15.

Fig. 17.

Fig. 16.

Fig. 14.

Fig. 11.

Fig. 10.

Fig. 8.

Fig. 5.

Fig. 4.

Taf. VIII. Clio borealis.

Taf. IX. Clio borealis.

Fig. 1. Ein Zungenkegel zum Vorstrecken der Radula, die seine obere Hälfte einnimmt — m Muskeln zur Bewegung der Radula. — lg Bandförmige Muskeln, die den Kegel herausziehen. — Gl Schlundganglien. gn kleine Schlundganglien. N_1 Nerv zu den Radula-Muskeln. — N_2 Nerv zu den Muskeln der Radula und der Kiefer. N_3 Nerv zu Speicheldrüse und Magen. — N_4, N_5 Nerven zu den Muskeln der Radula. — N_6 Nerv, der im Innern der Zunge geht — cl, cb Commissuren, die die Schlundganglien mit Cerebralganglien vereinigen.

Fig. 2. Eine junge Clio, in der die Charactere des Larvenzustandes noch geblieben sind. — R der Schlundkopf. N Nervenschlundring. oe Speiseröhre. P, p Propodium. — Ms Mesopodium (flügelförmige Flossen). Mt Metapodium. l Magen. — Rr Masularm. — S Flimmerepithel. — Bc Bojanus'sches Organ — gt Grosse Fettropfen gl Drüsen. pr Flimmergürtel.

Fig. 3. Die Drüsen und Fettropfen aus dem hinteren Theile des Körpers. — gt, st Fettropfen. — gl Drüsen. — cp Hinterer Theil der Drüsen mit feinkörniger Masse gefüllt. — n Nerven zu den Drüsen. — ge eine junge, noch nicht entwickelte Drüse.

Fig. 4. Eine Drüse mit der Oeffnung o in der Haut.

Fig. 5. Eine grosse, fast kuglige Drüse mit ausgelassenem Inhalt.

Fig. 6. Eine ovale Drüse mit gelblichem Inhalt gefüllt.

Fig. 7. Eine grosse Drüse mit herausgedrungenem Inhalt.

Fig. 8. Ein Fettropfen mit Pigmentabdlagerungen im Innern.

Fig. 9. Eine Drüse, zu der ein Nerv n geht. — fr Oeffnung dieser Drüse in die Haut. ge Kleine (nicht entwickelte) Drüse.

Fig. 10. Ein Empfindungskörperchen, das feine Ausläufer zu den Muskelfibrillen n abgiebt.

Fig. 11. Ein Theil des Respirations-Sinus bei starker Vergrösserung. — m Die Längsmuskelfaserbündel. m', m'' Die gesonderten Faserchen auf beiden Enden zugespitzt. — m''', m'''' Quere Muskelfasern. Zwischen zwei Längsmuskelfaserbündeln krümmt sich ein Nerv, der links und rechts Zweige, die sich mit kleinen Körperchen Cp, x, Cp, x endigen abgiebt. Cp, Cp Lymphkörperchen oder Leucocyten.

Fig. 12. Ein Theil von dem Rande einer Flosse bei starker Vergrösserung (Hartnack. Syst. 9 — cp, cp, cp, cp Die drüsenähnlichen Nervenkörperchen, die Ausläufer ausschicken. Die Ausläufer a_1, a_2, a_3 verbinden sich mit den Muskelzellen m, m, m. Jede solche Zelle setzt sich in einen Nerv n fort und einige von diesen Nerven geben feine Fibrillen nn, nn zu den querstreifenden Bändern m, m, m ab. — Alle Räume zwischen diesem Apparaten sind mit Bindegewebsbalken tr versehen.

Fig. 13. Ein Stück von der Mitte der Flosse bei starker Vergrösserung. Man sieht drei quere Muskelbänder m — n, a, n Ein Nerv zu einer kleinen Drüse cp, einen kleinen Zweig x n zu den Muskelbänden abgebend. tr Die Bindegewebsbalken. In einigen Stellen sieht man zerstreute Leucocyten (Lymphkörperchen).

Fig. 14. Die Zellen des Flimmerepithels auf dem Rande der Flosse zeigend. — m Ein Muskelband, durch die Bestreifung schimmernd.

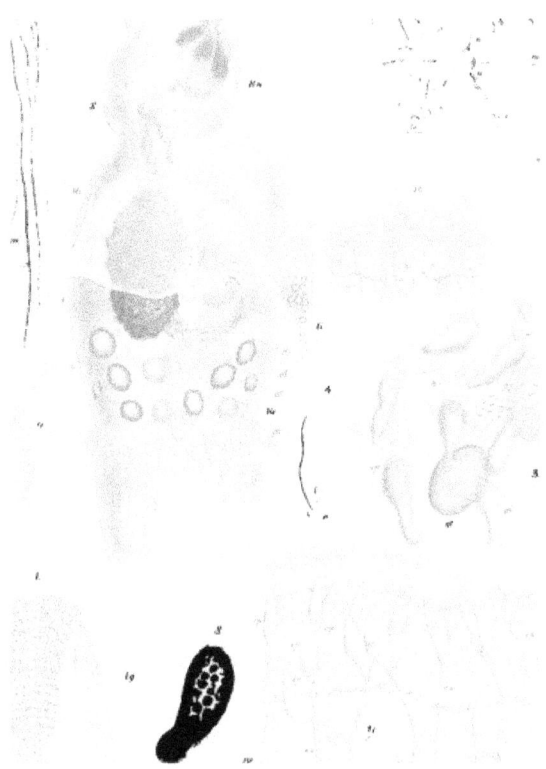

Taf. X. Clio borealis.

Fig. 1. Das Blutgefässsystem von *Clio*. Das Herz mit dem Pericardium *pc* geht in die Aorta *ao* über, die bald nach ihrem Austritt eine Arterie, *a. gen. r*, die sich in zwei andere, eine Magenarterie *a. ven. a*, *ven* und eine Genitalarterie *a. gen* verzweigt, abgiebt. — — Vor der letzteren gehen noch einige Arterien *ab*, die den Uterus, die Schleimdrüsen und Samenbehälter *a. ut* versorgen. Nach höher geht von der Aorte ein ziemlich starkes Gefäss *a ap* aus, welches die Wandungen des Körpers und zwar die untere Brust- und Abdominalseite versorgt. Zu den Flossen gekommen, giebt die Aorta zwei paarige Arterien *a. ms* ab, die nach ihrem Eintritt in jede Flosse in interstitielle Räume sich zertheilen, welche in regelmässigen, parallelen Reihen *a. ms* angeordnet sind. In den Kopf durch die Scheidewand *sp* hineingetreten, verengt sich die Aorta und giebt eine Arterie zu dem Schlundring *a gn*. Darauf verzweigt sie sich in drei Aeste, von welchen der mittlere *ab* gerade vorwärts zu dem Schlundkopf geht; zwei seitliche Aeste *b, b* gehen nach den Tentakels *ol*, *ol* und biegen sich dann nach unten und rückwärts, um in den Wandungen *a m* des Körpers zu verschwinden.

Fig. 2. Das Gefässsystem der unteren Brust- und des Anfangs der Kopftheile des Körpers. — Der Kopf ist von Brusttheile mittelst der Scheidewand *Sp* getrennt. Eine andere Scheidewand trennt auch die Brust- von der Bauchhöhle und diese letztere ist wiederum von der Schwanzhöhle, Respirationssinus durch ein Septum *rps* geschieden. — *a ms* Die Flossenarterien. *S. r, S. r* Respirationssinus im Längsschnitt. — *pu* Vorhof. — — Ein Theil des Herzventrikels.

Fig. 3. Ein Theil des Respirationssinus in schrägem Querschnitt. — *m lr, m lt* Die Längsmuskelfasern des Respirationssinus, eine Scheidewand bildend, die diesen von der Bauchhöhle scheidet. — *ml, ml, ml* Längsmuskelfasern der Wand des Körpers. — *m. tr*, *m. tr* Quermuskelbalken im Sinus. — *Sr* Sinusshöhle. — *Lp* Leucocyten.

Fig. 4. Ein Theil von der Wand des Respirationssinus mit der Communicationsöffnung *p*, die ins Pericardium führt. — *c* Das Herz.

Fig. 5. Das Herz. — *p. r* Vorkammer. — *Vr* Ventrikel.

Fig. 6. Das Herz und das Bojanus'sche Organ. — *pc* Pericardium. — — Ventrikel. — *gen* Die Magengenital-Arterie. — *ao* Aorta. — *Bo* Bojanus'sches Organ. — *Bo'* Dessen äussere Oeffnung. — — Scheidung. Verbindung zwischen Bojanus'schem Organ und Herz.

Fig. 7. Die Leucocyten. — *a* Ein Körperchen das mehrere Ausläufer aussendet. — *b* Ein spindelförmiges Körperchen, das einen langen und einige kurze Ausläufer aussendet. — *c* Ein umgebogenes Körperchen mit einem langen und einigen kurzen Ausläufern. — *d* Körperchen mit zwei langen und einem kurzen Ausläufer. — *e* Zwei Leucocyten durch einen langen Ausläufer verbunden.

Fig. 8. *a* Ein grosses Leucocyt mit mehreren kurzen Ausläufern. — *b* Kleines Leucocyt mit zwei Ausläufern und einem deutlichen Kern.

Fig. 9. Das Gewebe des schwach entwickelten Bojanus'schen Organs aus Sphärenkel-Zellen mit deutlichen Kernen, Pigment, Körnchen und Fetttröpfchen bestehend.

Fig. 10. Endspitze des Tactiltentakels. — *a* Ein Bündel von Nervenfasern, von denen jede in der Spitze des Organs in eine spindelförmige Zelle *l, cp* mit deutlichem Kern übergeht. Von diesen Zellen gehen die Ausläufer, die in sensitiven Härchen *ps* auf der Spitze des Tentakels endigen, aus. Dergleichen Härchen *ps'*, *ps'* mit in sie übergehenden Nervenfasern trifft man auch in anderen Theilen des Tentakels an. — *cp, cp, cp, cp* Kolbenförmige Enden der Nerven der gemeinsamen Nervenbündel. — *mn, mn* Ringförmige Muskelfasern.

Fig. 11. Zwei grosse Nervenzellen durch einen dicken Ausläufer verbunden.

Fig. 12. Eine junge Nervenzelle mit deutlichem Kern, aber ohne Nucleolus.

Fig. 13—14. Zwei Nervenzellen mit zwei Ausläufern, von denen einer aus der Zelle selbst, der andere aber aus seinem Nucleus (Hartnack, Syst. 10) heraustritt.

Fig. 15. Ein stark vergrösserter Theil des Tentakels. — *c s, c s, c s* Drei Nervenzellen, welche Ausläufer zu der Bedeckung abgeben. — *m, m, m* Muskelfasern. Hartnack, Syst. 10.

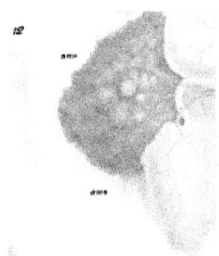

Taf. XI. Clio borealis.

Fig. 1. Die Verbreitung der Nerven in der Haut. — *ng, ng* Knotenartige Anschwellungen der Nerven. — *Gl* Eine grosse Zelle mit Fett gefüllt, in welcher ein Nerv sich verzweigt. — *n* Ein Nerv zu der Basis der Drüse *Cp* gehend.

Fig. 2. *n* Ein Nerv zu der Drüse *ge* gehend und einen Zweig *m* zu den Muskelfasern *w* abgebend. — Vor seiner Endigung in der Basis der Drüse verbreitet sich der Nerv in einer Zelle *ex*. — *cp* Körnige Basis der Drüse.

Fig. 3. Eine einzelne Drüse. — *n* Nerv. — *cp* Basis der Drüse. — *f* Ihre Oeffnung in der Haut.

Fig. 4. Das Nervensystem von Clio. — *G. rb* Cerebralganglien. — *G. p* Pedalganglien — *G. cs* Obere Visceralganglien. — *G. r, ml* Untere Visceralganglien. — *Gl* Schlundganglion. — *Gi* Commissuren, die diese letzteren mit Cerebralganglien verbinden. — *N_1, N_1* Nerv zu den Taenltentakeln. — *N_2, N_2* Nerv zu den rothen Tentakeln. — *No* Riechorgan. — *V_1* Nerv zu dem Copulations-anhang. — *N_3* Nerv zu den Flossen, links seine Verzweigung in drei Aesten *α, β, γ*. — *N_5* Die Nerven zu dem Propodium und Metapodium — *N_6* Nerv zu den Muskeln des Kopfs und der unteren Seite der Brust. — *N_7* Nerv zu den Muskeln der Brust. — *N_8, N_9* Nerven zu den Muskeln der Haut und der Bauchseite des Körpers. — *N_10* Nerv zu den Muskeln des Respi-rationssinus, zu dem Herzen und zu dem Bojanus'schen Organ. — *N_10 10''* Nerven zu den Muskeln der Bauchseite und zu den Genitalorganen. — *N_11* Nerv des Magens. — *oe, oe* Die Speiseröhre, deren mittlerer Theil weggeschnitten ist. — *V* Magen. *Ut* Uterus. — *Rs* Samenbehälter. — *Gl. h* Zwitterdrüse. — *V. s* Samenblase. — *Ps* Zungenförmiger Anhang des Copulations-organes. — *P.3* Copulationsorgane. — *P* Innere Röhre des Reizorganes.

Fig. 5. Ein kleiner Theil des männlichen Samenbehälters stark vergrössert. Man sieht seine Zusammensetzung aus grossen Zellen, deren einige links dargestellt sind. Ueberall in den Wänden liegen sich kreuzende Fasern, zwischen denen Nerven *n* verlaufen. — Von aussen ist das Organ mit stark angefärbten Epithelzellen *ep* bekleidet, im Innern mit Wimperepithel geschichtet *p vh*.

Fig. 6. Ein Theil des Muskelgitterwerkes der Flossen.

Fig. 7. Ein kleines Stück der Hierzuwandungen stark vergrössert (Hartnack, Syst. 9). — *G. c* Ein grosses Nervenganglion, an einem Muskelfaserbündel anliegend. Mit diesem Ganglion ist ein kleines, einem Nerven zu den Muskelfasern abgebend, mit kurzer Commissur verbunden. — *G. c, G. c* Die Nervenganglien aus wenigen Zellen zusammengesetzt und Nerven zu Muskelfasern ab-gehend. — *Cp* Ende des Nervs in dem Muskel *w* — *m, w, w, w* Muskelbünder.

Fig. 8. Ein Theil des inneren Rohres des Reizorganes. — Aeussere Epithelschicht *ep* besteht aus kleinen Zellen mit Orangepigment. — *Gl, Gl* Orangegefärbte Fettröpfchen. — *m* Quergestreifte Ringmuskelfasern. — *n* Nerv.

Fig. 9. Ende des Reizorganes. — *rb* Ihre Ränder der Saugnäpfe. — *Cp. s, Cp. s* Kolbenförmiges Ende der Nerven.

Fig. 10. Schlundganglion, bestehend aus grossen und kleinen Zellen mit abgehenden Nerven. *N_1, N_2* zu den Muskeln, die die Radula be-wegen, *N_3, N_3', N_3'''* zu der Speicheldrüse, *N_4* zu dem Muskelkegel der Radula (dieser Nerv geht aus einem kleinen Knoten *Gn* aus), *N_5* zu den äusseren Muskeln des Schlundes *N_6* ein Nerv nach aussen gelegen, zu dem Innern des Radulakegels hingehend.

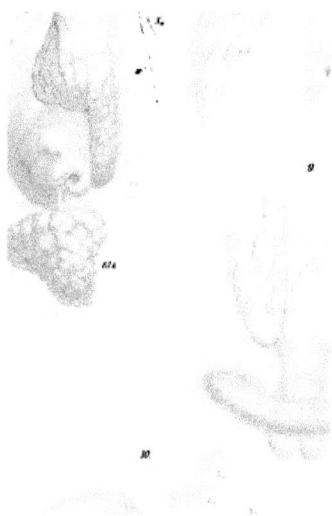

Taf. XII. Clio borealis.

Fig. 1. Centralnervensystem — G, Ch Cerebralganglien — G, P Pedalganglien — G, v, s Vordere Visceralganglien — G, v, taf Hintere Visceralganglien — N O, N O Riechlappen — Ga₂ Accessorisches Riechganglion — C, C, C, C Die Commissuren zwischen Cerebral- und Schlundganglien — C, ch Die Commissuren zwischen den Cerebralganglion — cr, cr Die Commissuren zwischen diesen letzteren und den Pedalganglien — Cf₂ cr₂ Die Commissuren zwischen Visceral- und Cerebralganglion — C. p. C. p Die Commissuren zwischen den vorderen Visceral- und Pedalganglien — p p Die Commissur zwischen den Pedalganglien — C cr, Cv v Die Commissuren zwischen den vorderen und hinteren Visceralganglien — c, cr₁ Die Commissur zwischen den vorderen und hinteren Visceralganglien. — a) Cerebralnerven. N₁ N₁ Nerven (erstes Paar) zu den Tentakeln. — N₂ N₂ Nerven (zweites Paar) zu den Muskeln des Kopfes. — b) Pedalnerven. N₃ N₃ Unpaariger Nerv für das Copulationsorgan. — N₄ N₄ Nerven zu den Muskeln des Propodiums, Mesopodiums und Metapodiums — N₅ N₅ Nerven zu den Muskeln des Kopfes und der Brust. — c) Nerven der Visceralganglien. N₆ Nerven zu den Muskeln des Leibes. — N₇ N₇ Nerven zu den Muskeln der Haut und für das Hintertheil des Körpers. — N₁₀, N₁₀, N₁₁ id. — N₁₂ Nerven zu dem Magen und der Aorta. — Sin Cerebralsinus. — Sin, Pedalsinus. — Gss Eine Gefässcommissur, welche die zwei Hälften des Cerebralganglions verbindet. — Com₂ Eine Gefässcommissur, welche den Cerebralsinus mit dem Sinus der Commissur der Pedalganglien verbindet. — a ceph sup Obere Cerebralgefässschlinge, die beide Hälften des Cerebralganglions verbindet (leider ist es auf der Tafel mit a. cph. inf bezeichnet). — a. cph. inf eine Gefässschlinge, die beide Pedalganglien verknüpft. — Au, Au Otocysten.

Fig. 2. Eine Skizze des linken Cerebralganglions mit den aus ihm austretenden Nerven und mit dem Nervensystem des Riechorgans — f, f Faserzüge, die in die Commissuren übergehen und das Cerebralganglion mit dem linken Pedal- und vorderen Visceralganglion verbinden. — f (obes) Faserzüge, das erste Nervenpaar bildend. — f² Faserzüge für das zweite Paar. — f³ Faserzüge zwischen den Cerebralganglion. — Ns, Ns Austritt der Nervenfasern aus dem Cerebralganglion in das Riechorgan. — Ga² Riechganglion mit den aus ihm zu den Riechzellchen ausgetretenen Fasern (ga s — Ga) Accessorisches Ganglion, das Nervenfasern zu den Muskeln der Riechgrube abgiebt. — ga' kleines accessorisches Ganglion. — C x Commissur zwischen dem System des Riechorgans und seinem accessorischen Ganglion.

Fig. 3. Hinteres, linkes Visceralganglion von unten gesehen (Mangel an Raum hat nicht erlaubt, diese Figur in ihrer natürlichen Lage darzustellen) — C v Linke Commissur; die dieses Ganglion mit dem vorderen Visceralganglion verbindet — N₁₀, N₁₁, N₁₂ So wie in Fig. 1. — f Faserzüge für die Nerven und die Commissuren. — c₁, C z Kleine, wahrscheinlich sensible Zellen. — c, pr Grosse motorische Zellen. — C m Commissur, die den Nucleus einer motorischen mit dem einer sensiblen Zelle verbindet. Von ihnen gehen zwei Ausläufer aus, der die Erregung einführende (a d) und der sie fortleitende (d d), welche beide unmittelbar in die Nervenfasern fortsetzen. — Die Zelle c z giebt wahrscheinlich noch andere Ausläufer ab, die sie mit den Centren verbinden, wovon ich mich jedoch nicht überzeugen konnte.

Fig. 4. Zwei Zellen in der Mitte der Nerven.

Fig. 5. Eine grosse Nervenzelle mit zwei Hauptausläufern, von denen der vordere ein dünnes Faserchen abgiebt.

Fig. 6. Birnförmige Nervenzelle mit vier Ausläufern.

Fig. 7. Eine Gruppe von grossen und kleinen Zellen mit Ausläufern, die sich später wahrscheinlich verzweigen.

Fig. 8. Eine Gruppe von fünf grossen Zellen mit langen Ausläufern.

Fig. 9. Eine Gruppe von vier grossen Zellen, die mit einander mittelst ihrer Ausläufer verbunden sind. — Die Zelle a entsendet einen Ausläufer, und ihr Nucleus nimmt einen anderen c aus dem Nucleus d der nebenliegenden Zelle auf. — Diese letztere verbindet sich mit der Zelle b mittelst des Ausläufers c. — Die Zelle b hat einen Ausläufer y, der sie mit der Zelle b verbindet, und noch einen anderen Ausläufer f. — Die Zelle b trägt einen Ausläufer b. — Die Zelle b löst die Fortsätze 1, 2, 3, 4 und 5 aus. — n Nervenhülle des Knotens.

(Fig. 10—13. Die Körperchen, die sich in den Wandungen des Reizorgans entwickeln und bei der Copulation in das befruchtete Exemplar übergehen.)

Fig. 10. Eins von solchen Körperchen bei schwacher Vergrösserung mit deutlichem Kern.

Fig. 11. Zwei solche Körperchen zusammengewachsen mit zwei Kernen.

Fig. 12. Eine Gruppe von solchen Körperchen aus dem Körper eines befruchteten Exemplars.

Fig. 13. Ein Theil eines solchen Körperchens bei Vergrösserung mit Hartnack. Syst. 9. Es ist mit fadenförmigen Verdickungen g, g, g bedeckt.

Fig. 14. Vorderer Theil von Clio mit herausgelassenem Reizorgan.

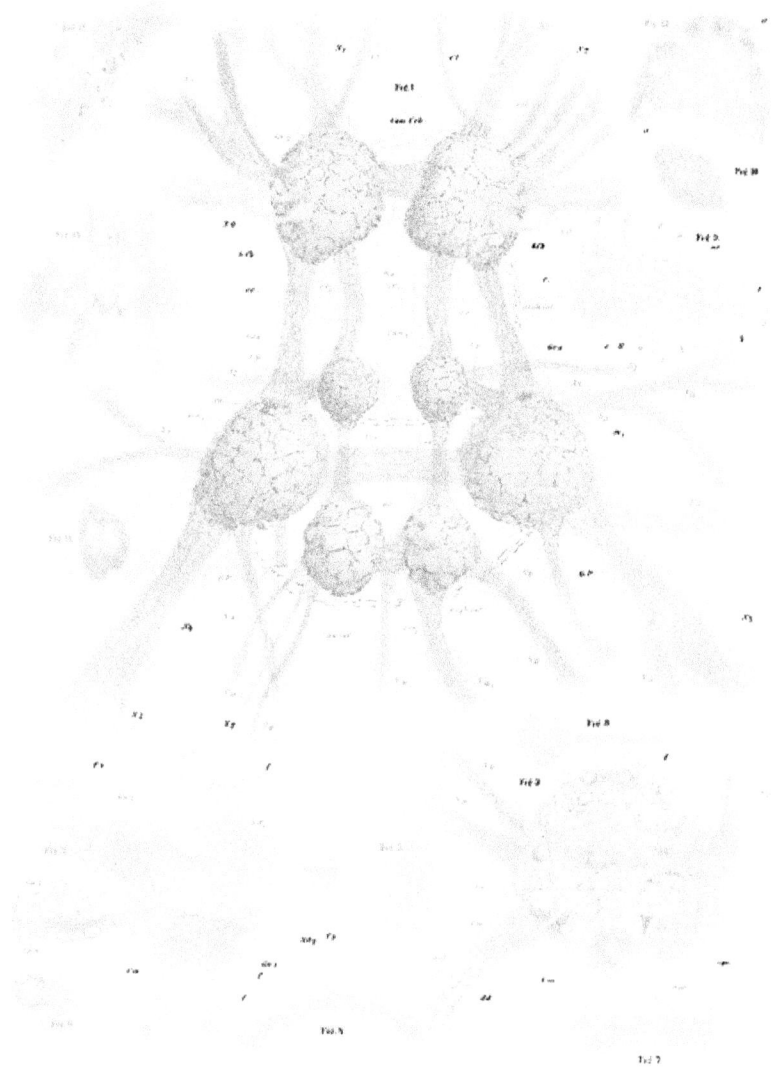

Taf. XIII. Clio borealis.

Fig. 1   Gehörorgan von *Clio*, mit den aufliegenden Nerven. — *O* Otocyst, in der Nervenhülle eingeschlossen. — *My* Mesogonien im Innern der Otocyste. — *pg* Ein Streifen von Orangepigment, die gürtelförmig umfassend. — *pg'* Ein Streifen von Orangepigment, die Mitte der Otocyste umlaufend. — *Nr. r*, *Nr. r* Nervenende. — *G. r. i* Eine Gruppe von birnförmigen Nervenzellen aus dem Visceralganglion. — *c P* Eine Gruppe von Nervenzellen *c* aus dem Pedalganglion. — *G p* Nervenfasern, die sich zu der Otocyste und nach den Flossen richten. — *Po* Nervenfasern zu den Flossen selbst. — *N'* Nerv zu den Muskeln der Brust.

Fig. 2   Die Ganglien des Riechorgans. — *Go'* Ein grosses Ganglion, von dem die Fasern zu der flimmernden Riechgrube *Cp. O* und in nächstliegende Muskeln *n'*, *n'* gehen. — *Go''* Oberes Knötchen, das sich mit dem unteren durch zwei Commissuren *Cu, Co*, einer dünnen und einer dicken, verbindet und welcher die Nerven *n, n, n, n* an den Muskelfasern *m, m, m* abgiebt.

Fig. 3   *Cp. O* Nervensäbchen für die Riechgrube.

Fig. 4   Vier Nervenzellen aus dem Pedalganglion. Die Zelle *d* giebt einen grossen Ausläufer *a* ab, der sich in zwei, *b* und einen langen *c*, verzweigt. — *e* Zelle mit zwei Ausläufern. — *f* Eine Zelle mit vier Ausläufern, von denen einer fast unmittelbar sich in zwei verzweigt.

Fig. 5   Zwei beiderseitig in Begattung begriffene Exemplare von *Clio*.

Fig. 6   Zwei Exemplare von *Clio*, von denen eins das andere befruchtend zu gleicher Zeit mit seinem Begattungsorgan an seinem eigenen Leibe angesogen ist.

Fig. 7   Copulationsorgan von *Clio*. — *P* Begattungsorgan. — *R'* Die Höhle des männlichen Samenbehälters. — *Po* Beisorgan. — *Ca n* Der Canal, in dessen Wandungen die besonderen Körperchen sich ausbilden. — *Co* Angeschwollene Theile der anliegenden Bedeckung.

Fig. 8   Begattungsorgan. — *Ign* Die zungenförmige Spitze des Organs. — *S* Oeffnung des Samenbehälters. — *lb, lb* Die Ränder (Lippchen) mit Flimmerepithel bekleidet.

Fig. 9   Ein Theil des Genitalorgans von *Clio*. — *Gl. b* Zwitterdrüse. — *V. i* Ausführender Gang. — *Ut* Aufgeschlagener Uterus. — *A* Saumcanal.

Fig. 10   Uterus in natürlicher Lage. — *Ms* Schleimdrüse.

Fig. 11   Eins von den Säckchen der Zwitterdrüse, mit Eiern *Ov, Ov* in verschiedenen Entwickelungsstadien angefüllt. — *sp, sp* Büschel von Spermatozoiden. — *pg, pg* Ablagerungen des rothen Pigments.

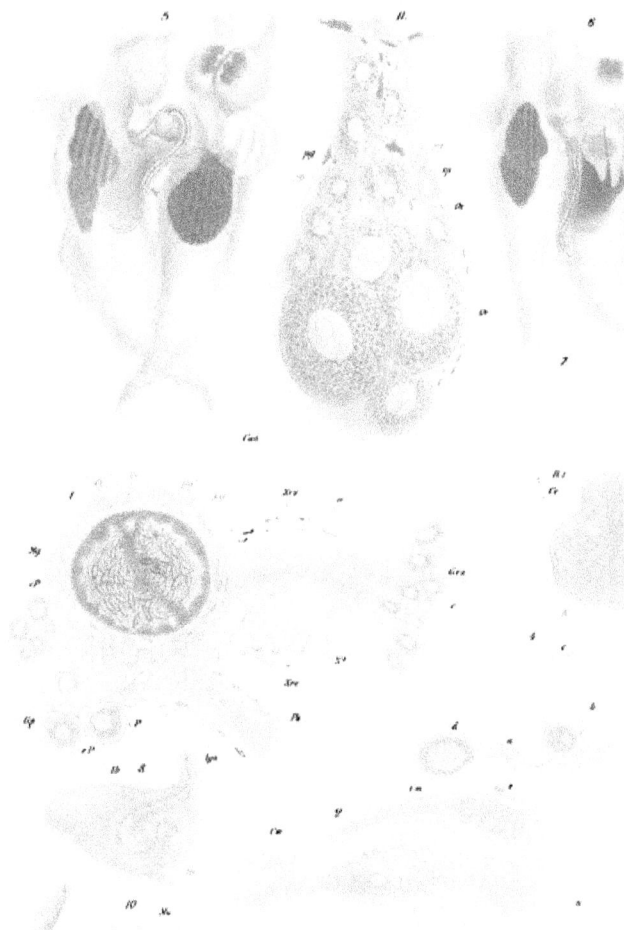

Taf. XIV. Clio borealis.

Fig. 1   Die Genitalorgane. — *Vg* Vagina — *Mv* Schleimdrüse. — *rs* Samenbehälter. — *ut* Uterus. — *Us* Samendrüse. — *v. df* Vas deferens. — *gl. h* Zwitterdrüse. — *Br* Bojanus'sches Organ mit Ausführungsgang. — *C* Das Herz. — *pr* Pericardium. — *a* Aorta.

Fig. 2.   Darmcanal und atrophirte Genitalorgane. — *oe* Speiseröhre — *U* Magen. — *re* Rectum. — *ut* Uterus. — *gl. h* Zwitterdrüse. — *v. ut* Gefässe.

Fig. 3.   Die atrophirten Genitalorgane bei schwacher Vergrösserung (Hartnack, Syst. 4). — *S. jb* Sphincterförmige Klappe in dem Anfang des Ausführungscanals *v. df* der Zwitterdrüse. — *m* Muskeln. — *lg, lg, lg* Ligamente — *gn, gn* Nervenganglien, von denen Nerven in der Gebärmutter sich ausbreiten — *n* Nerv zu den Genitalorganen — *a. gen* Die Genitalarterie, deren Aeste sich in der in Fetmetamorphose begriffenen Zwitterdrüse *g. h* ausbreiten. — *a* Die Terminalästte dieser Arterie. — *re* Rectum.

Fig. 4.   Ende des Copulationsorgans bei 300facher Vergrösserung. — *Zn g* Zungenförmige Spitze. — *fr* Die Wärzchen in der Umgebung der Oeffnung, durch welche ein Bündel von Spermatozoiden *Sp* austritt. — *w. m, w* Muskeln — *Fr* Knorpelartige Zellen. — *Ap* Anhang, der als Greiforgan dient. — *v* Gefäss.

Fig. 5.   Ein Spermatozoid bei 500facher Vergr.

Fig. 6, 7.   Copulationsorgan und Reizorgan in zwei Momenten seiner Ausdehnung.

Fig. 8.   Ein Theil des inneren Canals des Reizorganes, in dessen dicken Wänden die Drüsen *gl*, welche cuticuläre Körperchen ausbilden, angelegt sind. Canal *Cn* im Innern mit Wimperepithel bekleidet.

Fig. 9.   Ein kleiner Theil des Bojanus'schen Organs aus einem stark pigmentirten Exemplare genommen. (Taf. XII, Fig. 4 — *ep* Inneres Epithel, dessen Zellen mit orangefarbenen pigmentirten Körnchen angefüllt sind. — *gl. gl* Drüse mit Concrementen *Cac* im Innern.

Fig. 10.   *Clio* von der Seite, um das Basalbündel der Muskelfasern, die unter dem Propodium *Pp* liegen, zu zeigen. — *Ms* Mesopodium. — *ut* Metapodium. — *Fs* Die Faserbündel.

Fig. 11.   *Clio* von der Bauchseite. — Propodium und die anliegende Haut sind aufgeschnitten und nach einer Seite gebogen, so dass das Bündel *Fs* deutlich sichtbar.

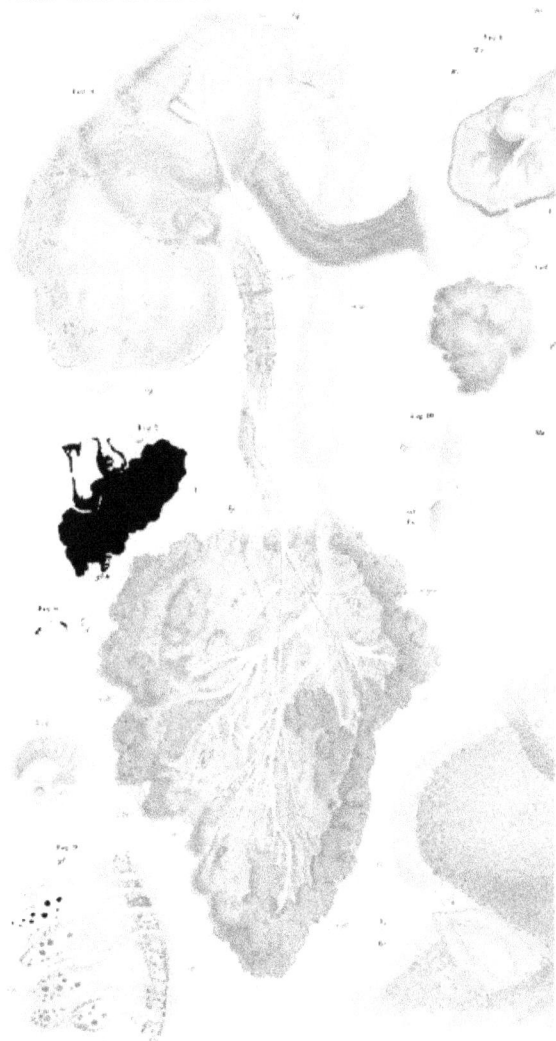

Taf. XV. Ascidien.

Fig. 1. Eine Gruppe mehrerer charakteristischer Typen der Ascidien des Weissen Meeres. 1 u. 2. *Molgula groenlandica*. 3. *Cynthia echinata*. 4. *Cynthia Nordenskiöldii*. 5. *Chelynsoma Macleayanum*. 6. *Styela rustica var. mammeata*. 7., 8. u. 9. *Styela rustica* in verschiedenen Stadien der Contraction.

Fig. 2. Flimmerorgan von *M. groenlandica* von der Seite gesehen.

Fig. 3. Dasselbe von oben gesehen.

Fig. 4. Capillargefässe vom inneren Theil des Rostums bei *M. groenlandica*. — *Cr, Cr, Cr* Blinde Endigungen dieser Gefässe in dem Epithel des Gedärme. — *a, a* Grössere tiefer liegende Gefässe.

Fig. 5. Halbschematische Anordnung der Gefässe im Tentakularkragen. — *a. tn* Tentakularorterie. — *a. cll* Halskragenarterie. — *a. cm* Die Arterie, die den Tentakel mit der Halskragenarterie verbindet. — *tn* Gefässe, die das Blut von der Tentakularorterie nach dem Tentakel führt, von wo es in die Capillare des Interstitialraumes *a. vtll* übergehn. — *a. sy. an* Die Längsgefässe des Eingangssipho, ausgehend von der Halskragenarterie. — *cll* Der Halskragen.

Fig. 6. Ein Spirasculum von der äusseren Seite des Kiemensackes. — *a. br. an* Ringkiemengefässe. — *tr, tr* Die Trabekeln. — *a. br. ver* Längskiemengefässe.

Fig. 7. *c* Herz. — *pc* Pericardium. — *Bj* Bojanus'sches Organ. — *a. Bj* Seine Arterie. — *br* Kiemensack. — *a. br. vert* Längskiemengefässe. — *a. poll* Längsanastebarteries. — *tr* Trabekeln. — *a. I* Magenorterie.

Fig. 8. *U* Magen. — *a. Ven* Seine Arterie. — *a. p. Br* Die Gefässe der Kiemen in das Centralgefäss übergehend. — *a. gen* Genitalorterie der linken Seite des Körpers, beginnend von dem Geflechte der Magenarterien *a. Ven*. — *ce* Eierstock. — *a. poll* Mantelarterien und Capillaren. — *Br* Kiemensack. — *tr* Trabekeln.

Fig. 9. Eine Gruppe von Eiern aus dem Eierstock von *M. groenlandica*. — *vt* Keimbläschen.

Fig. 10. Stark entwickelte Genitalorgane von *Styela rustica*. — *X* Weibliche Ausführungsöffnung der Eileiter. — *I* Ausführungsöffnung der Samenleiter. — *a r* Eiersäcke. — *ts, ts* Hoden.

Fig. 11. Genitalorgane der *Styela rustica*. — *X* und *I* wie oben. — *ar* Eileiter. — *ts, ts, ts* Hoden. — *r. vf Vasa deferentia* — *ear, ear, ear* Keulenorgane. — *tr, tr* Trabekel.

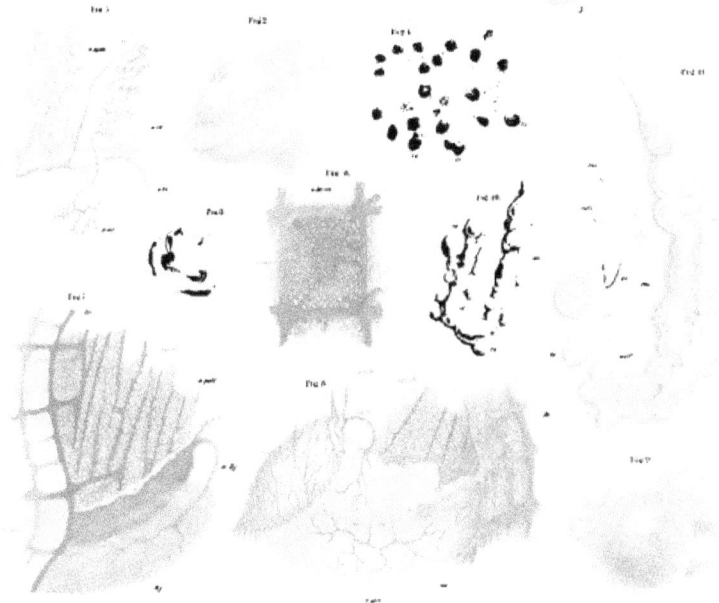

Taf. XVI. Ascidien.

Fig. 1. Injicirte und längs des Endostyls aufgeschnittene *Molgula groenlandica*. — Eingangsopho *Sy a* ist opor aufgespannt **und** endigt **oben mit** zwei Siphoualzotakeln *ins*. — Der ganze Sipho ist mit Gefässen bedeckt, die von der Robkragenarterie *a coll* ausgehen, die bis ganz unter den Tentakeln, zu verfolgen ist. — In diesen letzteren sicht man **auch** die Gefässe **die von** der Tentakolvarterie *a ln* ausgehen. — Die Tentakolvarterie nimmt ihren Ursprung aus **dem** allgemeinen Stamm, der an **den** Capillaren des Lappens, der die Spitze der Nahrungsrinne bedeckt beginnt. Dieser Stamm durchläuft den Interstitialraum, welcher mit Capillararterien der Mantelarterien, *a ml*, gefüllt ist. — In diesem Raum liegt auch auf das prunma pontricken Dritte das Nervenganglion und endigt oben mit dem Eigenorgane. — *n ln* Nahrungsvronendockelrobr.

Von unten **ist** der Interstitialraum mit den Pericronalarterien *a* so angreinzt, von denen das Kiemensackgeflder beginnt.

Der linke, **untere** Theil des Kiemensackes **ist** weggeschnitten, **um** das Eingewelde, die in der Tiefe auf dem Mantel liegen, zu zeigen.

In dem Kiemensacke, in seiner Mitte, unter dem Nervenganglion, geht das Centrale oder kiemensammelgefless, in welches alle Kiemenvenggefässe sich öffnen. Auf der Basis des Kiemensacks gabeln sich diese Gefässe und jeder Arterien an dieselbe.

Von der rechten Seite des Kiemensackes zieht sich die Nahrungsrinne oder Endostyl *end*. — Auf der linken Seite, da wo ein Theil des Kiemensackes weggeschnitten ist, sieht man den Magen *l* mit dessen Arterien, die Magenaorta *n c*, das Herz, welches im Pericardium liegt und nach oben ein Magenstammsalgefless, nach unten aber eine Arterie *n By* zu dem Bojanus'schen Organ *B uschickt*. — Unter dem Herzen liegt der linke Eierstock, mit Eileiter und Eierstocksarterie *a c*. — Links von diesem Eierstock liegt der Hoden *ls*.

In der Tiefe sicht man den Mantel mit injicirten Capillararterien *a. Pall. Br*.

Fig. 2. *Molgula groenlandica* aus der der Ftouro herausgenommen, auf Luft ausgedehnt und **durch das Herz** injicirt. — **Die Luft hindert die** Injectionsmasse, in den Mantel und in die Capillararterien einzudringen. Auf diese Weise erhält man ein Gemit des Blutgefässsystems, in welchem nur die Hauptgefässe mit der Injectionsmasse angefüllt waren. — *l* Das Herz mit Pericardium *pr*. — *In Br* Kiemensackv — *n o* Ire Magenaorta. — *n. Br. in. n. Br. er* Kiemeuringgefäss. — *n. Pall. Br* Kiemen Mantelgefässe. — *a. S. a* Gefässe des vorderen Siphons. — *a. S. p* Gefässe des hinteren Siphons. — *n. c* Gefässe in den Nervenganglion. — *a. Es* Gefässe des Magens. — *a c* Eierstocksarterie. — *c T c* Magenstammalarterie. — *a T B* Tentakolkremon arterie. — *a. Ro pe* Roukromansarterie — *a po* Pericronalarterie. — *Bj* Bojanus'schen Organ —. *n. Bj* seine Arterie.

Fig. 3. Ein eben solches Präparat, wie in der vorigen Figur, aber mit dem Eingangsopho nach oben gekehrt. — Die Bezeichnung der Buchstaben wie oben. — *a ze* Darmarterie, die hier eine Schlinge bildet und in Brauttalenghefeless *a. T. in* übergeht, hinter denen man ein anderes Mantelstammalgefless *a. T. out* sieht.

Fig. 4. Dasselbe Präparat von der anderen Seite, d. h. von der Seite des hinteren Sipho *Sp*. Bezeichnung der Buchstaben wie in Fig. 2 und 3.

Fig. 5. Centrale oder Mantelkiemengefäss von *K groenlandica a. Pall. Br*. Mit seinem oberen Ende geht es **in das** zu den Flossentongue gekende Gefäss *a A* über, um sich seehter in die Capillararterie der Zwischenmembran *a m* zu verlieren. — Auf einem Wege giebt es Gefässe zur paramusentrischen Brücke *a pl pr*, die. Vom oberen Theil dieses Gefässes gehen auch die Pericronalarterien *a* pe aet, die enomunen verschwichen und zwei Arterien *a Nd* ist Nervonplatte abgeben. — Seehtdt nimmt das Mantelkiemongeflast in sich alle Kiemenueggefässe *a. Br. ser, n. Br. ser* auf. — Das untere **Ende dieses** Gefässes giebt einerseits die Mundarterien *a. ex*, die mittelst ihrer Capillaren **mit den Capillaren** des Magonarterie *a. v* zusammenschliessen; anderseits die Arterien der Plane welche den Magen bedecken, *n. r. pl*. als. Diese letztere verzweigen sich in Arterien für die Basalarterieler der Kiemenblätter *n. b. Br, n. b. Br*. — Beide Zweige verbinden sich unten in eine Arterie *a ce*, die zu der Nahrungsrinne geht und in seinen Capillaren sich verliert.

Fig. 6. Ein Theil der Mantelkiemensarterie *a. pall. Br, a. pall. Br* von *M. groenlandica* beim hinteren Sipho, der Dicke Zweige zu demselben *a isp. p*, sowie zum Mantel *a. poll* abgiebt. Aus derselben Arterie kommen gleichsam die Rentzelgefäss *Fig. 5*, die den Anus umgeben. Das Mantelkiemenggfäss empfängt das Blut aus den Kiemenvengefässen *Br. ze, Br. ze*, *k 30 etc*.

Fig. 7. Der Oberthell der Nahrungsrinne von *M. groenlandica*. — *ev.o* Nahrungsrinne. — *o. ts* Tentakolvarterie, aus den Capillaren des Deckels *ope* ausgehend. — *a. p. er* Pericronalarterie. — *a. Br, ns* Kiemenringarterie.

Fig. 8. Ein Theil des Kiemensackes von *M. groenlandica* aufgehoben, um die Verhältnisse der Tentakel zum Gemensacen zu zeigen. — *ts* Hoden. — *v. s. of* Vasa deferentia. — *nt* Eierstücke. — *ts, ts, ts* Tentakel.

Fig. 9. Ein Theil des Chandelon'schen Organes von *Styela rustica*, auf dem Wänden des Magens sich verzweigend. — *l* Schnitt des Magens. — *Cha* Verzweigung des Chendelon'schen Organes. — *Cha cp* Blinde Ende eines Zweiges.

Fig. 10. Verzweigung des Chandelon'schen Organes auf dem mittlern Theile des Darms von *Stgela rustica*. Auf der Epithelialschicht sicht man diese Verzweigungen, die mit den Ampullen *amp* endigen, in einigen Stellen varicositaten *et* darstellend. — *Bj* Bläschen des Bojanus'schen Organs, in welchen man deutlich ein kleines Concrement sieht.

Fig. 11. Ein Theil der Genitalorgane von *Cyn hla rustica* (Hartnack, Syst. 7). — Allgemeine Hülle mit den Flimmerepithel *c r*. — *ts, ts* Hoden mit Spermatozoiden in verschiedenen Stadien ihrer Entwickelung. — *nt* Die Sieckehen der Ovarien mit den Eiern in verschiedenen Stadien der Entwickelung.

Fig. 12. Samenbläschen von *Styela rustica* Hartnack. Syst. 7). Jedes Bläschen mit Spermatoblasten, aus welchen sich die Spermatozoiden entwickeln. In der Hülle eines jeden Bläschens liegen Körnchen von rothem Pigment.

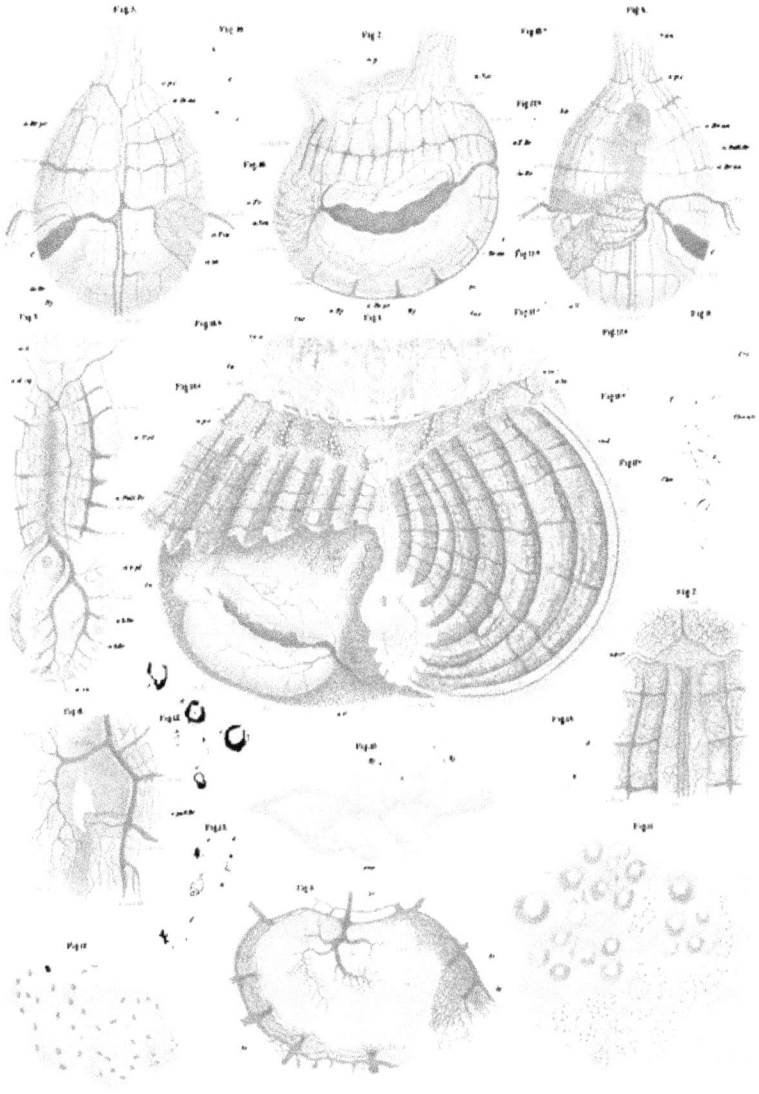

Fig. 13. Verschiedene Stadien der Entwickelung der Spermatozoiden von M. groenlandica. — a Spermatozoid im Beginne seiner Schwanzbildung, künstlich aus der ganzen Gruppe separirt. — b, c, d Klümpchen des Protoplasma in verschiedenen Stadien seiner Zertheilung. — e Eine Zellengruppe, die einige schon ziemlich lange Schwanzfäden besitzen. — f Noch stärker entwickelte Gruppe mit strahlförmig ausgedehnten Schwanzfäden.

Fig. 14. Spermatozoiden von Nigela rustica. — a, b Eine Gruppe von Zellen, mit noch unentwickelten Schwanzfäden. — c Ein reifer Spermatozoid. — d Ein Spermatozoid mit zwei Köpfchen.

Fig. 15. Harnsäureconcremente aus dem Bojanus'schen Organ von M. groenlandica. — a Ein Concrement im Anfang seiner Bildung, aus zwei Hälften bestehend Zwilling mit einer dicken Corticalschicht und Centralablagerung. — b Die Concremente aus vier Körnern. — c Mehr entwickeltes Zwillingsconcrement, dessen Centralanlagen zusammenzuwachsen beginnen. — d Ein grosses Concrement mit strahliger Construction im Innern. — e Ein grosses Concrement, wie es scheint aus vier Theilen, deren Grenzen kaum sichtbar sind. — f Ein grosses Concrement von unregelmässiger Form, wahrscheinlich aus vier Theilen entstanden.

(Fig. 16—19. Pflanzliche Parasiten, die im Bojanus'schen Organ zu finden sind.)

Fig. 16. Sphaeroidalkörperchen, die wahrscheinlich Sporen dieser Parasiten sind.

Fig. 17a, 17b, 17c, 17d, 17e. Sporen mit ausgewachsenen dünnen Röhren auf einem Ende im Beginne ihrer Keimung.

Fig. 18a. Sporen sind verschwunden und es bleiben nur die Röhren, welche mit kleinen Körnern angefüllt sind.

Fig. 18b. Stark ausgeprägte Röhre mit kleinen Körnern.

Fig. 18c. Verkürzte und aufgeschwollene Röhre, in welcher zusser einigen Körnern auch eine kleine Zelle erschienen ist.

Fig. 18d. Eine leere Röhre.

Fig. 19a. Ellipsoidales leere Körperchen.

Fig. 19b. Ellipsoidales Körperchen mit einer Reihe von sechs sphäroidalen Zellen, zwischen denen gelbliche Körnchen zerstreut sind.

Fig. 19c. Ein solches Körperchen mit Körnchen in grösserer Zahl, in regelmässigen Reihen zwischen sphäroidalen Bläschen.

Taf. XVII. Ascidien.

Fig. 1. Nervensystem der *M. groenlandica*. Längsschnitt des vorderen Sipho und des Kiemensacks in der Richtung der Nahrungsrinne. Ein Theil des Halskragens *CaU* und der Kiemen *g x* sind in situ gelassen. — Von allen andern Theilen ist die Bedeckung abpräparirt. Die Mitte der Figur ist von dem Nervenganglion, das auf der Pneumogastraldrüse liegt, eingenommen. Unten ist die Oeffnung des Athemsipho's — *Sgph. a* Vorderer Sipho. — *tr. t* Dessen Tentakeln. — *CaU* Halskragen, mit dessen Falten *fai*; links sind die Fühler weggenommen. — *n. sp. a* Nerven des vorderen Sipho, welche zu seinen Längs- und Quermuskelfasern und zu den Tentakeln gehen. — *n. col* Nerven des Halskragens, die an der rechten Seite weiter fortgehen und in Längsmuskeln endigen. — *n. tnt* Dünne Nerven, die sich in den Zwischenräumen verzweigen. — Alle diese Nerven gehen von zwei vorderen paarigen Nerven *na nn*, zwischen denen ein dünner, unpaariger Zweig zu den Tentakeln sich hinzieht. — Aus dem hinteren Theil des Ganglion entspringt ein Paar dicker hinterer Nerven *n. p*, von denen jeder, bald nach dem Austritt, in zwei Aeste sich verzweigt: nämlich in einen inneren Nerv oder Nerv des hinteren Sipho und einen äusseren oder Mantelnerv. Zwischen den hinteren Nerven kommt ein pneumogastrischer Nerv *n. py* heraus. *n. ten* Tentakelnerven. — *n. py* Pneumogastrischer Nerv.

Fig. 2. Ein Theil des pneumogastrischen Nerven von *M. groenlandica n. pg*, der die Nervenplatte durchsicht und zu den Kiemen links und rechts *n. pg'*, Nerven abgiebt, welche in den Querbalken des Kiemensackes verborgen sind. — *n. pg* Nervenschlingen, die die Spirakel umgeben, welche der Nervenplatte anliegen. — *kr* Kiemen. — *gl. pg* Vier Theile der Pneumogastraldrüse, auf dem Pneumogastralnerv liegend. — *gl. pg* Ein Theil derselben einzeln liegend. — *m* Verzweigtes Muskelbündel.

Fig. 2a. Ein Theil des Pneumogastralnerven. 500 Mal vergrössert. — *el* Kleine Zellen.

Fig. 3. Nervenganglion und pneumogastrischer Nerv von *M. groenlandica*. — *n. an* Vordere Nerven. — *n. p* Hintere Nerven. — *ol* Flimmer-Organ. — *gl. pg* Pneumogastrischer Drüse. — *n. p. g* Pneumogastrischer Nerv. — *n. p. g'* Dessen Zweige zu dem Kiemensack. — *s. p. g''* Seine Schlingen. — *s. p. g'''* Seine Enden auf dem Magen. — *V* Magen. — *os* Mund.

Fig. 4. Längsschnitt durch einen kleinen Theil des Nervenganglions von *M. groenlandica*. — *ep* Epithel der äusseren Hülle. — *int. p* Bindegelatinös des Ganglions. — *Ner. Ner. Ner.* Kleine Blutbahnen, die dem Ganglion anliegen und mit der Injectionsmasse sich füllen. *a, a, a* Die grossen Nervenzellen mit einigen stark ausgezogenen Fortsätzen. — *b, b, b* Ovale oder birnkernige Zellen von mittlerer Grösse. — *c, c, c* Kleine Zellen, zentrirten vorgeordnete in der Mitte des Ganglions liegend. — *d* Eine Zelle mit zwei Fortsätzen. Mittelst einer von ihnen ist die Zelle mit einer anderen kleinen Zelle *e* verbunden. (Einfacher reflectorischer Apparat aus einer Muskel- und einer Sensitiv-Zelle bestehend.)

Fig. 5. Querschnitt durch das Flimmerorgan von *M. groenlandica*. — *a, b, c* Drei flimmernde Höhlen. Ein Theil der Epithelschicht *ep* der Höhle a ist vom Schnitte nicht getroffen und an die Seite gelegen. Alle Hohlräume des Organs sind mit verzweigten Bindegewebsfasern gefüllt, zwischen denen eine Menge von Leucocyten ec zerstreut sind.

Fig. 6. Optischer Durchschnitt durch die flimmernde Höhle derselben Ascidie bei starker Vergrösserung dargestellt. — *ep. e* Flimmerepithel. — *Cp. c* Die Fasern des Bindegewebes. — *n* Ein Nerv in Epithelzellen endigend.

Fig. 7. Durchschnitt durch die pneumogastrische Drüse derselben Ascidie. Ihr Drüse besteht aus kleinen Zellen mit deutlichen Kernen, die mit Manchkarmin gefärbt sind. Die Zellen sind ringförmig vertheilt. — *Sin, Sin* Bluträume, mit der Injectionsmasse gefüllt. — *m, m* Die Muskelfasern, die Drüse durchdringend. — *nl, nl* Ihre Durchschnitte.

(Fig. 8, 9, 10 u. 11. Zellen aus dem Nervenganglion von *M. groenlandica*).

Fig. 8. Eine Gruppe von sechs Nervenzellen, aus einem in Chromsäure macerirten Ganglion. Eine mittlere Zelle giebt dünne Fortsätze ab, von denen zwei an der rechten Seite sich mit zwei kleinen Zellen verbinden, von denen jede wiederum einen Fortsatz entsendet.

Fig. 9. Zwei Nervenzellen, jede mit einem Fortsatz.

Fig. 10. Nervenzelle mit einem dicken und kurzen Fortsatz.

Fig. 11. Nervenzelle mit zwei langen und dünnen Fortsätzen.

Fig. 12, 13, 14 u. 15. Elemente der zerzupften Pneumogastraldrüse, die in Alkohol erhärtet war. Unter ihnen sind angetroffen worden.

Fig. 12. Gruppen von Zellen mit Fortsätzen.

Fig. 13. Zwei Zellen, deren Kerne mit den Fortsätzen verbunden sind.

Fig. 14. Drei Zellen, von denen zwei mit ihren Ausläufern verbunden sind und eine einen langen Fortsatz abgiebt.

Fig. 15. Eine Zelle mit einem verzweigten Fortsatz.

Fig. 16. Die Tunicalgefässe von *M. groenlandica* bei ihrem Eintritt in die Tunica. — *ep* Das Epithel der Tunica. — *Cp. t* Bindegewebszellen. — *r* T Tunicalgefässe.

Fig. 17. Ein kleiner Theil des Hodens von *M. groenlandica*. — *ts, ts* Samenbläschen. — *vdf, vdf, vdf* Vasa deferentia. — *sp* Eine Erweiterung des ausführenden Gangs, die eine Samenblase ersetzt; man sieht in ihnen die sich bewegenden Samenthierchen. *Cpl* Bindegewebskörperchen. — *ep* Epithel.

Fig. 18. Ein Theil einer Kiemenspalte von *M. langiensis*. — *ep, ep* Epithel. — *ep z* Grosse prismatische epitheliale Zellen, die die Spalte umsäumen und die Flimmerhärchen tragen. — Auf beiden Enden der Spalte sind diese Zellen stark verlängert *ep. z*. — *r. n* Eine Gruppe Nervenzellen (?). — *n*' Ein Nerv zwischen zwei neben einander liegenden Kiemenschlingen. — *m* Muskelfasern. — *c, z* Blutkörperchen.

Fig. 19. Das Nervenganglion von *Cynthia Nordenskjöldii*. — *y* Flimmerorgan. — *ol* Flimmerorgan. — *n. a* Vordere Nerven. — *n. p* Hintere Nerven. — *n. pg* Pneumogastrischer Nerv. — *m, m, m* Muskeln.

Fig. 20. Anordnung der Tunicalgefässe in einer Hälfte der Tunica von *M. groenlandica*. — *Sgph. a* Vorderer Sipho. — *Sgph. p* Hinterer Sipho.

Fig. 21. Epithel, nicht weit vom Nervenganglion der *Cynthia Nordenskjöldii*. — *n. n, n* Nervenendigungen.

Fig. 22. Diese Endigungen separat dargestellt.

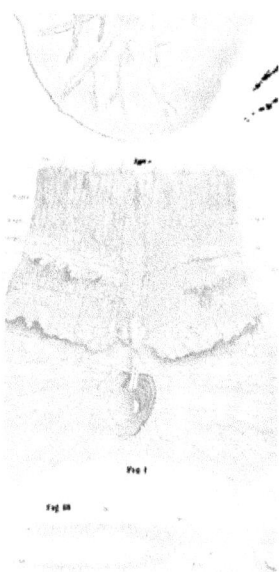

Fig 1

Fig 18

Taf. XVIII. Ascidien.

Fig. 1. *Molgula longicollis* n. sp., mit ausgestreckten und ausgespannten Siphonen. Durch die Körperwände schimmern das Bojanus'sche Organ, der Magen, das Herz und die Genitalorgane durch.

Fig. 2. Dieselbe Ascidie aus der Tunica herausgenommen. Durch die Wände des Mantels schimmern durch. *Bj* Das Bojanus'sche Organ, mit rothbraunen Fleckchen bunt gefärbt, *c* das Herz in dem Herzbeutel *pc*, und der dunkelbraune Magen *l*

Fig. 3. Dieselbe Ascidie längs der Richtung der Nahrungsrinne aufgeschnitten. Der obere Theil der Nahrungsrinne ist links *cu*, und der andere *cu'* rechts dargestellt. — *int* Zwischenraum. — *pcr* Pericoronalrinne. — *l* Der Magen. — *in* Die Gedärme. — *Bj* Bojanus'sches Organ. — *ov* Eierstock.

Fig. 4. Einsicht in den Eingangssipho mit ausgestreckten Tentakeln und ausgespannten Falten des Kiemensacks *bs*. Nach einem lebenden Exemplare von *M. groenlandica* gezeichnet.

Fig. 5. Männliche Genitalorgane von *Cynthia Nordenskjöldi*. — *ep* Epithel, nur auf dem oberen Theile der Figur dargestellt. *ts, ts, ts* Hoden mit Körperchen angefüllt, aus denen sich die Spermatozoiden entwickeln. — *ap, ap, ap* Anhänge der Hoden. — *v, df* Ausführungsgänge. — *cm* für rothbraunen Concremente. — *cs* Blutkörperchen.

Fig. 6. Ein Theil der inneren flimmernden Kiemensackanhänge von *C. Nordenskjöldi*.

Fig. 7. Ein kleiner Theil des Randes eines solchen Anhangs bei 500 Vergrösserung. — *cp* Flimmerepithel. — *c, t* Blutkörperchen.

Fig. 8. Zellen aus dem Magen von *C. echinata*. Zwischen den Polygonalzellen, die bräunliche Körnchen enthalten, sind grosse Zellen *A a', A m'* zerstreut, welche Stärkekörner enthalten.

Fig. 9. Ein kleiner Theil des Magens von demselben Ascidie, auf dem man die Beziehungen der Leberzellen *ch* zu dem Epithel *ep* sieht. — Zwischen jenen und diesen befindet sich ein mit Blutkörperchen erfüllter Raum.

Fig. 10. Drei Stärkekörnchen von *C. echinata*. — *a* Ein grosses Korn plattliegend. — *b* Ein ebensolches im Profil. — *c* Ein kleines Korn.

Fig. 11. Muskelbündel von *M. groenlandica*.

Fig. 12. Endocarp von *Styela rustica*, mit Gefässausbreitung in seiner inneren Hälfte.

Fig. 13. Stark vergrösserte (Hartnack, Syst. 10) Nervenfasern von *M. groenlandica*. — Jede Faser hat doppelte Contouren und zwischen diesen eine feinkörnige Masse (Punktsubstanz).

Fig. 14. Glandula fibrosa in ihrer Tunica mit Sandkörnchen bedeckt.

Fig. 15. Dieselbe aus der Tunica herausgenommen. Man sieht in der Längsspalte die Siphonen liegen, zu denen die sternförmig ausgebreiteten Muskelfasern gehen.

Fig. 16. Vorderer Theil derselben Ascidie mit geöffnetem Kiemensack. — *Tn* Tentakel. — *int* Zwischenraum. — *B* Kiemensack.

Fig. 17. Kiemensack derselben Ascidie mit dem an ihm liegenden Rectum und den Genitalorganen. — *B* Kiemensack. — *r* Rectum. — *so, or* Sexualorgane.

Fig. 18. Oberes Ende der Genitalorgane von *Styela rustica*. — *ep* Epithel, auf einem kleinen Theil des männlichen Ausführungsganges dargestellt. — *f* im Innern mit dem Flimmerepithel bedeckt. Dieser Canal verzweigt sich im Innern fast sofort in zwei Canäle, von denen der linke bald wieder in zwei weitere Gänge zerfällt. — Der weibliche Ausführungsgang ist auch mit Wimperepithel bekleidet. — *ovo* Eier. — *m, m* Muskeln.

Fig. 19. Genitalorgane *Mac-Leayanum* von oben.

Fig. 20. Dieselbe Ascidie nach Entfernung der Tunica. Alle rechteckigen Felderchen sind mit ihren Rändern durch die Muskelfasern wie zusammengenäht. Auf dem mittleren Felde sieht man das Nervenganglion durchschimmern.

Fig. 21. Ein kleiner Theil des Mantels, nach der Entfernung der Tunica, bei derselben Ascidie. — *ep* Epithel. — *ip* Eine Höhle, die unter der Verbindung von zwei Felderchen liegt.

Fig. 22. Ein Theil des Kiemensackes, dem Munde bei *Ch. Mac-Leayanum* anliegend.

Fig. 23. Geöffneter Mantel derselben Ascidie. — *re* Rectum, über den Kiemensack umgeschlagen, welcher letztere mit dem Mantel mittelst einer Menge von Trabekeln vereinigt ist.

Fig. 24. Oeffnung des Eingangssipho von *Phora cristallina*.

Fig. 25. Nervenganglion von *Styela rustica*. — *a, a* Vorderes Nervenpaar. — *p, p, p, p* Hinteres Nervenpaar. — *n, int, n, int* Nerven des Zwischenraumes. — *n, tn* Tentakelnerven. — *n, coll* Nerven des Halskragens. — *p, r, n* Pericoronalrinne.

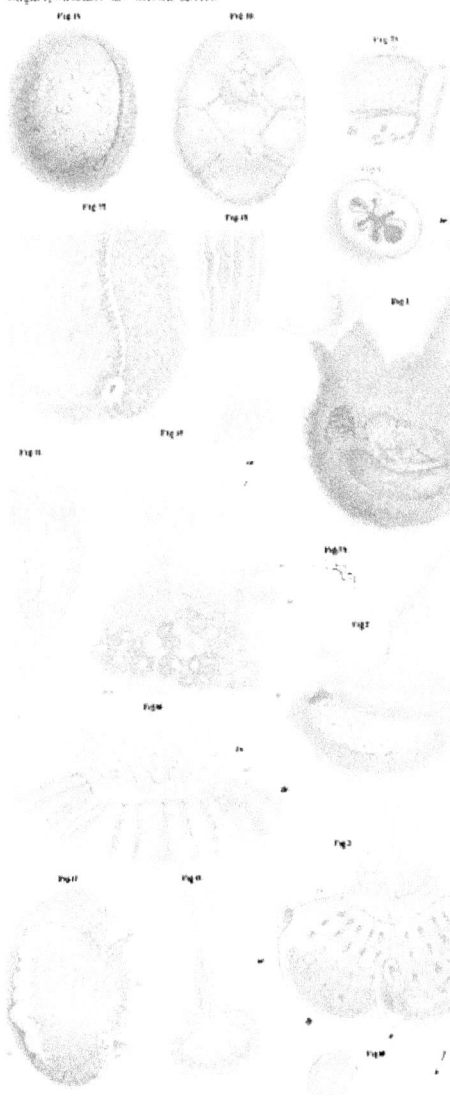

Wilh. Engelmann

Taf. XIX. Ascidien.

Fig. 1. Geöffneter Kiemensack von *Cynthia Nordenskjöldii*. — S. *zpb* Vier Rinnen des vordern Sipho mit Stacheln bewaffnet. — *m. hs* Die Tentakelhülle, als unmittelbare Fortsetzung der Tunica. — *tn* Tentakeln. — *n* Vordere Nerven. — *z p* Hintere Nerven. — *g* Nervenganglion. — *ol* Wimperorgan. — *Spr* Die obere Hälfte der Pericoronalrinne. — *ipr* Ihre untere Hälfte. — *Es* Endostyl. — *Pl. n* Nervenplatte. — *Jp. Ap* Zungenförmige Anhänge der Falten des Kiemensackes.

Fig. 2. Ein Theil des Kiemensackes, der dem hintern Sipho von *C. Nordenskjöldii* anliegt. Der Kiemensack ist nach oben gestülpt, so dass sein innerer Theil, der der Oeffnung des hintern Sipho anliegt, sichtbar ist. — *G* Nervenganglion und Wimperorgan, die durch die Kiemenwände durchgeschimmert. Aus dem hintern Theil des Ganglions tritt der pneumogastrische Nerv, der sich längs der Wand des Kiemensackes zieht. — *gl. pg* Pneumogastrische Drüse, die dem pneumogastrischen Nerv da, wo er die dicken Kiemennerven abgiebt, anliegt. — *n. p. g, n. p. g* Nerv, Drüse und Kiemennerven mit rothbrauner Farbe gefärbt. — *Enc, Enc* Endocarpen. — *tr, tr, tr* Trabekeln.

Fig. 3. Ein kleiner Theil der Wand des Kiemensackes von *C. Nordenskjöldii*. — *pt, vert* Längskiemenbalken. — *pt. gr* Querkiemenbalken. — *pt. ad* Ein Kiemennebenbalken. — *n. p. g* Kiemennerven. — *ep* Epithel.

Fig. 4. Ein Theil des vorderen Sipho mit seiner Stachelbewaffnung.

Fig. 5. Die Bewaffnung des Siphorandes. — *a* Einzelner Stachel. — *b* Doppelter Stachel. — *c* Stumpfe prismatische Bewaffnung.

Fig. 6. Fünf lappenförmige Anhänge des Magens von *C. Nordenskjöldii*, mit gelben, stark lichtbrechenden Körperchen im Innern.

Fig. 7. Ein kleiner Theil des Wimperorganes von *C. Nordenskjöldii* (Hartnack, Syst. 9). — *a, a* Nervenendigungen in Form ellipsoidaler, stark lichtbrechender Nervenstäbchen. — *cva* Ein Gefäss. — *ci* Lymphkörperchen.

Fig. 8. Enden der Tunicalgefässe mit zwei Anastomosen der Tunica von *M. groenlandica*.

Fig. 9. Ein Stück der Tunica derselben Ascidien. — *v* Ende des Tunicalgefässes. — *p, p* Die Basalenden der Härchen. — *T* Tunica.

Fig. 10. Eingang in den hintern Sipho von *Styela rustica*, um die Verzweigung der hinteren Nerven *n, n* zu zeigen.

Fig. 11. Ein Theil der Wand des Kiemensackes von *St. rustica*. In der Mitte liegt eine Falte, hinter welcher man die Befestigungsbänder, aus Bündeln von Muskelfasern, sieht.

Fig. 12. *Poera cristallina*, längs halbirt, in der Richtung der Nahrungsrinne.

Fig. 13. Tentakel von *P. cristallina*. — *c* Muskeln. — *ci* Lymphkörperchen.

Fig. 14. Zwei Spiralen von *P. cristallina*. In der Mitte geht eine Falte. — *pt, vert* Längskiemenbalken. — *pt. gr* Querkiemenbalken. — *u, u* Muskeln.

Fig. 15. Ein Theil des Spirakels der vorigen Figur, 500 Mal vergrössert.

Fig. 16. Der hintere Theil des Kiemensackes von einer unbestimmten Ascidie. — *sp* Spirakel. — *rr* Rectum. — *fe* Fäcalmassen. — *ot* Ovarien. — *ord* Fibres. — *cc* Tentakel.

Fig. 2

Taf. XX. Ascidien.

Fig. 1. Ein stark pigmentirtes Exemplar von *Cynthia echinata*, in der Richtung des Endostyls geöffnet. Die Mündung des Eingangssipho ist intensiv himbeerfarbig. Der Kiemensack *Kr* hat eine zarte gelbröthliche Farbe. Sein unterer Theil ist ausgeschnitten. In der Mitte, durch die Wände des Sackes schimmernd, ein ziemlich grosses Nervenganglion, mit dem Wimperorgan und den ausgetretenen vorderen und hinteren Nerven. Unter dem Ganglion sieht man die Oeffnung des hinteren Sipho, unter ihr die Analöffnung und den Mastdarm, letzterer stützt sich auf die Mundplatte. In deren Mitte der Mund. Dieser Mundplatte folgt eine kurze Speiseröhre, die sich in den Lappenförmigen Magen *V*, von dem sich eine Schlinge des Darmkanals (mit Schnüren von Nahrungstheilen gefüllt) erstreckt. Die geelbrothen Ovarien mit Eiern gefüllt, von denen ihre Farbe abhängig. Solche Ovarien kann man wohl mit dem Namen der Zwitterdrüsen bezeichnen, da die Bläschen, in welchen sich die Eier entwickeln, mit den Bläschen, in denen sich die Spermatozoiden entwickeln, vermischt sind (siehe Fig. 12 Taf. XXI.) Ausser diesen letzten Bläschen sieht man auch ausgeschiedene Testikel, die in Form von weissen sphäroidalen Massen *ts*, *ts*, *ts*, an den hinteren Enden der Eierstöcke anliegen. Jede Zwitterdrüse öffnet sich nach aussen mit zwei Canälen, einem Ausführungsgang und einem Eileiter.

Fig. 2. Darmkanal, Bojanussches Organ und Genitalorgane der *M. groenlandica* in situ. — *V* Der Magen mit der auf ihm gelegenen Mundplatte und Mundöffnung. — *in* Gedärme. — *a, b, p* Mit Leberpigmenten gefärbte Stelle. — *re* Rectum. — *Bj* Bojanussches Organ. — *o', o'* Eierstöcke, in denen mehrere reife, intensiv rosa gefärbte Eier. — *o'd* Eileiter. — *ts, ts, ts* Hoden. — *v, v', df* Ausführungsgänge. — *a, Sp, p* Oeffnung des hinteren Sipho.

Fig. 3. Starke Entwickelung des Ductus des Chondelon'schen Organs bei einem Exemplar von *M. groenlandica*. — Der Darmkanal von der Seite der Mantelwand, die abpräparirt und weggenommen ist, zugleich einige Muskelfasern dargestellt. — *V* Magen. — *a, ph* Sein Anhang, mit gelber Flüssigkeit, in welcher ein dunkles Bläschen mit Pigment *P'*. Von diesem Anhang geht ein Canal *Cho* mit gelber Flüssigkeit gefüllt. — *in* Gedärme mit Schnüren von Excrementen. — *ts* Hoden.

Fig. 4. Stark pigmentirtes Exemplar von *Styela rustica*, von der Seite des Darmkanals geöffnet. Vordere und hintere Siphonen sind ausgeschnitten. Die innere Seite der Mantelhöhle ist mit den Endocarpen besetzt, die oben (*enc. t, enc. t*) durchsichtig, unten (*enc. o, enc. o*) mit weissen Körnchen gefüllt sind. Die weite Speiseröhre *œ* geht in einen umfangreichen Magen *V* über, der mit Gefässnetzen bedeckt und an der Darmschlinge mit einer Menge feiner leberfarbiger Räume befestigt ist. Der Magen mit seiner pars pylorica geht in die Darmschlinge in über. — *re* Rectum. — *G* die Anlage der Genitalorgane. — *nl* Flimmerorgan.

Fig. 5. *Styela rustica* Ihres Kiemensackes geöffnet. — *end* Endostyl. — *p, Br* hinten den Kiemensackes. — *o* Mund. — *œ* Speiseröhre. — *V* Magen. — *n npl* Nervenplatte. — *gl. n, pg* Beide des pneumogastrischen Nerven. — *pg* Pneumogastrischer Nerv.

Fig. 6. Kleiner Stein, auf ihm ein junges Exemplar von *J Styela rustica* und ein erwachsenes Exemplar von *B Chelyosoma Mac-Leayanum*.

Fig. 7. Breit geöffneter Ausgangssipho von *Styela rustica* vor Mooweroo.

Fig. 8. Unterer Körpertheil von *Cynthia Nordenskjöldi*. — Der Kiemensack *Br, Br* mit Seite zusammengelegt sind nach oben aufgehoben, so dass die untere Mantelwand sichtbar ist. Auf dieser Wand sieht man die von den Kiemensäcke abgeschnittenen Trabekel. Zwei Trabekel sind oben mit dem Sacke vereinigt. Auf der Mantelwand und auf allen Organen sieht man die zerstreuten Endocarpen *enc*. — *œ* Speiseröhre. — *V* Magen. — *C* Ilex. — *pr* Herzbeutel. — *o, r* Magennetze auf dem Magen sich verzweigend. — *o'* Eierstöcke. — *ts* Hoden.

Fig. 9. Ausgangssipho von *C. Nordenskjöldi* im ausgestreckten Zustande.

Fig. 10. Derselbe zusammengefaltet.

Fig. 11. Untere Seite des Körpers von *Chelyosoma Mac-Leayanum*, der die Tunica abgenommen. — *V* Magen. — *re* Rectum. — *o'* Die Eierstöcke mit Eiern in verschiedenen Entwickelungsstadien. — *ts'd* Eileiter. — *ts, ts* Hoden. — *df* Ausführungsgang.

Fig. 12. *Poera cristallina*. Durch die Körperwände schimmern der braune Magen *V*, der Kiemensack mit breiten Falten, das Bojanussche Organ *B*, mit gelblichen Concrementen beim gefärbt, und der Eierstock *o'* mit braun gefärbten roden Eiern durch.

Fig. 13. Ein kleiner Theil der Leber von *Cynthia echinata* bei schwacher Vergrösserung (Hartnack, Syst. 1). — *a, pr* Membrana propria. — *b* Die Wände der Magenfalten aus durchsichtigen Zellen gebildet. — *Le* bildet der Leberzellen.

Fig. 14. Eine der durchsichtigen Zellen des Magens von *C. echinata*.

Fig. 15. Die Leberzellen des Magens von *C. echinata*, mit gelben, stark lichtbrechenden Körnchen gefüllt.

Fig. 15a. Die Stärkekörnchen von solchen Zellen herausgenommen und mit Jod gefärbt.

(Fig. 16—18. Elemente der Leber von *M. groenlandica*.)

Fig. 16. Ein Theil der Leber bei starker Vergrösserung und mit gelblichen, stark lichtbrechenden Körperchen angefüllt.

Fig. 17. Ein Theil des Magens mit Flimmerepithel bedeckt.

Fig. 18. Leberzellen bei stärkerer Vergrösserung (Hartnack, Syst. 9). — *a* Kleine Zelle mit einem gelben Körperchen. — *b* Grössere Zelle mit einem in Theilung begriffenen Körperchen. — *c* Zelle mit zwei Körperchen. — *d* Grössere Zelle mit einem grossen Körperchen und einigen glänzenden ungefärbten Concrementen. — *e* Grosse Zelle mit einigen gelben Körperchen.

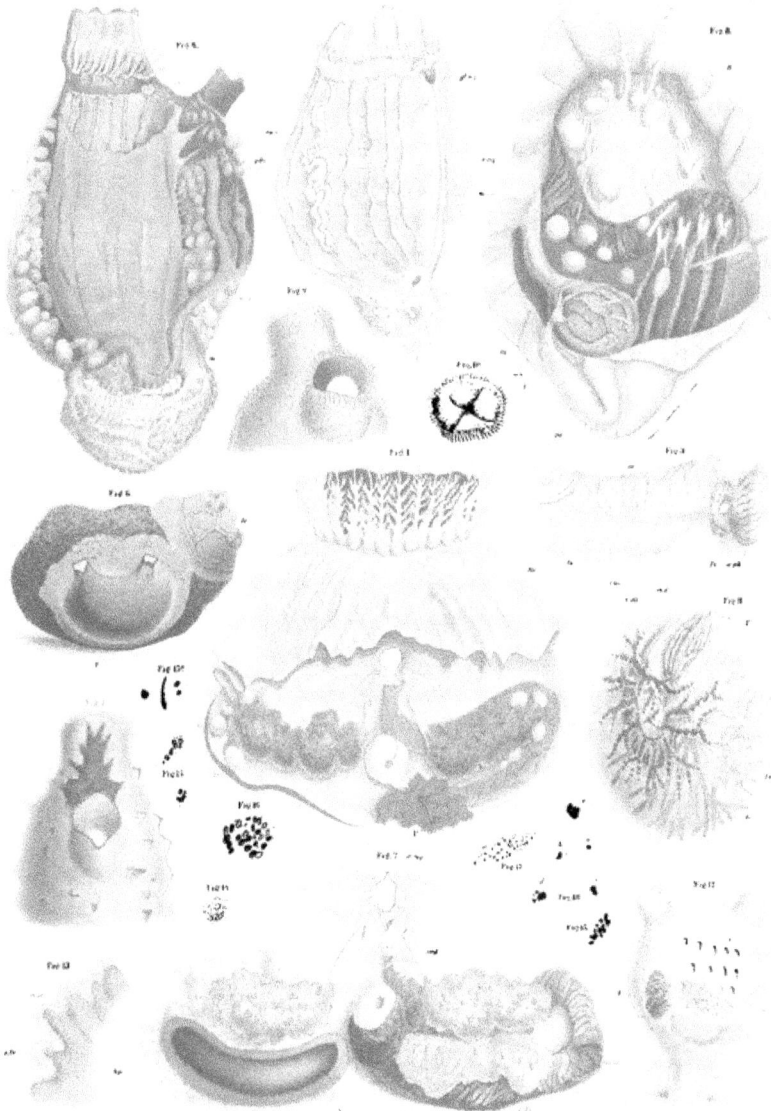

Taf. XXI. Ascidien.

Fig. 1. *Molgula nuda* n. sp. auf Stengeln der Cryptosoma.

Fig. 2. Dieselbe Ascidie aufgeschnitten. In der Mitte des »Zwischenraumes« das Ganglion, mit dem Flimmerorgan auf einer Seite und der pneumogastrischen Drüse *gl p. g* auf der anderen.

Fig. 3. Eine junge *Styela rustica.*

Fig. 4. Eine junge *Molgula groenlandica.* Um die Menge der auswendigen Auswüchse zu zeigen, ist der Schale von *Mytilus edulis* angewachsen gezeichnet. — Auf der Basis des Ausgangsrohre sind zwei *Mogula Murmanu.* Auf dem Körper der Ascidie sind drei Exemplare von *Balanus Schuetes* befestigt.

Fig. 5. Untere Theile des Körpers von *Cynthia Nordenskjöldi.* Knospenförmige Auswüchse der Tunica *Cauf* sind in die Vertiefungen des Körpers *fs* eingetreten.

Fig. 6. Untere Theile des Körpers von *C. Nordenskjöldi.* Der Mantel ist geöffnet und man sieht den Kiemensack *Br* mit den an den behaarigen Trabekeln *t.* — An einer Seite des Kiemensacks liegt das Ende des Eierstocks *or zu,* in dessen Schlinge zwei Eierkörper *Eizz* sich befinden. — *C.* Herz. — *pc* Herzbeutel. — *a. Ba* Kiemenaorta.

Fig. 7. Oberer Theil des Körpers einer sehr jungen *C. Nordenskjöldi.* — *ep* Epithel.

Fig. 8. Dieselbe Cynthia aus der Tunica herausgenommen. Die ganze Oberfläche des Mantels ist mit den flimmernde Anlagen *op, op,* die oben gruppenweise angeordnet sind, bedeckt. In zwei solche Ausgänge sind zwei Auswüchse des Kiemensackes eingetreten. Rechts eine dunkle Masse des Darmcanals. In Mantelhöhle und Kiemensack sind die Blutkörperchen zerstreut.

Fig. 9. Einer der Stacheln, mit denen der Eingangssipho dieser jungen Ascidie bewaffnet ist.

Fig. 10. Oberfläche der Tunica von *C. Nordenskjöldi* (Hartnack. Syst. 1. — — Ein Schildchen, das in der Mitte einen langen Stachel und ringsum fünf kleine Stacheln trägt — *b* Schildchen mit einem dünnen gekrümmten Stachel und drei kleinen Stacheln ringsum. — *c* Schildchen mit drei Stacheln. — *d* Anlage von neuen Schildchen. — *x, x* Schildchen, die in zwei neue zerfallen.

Fig. 10a. Schnitt durch ein Schildchen, oben einen hakenförmigen, verzweigten Dorn tragend.

Fig. 11. Theil der Falten des Kiemensackes von *Molgula groenlandica* — *m. m* Zwischenraum, in welchem Kiemenöffnungen sind, nach aussen, und ihre haltende Schlinge nach innen sehr hinter diesen angeordnet. — *a Br* und *a. Br zwei* Längsbalken — *a. Br un, a. Br un, a Br* an Ringbormige Kiemenbalken — *q Br* »a Schildkiemenadnation zwischen zwei Längsbalken spinne in einen ringförmigen Balken sich zusammenschnüren — *Sp, Sp* Spiraken. — *a. a* Bänder, die sie befestigen.

Fig. 12. Ein Theil der einen Falte des Kiemensackes von *M. nuda.* — *Tr¹, Tr², Tr³, Tr⁴* Längsbalken — *Sp. Sp* Spiraken — *a, a* Bänder zu ihrer Befestigung. — *b* Eine lange Kiemenöffnung, mit drei Balken *tp, tp, tp* befestigt.

Fig. 13. Magen von *Styela rustica* geöffnet. — *se* Speiseröhre. — *V* Magen. — *es* Anfang der Gedärme.

Fig. 15. Verzweigung der Canäle des Chandelon'schen Organes auf dem Mastlerm von *Styela rustica.*

Fig. 16. Ein Tentakel von *Hyalosoma singulare.*

Fig. 17. Ein Theil des Kiemensackes derselben Ascidie — *Exg, Exg* Anhänge der äusseren ringförmigen Kiemensackbalken.

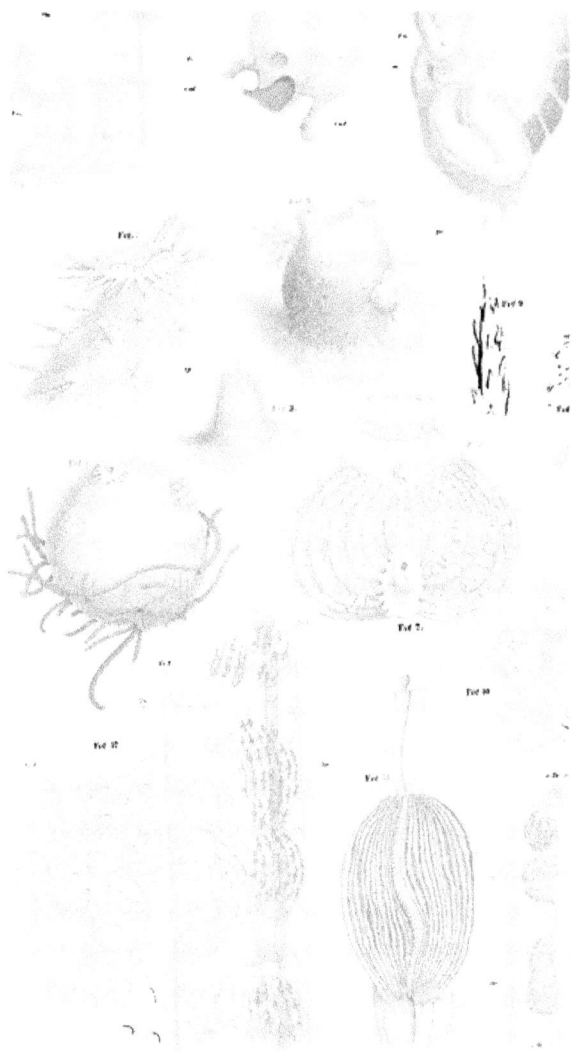